国家精品在线开放课程主讲教材

多媒体技术及应用

第3版

○ 主　编　李湘梅　龚沛曾
○ 编　者　肖　杨　王　颖　任　艳
○ 主　审　杨志强

中国教育出版传媒集团
高等教育出版社·北京

内容提要

本书是国家精品在线开放课程“多媒体技术与应用”的主讲教材，全面系统地介绍了多媒体技术的相关知识。本书分为理论篇和实验篇，理论篇包括多媒体技术基础、音频处理技术与应用、图像处理技术与应用、视频处理技术与应用、动画制作、多媒体数据压缩编码、视频的后期合成、网络多媒体技术与应用、多媒体技术拓展应用和多媒体技术展望。实验篇包括12个实验，提供与理论篇同步的相关实验内容，是对理论篇的有益补充。

本书内容翔实，实用性强，通过大量的实例讲解使读者能够快速掌握多媒体相关软件的基本操作及其综合应用方法。本书可作为高等学校多媒体技术课程的教材，也可作为广大多媒体技术爱好者的参考书。

图书在版编目（CIP）数据

多媒体技术及应用/李湘梅，龚沛曾主编；肖杨，王颖，任艳编者. --3版. --北京：高等教育出版社，2023.7

ISBN 978-7-04-060451-1

Ⅰ.①多… Ⅱ.①李… ②龚… ③肖… ④王… ⑤任… Ⅲ.①多媒体技术-高等学校-教材 Ⅳ.①TP37

中国国家版本馆CIP数据核字（2023）第079679号

Duomeiti Jishu ji Yingyong

策划编辑 耿 芳　　责任编辑 耿 芳　　封面设计 易斯翔　　版式设计 杨 树
责任绘图 李沛蓉　　责任校对 高 歌　　责任印制 朱 琦

出版发行 高等教育出版社
社　　址 北京市西城区德外大街4号
邮政编码 100120
印　　刷 北京七色印务有限公司
开　　本 787mm×1092mm 1/16
印　　张 28
字　　数 690千字
购书热线 010-58581118
咨询电话 400-810-0598
网　　址 http://www.hep.edu.cn
　　　　 http://www.hep.com.cn
网上订购 http://www.hepmall.com.cn
　　　　 http://www.hepmall.com
　　　　 http://www.hepmall.cn
版　　次 2009年8月第1版
　　　　 2023年7月第3版
印　　次 2023年7月第1次印刷
定　　价 54.00元

物 料 号 60451-00

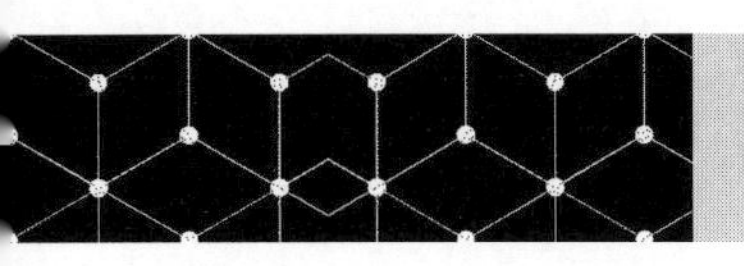

多媒体技术及应用

第3版

主　编
李湘梅　龚沛曾
编　者
肖　杨　王　颖　任　艳
主　审
杨志强

1 计算机访问http://abook.hep.com.cn/188160，或手机扫描二维码、下载并安装Abook应用。
2 注册并登录，进入"我的课程"。
3 输入封底数字课程账号（20位密码，刮开涂层可见），或通过Abook应用扫描封底数字课程账号二维码，完成课程绑定。
4 单击"进入课程"按钮，开始本数字课程的学习。

多媒体技术及应用 第3版

主　编　李湘梅　龚沛曾
编　者　肖　杨　王　颖　任　艳
主　审　杨志强

《多媒体技术及应用（第3版）》数字课程与纸质教材一体化设计，紧密配合。数字课程涵盖电子教案、微视频等，充分运用多种媒体资源，极大地丰富了知识的呈现形式，拓展了教材内容。在提升课程教学效果的同时，为学生学习提供思维与探索的空间。

课程绑定后一年为数字课程使用有效期。受硬件限制，部分内容无法在手机端显示，请按提示通过计算机访问学习。

如有使用问题，请发邮件至abook@hep.com.cn。

http://abook.hep.com.cn/188160

前　言

随着计算机软硬件技术的飞速发展，多媒体技术也在快速发展。多媒体技术广泛应用于在线教学、视频会议、远程医疗和游戏娱乐等方面，与人们的生活息息相关。

本书是国家精品在线开放课程“多媒体技术与应用”的主讲教材，“多媒体技术与应用”课程每学期都在中国大学 MOOC 平台上开放，高校的学生以及多媒体技术爱好者都可以在网上学习。

本书由理论篇和实验篇组成。

理论篇共 10 章：第 1 章是多媒体技术基础；第 2 章是音频处理技术与应用，主要介绍 Adobe Audition Pro 2023 的基本操作以及声音的录制、编辑，效果的应用，多轨合成及其混缩输出；第 3 章是图像处理技术与应用，主要介绍 Adobe Photoshop 2023 的基本操作，图像的编辑，图层、通道和蒙版的作用，滤镜的应用等；第 4 章是视频处理技术与应用，主要讲解 Adobe Premiere 2023 的基本操作，素材的管理、素材的编排、特效的制作、字幕制作以及视频的渲染输出等；第 5 章是动画制作，包括 Adobe Animate 2023 动画制作基础以及简单的脚本控制，3ds Max 2023 的三维建模、材质与贴图、灯光与摄像机、动画制作的基本方法等；第 6 章是多媒体数据压缩编码，介绍数据压缩的基本原理和常用无损压缩的算法及相关压缩编码的国际标准等；第 7 章是视频的后期合成，主要介绍 Adobe After Effects 2023 的基本操作，合成的创建、特效制作和三维合成及其渲染输出等；第 8 章是网络多媒体技术与应用；第 9 章是多媒体技术拓展应用，通过综合应用案例介绍多媒体技术在深度学习中的应用；第 10 章是多媒体技术展望。

实验篇包括音频、图像、视频、动画制作、后期合成等相关软件的操作，难度设计从简单应用到综合应用，再到创新设计，使读者能够在实践中循序渐进地掌握各个软件的基本操作及其综合应用。

理论篇第 1、3、8、9、10 章由李湘梅编写，第 5 章由龚沛曾、李湘梅共同编写，第 2、6 章由李湘梅、王颖共同编写，第 4、7 章由李湘梅、肖杨共同编写。

实验篇由李湘梅、龚沛曾、王颖、肖杨共同编写。全书由龚沛曾、杜明、杨志强教授主审。在本书编写过程中，毛灵栋参与了视频软件部分的更新与修订，徐卓敏工程师为网络多媒体技术及其应用部分提供了许多宝贵的建议，新疆财经大学的任艳参与了本书实验部分的修订，在此深表感谢！

由于作者水平有限，书中难免存在不足，敬请广大读者指正。本书配有电子教案、理论篇和实验篇的相关素材、部分实例的微视频等，使用本书的高校可与编者联系获取资源，编者 E-mail：lixiangmei@ tongji. edu. cn。

编　者

2023 年 2 月

目 录

理 论 篇

实验篇

理论篇

第 1 章 多媒体技术基础

随着计算机软硬件技术和人工智能技术的飞速发展，多媒体技术日益成熟，多媒体技术的应用随处可见，如智能音箱、在线教学、视频会议、远程医疗等。本章将重点介绍多媒体技术的基本概念、多媒体技术的发展及其应用、多媒体的关键技术、多媒体硬件系统和软件系统、多媒体应用系统设计、多媒体作品制作方法与优秀案例等。

1.1 多媒体概述

电子教案

1.1.1 基本概念

1. 媒体

（1）媒体的含义

媒体（medium）可以指存储信息的实体，如磁盘、磁带、光盘等，也可以指表示信息的载体，如文字、声音、图像、动画、视频等。多媒体技术中的媒体一般指的是后者。

（2）媒体的类型

媒体的分类方法很多，由国际电信联盟（International Telecommunication Union，ITU）制定的媒体分类标准主要包括以下 5 种类型。

① 感觉媒体：能直接作用于人们的感觉器官，从而能使人产生直接感觉的媒体，如文字、声音、图形、图像、视频等。在多媒体技术中所说的媒体一般指的是感觉媒体。

② 表示媒体：为了传输感觉媒体而人为创造出来的媒体，借助此种媒体，能有效地存储感觉媒体或将感觉媒体从一个地方传送到另一个地方，如电报码、条形码、图像编码、声音编码和文本编码等。

③ 表现媒体：在通信中使电信号与感觉媒体之间产生转换的媒体，如输入输出设备，包

括键盘、鼠标、显示器、打印机等。

④ 存储媒体：用于存放媒体的存储介质，如纸张、磁盘、光盘等。

⑤ 传输媒体：用于传输某种媒体的物理媒介，如双绞线、电缆、光纤等。

2. 多媒体

多媒体就是多种媒体的集成，主要包括文字、图形、图像、音频、动画和视频等，说明如下。

① 文字：由各种字母、数字和符号等组成。

② 图形：由点、线、面描述的大小、形状、维数和位置的几何图形，是一种矢量图形。

③ 图像：由许多像素点构成，每个像素点用若干二进制位来表示颜色和亮度等信息，是一种位图图形。

④ 音频：包括语音、乐音和各种声音效果。

⑤ 动画：通过计算机生成一系列图像画面，以一定的速度连续播放形成的运动效果。

⑥ 视频：以电子或数字方式呈现和传播的连续活动图像。

3. 多媒体技术

多媒体技术是指利用计算机及相应的多媒体设备，采用数字化处理技术，将文字、声音、图形、图像、动画和视频等多种媒体有机结合起来进行处理的技术。多媒体技术是一种基于计算机的综合技术，包括数字化信息的处理技术、音频和视频处理技术、计算机硬件和软件技术、人工智能和模式识别技术、通信和图像处理技术等，因而是一门跨学科的综合技术。

1.1.2 多媒体技术的发展及其应用

1. 多媒体技术的发展

多媒体技术最早起源于20世纪80年代中期。1984年，美国苹果公司(Apple)推出了世界上第一台具有多媒体特性的Macintosh计算机，使用位图(bitmap)的概念对图形进行处理，使用窗口(windows)和图标(icon)作为用户界面，增加鼠标完善了人机交互的方式，方便了用户操作。

1985年，美国康懋达公司(Commodore)推出了世界上第一台真正的多媒体计算机Amiga，它采用摩托罗拉M68000微处理器作为CPU，并配置Commodore研制的图形处理芯片、音频处理芯片和视频处理芯片，具有自己专用的操作系统，能够处理多任务，并具有下拉菜单、多窗口、图标等功能，这套系统具有完备的视听处理功能。同时光存储器的问世，实现了大容量多媒体信息的存储和处理，促进了多媒体技术的发展。

1990年，微软公司(Microsoft)和飞利浦公司(Philips)等厂商组成多媒体个人计算机(multimedia personal computer，MPC)市场协会，制定了多媒体技术的技术标准，即多媒体个人计算机标准MPC1，对多媒体个人计算机所需配置的软硬件规定了最低标准和量化指标。MPC2、MPC3、MPC4标准随后又陆续发布，且向更高性能微处理器、更大容量存储器、更快运算速度以及更高质量音频、视频规格的方向发展。

1997年，英特尔公司(Intel)推出了具有多媒体扩展(multimedia extensions，MMX)技术的奔腾处理器，加入了能够加速处理图形、影像、声音等应用的多媒体指令集，成为多媒体计算机新的标准，随后推出的单指令多数据流扩展(streaming SIMD extensions，SSE)系列指令集，新增了一些多媒体数据处理指令，能够进行语音识别及声音合成、图形图像处理、视频编辑、三维几何运算及动画处理、压缩与解压缩等，显著地提高了多媒体应用程序的效率。

随着计算机硬件技术的飞速发展，多媒体信息处理技术也得到了快速提升，图形处理单元(graphics processing unit，GPU)的出现使得计算机处理图形、图像更加高效，尤其在 3D 图形处理时，通过硬件实现光影转换，解决了高质量图像显示需要的透明性、运动模糊、景深控制、光线跟踪和实时渲染等问题。

多媒体软件也在日新月异地不断更新迭代，目前已经能够满足人们对各种多媒体信息的常规处理要求。今后多媒体软件的发展方向一定是融入人工智能的最新技术，实现声音的各种智能化控制，图像识别和运动目标跟踪将更加准确、实时和高效，动画制作将更加简单方便，满足各种虚拟仿真、模拟训练以及娱乐和广告等方面的需求。

2. 多媒体技术的应用

随着多媒体技术的深入发展，其应用领域也越来越广泛，多媒体技术的应用已经渗透到人类社会的各个方面，包括文化娱乐、在线教育、远程医疗、军事演练以及视频监控等。

(1) 文化娱乐

多媒体计算机可以利用网络观看电视和电影，而且可以进行交互控制；网络游戏更是突破了传统游戏的玩法，多媒体技术的应用极大地丰富了人们的娱乐生活。3C(计算机、通信、控制)技术的融合更是利用数字信息技术实现了信息资源的共享和互联互通，满足人们在任何时间、任何地点通过互联网来访问音视频娱乐节目的需求。

(2) 在线教育

多媒体技术以其丰富的表现形式和巨大的信息传播能力，使现代教育手段和教育水平产生了质的飞跃。多媒体教学系统彻底改变了传统教学手段的局限性，从以教师为中心的教学模式转变为以学生为中心的自主学习模式，激发了学生的学习热情和主观能动性。近几年，随着 MOOC(慕课)等在线教学平台的推广应用，线上教学资源越来越丰富，在线教育在今后的基础教育中将变得越来越重要。

(3) 远程医疗

远程医疗以计算机技术与遥感、遥测和遥控技术为依托，充分发挥大医院或专科医疗中心的医疗专家、医疗技术和医疗设备优势，对边远地区、海岛或舰船上的伤病员进行远距离诊断、治疗和咨询。远程医疗已经从最初的电视监护、电话远程诊断发展到利用高速网络进行文字、语音、医学影像和监控视频的综合传输，能够实时进行语音和在线视频的交流，能够更好地实现远程医疗服务，远程医疗诊断系统的应用案例详见第 8 章。

(4) 军事演练

多媒体技术已经被广泛应用于作战指挥与作战模拟。在情报侦察、网络信息通信、信息处理、电子地图、战场态势显示、作战方案选优、战果评估等方面大量采用了多媒体技术。多媒体作战对抗模拟系统、多媒体作战指挥远程会议系统、虚拟战场环境等也都大量采用了多媒体技术。

(5) 视频监控

视频监控主要用于安防保障。视频监控系统一般包括前端摄像机、传输线缆和视频监控平台。前端摄像机用于采集视频图像，然后通过传输线缆将视频信号传输到监控平台。随着人工智能技术的飞速发展，视频监控系统对图像和视频的识别准确率越来越高，基于图像和视频的检索技术也取得了很大突破，视频监控技术与人工智能技术的结合将对刑侦破案提供有力的技术保障。

1.1.3 多媒体的关键技术

多媒体信息的获取、存储、处理和输出需要一系列相关技术的支持，尤其是以下几个方面，是现在或将来多媒体技术研究的热点方向和发展趋势。

1. 多媒体数据的压缩/解压缩技术

多媒体数据压缩的目标是为了节省存储空间，而随着超大容量的多媒体存储设备的出现，大容量的声音和图像的存储已经不是问题，但是对于海量的视频信息的存储仍然有必要进行压缩和解压缩。目前人们的日常生活已经离不开网络，上网体会最深的就是网速不够快，尤其是下载需要等待，那么在现有网络条件下，对多媒体信息的压缩和实时解压缩就显得非常重要。有关多媒体数据压缩编码的方法和标准详见第 6 章。

2. 网络多媒体技术

网络多媒体技术是一门综合的、跨学科的技术，它综合了计算机技术、网络技术、通信技术以及多种信息处理技术，是目前发展最快的新技术之一。

随着网络技术的不断发展，宽带传输使网络多媒体技术的应用迈入了快车道，手机的语音和视频服务使人们的日常生活发生了翻天覆地的变化，在线教育、视频会议、远程医疗、远程监控等多媒体应用更是与网络多媒体技术密不可分，有关网络多媒体技术详见第 8 章。

3. 流媒体技术

传统的音频、视频播放必须将整个文件全部下载到本地计算机以后才能播放，由于音频、视频文件一般都比较大，加之网络带宽有限，用户需要等待的时间较长，使用起来非常不方便。

流媒体技术就是把连续的声音或视频经过压缩处理后存放在服务器上，通过视频服务器向用户顺序或实时地传送各个数据包，让用户能够一边下载一边收听声音或观看视频，无须等到整个声音或视频文件下载到本地计算机上。

4. 多媒体数据库技术

传统的数据库主要存储文字和数值数据，采用关系数据模型来描述数据结构，但是多媒体数据中的音频和视频信息是一种非结构化的信息，其存储和处理方式完全不同于文字和数值数据，在数据的存储模型、压缩与解压缩、统计查询和显示等方面都提出了新的要求。

多媒体数据库可以用关系数据库来扩充，也可以用面向对象数据库实现多媒体的描述，或直接用超文体、超媒体模型来实现。多媒体数据库应支持文字、文本、图形、图像、视频、声音等多种媒体的集成管理和综合描述，支持同一媒体的多种表现形式，支持复杂媒体的表示和处理，能对多种媒体进行查询和检索。

1.2　多媒体系统

多媒体系统包括多媒体硬件系统和多媒体软件系统，多媒体系统的层次结构如表1.1.1所示。

表1.1.1　多媒体系统的层次结构

<table>
<tr><td rowspan="3">多媒体
软件系统</td><td>多媒体应用软件</td></tr>
<tr><td>多媒体处理系统</td></tr>
<tr><td>多媒体操作系统</td></tr>
<tr><td>多媒体
硬件系统</td><td>多媒体设备
计算机硬件</td></tr>
</table>

① 多媒体硬件系统：包括计算机硬件和多媒体设备。多媒体设备包括音视频处理器、输入输出设备及信号转换装置、传输设备及接口设备等。

② 多媒体操作系统：也称为多媒体核心系统(multimedia kernel system)，具有实时任务调度、多媒体数据转换、多媒体设备的驱动控制和图形用户界面管理等功能。

③ 多媒体处理系统：即多媒体系统开发工具软件，包括多媒体素材制作和编辑软件，多媒体集成工具软件和多媒体格式转换软件等，是多媒体系统的重要组成部分。

④ 多媒体应用软件：根据多媒体系统终端用户要求而定制的应用软件，是面向某一领域的用户应用软件系统。

1.2.1　多媒体硬件系统

多媒体硬件系统是指在个人计算机基础上，增加各种多媒体输入输出设备及其接口设备等组成的系统，多媒体计算机硬件系统如图1.1.1所示。由于多媒体技术的应用已经深入人们日常生活的各个方面，所以多媒体硬件设备早已成为计算机硬件的标准配置，这里主要介绍常用的多媒体输入输出设备、多媒体接口设备和多媒体存储设备。

1. 多媒体输入输出设备

除了常规的键盘、鼠标、显示器和打印机等输入输出设备以外，常见的多媒体输入设备还有话筒、数码相机、高拍仪、扫描仪等。常见的多媒体输出设备还包括扬声器、投影仪、电视机、刻录机等。

(1) 话筒

话筒(也称麦克风)是将声音信号转换为电信号的录音设备，如图1.1.2所示。话筒根据其信号转换方式主要分为动圈话筒和电容话筒。

① 动圈话筒：利用电磁感应原理将导线线圈搭载于振膜上，再置于磁铁的磁场中，声音通过空气使振膜振动，然后在振膜上的电磁线圈绕组和环绕在动圈话筒头的磁铁形成磁力场切割，形成微弱的波动电流，从而将声波转变成电信号。

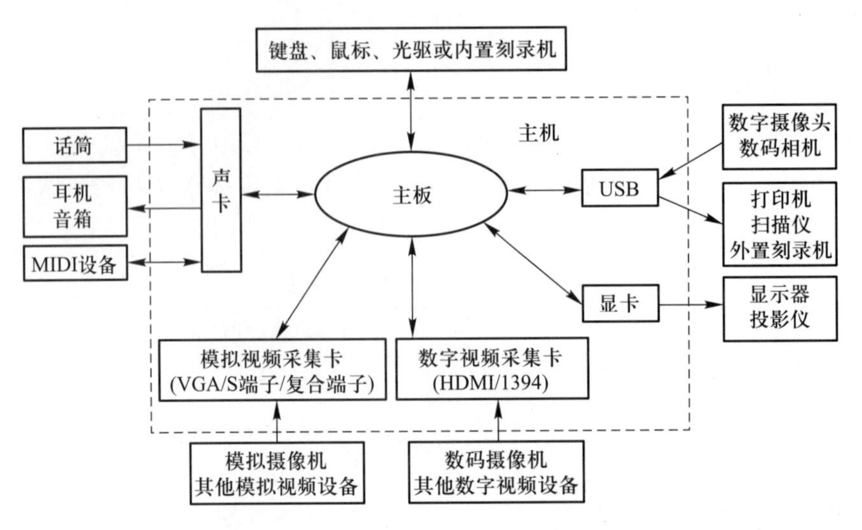

图 1.1.1　多媒体计算机硬件系统示意图

说明：计算机与外部设备之间的接口并不唯一，例如，打印机也可以通过并行口连接到计算机，数码摄像机也可以通过通用串行总线(universal serial bus，USB)接口与计算机连接等。

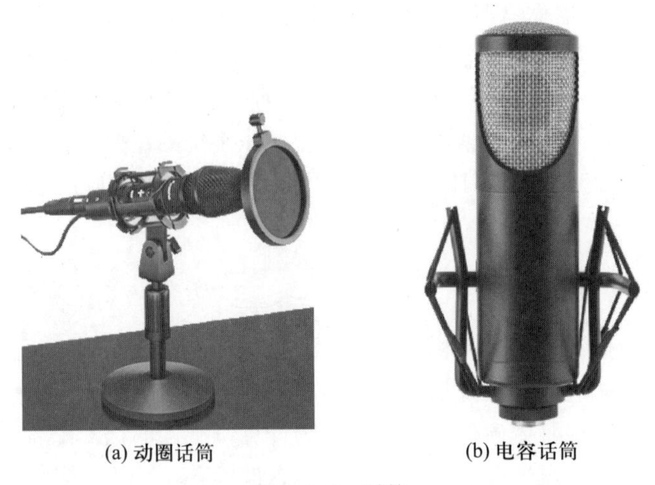

(a) 动圈话筒　　(b) 电容话筒

图 1.1.2　话筒

② 电容话筒：电容话筒有两块金属极板，其中一块表面涂有驻极体薄膜并将其接地，当驻极体膜片本身带有电荷，假设表面电荷的电量为 Q，板极间的电容量为 C，则在极头上产生的电压为 $U=Q/C$，声音的振动能使两块极板之间的距离发生改变，导致电容 C 改变，而电量 Q 不变，这样就会引起电压的变化，从而将声波转变成电信号。由于采用超薄的振动膜，体积小、质量轻、灵敏度高，适合超小型话筒，缺点是结构复杂、造价昂贵、音膜脆弱且怕潮湿等。

专业录音棚最好选择电容话筒，电容话筒拾音清晰，灵敏度高，弊端就是环境嘈杂容易引起啸叫，而动圈话筒则不容易引起啸叫，适用于嘈杂环境。

根据话筒的拾音指向性，可将其分为全指向式、单一指向式、心形指向式、双指向式。卡拉 OK 常用的话筒一般都为心形指向式，正面的灵敏度最好，还原度最高，背面的灵敏度最差，还原度最低。

（2）数码相机

数码相机（digital camera，DC）是一种利用电子传感器把光学影像转换成电子数据的照相机。在外观和使用方法上与普通的全自动照相机很相似，两者之间最大的区别在于前者在存储器中存储图像数据，后者通过胶片曝光来保存图像，下面主要介绍数码相机的工作原理及其性能指标。

① 数码相机的工作原理。数码相机最重要的部件是电荷耦合器件（charge couple device，CCD）或互补金属氧化物半导体（complementary metal oxide semiconductor，CMOS）。CCD 的优点是感光灵敏度高，噪声小；缺点是功耗高，价格昂贵。而 CMOS 则相反。使用数码相机时，只要对着被摄物体按动按钮，图像便会被分成红、绿、蓝 3 种光线，然后投影在 CCD 上，CCD 把光线转换成电荷，其强度随被捕捉影像上反射的光线强度而改变，然后 CCD 把这些电荷送到模数转换器，对光线数据编码，再存储到存储装置中。

数码相机一般分为普通的数码相机和可更换镜头的数码单反相机，如图 1.1.3 所示。

(a) 数码相机

(b) 数码单反相机

图 1.1.3　数码相机

② 数码相机的性能指标。数码相机的性能指标包括数码相机特有的指标和与传统相机类似的指标，如镜头、快门速度、光圈大小以及闪光灯工作模式等。下面简单介绍数码相机特有的性能指标。

a. 分辨率。数码相机的分辨率使用图像的绝对像素加以衡量，数码相机拍摄的图像的绝对像素数取决于相机内 CCD 芯片上光敏器件的数量，数量越多则分辨率越高，所拍图像的质量也就越高，当然相机的价格也越高。一般以万像素为单位，如 10 000 万像素的数码相机最高可拍摄分辨率为 11 600 像素×8 700 像素的照片。

分辨率还直接反映出打印的照片大小，分辨率越高，打印的照片尺寸越大。分辨率为 640 像素×480 像素，可冲洗照片尺寸约为 3 英寸×5 英寸（1 英寸 = 2.54 cm），分辨率为 2 560 像素×1 920 像素，可冲洗照片尺寸为 17 英寸×13 英寸。

b. 颜色深度。颜色深度是指数码相机对色彩的分辨能力，即表达每个像素的颜色所使用的二进制位数，目前数码相机的颜色深度为 24 位或 36 位，可以生成真彩色的图像。

c. 存储能力及存储介质。数码相机的内存中可保存的数据是有限制的，它决定了相机可拍摄照片的数量。目前数码相机中使用的存储介质主要有 SD 卡、TF 卡、CF 卡、MMC 卡、

WiFi 卡、SDHC 卡、XD 卡等。

d. 数据输出方式。数码相机一般都提供串行数据输出接口，高档相机还提供 IEEE 1394 高速接口。如果使用闪存卡，则需要有相应的读卡器，读卡器再通过 USB 连到计算机，在计算机中当作一个可移动存储设备使用，可以很方便地把照片文件复制到计算机中。

e. 连续拍摄能力。拍照时，从感光到将数据记录到内存的过程需要一个时间段，故拍完一张照片之后，不可能立即拍摄下一张照片。连续拍摄两张照片之间需要等待的时间间隔就成为数码相机连续拍摄速度的指标。越是高级的相机，间隔越短，那么连续拍摄的能力就越强。

(3) 高拍仪

高拍仪(也称速拍仪或备课王)可以进行高速扫描，具有光学字符识别(optical character recognition，OCR)功能，能够将扫描的图片识别转换成可编辑的 Word 文档，还能进行拍照、录像、复印、网络无纸传真、制作电子书、裁边扶正等操作，如图 1.1.4 所示。

图 1.1.4 高拍仪

高拍仪一般都配有高清摄像头，提供高质量的扫描，最大扫描尺寸可达 A3 幅面，可扫描彩色书籍、票据、身份证、文稿、文件等，可保存为 JPG 格式文件或者指定格式的图像文件。高拍仪拥有活动的结构，能对空间的任何物品进行拍摄，最终显示在计算机屏幕上，配合投影仪可直接投影到幕布上。

(4) 扫描仪

扫描仪是一种可将静态图像输入到计算机中的图像采集设备。结合光学字符识别软件，用扫描仪可以快速方便地把各种文稿输入到计算机中，大大加快了文字输入速度。下面简要介绍扫描仪的工作原理、分类及主要性能指标。

① 扫描仪的工作原理。扫描仪内部具有一套光电转换系统，可以把各种图片信息转换成计算机的图像数据，并传送给计算机，再由计算机进行图像处理、编辑、存储、打印输出或传送给其他设备。扫描仪工作过程如下。

a. 扫描仪的光源发出均匀光线照到图像表面。

b. 把“扫描线”当前扫描的一行图像经过模数转换，转换成数字信号。

c. 步进电动机驱动扫描头移动，读取下一行图像。

d. 经过扫描仪的 CPU 处理后，图像数据暂存在缓冲区中，为输入计算机做好准备工作。

e. 扫描完成后，按照先后顺序把图像数据传输至计算机并存储起来。

② 扫描仪的分类。常见的 3 种类型的扫描仪如图 1.1.5 所示。

a. 平板式扫描仪：主要分为 CCD 技术和 CIS(contact image sensor，接触式图像传感器)技术两种类型，主要应用于 A3 和 A4 幅面的纸张。其中应用于 A4 幅面的扫描仪用途最广、功能最强、种类最多，分辨率通常为 300~9 600 dpi(dot per inch，点每英寸)，色彩位数一般为 24~48位，可安装透明胶片扫描适配器用于扫描透明胶片，或安装自动进纸器实现高速扫描。

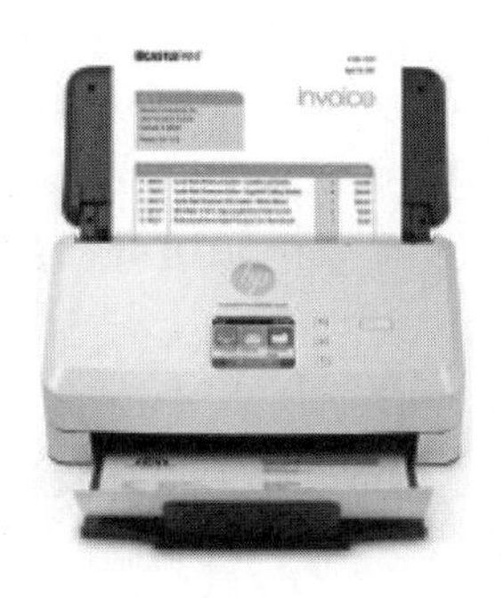

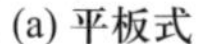

(a) 平板式　　(b) 手持式　　(c) 滚筒式

图 1.1.5　常见的 3 种扫描仪

b. 手持式扫描仪：体积较小、质量轻、携带方便，但扫描精度较低，扫描质量较差，图 1.1.5(b)所示是一款手持式激光条形码扫描仪。

c. 滚筒式扫描仪：一般用于大幅面的专业扫描，如工程图纸的扫描输入，采用光电倍增管(photomultiplier tube，PMT)传感技术，能够捕获正片和原稿中细微的色彩。

③ 扫描仪的主要性能指标。

a. 分辨率：系统能够达到的最大输入分辨率，以每英寸扫描的像素点数表示。常用水平分辨率×垂直分辨率来表示，其中水平分辨率又被称为光学分辨率，垂直分辨率又被称为机械分辨率。光学分辨率是由扫描仪的传感器以及传感器中的感光单元数量决定的。机械分辨率是步进电动机在平板上移动时所走的步数。光学分辨率越高，扫描仪解析图像细节的能力越强，扫描的图像越清晰。

b. 色彩位数：色彩位数越高，对颜色的区分能力越强。一般的扫描仪至少有 30 位色彩位数，能表达 2^{30} 种颜色，高档扫描仪拥有 36 位色彩位数，能表示约 687 亿种颜色。

c. 灰度：指图像亮度层次范围，灰度越高，图像层次越丰富，灰度值一般为 256。

d. 速度：在指定的分辨率和图像尺寸下的扫描时间。

e. 幅面：扫描仪支持的幅面大小，如 A4、A3、A1 和 A0。

2. 多媒体接口设备

(1) 声卡

声卡又称音频卡，是多媒体计算机中最基本的部件。话筒的输入、扬声器或音响输出的都是模拟信号，而计算机所能存储和处理的都是数字信号，声卡的作用之一就是实现模数和数模的转换。

① 声卡的组成与功能。声卡主要由音频信号处理芯片、音效合成芯片和数字与模拟信号转换电路等组成。音频信号处理芯片主要负责处理输入的音频信号，它控制采样频率和采样精度，从而决定了输出到总线的数字音频数据的质量；音效合成芯片负责将来自总线的音频数据混合成音频信号输出，它主要控制输出音频信号的高低音和各种音效；数字与模拟信号转换电路则用于模数和数模转换。

声卡的主要功能如下。

a. 录制与播放声音文件。能够输入外部的声音信号，并转换成音频文件保存。播放就是把处理好的音频信号通过扬声器或耳机输出。

b. 编辑与合成音乐文件。对声音文件进行多种特殊处理，例如，加入回声、倒放、淡入淡出、单声道放音和双声道交叉放音等，使得数字化的声音获得所需的音响效果。

c. MIDI 音乐的合成。用于外部电子乐器与计算机之间的通信，实现对带有 MIDI 接口的电子乐器的控制和操作。

声卡的性能指标主要有采样频率、采样的位数。声卡的采样频率常见的有 44.1 kHz、48 kHz、192 kHz 等，其音质分别对应 CD 品质立体声、优质 CD 品质立体声和多声道环绕立体声；采样的位数有 8 位、16 位和 32 位(浮点)等。采样频率和采样的位数越高，所录制的声音质量也越好，但数据量也越大。

② 声卡的接口。声卡分为内置声卡和外置声卡，其中内置声卡又可分为独立声卡和集成声卡(又称板载声卡)。外置声卡则集成了声音处理的各种功能，同时支持各种主流接口。

声卡上有许多接口，用于连接外置设备，如 mic、line in、line out、Type-C 或 USB、MIDI 等，声卡及其接口如图 1.1.6 所示。

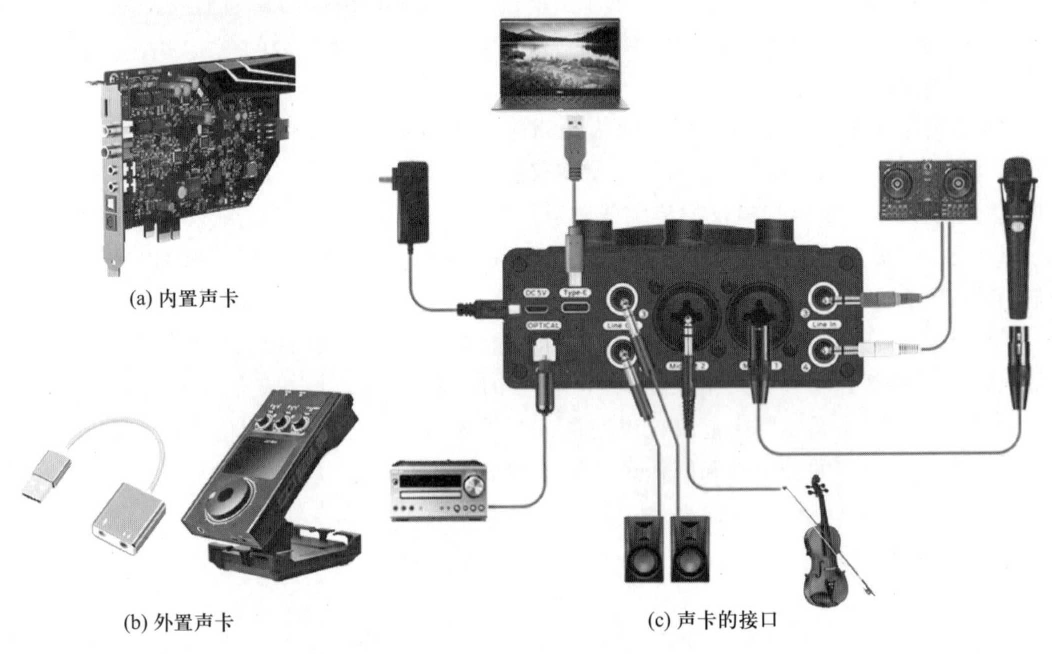

(a) 内置声卡　(b) 外置声卡　(c) 声卡的接口

图 1.1.6　声卡及其接口

(2) 视频采集卡和采集设备

视频采集卡又称视频捕捉卡，用于获取数字化视频信息，并将其存储和显示。一般的视频采集卡能在捕捉视频信息的同时获得伴音，使音频部分和视频部分在数字化时能同步保存和播放。视频采集卡的分类方法比较多，常见的分类方法如下。

① 按照连接方式的不同可分为内置和外置两种，如图 1.1.7 所示。

② 按照采集卡的接口类型可分为 USB 3.0/Type-C 采集卡、PCI-E 采集卡、M.2 接口采集卡等。

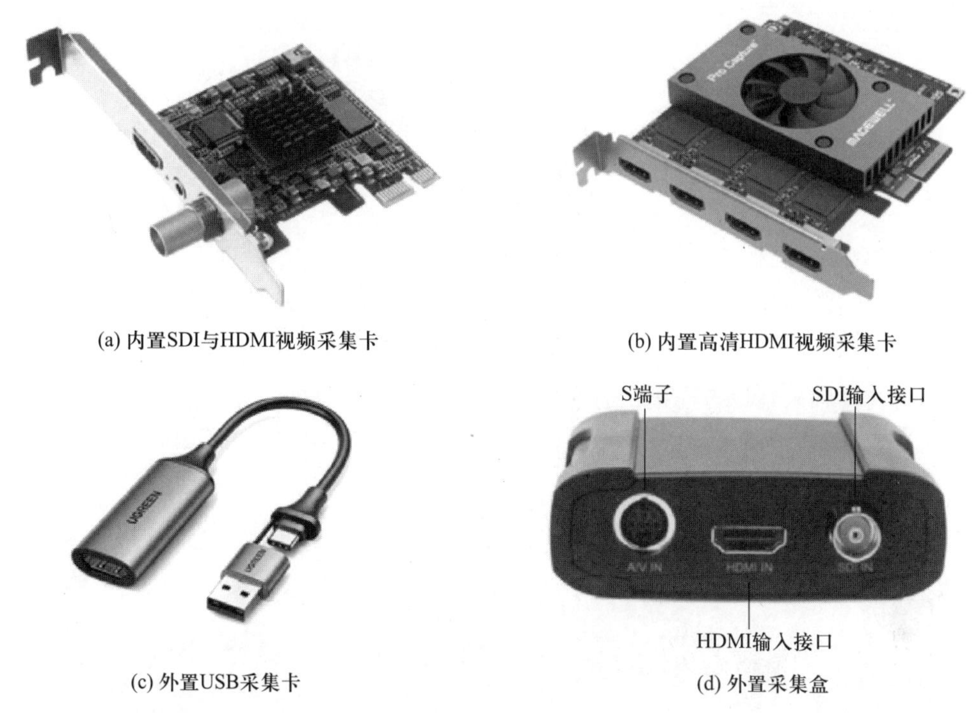

(a) 内置SDI与HDMI视频采集卡

(b) 内置高清HDMI视频采集卡

(c) 外置USB采集卡

(d) 外置采集盒

图 1.1.7　视频采集卡

③ 按照不同视频信号源可分为数字采集卡和模拟采集卡，其中模拟采集卡支持复合端子和 VGA 端口，数字采集卡支持 HDMI、DVI、SDI 等端口。视频采集卡接口如图 1.1.8 所示。

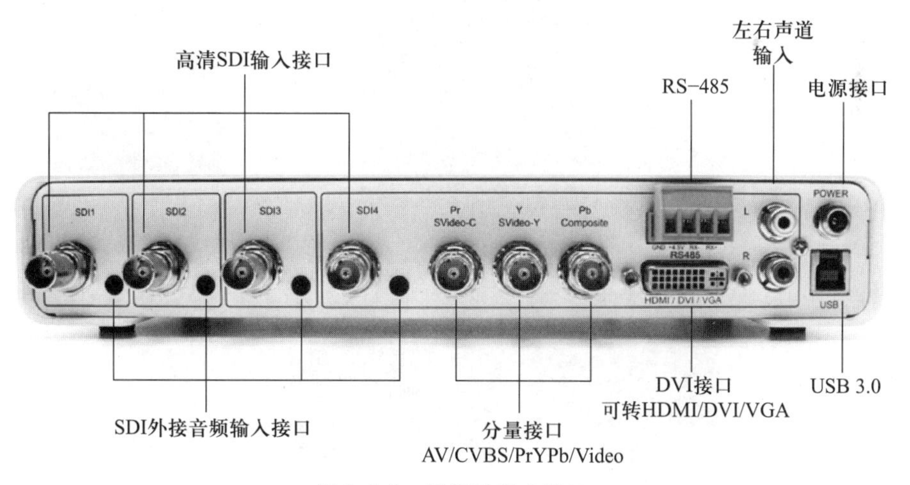

图 1.1.8　视频采集卡接口

④ 按照采集卡的用途不同可分为广播级视频采集卡、专业级视频采集卡和民用级视频采集卡。目前广播级视频采集卡可以采集分辨率最高为 7 680 像素×4 320 像素的图像，每个强度或彩色分量的数据表示位数可达 10 位(bit)，输出接口支持 PCIe×8，如图 1.1.9 所示。

图 1.1.9　广播级视频采集卡

将计算机与视频采集设备连接，通过特定的采集接口和数据线连接到各种视频输出设备，即可实时获取视频信号并进行直播或转播，视频采集系统如图 1.1.10 所示。

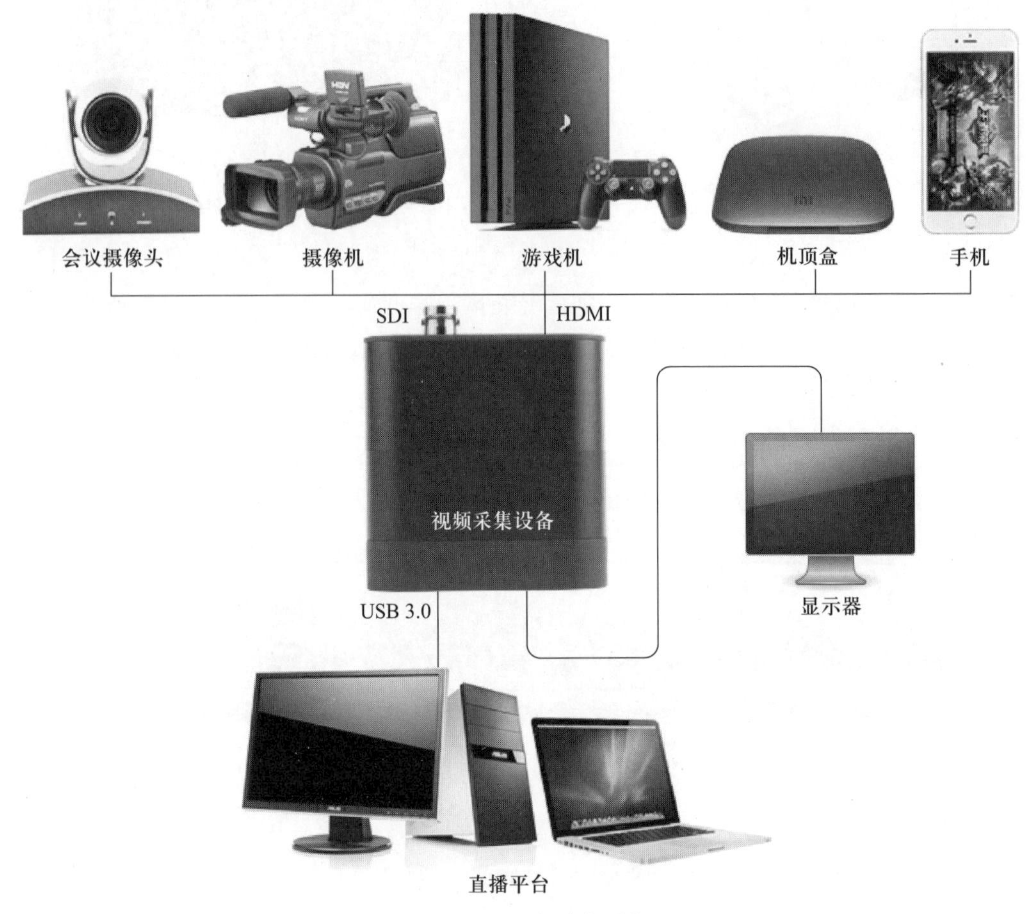

图 1.1.10　视频采集系统

(3) 显卡

显卡又称显示器适配卡，它是连接主机与显示器的接口卡，其作用是将主机的输出信息转换成字符、图形等信息，传送到显示器上显示。目前显卡的型号主要有超威半导体公司

(AMD)的 RX 系列、英伟达公司(NVIDIA)的 RTX 系列、GTX 系列和 P 系列。

显卡功能示意图如图 1.1.11 所示，主要由显示主芯片、显示缓存(简称显存)、数模转换器等组成。图形处理单元(GPU)是显卡的“心脏”，负责完成大量的图像运算和内部控制工作，减少了对 CPU 的依赖，它决定了显卡的档次和大部分性能。显存的主要功能就是存储显示主芯片要处理的数据和处理完毕的数据，相当于计算机的内存，GPU 的性能越强，需要的显存也就越大。数模转换器的作用是将显存中的数字信号转换为显示器能够显示的模拟信号。

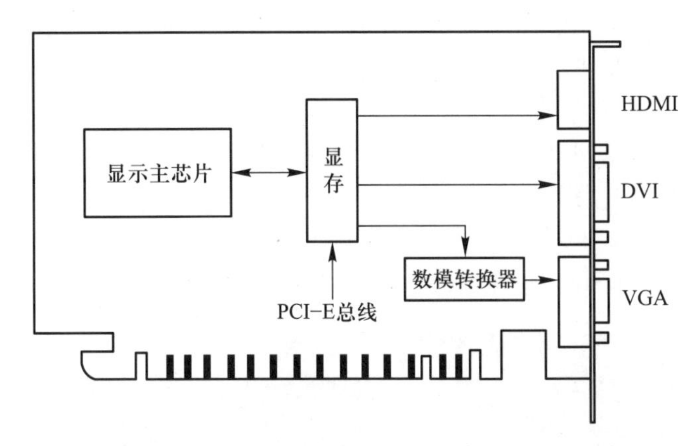

图 1.1.11 显卡功能示意图

显卡所处理的信息最终都要输出到显示器上，显卡的输出接口就是显卡与显示器之间的桥梁。现在最常见的输出接口主要有 VGA、DVI、HDMI、DP、Type-C 等，如图 1.1.12 所示。

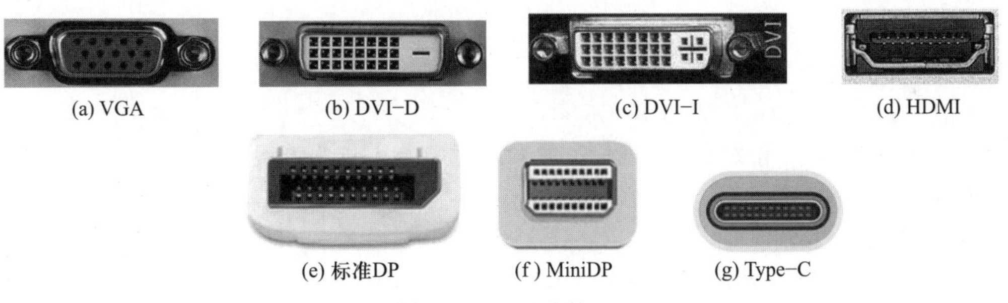

(a) VGA (b) DVI-D (c) DVI-I (d) HDMI

(e) 标准DP (f) MiniDP (g) Type-C

图 1.1.12 显卡接口

① VGA(video graphic array)：视频图形阵列，VGA 接口的作用是将转换好的模拟信号输出到显示器中。

② DVI(digital visual interface)：数字视频接口，用来传输未经压缩的数字视频。DVI 分为两种：一种是 DVI-D 接口，只能输出数字信号；另一种则是 DVI-I 接口，它既可输出模拟信号，又可输出数字信号。

③ HDMI(high definition multimedia interface)：高清多媒体接口，作用是将多媒体数字信息输出到液晶电视机或数字投影仪上。

④ DP(display port)：一种数字式视频接口，主要用于视频源与显示器等设备的连接，也支持传输音频和其他形式的数据。DP 接口分为标准 DP 和 MiniDP 两种。DP 的协议是基于被

称为微报文的小的数据报文，这种微报文可以将定时器信号嵌入在数据流中，优点是使用较少的引脚数就可以实现更高的分辨率。数据报文的应用也允许 DP 在应用上可扩展，设计该接口的目的是取代传统的 VGA 和 DVI 等接口。

⑤ Type-C(又称 USB Type-C)：属于 USB 接口的另外一种外形标准，拥有比 Type-A 及 Type-B 更小的体积，可用于计算机和手机。Type-C 接口插座端的设计纤薄，支持从正、反两面插入，可承受 1 万次反复插拔，连接线可通过 3 A 的电流。用户能够迅速通过 Type-C 传输数据和视频，还可以快速充电。对于显示器来讲，使用 Type-C 进行数据传输时，无须再另外使用一条电源线给显示器供电。

(4) 通用接口

通用接口是支持大多数设备的一种通用的接口标准，不是针对某种特定设备的接口，目前电子设备最通用的物理接口是 USB 接口以及交互控制接口等。

① USB(universal serial bus，通用串行总线)接口：一个外部总线标准，用于规范计算机与外部设备的连接和通信，USB 传输速度快，支持热插拔以及连接多个设备，如图 1.1.13 所示。

图 1.1.13 USB 接口

USB 2.0 接口理论传输速度可达 480 Mb/s，USB 3.0 接口理论传输速度能达到 5 Gb/s，而 USB 3.1 接口的理论传输速度则为 10 Gb/s。

② 交互控制接口：用来连接触摸屏、鼠标、光笔等人机交互设备，这些设备将大大方便用户对多媒体设备的使用。

3. 多媒体存储设备

多媒体存储设备种类繁多，其中光盘系列主要分为 CD-ROM、CD-R、CD-RW、DVD、蓝光光盘等，由于 CD 盘片的存储容量有限，而且还需要专门的光驱设备读写，目前很少被使用；取而代之的是大容量的 U 盘、固态硬盘、存储卡等。

(1) CD 系列

CD-G、CD-V、CD-ROM、CD-I、CD-I FMV、卡拉 OK CD、Video CD 等统称为 CD。

① CD-ROM(只读存储光盘)：在盘上压制凹坑，利用凹坑的边缘来记录“1”，而凹坑和非凹坑的平坦部分记录“0”，利用激光束来读出数据，其物理特性决定了只能读取光盘上的数据，而不能把数据写到光盘上。

② CD-R(一次写光盘)：就是在反射层下多了一个记录层，由涂有特殊性质的有机染料构成，这种有机染料在激光的作用下会发生变化，从而达到记录数据的目的。CD-R 可以分多次写入数据，只能写入到以前没有写入的区域。

③ CD-RW(可擦写光盘)：利用激光使记录介质在结晶态和非结晶态之间的可逆相变结构

来记录数据和擦除数据。写操作时聚焦激光束加热记录介质，改变记录介质的结晶状态，用结晶状态和非结晶状态对应二进制的“0”和“1”。读操作时，利用结晶态和非结晶态具有不同反射率特性来检测“0”和“1”。

(2) 数字视频光盘(digital video disc，DVD)

DVD 主要用来存放视频节目，也可以存储其他类型的数据，比 CD 盘片的存储容量大，常见的单层单面的 DVD 容量为 4.7 GB，双层双面的 DVD 存储容量可达 17 GB。

(3) 蓝光光盘(blu-ray disc，BD)

蓝光光盘由一片厚度为 1.1 mm 的记录层和厚度仅为 0.1 mm 的透明保护层复合而成。由于其采用波长为 405 nm 的蓝紫激光(blue-violet laser)，所以称为蓝光光盘，通常单层蓝光光盘的容量在 25 GB 左右，最高可达 200 GB。

(4) U 盘

U 盘又称优盘或闪盘，是 USB flash disk 的简称，是一种微型的大容量移动存储设备，通过 USB 接口与电子设备连接，可即插即用，目前 U 盘的存储容量可达 2 TB。

(5) 固态硬盘(solid state disk 或 solid state drive，SSD)

固态硬盘是用固态电子存储芯片阵列制成的硬盘，基于不同的存储介质，分为以下 3 种类型。

① 基于闪存的固态硬盘：采用 Flash 芯片作为存储介质，即 SSD，可作为台式机或笔记本电脑内部的硬盘，也可做成单独的微硬盘、存储卡、U 盘等外部存储设备。固态硬盘的优点是可移动，数据保护不受电源控制，能适应各种环境，适合个人用户使用，使用寿命较长。

② 基于动态随机存取存储器(dynamic random access memory，DRAM)的固态硬盘：采用 DRAM 作为存储介质，应用范围较窄，仿照传统硬盘设计，提供工业标准接口连接主机或服务器，是一种高性能的存储器，理论上可无限次写入，但是需要独立电源来保护数据安全。

③ 基于 3D XPoint 的固态硬盘：原理上接近 DRAM，但是属于非易失存储。读取延时极低，只有现有固态硬盘的 1%，存储寿命长。缺点是成本极高，多用于发烧级台式机和数据中心。

(6) 存储卡(或称闪存卡)

存储卡是利用闪存(flash memory)技术来存储信息的一种存储器，一般作为数码相机、掌上电脑和 MP3 等数码产品的存储介质，外观小巧，就像一张卡片，所以又称闪存卡。存储卡不同于一般的内存，断电也能长久地保存数据，主要有以下几种类型，如图 1.1.14 所示。

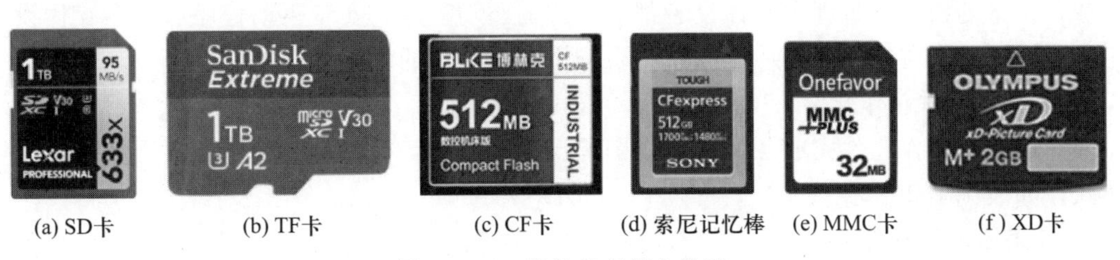

(a) SD卡　(b) TF卡　(c) CF卡　(d) 索尼记忆棒　(e) MMC卡　(f) XD卡

图 1.1.14　常见的存储卡类型

① SD(secure digital)卡：由松下、东芝及 SanDisk 公司共同开发研制。有较高的存储容量、

快速的数据传输率、极大的移动灵活性，最大的特点就是能通过加密功能保证数据资料的安全。

② TF(trans flash)卡：由摩托罗拉公司(Motorola)与SanDisk公司共同研发，是一种超小型卡(11 mm×15 mm×1 mm)，大小约为SD卡的1/4，是目前最小的存储卡，可插入SD卡转换器中作为SD卡使用。

③ CF(compact flash)卡：由SanDisk公司最先推出，大多数数码相机选择CF卡作为其首选存储介质，但容量偏小，体积偏大，性价比不高。

④ 索尼记忆棒(Sony memory stick)：索尼公司(Sony)推出了大量利用该项技术的产品，如DV摄像机、数码相机、VAIO个人计算机、彩色打印机、Walkman、IC录音机、LCD电视等，还有一些附件产品，如PC卡转换器、3.5英寸软盘转换器、并行出口转换器和USB读写器等使记忆棒可轻松与个人计算机或苹果机进行连接。

⑤ MMC卡(multimedia card)：由西门子公司(SIEMENS)和SanDisk公司推出，主要应用于数码影像、音乐、手机、PDA、电子书和玩具等产品。

⑥ XD卡(XD-picture card)：由富士和奥林巴斯公司联合推出的专供数码相机使用的小型存储卡，XD取自“extreme digital”(极限数字)的意思，是一个比较轻巧的数字闪存卡。

存储卡中的数据一般通过相应的读卡器设备读入计算机，读卡器上至少有一个插入存储卡的接口，再通过USB接口与计算机相连。

1.2.2 多媒体软件系统

多媒体软件系统主要包括多媒体操作系统、多媒体驱动程序、多媒体素材制作软件、多媒体创作软件、多媒体播放软件、多媒体转换软件等。

1. 多媒体操作系统

多媒体操作系统是多媒体的核心系统，除了具有操作系统的基本功能外，还必须具备对多媒体数据和多媒体设备的管理和控制功能，负责多媒体环境下多任务的调度，保证音频、视频同步控制以及多媒体信息处理的实时性，提供多媒体信息的各种基本操作和管理，使多媒体硬件和软件协调工作。目前，多媒体的大量使用者通常都是基于Windows环境的，因此也被称为多媒体Windows平台。

2. 多媒体驱动程序

多媒体驱动程序是多媒体计算机系统中直接和硬件打交道的软件，它完成设备的初始化，控制各种设备的操作。每种多媒体设备都有对应的驱动程序，安装驱动程序后，多媒体设备才能正常使用。目前流行的多媒体操作系统自带了大量常用的多媒体驱动程序。

3. 多媒体素材制作软件

多媒体素材制作软件完成各种图像、图形、动画和声音等素材的制作。常用的多媒体素材制作软件如表1.1.2所示。

4. 多媒体创作软件

创作软件实质是程序命令的集合。它们不仅能将多媒体素材有机地结合成一个完整的多媒体产品，还具有操作界面的生成、交互控制、数据管理等功能。开发多媒体应用程序的创作软件很多，根据它们的特点可以分为两大类。

表 1.1.2 常用的多媒体素材制作软件

<table>
<tr><th>多媒体素材</th><th colspan="2">典型产品软件</th><th>特　点</th></tr>
<tr><td rowspan="4">图形</td><td colspan="2">AutoCAD</td><td>Autodesk 公司开发的一个交互式绘图软件，用于二维及三维图形设计、绘图的系统工具，可以用来创建、浏览、管理、打印、输出、共享设计图形</td></tr>
<tr><td colspan="2">FreeHand</td><td>Adobe 公司开发的专业的矢量图形制作工具。属于平面图形设计软件，主要用于机械制图和建筑制图，以及制作海报和广告画等</td></tr>
<tr><td colspan="2">CorelDRAW</td><td>Corel 公司开发的矢量图形制作工具软件</td></tr>
<tr><td colspan="2">Illustrator</td><td>Adobe 公司开发的一个标准矢量图形制作软件</td></tr>
<tr><td rowspan="2">图像</td><td colspan="2">Photoshop</td><td>Adobe 公司开发的图像处理软件</td></tr>
<tr><td colspan="2">ACDSee</td><td>ACD Systems 公司开发的数字图像处理软件，用于图片的获取、管理、浏览和优化处理</td></tr>
<tr><td rowspan="4">动画</td><td rowspan="2">二维</td><td>Animate</td><td>Adobe 公司开发的网页多媒体制作软件，可制作简单的连续动画和互动按钮，提供绘图和音效处理</td></tr>
<tr><td>Animator Studio</td><td>Autodesk 公司开发的平面动画制作软件，包含了动画制作、图像处理、音效处理、动态影像处理以及绘图等功能</td></tr>
<tr><td rowspan="2">三维</td><td>3ds Max</td><td>Discreet 公司开发的三维动画和建模软件</td></tr>
<tr><td>Maya</td><td>Alias 公司开发的三维动画制作软件</td></tr>
<tr><td rowspan="2">声音</td><td colspan="2">Adobe Audition</td><td>Adobe 公司将 Cool Edit 产品接手以后更名为 Adobe Audition，提供专业化的音频编辑环境，可进行音频混音、编辑和效果处理等</td></tr>
<tr><td colspan="2">Sound Forge</td><td>Sonic Foundry 公司开发的一款专业化数字音频处理软件，包括音频处理、编辑和各种声音效果制作等功能</td></tr>
<tr><td rowspan="3">视频</td><td colspan="2">Premiere CC</td><td>Adobe 公司开发的一个专业视频编辑软件，用于视频剪辑和合成，提供了各种视频和音频特效制作和字幕制作功能</td></tr>
<tr><td colspan="2">Movie Marker</td><td>Windows 自带的视频处理软件，一般用于制作家庭电影</td></tr>
<tr><td colspan="2">绘声绘影</td><td>友立公司开发的数字视频编辑软件，是一个操作简单、功能强大的 DVD、HDV 影片剪辑软件</td></tr>
</table>

（1）编程语言

如 Visual Basic、Visual C++、C#、Java 和 Python 等高级语言。利用这些高级语言能设计出灵活多变且功能强大的多媒体应用程序，但是编程对开发者的要求比较高。一般实现多媒体交互类作品都使用脚本语言来编写简单的脚本指令。

（2）多媒体创作工具

利用这些工具可以不编程或少编程完成多媒体应用程序的开发，目的是为多媒体应用系统设计者提供一个自动生成程序代码的综合环境。其主要优点是简单、直观和方便；但受创作工具功能的限制，缺乏编程语言开发具有的优点。

常用的多媒体创作工具如表 1.1.3 所示。

表 1.1.3　常用的多媒体创作工具

典型创作工具	特　　点
Authorware	Macromedia 公司开发的一个基于图标和流程线的多媒体创作工具，用于多媒体素材的集成和组织
Director	Macromedia 公司开发的用于创建多媒体交互程序的创作工具，非常适合制作交互式多媒体演示产品
Tool Book	Asymetrix 公司开发的多媒体创作工具，比较适合制作交互式在线学习的多媒体课件和百科全书类的多媒体产品
Storyline	Articulate 公司开发的课件制作软件，可创建交互的动态课件，适合微课的制作，集成了屏幕录制、拖放式交互、单机显示活动以及测试和评估等功能

5. 多媒体播放软件

多媒体播放器软件种类繁多，主要包括音频和视频播放器，这里简单介绍几个常用的播放器软件。

① Windows Media Player：微软公司开发的媒体播放软件，可以播放的文件类型主要包括 WMV 和 ASF 格式，也可以播放 MPEG-1、MPEG-2、WAV、AVI、MIDI、VOD、AU、MP3 和 MOV 格式的文件。

② RealOne Player：RealNetworks 公司的音视频流媒体综合播放系统，不仅可以播放音视频文件，还可以进行 Web 浏览、曲库管理以及内置了许多在线广播和电视频道，主要支持 RM 和 RMVB 等文件格式。

③ QuickTime Player：由苹果公司开发，主要用于播放 MOV 格式的视频文件。

④ Flash Player：用于播放 Flash 动画，支持 SWF 格式的文件。

⑤ ShockWave Player：用于播放 ShockWave 电影，支持 DCR 和 DXR 格式的文件。

6. 多媒体转换软件

目前的音频和视频文件格式种类繁多，虽然大多数媒体编辑软件和播放器软件都同时支持多种格式，但对多媒体素材进行集成时，经常需要对音频和视频文件的格式进行转换，常用的转换软件如下。

① 全能音频转换通：支持所有流行的媒体文件格式，并能进行批量转换，还能从视频文件中分离出音频流，转换成完整的音频文件。

② 超级转换秀：集成了视频转换、音频转换、CD 抓轨、音视频混合转换、音视频切割与合并等功能的转换工具。

③ Video Converter：是一个视频文件转换工具，可以将各种常见的视频文件转换为AVI、MPEG、VCD、SVCD、DVD、WMV、ASF等格式的文件。

1.2.3　多媒体应用系统设计

一个多媒体应用系统(或多媒体作品)应该按照规范化的流程进行设计，从系统的需求分析入手，只有符合实际需求的作品才能发挥实际应用价值，然后进行详细的构思，设计各分镜头脚本，随后开始收集素材并对素材进行加工处理，制作各种后期特效并合成，最终发布为一个完整的作品。

1. 需求分析

多媒体作品的目标是让用户认可和满意，所以必须要了解用户需求。从分析用户需求开始，明确作品反映的主题、信息种类、制作要求和所要达到的目标，以此来选择合适的内容。

2. 脚本设计

多媒体作品脚本相当于影视拍摄中的剧本，是多媒体作品创作的核心。脚本一般先写文字脚本，如同写文章，将作品的思想、内容和目的尽可能详细地描述出来，动画剧本最好在草稿纸上将各个分镜头的场景大致绘制出来。然后进入制作阶段，作品制作的直接依据主要是各种信息的综合使用，在计算机上用最合适的方式呈现出来。

3. 多媒体素材制作

按照脚本设计素材并进行加工。例如，文字准备、录音、绘制图形、制作动画、拍摄视频等。文字准备比较简单，对声音、图像和视频等信息要考虑到数字化，需要使用各种多媒体素材制作软件进行编辑和压缩处理等，工作量比较大。在收集和制作素材时应注意严格要求，保证质量。

4. 多媒体素材的集成和调试

多媒体集成是利用多媒体创作软件将所收集的素材集成，是多媒体作品的生成阶段。在这个过程中从使用者角度不断地进行测试，测试作品的正确性和功能的完备性，看其能否实现预定的目标，对发现的问题及时加以修改。

5. 多媒体作品的包装

多媒体作品制作完成后，必须打包生成独立的多媒体应用产品，所谓“打包”，就是形成一个可以脱离具体制作环境而在操作系统下直接运行的系统。同时，还要向用户提供详细的文档资料，内容包括作品的基本功能、使用方法等。

1.3　多媒体作品

多媒体课程的学习如果仅仅停留在各个软件的基本操作上，那么大家通过网上自学即可完成，为了达到教学目标，真正提高学生们的多媒体综合素养，必须能够学以致用，所以每学期都要求学生利用所学多媒体软件完成一个3~5分钟的视频或动画作品。下面先介绍多媒体作品的制作要求以及具体的实施过程，然后以一个全国竞赛获奖作品为例，介绍多媒体作品制作的详细过程。

1.3.1 多媒体作品制作要求

1. 作品选题

作品主题必须健康向上，最好结合自己的专业知识、社会热点和焦点问题、自己的兴趣爱好，鼓励大家弘扬中华的优秀传统文化；通过多媒体技术生动形象地展示身边的“真善美”，树立正确的人生观和世界观；同时发挥各专业学生的学科特色，提升其专业审美能力。选题过程中建议结合以下几个方面综合考虑。

① 可行性：首先必须考虑选题是否可行，是否具备必要的硬件和软件条件，只有条件允许才能完成作品的制作。

② 实用性：作品展示的内容具有一定的实际意义或应用价值。

③ 新颖性：要让作品具有吸引力，必须反映最新的社会问题，如目前社会关注的热点或焦点问题，或反映最新的科学技术成果等。

开始选题时可以先确定一个大致的范围，如介绍自己专业的创新项目，展示自己喜欢的某项传统文化等；作品名称可以在后期制作过程中根据自己展示的内容取一个合适的名字，注意作品名字既不要太宽泛也不要太狭窄，如中华上下五千年，涉及内容太多，短时间内无法讲清楚。

2. 内容规划

很多学生在实际制作过程中内容容易偏题，所以必须要对内容进行有效规划。作品内容必须围绕主题来展开，在进行具体设计之前，要将作品的各个组成部分大致罗列出来。另外，内容设计必须符合以下要求。

① 内容前后要保持一致和连续。

② 内容表现形式要生动和丰富多彩，避免呆板和重复。

③ 尽可能采用自己原创设计与制作的素材。

3. 结构规划

一般采用模块化设计方式，首先确定由哪几个模块组成，各个模块之间的关系或过渡方式，如果是交互式作品设计还必须考虑导航结构，按照导航策略画出模块之间的关系图。

4. 进度规划

要在规定时间内完成一个大作品的设计和制作，不论是个人还是团队，都必须制订一个详细的进展计划，这样才能有条不紊地完成自己的任务，达到预期的目标。

① 将任务进行详细分解。

② 写出每一阶段必须完成的任务和所要达到的目标。

5. 作品要求

（1）技术要求

不限定作品制作所选用的软件，既可以选择课堂所学的多媒体软件，也可以选择自己熟悉的其他软件。作品内容和表现形式也不限定，目的是希望学生充分发挥自己的主观能动性，不仅能把课堂所学的多媒体软件综合应用到实践中，还能通过教学网站和网络自学一些多媒体制作实例，可以借鉴和学习他人作品的制作方法和制作技巧，但绝对不能抄袭他人作品，要求作品必须是原创的。

（2）完成形式

作品可以独自完成，也可以 2~3 人组成一个团队一起完成，当然人数越多，对作品的要求也越高，同学之间必须注意进行合理分工与合作。

（3）格式要求

最后提交的多媒体作品应该是一个视频或动画文件，可以进行顺序播放或进行交互控制。视频文件一般不要太大，如果是 AVI 格式，尽可能转换成 MP4、WMV、MOV 等格式，既可以是交互控制的，也可以是其他格式的，画幅大小建议选择 640 像素×480 像素或 800 像素×600 像素，或者选择标准 DV PAL 制的 720 像素×576 像素。

（4）文档要求

作品提交时必须同时提交一份电子报告，并将报告的电子文档与作品一起提交。作品报告的内容主要如下。

① 作品主题和作品的特色介绍。

② 作品的构思和组成。

③ 作品格式和运行要求。

④ 作品的详细分工介绍。

⑤ 作品的详细制作步骤。

⑥ 心得体会或意见与建议。

教学网站上有报告的模板，要求对自己原创的设计或有特色的设计部分提供尽可能详尽的制作步骤，配有必要的截图。

6. 作品设计原则

在作品设计过程中，需要遵循以下几个原则。

（1）界面设计原则

① 简洁明了：内容要简洁，色彩搭配要协调，让用户能够一目了然。

② 布局合理：作品前后要保持风格一致，尤其是交互式控制的按钮摆放位置应该合理并保持前后一致。其次是要突出重点，必须将重要内容放在醒目的位置，通过颜色或形状的变化来突出显示。

③ 适应性：要对不同用户提供不同的接受方式和操作方法，如提供图形、图像、字幕、动画、视频、音乐、声效、旁白或交互控制的按钮或图标等。

④ 动静结合：让原本静止的画面“动”起来，画面之间则添加一些切换特技，但不能杂乱无章，必须有用、有序或有趣。

（2）创意设计原则

① 创新性：好的创意往往来自创新的观念和思想，必须突破传统的陈规旧律，敢想敢做，尤其在动画制作过程中，可以说：没有计算机做不到的，只有你想不到的。

② 科学性：创意必须符合科学规律，不能凭空捏造，违背常理。

③ 艺术性：好的创意必须符合艺术设计的原则，以增加作品的艺术感染力。如旁白和音乐处理是否恰当、色彩搭配是否合理、动画设计中的夸张和拟人效果等。

④ 技术性：创意设计必须考虑在现有技术上是否可行，如果技术上无法实现，那么再好的创意也只是纸上谈兵。

7. 作品的评分

作品成绩主要根据以下几个方面来进行衡量。

① 创意：选题与内容是否有创新意识。

② 主题论述：主题表达是否充分和全面，内容是否偏离了主题。

③ 视觉效果：画面是否协调，颜色搭配是否合理，动作是否流畅，内容是否连续和一致，画面切换是否自然流畅等。

④ 听觉效果：背景音乐、音效和旁白是否动听，与画面内容是否一致，能否起到烘托主题的效果。

⑤ 技术难度：是否有一定难度。

注意：在实践过程中要避免纯粹为了技术而画蛇添足，如有的作品中的三维动画完全与作品不协调，反而影响了作品的整体视觉效果。

多媒体作品评分参考如表 1.1.4 所示。

表 1.1.4 多媒体作品评分参考

评价指标	评分范围
作品选题 （主题是否积极向上或有意义）	0~10
作品内容 （内容是否充实，能否充分表达主题）	0~20
作品结构 （结构是否清晰完整、布局合理）	0~10
视觉效果 （画面是否协调，颜色搭配是否合理，动作是否流畅，内容是否一致和连续，画面切换是否自然流畅等）	0~10
听觉效果 （背景音乐、声效或旁白是否动听，能否起到烘托主题的作用）	0~10
作品创意 （是否构思独特、设计巧妙，具有想象力和表现力）	0~15
技术规范 （作品格式、画面大小、文件大小等是否符合要求）	0~5
实验报告 （书写是否规范、步骤是否比较详细）	0~10
答辩讲解 （讲解思路是否清晰、回答问题是否正确）	0~10

1.3.2　多媒体作品制作流程

多媒体作品制作不是一次简单的实验操作，而是一个比较系统而规范的应用系统设计，相当于一个课程设计，所以应该按照以下的流程有计划地实施。

1. 酝酿准备阶段

第1周布置任务，到教学网站上下载观看历届学生的优秀习作，了解作品的形式和确定自己的选题。

2. 素材收集阶段

第2~7周进行素材的收集准备，可以到网上浏览收集，也可以自己去实地拍摄。

3. 递交选题规划

第8~9周提交一个作品的选题规划，内容主要如下。

① 作品的主题：给自己的作品取一个合适的名字，后期不合适还可以修改。

② 作品的构思：简要地把自己的想法记录下来。

③ 分工合作情况：是独自还是多人合作完成，写清楚每个人计划完成的内容。

提交选题规划的目的是让老师尽早地了解作品的规划是否可行，选题是否恰当，人数组合是否合理等，如果有的团队有多个选题，老师可以给出反馈意见或建议，为作品后续的顺利实施打好基础。

4. 递交中期报告

中期报告一般在第12周左右提交，在选题规划的基础上加以完善，汇报素材收集情况和目前已经完成的内容。提交中期进展报告的目的是让教师了解作品进展情况，不允许在多个选题之间犹豫，督促学生尽早确定选题，开始实施预定计划，如果拖到学期后阶段才开始起步，仓促制作出来的作品质量就会大打折扣。

5. 详细制作阶段

第13~15周为作品的详细制作阶段，一般中期进展报告提交以后，作品合作形式基本确定，任务分工已经明确，各自完成自己的任务。

6. 集成调试和书写报告

第16周必须对大作品的各个组成部分进行集成调试并渲染输出，撰写较为详细的作品报告。

7. 答辩讲解

一般在第16周的周末进行作品的答辩讲解，分以下两个部分。

（1）播放讲解

时间控制在10分钟左右，可以采取边播放边讲解的形式，也可以先播放作品，再讲解作品中哪些内容是自己制作的，用的是什么软件，用了什么方法和技巧，碰到了什么问题，是如何解决这些问题的，等等。如果是多人合作完成，那么谁做的由谁讲比较好，也可以由一人主讲，其他人进行必要的补充。

（2）回答问题

时间一般在3分钟左右，由参加答辩的教师针对作品提问，问题一般围绕作品的制作方法和制作技巧等。

1.3.3 多媒体作品制作指南

下面是我校这几年来在多媒体作品制作方面积累的教学经验，供大家参考。

首先我们把历届学生的优秀习作和竞赛获奖作品放在教学网站上供学生随时下载观看。其次是平时课堂上会挑选一些比较有代表性的作品进行演示，并点评作品的亮点以及存在的问题，同时也会听取各专业学生对作品的感受和评价，让学生了解好的作品好在哪，哪些地方存在不足，应该如何改进等。

1. 关于作品选题

多媒体作品创作的第一步就是要进行选题，只有确定好主题才能开始下一步的素材收集和详细制作等，可以说，选定一个好的主题作品就成功了一半。下面是关于选题的建议。

① 当前社会关注的热点与焦点问题，例如食品安全问题、学术打假问题、医疗改革问题、社会保障问题，等等，一般适合 2~3 人合作完成。

② 即将举办或正在举办的一些大型活动或体育盛会等，例如世界博览会、奥运会、体育比赛等，建议独立完成或两人合作完成，在这些活动举办之前可以选择介绍这些活动的由来和举办的意义或自己的体会等。注意：这些活动举办结束以后再选择这方面的主题就会很难发挥或很难做出特色。

③ 抗震救灾类，例如汶川大地震和日本大地震发生以后，选择介绍这些事件或讲述救灾过程中的感人事件等，还有不少学生结合自己的专业知识介绍地震或火灾等灾难发生时如何逃生或设计出自己的抗震设施等，一般适合 2~3 人合作完成。

④ 介绍一些人文或中华优秀传统文化，如果内容比较宽泛，则建议 2~3 人合作，否则建议 1 人独立完成。

⑤ 个人兴趣爱好或自己喜爱的偶像，建议 1 人独立完成。

在以往的实践过程中经常有人中途换题，甚至到学期后半阶段还在犹豫自己的主题，这样直接导致后面作品制作仓促，作品质量无法得到保障，中途换题大部分是因为多人合作过程中出现了分歧，而且无法协调解决，最终导致合作失败。建议在选题时就明确目标，确定好详细的分工内容，而且要学会相互沟通，合作过程中存在分歧在所难免，关键是如何解决问题，要学会相互理解、相互帮助才能体会到合作的乐趣，尽量避免后期换题带来的负面影响。

2. 作品内容与构思

首先要求作品内容必须与主题相符，与写作文一样，内容不能偏题。其次是作品内容必须丰富，结构布局合理。同样的选题，同样的素材，不同的编排与展示方式效果是不一样的，如果作品构思巧妙，编排合理，往往能够给观众留下深刻的印象。课堂上教师会挑选一些比较有特色的作品进行展示。

（1）原创性

作品《拖延症》：这是一个 1 分 30 秒的视频短片，每一帧都是学生手绘的，主题有警醒作用，该作品的音效也处理得非常好，逼真的音效会增加场景的真实感，起到烘托气氛的作用。

作品《生肖说字》：作品中十二生肖的形象以及与文字相关的动画场景全部是作者原创设计制作的。

作品《民族情，中国结》：这是一个用矢量线条逐帧制作的线条动画，表现手法非常有特色，不足之处是内容不够丰富。

（2）技术性

作品《功夫》：这是动画专业学生制作的一个机器人比武的动画作品，机器人采用 Maya 建模，动作非常逼真，作品实现的技术难度比较大，在一个学期的教学结束以后是不可能实现的，但通过该作品让学生知道技术不是第一位的，只是作品实现的一种辅助手段，评价多媒体作品的好坏不仅仅根据技术的实现难度，最主要的还是作品总体的效果。

（3）故事性

如果作品的故事情节生动、内容感人，那么观众就很容易被打动，好的故事才能催生出好的作品，如作品《淹没的回忆》。

（4）制作方式

作品不仅仅局限于计算机软件的加工制作，还可以通过采用手工制作好场景以后再后期拍摄并加工完成，如《潜水器的故事》，获得了全国大学生海洋文化创意设计大赛的铜奖，潜水艇和潜水员都是用彩泥捏出来再拍摄加工的，不少作品采取手绘制作再拍摄加工，也有直接利用环保材料搭建动画场景再定格拍摄并加工的，如作品《达利日记》。

以上几个方面不是相互独立的，往往是交融在一起的，好的故事往往构思巧妙，表现手法独特，内容也很丰富。

3. 视觉效果

视觉效果在评价作品的好坏上有着举足轻重的作用。

首先，要强调画面的色调前后一致，色彩搭配要合理，如暖色调适合展示比较温馨的场面，冷色调适合展示寒冷或残忍的场面。

其次，要使画面的过渡自然流畅。如果是视频的过渡，变化要有规律，不能给人以杂乱无章的感觉；如果是三维动画的场景过渡，则要求过渡自然，摄像机的移动要平稳，否则很容易出现画面的抖动或黑屏。

最后，要注意把握画面的变化节奏，如果是静态图片的展示，那么静止的时间不宜太长，应尽可能让静态画面有视觉上的变化，如简单的移动、旋转与缩放变化。如果是三维虚拟场景的展示，则应该用摄像机的角度或视野变化来从各个角度观察场景。一般画面变化的节奏不宜太快也不宜太慢，以让观众看清楚为前提，变化应有规律，保持视觉上的一致性、连续性与完整性。

4. 声音效果

声音是作品不可或缺的一部分，首先背景音乐必须与画面内容相符，主要是节奏上必须符合画面变化的节奏。其次是配音解说，虽然可有可无，但好的旁白解说往往可以给作品增色不少，尤其对于有故事情节的作品或类似于纪录片的作品，应尽可能加上旁白解说，录制旁白最重要的是解说必须与画面内容保持同步。最后是音效处理，比如下雨声、钟表的滴答声、照相机的咔嚓声等，逼真的音效可以增强作品的感染力。

5. 字幕处理

作品中添加字幕的目的是为了让观众更容易理解作品的内容，所以字幕首先必须简洁清晰，能让观众一目了然。下面是常见的字幕问题。

① 字幕运动过快：字幕在屏幕上飞快地游动或滚动，观众还没看清楚就消失了。

② 字体选择不正确，导致文字不能正常显示出来。

③ 大段文字的展示：首先是文字颜色与背景色对比不明显或文字五颜六色，有的还添加描边和阴影，让人感觉眼花缭乱，结果反而让人看不清楚；其次是文字之间的间隔或行间隔很小，让人感觉密密麻麻的不清晰；还有就是大段文字采用打字机效果一个一个地出现，等待的时间偏长。

6. 技术与创新

作品制作过程中如何创新，或者说如何让自己的作品有特色、有创意，能够与众不同，这是大多数学生比较困惑的地方。作品中是不是用了 3ds Max 动画才能得高分？是不是实现的技术难度越高得分就越高？是不是必须把课堂上学到的所有软件都用上？这是大多数学生在制作作品过程中会问到的一些问题。

例如，一个很有名的导演拍一部电影，是不是请的演员越有名，用的特技越多越难，这部电影就越受观众喜爱呢？肯定不是绝对的，这些只是前提或基础而已，作品的好坏关键还要看作品最终展示出来的整体效果。

作品《映像同济》展示了作者对同济校园的点滴映像，视频部分效果非常不错，尤其字幕制作非常有特色，但是作者为了增加作品的"技术含金量"，硬是加入了一个三维虚拟的场景，让人感觉画面特别不协调，反而让作品的质量打了折扣。

创新在多媒体作品制作过程中就是能够体现出与众不同，如内容上原创，表现手法新颖，构思巧妙等，如果能够把学到的知识进行再加工，灵活地应用到实际中，有自己独特的构思与编排，都是一种创新。

1.3.4 多媒体作品赏析

1. 作品名称：《文化》

作者：王欣妍（海洋与地球科学学院地球物理系，2017 级）

杨硕（海洋与地球科学学院海洋资源开发系，2017 级）

岳恩江（海洋与地球科学学院地球物理系，2017 级）

指导教师：李湘梅

微视频：文化

2. 作品简介

本作品展示中国汉字的美，以比较成熟的小篆为例，一方面展示六书构字的方法，另一方面结合动画和视频制作技术展现从古至今文字的演化。作品展现了汉字发展的历程，并指出新时代文字环境的改变给汉字文化带来的冲击，介绍新中国成立后随着社会发展而推进的汉字改革。制作问卷，调查大学生提笔忘字的情况，客观分析汉字在当代遇到的问题。最后回归视频主旨——中国汉字承载着华夏子孙的生活情感和美好理想，承载着中华民族五千年博大精深的民族文化。探索汉字之美，弘扬华夏文化。

本视频使用 Photoshop、3ds Max、Flash 等软件，并且使用原创素材，自主拍摄空境素材，制作转场模板；将汉字的变化过程动态化和形象化，如 Flash 火柴人、字体变形，3ds Max制作活字印刷图章，C 语言编写程序制作字幕雨视频等。

3. 作品效果图

作品效果图如图 1.1.15～图 1.1.23 所示。

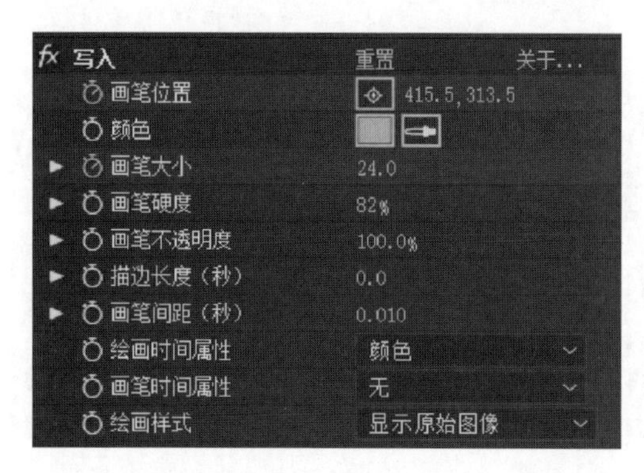

图 1.1.15　毛笔笔触写入

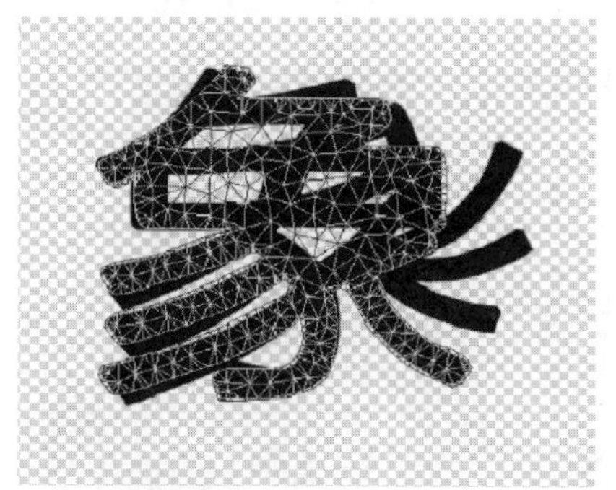

图 1.1.16　栅格化——操控变形

图 1.1.17　火柴人“变形”动画

图 1.1.18　Flash 文字变化动画

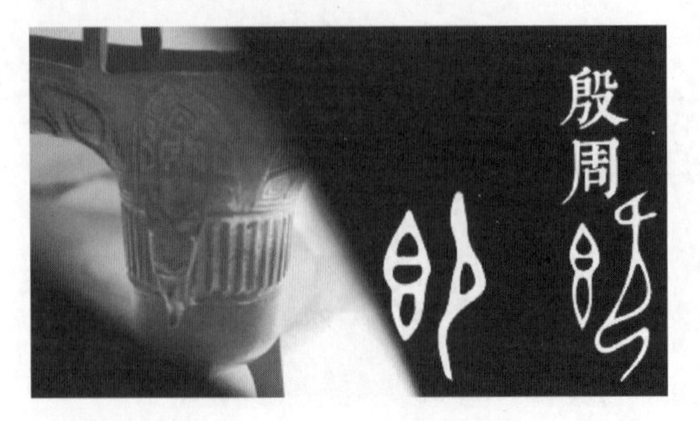

图 1.1.19　文字效果图

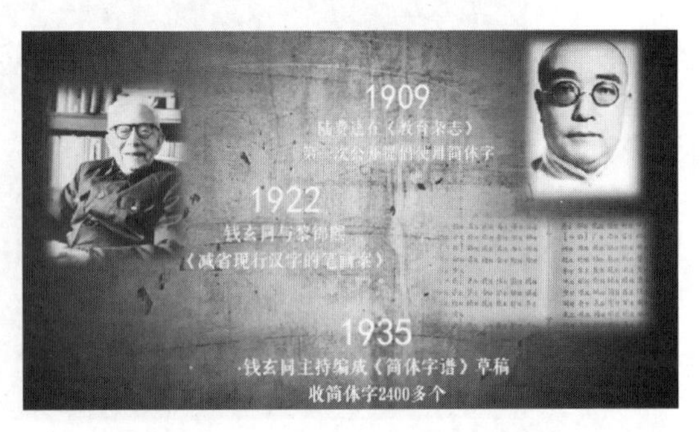

图 1.1.20　自制的动态相册模板

图 1.1.21　C 语言编写的字幕雨

图 1.1.22　3ds Max 活字印刷图章动画

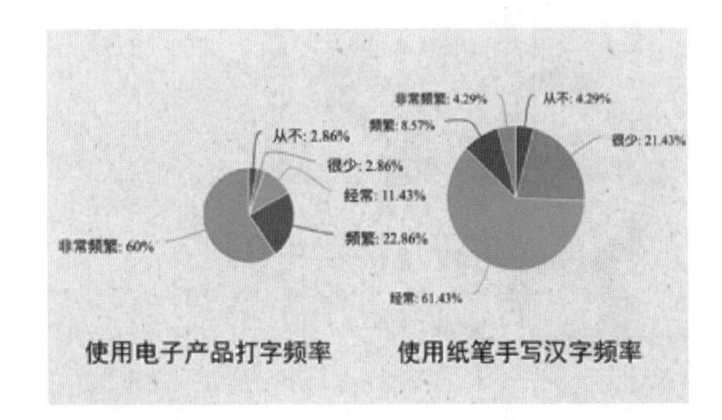

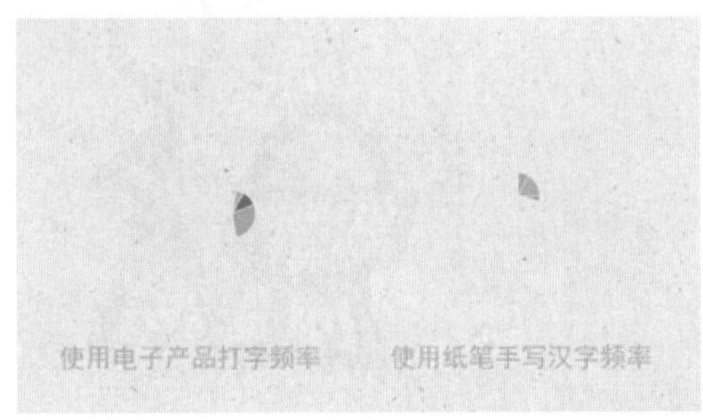

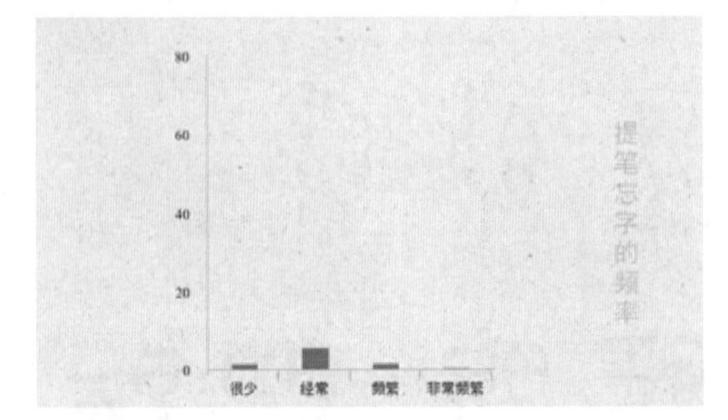

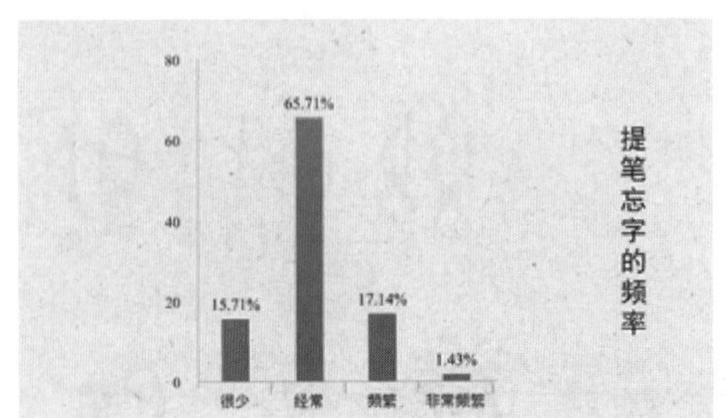

图 1.1.23　统计图

4. 设计构思与创意

本视频分为六部分，剧本设计如下。

第一部分

【旁白】汉字，在社会中不可或缺，人们便对它习以为常、见而思义，很容易直接跳到字背后的释义里，而忽略汉字本身所蕴含的价值。

【影像】配以很多日常文字图片视频交替淡入淡出。

【旁白】我们都知道中国的文字是象形文字，光看字的结构就能猜出字的意思，而英语、法语、西班牙语等语言符号则属于表音文字，单个字母没有具体意义。

【影像】浮现出一个“象”字和“elephant”，“象”字用动画效果扬扬鼻子，同时配上大象的叫声。

【旁白】但象形只是六书(象形、指事、会意、形声、假借、转注)里面的一种最基础的构字方法。

【影像】字幕列举：象形、指事、会意、形声、假借、转注。

第二部分

【影像】火柴人动画。

【旁白】左边的符号表示“饭”字，一个人对着饭张大嘴巴，表示“将要吃饭”，形成了甲骨文的“即”字。所以“即”字最原始的意思是“就要吃饭”。因为很靠近饭，所以第一引申义是接近、靠近；第二引申义才是“将要”。

【影像】火柴人走到“饭”前，张开嘴，在屏幕上缓慢浮现出“即”字。

【旁白】吃饱饭之后，把头扭向一边，形成了甲骨文的“既”字。所以“既”的初义是吃饱饭了，引申义是“已完成”。

【影像】火柴人上下点头，象征性吃饭，然后转头，在屏幕上缓慢浮现出“既”字。

第三部分

【旁白】汉字是世界上最古老的文字之一，这两个汉字都经历了“讹变”，从公元前1 300年商朝的甲骨文开始，到商周青铜器上的金文、规范化的大篆，秦朝“书同文”后的小篆，再发展成为繁体隶书，最后演变为今日使用的简体中文。汉字成为人类交流过程中无比重要的工具。

【影像】背景动态相册展现年代更替，“即”和“既”两字 Flash 变形动画。

第四部分

【旁白】汉字的最近一次蜕变，便是从繁体到简体的变化了。早在辛亥革命、民国初年，已有许许多多改革汉字的呼声。

【影像】时间轴效果减慢，配以鲁迅、冰心等文人对汉字改革的态度(图片+文字)。

【旁白】然而一直到新中国成立后，随着社会主义建设的推进，汉字改革才被提上了议事日程。在文字改革应首先办“简体字”的思想指引下，声势浩大的汉字改革运动轰轰烈烈地展开了。汉字简化后，笔画减少，结构清晰，便于识字、书写和教学，为新中国成立时期扫除文盲起到了很大的积极作用。

【影像】动态相册效果配以新中国成立初期扫除文盲运动。

【影像】繁体字变简单的动画。

【旁白】可与此同时，“繁体简化”也导致很多字已与原来的甲骨文脱离了联系，使文字失去了传统的支撑。

【影像】文字烟雾化消失特效。

【旁白】繁体简化造成了一定程度上文字美感的流失。

【影像】“親”的右半部分逐渐消失变成“亲”；“愛”的心飞走变成“爱”；“雲”的雨蒸发变成云。

第五部分

【旁白】经过了古代、近代的漫长旅程后，到现在的信息时代，汉字又面临着新的机遇与挑战。

【影像】配以日常城市背景录像，时间轴动画再来。几千年的右手运笔勾勒字形，换代为双手连续敲击编码，展示写字素材和打字素材。

【旁白】汉字文本不再仅存于抽屉箱柜，而是更多地存储于计算机、U 盘中，节省了大量材质与空间。轻点鼠标，即可将汉字瞬间传至千里之外。

【影像】电子书、E-mail 素材。

【旁白】可是高新技术也对汉字文化带来了一定的冲击。问卷调查显示，人们的书写逐渐对电子产品形成依赖，不少人生活中都会遇到“提笔忘字”的状况。

【影像】把问卷调查实体化，展示当代人提笔忘字的现状。

第六部分

【旁白】我们还是应该铭记在心，汉字不仅本身是一种图形美和智慧创造的象征，更是中华民族文化的根蕴。

【影像】活字印刷动画。

【旁白】在随时代进步的今天，我们不能忘本，还是要去学习、去欣赏这份华夏祖先为我们留下的厚礼。

【影像】写毛笔字“完”。

5. 指导教师点评

视频的选题弘扬了中华优秀的传统文化，视频虽然不长，但把文字的发展脉络和历史说得很详细；将文字的变化效果动态化，直观地展示了字体从古至今的变化。用火柴人展示了“即”和“既”的变化过程，生动形象，具有一定的趣味性。灵活运用 C 语言编程实现动画效果，同时采用 Flash 和 3ds Max 制作火柴人动画和活字印刷印章等效果，动画流畅。通过问卷调查可视化显示数据，做出了图表的动态效果，作品中大多数素材均为作者原创。

思　考　题

1. 什么是多媒体和多媒体技术，多媒体涉及哪些媒体类型？
2. 多媒体的应用领域主要有哪些？
3. 多媒体的关键技术包括哪几个方面？
4. 常见的多媒体输入输出设备有哪些？

5. 多媒体存储设备主要有哪几种，各有什么特点？
6. 常见的多媒体素材制作软件主要有哪几类？
7. 列举几个多媒体播放器软件，自己最喜欢用的是哪些，为什么？
8. 多媒体接口卡主要有哪几种？主要作用是什么？

第 2 章 音频处理技术与应用

声音是重要的多媒体元素之一，在多媒体应用领域中扮演着非常重要的角色，悠扬的背景音乐加上娓娓动听的解说词，可以给视频和动画增添奇妙的效果，更能让静态的图片展示变得生动而活泼。本章主要介绍音频信号的基本特征和音频信号的数字处理技术基础，音频处理软件 Adobe Audition 的使用及其在音频信号编辑、合成、降噪以及添加各种声音效果方面的应用。

2.1 音频处理基础

电子教案

2.1.1 音频信号概述

1. 声波与声音

（1）声波

物体在其平衡位置附近做有规律的往复运动称为机械振动，简称振动。振动状态的传播过程称为波动，简称波，波动是自然界中非常重要的一种物质运动形式。激发波动的振动系统称为波源，传播机械振动的媒介物称为媒质。声波是机械波的一种，其频率处于 20 Hz~20 kHz，传入人耳时听觉系统会感知到声音，所以称为声波。产生声波的物体（如人的声带和乐器等）称为声源。人们日常说话时的语音频率为 300~3 000 Hz。

机械波的频率低于 20 Hz 时称为次声波，频率高于 20 kHz 时称为超声波。

（2）声音

声音是人的听觉系统所感知到的声波，能引起人听觉感知的声音不仅要有一定的频率范围，而且要有一定的声强范围。对于一定频率的声音，要能引起听觉感知，其声强有上、下两个限度：下限是恰能引起人听觉感知的最小声强，称为该频率声音的可闻阈；上限是指人耳能听闻的最大声强，高于上限的声强，人耳感觉疼痛，所以上限声强称为该频率的疼痛阈。不同频率的声波其声强的上、下限是不相同的，在上、下限之间的声强范围就是听觉范围，显然人的听觉范围也是因人而异的。

2. 声音的基本特征

(1) 声波信号的物理特征

声波信号的物理特征主要有声波的频率和振幅，如图 1.2.1 所示。

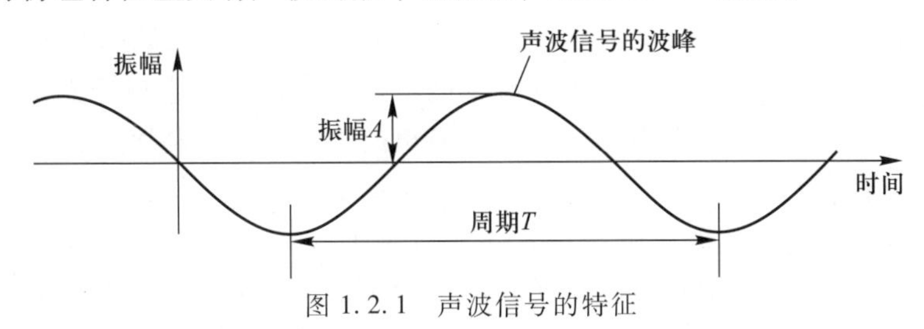

图 1.2.1 声波信号的特征

声波在传播过程中经历两个波峰(或波谷)之间的时间称为声波的周期(T)，周期的倒数称为声波的频率 $f=1/T$，也就是每秒声波波峰(或波谷)出现的次数，单位为赫兹(Hz)。声波的振幅指的是从声波信号的基线到波峰的距离，振幅越大，声波的强度也越大。

通常用声压、声强或声功率来表示声音的强弱。由于声音的强弱变化和人的听觉范围非常宽广，用声压、声强和声功率的绝对值来衡量声音的强弱是很不方便的，故采用倍比关系的对数来表示，以分贝(dB)为单位，是一个无量纲量。

声压级的单位是 dB。1 dB 是人耳刚刚能听到的声音，20 dB 以下的声音属于安静，如微风中树叶飘动的声音，汽车的噪声为 80~100 dB，人在 100~120 dB 的空间内待一分钟就会暂时性失聪(致聋)。生活中常见声音的分贝量级如表 1.2.1 所示。

表 1.2.1 常见声音的分贝量级

分贝数/dB	低于 20	20~40	40~60	60~70	70~90	高于 90
听觉效果	能分辨	轻声	正常交谈声	吵闹	很吵	听力受损

(2) 声音信号的心理学特征

声音是人的听觉系统所感知到的信息，因此感知到的声音特征称为心理学特征，包括音调、音色和响度。

① 音调：在音乐中又称为音高，由发声物体的振动频率决定，振动越快(即频率越大)，音调越高；振动越慢(即频率越小)，音调越低。例如，不同的琴弦，长度不同，振动频率不同，音高也不同。

人们所感知到的音调的高低与声波频率的高低不是成正比的，而是与声音频率的对数($20\times\log f$)呈线性关系。频率越低，给人的感觉是声音越低沉，频率增加一倍，在音乐上表示升高了一个八度，常用音阶与频率的关系如表 1.2.2 所示。

表 1.2.2 常用音阶与频率的关系

音阶	C	D	E	F	G	A	B
简谱符号	1	2	3	4	5	6	7

续表

频率 f/Hz	261.63	293.66	329.63	349.23	392.0	440.0	493.88
$20\times\log f$	48.3	49.3	50.3	50.8	51.8	52.8	53.8

② 音色：这是一个主观评价声音的量，音色取决于声音的频谱结构。常见的声音(如乐器、扬声器、人和动物所发出的声音)的声波包括了许多频率成分，属于复合波。物体所发出的声音，除了有一个基音外，还有许多不同频率的泛音伴随，正是这些泛音决定了其不同的音色，使人耳能辨别出不同的乐器以及不同的人所发出的声音。一般高次谐波越丰富，音色越明亮，并具有更强的穿透力。

③ 响度：人耳对声音强弱的感觉程度，主要取决于声音振动的振幅和声压。响度随声强的增加而增大，但两者不是成简单的线性关系。通常振幅越大声音越响，其次人耳距离声源越远，感觉声音越小。

(3) 声音质量的评价

目前有3种方法可以衡量声音质量：两种客观度量法，即使用信号带宽、信噪比作为衡量指标；另一种是主观质量度量。

① 声音质量的分级。一般按照声音信号的频率范围将声音质量分为5级，等级由高到低依次是DVD(数字影碟光盘)、CD-DA(数字激光唱盘)、FM(调频)广播、AM(调幅)广播和电话语音级，每种等级的声音对应的频率范围如表1.2.3所示。

表1.2.3　5种声音质量等级对应的频率范围

质量等级	频率范围/Hz	采样频率/kHz	采样精度/bit	声道数	数据率(非压缩)/(kB/s)
电话	200~3 400	8	8	单道声	8
AM	100~5 500	11.025	8	单道声	11.0
FM	20~11 000	22.050	16	立体声	88.2
CD-DA	10~20 000	44.1	16	立体声	176.4
DVD	0~96 000	192	24	6声道	1 200

声音信号的频率范围为20 Hz~20 kHz，在声音的存储和传播过程中，出于系统综合成本等方面的考虑，只取其中主要频率范围内的声音部分。可见声音信号所占用的频率范围越宽，音频信号强度变化的动态范围就越大，声音效果就越好。

② 信噪比。信噪比(signal to noise ratio，SNR)是有用信号与噪声信号的强度之比，是评价声音质量的一个客观指标。对于声卡或音箱，指其产生的最大不失真声音信号强度与同时发出的噪声强度之比，单位是分贝(dB)。噪声就是由频率杂乱无章的声波引起的，如汽车的轰鸣声、从音箱中听到的“嘶嘶”声或“嗡嗡”声等。信噪比越高，表示音频质量越好。如果信噪比达到60 dB以上，噪声听起来就不明显了。

③ 声音主观质量的度量。声音质量的主观度量就是依据大多数人对声音质量的感觉进行度量。比较通用的标准是5级制：优、良、中、差、劣。一般来说，可靠的主观度量值是比较

难获得的，所获得的值也是一个相对值。与用 SNR 客观质量度量相比较，人的感觉更具有决定意义，感觉上的、主观上的测试是评价声音质量不可缺少的部分。

3. 音频信号的表示

声音信号通过话筒等设备转换成电信号以后称为音频信号。

(1) 音频信号的分类

根据声波的特征，可把音频信号分为规则音频和不规则音频。规则音频是带有语音、音乐和音效的有规律的音频信号，承载了一定的信息。不规则音频则是不包含任何信息的声音，比如噪声。

(2) 音频信号的表示

正弦波是最基本的波动方式，纯音是单一频率的正弦波，复合音(即复杂的声音)是由多种频率的正弦波叠加而成的。

① 音频信号的数学表示。在任一时刻 t，音频信号都可以被分解为一系列正弦波的线性叠加，数学表达式为

$$f(t) = \sum_{n=0}^{\infty} A_n \sin(n\omega_0 t + \varphi_n) \tag{1.2.1}$$

其中：ω_0表示声音的基音，决定了音调的高低；$n\omega_0$是 ω_0的 n 次谐波分量，代表了声音的泛音，决定了声音的音色；A_n是声波的振幅，表示声音的强弱。声音的 3 个要素——音调、音强和音色也正是由 ω_0、A_n和 $n\omega_0$这 3 个重要参数决定的。

② 音频信号的波形。音频信号的幅度值对应声波中的振幅，所以它代表了音强随时间变化的信息，可以用一条连续的曲线来表示，如图 1.2.2 所示。图中横轴代表时间，纵轴代表音强，图 1.2.2(a)是发音为“同济大学”时的波形图，图 1.2.2(b)是时间轴放大后观察到的波形细节图。由于声波在时间上和幅度上都是连续变化的量，所以说它是一种模拟信号。

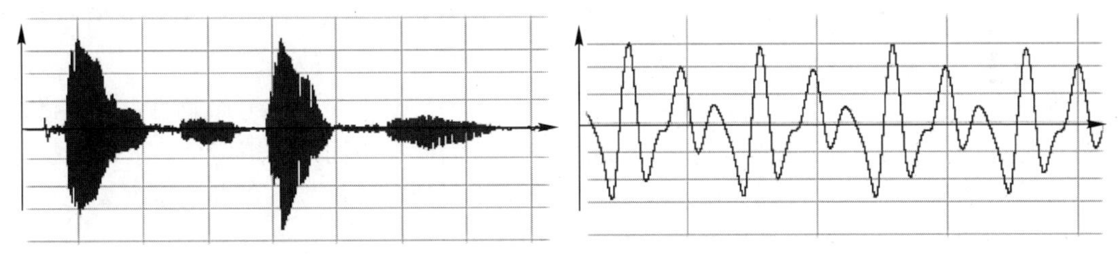

(a) 语音“同济大学”的波形　　(b) 语音“同济大学”部分细节波形图

图 1.2.2　音频信号的时域波形图

③ 音频信号的频谱。制作音乐时，经常需要对音频信号进行均衡调节(如 EQ 均衡调节音色)，即调整不同频率段声音的强度。例如，适当提高低音部分(40~150 Hz)的音量可以使声音丰满柔和，适当提高中低音(150~500 Hz)的音量可以使声音浑厚有力。

音频信号的频谱就是信号各频率分量强度的分布曲线。复杂的声音可以认为是振幅不同和频率不同的正弦声波叠加而成的，这些正弦声波的幅值按频率排列的图形就是频谱，如图 1.2.3所示。图中横轴代表频率，纵轴代表幅值，图形由多条竖线组成，每条竖线代表信号中含有某一频率的正弦波。图 1.2.3(a)为女声发音为“同济大学”时的频谱图，图 1.2.3(b)为男声发音为“同济大学”时的频谱图(录音时有一定环境噪声)。可以看出男声的基频较低，

低频分量更加丰富，因此听起来会更加低沉和浑厚。

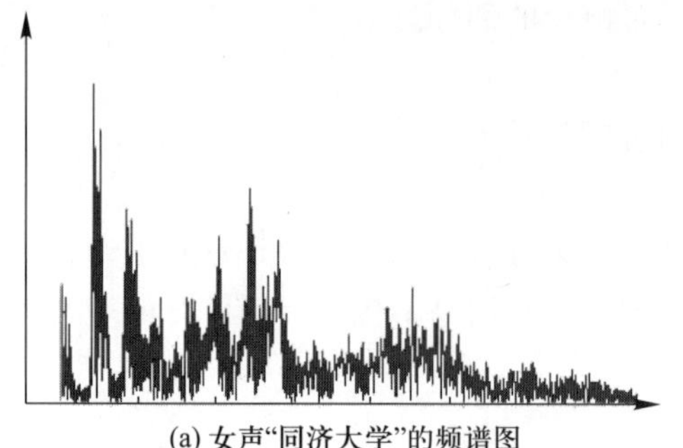
(a) 女声“同济大学”的频谱图

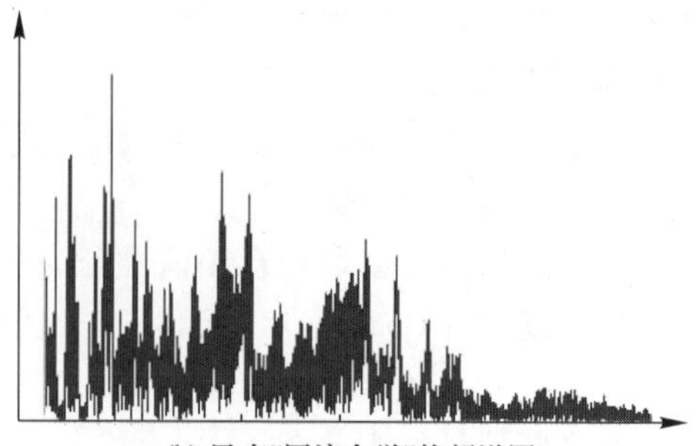
(b) 男声“同济大学”的频谱图

图 1.2.3　音频信号的频谱图

2.1.2　音频信号的数字化

音频信号在时间和幅度上都是连续变化的模拟信号，而计算机只能处理数字信号，因此要使计算机能够处理音频信号就必须先把它转换为数字信号。将模拟信号转换成数字信号的过程又称为模拟信号的数字化。

1. 音频信号数字化

模拟音频转换成数字音频需要经过采样(sampling)、量化(quantizing)和编码(encoding)这3个过程。采样是对模拟信号在时间上进行离散化，而量化是对模拟信号在幅度上的离散化，编码则是将量化后得到的数据表示成计算机能够识别的数据格式。

(1) 采样

采样就是对模拟信号的幅度值进行离散化，也就是每隔一定时间间隔在模拟声波上获取一个幅度值，这个时间间隔称为采样周期。采样周期的倒数就是采样频率，即每秒采样的次数。采样频率越高，单位时间内得到的样本数越多，那么表示出来的声波就越精确。

根据奈奎斯特采样定理(Nyquist Theory)，采样频率大于或等于信号最高频率的两倍时，能把数字化后的信号不失真地还原成原来的模拟信号。因此在不同的应用场合，可以根据需要选择相应的采样频率对模拟音频进行采样。不同质量等级的音频信号采样频率参见表 1.2.3 中的第 3 列。例如，电话语音的最高频率约为 3 400 Hz，采样频率一般设为 8 kHz。

(2) 量化

量化就是采样过程中对每一个采样点的幅度值用数字量来表示。量化的过程首先要确定量化的位数，如果量化位数为 n，那么将模拟音频信号的幅度在最大值和最小值之间划分成 2^n 个量化区间，如果采用等分方式，3 位量化位数可以将幅度划分为 8 个量化等级，如图 1.2.4 所示。量化时把位于同一个区间内的采样点的值归为一类，即给予相同的量化值，这样就带来了数据量表示的偏差，称为量化误差。

量化的位数越多，可划分的等份数就越多，所表示的声波幅度值就越精确，量化误差就越小，当然所产生的数据量也越大。

(3) 编码

编码就是用一组二进制码来表示每一个有固定电平的量化值，或者说将量化值转换成二进

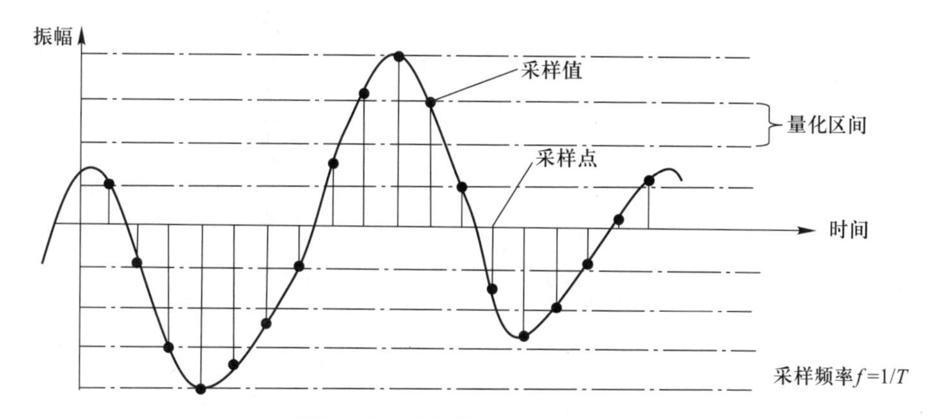

图 1.2.4 音频信号的采样和量化

制码组，这里使用的编码方法称为脉冲编码调制法(pulse code modulation，PCM)。可以说，量化其实是在编码过程中同时完成的。

在图 1.2.4 中，因为有 8 个量化区间，会产生 8 个量化值，需用 3 位二进制码组来表示(000~111)。如果有 N 个量化区间，会产生 N 个量化值，故用大于或等于 $\log_2 N$ 的最小整数位数的二进制码组来表示，这个最小的整数位数即为采样精度(或量化位数)。

在实际工作中，人们先根据需要确定采样精度和采样频率，利用模数转换器来完成信号的数字化。在计算机中使用话筒录音时，话筒输出的模拟音频信号经声卡完成数字化过程后，最终输入计算机，并以音频文件的形式存储在计算机的存储设备上。

(4) 数字音频的数据量

模拟音频信号经过采样、量化变成离散的数字化信息以后，产生的数据量与采样频率、采样精度和声道数有关。最终产生的数据量可以依据下面的公式进行计算：

数据量(B)=采样频率(Hz)×采样精度(bit)×采样时间(s)×声道数/8 (1.2.2)

由表 1.2.3 可知，不同音质情况下数字化音频所使用的采样频率和采样精度不同。单声道(mono)声波一次只产生一组声波数据，而双声道即立体声(stereo)一次产生两组声波数据，分别送往左声道和右声道，根据声音到达人耳的时间差产生空间立体效果，因此，立体声声波数据所需存储空间是单声道的两倍。

例如，计算一分钟未压缩的高保真立体声数字声音数据的大小。

高保真立体声数字声音的采样频率为 44.1 kHz，采样精度为 16 bit，立体声有两个声道的数据，故一分钟数据量为

数据量=60×(44 100×16×2)/8/1 024/1 024=10.09(MB) (1.2.3)

可见一首未经压缩的 4 分钟左右的歌曲，声音文件的大小约为 40 MB，那么一个容量为 1 GB的 MP3 播放器也只能播放 25 首这样的歌曲，采样的频率越大，量化的精度越高，录制的时间越长，声音文件就越大。

2. 数字音频文件格式

数字音频文件是用于存储数字音频数据的文件，其文件格式很多，通常分为两大类：波形音频文件和 MIDI 文件。波形音频文件指的是直接记录了原始真实声音信息的数据文件，它又进一步分为压缩格式与非压缩格式两类。MIDI 文件则是一种乐器演奏指令序列，相当于乐谱，

因此又称为非波形音频文件。

常见的非压缩格式音频文件有 Wave(WAV)文件、Voice(VOC)文件等。常见的压缩音频文件有 MP3 文件、Real Audio(RA/RM)文件和 Windows Media Audio(WMA)文件等。

(1) WAV 文件

WAV 文件又称波形文件，是微软公司开发的音频文件格式，所以被 Windows 操作系统及其应用程序广泛支持。WAV 文件保存的是对声音进行采样、量化得到的二进制数据，由于这种文件格式存储量大，多用于存储简短的声音片段、旁白和音效等。

(2) MP3 文件

MP3 是 MPEG-1/MPEG-2 audio layer 3 的简称，MP3 采用的是一种有损压缩方式，MP3 的压缩比约为 12：1。它使用的是知觉音频编码技术，利用了人耳的掩蔽特性，削减音频中人耳听不到的成分，同时尽可能地保持原来的声音质量。

(3) AAC 文件

AAC(advanced audio coding，高级音频编码)最早是基于 MPEG-2 的音频编码技术，采用了全新的算法进行编码，与 MP3 相比音质较好而且文件更小，压缩比约为 18：1。还有基于 MPEG-4 的音频 AAC 格式，对应 m4a 音频文件，AAC 多用于视频中的音频编码。

(4) WMA 文件

WMA 是微软公司推出的流式音频格式，即 Windows Media 的音频部分，一般用 Windows Media Player 进行播放。

(5) AC3 文件

AC3 由杜比公司在 1992 年提出，最初被称为杜比 AC-3(Dolby surround audio coding-3)，之后又改为杜比数码环绕立体声。AC3 有多个标准，从单声道、双声道、四声道、五声道到 5.1 声道，压缩率最大约为 10：1。提供的环绕声系统由 5 个全频域声道和 1 个超低音声道组成，被称为 5.1 声道。5 个声道包括左前(L)、中央(C)、右前(R)、左后(LS)、右后(RS)，如图 1.2.5 所示，主要作为 DVD 的伴音。

图 1.2.5　杜比数码环绕立体声

(6) AIFF 文件

AIFF 是苹果公司开发的一种音频交换文件格式(audio interchange file format)，被 Macintosh 平台及其应用程序所支持，应用于个人计算机及其他电子音响设备。

(7) FLAC 文件

FLAC 是一种无损音频压缩编码(free lossless audio codec)格式，源码开放，支持所有操作系统平台。FLAC 是专门针对音频设计的压缩编码方式，可以使用播放器直接播放，许多汽车播放器和家用音响设备都支持播放 FLAC 文件。

(8) AMR 文件

AMR 是由欧洲通信标准化委员会提出的一种自适应多码率(adaptive multi-rate)音频编码格

式，是移动通信系统中使用最广泛的语音标准，也是手机录音普遍使用的文件格式。

2.1.3　智能语音技术

智能语音技术分为语音识别技术和语音合成技术，简单地说，语音识别技术就是让计算机能听懂人类说话，而语音合成技术是让计算机能够说话。

1. 语音识别技术

语音识别技术就是让机器通过识别和理解，把语音信号转变成文本或命令的技术。语音识别以语音为研究对象，是模式识别的一个分支，涉及生理学、心理学、语言学、计算机科学以及信号处理等诸多领域，最终目标是人可以通过自然语言与机器进行沟通与交流。

（1）语音识别技术的发展

语音识别的研究工作开始于 20 世纪 50 年代，当时 AT&T 贝尔实验室实现了第一个可识别 10 个英文数字的语音识别系统——Audry 系统。经过多年的探索与实践，语音识别技术已经从最初的特定人、小词汇量、非连续的语音识别发展到非特定人、大词汇量、连续的语音识别，而且识别的速度和准确率有了极大的提高，正被广泛应用到日常生活的方方面面。

我国的语音识别研究起步稍晚，但近年来发展很快，在汉语语音识别技术上有自己的特色，已达到国际先进水平。科大讯飞公司是目前国内最大的智能语音技术提供商，在语音合成、语音识别、语言评测及学习等语音核心技术上取得了丰硕的成果，牵头制定了中文语音技术标准。2010 年，科大讯飞公司发布了全球首个同时提供语音合成、语音搜索、语音听写等智能语音交互能力的移动互联网智能交互平台“讯飞语音云”，并推出讯飞语音输入法、讯飞口译、互联网电视语音搜索等应用。

（2）语音识别的应用

语音识别技术已经大量应用于日常的工作与生活中，如手机的语音拨号、汽车设备的语音控制、智能玩具与儿童学习机、家电的语音遥控、智能音箱、各种语音信息查询服务系统等，常见的智能语音系统如表 1.2.4 所示。

表 1.2.4　常见的智能语音系统

公司	系　　统	功　　能
微软	Cortana（小娜）	Windows 智能语音助手
苹果	Siri（Speech Interpretation & Recognition Interface）	苹果智能语音助手
谷歌	Google Assistant Google Now	Google 语音助手 Google 即时资讯
百度	小度在家 小度智能音箱 小度语音车载支架 小度电视伴侣 小度真无线智能耳机	小度内置 DuerOS 对话式人工智能系统，让用户以自然语言对话的交互方式，实现影音娱乐、信息查询、生活服务、出行路况查询等多项操作，借助百度 AI 能力，小度不断学习进化，了解用户的喜好和习惯，变得越来越“聪明”

续表

公司	系统	功能
小米	小米 AI 音箱（“小爱同学”）	小米公司于 2017 年 7 月 26 日发布的一款智能音箱，由小米电视、小米大脑、小米探索实验室联合开发

例如，选择 Windows 操作系统中的“开始”|“所有程序”|“附件”|“轻松访问”|“Windows 语音识别”命令，打开如图 1.2.6 所示的语音识别程序，可以监听用户的指令，详细指令请参考 Windows 的帮助系统。

从语音识别技术的应用可以看出，科学技术推动了社会发展，满足人们的需求，社会需求也反过来推动科学技术发展。随着语音识别技术在理论上和应用上不断取得进展，人们将逐渐体会到语音识别带来的种种便利。

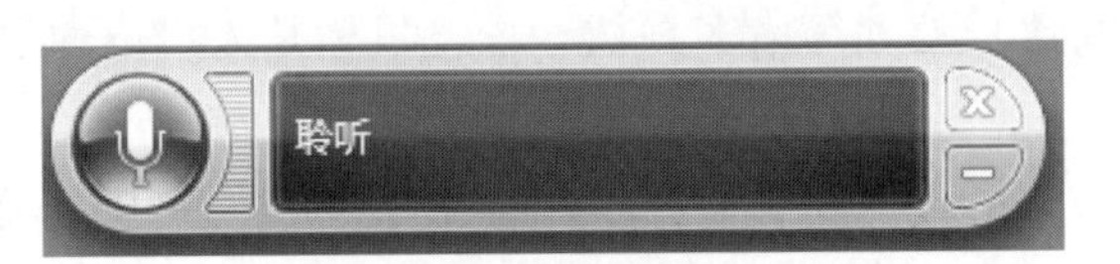

图 1.2.6　Windows 语音识别程序

2. 语音合成技术

语音合成技术是根据输入的文字信息，按语音处理规则将其转换成语音信号输出，使计算机流利地读出文字信息，使人们通过“听”就可以明白信息的内容，也就是说，使计算机具有了“说”的能力，能够将信息“读”给人听。这种将文字转换成语音的技术称为文语转换技术，简称 TTS(text to speech)技术，也称为语音合成技术。

（1）语音合成系统

一个典型的语音合成系统包括前端（语言分析）和后端（声学系统）两个部分，其中前端部分主要是对输入文本进行分析并提取语音建模所需信息，具体包括分词、词性标注、多音字消歧、字音转换、韵律结构与参数的预测等。后端部分则读入前端文本分析的结果，并结合文本信息对输出的语音进行建模。在合成过程中，后端会利用输入的文本信息和训练好的声学模型，生成语音信号。

早期的研究主要是采用参数合成方法，后来随着计算机技术的发展又出现了波形拼接的合成方法，近年来随着机器学习技术和神经网络建模方法的应用，出现了基于波形的端到端合成方法。

① 参数合成法。语音生成的过程就是声带振动产生声波，经声道传输，由口腔或鼻腔送出声波。

共振峰模型是以每个共振峰频率及其带宽作为参数，构成共振峰滤波器，再用若干个滤波器的组合来模拟声道的传输特性，对激励源发出的信号进行调制，再经过辐射模型就可以得到合成语音。可以用周期脉冲序列模拟浊音情况下的声带振动，而用随机噪声序列模拟清音情况下的声带振动，调整滤波器的参数相当于改变人的口腔及声道形状，达到控制发出不同声音的目的，调整激励源脉冲序列的周期或强度，将改变合成语音的音调、重音等，所以只要正确控制激励源和滤波器参数就能灵活地合成各种语句。

利用共振峰模型虽然描述了语音中最基本、最主要的部分，但并不能表征影响语音自然度的其他许多细微的语音成分，从而影响了合成语音的自然度。其次，共振峰合成器的控制十分复杂，其控制参数非常多，实现起来比较困难。

② 波形拼接法。前期必须录制大量的音频，形成一个大语料库，需要较大的存储空间，使其尽可能覆盖所有的音节和音素，然后基于统计规则拼接出对应文本的音频信号，再播放出来即可实现让“机器开口”。但是拼接出来的声音缺少自然语言的语气、语调，听起来机器味十足。

③ 端到端语音合成法。这是目前最热门的新技术之一，即通过神经网络建模，训练出一个用于语音合成的模型，将文本或注音字符输入，能够马上输出合成的音频，如果该模型训练得足够强大，可以实现多种语言的语音合成，不再受语言学知识的限制。

（2）语音合成的3个层次

按照人类语音功能的不同层次，语音合成可分成3个层次。

① 从文字到语音的合成(text to speech)。

② 从概念到语音的合成(concept to speech)。

③ 从意向到语音的合成(intention to speech)。

这3个层次反映了人类大脑中形成说话内容的不同过程，涉及人类大脑的高级神经活动。为了合成高质量的语音，除了依赖于各种规则，包括语义学规则、词汇规则、语音学规则外，还必须对文字的内容进行理解，这需要用到自然语言理解中的词法分析，句法分析，语义、语用和语境处理等多种技术。目前从文字到语音的合成技术已相当成熟，在实际应用中发挥了很大的作用，从概念以及从意向到语音的合成技术还需要不断改进与完善。

（3）语音合成技术的应用

国内的汉语语音合成研究虽然起步较晚，但从20世纪80年代初就基本与国际研究同步发展，到20世纪末就取得了令人瞩目的进展，如中国科学院声学所的KX-PSOLA、中国科学技术大学的KDTALK等，这些系统基本上都是采用基于PSOLA方法的时域波形拼接技术，其合成汉语普通话的可懂度、清晰度达到了很高的水平。

随着语音合成技术的发展，进入21世纪后，语音合成技术在提高合成语音的自然度、丰富合成语音的表现力等方面有了进一步的提高。

语音合成的主要应用领域如下。

① 网络信息服务：如呼叫中心、智能叫号服务、人工智能播音员等。2018年11月7日在第五届世界互联网大会上，搜狗公司与新华社联合发布了全球首个全仿真智能主持人，通过语音合成、唇形合成、表情合成以及深度学习等技术，克隆出具备和真人主播一样播报能力的“AI合成主播”。2020年5月，全球首位3D版AI合成主播“新小微”在全国两会开幕前夕正式亮相，如图1.2.7所示。

② 网络终端应用：例如，语音日程提醒、时间播报等人性化的语音秘书功能；在线听书、朗读各种来源的新闻及小说、对各种编辑软件实现有声语音校对等。结合语音识别技术还可以实现语音听写、语音排版、声控上网、人机对话等。

③ 移动终端及各种嵌入式应用：如在个人数字助理、手机、智能玩具、信息家电和车载GPS上，利用语音合成技术在后个人计算机时代有着越来越广泛的应用。如手机的语音输入、朗读短消息；加载了语音技术的车载GPS，使驾驶者在眼手并用的情况下，通过语音实时接受动态路况信息及通知、公告，将平面显示导航上升到立体语音导航。

图 1.2.7　3D 版 AI 合成主播“新小微”

2.2　音频处理软件 Adobe Audition

随着多媒体技术的日益广泛应用，各种多媒体素材处理软件也层出不穷。音频处理软件的出现，使过去像音频工作站这样的专业设备，在通用个人计算机上得以实现，也使音频制作进入寻常百姓家。

Adobe Audition 音频处理软件具有波形编辑和多轨编辑模式，波形编辑直接对某一个音频信号进行编辑和处理，多轨编辑则可同时对多个音频信号进行编辑、处理和合成。

下面以 Adobe Audition 2023（以下简称 Audition）软件介绍为例。

2.2.1　软件的工作界面

Audition 的工作模式默认为波形编辑模式，其工作界面如图 1.2.8 所示，主要包括以下几大组成部分：菜单栏、“文件” 面板、“效果组” 面板、“历史记录” 面板、编辑器面板、编辑器控制面板等。

通过 “窗口” 菜单可以设置 “文件”“标记”“效果组”“属性”“历史记录” 等窗口的显示或隐藏；通过 “视图” 菜单可以打开或关闭显示 “编辑器控制面板” 和 “HUD（调节振幅）”；拖动窗口标题，可以移动窗口，改变界面的布局；在菜单 “窗口”|“工作区” 中可以选择适合各种操作的界面布局，也可以新建自己的界面布局。

1. 菜单栏

菜单栏提供了软件所有的功能操作，用户可以通过选择菜单上相应的命令来完成各项设置，以及对音频文件和声音数据的操作。

需要注意的是，菜单项中某些操作只在一定的模式下才有效，如多轨混音下的轨道操作只能在多轨模式下使用。

2. “文件” 面板

“文件” 面板主要用于文件的管理，如打开文件、导入文件，将选定的文件插入到多轨混音中，关闭所选文件等，“文件”面板如图 1.2.9 所示。

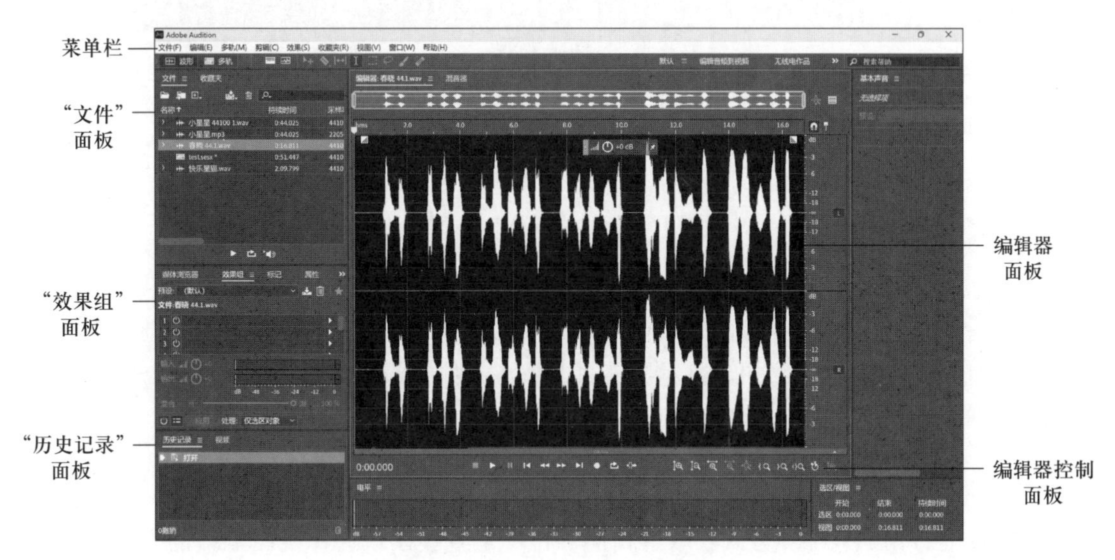

图 1.2.8　Audition 的工作界面

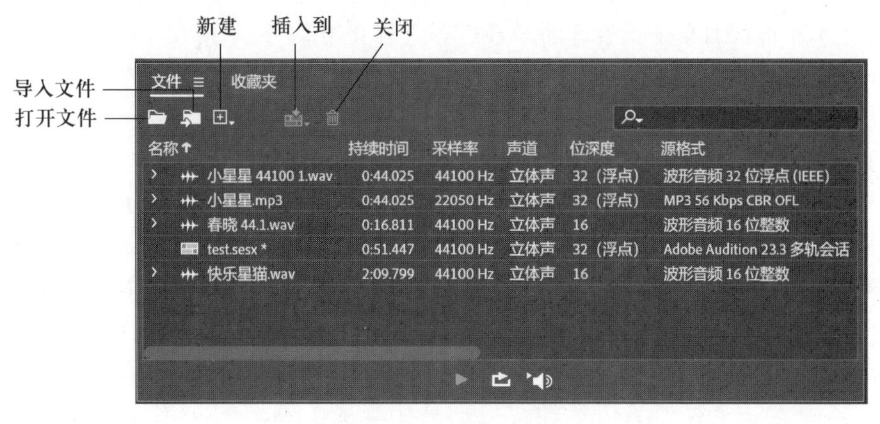

图 1.2.9　“文件”面板

3. 编辑器面板

编辑器面板可以显示声音的波形或频谱等信息，在“文件”面板中双击某个声音文件，系统自动在编辑器面板中显示该声音文件的波形。在多轨编辑模式下，将某个声音文件拖放到某个声音轨道上，那么该声音文件的波形就会出现在相应的轨道上，一个声音轨道上可以显示多个不同的声音文件的波形。

4. 编辑器控制面板

在编辑器面板底部有波形的走带控制按钮和波形的缩放控制按钮，可以通过“视图”菜单打开或关闭编辑器控制面板，如图 1.2.10 所示。

5. “效果组”面板

系统预设了许多常用的效果组，针对所选波形可以直接选择某个预设进行效果的应用。

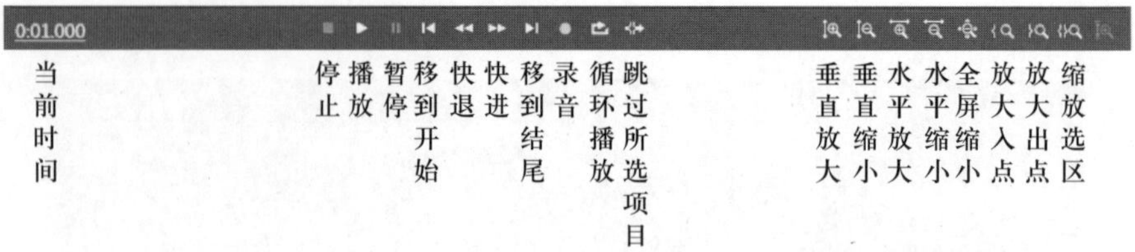

0:01.000

当前时间　停止　播放　暂停　移到开始　快退　快进　移到结尾　录音　循环播放　跳过所选项目　垂直放大　垂直缩小　水平放大　水平缩小　全屏缩小　放大入点　放大出点　缩放选区

图 1.2.10　编辑器控制面板

6. 其他

如电平表动态显示当前播放的音频信号的电平强度；时间面板可动态显示当前正在播放的音频信号的时间信息；状态栏用于显示当前打开波形文件的状态信息，如文件状态、采用类型和持续时间等。

2.2.2　音频获取

Audition 允许用户以多种方式获取音频信号：一是直接读取计算机磁盘上的音频文件；二是提取视频文件中的音频信号；三是直接录音。Audition 允许同时进行多音轨录音，当然需要有相应的硬件支持，比如多个音频输入接口、多个录音源等。非专业用户常用的是单个录音源的录音设备，本小节仅对单个录音源的录音过程进行介绍。

Audition 的录音源可以是 CD 唱机、线性输入和话筒，正式录音之前需要选择好录音设备，并设置好相应的音量才能得到较好的录音效果。下面以话筒为例来介绍录音过程。

1. 录音准备

在正式录音之前必须对机器的录音设备进行正确的设置，首先选择声卡，一般的机器只有一个声卡，只要把话筒插入到主机的录音孔(主机箱的前面或后面)中即可，也有些机器安装了两块以上的声卡，则需要先选择输入的设备，可以在操作系统的控制面板中打开“声音”对话框，并在“录制”选项卡中选择对应的声卡，也可以选择菜单“编辑”|“首选项”|“音频硬件”命令，打开如图 1.2.11 所示的“首选项”对话框，在“音频硬件”选项卡的“默认输入”下拉列表中选择对应的声卡设备。在该对话框中还可以设置系统的常规参数等。

其次是设置录音的音量大小，在 Windows 操作系统下，打开控制面板中的“声音”对话框，如图 1.2.12 所示，在“录制”选项卡中双击“麦克风”选项，然后在“级别”选项卡中设置录音的音量大小，建议调到最大值。

2. 录音

(1) 单轨下录音

在 Audition 软件的波形编辑模式下选择菜单“文件”|“新建”|“音频文件”命令，打开如图 1.2.13 所示的“新建音频文件”对话框，在该对话框中设置声音的采样率、声道数和位深度(采样的精度)等参数。然后单击编辑器控制面板中的红色录音按钮就可以开始正式录音了。

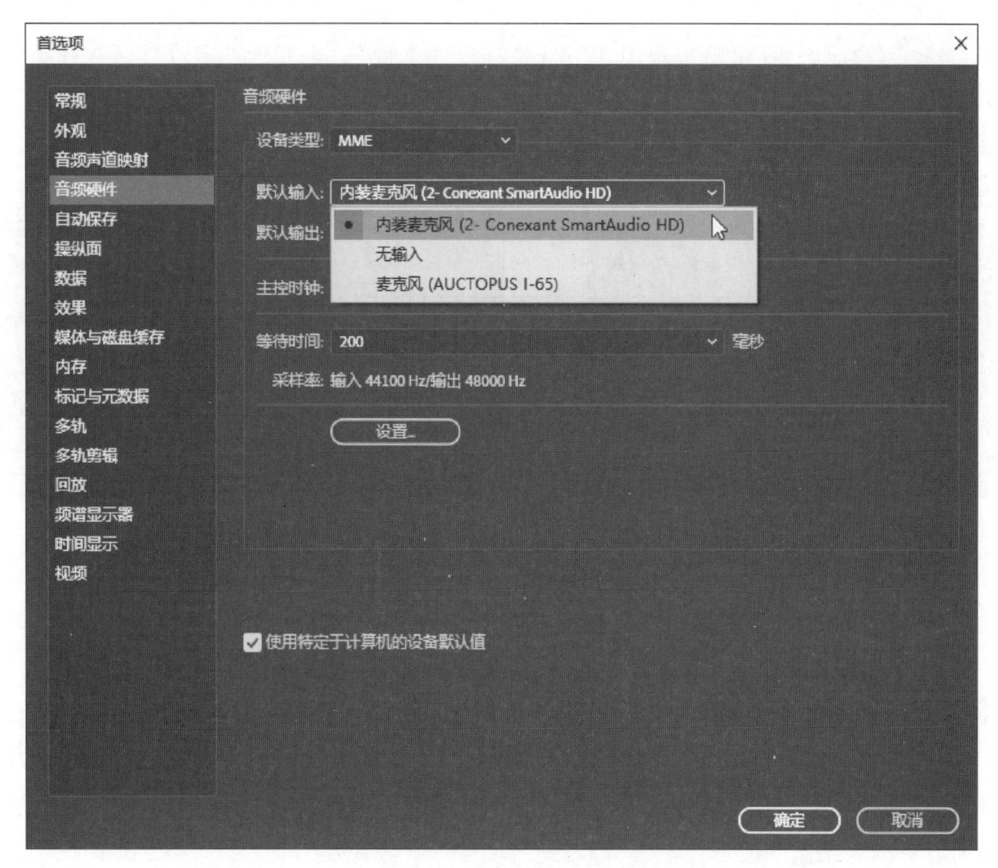

图 1.2.11　“首选项”对话框

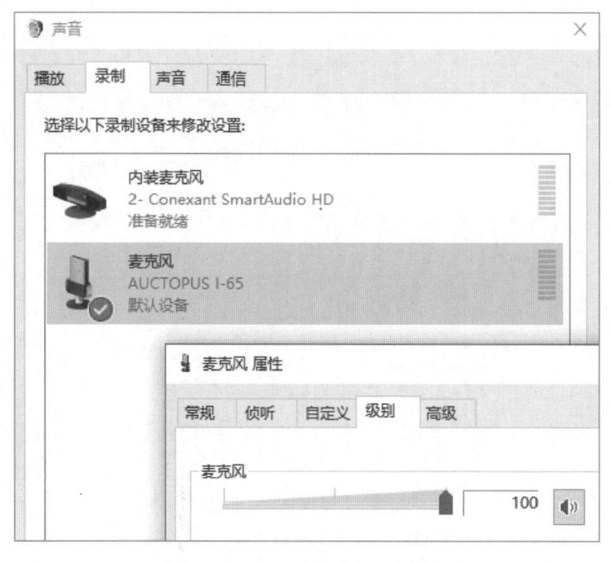

图 1.2.12　“声音”对话框

（2）多轨下录音

① 新建多轨会话。在多轨编辑模式下选择菜单“文件”|“新建”|“多轨会话”命令，打开如图 1.2.14 所示的对话框，会话文件主要用于保存多轨编辑状态下各音轨的编排信息以及各个轨道的设置等，如波形的位置以及音轨的音量、声相和静音等信息。

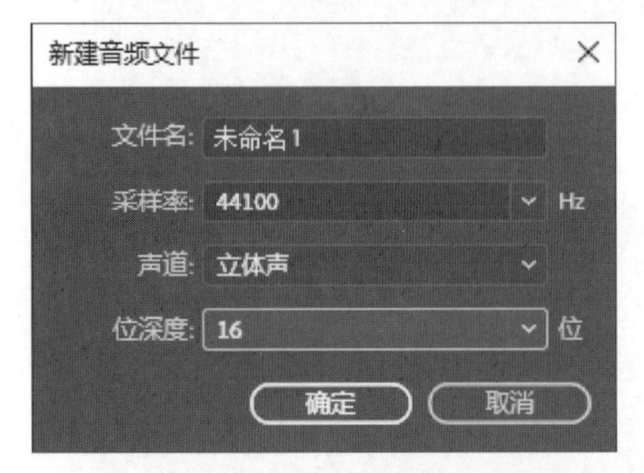

图 1.2.13 “新建音频文件”对话框

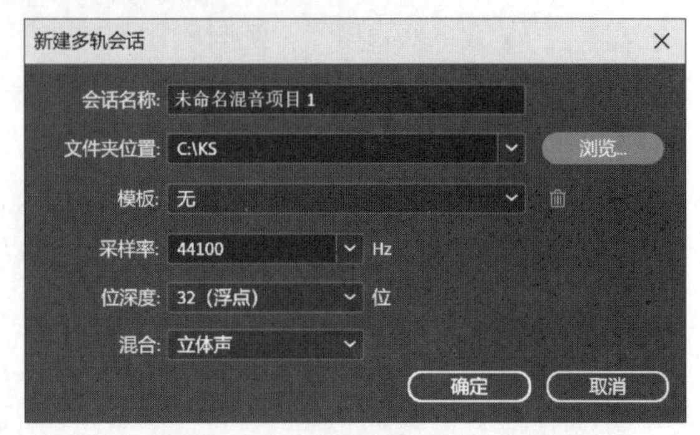

图 1.2.14 “新建多轨会话”对话框

② 导入伴奏音乐。在多轨编辑模式下，用户可以边听伴奏边录音，那么必须先导入伴奏音乐并拖放到某个音轨上。选择菜单“文件”|“导入”命令或单击“文件”面板中的“导入文件”按钮，选中需要的文件导入，然后直接从“文件”面板中拖动到所需音轨上即可。

③ 录音。在多轨编辑模式下录音，首先必须单击将要录音的轨道左边的 R 按钮，使该轨道处于录制准备状态，然后将时间指针定位在开始录音的起点，再单击编辑器控制面板中的红色录音按钮，就可以正式录音了。单击停止按钮，即可停止录音，在图 1.2.15 中，轨道 2 中的波形即为录制的波形。

注意：多轨下录音结束后请再单击一次 R 按钮，取消当前轨道的录音状态。

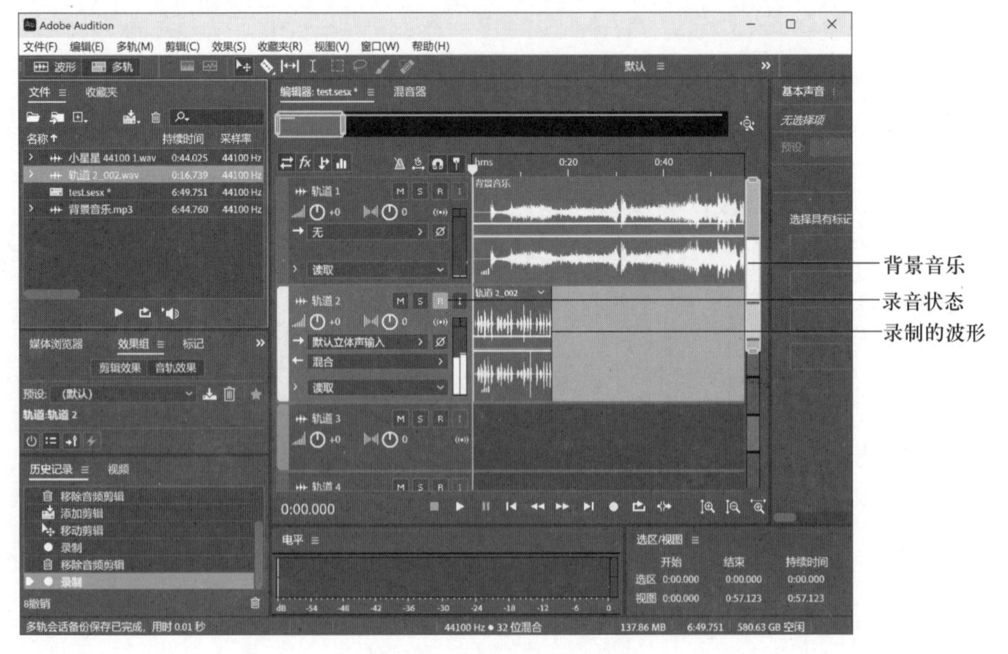

图 1.2.15 在多轨下录音

2.2.3　音频编辑

1. 单轨下的音频编辑

单轨下比较适合对单个声音波形进行编辑和添加声音效果，可以对左右声道单独进行处理等。

（1）波形的选择

在波形编辑状态下，编辑窗口的上下分别显示左右声道的波形信号。所有操作都是针对选取的波形片段，当鼠标显示为 I 形状时，按鼠标左键拖动将同时选取左右两个声道的波形片段，而双击则可以选中整个波形，如果没有选取波形，系统将默认整个声音波形。

● 选择某个声道的波形：选择菜单“编辑”|“启用声道”|“L：左侧”命令或单击波形编辑器右侧的“L：切换声道启用状态：左侧”选项或按 Ctrl+Shift+L 键，可以对左声道的波形选择状态进行切换。如果左声道变为灰色，将无法选择左声道的波形。同样如果右声道变为灰色，将无法选择右声道的波形。如果两个声道都变为灰色，那么左右声道都无法选择。

当一个声道变为灰色，拖曳光标即可选择另一个声道的波形片段。

（2）波形的删除

首先选中待删除的波形片段，选择“编辑”|“删除”命令或按 Delete 键即可将选定的波形片段删除，后续波形自动前移（不会留下空白区）。如果选择菜单“效果”|“静默”命令，则使选中的波形变成静音（留下了一段空白区）。

（3）波形的复制与移动

① 首先选中要复制的波形片段，选择菜单“编辑”|“复制”命令（或按 Ctrl+C 键），再选择“编辑”|“粘贴”命令（Ctrl+V 键），就可以实现波形片段的复制。注意：如果复制的是左右两个声道的波形，那么粘贴时将把波形插入到当前时间线位置，原位置的波形往后移动。如果复制的是单个声道的波形，粘贴时将把时间线所在位置之后相同长度的波形片段覆盖。

② 首先选中要移动的波形片段，选择菜单“编辑”|“剪切”命令（或按 Ctrl+X 键），再选择“编辑”|“粘贴”命令（Ctrl+V 键），就可以实现波形片段的移动。针对单个声道的波形片段进行移动时，被剪切的区域将变为静音，粘贴时将把时间线所在位置之后相同长度的波形片段覆盖。

如果选择菜单“编辑”|“复制为新文件”命令，则可以复制当前波形文件的副本。

如果选择菜单“编辑”|“粘贴为新文件”命令，则可以把剪贴板中的波形复制到一个新的波形文件中，并打开该波形。

（4）混合式粘贴

将波形复制或剪切后，选择菜单“编辑”|“混合粘贴”命令，打开如图 1.2.16 所示的对话框，可以把剪贴板中的波形与时间线所在位置之后具有相同长度的波形片段进行混合，在该对话框中可以调节两段波形混合时所占音量的比例大小。

（5）波形诊断

① 删除静音。录音过程中产生的静音区可以在诊断面板中进行静音设置，并删除所有静音区，在如图 1.2.17 所示的“诊断”面板中，在“效果”下拉列表中选择“删除静音”选项，在“预设”下拉列表中选择“加速演讲”选项，那么对静音和音频的强度与持续时间已

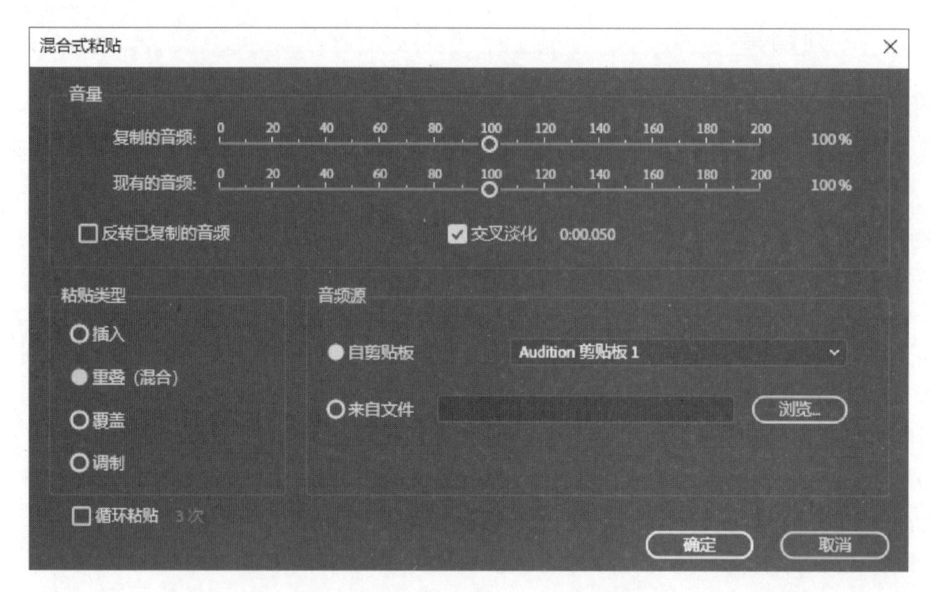

图 1.2.16 “混合式粘贴”对话框

经定义好了，单击“扫描”按钮即可将当前波形中的静音区按照所设置的标准全部查找出来，查找的结果显示在底部，图 1.2.17 中显示找到了 17 个静音区，在“修复依据”选项中可选择“缩短静音”或“删除静音”选项，再单击“全部缩短”按钮即可将静音区缩短或删除。

② 杂音降噪器。在“诊断”面板中选择如图 1.2.18 所示“效果”下拉列表中的“杂音降噪器”选项，可以自动查找到波形中定义的杂音片段并进行修复。这里“预设”设为“中度降低”，单击“扫描”按钮查找到当前波形中有 18 个问题，单击“全部修复”按钮即可删除这些杂音，调节阈值与复杂性可以改变对杂音的定义。

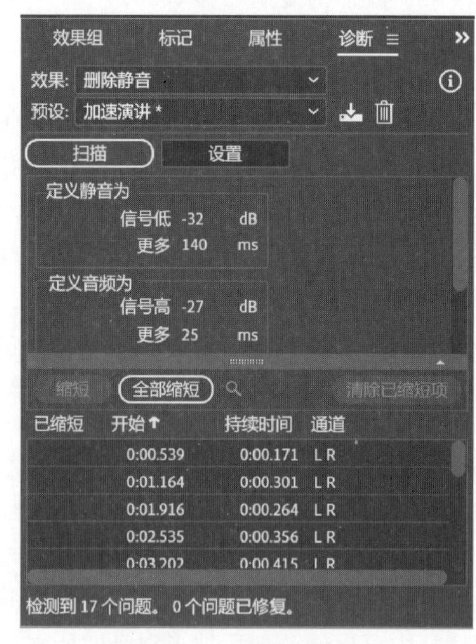

图 1.2.17 “诊断”面板

③ 爆音降噪器。录音中可能会产生一些幅度特别大的波形引起幅度失真，爆音降噪器就是要把失真的波形片段的幅度降低，使声音的过渡变得平缓，避免声音的忽大忽小。

在如图 1.2.19 所示的对话框中设置“预设”为“恢复正常”选项，定义失真波形的增益大小（强度）和容限（变化范围）以及最小剪辑大小（样本数），然后单击“扫描”按钮检测当前波形中失真的波形片段数，单击“全部修复”按钮即可观察到振幅大的波形其振幅变小了。

（6）裁剪

裁剪用于将不需要的波形删除，只留下选中的波形片段。首先选择需要保留的波形片段，

然后选择菜单“编辑”|“裁剪”命令（Ctrl+T 键）即可。

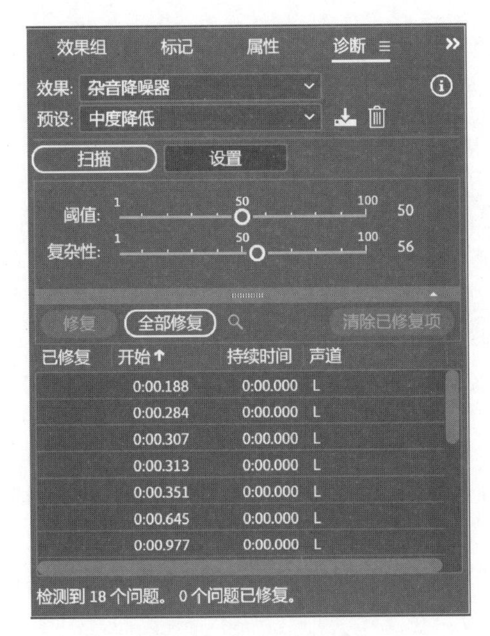

图 1.2.18　杂音降噪器

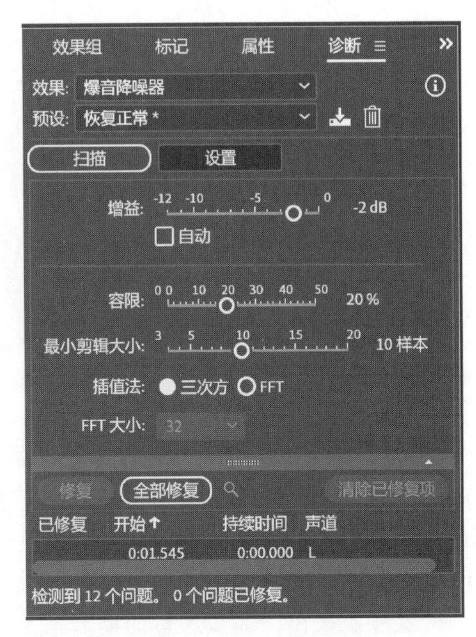

图 1.2.19　爆音降噪器

2. 多轨下的音频编辑

多轨编辑状态适合对多个音频轨道进行编辑、录制和合成处理。

（1）轨道的添加与删除

系统默认显示的轨道数为 6，选择菜单“多轨”|“轨道”|“添加立体声音轨”命令（Alt+A 键），可以在当前轨道下方插入一个立体声轨道，也可以插入单声道、5.1 声道、总音轨以及视频轨道等其他类型的轨道。

选择菜单“多轨”|“轨道”|“删除所选轨道”命令将当前轨道删除。

选择菜单“多轨”|“轨道”|“复制所选轨道”命令，将当前轨道复制到其下方轨道，原有其他轨道往下移。

（2）轨道的控制区

每个音轨的左侧显示如图 1.2.20 所示，其中轨道名默认为轨道 n，在轨道名上单击即可重命名。

① M 表示静音，S 表示独奏，R 表示录音。

② 音量旋钮可以调节当前音轨的音量，声相旋钮可以调节立体声平衡，也可以在旋钮后面直接输入调节的数值。

③ 输入：默认为当前声卡的立体声输入。

④ 输出：默认为混合输出，也可以选择“无”选项，则该音轨不参与合成。若选择“无”选项，再播放时则该轨道没有声音输出。或者选择从某根总线输出，这需要与其他电子音响设备有总线连接时才起作用。

⑤ 音轨自动化模式：类似于 Office 中的记录宏，可以选择关、读取、写入、闭锁和触动。

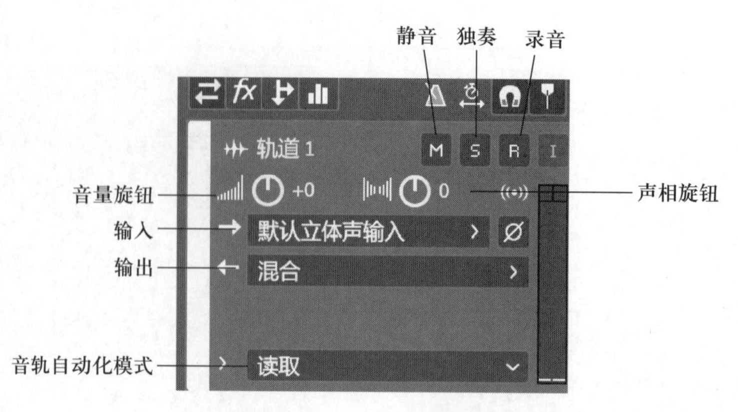

图 1.2.20　多轨控制旋钮

a. 写入：在播放该音轨的波形时，如果调节了该音轨的音量或声相等参数，那么这些参数的调节将被记录下来。如果单击“读取”前面的“显示/隐藏自动航线”选项，则展开下面的包络编辑项，可以看到相应记录的关键点。

b. 读取：可以把前面记录下来的参数读取出来，并作用到当前播放的波形上，如果前面没有进行过写入操作，那么这里的读取是不起作用的。

c. 闭锁：再次播放过程中如果改变了某个参数，那么原来记录的参数将失效。

d. 触动：再次播放过程中如果改变了某个参数，那么未改变的参数将保留不变。

（3）多轨下波形的移动与复制

多轨编辑状态下工具栏中各个工具的作用如图 1.2.21 所示，用于多轨模式下声音波形的选择、复制与移动等。

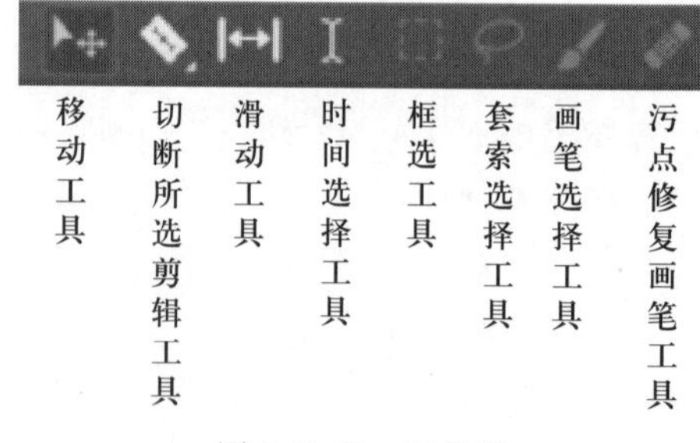

图 1.2.21　工具栏

① 移动工具：按住鼠标左键并拖曳可以移动当前轨道上选中的波形片段，单击鼠标右键会弹出一个快捷菜单，从中选择移动或复制当前波形片段的命令。

② 切断所选剪辑工具：可以把当前轨道的波形在单击处剪成两段，如果切换为“切断所选剪辑工具”，则将所有轨道的波形在单击处剪开。

③ 滑动工具：用于滑动选择想要的波形片段，例如，有一个声音录制了 30 s，现在截取了第 10～20 s 的声音片段，那么利用滑动工具在该波形片段上拖曳鼠标，即可实现往前或往后滑动选择想要的那 10 s 的声音。

④ 时间选择工具：按住鼠标左键并拖动可以选中当前轨道的波形，单击鼠标右键，在弹出的快捷菜单中有移动命令，可以移动当前轨道的波形。

⑤ 框选、套索选择和画笔选择工具：在单轨状态下单击工具栏左侧的（显示频谱频率显示器）按钮后将激活这些工具按钮，用于选取所要操作的频谱区域。

⑥ 污点修复画笔工具：对涂抹处的频谱信号进行修补，类似图像处理中的污点修复功能。

（4）拆分

类似前面的“切断所选剪辑工具”，可以把波形剪开，使其变成多个波形片段，单击鼠标定位播放线，选择“剪辑”|“拆分”命令（Ctrl+K 键）或右击鼠标，选择“拆分”命令，那么当前音轨上的波形在播放线处被分割为两段；选择“剪辑”|“拆分播放指示器下的所有剪辑”命令（Ctrl+Shift+Alt+K 键），则将所有轨道的波形在当前位置剪开。

（5）锁定时间

当编排好波形的位置，不希望它的时间再发生变化时，可以将音频锁定。首先选定音频片段，右击鼠标，在快捷菜单中选择“锁定时间”命令，那么该波形就不能左右移动了，但可以上下移动（允许改变其所在的轨道）。

（6）波纹删除

在多轨状态下，选取某段波形，如果选择菜单“编辑”|“删除”命令（Delete 键），那么可以清除选中的波形片段，不影响该轨道上其他波形的位置，而选择菜单“编辑”|“波纹删除”|“所选剪辑”命令，可将选定的波形片段删除，同时该轨道上后续波形会自动前移。如果在波形片段之间有空隙，那么选择“编辑”|“波纹删除”|“所选轨道中的间隙”命令，将把时间线所在位置的空隙删除。

（7）设置静音

在多轨状态下，轨道左侧控制区的 M 按钮用于将整个轨道设置为静音。如果选取某个波形片段后，选择菜单“剪辑”|“静音”命令，可以使选中的整个片段（不是选区内的波形）变为静音（显示为灰色），波形本身并没有删除，只是不发出声音而已。如果要对指定选区内的波形设置为静音，那么必须先用剪刀工具将其剪开成一个单独的片段，以后再设置静音。

（8）波形循环

在多轨状态下，如果有需要不断重复的声音波形，可选择菜单“剪辑”|“循环”命令，把光标放到波形的右边界处（左边界也一样），往右拖曳光标即可实现波形的循环复制，出现白色虚线表示一个循环周期结束。

3. 音频包络编辑

包络（envelope）是指某个声音属性的参数随时间的变化。

（1）音量包络编辑

音量包络是指音频波形随时间变化而产生的音量变化，也就是音量变化的走势曲线。通过控制音量包络曲线来改变某个音轨上音频信号的音量大小，是非常直观和简单的方法。

在多轨状态下，每个音频轨道波形上有一根黄褐色的音量包络线，如图 1.2.22 所示，直接往上拖曳该包络线，可以使音量提升，最大可提升 15 dB，在音量包络线上单击可添加控制点，拖动这些控制点可改变音量的大小（波形的振幅不变）。

（2）音量淡化包络编辑

淡化（fade）是指音量的逐渐变化，音量由小到大变化称为淡入（fade in），音量由大到小变化称为淡出（fade out），针对选中的波形片段，在左上方有一个“淡入”图标，往右拖曳该图标即可快速拉出一根淡入包络线，在右上方有一个“淡出”图标，往左拖曳则可拉出一根淡出包络线，默认都是线性变化的，线性值的大小决定了音量变化的速度，如图 1.2.23（a）

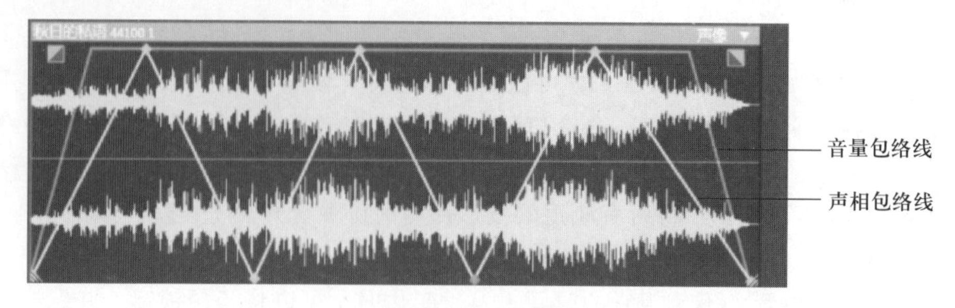

图 1.2.22　包络线

所示的线性值为 0(匀速变化)。右击该淡化图标，在弹出的快捷菜单中选择“余弦”命令可改为平滑的余弦曲线，如图 1.2.23(b)所示。

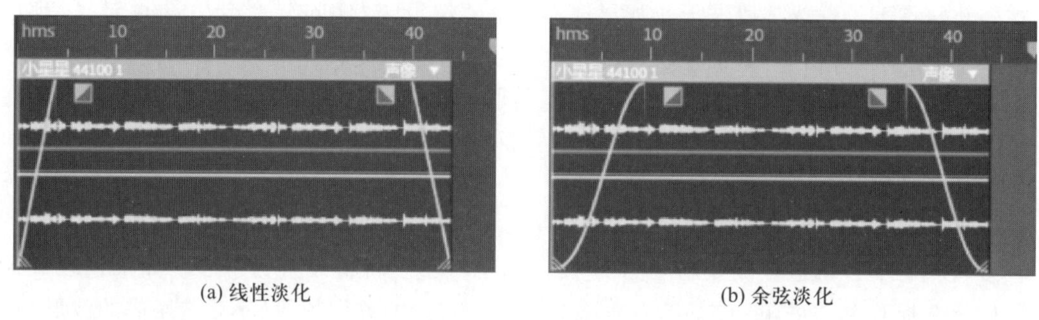

图 1.2.23　音量淡化包络编辑

(3) 声相包络编辑

声相就是声音在左右声道中所处的位置。在多轨状态下，每个轨道的上下两个波形之间有一根淡蓝色的声相包络控制线，通过在声相包络线上添加控制点并调节控制点的位置，可以控制声音在左右声道中的比例。声相包络线处于中间(0 点)时，声音在左右声道中达到均衡，声相包络线位于上半部，声音偏向左声道，声相包络线位于下半部，声音偏向右声道。

4. EQ 均衡

EQ 均衡器用于调节声音的音色，不改变声音的音调。在编辑器面板中单击 (EQ 均衡)按钮，每个轨道的控制区显示如图 1.2.24 所示，单击 (显示 EQ 编辑器窗口)按钮将弹出如图 1.2.25 所示的 EQ 设置窗口，在该窗口中可以调节不同频率段的音量大小，达到改变音色的目的。

在 EQ 调节过程中，不同频率段声音的调节效果如表 1.2.5 所示。

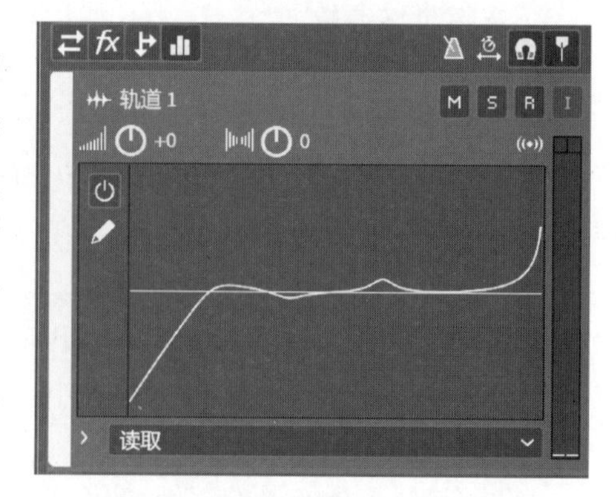

图 1.2.24　轨道控制区的 EQ 曲线

5. 混音器

“混音器”面板可以对多轨合成的各个轨道进行混音设置，“混音器”面板如图 1.2.26 所示。编辑器状态下的 4 个选项卡(输入输出、 效果、 发送、 EQ 均衡)的功能都可以在“混音器”面板中进行查看和修改，非常直观。

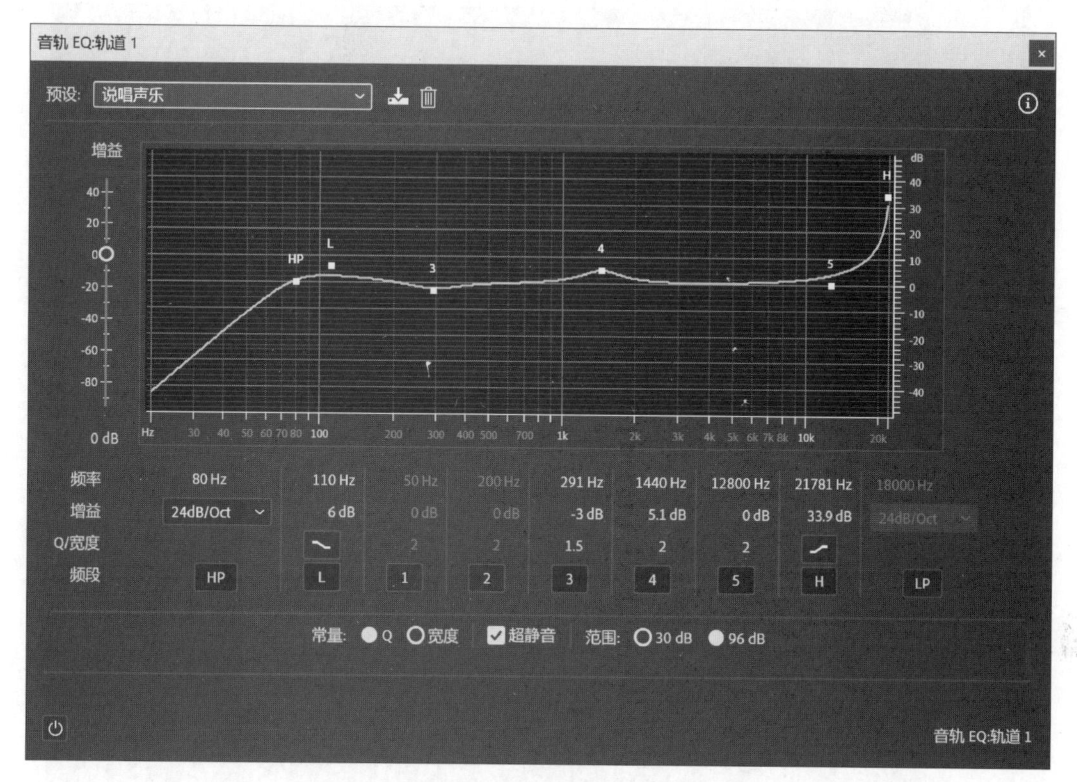

图 1.2.25　EQ 设置窗口

表 1.2.5　不同频率段声音的调节效果

声音	频率范围	效　果
超低音	20~40 Hz	适当时使声音强而有力，控制雷声、低音鼓等，过度提升会使声音浑浊不清晰
低音	40~150 Hz	低音部分是表现音乐风格的主要成分，适当时使声音丰满而柔和，不足时使声音单薄，150 Hz 处过度提升会使声音发闷，鼻音增强
中低音	150~500 Hz	是人声的主要组成部分，不足时使声音软而无力，适当提升会使声音浑厚有力，提高声音的力度和响度，过度提升则使声音变得生硬
中音	500~2 kHz	包含了大多数乐器的泛音，适当时使声音明亮透彻，不足时使声音变得朦胧，过度提升得到类似电话的声音
中高音	2~5 kHz	这部分是弦乐的特征音，不足时使声音的穿透力降低
高音	5~8 kHz	过度提升会使语音的齿音加重
极高音	8~10 kHz	过度提升会使声音不自然

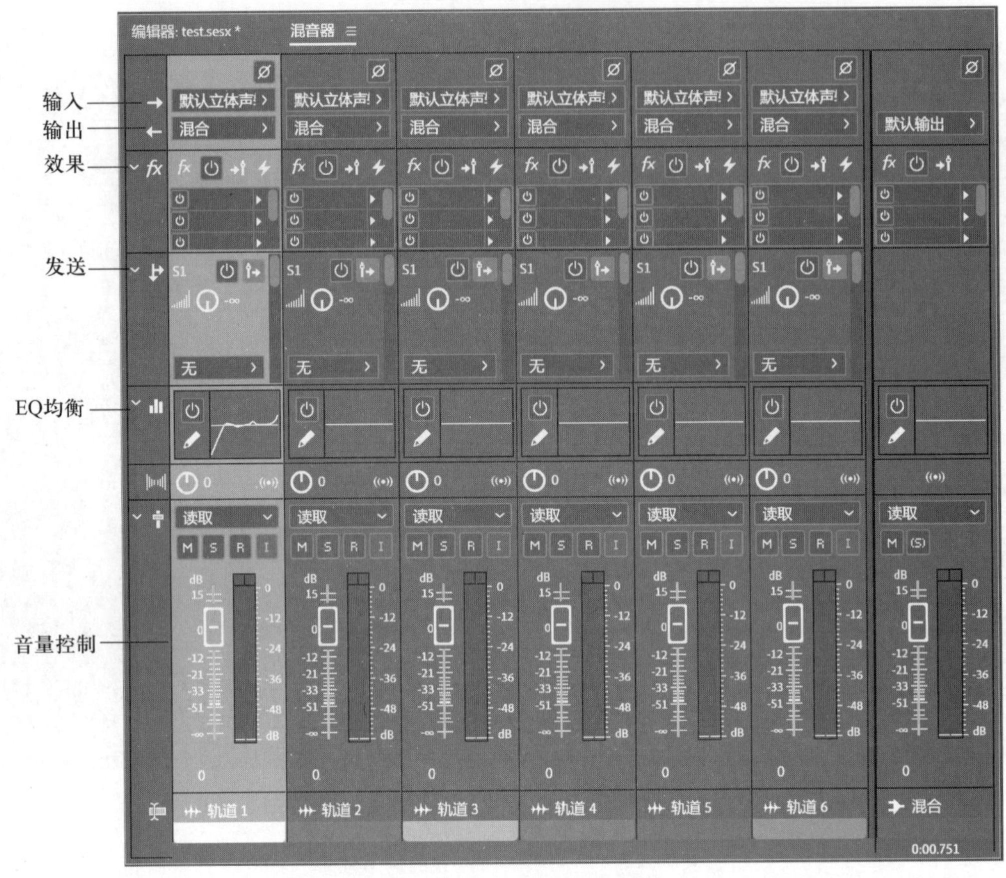

图 1.2.26　“混音器”面板

2.2.4　音频特效

Audition 提供了许多功能强大的效果器，可以对音频信号进行数字化效果处理，以优化音频的视听效果。

1. 单轨状态下添加效果

如果声音效果只作用于某个声音波形上，一般在波形编辑状态下添加效果，添加效果以后会马上对声音波形产生影响，一般会改变原来的波形。首先选中需要添加效果的波形片段(可以是单个声道的部分波形)，再从“效果”菜单中选择需要的效果器即可应用到所选波形上；也可以从“效果组”面板中选取所需要的预设，如图 1.2.27 所示，每个预设添加的效果允许进行添加、删除或修改，单击下面的“应用”按钮即可应用到所选取的波形上。

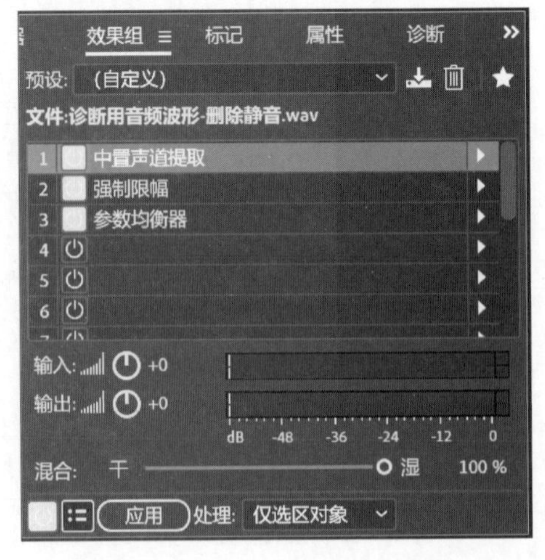

图 1.2.27　“效果组”面板

2. 多轨状态下添加效果

在多轨编辑状态下，可以对某个音轨上的所有波形片段添加相同的效果器，在这里添加的效果器不会马上作用到波形上(不会改变原有的波形)，只有将多轨编排好以后进行混缩输出时才会应用到波形上。

在多轨编辑模式下，单击 fx 按钮可以切换到效果选项卡，单击效果列表，弹出选择效果的快捷菜单，如图 1.2.28 所示。如果从“延迟与回声”菜单中选择“回声”效果，会弹出“组合效果-回声”窗口，如图 1.2.29 所示，一般选择预设中的某个效果，则效果的参数已经设置好了，可以自己再任意调节参数，当效果总开关和当前效果开关显示为绿色时，表示该效果起作用；如果关闭效果开关，则该效果不起作用。

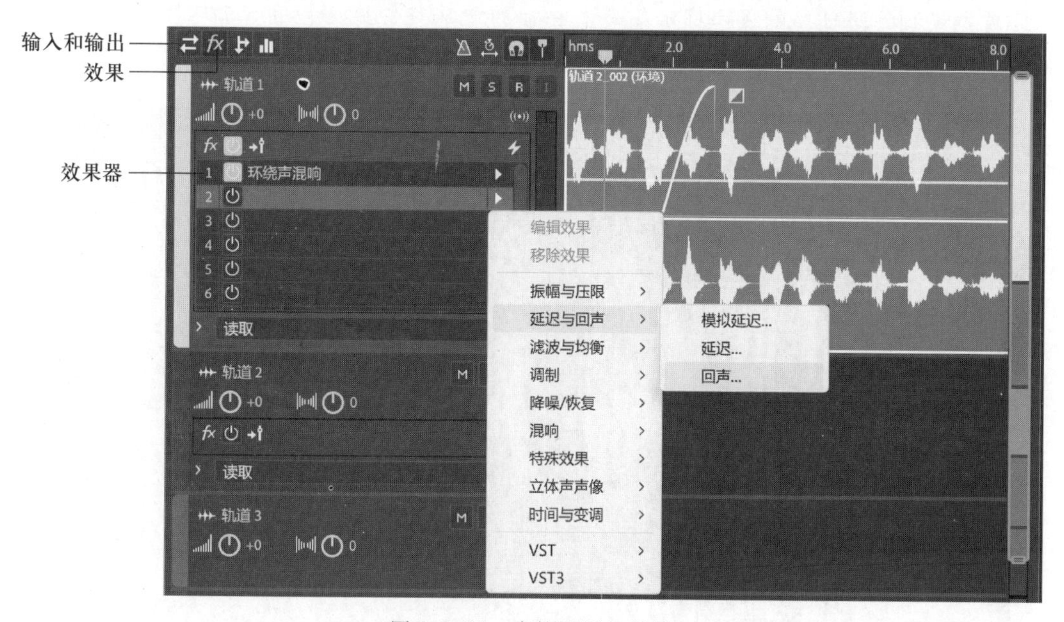

图 1.2.28　多轨下添加效果

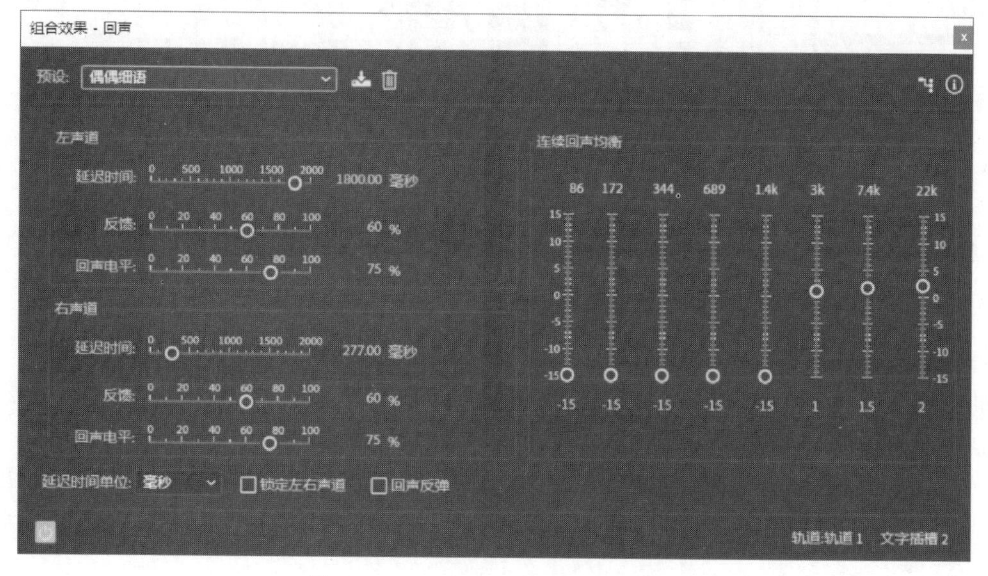

图 1.2.29　“组合效果-回声”窗口

3. 常用效果器

Audition 效果器众多，不仅有软件自带的 50 多种效果器，还支持 VST 插件效果器。按照功能可分为振幅类效果器、滤波类效果器、延迟类效果器、降噪类效果器、波形发生类效果器和声码器等。下面对处理录制的人声需要用到的几个常用效果器进行简要介绍。

（1）降噪处理

录音环境或录音设备不佳，存在环境噪声时，使用 Audition 的降噪效果器可以有效地去除录音中的各种噪声。

① 首先录制一段环境的噪声样本信号，必须与实际录音环境相同，如图 1.2.30 所示。一般在开始正式录音之前静音 1~2 s 时间，录下环境噪声。

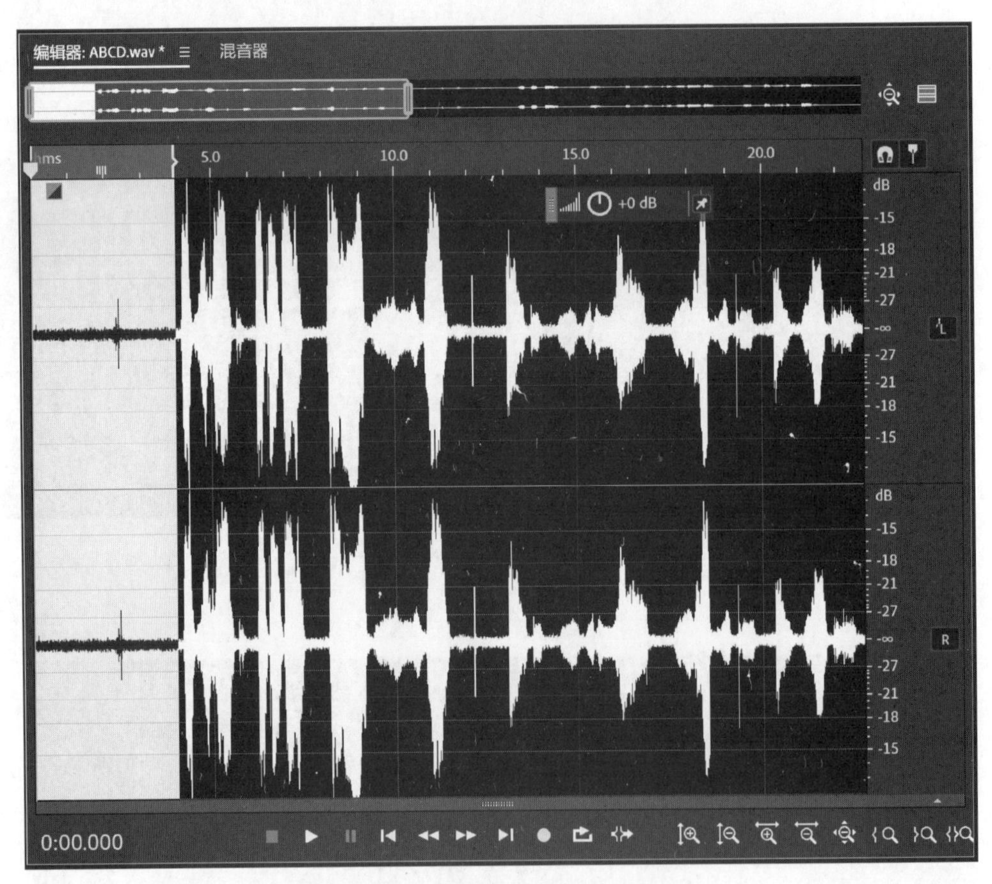

图 1.2.30　包含噪声样本的音频信号

② 选中录制的噪声样本波形，然后选择菜单“效果”|“降噪/恢复”|“降噪(处理)”命令，打开如图 1.2.31 所示的降噪窗口，单击“捕捉噪声样本”按钮，在下面的窗口中将显示噪声的样本信号，调节下面的降噪比例和降噪幅度等参数到合适的大小，再单击“选择完整文件”按钮，音频波形的背景变为白色，表示将对整个文件进行降噪处理。单击“应用”按钮，开始进行降噪处理。注意：观察降噪前后音频部分波形幅度的变化，噪声样本部分的波形基本没有了。

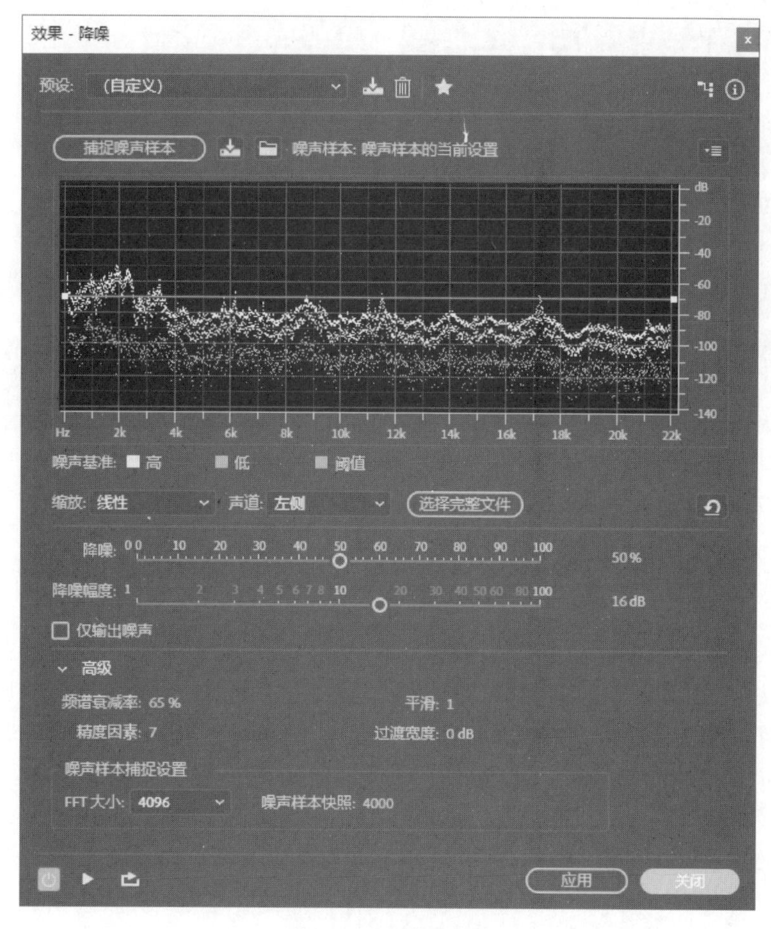

图 1.2.31　降噪窗口

通过对话框中的“存储噪声样本”按钮可以把噪声采样的结果保存为 FFT 文件，以后在同样环境下录制的声音，就可以通过“从磁盘中加载噪声样本文件”按钮得到噪声样本，直接进行降噪处理了。

（2）标准化

标准化属于幅度类效果器，用于将声音提升到最大不失真的音量大小。选择菜单“效果”|“振幅与压限”|“标准化(处理)”命令，打开如图 1.2.32 所示的对话框，单击“应用”按钮即可，标准化前后波形振幅的对比如图 1.2.33 所示。

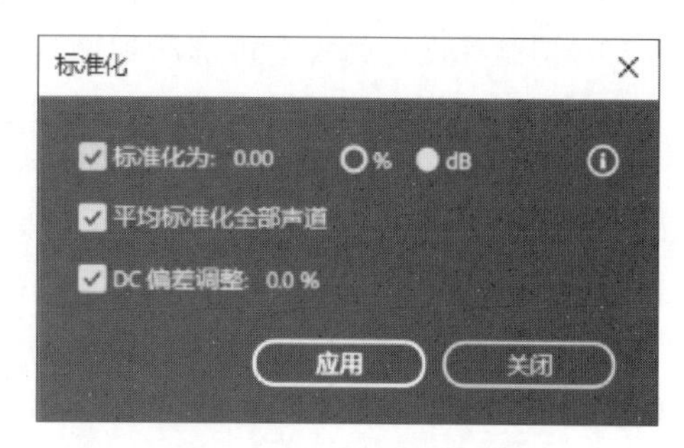

图 1.2.32　标准化效果器

（3）动态处理效果器

动态处理效果器属于幅度类效果器中的压限处理，用于调节某个范围内的声音电平的大小。如果把振幅很高的波形降低，振幅较低的则进行适当提升，用于处理人声，可使声音的变化变得平滑，避免声音的忽高忽低。

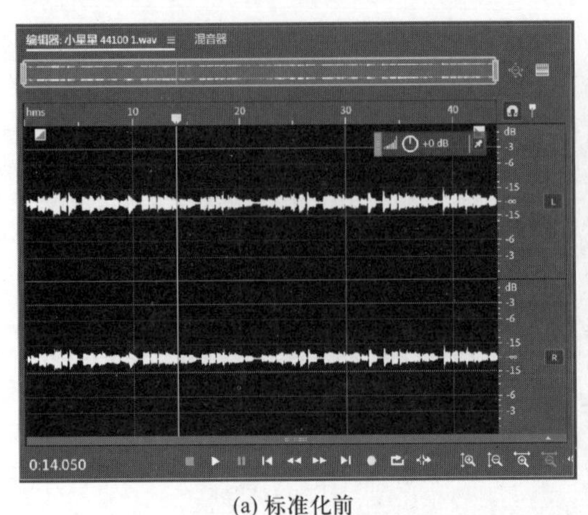

(a) 标准化前

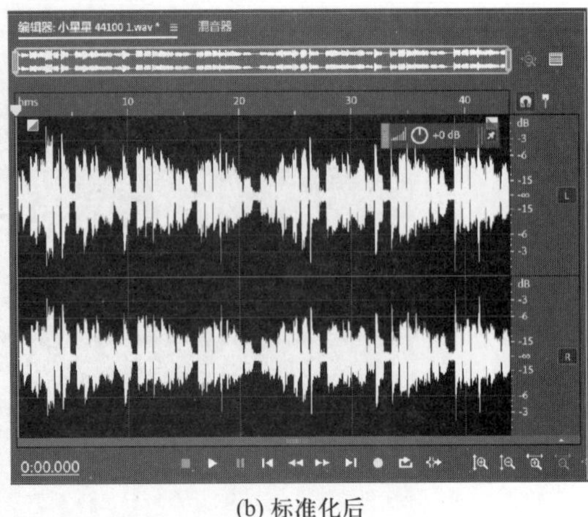

(b) 标准化后

图 1.2.33　标准化前后波形振幅的对比

在波形编辑状态下，首先选取需要操作的波形片段(如果没有选择，则默认针对整个波形)，选择菜单“效果”|“振幅与压限”|“动态处理”命令，打开如图 1.2.34 所示的对话框。横坐标表示输入音量的大小，从左到右递增；纵坐标表示经过效果器处理后的声音大小，从下往上递增，默认为一根斜线，表示输入与输出一样。用户可以在曲线上单击增加控制点，用鼠标拖动控制点可以改变动态处理曲线的形状，实现所需要的处理效果。这里设置“预设”为“画外音”，将声音很小的部分进行了提升，而-15～0 dB 的音量则降低了。

(4) 和声效果器

和声效果器用于对人声进行润色，可以使单薄的声音变得厚实丰满。

选择菜单“效果”|“调制”|“和声”命令，打开如图 1.2.35 所示的对话框，在“预设”中可以选择各种和声效果，这里选择了 10 个声音的和声效果，可以设置的参数主要如下。

① 声音：10 表示同时发声的数量，数值越大声音听起来越厚实。

② 延迟时间：和声效果器其实就是延迟很小的延迟类效果器，多个声音几乎同时发出，和声效果的声音完全重叠在一起。

③ 延迟率：调整延迟的速率，较小的速率会使延迟效果不明显。

④ 反馈：用于调整和声效果反馈量的大小，数值越大回声和混响越明显。

⑤ 扩散：声部延迟量的大小，单位为毫秒。

⑥ 调制深度：为每个声部所加颤音的深度，单位是分贝。

⑦ 调制速率：调整每个声部颤音的速率，速率越大，颤音的幅度就越大。

输出电平中的干声(没有效果的原始声音)和湿声(添加了效果的声音)所占比例的调节，湿声比例越大，输出的声音中处理的效果就越明显。

(5) 混响

混响指的是声音的漫反射之和，即声音在各种不同环境下的反射与折射之和，添加混响可以使声音更加厚实丰满。选择“效果”|“混响”|“混响”命令，打开如图 1.2.36 所示的对话框，设置“预设”为“较大房间临场感”，可以设置声音的衰减时间、预延迟时间、扩散和感知等参数调节混响效果。

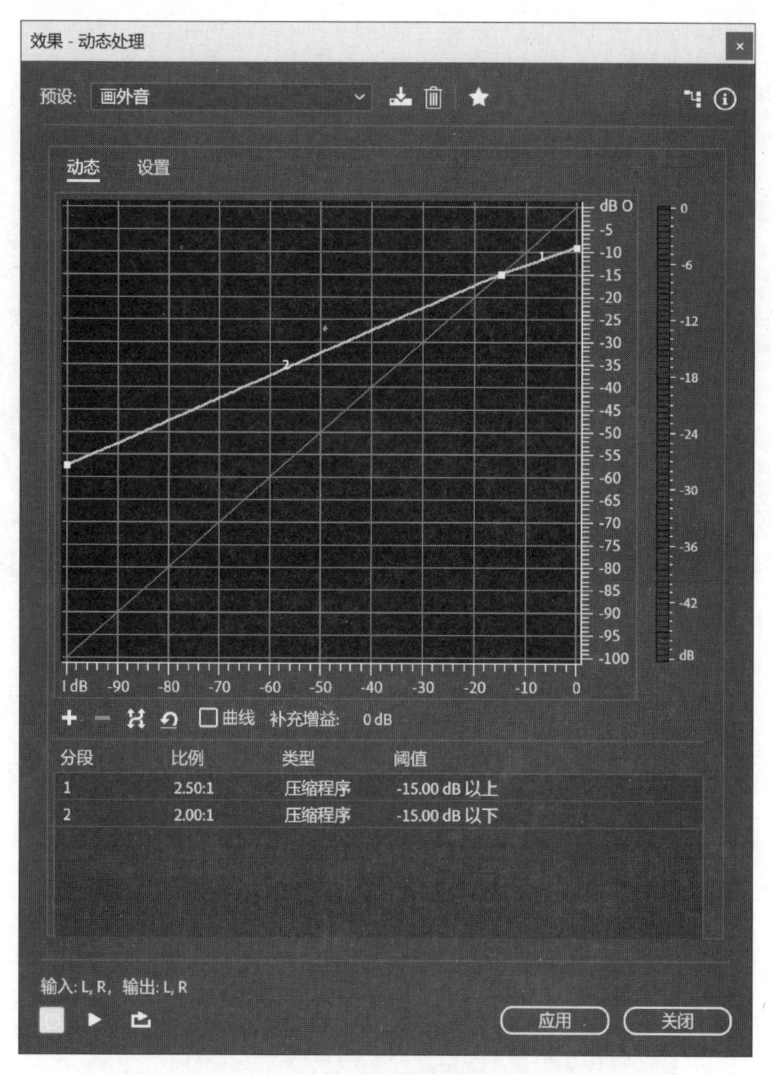

图 1. 2. 34　动态处理效果器

(6) 时间与变调

时间与变调效果器用于处理声音的速度与持续的时间，或者用于对声音进行变调处理。选择菜单“效果”|“伸缩与变调（处理）”命令，打开如图 1. 2. 37 所示的对话框，其中“伸缩”用于控制声音的播放速度，伸缩高于 100%，声音速度变慢；伸缩低于 100%，则声音变快，同时在上面的持续时间内可以观察到新的持续时间是多少。如果声音变慢，持续时间变长；如果声音变快，那么持续时间变短。

注意：在多轨编辑状态下，直接用鼠标拖曳波形的边界也可以改变声音片段的持续长度，但不会改变声音的速度。

声音的变调处理可以制作出许多特殊的声音效果。

① 童声处理：设置“预设”为“氦气”，如图 1. 2. 38 所示，声音的伸缩没有变化(100%)，变调部分提高了 8 个半音阶。单击“预演播放”按钮即可听到童声效果了。

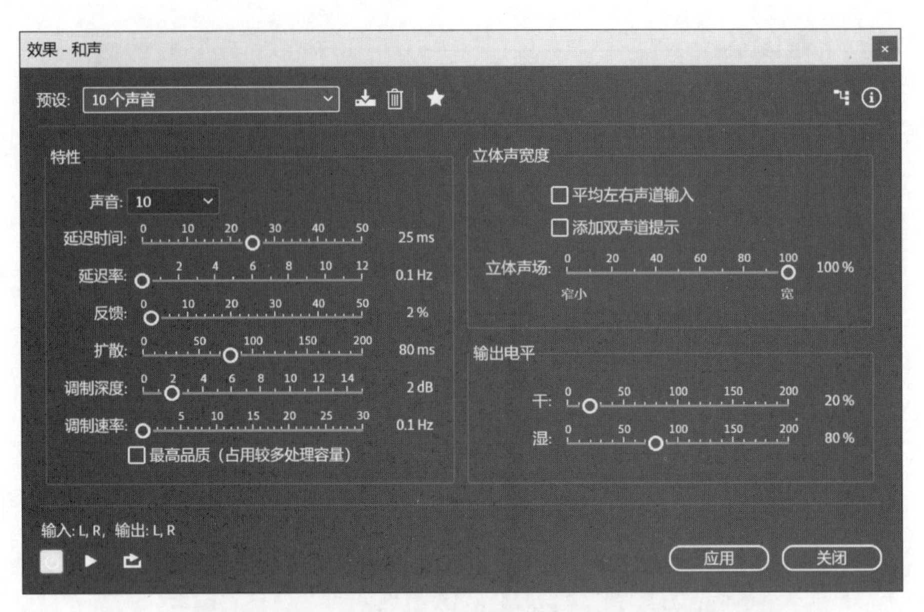

图 1.2.35　和声效果器

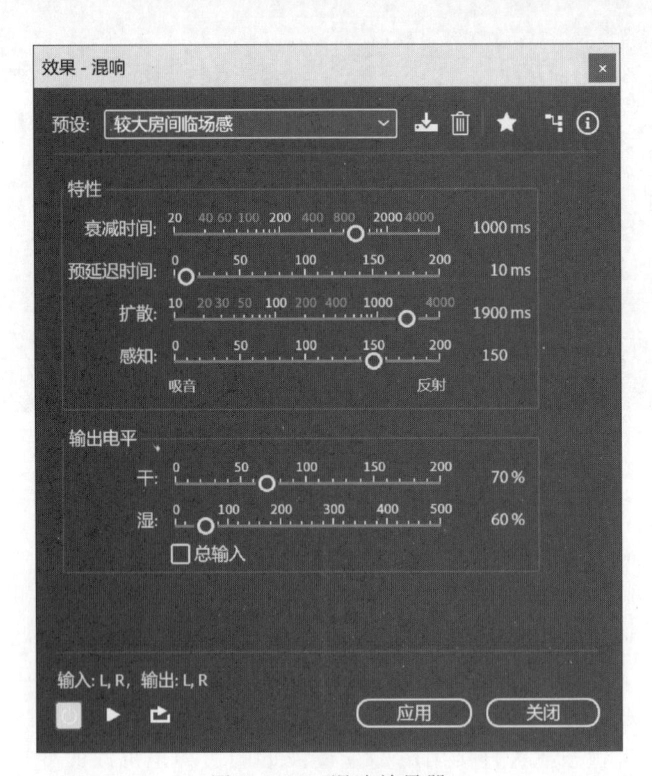

图 1.2.36　混响效果器

② 男声变女声：设置“预设”为“降调”。

③ 女声变男声：设置“预设”为“升调”。

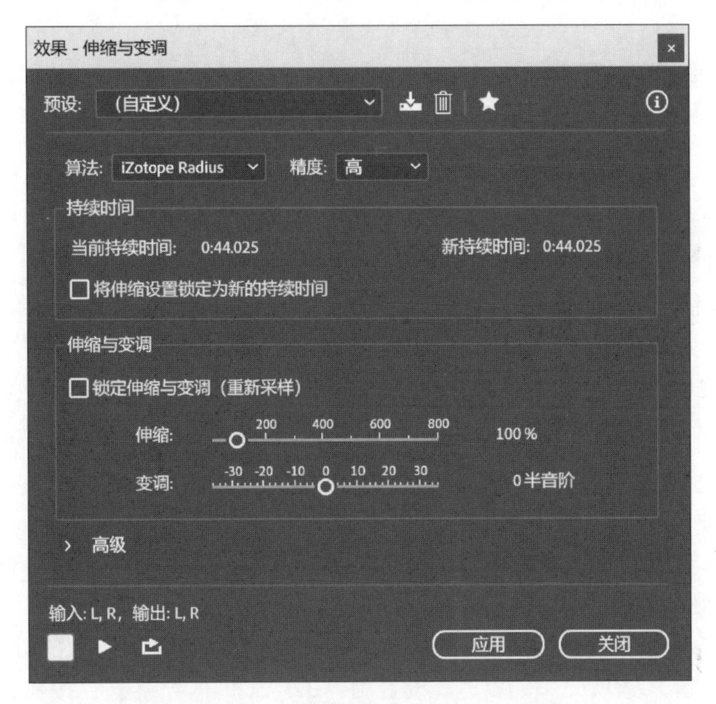

图 1.2.37　“效果-伸缩与变调”对话框

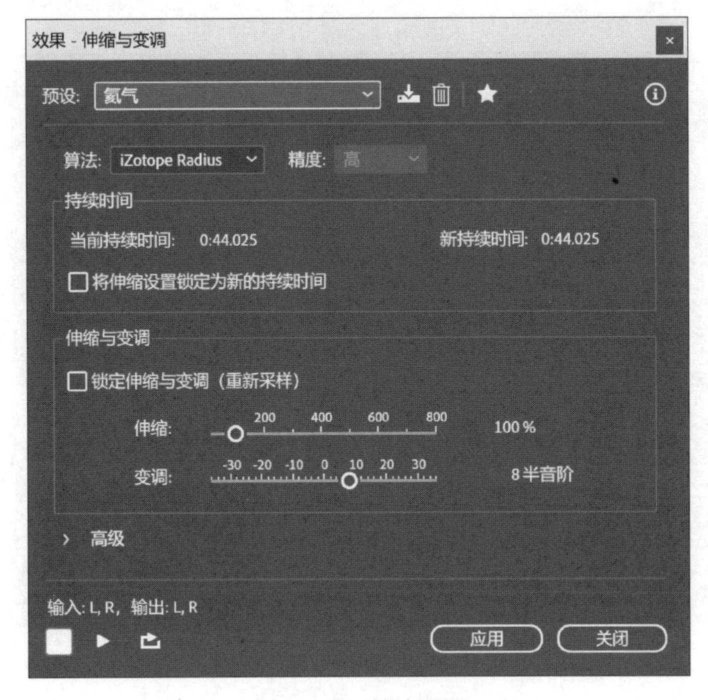

图 1.2.38　童声处理

2.3 音频处理综合应用

微视频：
人声消除

例 2.1 人声消除。

请先录制一段立体声旁白解说，然后再将人声消除。

方法 1：利用波形相位的反转，将立体声转换成单声道。

具体操作步骤如下。

（1）录音

选择菜单“文件”|“新建”|“音频文件”命令，采样频率为 44.1 kHz，立体声，位深度为 32。单击“录音”按钮开始录制解说词，单击(停止)按钮停止录制，录制的原始波形如图 1.2.39 所示。

（2）人声消除

首先在波形编辑模式下选中左声道的波形，选择菜单“效果”|“反相”命令，将左声道波形的相位反转，如图 1.2.40 所示。

再选择菜单“编辑”|“变换采样类型”命令，打开如图 1.2.41 所示的对话框。在“声道”列表中选择“单声道”选项，“位深度”设置为“32”，单击“确定”按钮，编辑窗口的波形如图 1.2.42 所示，波形基本为一条直线，也就是说，如果录制的左右声道的原始波形完全一样，通过该方法可以完全消除。

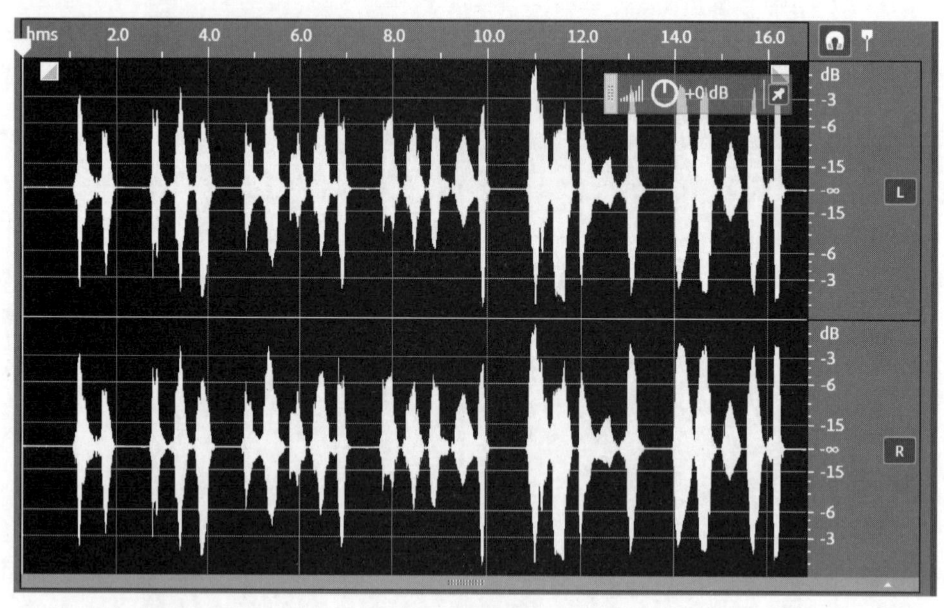

图 1.2.39 录制的原始波形

方法 2：利用声道混合效果器实现人声的消除。

选择菜单“效果”|“振幅与压限”|“声道混合器”命令，弹出如图 1.2.43(a)所示的通道

hms
2.0
4.0
6.0
8.0
10.0
12.0
14.0
16.0
+0 dB
dB
-3
-6
-15
-∞
-15
-6
-3
L
dB
-3
-6
-15
-∞
-15
-6
-3
R

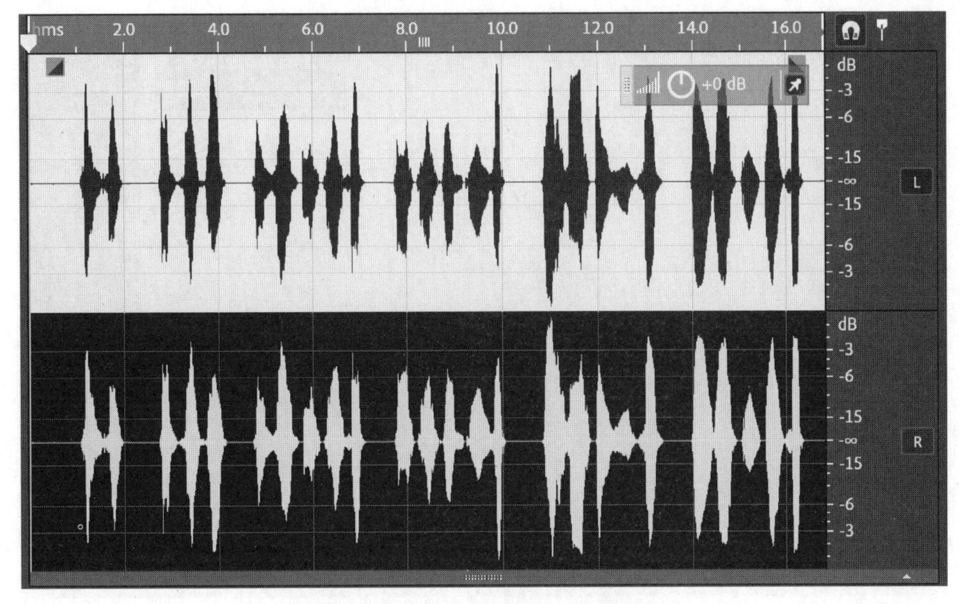

图 1.2.40　反转左声道的相位

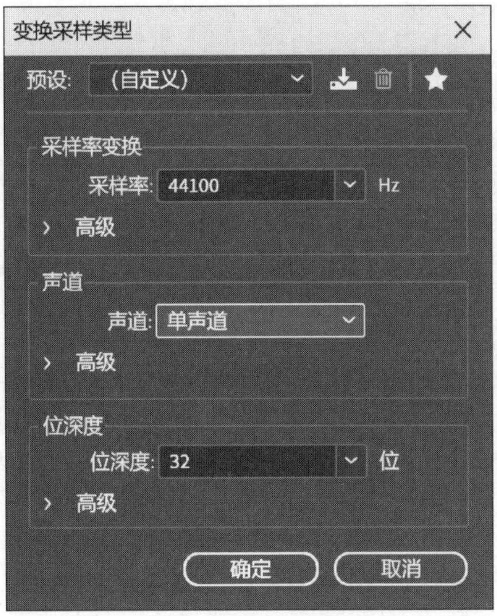

变换采样类型
预设:
(自定义)
采样率变换
采样率:
44100
Hz
高级
声道
声道:
单声道
高级
位深度
位深度:
32
位
高级
确定
取消

图 1.2.41　变换采样类型

混合器对话框，在 L 选项卡中将输入声道中 L(左声道)和 R(右声道)的混合值设置为相同的数值，并将其中一个声道的反相选中，再切换到 R 选项卡，参数设置如图 1.2.43(b)所示，单击“应用”按钮可以看到左右声道的波形都被消除了。

方法 3：利用中置声道的提取实现人声消除。

选择菜单“效果”|“立体声声像”|“中置声道提取”命令，打开如图 1.2.44 所示的对话框，直接在“预设”下拉列表中选择“人声移除”选项，即可消除人声。

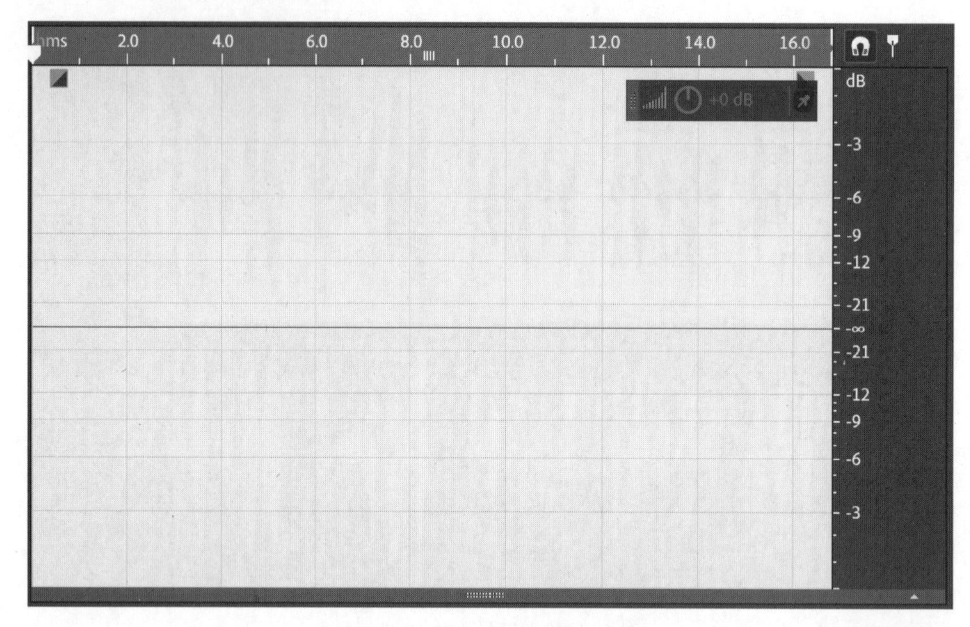

图 1.2.42　人声消除后的波形

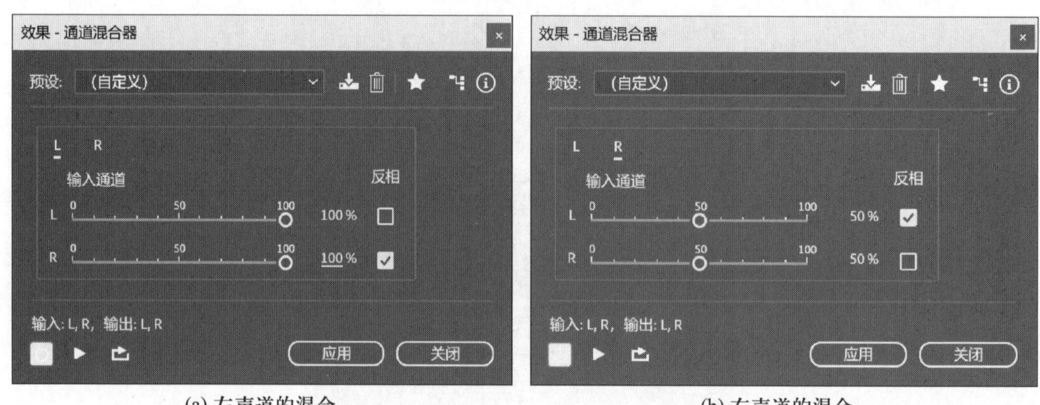

(a) 左声道的混合　　　　(b) 右声道的混合

图 1.2.43　通道混合器

以上 3 种方法可以将人声基本消除，原因是自己录制的立体声在没有添加任何效果以前左右声道的波形基本是完全一样的，通过波形相位的变化以及合并可以达到消除的目的。

拓展应用：将原唱从背景音乐中分离出来。

网上下载的歌曲一般都添加了很多声音效果，尤其是添加混响以后，左右声道的波形就不会完全一样，用前面几种方法一般都无法完全将原唱与纯净的背景音乐分离。

随着人工智能技术的发展，生活中已经处处在享受智能语音技术带来的便利。能否利用智能语音处理技术将原唱从背景音乐中分离出来呢？当然可以，这里不讨论具体的模型训练及其编码方法，读者可以访问 vocalremover 网站，将需要分离的声音文件上传，然后将处理好的结果波形分别保存即可，效果如图 1.2.45 所示。

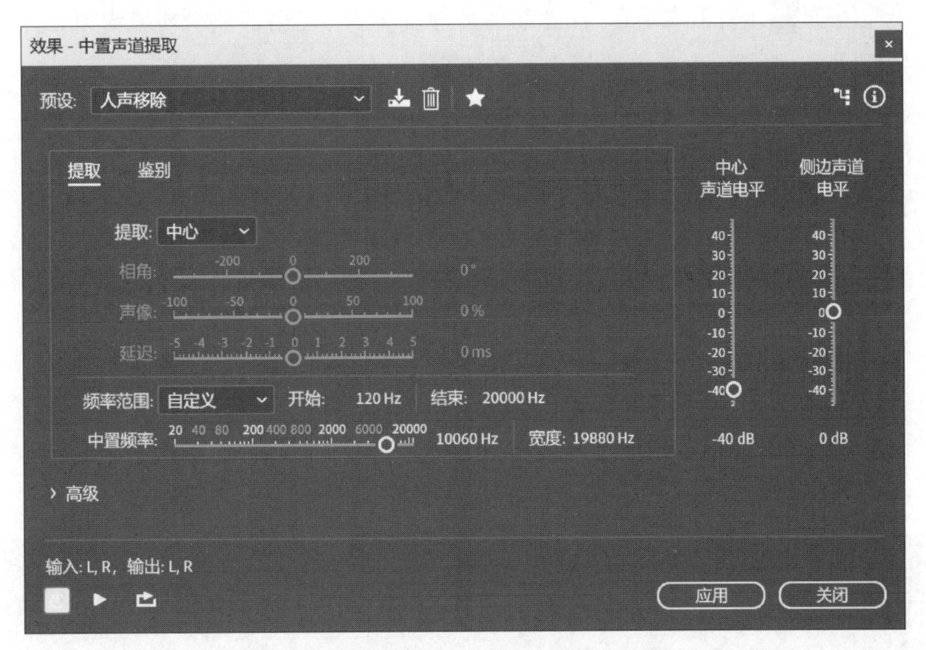

图 1.2.44 中置声道提取

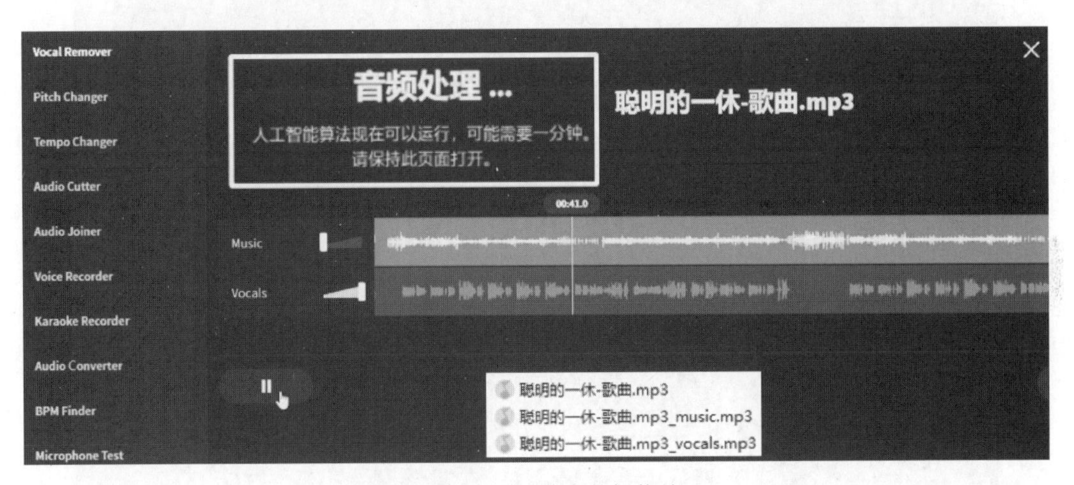

图 1.2.45 原唱分离的智能处理

例 2.2 配乐诗朗诵。

请先录制一首唐诗《春晓》，然后添加背景音乐，最后混缩输出为 li2. mp3。

具体操作步骤如下。

微视频：
配乐诗朗诵

① 背景音乐的制作：导入背景音乐 1. mp3，双击打开该文件，在单轨编辑状态下选取前面 25 s，选择菜单“编辑”|“裁剪”命令，留下选取的 25 s 作为唐诗的背景音乐。

② 新建一个多轨会话文件 li2. sesx，将制作好的背景音乐拖曳到音轨 1 中的起始位置。

③ 录制唐诗：多轨编辑模式下按音轨 2 左侧的 R 键使音轨 2 处于录音状态，然后单击下

面的“录音”按钮■开始正式录音(注意朗诵前静音 1~2 s，用于录制环境噪声，然后听着背景音乐开始朗诵)，朗诵结束单击“停止”按钮■。

④ 双击音轨 2 上录制的波形进入波形编辑模式，首先对录制的声音进行降噪，利用降噪器去除波形中的环境噪声。注意：降噪结束后把前面的空白部分删除。

⑤ 声音幅度的调整：这里首先对声音做标准化处理，然后用动态处理效果做压限处理。

⑥ 人声润色：录制的声音听起来会感觉比较单薄，选择“效果”|“混响”|“室内混响”命令，在打开的对话框中选择“预设”下拉列表中的“房间临场感 2”选项，即适中的人声混响，使录制的人声变得更为厚实和丰满。

⑦ 多轨编排：录取的人声和背景音乐的音量会出现大小不匹配的情况。利用混音器可以调节各轨道音量的大小，使两者听起来更加和谐。通常应该将背景音乐的音量降低，将录制的人声适当提升，一般使背景音乐的音量大约为旁白音量的 1/3。然后对背景音乐与录制的声音设置为淡入淡出，使声音的过渡更加自然，多轨编排效果如图 1.2.46 所示。

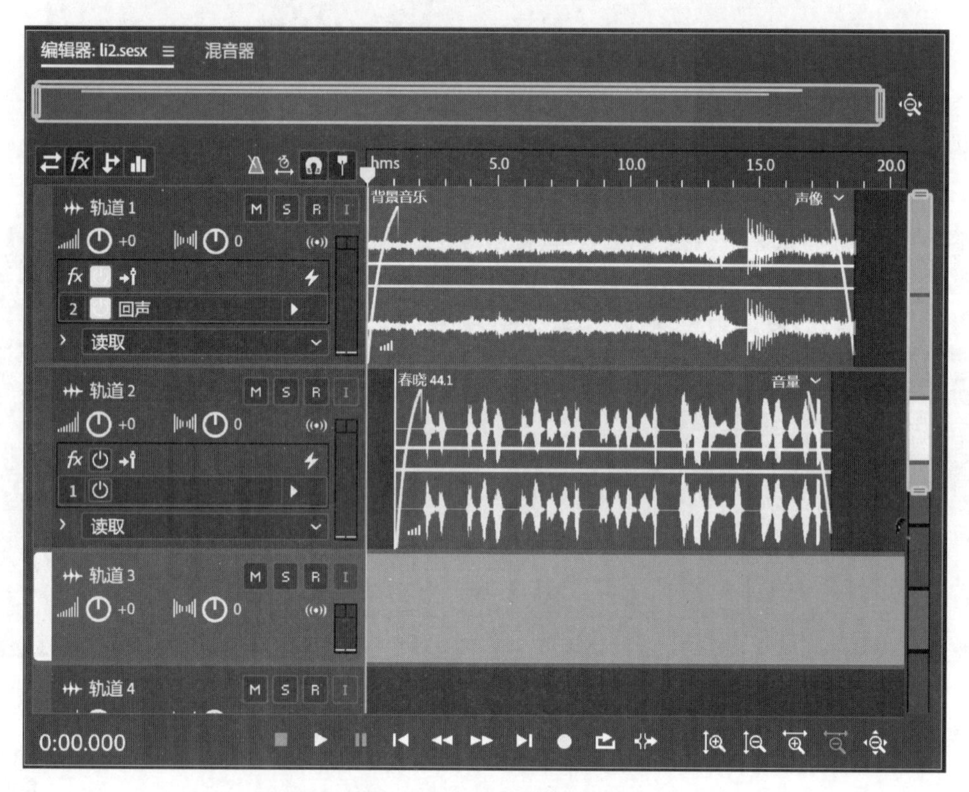

图 1.2.46　多轨编排效果

⑧ 混缩输出：最后将混缩的结果输出，选择“文件”|“导出”|“多轨混音”|“整个会话”命令，弹出如图 1.2.47 所示的对话框，设置文件名、保存的位置以及文件的格式，单击“确定”按钮即可。

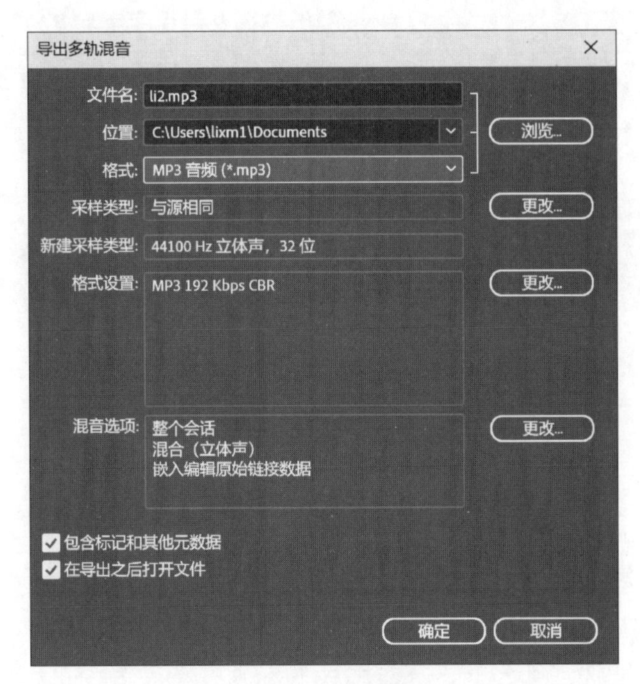

图 1.2.47　混缩输出

思　考　题

1. 音频信号的心理学特征指的是什么？各自代表什么含义？

2. 音频的数字化要经过哪些处理？

3. 数字音频的质量如何评价？分哪几个等级？

4. 请录制一段旁白，当中故意添加一些小错误，用不同方法进行修补，并比较哪个方法的修补效果好。

5. 请录制一段歌曲，当中加入一些明显的噪声，如何进行降噪处理？看看能否将噪声完全消除。

6. 找一段自己喜欢的视频片段，给自己喜欢的角色配音。

第3章 图像处理技术与应用

图像是人类感知世界的一种最直观、最形象的方式，图像的处理技术现在已经比较成熟，本章将主要介绍图像的基本知识，学会基本的色彩搭配规则，了解平面设计的基本原理，了解计算机中图像的数字化处理过程、常见的图像文件的存储格式及其特点，掌握Photoshop的基本操作方法，学会常用的图像处理方法，能够制作出特殊的图像效果等。

3.1 图像处理基础

电子教案

3.1.1 图像概述

1. 图形与图像

图形与图像在计算机中的显示结果相似，但实现方法却完全不同，一般把矢量图称为图形，而把位图称为图像。

（1）矢量图

矢量图是由一系列点、线、面等组成的图形。

矢量图的优点是可以任意对图形进行移动、缩放、旋转和改变属性（如线条变粗变细、改变颜色）等。简单的图形可以把它们当作图元，或作为复杂图形的构造块存储在图库中，这样不仅可以快速生成图形，而且可以减小矢量图形文件的大小。缺点是当图形很复杂时，计算机要花费较长的时间去执行绘图指令。对于复杂的彩色照片，如真实世界的照片，就很难用数学公式来描述其图形的构造，就不适合用矢量图来表示，而是采用位图来表示。

（2）位图

位图是由许多像素点组成的，每个像素点用若干二进制位来表示其颜色、亮度和饱和度等属性，位图文件又称为图像文件，存储了所有像素点的信息。

位图的获取通常使用扫描仪、数码照相机、数码摄像机、视频捕获卡等设备，它们可把模拟的图像信号转换成数字的图像数据。

位图文件的缺点是所需存储空间较大，图像分辨率越高，即组成图像的像素点越多，则图像文件越大，像素深度越大，图像文件也越大。

2. 图像的基本属性

图像的基本属性包括像素、分辨率和像素深度等。

（1）像素

像素是组成图像的基本单位，通常被定义为图像数字化过程中的最小采样点。

（2）显示分辨率和图像分辨率

显示分辨率是指显示屏上能够显示出的像素数目。例如，显示分辨率为 640 像素×480 像素表示显示屏分成 480 行，每行显示 640 个像素，整个显示屏就含有 307 200 个像素点。屏幕能够显示的像素点越多，说明显示设备的分辨率越高，显示的图像质量也就越高。

图像分辨率是指构成图像的横向和纵向的像素点的数目，是度量一幅图像的像素密度的方法。对同样大小的一幅图，如果组成该图的像素数目越多，则说明图像的分辨率越高，看起来就越逼真。

图像分辨率与显示分辨率是两个不同的概念。图像分辨率是确定组成一幅图像的像素数目，而显示分辨率是确定显示图像的区域大小。如果显示屏的分辨率为 640 像素×480 像素，那么一幅 320 像素×240 像素的图像只占显示屏的 1/4，而一幅 1 024 像素×768 像素的图像在这个显示屏上如果不缩小，就不能完整地显示在一屏上。

（3）像素深度

像素深度是指表示每个像素点所用二进制的位数。像素深度决定了彩色图像的每个像素点可能有的颜色数，或者确定灰度图像中每个像素点可能有的灰度等级数。

例如，一幅彩色图像的每个像素用红(R)、绿(G)、蓝(B)3 个分量表示，且每个分量有 8 位，那么一个像素共用 24 位表示，像素的深度就是 24，每个像素可以取 $2^{24}=16\ 777\ 216$ 种颜色中的一种，所以像素深度又称为图像深度。

3. 色彩与颜色模型

（1）色彩的产生

世界上一切物体本身都是无色的，是光赋予了自然界一切非光源物体以丰富多彩的颜色，没有光就没有颜色。

一个发光的物体称为光源，光源的颜色由其发出的光波来决定，而非光源物体的颜色则由该物体吸收或者反射的光波来决定。非光源物体从被照射的光中选择性地吸收了一部分波长的色光，并反射或透射剩余的色光。人眼所看到的剩余的色光就是物体的颜色。

比如说“花是红色的”，那是因为花吸收了白色光中的蓝色光和绿色光，仅仅反射了红色光，花本身并没有色彩，光才是色彩的源泉。如果一个红色物体表面用绿光来照射，就会呈现黑色，因为绿色光波被全部吸收了。

（2）色彩的三要素

任何一种色彩都具有色相、饱和度和亮度 3 个基本特性，称为色彩的三要素。

① 色相是指色彩的外在表现，是在不同波长的光的照射下，人眼所感觉到的不同颜色，

如红色、黄色、蓝色等。

② 饱和度是指色彩的纯度，或者说是颜色的深浅程度，也可以说是颜色中白光掺入的程度。

③ 亮度又称明度，是指光作用于人眼时感觉到的颜色的明亮程度。

饱和度的变化会影响色彩的明亮程度，如往红色中掺入白光，饱和度会降低，但亮度会加强，同时色相也就发生了变化，红色也就变成了粉红色或浅红色等。所以说，任意一种色彩的色相、饱和度和亮度是相互影响的。

（3）色彩的三原色

三原色又称三基色，分为色光三原色和印刷三原色，其中色光三原色是指红(R)、绿(G)、蓝(B)3种颜色，因为自然界中常见的各种颜色都可以由红、绿和蓝3种色光按一定比例混合而成，红、绿、蓝3种色光也是白光分解后得到的主要色光，与人眼视网膜细胞的光谱响应区间相匹配，符合人眼的视觉生理效应。红、绿、蓝3种颜色混合得到的彩色范围最广，而且这3种色光相互独立，其中任意一种色光不能由另外两种色光混合而成，因此称红、绿、蓝为色光三原色。

印刷三原色是指青、品红、黄3种颜色，其中青色的RGB值为(0，160，233)，品红色(又称洋红色)的RGB值为(228，0，127)，黄色的RGB值为(255，241，0)。传统美术中的色彩三原色指的是红、黄、蓝，又称颜料三原色，与印刷三原色相对应。

（4）色相环与色系

色相环就是一个由三原色扩展而来的圆环，同样分为光色色相环、印刷色相环和美术意义上的颜料色相环。色相环常见的有12色色相环和24色色相环两种，包含原色、复色和间色，如图1.3.1所示为12色色相环。

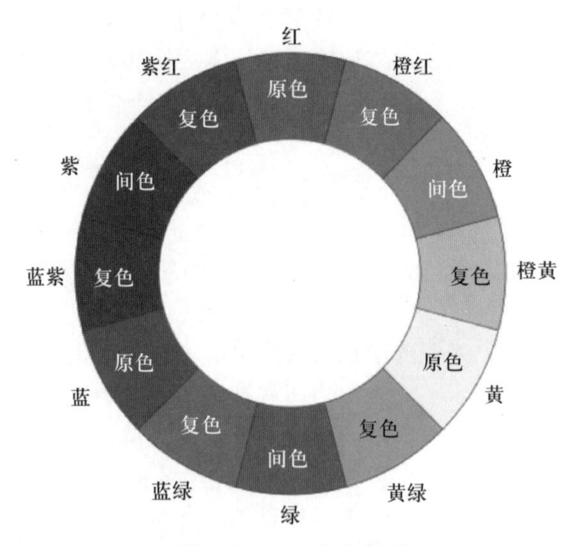

图 1.3.1　12色色相环

色系分为无彩色系和彩色系，其中的无彩色系只包括黑、白、灰，彩色系则包含了光谱上的某些色相。

色调与色系有时并没有明确的区分，一般用于形容颜色的倾向，如暖色调与冷色调，也可以说成是暖色系与冷色系。颜色的冷暖指的是人对颜色的一种心理感觉，对于视觉而言，橙红、黄色、棕色以及红色一端的颜色常与炽热、温暖、热烈、热情有关，所以将其称为暖色调。而青、蓝、紫等颜色则与平静、安逸、通透、凉快相关联，将其称为冷色调。黑、白、灰则可以说成是中间调。

(5) 颜色模型和色彩空间

颜色模型是描述和表示颜色的一种抽象数学模型。不同的应用中往往采用不同的颜色模型，如计算机处理图像通常采用 RGB 模型，印刷彩色图像通常采用 CMYK 模型，而在彩色电视信号传输时则采用 YUV 或 YIQ 模型等。

使用特定的颜色模型可以生成的颜色范围称为色彩空间。Lab 颜色模型有其固定的色彩空间，与使用的设备无关，而 RGB、CMYK、HSB 和 HSL 等颜色模型则可能因使用的设备不同而具有不同的色彩空间。例如，RGB 颜色模型就有许多不同的 RGB 色彩空间，如 Apple RGB、Adobe RGB 1998、ColorMatch RGB、ProPhoto RGB 和 sRGB 等，每种色彩空间虽然模型和 RGB 的值相同，但颜色的显示效果却不同。下面介绍常用的几种颜色模型。

① RGB 模型。从理论上讲，任何一种颜色都可用红、绿和蓝 3 种基本颜色按不同的比例混合得到，下面的公式给出了三基色合成颜色的方法：

$$\text{颜色}=R(\text{红色所占百分比})+G(\text{绿色所占百分比})+B(\text{蓝色所占百分比}) \quad (1.3.1)$$

当三基色等量相加时，得到白色，等量的红绿相加得到黄色，等量的红蓝相加得到品红色，等量的蓝绿相加得到青色，组合红、绿、蓝 3 种光波以产生特定颜色的方法称为相加混色，又称 RGB 相加模型，如图 1.3.2 所示。早期的计算机的显示器和电视机的阴极射线管使用 3 个电子枪分别产生红、绿、蓝 3 种波长的光，并以各种不同的相对强度综合起来产生颜色，如图 1.3.3 所示。

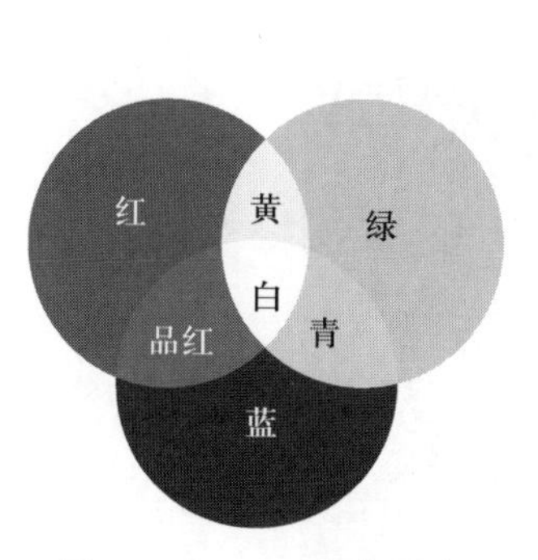

图 1.3.2　RGB 相加混色

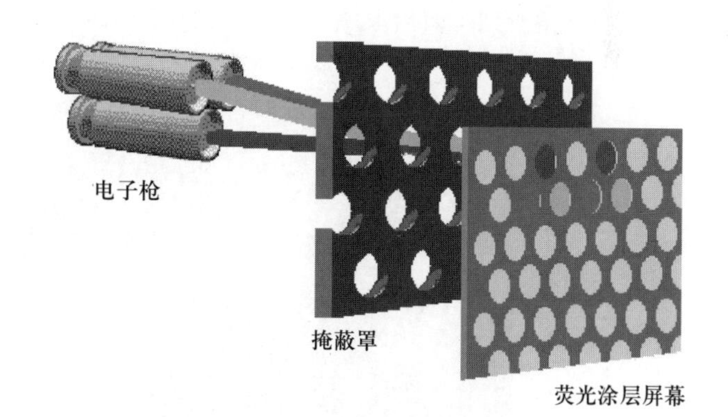

图 1.3.3　彩色显像管产生颜色的原理

RGB 颜色模型是编辑图像的最佳颜色模型，RGB 的 3 个颜色分量各用一个字节表示，可以提供 24 位的色彩范围，可表示的颜色数为 $2^{24}=16\ 777\ 216$，也就是常说的真彩色。

互补色就是彼此之间最不一样的颜色。其中黄色的互补色是蓝色，因为黄色是由红色和绿色构成的，其中蓝色是缺少的一种基色，因此蓝色和黄色便是互补色。绿色的互补色是品红色，红色的互补色则是青色。

② CMYK 模型。CMYK 代表印刷上用的 4 种颜色，C(cyan)代表青色，M(magenta)代表品红或洋红色，Y(yellow)代表黄色，K(black)代表黑色。CMYK 颜色模型产生的颜色不是各种光线色彩的叠加，而是光线照射到颜料上，未被颜料吸收的部分，这种产生色彩的方式称为相减混色，如在纸面上涂上等量的黄色和品红颜料，人眼将看到红色，因为黄色颜料会吸收蓝色光，品红颜料会吸收绿色光，所以只反射出红色光(红色光=白色光-蓝色光-绿色光)。

由于实际应用中青色、洋红色和黄色很难叠加形成真正的黑色，因此引入了 K(黑色)，黑色的作用是强化暗调，加深暗部色彩。

CMYK 模型是最佳的颜色打印模式，RGB 模型尽管色彩多，但不能完全打印出来。一般先用 RGB 模型进行编辑工作，打印时再将其转换成 CMYK 模型，这样打印时的色彩会有一定的失真。

③ Lab 模型。Lab 模型是由国际照明委员会于 1976 年公布的一种颜色模型，理论上包括了人眼可以看见的所有色彩，而且这种颜色模型“不依赖于设备”，在任何显示器和打印机上其颜色值的表示都是一样的。

Lab 模型由 3 个通道组成，一个亮度通道 L，两个色彩通道：A 通道和 B 通道，其中 A 通道包括的颜色从深绿色(低亮度值)到灰色(中亮度值)，再到亮粉红色(高亮度值)；B 通道则是从亮蓝色(低亮度值)到灰色(中亮度值)，再到黄色(高亮度值)。

由于 Lab 模型所定义的色彩最多，且与光线和设备无关，处理速度快，所以打印时避免色彩损失的最佳方法是，先将用 RGB 模型编辑的图像转换成 Lab 模型，然后再转换为 CMYK 模型打印输出。

④ HSB 模型和 HSL 模型。在 HSB 模型中，H(hue)表示色相，S(saturation)表示饱和度，B(brightness)表示亮度，也就是色彩的三要素，这种颜色模型是基于人类感觉颜色的方式，可以将自然界的颜色直观地翻译为计算机创建的颜色。打开 Photoshop 中的拾色器窗口，如图 1.3.4 所示，可以在右下角看到当前拾取颜色的 HSB 的值、Lab 的值、RGB 的值和 CMYK 的值。

图 1.3.4　Photoshop 的拾色器

在HSL模型中，H(hue)定义颜色的波长，称为色相；S(saturation)定义颜色的强度，表示颜色的深浅程度，称为饱和度；L(lightness)定义掺入的白光量，称为亮度。用HSL表示颜色，是因为这种模型比较容易被画家所理解。打开Word中的自定义颜色对话框，如图1.3.5所示，在“颜色模式”下拉列表中选择HSL选项，调节亮度调节滑块可改变颜色的亮度值，在左面的调色板中垂直方向改变的是饱和度，水平方向改变的是色调值。

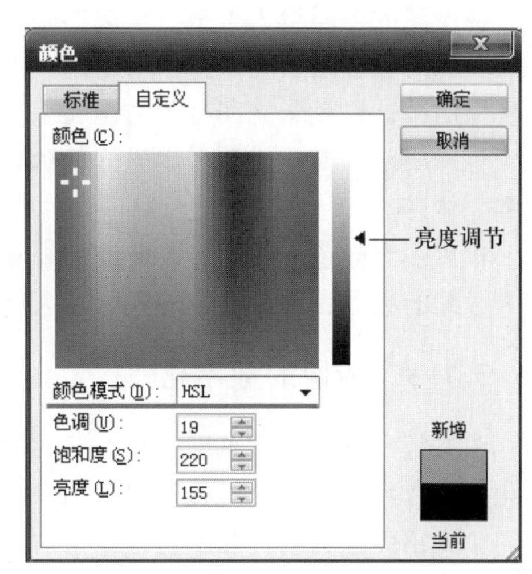

图1.3.5　Word中自定义颜色

3.1.2　色彩搭配基础

色彩搭配指的是颜色之间的搭配使用，搭配的目的是使颜色之间相互衬托并相互作用，传达出某种信息，如青春亮丽、沉稳干练、舒适耐看，等等。色彩搭配与日常工作和生活息息相关，如服装的色彩搭配、家居装修的色彩搭配、演示文稿的配色方案、各种设计作品的色彩色调，等等，无不体现出色彩搭配的重要性。合适的色彩搭配会给人以视觉享受，带来愉悦的视觉体验。

色彩搭配有没有一个固定的模式？在Adobe Illustrator和Microsoft Office文档中提供的配色方案能否满足用户的设计制作需求？也许可以找到一个合适的配色方案，也许还需要根据应用的场景和情境做一些微调。其实每个人的喜好不同，对颜色的感受也不同，选择自己喜欢的个性化色彩搭配无可厚非。下面是基于大众审美情趣、被普遍认同的配色技巧和建议。

1. 同色系配色

同色系配色又称单色配色，就是对同一种颜色，选择不同的明度或纯度后搭配在一起，能体现出一种渐变的层次感和规律感，如深红加粉红、淡绿加墨绿等，这是一种最简单易行的色彩搭配方法。

2. 相似色配色

将色相环中相邻的两个或3个颜色搭配在一起称为相似色配色，又称相邻色系搭配，颜色比较接近，搭配在一起会有一种柔和舒适的感觉。

3. 对比色配色

对比色指的是色相环上成120°角的颜色，将两个或两个以上的对比色搭配在一起，能达到鲜明的视觉对比效果。或者在明度和纯度上有较大的差异，如浅色和深色搭配时也会产生强烈的明暗对比效果。

4. 互补色配色

互补色指的是色相环上成180°角的颜色，是对比最强烈的两种颜色，搭配在一起要控制好颜色的比例，分清楚主次，达到凸显主题的作用，同时要保持总体色调的统一与和谐。实践中一般采用分裂互补色来搭配，先选定一个基色，然后选择其补色左右相邻的两种颜色来搭配。

5. 其他配色

黑白配是最简单的搭配，制作视频时字幕经常使用白底黑字或黑底白字，让人一目了然。灰色是一种万能色，可以和任何彩色搭配，灰色还可以帮助两种对比色和谐过渡。

纯度高的色彩给人鲜艳、活泼的感觉，将纯度高的色彩相互搭配在一起会使人感到兴奋。而纯度低的色彩则会显得素雅与宁静。当一种颜色纯度比较高时，另一种颜色可选择纯度低或明度低的，这样色彩之间有了主次关系，搭配起来就和谐了。

色彩明暗的变化能够产生立体感和远近感，将不同明度的颜色搭配在一起也可以增强层次感和立体感。

最后注意颜色具有膨胀与收缩的视觉感受，纯度高的颜色给人膨胀的感觉，纯度低的颜色给人收缩的感觉；明度高的颜色带给人胖的感觉，明度低的颜色带给人瘦的感觉。

3.1.3 图像的数字化

图像是一种色彩和亮度变化连续的模拟信号，计算机要能够处理图像，首先必须把图像数字化，与音频的数字化过程类似，图像的数字化过程也包括采样、量化和编码 3 个步骤，这里只简单介绍图像的采样和量化，图像的压缩编码可参考第 6 章。

1. 采样

采样的实质就是把图像在空间上分割成一个 $M×N$ 的网格，每一个网格代表一个采样点，也就是每行获取 M 个采样点，总共采样 N 行，如图 1.3.6 所示，这里的采样网格 $M×N$ 相当于图像的分辨率，采样的点数越多，描述的图像细节就越丰富，图像也就越细腻而逼真，但所需存储空间也会越大。

图 1.3.6 图像的采样表示

2. 量化

量化就是把每一个采样点用数值来表示，量化的位数决定了每一个像素点所能表示的颜色数。如果量化的位数为 1，则每一个像素点的颜色只有黑白两种状态，如图 1.3.7 所示，如果量化的位数为 8，则可以显示为一个具有 256 个灰度等级的灰度图，如图 1.3.8 所示。一般彩色图像的量化位数为 24，即像素深度。

3.1.4 图像文件格式

图像数字化以后都存储为图像文件，许多软件公司致力于研究与开发各种图形图像的压缩编码以及图像处理技术，不同的系统所支持的图像格式也不完全相同，下面介绍常见的几种图像文件格式。

图 1.3.7　黑白图

图 1.3.8　灰度图

1. JPEG 文件

JPEG(Joint Photographic Experts Group)是联合图像专家组制定的静态数字图像数据压缩编码标准，既可用于灰度图像，又可用于彩色图像。它采用两种基本的压缩算法，一种是以离散余弦变换(discrete cosine transform，DCT)为基础的有损压缩算法；另一种是以预测技术为基础的无损压缩算法，使用有损压缩算法时，压缩比可达 25∶1，支持的文件扩展名包括 JPG、JPEG 或 JPE 等。

JPEG2000 标准则采用了小波变换的压缩算法，其压缩性能比 JPEG 标准提高了 30%～50%，在保证图像质量的前提下进一步提高了图像数据的压缩比。

2. PSD 文件

PSD 是 Photoshop 中默认的文件保存格式，该格式中保存了图像的图层和通道信息，生成的文件比较大，且其他图像软件一般不能读取这种类型的文件。

3. PNG 文件

PNG(portable network graphic format)是一种流式网络图形格式，PNG 文件属于位图文件，存储灰度图像的深度可达 16 位，存储彩色图像的深度可达 48 位，还可存储 16 位的 Alpha 通道数据，支持透明背景。PNG 使用了从 LZ77 派生的无损数据压缩算法，Fireworks 软件中图像默认存储为 PNG 格式，缺点是不支持动画效果。

4. GIF 文件

GIF(graphic interchange format)是 CompuServe 公司于 1987 年开发的彩色图像交换格式，GIF 图像文件以数据块为单位来存储图像的相关信息，支持透明背景。GIF 文件允许存放多幅彩色图像，并且可以按一定时间间隔进行播放而形成 GIF 动画效果。但 GIF 文件所支持的颜色数最多为 256 种，这种图像文件所需的存储空间相对比较小，适合在网上进行传输。

5. BMP 文件

BMP(bitmap)是 Windows 系统采用的图像文件格式，在 Windows 环境下运行的所有图像处理软件都支持这种格式。Windows 3.0 以后的 BMP 文件格式与显示设备无关，所以又称为与设备无关的位图(device-independent bitmap，DIB)格式，目的是让 Windows 能够在任何类型的显示设备上显示 BMP 文件。

6. TGA 文件

TGA(tagged graphics)文件是由 Truevision 公司为其显卡开发的一种图像文件格式，目的是采集和输出电视图像，因此 TGA 文件总是按行存储，按行进行压缩的，成为计算机生成的图像向电视转换的一种首选图像文件格式，大多数视频编辑软件都支持 TGA 图像序列文件的导入和导出。

7. TIFF 文件

TIFF(tag image file format)标签图像文件格式，最初是由 Aldus 公司与微软公司一起为 PostScript 打印开发的一种扫描图像文件格式。TIFF 对图像信息的存取灵活多变，支持很多色彩系统，独立于操作系统，应用广泛。

3.2 图像处理软件 Adobe Photoshop

Photoshop 是 Adobe 公司推出的图像处理软件，可以绘制简单的图形和图像，主要用于对已有图像进行各种数字化的编辑和处理，可以制作很多图像效果，目前的 Photoshop 还集成了一些影视编辑以及对图像的智能识别和处理的功能。本节重点介绍 Adobe Photoshop 2023(以下简称 Photoshop)的基本功能，学会图像的各种处理技巧及其原理。

3.2.1 界面组成

Photoshop 默认由菜单栏、工具选项栏、工具窗口、图像窗口、控制面板和状态栏等部分组成，如图 1.3.9 所示。

图 1.3.9 Photoshop 的工作界面

1. 工具窗口

工具窗口用于选取、绘制和修饰图像等，提供了文字工具、钢笔工具和形状工具以及一些辅助操作图像的工具，可以设置图像的前景和背景颜色等。

2. 工具选项栏

工具选项栏提供了每个工具可以设置的参数。

3. 控制面板

控制面板可以根据需要显示或隐藏，标题栏右侧的功能面板选择可以改变这些面板的显示和分布，默认为显示“基本功能”面板，包括了颜色组、调整组、历史记录组和图层组等。

4. 状态栏

状态栏用于显示一些图像的文档信息、操作状态和提示信息。

3.2.2　基本操作

1. 新建图像

选择菜单“文件”|“新建”命令，打开如图 1.3.10 所示的对话框，输入图像文件的名字，设置图像文件的大小、分辨率、颜色模式及背景内容，单击“创建”按钮进入该图像文件的编辑状态。

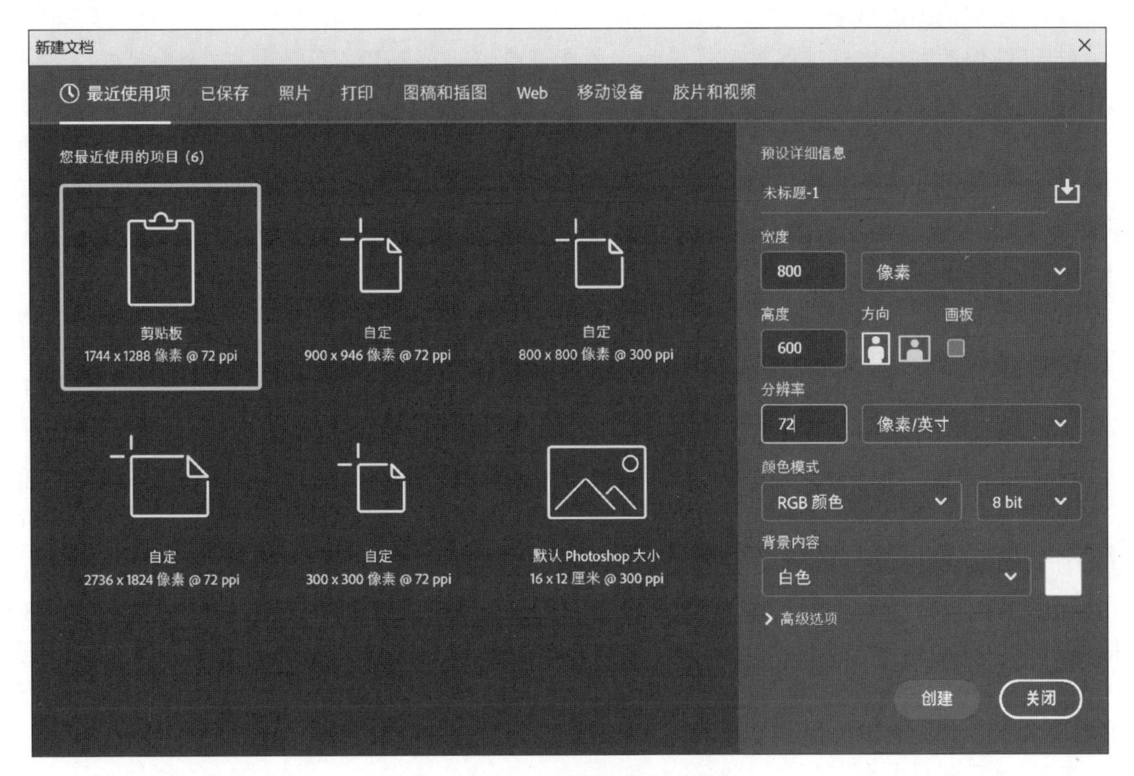

图 1.3.10　“新建文档”对话框

2. 保存图像

选择菜单“文件”|“存储”或“文件”|“存储为”命令，可以保存编辑好的图像文件，

Photoshop 默认将文件存储为 PSD 格式，这种格式可以保存图层和通道等信息，也可以将图像存储为 BMP、JPG 或 GIF 等其他图像格式。

3. 打开图像

选择菜单“文件”|“打开”或“文件”|“打开为”命令，选择需要打开的一个或多个图像文件，打开的每个图像文件将单独显示在一个图像窗口中，窗口标题即为图像文件名与图像信息。

4. 图像的编辑

首先选取需要复制或移动的图像区域，选择菜单“编辑”|“拷贝”命令(Ctrl+C 键)或“编辑”|“剪切”命令(Ctrl+X 键)将图像送往剪贴板，然后选择菜单“编辑”|“粘贴”命令(Ctrl+V 键)即可复制或移动图像，需要注意的是，图像粘贴时将自动产生一个新的图层并把图像放在新图层的中央。

如果需要复制的图像分布在多个图层上，则选择“编辑”|“合并拷贝”命令(Ctrl+Shift+C 键)即可；如果要把图像粘贴到指定区域内，则选择“编辑”|“选择性粘贴”|“贴入”命令(自动添加蒙版控制图像的显示)。

5. 图像的缩放

在 Photoshop 的“视图”和“图像”菜单中提供了对图像进行缩放和改变大小的命令。

(1) 图像的缩放显示

打开图像后默认以标准屏幕模式显示，选择菜单“视图”|“屏幕模式”|“全屏模式”命令即可切换到全屏显示状态，按 Esc 键返回。

在状态栏左下角可以看到图像的显示比例，一般图像的分辨率越高，默认显示的比例会越小，以便把图像全部显示在屏幕上，选择“视图”|“按屏幕大小显示”命令(Ctrl+0 键)，可根据屏幕上应用程序窗口的大小自动调整显示的比例，选择“视图”|“100%”命令(Ctrl+1 键)，可以按照图像的实际大小显示，即 100% 显示。

当图像不能完整地显示在画布上时，也可以利用工具箱中的抓手工具和放大镜工具来平移图像或缩放图像。

注意：图像的缩放显示不影响图像的实际分辨率，也就是说，图像大小并没有改变。

(2) 改变图像大小

选择菜单“图像”|“图像大小”命令，打开如图 1.3.11 所示的对话框，设置图像宽度和高度的值，单位可以是厘米、像素或百分比等。默认是限制长宽比，即等比例缩放，可以单击 按钮，不约束长宽比，实现非等比例缩放。

注意：默认分辨率为 72 像素/英寸，因为 1 英寸 = 2.54 厘米，所以这里 510 像素的宽度对应是 510/72×2.54 厘米≈17.99 厘米。把分辨率改为 300 像素/英寸，如图 1.3.12 所示，图像大小不变，图像尺寸则变为 2 125 像素×1 200 像素，重新采样可以选择不同的计算方法实现像素的增加。

(3) 改变画布大小

画布大小默认就是图像的大小，选择“图像”|“画布大小”命令，可以设置画布的绝对大小或变化的相对大小，如果新画布大于原画布，那么图像在扩充的画布上的位置可以进行任意调整；如果新画布小于原画布，则对图像进行裁剪以适应画布的大小。

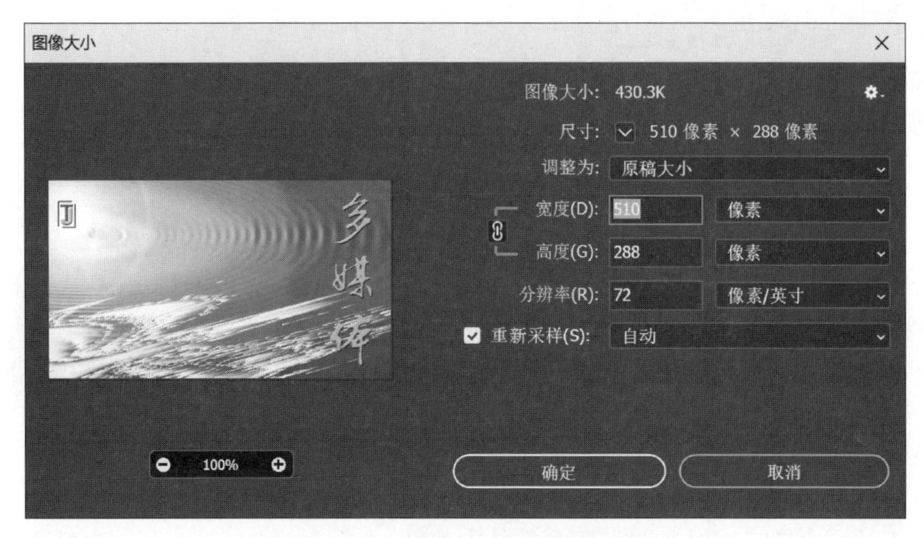

图 1.3.11　默认分辨率的图像参数

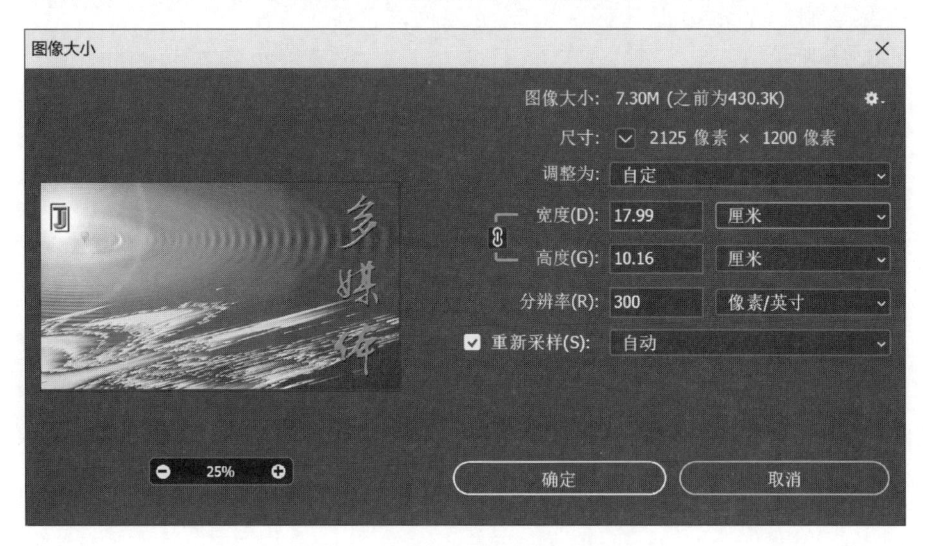

图 1.3.12　更改分辨率的图像参数

6. 图像的变换

（1）图像的旋转

选择菜单“图像”|“图像旋转”命令，弹出如图 1.3.13 所示的子菜单，可以将图像进行任意旋转和翻转，注意这里是针对所有图层的旋转。

（2）图像的变换

首先选中需要变换的图像区域，选择菜单“编辑”|“变换”或“编辑”|“自由变换”命令(Ctrl+T 键)，可以对选区内的图像进行缩放、旋转和扭曲等变形操作。

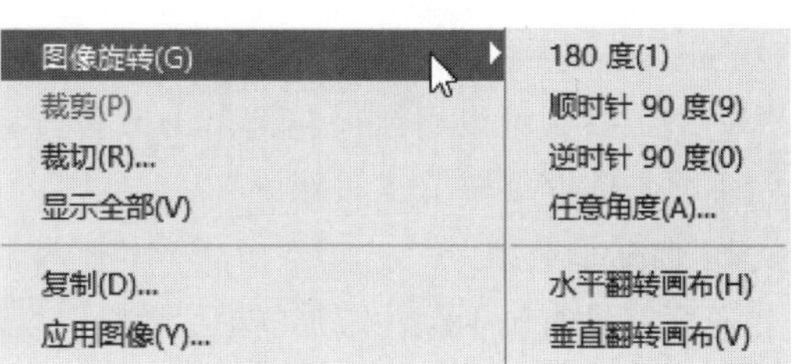

图 1.3.13　“图像旋转”子菜单

微视频：教材封面的处理

例 3.1 教材封面的处理。

① 新建一个 800 像素×600 像素的图像文件，分辨率为 72 像素/英寸，将文件保存为多媒体教材 . psd。

② 打开素材文件多媒体封面 . jpg，按 Ctrl+A 键选中图像后复制，然后粘贴到多媒体教材 . psd 文件中。

③ 选择菜单“编辑”|“变换”|“扭曲”命令，将多媒体教材封面图像扭曲成如图 1. 3. 14 所示的效果。

④ 新建一个图层，用多边形套索工具沿教材封面的下边缘绘制一个多边形选区，填充浅灰色，效果如图 1. 3. 15 所示。

⑤ 再新建一个图层，用多边形套索工具沿教材封面的左边缘绘制一个多边形选区，填充浅紫色，效果如图 1. 3. 16 所示。

图 1. 3. 14　教材封面图像扭曲效果

图 1. 3. 15　修补下边缘

图 1. 3. 16　修补左边缘

⑥ 给两个新图层添加“斜面/浮雕”样式，增强立体效果。

3. 2. 3　常用工具的使用

Photoshop 中提供了 20 组工具，如图 1. 3. 17 所示，凡是按钮右下角有一个小黑三角就表示这是一组工具，可以用鼠标左键单击或右击将隐藏的按钮显示出来。

下面具体介绍部分工具组。

1. 选框工具组

选框工具组包括（矩形选框工具）、（椭圆选框工具）、（单行选框工具）和（单列选框工具）4 个工具，选框工具组建立选区的方式及说明如表 1. 3. 1 所示。单击或按

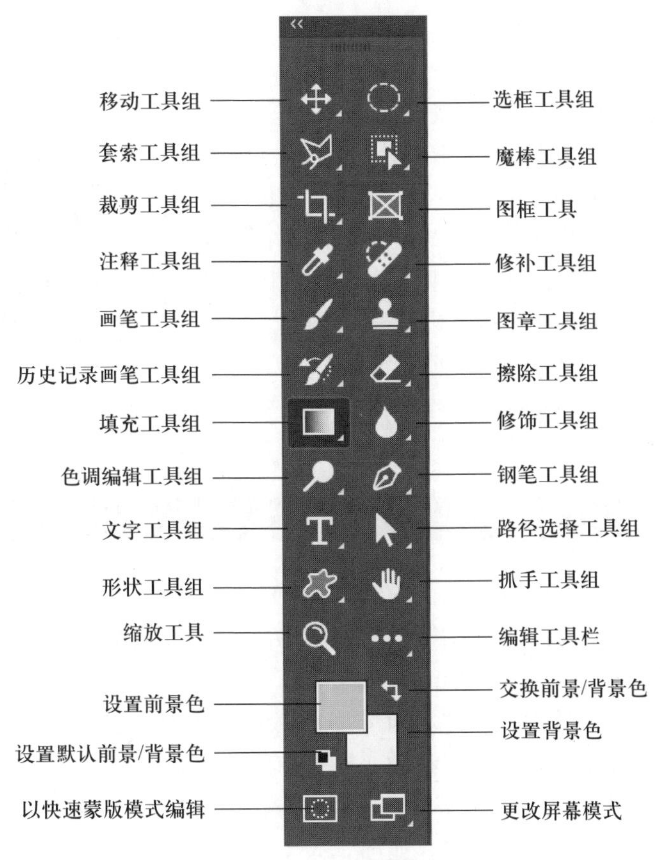

图 1.3.17　工具箱的组成

钮可以激活该工具，在图像区单击鼠标并拖曳，选中的区域将显示为矩形或椭圆虚框，在工具选项栏中可以设置相关的属性。

表 1.3.1　选框工具组建立选区的方式及说明

选区方式	说　明
（新选区）	建立一个新选区，如果已有一个选区，则将其替换
（添加到选区）	把新选择的区域添加到已有的选区中
（从选区减去）	从已有的选区中减去新选中的区域
（与选区交叉）	新选区域与已有选区相交部分作为选中的结果

羽化是通过降低所选区域周围像素的不透明度来实现逐渐虚化的效果，在羽化后的文本框中输入羽化的半径值可以指定羽化的范围，值越大，虚化的范围越大，图 1.3.18 是羽化半径为 30 像素的选区虚化效果。注意工具选项栏中的羽化值只对选框工具即将制作的选区起作用，若要修改已有选区的羽化值，可以选择菜单“选择”|“修改”|“羽化”命令，在对话框中输入新的羽化值。

单击 或 按钮后，在图形区中单击可以创建一个像素的单行或单列选区，常用于修补图形中丢失的像素或创建参考线。

2. 移动工具组

移动工具组用于移动选择的图像或图层。

单击移动工具，各选项如图 1.3.19 所示。勾选工具选项栏中的“自动选择:”中的“图层”或“组”，在图像窗口中直接单击需要移动的图像，图层面板中图像所在图层或组就会自动被选中；否则必须先选中图像所在的图层或组，然后才能对该图层或组内的图像进行移动操作。对齐和分布按钮默认为灰色(禁用状态)，必须在“图层”面板中选中两个以上图层或组，对齐按钮才能启用，选中 3 个以上图层或组，分布按钮才会启用。

图 1.3.18　羽化效果

图 1.3.19　移动工具的选项

注意：如果要移动的是选区，而不是选区内的图像，则应该单击选框工具按钮而不是移动工具按钮，然后再用鼠标拖曳选区即可。

当打开一个三维模型文件时，在移动工具的选项中，“3D 模式”后的按钮将被激活变亮，用于对三维模型的 3D 相机进行环绕、滚动、平移和滑动设置。

例如，在 3ds Max 中创建了一个茶壶，将场景导出为 teapot.obj 文件，然后在 Photoshop 中打开该文件，系统进入到 3D 显示模式，如图 1.3.20 所示。

图 1.3.20　3D 显示模式

3. 套索工具组

套索工具组用于选择图像中任意形状的区域，有（套索工具）、（多边形套索工具）和（磁性套索工具），其中磁性套索工具适合选择边缘对比度明显的图像，系统能够自动查找图像的边缘。

4. 魔棒工具组

①（魔棒工具）：用于选择颜色相同或相近的区域，工具选项栏中的“容差”用于设置与单击点颜色的差别大小，设置范围为 0～255，默认是 32，容差越小，选取的色彩范围越小；容差越大，选取的色彩范围也越大。

工具选项栏中的 连续 选项用于控制所选图像是否连续。

②（快速选择工具）：用于快速选择对象，一般在需要选择的对象上不断进行单击，即可自动查找单击点附近的边缘并扩大选区到边缘，直到把对象全部选中；也可以通过工具选项栏中的“从选区减去”选项来缩小选区。

2023 版本在工具选项栏中增加了“选择主体”和“选择并遮住”选项，可以用鼠标在要选择的主体对象上进行涂抹，系统将自动检测主体对象并选中，“选择并遮住”选项还提供了透明度控制、边缘检测、全局调整和输出设置，帮助用户快速选择对象，这也是新版本体现图像智能识别与处理的功能之一。

5. 裁剪工具组

①（裁剪工具）：用于裁剪图像，2023 版本在工具选项栏中增加了裁切比例的控制，同时允许对裁切图像利用“拉直”图像进行校正变换。

注意：在裁切区域的中心位置有一个轴心点，可以拖动该轴心点改变图像的旋转中心，一般将该轴心点移动到裁切区域的左上角，适当旋转图像，用于校正拍摄或扫描时倾斜的图像。

②（透视裁剪工具）：用于校正透视导致的图像扭曲，拖曳出裁剪区域后，可以按照透视角度改变 4 个顶点的位置，以消除图像的透视扭曲。

6. 注释工具组

①（吸管工具）：用于吸取当前位置图像的颜色作为前景色。

②（颜色取样器）：用于在图像中定义多个取样点，并将每个点的 RGB 颜色信息显示在“信息”面板中。

③（标尺工具）：用于测量图像中两个位置的宽度和高度以及角度等参数。

7. 修补工具组

①（污点修复画笔工具）：在需要修补的图像区域中单击鼠标进行涂抹，一般涂抹的区域应该比需要修补的区域稍大一些，可以快速地将污点修复干净。污点修复画笔工具的实质是用涂抹区域周围像素的平均值来覆盖涂抹的区域。

②（修复画笔工具）：用于修补图像中有瑕疵的部分。工具选项栏中默认的源为“取样”（可更改为“图案”），按住 Alt 键单击鼠标定位取样的源位置，然后再用鼠标涂抹需要修补的图像区域即可，该工具最大的特点是可以将取样的图像与涂抹处的图像进行自动混合，还可以修改工具选项栏中的混合模式，获得特殊的混合效果。该工具适合修补人物脸部的瑕疵或

衣物上的污渍等。

③ (修补工具)：首先在工具选项栏中选择要修补的是源还是目标，然后在图像中拖曳鼠标选取源区域，再将该选区拖曳到目标区域即可，源图像将自动与目标图像进行混合，适合修补脸部的瑕疵等。

④ (内容感知移动工具)：用于将选中的图像移动或复制到目标位置，并自动与目标位置的图像融合。通过工具选项栏中的模式来选择是移动还是扩展(即复制)。

⑤ (红眼工具)：用于去除红眼，用鼠标在红眼位置拖曳需要修补的区域即可。

8. 图章工具组

① (仿制图章工具)：与修复画笔工具的功能类似，操作方法也基本相同，首先按住 Alt 键并单击鼠标定位取样的源，然后再拖曳鼠标进行涂抹即可修补图像。与修复画笔工具最大的区别是取样图像与目标图像不会自动混合，该工具默认是复制取样处的图像。仿制图章工具提供的混合模式非常多，更适合修补照片中的无关人物。

微视频：
操控变形

② (图案图章工具)：用工具选项栏中选定的图案来修补图像。

例 3.2 综合运用多个修补工具，将原图中的大象抠除，获得一个背景图。

① 打开 elephant.jpg 文件，如图 1.3.21 所示，先将背景图层转换为普通图层。

② 用快速选择工具将大象选取并删除，大象所在位置显示为透明。

③ 天空的修补：单击修复画笔工具，在工具选项栏中将混合模式设置为“正常”，修复区域的源设为“取样”，按住 Alt 键并单击鼠标定位取样点，然后在需要修补的区域中拖曳鼠标即可。

④ 草地的修补：单击仿制图章工具，按住 Alt 键并单击鼠标定位取样点，然后在需要修补的区域中拖曳鼠标即可。修补后的背景效果如图 1.3.22 所示。

图 1.3.21　原图

图 1.3.22　修补后的背景图

9. 画笔工具组

① (画笔工具)和(铅笔工具)：都是用来绘制图像的，功能基本类似。画笔工具提供了喷枪功能，如果使用柔边缘画笔预设形状，按住鼠标可扩大绘制区域。铅笔工具提供了自动涂抹功能，当绘制的前景色与涂抹处的颜色相同时，能自动改用当前背景色进行涂抹。

打开如图 1.3.23 所示的“画笔设置”面板，可以对画笔笔尖形状、形状动态、散布、纹理、颜色动态等参数进行详细设置，这里选择了蝴蝶形状，用画笔绘制后的效果如图 1.3.24 所示。

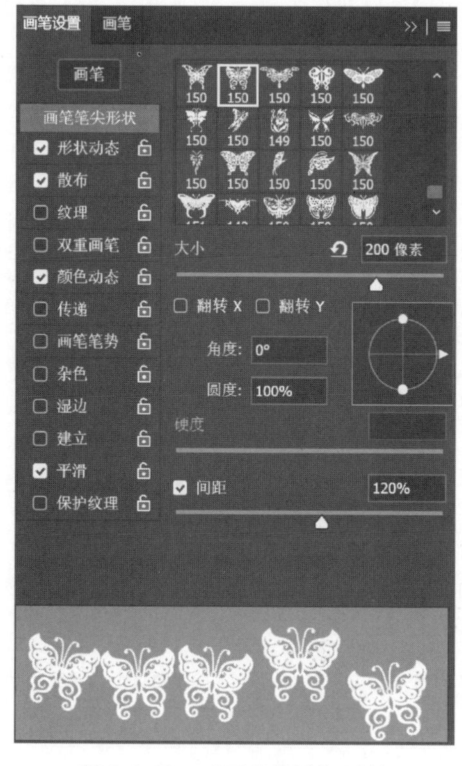

图 1.3.23　“画笔设置”面板

图 1.3.24　用画笔工具绘制的蝴蝶图案

在画笔预设中提供了大量已经设计好的画笔形状，可以快速绘制各种图案，还可以从网上下载各种画笔预设图案，载入即可使用。用户也可以定义自己的画笔图案，首先选取图案区域，选择“编辑”|“定义画笔预设”命令，输入画笔预设名字即可。

画笔工具提供的混合模式与图层的混合模式基本相同，可以边画边混合，所以在对图像进行局部修饰时功能非常强大，各种混合模式及其作用如表 1.3.2 所示。

表 1.3.2　混合模式及其作用

分组	混合模式	作　用
1	正常	默认的混合模式，上面图层的内容覆盖下面图层的内容
	溶解	上下两个图层的像素随机替换，溶解程度取决于上面图层的不透明度
	背后（画笔工具）	画笔只能涂抹在当前图层的透明部分，对非透明像素不会有任何影响，可以产生在图像背后着色的效果，主要用于修饰图像的边缘部分。对背景图层不起作用
	清除（画笔工具）	用于清除图像，相当于橡皮擦工具，同样对背景图层不起作用

续表

分组	混合模式	作　　用
2	变暗	选择上下两个图层中颜色较暗的颜色作为结果色。如果下面图层为黑色，混合的结果为黑色；如果下面图层为白色，混合的结果就是上面图层的图像
	正片叠底	将上下两个图层的颜色相乘，得到较暗的颜色。任何颜色与黑色混合产生黑色，与白色混合保持不变。可以模拟色彩的相减混色效果
	颜色加深	通过增加对比度使下面图层的颜色变暗，以反映上面图层的颜色，与白色混合后不产生变化
	线性加深	通过降低亮度使下面图层的颜色变暗，以反映上面图层的颜色
3	变亮	选择上下两个图层中颜色较亮的颜色作为结果色。如果下面图层为黑色，混合的结果不变；如果下面图层为白色，混合的结果就是白色
	滤色	上下两个图层的颜色混合为更浅的颜色。任何颜色与黑色混合保持不变，与白色混合变成白色。可以模拟色彩的相加混色效果
	颜色减淡	通过降低对比度使下面图层的颜色变亮，以反映上面图层的颜色，与黑色混合后不产生变化
	线性减淡	通过增加亮度使下面图层的颜色变亮，以反映上面图层的颜色，与黑色混合后不产生变化
4	叠加	将下面图层的高光和阴影作用到上面的图层，两个相同图层叠加可以加强图像的对比度
	柔光	如果上面图层的颜色比50%灰色亮，则图像会变亮；如果上面图层的颜色比50%灰色暗，则图像变暗，也可以用于加强图像的对比度
	强光	效果与将耀眼的聚光灯照在图像上相似。如果上面图层的颜色比50%灰色亮，则图像变亮；如果上面图层的颜色比50%灰色暗，则图像变暗
	亮光	根据上面图层的颜色通过增加或降低对比度加深或减淡颜色。如果上面图层的颜色比50%灰色亮，则降低对比度使图像被照亮；如果上面图层的颜色比50%灰色暗，则增加对比度使图像变暗
	线性光	根据上面图层的颜色通过增加或降低亮度加深或减淡颜色。如果上面图层的颜色比50%灰色亮，则增加亮度使图像被照亮；如果上面图层的颜色比50%灰色暗，则降低亮度使图像变暗
	点光	根据上面图层的颜色来替换下面图层的颜色。如果上面图层的颜色比50%灰色亮，则比上面图层的颜色暗的像素被替换，亮的像素保持不变。如果上面图层的颜色比50%灰色暗，则比上面图层的颜色亮的像素被替换，暗的像素保持不变
	实色混合	上面图层的颜色以原色与下面图层的颜色混合，产生类似色调分离的效果

续表

分组	混合模式	作　　用
5	差值	从下面图层的颜色中减去上面图层的颜色，或从上面图层的颜色中减去下面图层的颜色，具体取决于哪一个颜色的亮度值更大。与白色混合将反转下面图层的颜色值，与黑色混合则不产生变化
	排除	创建一种与“差值”模式相似但对比度更低的效果。与白色混合将反转下面图层的颜色值，与黑色混合则不发生变化
6	色相	用下面图层的亮度和饱和度以及上面图层的色相创建结果色。利用画笔工具可以给彩色图像着色(换颜色)，当前景为黑色或白色时，画笔将涂抹成灰度
	饱和度	用下面图层的亮度和色相以及上面图层的饱和度创建结果色
	颜色	用下面图层的亮度以及上面图层的色相和饱和度创建结果色。利用画笔工具可以对灰度图片进行着色
	亮度	用下面图层的色相和饱和度以及上面图层的亮度创建结果色

② (颜色替换工具)：可以快速替换鼠标涂抹区域的颜色、色相、亮度或饱和度。

③ (混合器画笔工具)：与画笔工具的使用方式基本相同，不同的是在工具选项栏上提供了可供选择的“有用的混合画笔组合”形式，默认为自定义，可在工具选项栏中定义画笔的潮湿值：设置从画布拾取的油彩量；载入值：设置画笔上的油彩量；混合值：设置描边的颜色混合比；流量值：设置描边的流动速率；平滑值：设置描边平滑度等。

10. 历史记录画笔工具组

该组工具必须结合“历史记录”面板来使用，用于恢复图像的某个历史状态，制作出一些特殊的图像效果。

① (历史记录画笔工具)：首先在“历史记录”面板中勾选某个历史状态的“设置历史记录画笔的源”复选框，然后再用该历史记录画笔进行涂抹，用于恢复所设置的“源”状态对应的图像。

② (历史记录艺术画笔工具)：可利用工具选项栏中的样式设置，恢复出的图像具有不同的艺术效果。

11. 擦除工具组

该组工具都是用来擦除图像的。

① (橡皮擦工具)：对于背景图层，被擦除区域显示为当前背景色；对于其他图层，被擦除区域显示为透明。

② (背景色橡皮擦工具)：所有图层都是将擦除区域显示为透明。

③ (魔术橡皮擦工具)：单击将擦除图像中与单击点颜色相同或相近的区域，擦除区域显示为透明(会自动将背景图层转换为普通图层)。

12. 填充工具组

填充工具组包括油漆桶工具、渐变工具和 3D 材质拖放工具，主要用来对选择区域或图层进行颜色填充。

①（油漆桶工具）：默认用当前前景色填充图层或指定区域，在工具选项栏中可以选择填充图案，用选定的图案进行填充。

②（渐变工具）：可以在工具选项栏中选择渐变颜色以及渐变方式，主要包括线性渐变、径向渐变、角度渐变、对称渐变和菱形渐变，也可以单击按钮（单击可编辑渐变），打开如图 1.3.25 所示的对话框定义自己的渐变色。

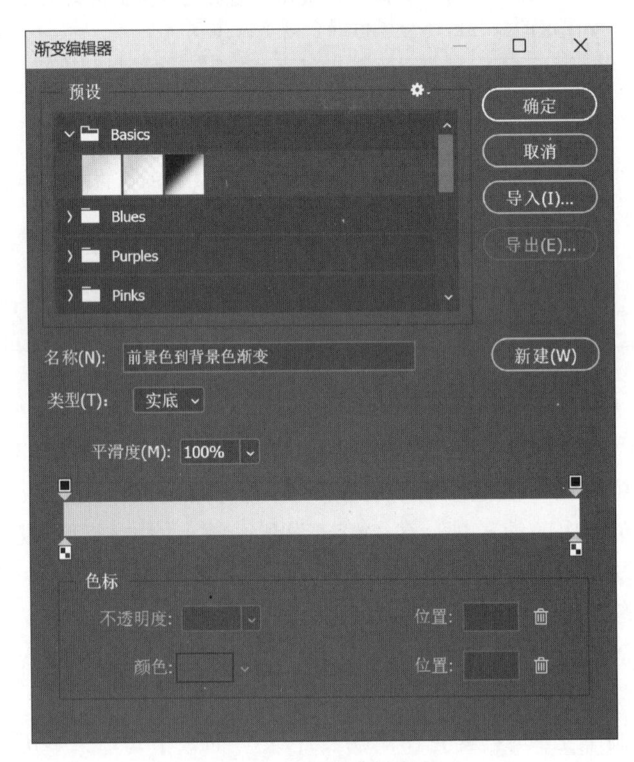

图 1.3.25　渐变编辑器

③（3D 材质拖放工具）：打开 3D 模型文件时，用于将选定的材质图案添加到对象上。

13. 修饰工具组

修饰工具组主要用于对图像中的颜色进行修饰。

①（模糊工具）：将通过降低像素之间的反差来使图像变模糊。

②（锐化工具）：与模糊工具相反，通过增加像素之间的反差使图像更清晰。

③（涂抹工具）：将产生类似于涂抹颜料的效果。

14. 色调编辑工具组

色调编辑工具组主要用于调整图像中曝光不好的图像区域。

①（减淡工具）：调整图像中曝光不足的区域，通过增加图像的亮度使图像变亮。

②（加深工具）：与减淡工具相反，用于调整图像中曝光过度的区域，通过降低图像的亮度使图像变暗。

③ (海绵工具)：用于调整图像的色彩饱和度，在选项工具栏中可以设置画图模式为加色或减色，使图像中的色彩加深或减淡。

15. 钢笔工具组

钢笔工具组主要用于绘制选区的路径，单击鼠标可以直接创建一个锚点，如果单击并拖曳鼠标则可以更改锚点类型，在锚点两端会出现两根调节杆，用于调节顶点两边的曲线形状。

自由钢笔工具可绘制自由路径，弯度钢笔工具类似于钢笔工具，区别是每次单击时定位一个锚点，系统将自动调整锚点两边曲线的弯度。

注意：选择钢笔工具绘制路径时，通过工具选项栏上的“路径”下拉列表，可以选择创建形状图层或直接填充像素(针对形状工具)，如图1.3.26所示。

图1.3.26 钢笔工具的工具选项栏

路径在屏幕上可以显示出来，但不能被打印，利用前景色可以描绘路径，从而在图像或图层上创建一个永久的路径效果，即可以被打印出来。路径一般用于选择图像区域，它可以进行精确定位和调整，比较适用于不规则的、难以使用其他工具进行选择的区域。图1.3.27是“路径”面板，面板下面的按钮可以实现路径与选区之间的互换，路径的描边、填充和删除等操作。

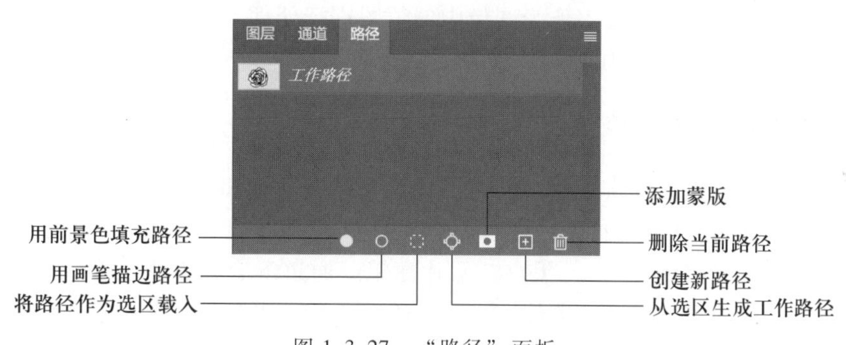

图1.3.27 “路径”面板

添加锚点工具和删除锚点工具用于添加或删除路径上的节点，转换点工具则可以将路径上的节点从角点转换为平滑点或角点等。

16. 路径选择工具组

① (路径选择工具)：选取整条路径，拖曳鼠标可以移动该路径。

② (直接选取工具)：指向路径的某一段，拖曳鼠标可以改变路径的形状，将光标移到路径的锚点上，可以移动锚点两边的调节杆而改变路径的形状，或直接拖移锚点调节路径的形状。

17. 形状工具组

形状工具组包括矩形工具、圆角矩形工具、椭圆工具、多边形工具、直线工具和自定形状工具，这些工具可以在图层中绘制一些特殊的形状。

注意：绘制之前要在工具选项栏中先进行绘制模式的选择，默认为“路径”，可更改为“形状图层”或“填充像素”。绘制模式为“形状图层”时，会自动生成一个新的形状图层，并给该形状添加矢量图层蒙版，所以可以利用直接选取工具对该形状进行任意的变形修改。“填充像素”表示所画的形状是用前景色填充的图像。

18. 文字工具组

文字工具组提供了横排文字工具、直排文字工具、横排文字蒙版工具和直排文字蒙版工具，通过工具选项栏可以设置文字的字体、大小、颜色和各种格式等，如图 1.3.28 所示。

图 1.3.28　文字工具选项栏

其中和是一种文字蒙版工具，利用文字蒙版工具输入的文字将自动转换成文字选区。例如，利用文字蒙版工具制作彩色文字，首先打开一幅彩色的图像，单击文字蒙版工具，在彩色图像上输入文字(进入蒙版状态，显示为淡红色)，输入结束后单击工具选项栏中的(“确认编辑”)按钮，文字自动转换成选区，选择菜单“选择”|“反选”命令，按 Delete 键清除图像，彩色文字就出现了。

文字输入后，默认是放在一个单独的文字图层中，文字图层支持文字属性的修改，如修改字体、大小和颜色等，不能在文字图层进行绘画、颜色填充等操作，可以把文字图层栅格化转换为普通图层，这样就可以把文字作为图像中的位图进行处理，但栅格化文字后就不允许对文字进行字体、大小和形状等的改变。

3.2.4　图像的调整与修饰

在图像的处理过程中，经常需要对图像的色彩、亮度和饱和度等属性进行调整，使图像的显示效果达到最佳状态。Photoshop 的调整命令包括亮度/对比度、色阶、曲线、曝光度、自然饱和度、色相/饱和度、色彩平衡、黑白、照片滤镜、通道混合器、颜色查找、反相、色调分离、阈值、渐变映射、可选颜色、阴影/高光、HDR 色调、去色、匹配颜色、替换颜色、色调均化等，下面介绍几个常用的图像调整方法。

1. 亮度/对比度

亮度直接将图像调亮或调暗，对比度既可增加对比度，也可减小对比度，一般用于处理拍摄或扫描的图像。

微视频：制作立体圆环

例 3.3　制作一个立体圆环。

① 新建一个图像文件，大小为 746 像素×546 像素，分辨率为 72 像素/英寸，背景色为黑色。

② 新建一个图层 1，用椭圆选框工具创建一个正圆形选区，填充浅灰色，选择菜单“选择”|“变换选区”命令，按住 Shift+Alt 键并拖曳选区控制点，使选区等比例缩小，然后清除选区内图像得到一个圆环，如图 1.3.29 所示。

③ 按住 Ctrl 键并单击图层 1 的缩览图，将圆环选中，选择菜单“选择”|“修改”|“羽化”命令，设置羽化值为 10 像素，然后再将选区反选，往左下角移动选区，选择菜单“图像”|

“调整”|“亮度/对比度”命令，将亮度设置为+100%，使圆环的右上角外边缘和左下角内边缘变亮；再往右上角移动选区，将圆环右上角内边缘和左下角外边缘变暗，得到如图1.3.30所示的立体圆环效果。

图1.3.29　圆环区域

图1.3.30　立体圆环

2. 色阶

色阶命令通过改变像素点的灰度级别来调整图像的亮度和对比度，一般用于调整亮度和对比度失调的图像，即缺乏层次感的图像。

例3.4　用色阶命令调整照片。

① 打开外滩.jpg，原始照片如图1.3.31所示。

微视频：用色阶命令调整照片

图1.3.31　原始图像

② 选择菜单“图像”|“调整”|“色阶”命令，打开如图1.3.32所示的“色阶”对话框，其中直方图的高度表示图像中每个亮度值(0~255)处像素点的数目。直方图左边的黑色滑块控制图像的暗部，右面的白色滑块控制图像的亮部，中间的灰色滑块则控制图像的校正灰度值。

从当前直方图可以看出，图像中绝大多数像素的亮度都集中在中间调附近，所以图像整体偏灰，或者说这幅照片该亮的地方不是很亮，该暗的地方不是很暗，图像的对比度失调，照片缺乏层次感。

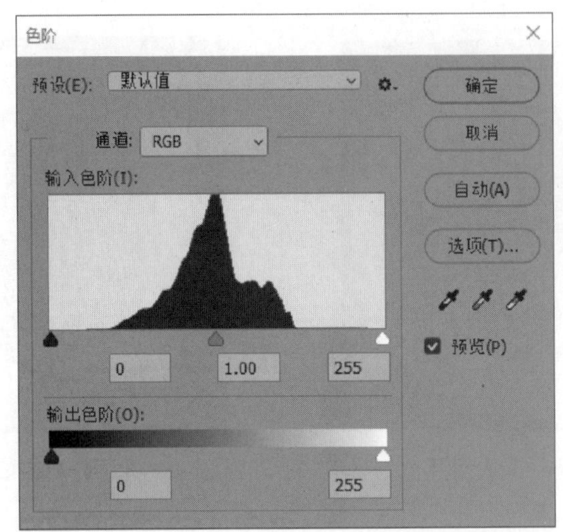

图 1.3.32 “色阶”对话框

③ 如果将输入色阶的值设置为 50、1.1、180，图像显示效果如图 1.3.33 所示。也就是说，将亮度值低于 50 的所有像素都变为黑色，将亮度值高于 180 的所有像素都变为白色，中间的 1.1 用于控制暗部像素与亮部像素的比例，这里表示亮部像素多于暗部像素。

图 1.3.33 输入色阶值为 50、1.1、180 的效果

④ 如果将输入色阶的值设置为 50、0.5、180，图像显示效果如图 1.3.34 所示，这里的 0.5 表示暗部像素多于亮部像素，所以图像整体变暗了。

图 1.3.34　输入色阶值为 50、0.5、180 的效果

输出色阶用于直接指定图像最暗部分的灰度值和最亮部分的灰度值。默认最暗部分的灰度值为 0，最亮部分的灰度值为 255。输出色阶中的黑色滑块往右移动图像会变亮，白色滑块往左移动图像会变暗。

用户也可以重新定义图像的暗部、中间调和亮部，通过右边的 3 个吸管到图像中单击定位相应的参考像素点，色阶的直方图将发生相应的变化，注意观察图像对比度和色调的变化。

a. (在图像中取样重新设置黑场)：在图像中最暗的地方单击以该点作为最黑像素参考点。

b. (在图像中取样重新设置灰场)：在图像中间灰度的地方单击以该点作为中间调灰度像素参考点。

c. (在图像中取样重新设置白场)：在图像中最亮的地方单击以该点作为最白像素参考点。

3. 曲线

曲线与色阶类似，通过改变像素的灰度级别来调整图像的对比度。选择菜单“图像”|“调整”|“曲线”命令，再选择“预设”下拉列表中的“强对比度(RGB)”选项，可以观察到原来的直线变成了一条曲线，如图 1.3.35 所示，其中输入表示图像原来的亮度，从左到右是逐渐变亮的；输出表示调整以后的亮度，从下往上是逐渐变亮的。当前曲线左半部分(原图像的暗部)往下弯曲使图像变暗，右半部分(原图像的亮部)往上弯曲使图像变亮，所以暗的地方会越暗，亮的地方会越亮，即对比度增强了。

微视频：用曲线命令调整照片

例 3.5　用曲线命令调整照片。

① 打开照片 ph1.jpg，如图 1.3.36 所示，由于背景很亮，逆光拍摄的结果导致近处的景物偏暗，看不清细节。

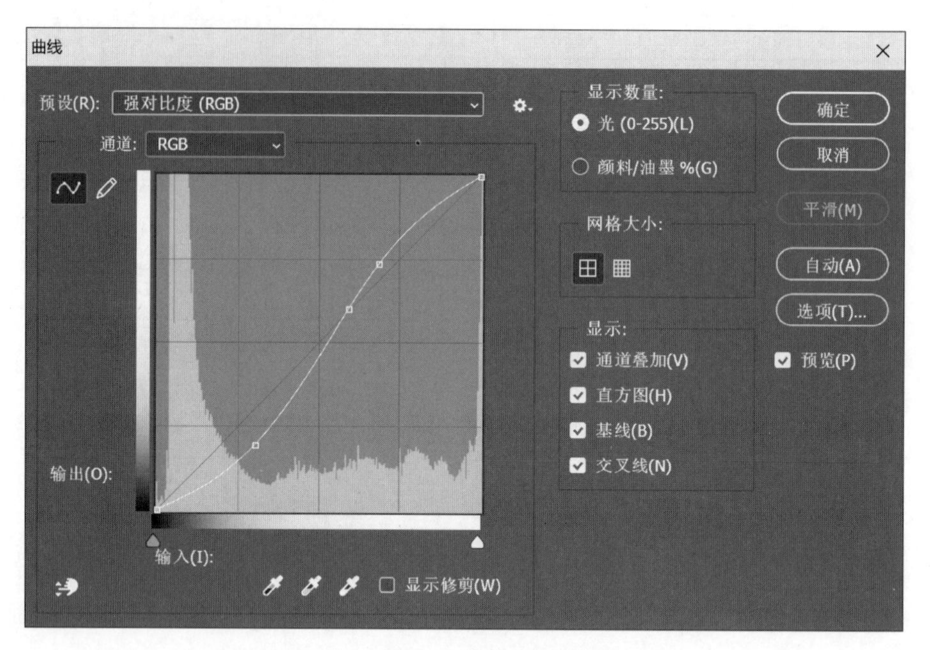

图 1.3.35 “曲线”对话框

图 1.3.36 ph1.jpg

② 选择“图像”|“调整”|“曲线”命令，打开如图 1.3.37 所示的“曲线”对话框，在直线的左部单击添加几个关键点，调节这些点的位置，主要是使图像的暗部(最黑的部分)变亮，调节以后的照片效果如图 1.3.38 所示，基本可以看清楚近处的景物了，但这样的调整明显降低了图像的质量，图像的色彩和清晰度会变差。

4. 色相/饱和度

色相/饱和度命令一般用于替换彩色照片中的某种颜色，也可给灰度照片着色。

例 3.6 用色相/饱和度命令给照片换颜色。

① 打开图片油菜花.jpg，效果如图 1.3.39 所示。

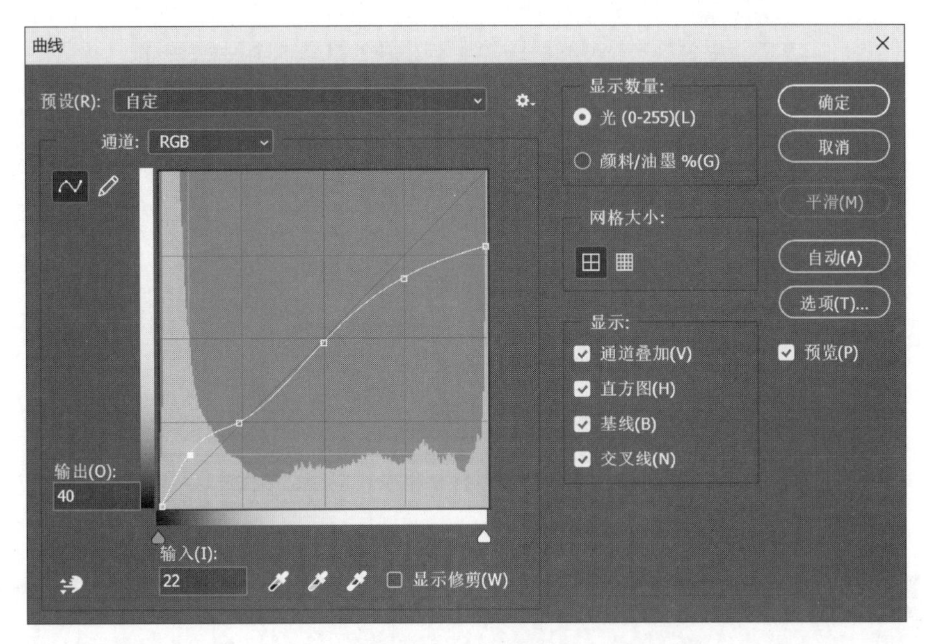

图 1.3.37　曲线调整

图 1.3.38　曲线调节后效果

图 1.3.39　油菜花 .jpg

② 选择菜单 “图像”|“调整”|“色相/饱和度” 命令，打开如图 1.3.40 所示对话框，选择要调整的颜色为 “蓝色”，底部的第 1 个色相环显示了要替换的颜色范围，可以拖移下面的滑块改变要替换的颜色范围，设置新颜色的色相为+105、饱和度为-5、亮度为-15，底部第 2 个色相环指示了新颜色的范围。

③ 撤销前面的操作，选中要调整的颜色为黄色，设置新颜色的色相为-40、饱和度为 30、亮度为 8，照片中黄色的油菜花变成了一串红了，替换颜色后的效果如图 1.3.41 所示。

5. 色彩平衡

色彩平衡命令用于调整照片的颜色倾向，一般照片的背景颜色偏冷，前景颜色偏暖，可以增加图像的细节，比如让人物脸部的高光部分偏暖，背景偏冷，使人物看上去更漂亮。

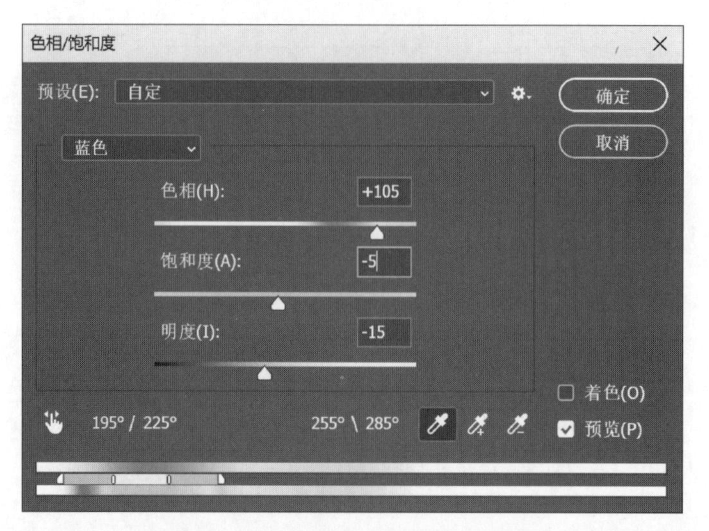

图 1.3.40 “色相/饱和度”对话框

图 1.3.41 替换颜色后的效果图

选择“图像”|“调整”|“色彩平衡”命令，打开如图 1.3.42 所示对话框，选中“高光”单选按钮，然后调节颜色滑块，使其往红色、洋红和黄色部分偏移。选中“阴影”单选按钮，调节颜色滑块，使其往蓝色、青色和绿色部分偏移。

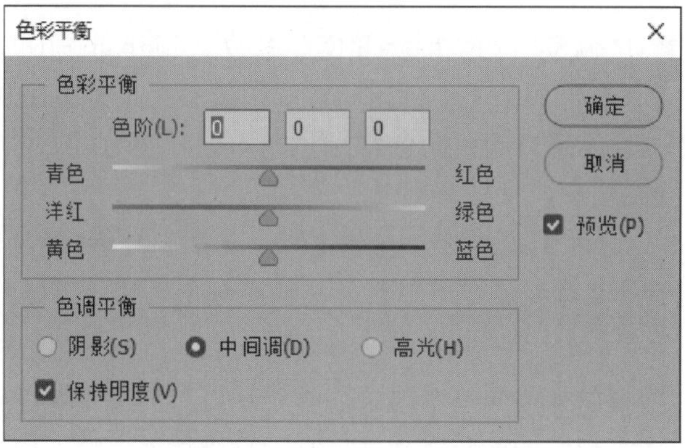

图 1.3.42 “色彩平衡”对话框

6. 阴影/高光

阴影/高光命令用于调整照片的亮度，使暗的地方变亮，亮的地方变暗，非常适合调整在室内有灯光照射的情况下拍摄的景物偏暗、看不清细节的照片。

例 3.7　用阴影/高光命令调整照片亮度。

① 打开照片 ph2.jpg，如图 1.3.43 所示。

图 1.3.43　ph2.jpg

② 选择“图像”|“调整”|“阴影/高光”命令，打开如图 1.3.44 所示对话框，设置阴影数量为 100%，高光数量为 50%，调整后的照片效果如图 1.3.45 所示。

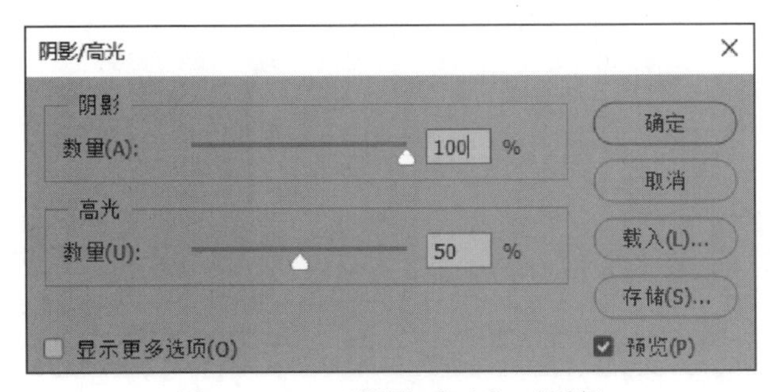

图 1.3.44　“阴影/高光”对话框

图 1.3.45　ph2.jpg 调整后效果

3.2.5　图层、通道和蒙版

1. 图层

图层就像是一张一张叠起来的透明胶片，每张透明胶片上都可以有不同的画面，对任一图层的任何操作都不会影响其他图层上的图像，改变图层的顺序和属性就可以改变图像合成的最后效果。通过图层操作可以创建很多复杂的图像效果。

“图层”面板如图 1.3.46 所示，显示了图像中的所有图层、图层组和图层效果，可以使用“图层”面板上的各种功能来完成一些图像编辑任务，如创建、隐藏、复制和删除图层等；还可以利用图层样式改变图层上的图像效果，如添加阴影、外发光、浮雕等。

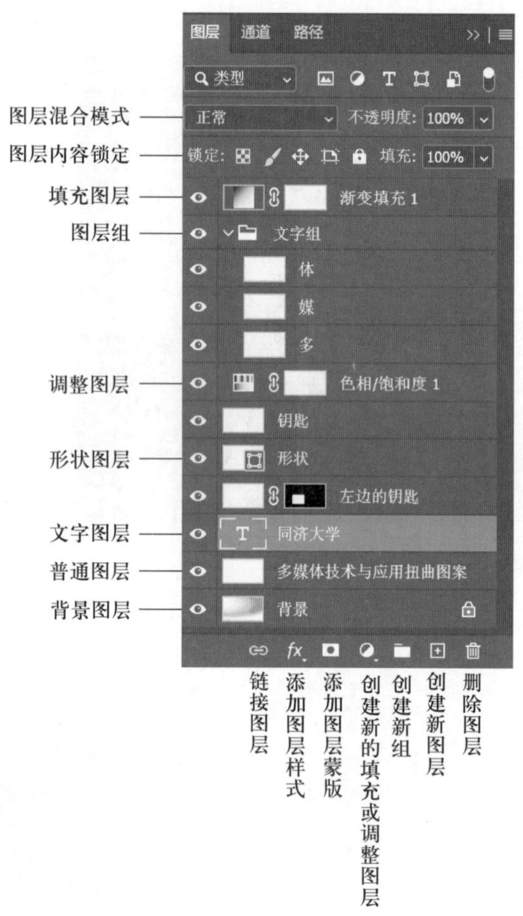

图 1.3.46 “图层”面板

(1) 图层的类型

Photoshop 中主要有 6 种不同类型的图层，每种图层都有其特殊性，图层类型及其特点如表 1.3.3 所示。

表 1.3.3 图层类型及其特点

图层类型	特点
背景图层	始终位于“图层”面板的最下面，一个图像文件最多只能有一个背景图层，新建文件时将自动产生背景图层，在背景图层中的许多操作会受到限制，如不能移动、不能改变其不透明度、不能应用图层样式等
普通图层	用于绘制和编辑图像的普通图层，一般可进行任何操作。按住 Alt 键并双击背景图层可直接将背景图层转换为普通图层

续表

图层类型	特　　点
文字图层	输入文字时自动产生文字图层，在文字图层中许多操作会受限，如不能绘画、不能填充颜色等，可以将文字图层栅格化为普通图层
形状图层	用形状工具绘制形状时可以产生形状图层，并自动添加了形状的矢量蒙版
填充图层	用纯色、渐变或图案 3 种填充方式生成的图层蒙版
调整图层	用于调整位于其下方的所有可见图层的像素色彩，这样就可以不必对每个图层单独进行调整，是一种特殊的色彩校正方法

（2）图层的管理

① 选择图层。要对某个图层中的图像进行编辑，必须首先选取该图层，在“图层”面板上单击某个图层即可选中该图层，如果要选择图层中的图像内容，可以按 Ctrl+A 键全部选中，按住 Ctrl 键的同时单击图层缩览图即可选中该图层的非透明像素。

② 显示或隐藏图层。在“图层”面板中单击图层左边的眼睛（指示图层可见性）标识就可以隐藏该图层的内容，再次单击重新显示。

③ 改变图层顺序。在“图层”面板中直接将图层向上或向下拖移即可改变其顺序。

④ 链接图层。按住 Shift 键可同时选中多个连续图层，按住 Ctrl 键可同时选中多个非连续图层，单击 GO（“链接图层”）按钮将两个或多个图层链接，就可以锁定链接图层内容的相对位置。

⑤ 锁定图层。锁定图层是为了对图层进行保护，防止误操作而改变图层内容。可以锁定透明像素、锁定图像像素、锁定位置或锁定全部。

⑥ 合并图层。合并图层可以减少图像文件的存储容量，如果不需要对某些图层进行单独操作，就可以将这些图层进行合并，选择菜单“图层”|“向下合并”命令可以把当前图层与其下面的图层合并为一个图层，或者把需要合并的图层显示，不需要合并的图层先隐藏，然后选择菜单“图层”|“合并可见图层”命令，或选择“图层”菜单的“拼合图层”命令，可以将所有图层合并为一个图层。也可以单击“图层”面板右上角的按钮展开一个菜单，再选择相应的合并命令。

（3）图层样式

选择菜单“图层”|“图层样式”命令，再选择任意一种样式即可打开如图 1.3.47 所示的对话框，或者单击“图层”面板下面的 fx（“添加图层样式”）按钮，选择任意一个样式也会打开该对话框。在对话框左侧选中某个样式，右侧就会显示该样式的参数，可以对这些参数进行任意修改，并通过预览观察所设置的样式效果。

（4）图层混合模式

微视频：模拟相加混色

图层混合模式的选择，实际上就是选择上下两个图层的图像的叠加样式。图层的混合模式与画笔的混合模式基本一致。

例 3.8　用滤色混合模式模拟相加混色的效果。

① 新建一个 500 像素×500 像素的文件，分辨率为 72 像素/英寸。

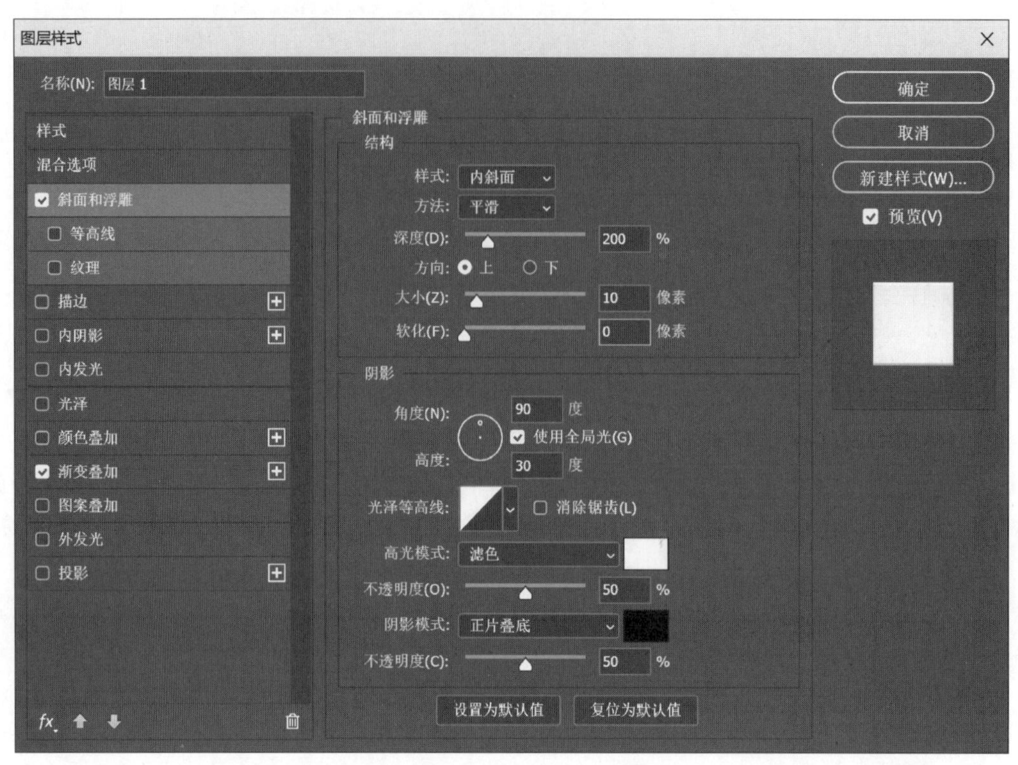

图 1.3.47 “图层样式”对话框

② 新建图层 1，按住 Shift 键的同时用椭圆选框工具绘制一个圆形选区，用油漆桶工具填充 RGB(255，0，0)。

③ 将图层 1 复制两次，分别将复制以后的图层改名为图层 2 和图层 3，用移动工具将图层 2 和图层 3 上的圆移开，注意让 3 个圆部分重叠，图层 2 的圆内填充 RGB(0，255，0)，图层 3 的圆内填充 RGB(0，0，255)，效果如图 1.3.48 所示。

④ 将背景图层隐藏，然后把图层 3 和图层 2 的混合模式改为滤色，如图 1.3.49 所示，混合以后的效果如图 1.3.50 所示。

图 1.3.48 混色前效果

图 1.3.49 “图层”面板

思考：如果把图层 1 的混合模式也改为滤色，然后将背景图层显示出来，结果变成了白色，为什么？如果把背景图层填充为黑色，结果又会怎样？为什么？

2. 通道

通道是用来存储图像文件中的单色颜色信息或选区内容的，“通道”面板如图 1.3.51 所示。通道与图层之间最根本的区别在于：图层的各个像素点的属性是以红、绿、蓝三原色的数值来表示的，而通道中的像素颜色是由一组原色的亮度值组成的，即通道中只有一种颜色的不同亮度，默认为灰度图像，选择菜单“编辑”|“首选项”|“界面”命令，勾选“用彩色显示通道”复选框后，红、绿、蓝 3 个原色通道将分别显示为红色、绿色和蓝色图案。

图 1.3.50　混色后效果

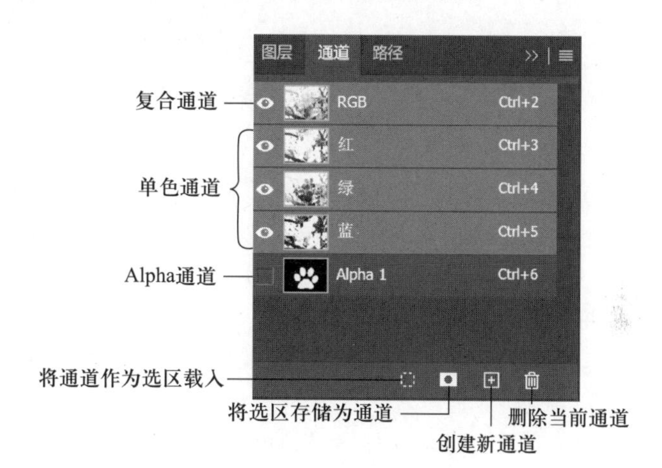

图 1.3.51　“通道”面板

通道的作用是：可以将选择的区域存储为一个独立的通道，需要重复使用该选区时，直接将通道中保存的选区载入即可。当然也可以将选区保存为图层，但由于图层是 24 位的，而通道是 8 位的，保存为通道可以大大节省存储空间。另外，就是一个包含多个图层的图像只能被保存为 Photoshop 的专有格式，而许多标准图像格式如 TIF、TGA 等都可以包含通道信息，这样就可以在不同应用程序间进行信息共享。

例 3.9　制作立体字效果。

微视频：
通道立体字

① 打开木纹 . jpg 文件，利用横排文字蒙版工具输入文字“多媒体”，设置为黑体，大小为 120。

② 文字自动转换为选区，在矩形选框工具选中的状态下可以拖移选区到合适的位置，选择菜单“选择”|“存储选区”命令，将文字选区存储为 Alpha 1 通道，再次将其保存为 Alpha 2 通道。

③ 打开“通道”面板，选中 Alpha 2 通道（注意先将选区取消选中），选择“滤镜”|“其他”|“位移”命令，输入水平为 3，垂直为 4，使 Alpha 2 通道对应的选区向右下方移动。

④ 单击 RGB 复合通道，回到“图层”面板，单击背景图层，选择菜单“选择”|“载入选区”命令，选择 Alpha 1 通道，并选中“新建选区”单选按钮，如图 1.3.52 所示，继续选择“选择”|“载入选区”命令，选择 Alpha 2 通道，并选中“从选区中减去”单选按钮，如图 1.3.53 所示，获得文字每个笔画左上角部分的选区。

⑤ 选择菜单“图像”|“调整”|“亮度/对比度”命令，将亮度设为 150。

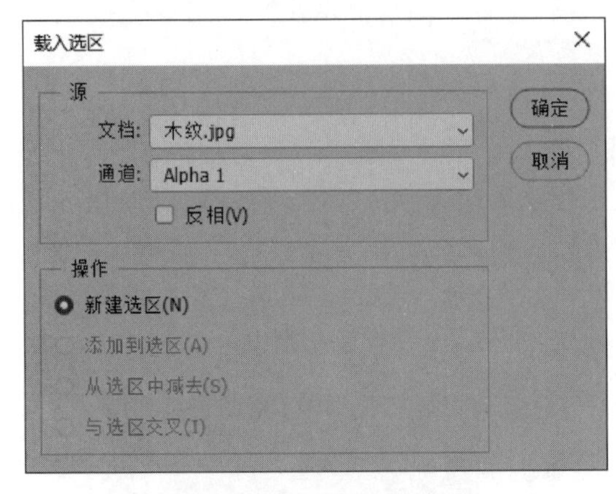

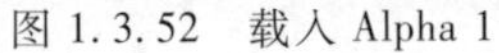
图 1. 3. 52　载入 Alpha 1

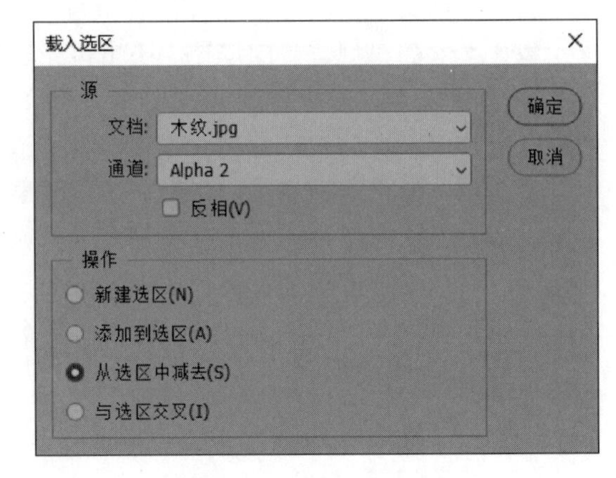

图 1. 3. 53　载入 Alpha 2

⑥ 选择"选择"|"载入选区"命令，再选择 Alpha 2 通道，并选中"新建选区"单选按钮，继续选择"选择"|"载入选区"命令，选择 Alpha 1 通道，并选中"从选区中减去"单选按钮，获得文字每个笔画右下角部分的选区，选择菜单"图像"|"调整"|"亮度/对比度"命令，将亮度设为-150。

⑦ 回到"图层"面板，注意观察图层中木纹上文字的立体效果。

3. 蒙版

蒙版实质上也是一种图层，可以控制选定图像的显示或隐藏效果，所以蒙版是图像编辑过程中保护图像的一种手段。

(1) 快速蒙版

单击工具栏底部的 (“以快速蒙版模式编辑”) 按钮就可以切换到快速蒙版编辑状态，再次单击该按钮即回到标准编辑模式。利用铅笔、画笔、橡皮、图案图章或形状(以"填充像素"的方式)等工具在蒙版上进行涂抹，根据当前前景色的不同，原图像被涂抹的区域将呈现出不同的透明度。

① 前景色为黑色：被涂抹的区域将以红色显示，回到标准编辑模式状态后，原图像完全显示出来。

② 前景色为白色：被涂抹的区域没有变化，回到标准编辑模式状态后，原图像不显示出来。

③ 前景色为其他颜色，将自动转换为相应亮度的灰色：被涂抹的区域显示为淡红色，回到标准编辑模式状态后，原图像显示为半透明，透明度与涂抹的灰度等级对应。

切换到标准编辑模式以后，蒙版状态下没有被涂抹的区域(也就是被蒙住的区域)已处在被选中的状态，选择"编辑"|"清除"命令就可以清除选区内的图像，那么刚才被涂抹过的区域内则显示出了原图像，按 Ctrl+D 键取消选择，就可以得到手绘的彩色图案了。

(2) 图层蒙版

首先用椭圆选框工具在图像中拉出一个椭圆选区，然后在"图层"面板下方单击"添加图层蒙版"按钮 即可添加一个像素蒙版，或选择菜单"图层"|"图层蒙版"|"显示选区"命令，当蒙版处于选中状态时，打开"属性"面板，如图 1. 3. 54 所示，可调整蒙版的浓度

（控制透明度）和边缘羽化值。

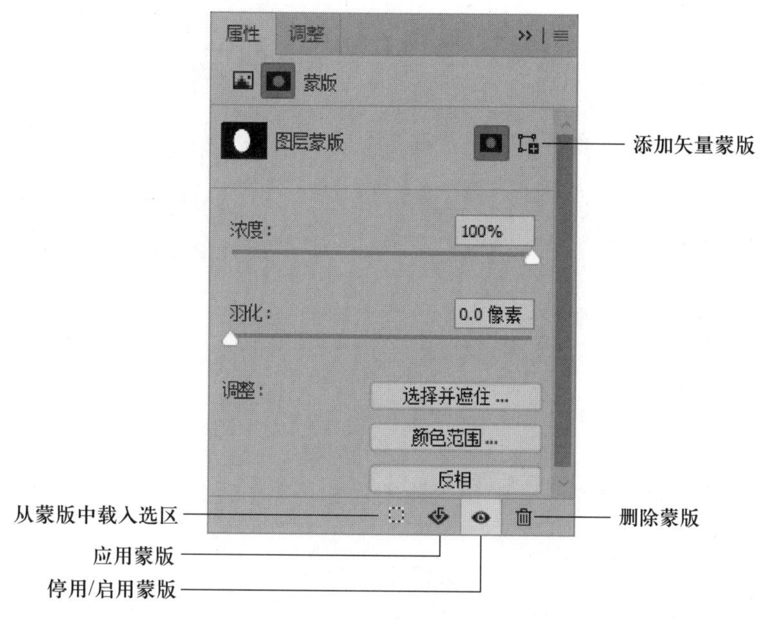

图 1.3.54　蒙版状态下的“属性”面板

在蒙版编辑状态下，画笔、橡皮擦、油漆桶、渐变填充等工具都可以在蒙版上进行涂抹，与前面的快速蒙版编辑模式类似，用黑色前景色涂抹的地方显示为透明像素，用白色前景色涂抹的地方原图像不变，用灰色前景色涂抹则原图像显示为半透明，透明度与灰度等级对应。（图层蒙版缩览图）中黑色部分表示原图像不可见，白色部分表示原图像完全可见，灰色部分表示原图像半透明显示。

在“通道”面板中会增加一个蒙版通道，单击“通道”面板下面的（“将通道作为选区载入”）按钮，蒙版区域可转换为选区，或者在“蒙版”面板中单击“从蒙版中载入选区”按钮也可以将蒙版转换为选区。

例 3.10　用蒙版进行抠图。

① 打开图片青花瓷.jpg，将背景图层转换为普通图层，按住 Alt+Shift 键的同时用椭圆选框工具框选一个圆形区域，如图 1.3.55 所示。

② 单击“图层”面板下面的（“添加图层蒙版”）按钮，图层缩览图后面添加了一个图层蒙版缩览图，蒙版的黑色部分图像显示为透明，如图 1.3.56 所示。

③ 单击“蒙版”面板底部的（“应用蒙版”）按钮即可抠取出所框选的区域。

思考：如果反选圆形区域，再清除图像也可以得到相同的效果，那么采用蒙版进行抠图有什么好处呢？

当抠取的图像区域不规则时，可以先用套索或钢笔工具等将所选对象框选出来，然后添加图层蒙版。在蒙版编辑状态下，再利用画笔或橡皮擦工具对选区的边缘部分进行精细调整，使用黑色画笔可以把多出来的图像擦除，用白色画笔则把没有显示出来的图像显示出来，用灰色画笔则可以把原图像半透明显示出来。

图 1.3.55　原照片

图 1.3.56　启用蒙版状态

当不需要图层蒙版时，可以单击“删除蒙版”按钮。如果想暂时让蒙版不起作用，则单击“停用/启用蒙版”按钮，再次单击可启用蒙版。

(3) 矢量蒙版

矢量蒙版与图层蒙版的区别是：矢量蒙版的形状可以进行任意调整。创建矢量蒙版的方法如下。

① 将路径转换为矢量蒙版。首先在图像中利用形状工具绘制一条心形路径，如图 1.3.57 所示，选择“图层”|“矢量蒙版”|“当前路径”命令，图层缩览图后添加了一个矢量蒙版缩览图，在蒙版编辑状态下单击（“直接选择工具”）按钮，在路径上单击就可以进入到路径的编辑状态，如图 1.3.58 所示，拖曳路径上锚点两端的调节杆可以任意调整路径的形状，这就是矢量的含义。

图 1.3.57　心形路径

② 形状图层上自动添加矢量蒙版。选择某个形状，注意在工具选项栏上选中的是 形状 ，在图像上拖曳出一个心形形状，默认填充为黑色，双击图层缩览图，可选择填充其他颜色，单击（“直接选择工具”）按钮，在路径上单击即可调节路径的形状，如图 1.3.59 所示，栅格化形状图层即将矢量形状转换为填充形状。

图 1.3.58　路径的修改状态

图 1.3.59　形状图层的路径编辑

3.2.6　滤镜

Photoshop 的滤镜功能强大，可以用来对图像产生一些特殊的效果，或用于创造一些特殊的文字、图形、图案等。在 2023 版本中，有些滤镜移到了滤镜库中，选择菜单“滤镜”|“滤镜库”命令，可以找到风格化、画笔描边、扭曲、素描、纹理和艺术效果等滤镜，下面简要介绍一些常用滤镜的功能。

1. 镜头校正

在拍摄过程中，由于相机镜头的原因引起的照片失真，导致照片的扭曲或偏移，可以通过滤镜中的镜头校正来恢复。

2. 消失点

利用该滤镜可以对具有透视形变的图像进行编辑或修补。先根据图像的透视效果创建透视平面，利用选框工具可以选择透视平面范围内的图像，利用图章工具可以对具有透视形变的图像进行修补。

3.“像素化”滤镜组

以马赛克滤镜为例，该滤镜将图像中的像素形成方块，每个方块内的颜色相同，图 1.3.60 为原图，马赛克处理后的效果如图 1.3.61 所示。

图 1.3.60　原图

4.“扭曲”滤镜组

“扭曲”滤镜组可对图像进行扭曲变形，如形成波浪、球面化等效果。

① 波浪：按指定的方式将图像扭曲为波浪形状，用户可以根据需要设置波浪生成器的数目，波长、振幅和波浪类型等参数，波浪效果如图 1.3.62 所示。

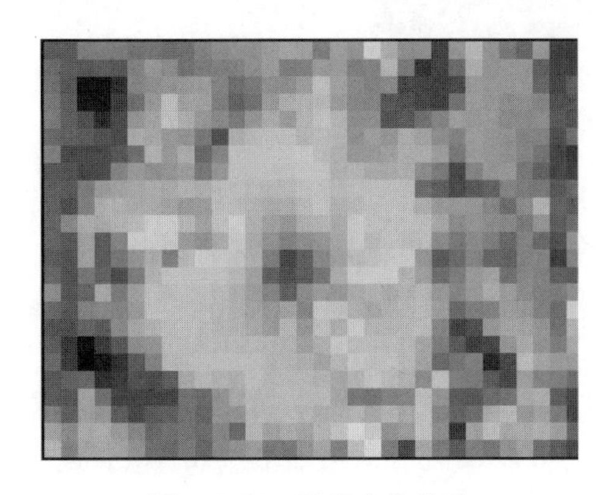

图 1.3.61　马赛克效果图

图 1.3.62　波浪效果图

② 球面化：使图像具有 3D 效果，其中“数量”用于调整球面化的程度，数量可为正向外凸，也为负向内凹。主要用于制作一些类似于足球、高尔夫球等球体效果，球面化前后对比如图 1.3.63 所示。

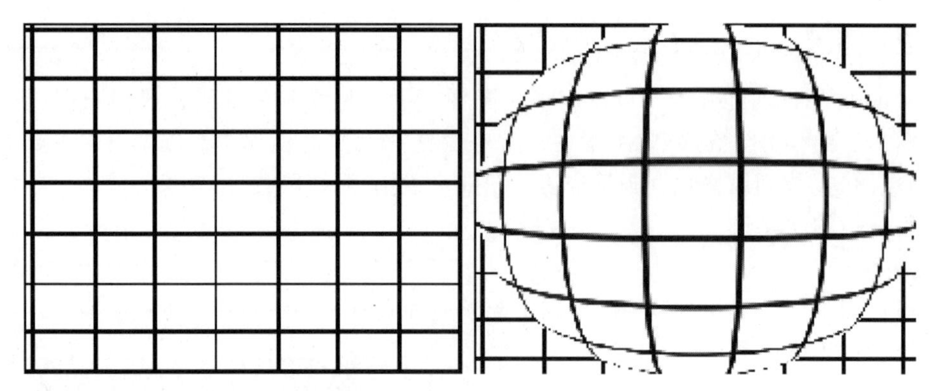

图 1.3.63　球面化前后对比

5. “模糊” 滤镜组

以动感模糊滤镜为例，沿特定方向以特定强度对图像进行模糊处理，使图像产生一种运动的效果。对话框中的 “角度” 选项用于设置运动的方向，“距离” 选项用于调节模糊的强度，动感模糊效果如图 1.3.64 所示。

图 1.3.64　动感模糊效果

6. “杂色” 滤镜组

以去斑滤镜为例，该滤镜对图像边缘区域以外的部分进行模糊处理，从而去掉杂色，保留原图像的细节。该滤镜可以多次应用，效果更佳，可用于淡化人物脸部的斑点或衣物上的痕迹。

7. “渲染” 滤镜组

该滤镜用于渲染一些特殊的图像效果，如火焰、图片框、云彩、树、纤维、光照效果和镜头光晕等，其中渲染图片框提供了非常多的选项，可以设置各式各样漂亮的图片框，如图 1.3.65 所示。

8. “风格化” 滤镜组

① 查找边缘：用于描绘图像的轮廓，将图像中存在明显过渡的区域标出，并在白色背景上用深色线条勾画图像边缘，查找边缘效果如图 1.3.66 所示。

② 风：该滤镜在图像中创建细小的水平线，模拟刮风的动感效果。利用该滤镜可以制作火焰文字效果。

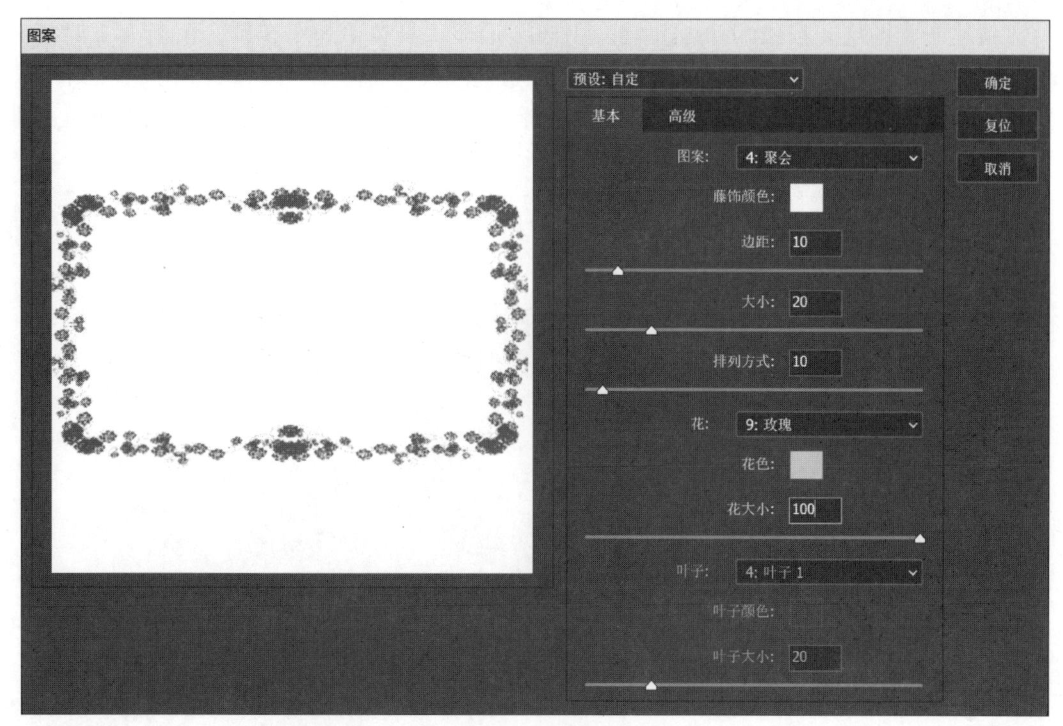

图 1.3.65　渲染图片框

图 1.3.66　查找边缘效果

微视频：制作一个高尔夫球

3.3　图像处理综合应用

例 3.11　制作一个高尔夫球。

综合应用渐变填充工具、滤镜和图像调整等功能完成高尔夫球的制作，操作步骤如下。

① 新建一个 300 像素×300 像素的图像文件，设置背景色为白色，文件名为“高尔夫球”。

② 新建一个图层，按住 Shift+Alt 键，用椭圆选框工具拉出一个正圆，用渐变工具填充从白到黑的径向渐变，如图 1.3.67(a)所示。

③ 选择菜单“滤镜”|“滤镜库”命令，选择“扭曲”组中的“玻璃”选项，设置扭曲度为 15，平滑度为 3，纹理为小镜头，缩放为 60%，效果如图 1.3.67(b)所示。

④ 选择菜单“滤镜”|“扭曲”|“球面化”命令，扭曲数量为 100%，效果如图 1.3.67(c)所示。

(a) 填充圆形

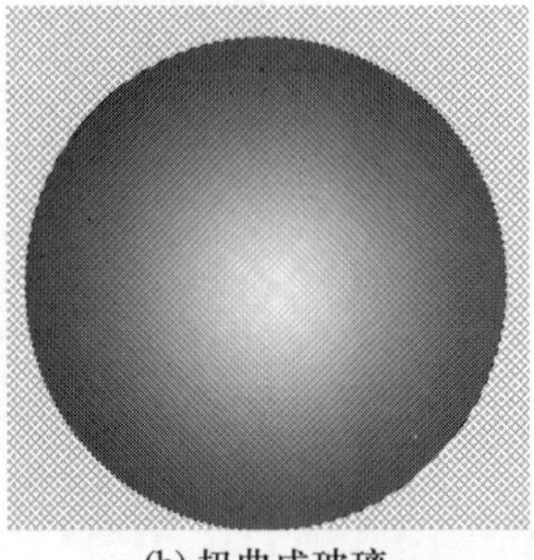
(b) 扭曲成玻璃

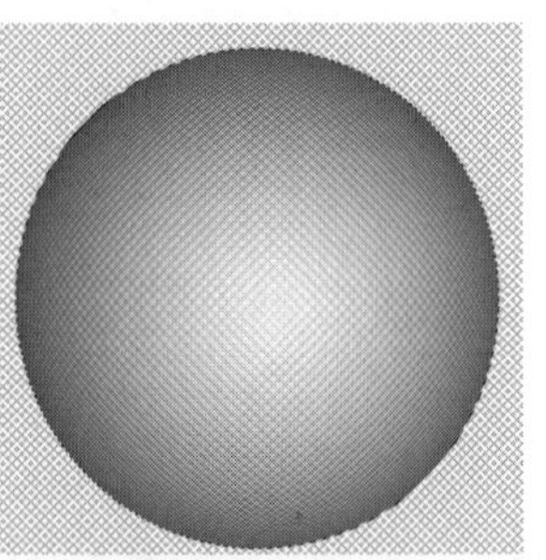
(c) 球面化效果

图 1.3.67　填充和扭曲滤镜效果

⑤ 选择菜单“图像”|“调整”|“亮度/对比度”命令，亮度设为 18，对比度设为 2。

⑥ 选择菜单“滤镜”|“渲染”|“镜头光晕 ”命令，亮度设为 130%，镜头类型设为 105 mm 聚焦。

⑦ 选中圆形区域，选择菜单“选择”|“修改”|“羽化”命令，设置羽化值为 10 像素，在图层 1 下方新建一个图层，将圆形区域往右下方移动，填充黑色，作为高尔夫球的阴影。

⑧ 按 Ctrl+D 键取消选区，填充背景图层为深绿色，效果如图 1.3.68 所示，最后保存文件。

图 1.3.68　高尔夫球效果

微视频：装饰房间

例 3.12　装饰房间。

给定 3 个原始图片素材文件，如图 1.3.69 所示，要求将盆景合成到左边的窗户旁，将图案填充到正面和右面的墙壁上。

① 打开文件盆景 .jpg，将背景图层转换为普通图层，删除白色的背景，选中盆景植物，复制后粘贴到打开的房间 .jpg 中，用移动工具将其移动到房间左面近处合适的位置；复制该图层，再将盆景移动到远处合适的位置，利用自由变换将其缩小。

② 将这两个图层复制，然后分别制作其倒影效果：垂直翻转，移动到垂直对称位置，将不透明度调整到 20%，合成盆景后的效果如图 1.3.70 所示。

③ 打开图案 .jpg，按 Ctrl+A 键选中并将其定义为图案。

④ 切换到房间 .jpg，新建一个图层，将图案填充到房间正面和右面的墙壁上，再分别复制一个图层，制作其倒影效果，最后给各个墙壁图层添加一个深灰色的描边，注意右面墙壁的倒影除了垂直翻转，还需要进行扭曲变形，墙壁填充图案及其倒影效果如图 1.3.71 所示。

(a) 房间.jpg

(b) 盆景.jpg

(c) 图案.jpg

图 1.3.69　原始素材

图 1.3.70　合成盆景效果

图 1.3.71　墙壁填充图案及其倒影效果

例 3.13　课程图标设计。

“多媒体技术与应用”在线课程于 2018 年在中国大学 MOOC(爱课程)平台上线，课程的图标效果如图 1.3.72 所示，图标设计中用到的图层如图 1.3.73 所示。

图 1.3.72　课程图标

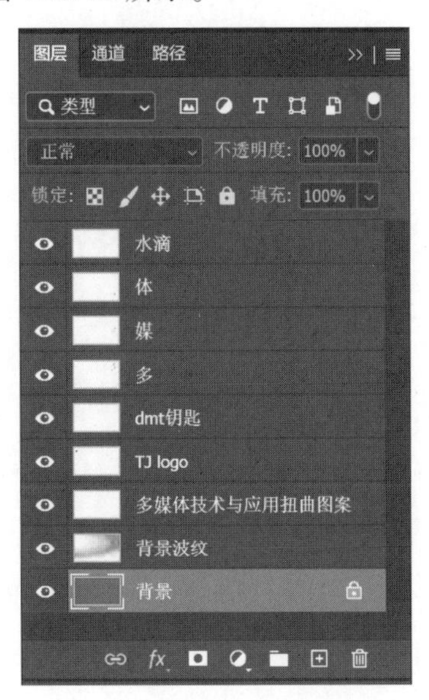

图 1.3.73　图标设计中用到的图层

设计思路如下。

① 背景：从桌面截取一块蓝色图像，在 Photoshop 中经过极坐标变换处理成波纹图案。

② 课程名字：这里“多媒体”3 个字都是单独加工过的，由于背景是蓝色，这里为了凸显文字，选择了与其互补色接近的橙红色。

③ 钥匙图案和标志（logo）设计：金色的钥匙是用“多媒体”3 个汉字的拼音首字母“dmt”制作出来的。钥匙图案的目的是希望本课程能够引领大家开启多媒体领域知识的大门。左上角的 logo 比较简单，是同济的拼音首字母。将小水滴置于波纹中心，再添加一个光晕效果，使左上角部分更突出。

④ 其他：图标左下角部分的图案是文字“多媒体技术与应用”通过扭曲变换得到的。

请大家课后设计一门自己喜欢的课程图标，要求原创并体现出该课程的特色。

思 考 题

1. 列举几种常用的颜色模型及其特点。
2. 图像文件的大小与什么有关？
3. 图像文件的格式主要有哪些？各自的特点是什么？
4. 图层有什么作用？有哪些类型的图层？各自有什么特点？
5. 蒙版有什么作用？有哪些类型的蒙版？
6. 通道有什么作用？有哪些类型的通道？
7. 钢笔工具有什么作用？与路径有什么关系？

第 4 章 视频处理技术与应用

人们接收的信息有 70% 来自视觉，其中活动图像是信息量最丰富、最直观，也是最生动的一种信息。本章主要介绍视频的基本知识、电视技术基础和数字视频的非线性编辑处理等。

4.1 视频基础

电子教案

4.1.1 视频概述

1. 视频的定义

视频(video)就是随时间动态变化的一组图像，一般由连续拍摄的一系列静止图像组成，一幅图像在视频中称为一帧。

当人们观看电影、电视或动画片时，画面中的人物和场景是连续、流畅和自然的，但仔细观看电影或动画胶片发现画面其实并不是连续的，只有以一定的速率把胶片投影到银幕上才会有运动的视觉效果，这种现象是由人眼的视觉残留效应造成的。实验表明，如果动画或电影的画面刷新频率为每秒 24 帧，即每秒放映 24 幅画面，则人眼看到的就是连续的画面。但每秒 24 帧的刷新率仍会使人眼感到画面闪烁，要消除闪烁感则画面刷新频率还要提高一倍。在电影的放映过程中，有一个不透明的遮挡板每秒再遮挡 24 次，每秒 24 帧的播放加上每秒 24 次的遮挡，电影画面的实际刷新频率为 48 次，这样既能有效地消除闪烁，又节省了一半的胶片。

电视画面的显示也采取类似的方法，如 PAL 制式的电视机帧频为 25 fps(frames per second，帧每秒)，每一帧图像的扫描线分两遍扫描，第一遍只扫 1、3、5、7、9 等奇数扫描线，称之为奇数场(又称高场或上场)，第二遍则只扫 2、4、6、8、10 等偶数扫描线，称之为偶数场(又称低场或下场)，这样电视屏幕的实际刷新频率为每秒 50 次，即 50 fps。

2. 视频信号的主要特点

① 内容随时间变化。

② 有与画面同步的声音信号，又称伴音。

3. 视频与图像的关系

视频是运动的图像，图像一般通过数码相机、摄像机或扫描仪等电子设备输入或由图像处理软件绘制而成，视频则一般通过电视机、录像机、摄像机或影碟机输入或由视频编辑软件制作合成。

4. 视频的应用

视频的应用领域越来越广泛，人们不再局限于看电影、电视节目，随着网络通信技术的快速发展，网络视频应用随处可见，如线上教学、视频会议、平台直播、远程诊疗、安防监控、视频聊天和短视频娱乐等。

5. 视频的分类

视频按照处理方式的不同分为模拟视频和数字视频两大类。

（1）模拟视频

模拟视频是一种用于传输图像和声音，并随时间连续变化的电信号。

模拟视频的特点：以模拟电信号记录，依靠模拟调幅手段在空间传播，使用盒式磁带录像机将视频作为模拟信号存储在磁带上。

传统的视频信号都是以模拟方式进行存储和传输的，经过多次复制以后信号会产生失真，图像的质量随着时间的流逝而降低，模拟视频信号在传输过程中容易受到干扰。

（2）数字视频

数字视频是由随时间变化的一系列数字化的图像序列组成。计算机要能够处理视频信息，就必须将来自电视机、摄像机、录像机和影碟机等设备的模拟视频信号转换成计算机能够处理的数字信号，数字化的过程包括采样、量化和编码。

数字视频的特点：可以永久地保存和无限次复制而不会出现任何失真，数字视频信号在传输过程中不容易受到干扰，数字信号也没有传输距离的限制，不会因为信号衰减而导致失真，通过光纤等高速传输介质还可以使数字视频达到交互使用的目的。数字视频最大的优点是可以在计算机中利用视频编辑软件进行非线性编辑，制作出许多无法用传统剪辑手段产生的效果。

由于大量的电视用户使用的电视机还是模拟视频接收机，在数字视频信号和模拟视频接收机之间必须有一个数模转换设备，这就是机顶盒。机顶盒的主要作用就是将数字视频信号转换为模拟视频信号，供传统电视机使用。

6. 视频编辑

视频编辑就是对视频进行后期加工剪辑，制作各种特效和动画效果，它经历了线性编辑和非线性编辑两个阶段。

（1）线性编辑

模拟视频是指保存在磁带上的电信号或保存在电影胶卷上的前后有关联的图像。传统的编辑方法是用手工对电影胶卷裁剪和拼接，或用电子设备根据节目内容的要求将素材连接成新的连续画面，这是视频的传统编辑方式，又称线性编辑，也就是素材的搜索和录制都必须按时间顺序进行，所以在视频编辑中需要反复地前卷或后卷来寻找素材，相当费时，对原视频插入、删除和修改比较烦琐，所以线性编辑不容易制作出艺术性强、加工精美的视频节目。

线性编辑一般需要使用录像机、编辑放像机、遥控器、字幕机、特技台等价格昂贵的专用电子设备。

(2) 非线性编辑

非线性编辑即数字化编辑，非线性编辑的主要目的是提供对原素材任意部分的随机存取、修改和处理。

非线性编辑的素材既可以是以数字信号形式存入到计算机硬盘中的文件，也可以是经过数字压缩编码的图像和音频等。

非线性编辑有录制、编辑、特技、字幕、动画等多种功能。编辑的工作流程比较灵活，可以不按照时间顺序编辑，可以对素材进行预览、查找、定位、设置入点/出点。非线性编辑软件还提供了丰富的特技功能、视频效果、字幕功能和音频处理功能，可以充分发挥编辑人员的创造力和想象力，创作出各种题材的视频节目。

非线性编辑系统设备简单，一台多媒体计算机、一块视频卡和一个非线性编辑软件就构成了一套非线性编辑系统，Adobe Premiere 就是一款功能强大的非线性视频编辑软件。

4.1.2 电视技术基础

大家对电视机及电视节目都不陌生，但对电视节目的传输方式、视频参数及编解码等知之甚少，下面先介绍电视节目相关的基础知识。

1. 基本概念

(1) 帧频与场频

电视节目的每一幅图像称为一帧，图像扫描采用隔行扫描方式，每一帧图像由奇偶两场组成。每秒扫描的帧数称为帧频，每秒扫描的场数称为场频。

我国的电视传输采用的帧频是 25 fps、场频是 50 场/s。25 fps 能以最少的信号容量有效地满足人眼的视觉残留特性；50 场/s 的隔行扫描把一帧分成奇偶两场，奇偶的交错扫描相当于有遮挡板的作用。这样在高速扫描时，人眼不易觉察出闪烁。我国的电网频率是 50 Hz，采用 50 场/s 的刷新频率可以有效去除电网信号的干扰。

(2) 分辨率

电视的清晰度一般用垂直方向和水平方向的分辨率来表示。垂直分辨率与扫描行数密切相关，扫描行数越多，分辨率越高。我国电视图像的垂直分辨率为 575 行或称 575 线。这是一个理论值，实际分辨率与扫描的有效区间有关，电视机的实际垂直分辨率约 400 线。

① 显示宽高比(display aspect ratio，DAR)：即播放视频设备上画幅的宽度与高度的比率，一般标清为 4∶3，高清为 16∶9。

② 像素宽高比(pixel aspect ratio，PAR)：即单个像素点的宽度与高度的比。默认像素宽高比为 1(方形像素)，即每个像素点是正方形的。为了将不同画幅宽高比的视频全屏显示在不同分辨率的显示设备上，需要调整像素的宽高比。

(3) 比特率

播放一段视频每秒所需的数据量即为比特率，又称码率，单位是 b/s。比特率公式为

$$比特率=宽\times高\times颜色深度\times帧率$$

例如，视频的帧频为 25 fps，每个像素点用 24 位表示，分辨率是 720 像素×576 像素。如果不压缩，比特率为 237.3 Mb/s。如果视频传输过程中比特率恒定，则称为恒定比特率(constant bit rate，CBR)；如果比特率可变，则称为可变比特率(variable bit rate，VBR)。

(4) 伴音

电视的伴音要求与图像同步，而且不能混迭，因此，一般把伴音信号放置在图像频带以外，放置的频率点称为声音载频，我国电视信号的声音载频为 6.5 MHz，伴音质量为单声道调频广播质量。

(5) SMPTE 单位

SMPTE 单位是动画和电视工程师协会(Society of Motion Picture and Television Engineers，SMPTE)使用的时间码标准，格式为小时：分：秒：帧，如一段长度为 00:02:31:15 的视频片段，其播放时间为 2 分 31 秒 15 帧，如果以每秒 30 帧的速率播放，则播放时间为 2 分 31.5 秒。

电影、录像和电视工业使用的帧频不同，各有其对应的 SMPTE 标准。由于技术的原因，NTSC 制式实际使用的帧频是 29.97 fps 而不是 30 fps，因此在时间码与实际播放时间之间有 0.1%的误差。为了解决这个误差问题，设计了丢帧(drop-frame)格式和不丢帧(nondrop-frame)格式。丢帧格式在播放时每分钟要丢 2 帧(实际上是有两帧不显示，而不是从文件中删除)，这样可以保证时间码与实际播放时间的一致。不丢帧格式则忽略时间码与实际播放帧之间的误差。

2. 彩色与黑白电视信号的兼容

黑白电视与彩色电视的兼容，是指黑白电视机接收彩色电视信号时能够产生相应的黑白图像，而彩色电视机在接收黑白电视信号时也能产生相应的黑白电视图像。

在彩色电视信号中，首先必须使亮度和色度信号分开传送，以便使黑白电视和彩色电视能够分别重现黑白和彩色图像。采用 YUV 空间表示法就能够实现黑白电视与彩色电视的兼容，还可以充分利用人眼对亮度细节敏感而对彩色细节迟钝的视觉特性，大大压缩色度信号的带宽。

3. 彩色电视的制式

电视信号的标准也称为电视的制式，目前各国的电视制式不尽相同，主要是帧频或场频不同、分辨率不同、信号带宽以及载频不同、色彩空间的转换关系不同等。现行的彩色电视制式有 3 种：NTSC(national television system committee)、PAL(phase alternation line)和 SECAM。还有高清晰度电视 HDTV(high definition television)标准。

(1) NTSC 制式

NTSC 制式是由美国全家电视制式委员会制定的彩色电视广播标准，采用正交平衡调幅的技术，故也称为正交平衡调幅制。美国、加拿大、日本、韩国、菲律宾等均采用这种制式。

NTSC 制式的帧频为 30 fps 或 29.97 fps，每帧 525 行，画面的宽高比为 4∶3，采用隔行扫描方式，在每场的开始部分保留 20 根扫描线作为控制信息，实际只有 485 条扫描线的可视数据，颜色模型是 YIQ 模式，其中 Y 表示亮度，I 和 Q 表示色度。

(2) PAL 制式

PAL 制式是由德国制定的彩色电视广播标准，采用逐行倒相正交平衡调幅技术，克服了 NTSC 制式相位敏感造成色彩失真的缺点。我国以及英国、新加坡、澳大利亚、新西兰等采用这种制式。

PAL 制式的帧频为 25 fps，每帧 625 行，画面的宽高比为 4：3，采用隔行扫描方式，颜色模型是 YUV 模式，其中 Y 表示亮度信号，U 和 V 表示色度信号。

(3) SECAM 制式

SECAM 制式是由法国制定的一种新的彩色电视制式，克服了 NTSC 制式相位失真的缺点，采用时间分隔法来传送两个色差信号。SECAM 制式与 PAL 制式类似，差别是 SECAM 中的色度信号是频率调制，而且它的两个色差信号是按行的顺序传输的。

(4) HDTV 标准

HDTV 源于 DTV(digital television，数字电视)，采用数字信号传输。由于各个国家或地区使用的电视制式不同，其定义的 HDTV 参数也不尽相同，HDTV 通常有以下 3 种显示格式。

① 720P：画幅大小为 1 280 像素×720 像素，字母 P 是 progressive 的首字母，表示逐行扫描。

② 1 080i：画幅大小为 1 920 像素×1 080 像素，字母 i 是 interlace 的首字母，表示隔行扫描。

③ 1 080P：画幅大小为 1 920 像素×1 080 像素，采用逐行扫描。

4. 电视的扫描方式

扫描有隔行扫描和逐行扫描之分，黑白电视和彩色电视都用隔行扫描，而计算机显示图像时一般都采用逐行扫描。

(1) 逐行扫描

逐行扫描方式是电子束从显示屏的左上角一行接一行地扫到右下角，在显示屏上扫一遍就显示一幅完整的图像。

(2) 隔行扫描

隔行扫描方式就是电子束将奇数行扫完后接着扫偶数行，这样才能完成一帧的扫描。隔行扫描的一帧图像由两部分组成：一部分是由奇数行组成，称为奇数场；另一部分是由偶数行组成，称为偶数场，两场合起来组成一帧。因此，在隔行扫描时，获取或显示一幅图像都要扫描两遍才能得到一幅完整的图像。

在隔行扫描中，扫描的总行数必须是奇数。一帧画面分两场，第一场扫描总行数的一半，第二场扫描总行数的另一半。隔行扫描要求第一场结束于最后一行的一半，不论电子束如何折回，它必须回到显示屏顶部的中央，这样就可以保证相邻的第二场扫描恰好嵌在第一场各扫描线的中间，正是这个原因，才要求总行数必须是奇数。

5. 视频文件格式

(1) AVI 格式

AVI(audio video interleaved)是一种音频视频交错格式，1992 年初微软公司推出了 AVI 技术及其应用软件 VFW(video for Windows)。在 AVI 文件中，运动图像和伴音数据是以交错的方式存储的，并独立于硬件设备。

这种交错组织音频和视频数据的方式使得读取视频数据流时，能更有效地从存储媒介中得到连续的信息，图像质量好，但是文件的体积庞大，而且压缩标准不统一，最常见的现象就是高版本 Windows 媒体播放器播放不了采用早期编码编辑的 AVI 格式视频，而低版本 Windows 媒体播放器又播放不了采用最新编码编辑的 AVI 格式视频(可下载相应的解码器来解决)。

(2) WMV 格式

WMV(Windows media video)也是一种流媒体格式，它是由 ASF(advanced streaming format，高级串流格式)升级延伸而来的。在同等视频质量下，WMV 格式的数据量很小，因此很适合在网上播放和传输。

(3) MOV 格式

MOV 是苹果公司的一种视频文件格式，扩展名为 mov，在计算机上安装 QuickTime for Windows 播放器即可播放 MOV 格式的视频文件。

(4) MPEG 系列

MPEG(moving picture experts group)是电视图像数据和声音数据的编码、压缩标准的总称。MPEG 标准中包括了 MPEG-1、MPEG-2 和 MPEG-4 在内的多种视频(音频)编码、解码和同步等标准。

① MPEG-1：是一种压缩率很高、清晰度损失比较大的压缩编码方式。MPEG-1 格式的视频文件扩展名包括 mpg、mlv、mpe、mpeg 及 VCD 光盘中的 dat 文件等。

② MPEG-2：是一种低数据率、高质量的视频压缩算法。MPEG-2 格式的视频文件扩展名包括 mpg、mpe、mpeg、m2v 及 DVD 光盘中的 vob 文件等。

③ MPEG-4：运动图像压缩算法实现了以最少的数据获得最佳的图像质量，广泛应用于视频电话、视频电子邮件和电子新闻等领域，其数据传输速率(4.8~64 kb/s)要求较低。

(5) MP4 格式

MP4 是一种视频封装格式，可以采用 MPEG-4 或者 H.264/H.265 编码标准，视频文件的体积较小且画质损失很小，是目前较为流行的一种视频格式。

4.2 视频处理软件 Adobe Premiere

视频处理软件一般都可以导入文字、图像、声音、动画和视频等多媒体素材，并可以对这些素材进行编排与合成，添加各种特效则可以制作出许多无法通过拍摄得到的视频效果。本节主要介绍非线性视频编辑软件 Adobe Premiere Pro 2023(以下简称 Premiere)。

4.2.1 引例

例 4.1 导入一组照片，利用 Premiere 对其进行动态展示。

分析：通过本例先了解 Premiere 中视频合成的一般流程，即新建项目和序列→导入素材→素材编排→添加效果，设置动画→添加声音→添加字幕→保存项目和渲染输出。

1. 新建项目和序列

运行 Premiere 程序，新建一个项目，参数选择默认值，选择菜单“文件”|“新建”|“序列”命令，打开如图 1.4.1 所示的“新建序列”对话框，输入序列名称，这里采用默认的“序列 01”，展开“序列预设”列表中的 DV-PAL 选项，选择“标准 48 kHz”选项，详细的参数显示在右侧。

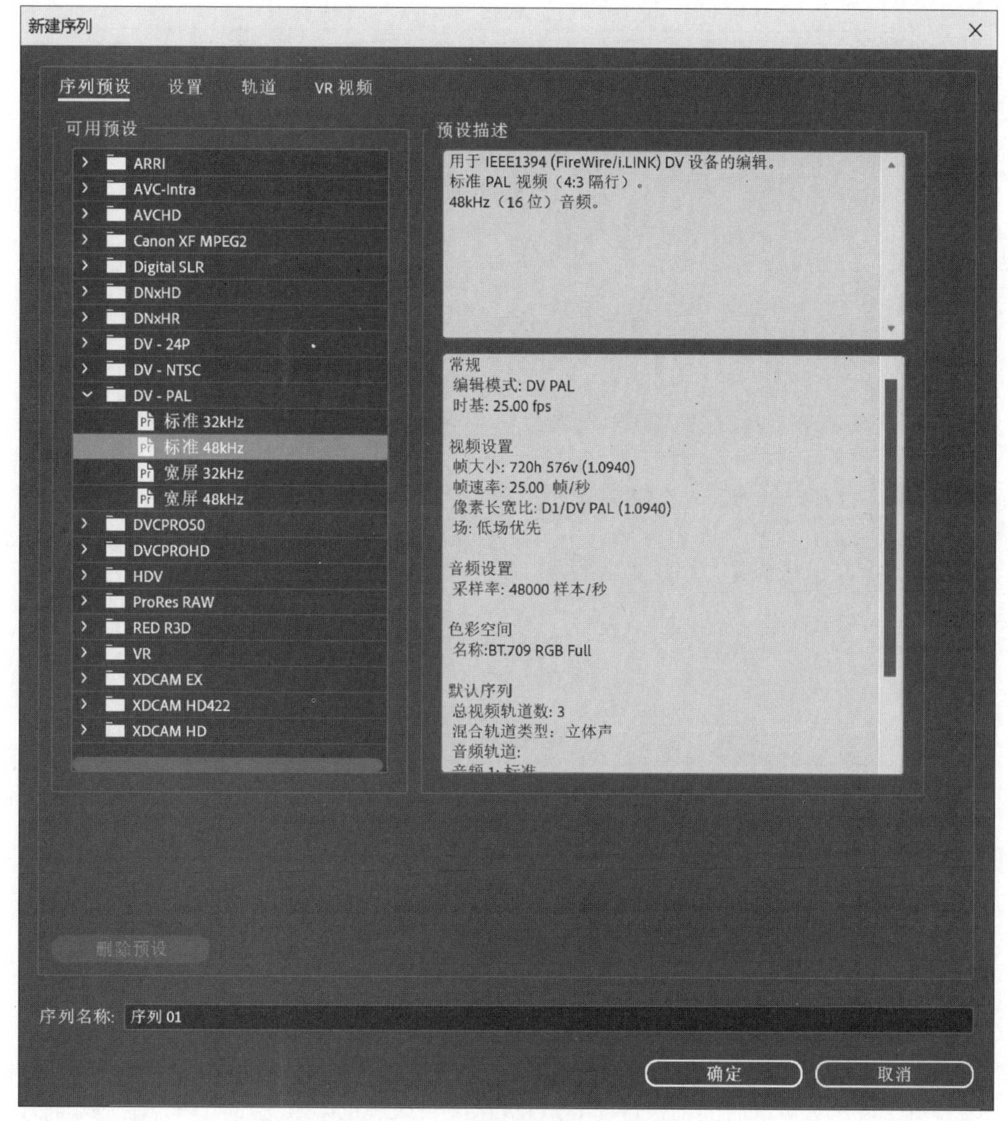

图 1.4.1　“新建序列”对话框

2. 导入素材

设置好项目参数以后进入程序窗口，如图 1.4.2 所示，单击菜单栏下方红色方框中的“编辑”按钮，使工作区布局调整为编辑模式。选择“文件”|“导入”命令或直接双击项目窗口的空白处，选择要导入的图片，这里先导入 5 张静态图片素材，图片大小都是 720 像素×576 像素，与项目的画幅大小一致。

3. 素材编排

素材编排是在时间轴窗口中进行的，编排主要是考虑把素材放在哪个轨道，放在轨道的什么时间段，也就是从什么时间开始，持续到什么时间结束。这里将 5 张图片全部选中并拖放到时间轴窗口的视频轨道 V1 上，默认图片将按照选取的先后顺序依次排列，这里每张静态图片的默认持续时间为 5 s。

图 1.4.2 Premiere 窗口

4. 添加效果，设置动画

如果静态图片在屏幕上静止的时间偏长，这样的视频节目播放时会引起视觉疲劳，下面通过效果控件，添加视频效果和视频过渡来使静态图片动起来。

(1) 效果控件

首先选中要设置运动效果的图片，展开效果控件面板下的“运动”选项，可以看到“位置”“缩放”“旋转”“锚点”和“防闪烁滤镜”等参数，通过在不同的时间点设置关键帧参数即可制作出动画效果。这里首先将时间轴定位在00:00:00:00，然后单击第1张图片“缩放”前面的(“切换动画”)按钮，那么当前位置自动添加了一个菱形关键点标志，如图1.4.3所示，再将时间轴定位在00:00:04:24，缩放改为150，系统会自动在该时间点添加1个关键点，拖曳播放指示器即可预览图片放大显示的动画效果。下面通过复制属性的方法使其他4张图片具有同样的放大显示动画，首先右击第1张图片，在弹出的快捷菜单中选择“复制”命令，然后再右击第2张图片，在弹出的快捷菜单中选择“粘贴属性”命令即可，其他图片依此类推。

(2) 添加视频效果

视频效果类似于Photoshop中的滤镜特效，在Premiere中通过添加关键帧制作出动画效果。下面通过视频效果来制作图片的变色动画，先切换到效果控制面板，找到“视频效果”|“图像控制”|“Color Replace”选项，将“Color Replace”直接拖曳到时间轴窗口的第1张图片上，选中第1张图片，将时间轴定位在00:00:00:00，注意观察效果控件面板的最下面将增加一个新添加的视频效果，将红花慢慢变为一朵紫色的花，替换颜色的RGB值设为(255，90，250)，

单击相似性前面的“切换动画”按钮，将时间线移到 00:00:04:24，把相似性的值改为 50，拖曳播放指示器观看花朵的变色动画效果。

（3）添加视频过渡

单击效果面板，找到“视频过渡”|“溶解”|“交叉溶解”选项，用鼠标拖曳到视频轨道 V1 的两张图片之间，然后单击该过渡，在效果控件面板中将显示当前的视频过渡参数，如图 1.4.4 所示，这里勾选“显示实际源”复选框，便于观察前后图像及过渡效果，交叉溶解实际上就是前面图像慢慢消失，从不透明到完全透明，后面图像慢慢出现，从透明到完全不透明，达到让前面图像慢慢消失于后面的图像中，按此方法给其他图片之间也添加过渡效果。

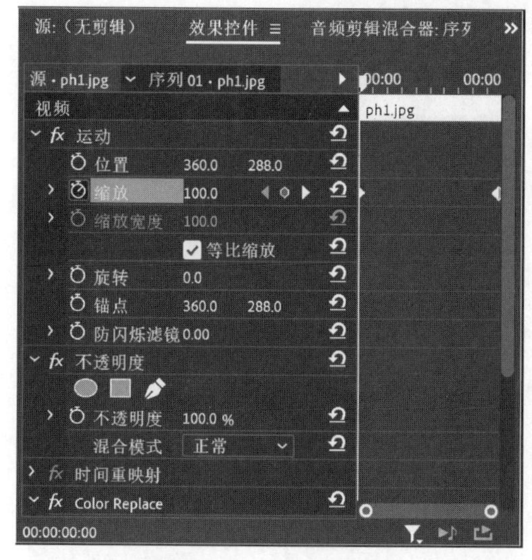

图 1.4.3　关键点设置

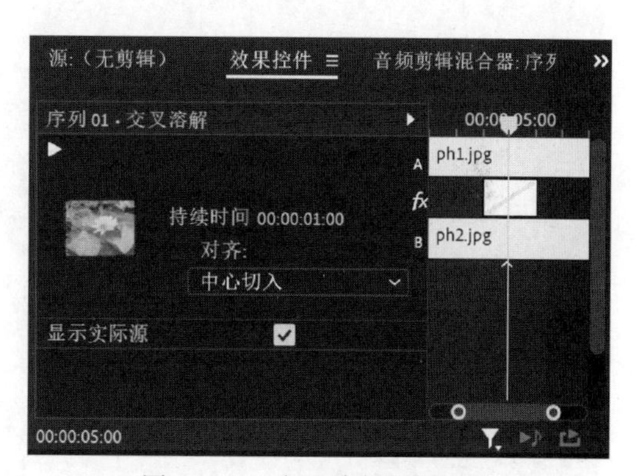

图 1.4.4　交叉溶解视频过渡

5. 添加声音

视频一般都是有伴音的，这里继续导入背景音乐，选择素材背景音乐.mp3，然后将其拖放到音频轨道 A1 的起始位置，由于背景音乐的长度与图片素材持续的时间不一样，所以首先利用工具箱中的（剃刀工具）将背景音乐在 00:00:24:24 处剪开，然后将后面的音频部分按 Delete 键删除。默认该背景音乐的音量为 0.0 dB，下面选中该背景音乐，在效果控件面板下展开“音量”，将时间轴定位在 00:00:00:00，单击“级别”前的“切换动画”按钮，将级别设为-60.0 dB，将时间轴定位在 00:00:03:00，级别设为 0 dB，如图 1.4.5 所示，再将时间轴定位在 00:00:22:00 处，单击（“添加/移除关键帧”）按钮添加一个关键点，最后将时间轴定位在 00:00:24:24，级别改为-60 dB。这样可以使背景音乐在开始处淡入，在结束处淡出。

6. 添加字幕

如果要在第 1 张图片上添加标题文字“春暖花开”，可使用工具箱的文字工具，在节目窗口中单击输入文字。选中节目窗口中输入的文字，并在效果控件面板中展开“文本(春暖花开)”，“源文本”设置为“楷体”，字体大小设置为 100，颜色为白色，最后将其调整到合适的位置，如图 1.4.6 所示。

7. 保存项目和渲染输出

选择菜单“文件”|“保存”命令，可以保存该项目文件，也可以通过选择菜单“文件”|“另存

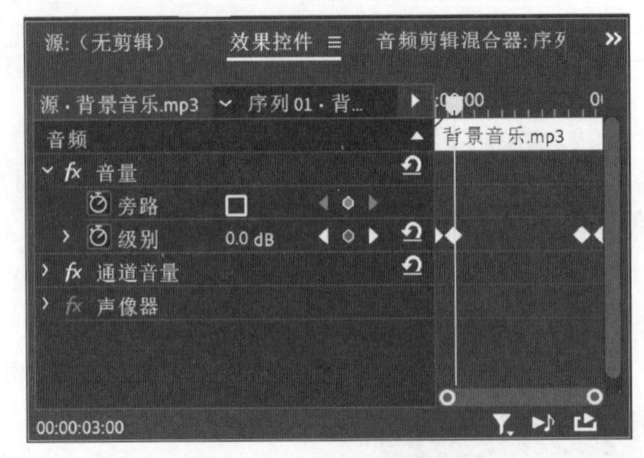

图 1.4.5 音量的设置

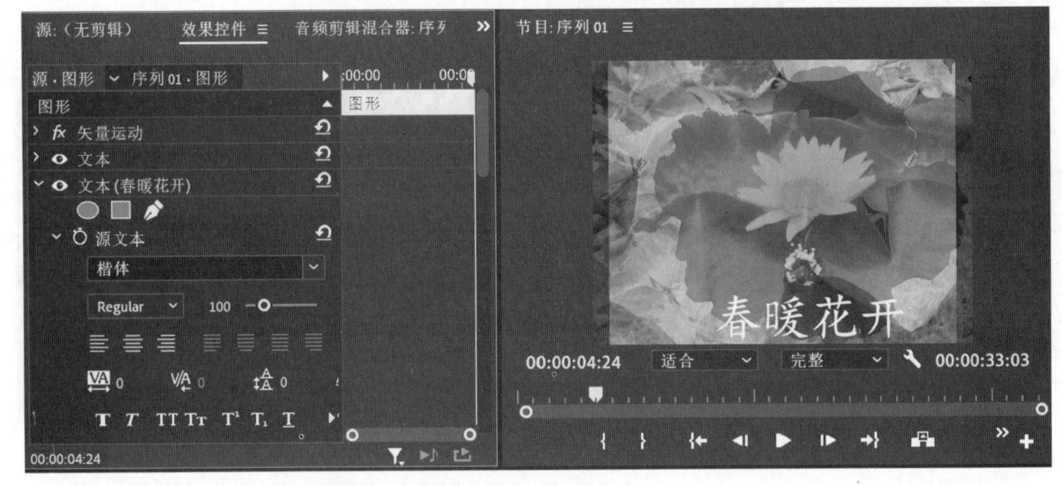

图 1.4.6 添加字幕

为”命令，将项目文件保存在指定的位置或更改项目名称，这里将项目文件保存为 p4-1. prproj。

首先激活时间轴窗口，选择菜单“文件”|“导出”|“媒体”命令，设置好渲染输出的格式、输出的位置和输出的内容等，单击“导出”按钮，本例将序列 01 渲染输出为序列 01. MP4(注意观察输出的位置)。

通过引例大家对 Premiere 有了简单的了解，熟悉了视频合成的全过程，下面详细介绍 Premiere 各部分的功能。

4.2.2 项目资源管理

1. 项目管理

项目是组织和管理多个文件的一种手段，如 Premiere 的项目文件中保存的信息是导入了哪些素材(实质保存的是指向原始素材的指针或是一些快捷方式)，素材在时间轴上是如何编排的(即放在什么轨道，放在轨道的什么位置等)，添加了什么效果，设置了哪些关键点及其参数，等等。项目文件一般只能在支持 prproj 扩展名文件的软件中打开。

(1) 新建项目

启动 Premiere 时出现如图 1.4.7 所示的开始界面。

单击“新建项目”按钮即可弹出如图 1.4.8 所示的创建项目窗口，设置好项目名和项目位置后，单击“创建”按钮。

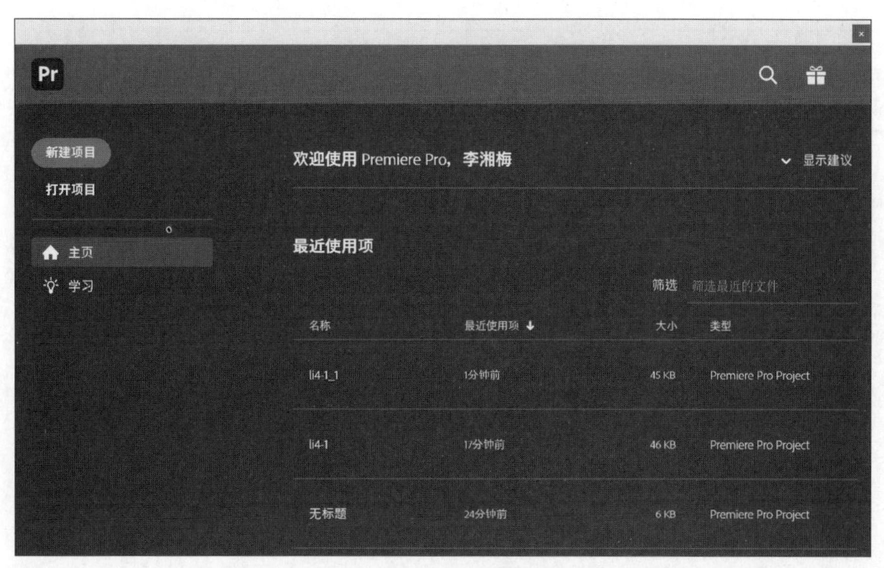

图 1.4.7　开始界面

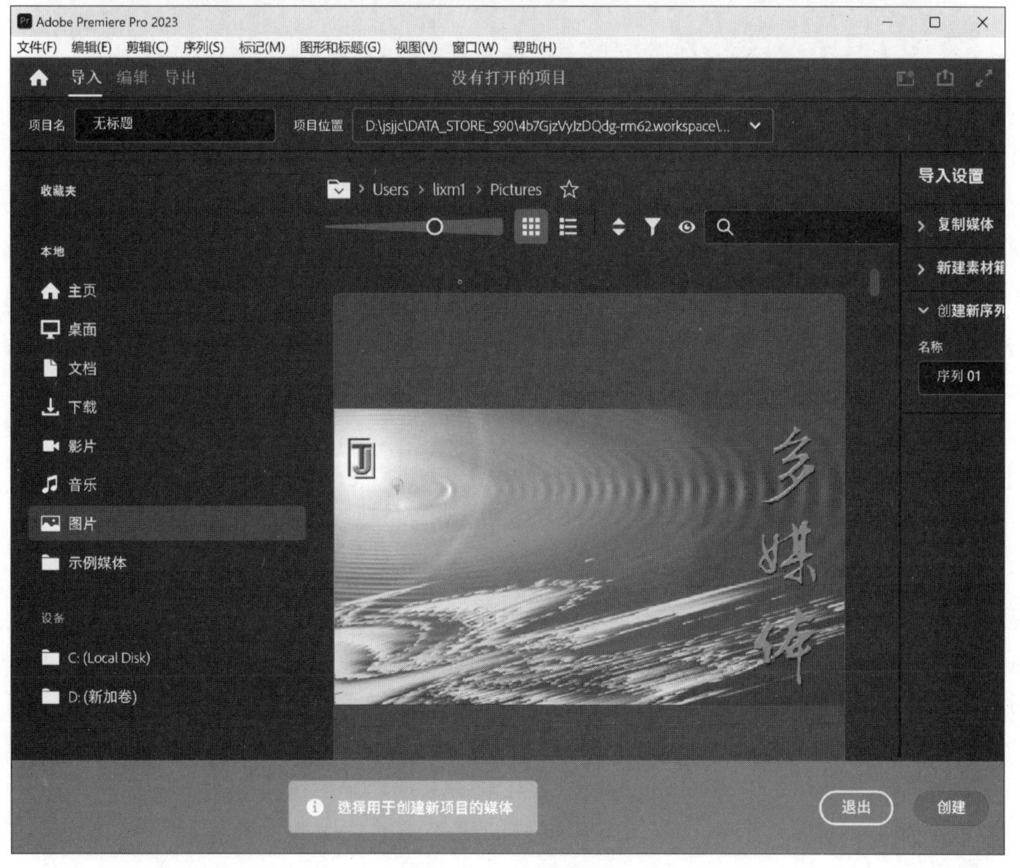

图 1.4.8　创建项目

Premiere 项目中关于编辑模式、时基、帧大小、像素长宽比、场等参数的设置都在“新建序列”对话框中完成，如图 1.4.9 所示，这表示同一个项目中不同的序列可以有不同的视频格式。

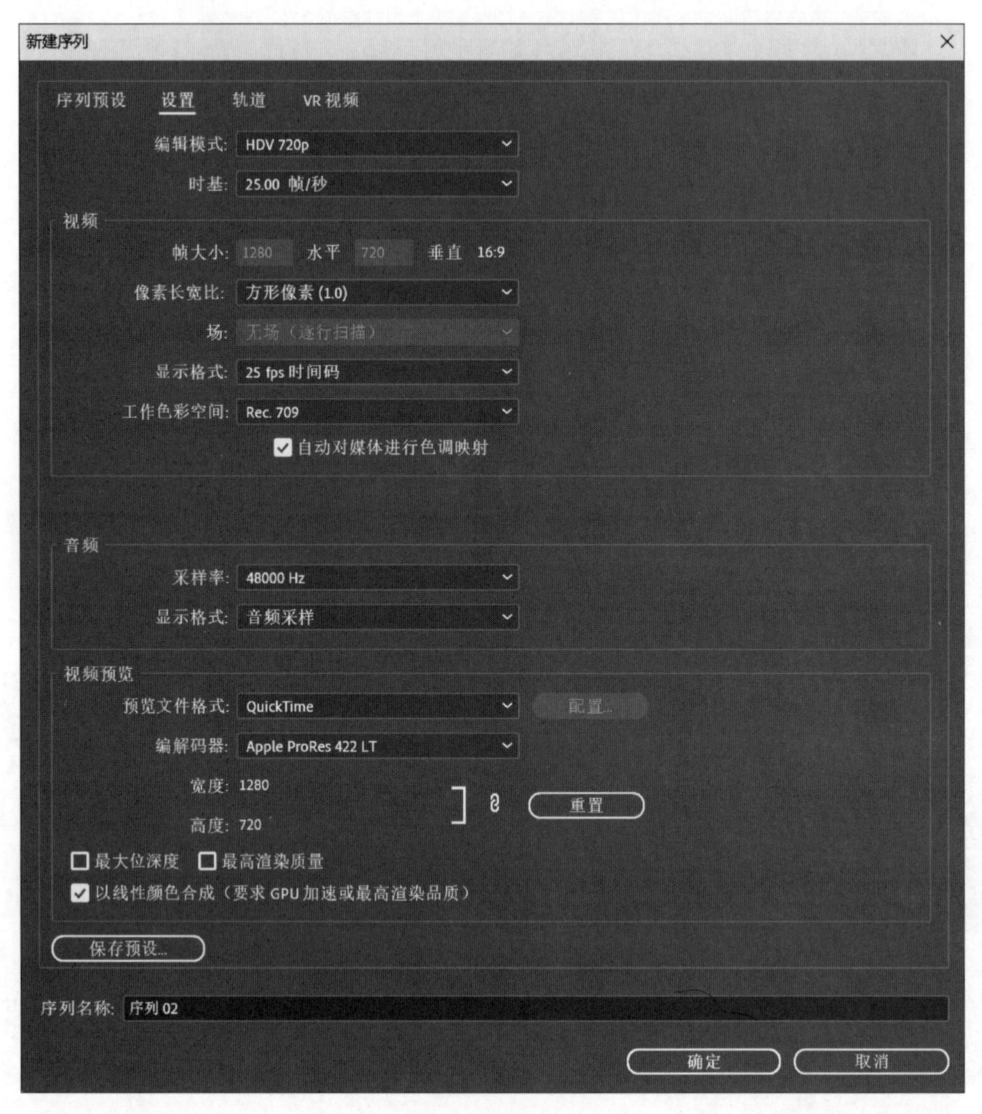

图 1.4.9 “新建序列”对话框

Premiere 中的序列相当于一个视频剪辑，可以把序列当作是一个视频素材来使用，与导入的视频文件不同的是，每个序列拥有自己的视频轨道和音频轨道，可以随时进行编辑修改。一个序列还可以作为素材嵌套到另一个序列中使用，那么一个复杂的视频节目的编排就可以通过序列来简化其编排，这样给视频的编辑制作带来了极大的灵活性。

① 编辑模式。如果想制作在计算机上进行播放的视频节目，一般采用“自定义”编辑模式，其他编辑模式还有针对 NTSC 制式、电影、高清电视和专用设备(如 Sony 系列)等。

② 时基和显示格式。时基一般设置为视频的播放速度，或者设置为与视频播放速度成倍比关系的数值，单位是 fps。显示格式设置的是节目窗口的时间码对应的时间显示方式，默认

为时基的值或者时基的倍数，也可以设置为画框或者胶片格式。

a. 24 fps：编辑电影时采用的标准。

b. 25 fps：用于编辑 PAL 制式和 SECAM 制式的视频节目。

c. 29.97 fps：是 NTSC 制式标准，用于广播级的录像带设定。

d. 30 fps：是 NTSC 制式的四舍五入标准，用于非广播级的录像带设定。

③ 帧大小。帧大小指的就是视频的画幅大小。一般情况下，各种标准编辑模式下的帧大小是不允许修改的，例如 DV PAL 编辑模式下的帧大小是标准的 720 像素×576 像素，慕课中的视频采用的是高清格式 HDV 720p25，帧大小为 1 280 像素×720 像素。若选择“自定义”编辑模式，帧大小建议设置为 800 像素×600 像素或 640 像素×480 像素，与计算机显示屏的宽高比(4∶3)保持一致，帧大小决定了渲染出来的视频文件的大小，故帧大小不宜设置得太大。

④ 像素长宽比。像素长宽比用于校正图像的变形，默认每个像素点都是方形像素。如果图像的长宽比与输出画面的长宽比一样，就选择“方形像素(1.0)”选项。

注意：大多数序列预设中像素的长宽比一般都不是方形像素，这是因为其画幅大小与输出画面的大小不匹配(目前输出画面的长宽比基本是标清为 4∶3，高清为 16∶9)，需要通过像素长宽比校正为全屏显示。

⑤ 场。由于模拟电视采用隔行扫描方式，分为上场优先和下场优先，标准 DV PAL 采用下场优先，自定义编辑模式下选择“无场(逐行扫描)”选项。

(2) 保存项目

选择菜单“文件”|“保存”命令，可以保存对当前项目文件的修改，也可以选择菜单“文件”|“另存为”命令，将项目文件更名后保存或更改保存位置。

(3) 打开项目

单击欢迎界面中列举的项目文件可以直接打开该项目，或单击“打开项目”按钮，或选择菜单“文件”|“打开项目”命令，在如图 1.4.10 所示的对话框中选择要打开的项目文件即可。

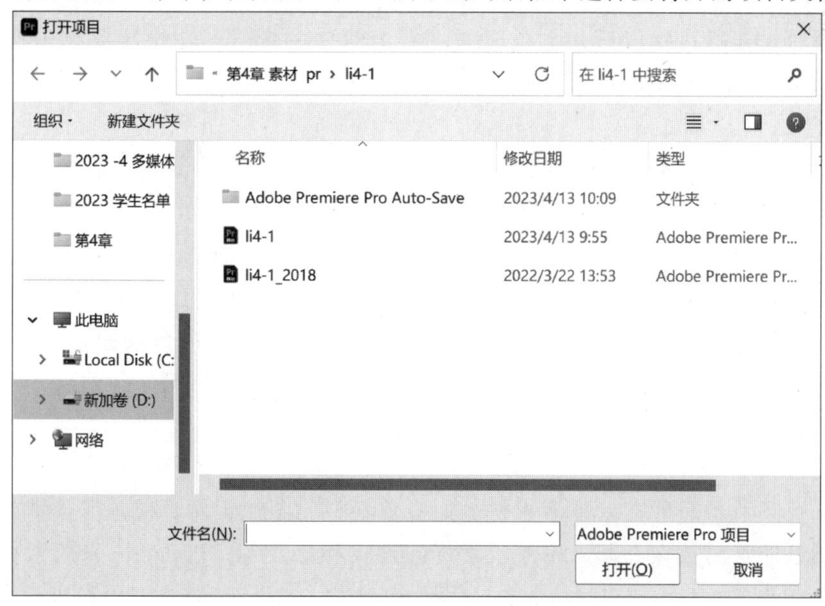

图 1.4.10　“打开项目”对话框

打开项目时特别需要注意的是，由于项目文件中保存的是指向素材文件的一些快捷方式，素材本身并没有复制到项目文件中，所以当原始素材文件发生任何变化(如文件被删除、改名或更改位置，等等)时，都会导致项目文件中素材的重定位，将弹出如图 1.4.11 所示的“链接媒体”对话框，可以单击“查找”按钮打开查找对话框去定位素材文件。一般只需要找到第 1 个文件，那么当前文件夹下的其他素材就可以自动找到。如果该素材已经找不到了，则可以单击“脱机”或“全部脱机”按钮，暂时用脱机素材代替。如果将一个项目文件从一台机器复制到另一台机器，则可以通过“文件”|“项目管理”命令将所有素材收集并复制到新位置，便于素材的移动。

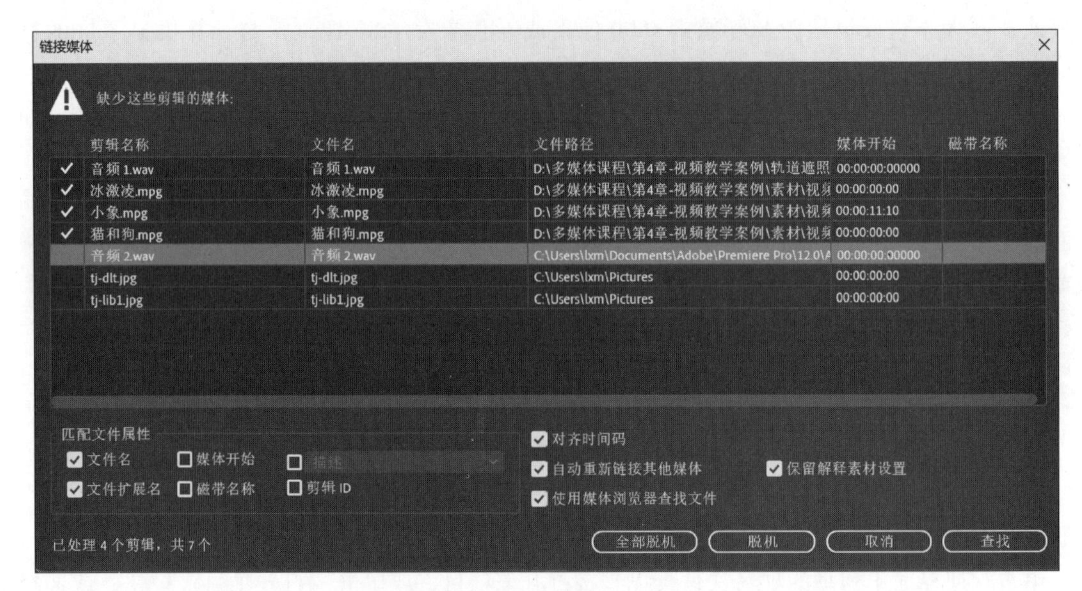

图 1.4.11 “链接媒体”对话框

注意：当原始素材找到以后，也可以通过右击对应的素材，在快捷菜单中选择“链接媒体”命令，重新定位该素材的位置即可。

2. 项目窗口

项目窗口是用于导入素材和管理素材的，相当于一个简单的资源管理器。

(1) 窗口组成

项目窗口由三部分组成，窗口顶部是素材预览区域，可以查看该素材的详细信息，如果是声音和视频类素材，还可以进行播放并可设置视频素材的标识帧(默认为第 1 帧)。中间是素材显示区域，默认以列表方式显示，也可以显示为图标。底部是命令按钮，提供了项目锁定、列表视图、图标视图、排序图表、自动匹配序列、查找、新建素材箱、新建项和清除等命令按钮，如图 1.4.12 所示。

(2) 新建素材箱

制作一个视频节目一般需要许多素材，如音乐素材、图片素材、视频剪辑素材、字幕素材等，如果把所有的素材放在一起，不便于素材的查找和修改等，Premiere 采用素材箱来对素材进行分层组织和管理，单击项目窗口底部的■(“新建素材箱”)按钮就可以在当前素材箱下创建

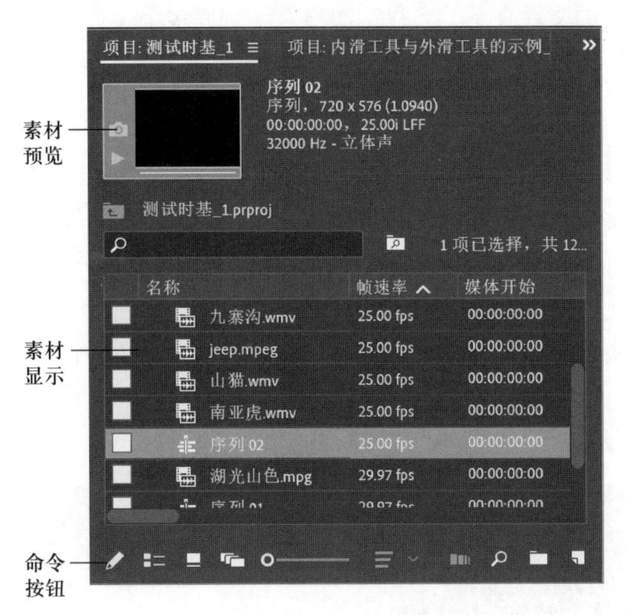

图 1.4.12　项目窗口

一个新的子素材箱，或右击项目窗口的空白处，在弹出的快捷菜单中选择“新建素材箱”命令。

(3) 导入素材

先选中某个文件夹，然后双击项目窗口的空白处，直接打开如图 1.4.13 所示的“导入”对话框，或选择菜单“文件”|“导入”命令，或直接按 Ctrl+I 键都可打开“导入”对话框，选

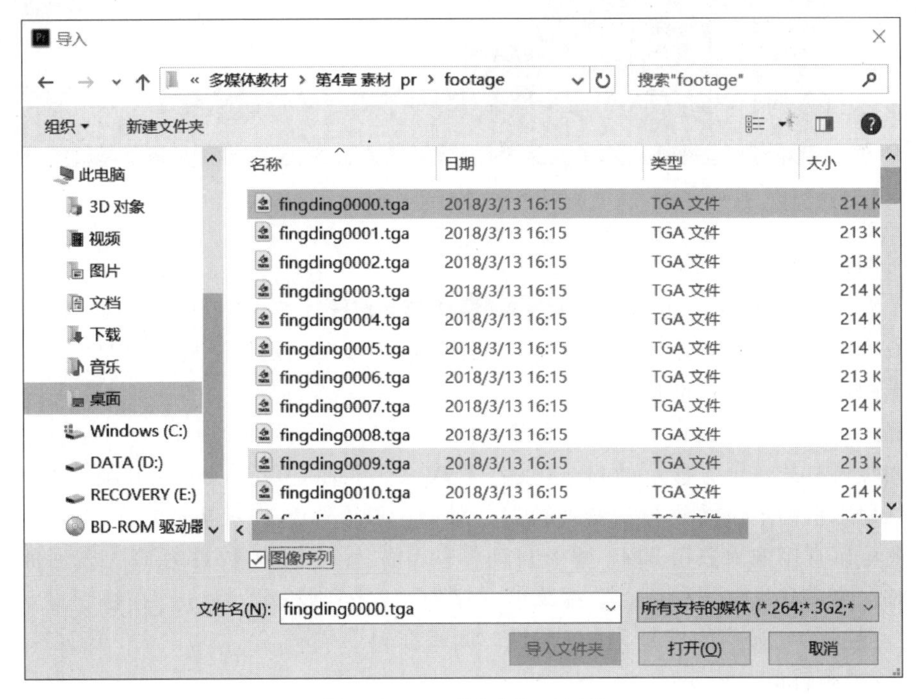

图 1.4.13　“导入”对话框

择所需素材导入到指定的文件夹下，可以一次导入一个或多个文件，如果是静态图像序列的导入，只需选择该序列的第1个文件，然后勾选对话框底部的“图像序列”复选框即可把该序列作为一个序列素材导入。

4.2.3 素材编排

视频的剪辑与合成离不开对各种素材的编排，时间轴窗口相当于一部电影的剧本，编排的结果在节目窗口中可进行观察。

1. 时间轴

时间轴窗口主要由时间标尺、播放指示器、视频轨道和音频轨道等组成，时间轴窗口默认只有一个序列选项卡，每新建一个序列则增加一个序列选项卡，当序列比较多时，最好给每个序列取一个容易记忆的名字，如图1.4.14所示。

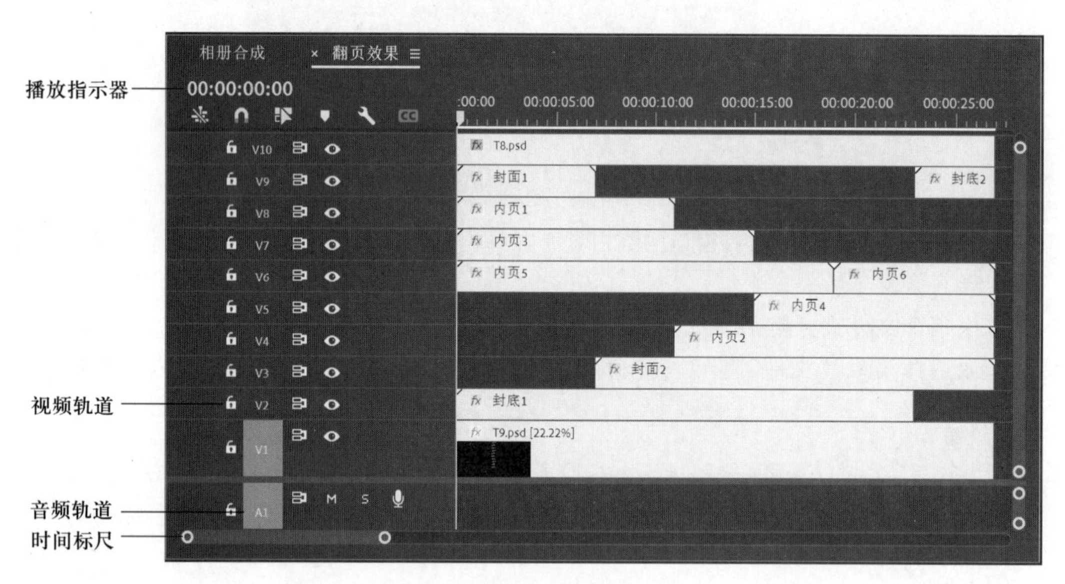

图1.4.14 时间轴窗口

（1）时间标尺

时间轴窗口左下角是时间标尺。如果想详细显示出素材的细节，则把滑块长度缩短；如果想显示时间轴窗口的整体编排效果，则把滑块长度伸长。通过鼠标拖曳滑块两端的原点即可调节滑块长度。

（2）播放指示器

在时间轴窗口的左上方显示的00:00:00:00表示0小时：0分：0秒：0帧，单击可以直接输入数值，用于精确定位播放指示器的位置，如00:00:03:18表示播放指示器位于第3秒18帧，这里还可以直接输入数字318，系统自动将秒设置为3，将帧数设为18。若后面两位数字超过帧频时，会自动进位到秒数。选择菜单“序列”|“序列设置”命令，在视频显示格式中选择“画框”选项，则显示的帧号为93(假设时间基准为25 fps)。

（3）音/视频轨道

每个序列系统默认设置的是3个视频轨道和3个立体声音频轨道，在“新建序列”对话框的“轨道”选项卡下可以更改默认的视频和音频轨道数，如图 1.4.15 所示。

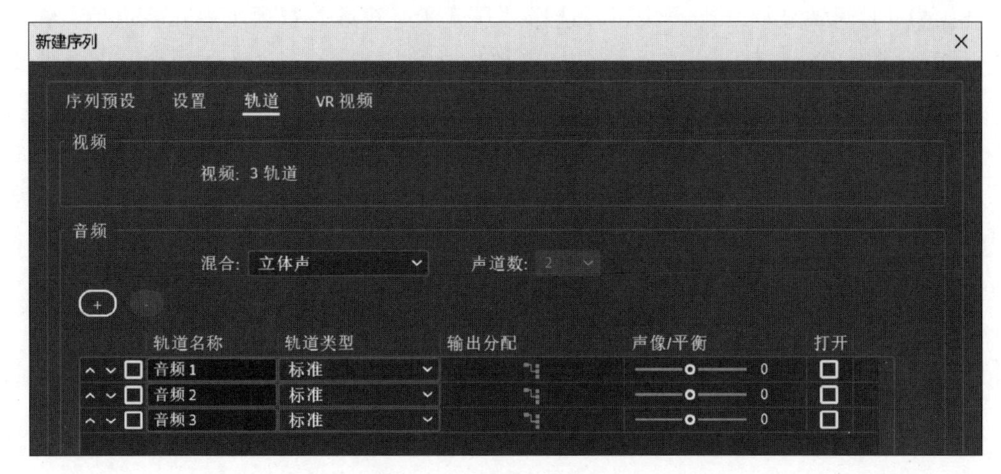

图 1.4.15　“轨道”选项卡

① 添加轨道。选择菜单“序列”|“添加轨道”命令，或右击任意轨道左边的名称显示区，在弹出的快捷菜单中选择“添加轨道”命令，打开如图 1.4.16(a)所示的“添加轨道”对话框，可以添加任意数量的视频轨道或音频轨道，添加的新轨道的位置也可以任意设置。还可以把素材直接拖动到时间轴窗口的视频轨道上方的空白处松开，将自动添加一个新的视频轨道，并把素材自动放到新添加的视频轨道上。

② 删除轨道。选择菜单“序列”|“删除轨道”命令，或右击任意轨道左边的名称显示区，在弹出的快捷菜单中选择“删除轨道”命令，打开如图 1.4.16(b)所示的“删除轨道”对话框，可以删除指定的某个轨道或者将没有使用的空闲轨道全部删除。

注意：即使序列中没有声音，也至少要保留一个音频轨道。

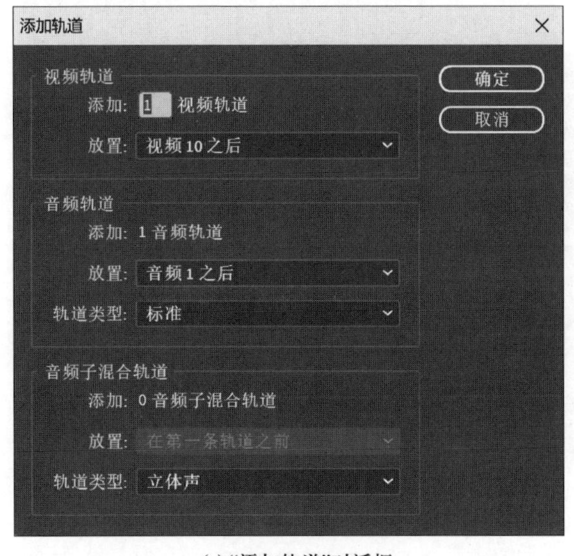

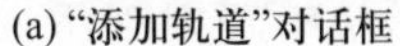
(a)“添加轨道”对话框

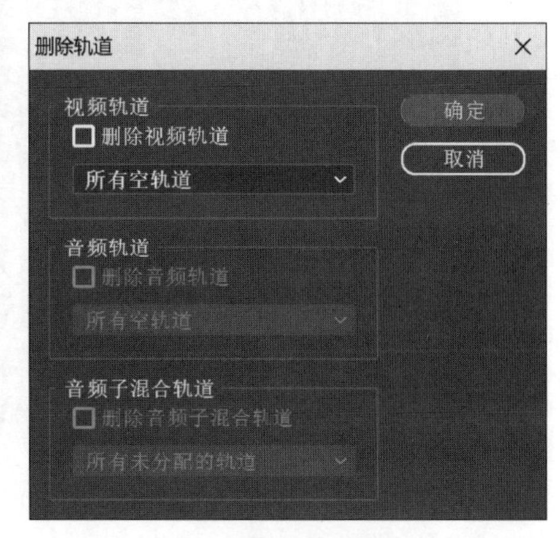

(b)“删除轨道”对话框

图 1.4.16　轨道的添加与删除

③ 轨道控制区。

单击 (“时间轴显示设置”)按钮，选择“展开所有轨道”选项。展开轨道后，在每个轨道的左边显示了轨道的名称，右击，在快捷菜单中选择“重命名”命令，可以更改轨道的名字。下面介绍一些轨道的控制图标及其作用。

a. (切换轨道输出)：控制视频轨道的显示或隐藏。

b. (切换同步锁定)：默认是启用同步锁定，即波纹删除时，多个轨道的素材会同步移动。

c. (切换轨道锁定)：有锁表示锁定轨道使其无法编辑，无锁表示解除锁定。

d. (静音轨道)：打开表示该音频轨道静音。

e. (独奏轨道)：打开表示该音频轨道独奏。

f. (画外音录制)：打开表示在该音频轨道录制画外音，适合看着字幕录制相应的旁白解说。

④ 轨道的不透明度控制。

Premiere 中的视频轨道相当于 Photoshop 中的图层，当多个视频轨道在同一时间段上都有素材时，默认情况下上面的视频轨道内容会遮挡住下面视频轨道的内容，通过设置各个视频轨道的不透明度，即轨道内容的可见程度，可以实现多个轨道叠加显示的效果。

首先展开轨道扩展控制区(可双击轨道名称右边的空白处)，素材下方显示了一条不透明度控制线，默认素材是完全不透明的，直接往下拖曳透明控制线即可调节当前素材的不透明度，拖到最下方则素材完全透明。

如果在透明控制线上添加一些关键点，通过调节这些关键点的位置可以实现素材的淡入淡出。例 4.1 中添加的视频过渡效果“交叉溶解”，也可以通过设置前后两个素材的不透明度来实现，把前后两个图片分别放在上下两个视频轨道中，使素材有部分重叠，设置前面素材淡出，后面素材淡入即可，如图 1.4.17 所示。

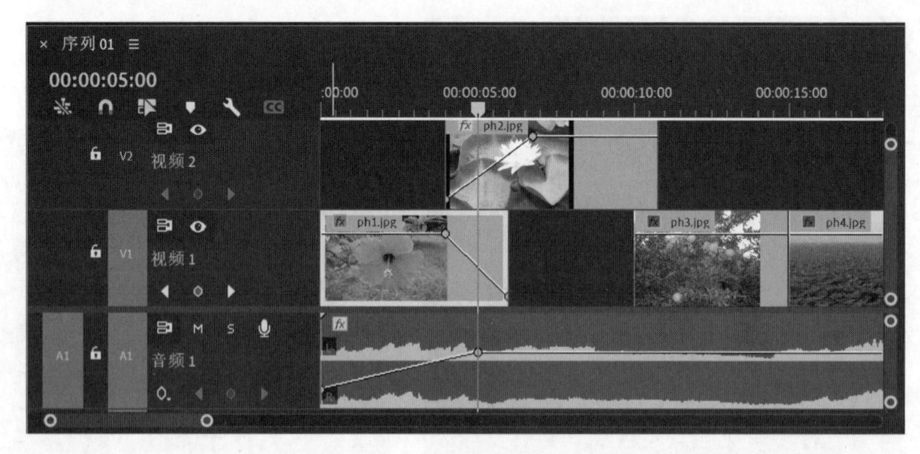

图 1.4.17　轨道不透明度控制

在效果控件面板中的“透明度”选项中提供了 3 个形状工具用于添加蒙版，分别是椭圆工具、矩形工具和钢笔工具，控制节目窗口中的画面只显示在绘制的形状内，矢量形状可以任意调整，拖曳其调节杆上的控制点可以对矢量形状进行缩放、旋转以及透明度过渡区域的设置。

（4）素材持续时间和播放速度

先选中素材，然后再选择菜单“剪辑”|“速度/持续时间”命令，或直接右击该素材，选择快捷菜单中的“速度/持续时间”命令，打开如图 1.4.18 所示的对话框，持续时间显示为 00:00:05:00，表示持续 5 s。对于静态图像来说，其速度默认为 100%，不能更改。对于视频素材，速度与持续时间默认是链接的，如果把速度改为 200%，那么持续时间将自动改为原来的一半，反过来如果速度变为 50%，则持续的时间将翻倍。单击“链接”图标可以断开链接。假设有一个视频剪辑长度为 10 s，速度是 100%，那么在速度不变的情况下，更改视频剪辑的持续时间需要注意的是，持续时间不可能超过 10 s。勾选“倒放速度”复选框则可以使视频倒放。

静态图像默认的持续时间的设置方法是：选择菜单“编辑”|“首选项”命令，在“时间轴”下可以设置“静止图像默认持续时间”，默认为 5 s，也可设置为帧数。

（5）边缘吸附和标记设置

单击时间轴窗口左上方“对齐”按钮，可以使素材移动时让相邻素材自动吸附对齐。单击“添加标记”按钮，直接在当前播放指示器位置插入一个标记，显示在时间标尺的上方。双击该标记，在弹出的对话框中可设置名称、持续时间、颜色、类型等，或将其删除。通过标记可以对播放指示器进行快速定位。另外，当素材移动到有标记的位置时会显示一条深色的对齐标志线，可以对素材进行精确对齐。

2. 工具箱

Premiere 提供了针对视频和音频素材进行编辑的一些常用的工具箱，如图 1.4.19 所示，工具箱默认显示在时间轴左侧，选择菜单“窗口”|“工具”命令，也可以显示工具箱。

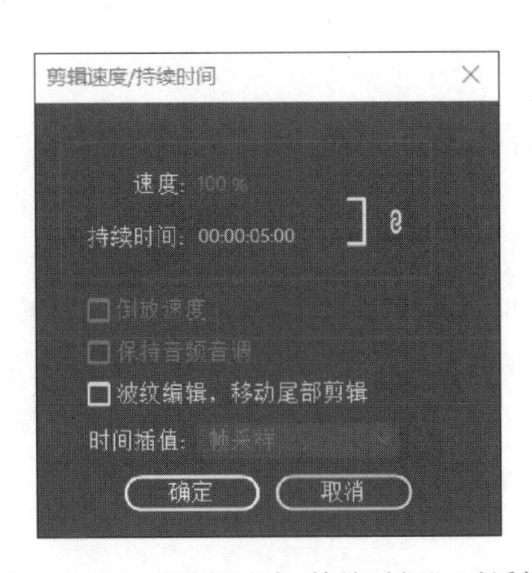

图 1.4.18　“剪辑速度/持续时间”对话框

图 1.4.19　工具箱窗口

（1）选择工具

选择工具用于选择和移动素材，单击可以选择时间轴上的素材片段，将光标置于素材片段的两端时，光标将变成带括号的箭头，拖曳鼠标可以改变素材的持续时间，不会改变视频的播放速度。如果素材前面或后面有相邻素材，即前后没有空余的空间，那么就不能往前或往后延长。

注意：对于视频片段，当速度不变时，持续时间不可能超过其原始长度。也就是说，往前最多拖曳到第一帧，往后可到最后一帧。

（2）向前选择轨道工具

将光标移动到视频或音频轨道上时，光标变为向右的箭头，单击即可选中从单击点往后的所有轨道上的内容。按住 Shift 键可只选择一条轨道上的内容。

（3）向后选择轨道工具

将光标移动到视频或音频轨道上时，光标变为向左的箭头，单击即可选中在单击点之前的所有轨道上的内容。按住 Shift 键可只选择一条轨道上的内容。

（4）波纹编辑工具

波纹编辑工具用于改变素材的持续时间，不改变速度，将光标移到素材的边界时，光标变为带括号的箭头，拖曳即可改变素材的持续长度，不影响与之相邻的素材持续时间。

（5）滚动编辑工具

滚动编辑工具用于调整素材的持续时间，同样不改变速度，但是调整时会影响与之相邻的素材持续时间。若有两个相邻的视频片段(从视频中截取中间的片段来观察)，如果前面的视频片段延长，那么后面的视频片段就会变短；反之前面的素材变短，后面的素材就会变长，相邻两段素材总的持续时间不变。

（6）比率拉伸工具

将光标移到剪辑边界时，拖曳即可改变剪辑的持续时间，同时也改变了剪辑的播放速度，相当于在“剪辑速度/持续时间”对话框中把速度与持续时间锁定。

（7）剃刀工具

剃刀工具用于将一段素材分割成多个片段，单击该工具，在需要分割的位置单击即可，如果同时按住 Shift 键，则将所有轨道在单击处分隔开。

（8）外滑工具

当视频轨道上的素材是一个影片片段(最好截取视频中间的一个片段)时，利用该工具可以使当前影片片段的入点与出点同步提前或推后，而且不改变影片剪辑的持续长度和剪辑所在的位置。

（9）内滑工具

利用该工具可以将前面与之相邻的素材出点和后面与之相邻的素材入点同步推前或推后。假设有 3 个相连的视频片段 A、B、C，用此工具在 B 片段上往左滑动 1 s，实际上是 A 的出点往前移了 1 s(A 变短了 1 s)，C 的入点往前移了 1 s(C 变长了 1 s)，而 B 的内容没变(持续长度也没变)，只是位置往前挪动了 1 s。

（10）钢笔工具

若利用钢笔工具直接在节目窗口中绘制矢量图形，则在时间轴的当前位置会添加一个图形图层，在效果控件面板中可设置该形状的参数。

（11）矩形工具

若在节目窗口中绘制矩形，则在时间轴中添加了一个图形图层，在效果控件面板中可设置该形状的参数。

（12）椭圆工具

椭圆工具类似于矩形工具，可绘制椭圆。

（13）手形工具

单击手形工具，光标变为手形，拖曳光标可以平移显示在时间轴上的素材。

（14）缩放工具

缩放工具用于放大或缩小显示在时间轴上的素材，默认为放大显示，按住 Alt 键光标变为减号，表示缩小。

（15）文字工具

文字工具可以在节目窗口中直接输入文本，则在时间轴当前位置添加一个图形图层，在效果控件面板中可设置文本的参数，用于制作静态字幕。

（16）垂直文字工具

功能类似于文字工具，可输入垂直文字。

3. 源窗口和节目窗口

源窗口主要用来预览素材，如图 1.4.20 所示。在项目窗口中双击某个素材即可使其在源窗口中显示，如果是视频素材，可以通过设置入点和出点来精确地获取所需的视频片段。例如，在源窗口中打开视频海洋 . mp4，将时间定位在 00:00:07:15，单击（“标记入点”）按钮，再将时间定位在 00:00:15:20，单击（“标记出点”）按钮。单击（“插入”）按钮可以把该视

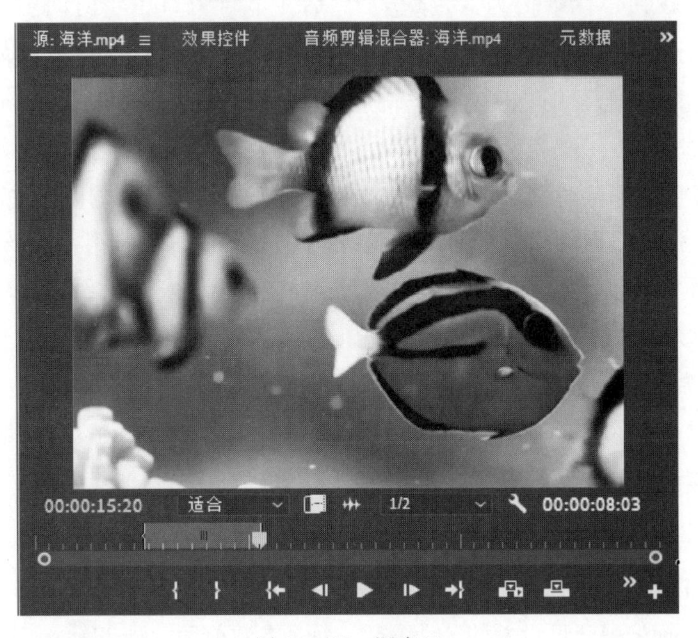

图 1.4.20　源窗口

频从入点到出点部分插入到当前视频轨道的时间轴所在位置，如果当前轨道的插入点位置已有素材，则自动在该点分割开，插入点之后的素材自动往后推移。如果单击（“覆盖”）按钮，那么将把插入点之后同样长度的素材覆盖掉。

节目窗口与源窗口基本类似，主要用于观察时间轴窗口素材的最终编排效果，如图1.4.21所示。拖曳播放指示器可以实时预览素材的编排结果和添加的各种效果，在节目窗口的右下方有3个功能不同于源窗口的命令按钮。

图1.4.21　节目窗口

（1）（提升）

提升按钮用于删除时间轴窗口中选定轨道上的素材，首先单击轨道左边的（“以此轨道为目标切换轨道”）按钮，背景变为蓝色，然后在节目窗口中将时间定位在删除的起始位置，单击（“标记入点”）按钮，再将时间定位在删除的结束位置，单击（“标记出点”）按钮，最后单击提升按钮，则将所有选定轨道的素材删除，删除的区域会留下空白。

（2）（提取）

提取按钮同样用于删除时间轴窗口中选定轨道上的素材片段，与提升按钮的区别就是删除的区域不会留下空白，后面的素材会自动往前移位填补空白区域。另外，该按钮无须单击（“以此轨道为目标切换轨道”）按钮。

（3）（比较视图）

单击该按钮将弹出一个参考窗口，可以在参考窗口中显示前一个编辑点的素材或下一个编辑点的素材。

4.2.4　效果控制

1. 效果控件

效果控件用于设置素材的运动效果、不透明度控制和各种效果的关键帧动画的制作。单击“运动”前面的箭头标记展开可设置的运动参数，每个参数前面的秒表（切换动画）按钮表示该参数的变化可记录为动画，第 1 次单击该按钮将在当前时间轴位置设置一个关键点，同时在右侧的时间轴相应位置将添加一个关键点标记，如图 1.4.22 所示。再次单击按钮则会删除该参数的所有关键点，如果要在当前时间点添加或删除一个关键点，则应该单击中的（“添加/移除关键帧”）按钮，单击按钮跳转到前一个关键点，单击按钮跳转到后一个关键点。

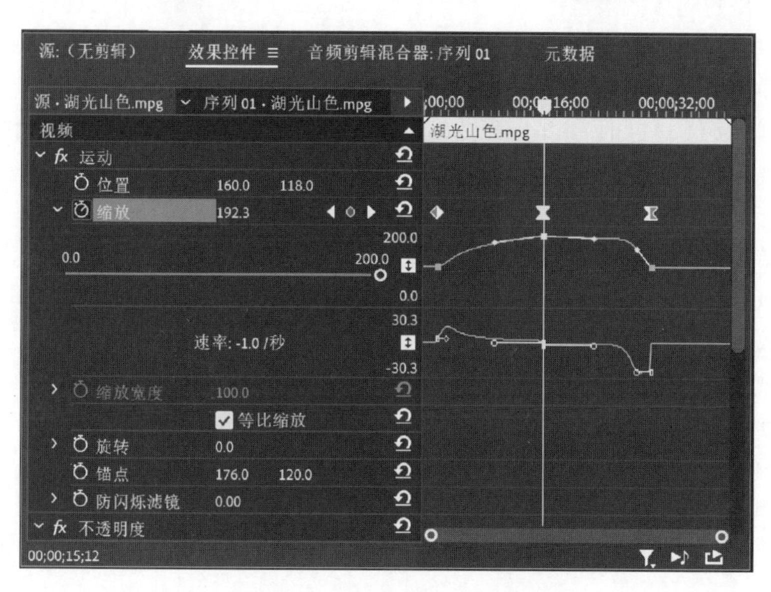

图 1.4.22　“效果控件”面板

这里的不透明度控制与时间轴窗口中素材下面的不透明度控制线是同步的，关键帧的控制也是同步的。不透明度属性中还可选择“混合模式”，与 Photoshop 中图层的混合模式几乎完全一样。

注意：添加了关键点以后，系统将自动计算出其变化的速度，单击参数前面的箭头标记即可展开速度参数，右侧显示了速度变化的曲线，一般默认为匀速变化，无须更改。如果希望有些画面的变化速度加快或减缓，则可以右击关键点标志，改变关键点两端的曲线形状，如贝塞尔曲线，通过调节其控制点可改变速度曲线的形状。

微视频：挂在墙上的立体照片

2. 视频效果

Premiere 中的视频效果与 Photoshop 中的滤镜非常类似，区别是 Photoshop 中的滤镜是对图像的一种静态处理效果，而在 Premiere 中不仅能制作同样的静态效果，还能制作出各种动态效果。

例 4.2　制作挂在墙上的立体照片。

分析：导入一张照片，对该照片做适当的裁剪，添加透视效果，使其具有立体效果，再给照片添加一个背景，利用特效制作出墙壁效果，如图 1.4.23 所示。

图 1.4.23　挂在墙上的立体照片

操作步骤如下。

首先新建一个项目 p4-2. prproj，新建“序列 01”，参数：自定义编辑模式，时基为 25 fps，画幅大小为 800 像素×600 像素，像素长宽比为方形像素 1.0，无场，显示格式为 25 fps。导入图片素材 p1. jpg，将其拖放到视频轨道 V2 的起始位置，默认持续时间为 5 s。

（1）制作照片的立体效果

① 选中照片，在“效果控件”面板下设置位置为(400，360)，缩放为 30%，旋转 15°。

② 添加视频效果“变换”|“裁剪”，设置裁剪量为顶部：9%，左侧：3%，右侧：3%。

③ 添加视频效果“过时”|“边缘斜面”，设置边缘厚度：0.04，照明角度：30°，如图 1.4.24(a)所示。

（2）制作背景

① 选择菜单“文件”|“新建”|“颜色遮罩”命令，新建“颜色遮罩 1”，参数：幅画大小为 800 像素×600 像素，时基 25 fps，像素长宽比为方形像素 1.0，颜色 RGB 为(250，240，200)，将其拖放到视频轨道 V1 上的起始位置。

② 给颜色遮罩 1 添加视频效果“Obsolete”|“Noise HLS”，设置杂色：颗粒，色相：50%，亮度：20%，饱和度：50%，颗粒大小：2。

③ 添加视频效果“过时”|“棋盘”，设置混合模式：叠加。

④ 添加视频效果“生成”|“四色渐变”，设置混合：40，抖动：30%，混合模式：叠加，如图 1.4.24(b)所示。

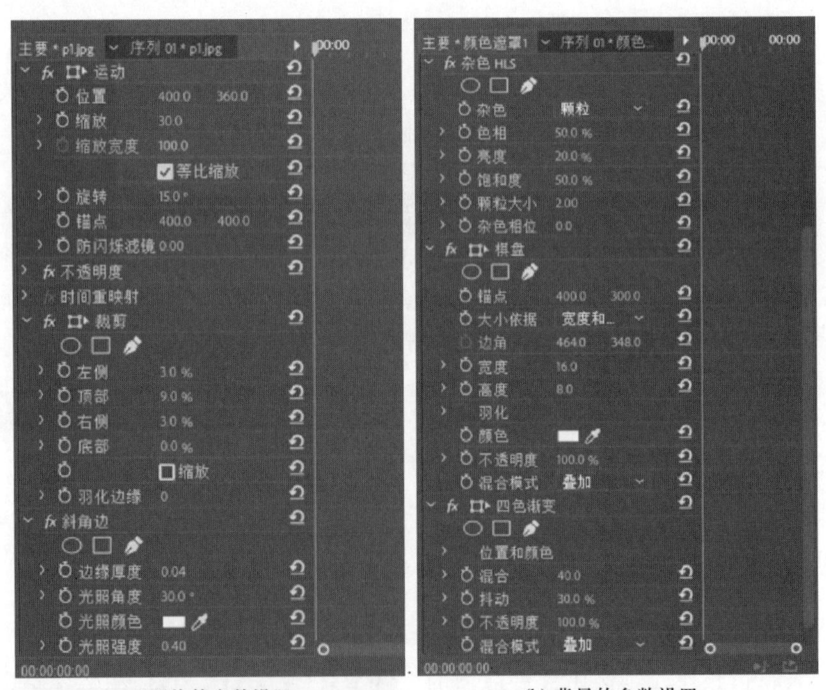

(a) 照片的参数设置　　(b) 背景的参数设置

图 1.4.24　参数设置

通过本例的制作，大家可以发现 Premiere 完全可以实现图像的静态合成，只是方法与 Photoshop 中通过图层来合成不太一样。另外，Premiere 中每个效果参数的前面只要有秒表标记就说明该参数的变化可以记录为动画效果。

Premiere 中的视频效果非常多，这里不介绍每个效果的详细功能及其应用，下面主要介绍视频效果中的“键控”（key）类型，键控效果中提供了视频合成中常用的抠像技术，实现图像的高级透明叠加。

① 颜色键：用于将素材中指定的某种颜色设置为透明。

例如，在视频轨道 V1 的起始位置放置了图片 ph2. jpg，在视频轨道 V2 的起始位置放置了图片 ph1. jpg，由于轨道 V2 默认是完全不透明的，因此在节目窗口中只能看到 ph1. jpg。

展开视频效果中的键控，拖曳“颜色键”到轨道 V2 的 ph1. jpg 图片上，在“效果控件”面板中展开颜色键的参数，单击主要颜色后面的吸管工具，到节目窗口中吸取需要设置为透明的颜色，这里吸取的是红色，如图 1. 4. 25 所示，把颜色容差不断增大，注意观察节目窗口中红色花朵的变化，当颜色容差调到 150 时，节目窗口的合成效果如图 1. 4. 26 所示，红色花朵完全透明，显示出了轨道 V1 上图片 ph2. jpg 的莲花。

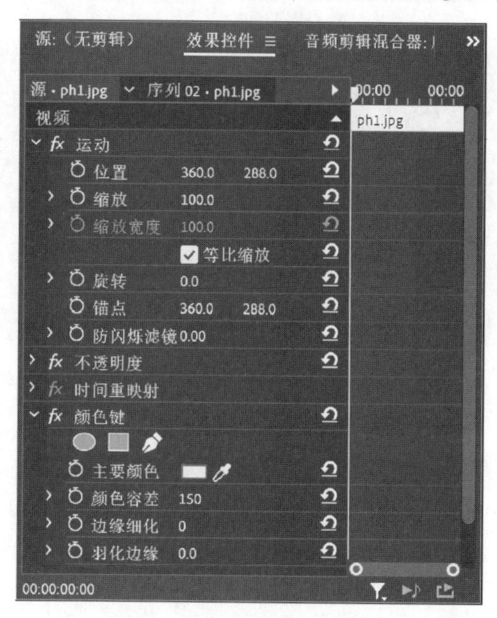

图 1. 4. 25　颜色键参数

图 1. 4. 26　透明叠加的效果

② 亮度键：可使素材中的黑色部分完全透明，而使白色部分保持不透明，灰色调部分则呈现不同程度的半透明。

③ Alpha 调整：对带有 Alpha 通道的素材可以通过 Alpha 调整改变素材的透明方式，这里的蝴蝶视频素材是 MOV 格式，带有 Alpha 通道，在如图 1. 4. 27(a)所示的面板中，3 个复选框都不勾选，那么视频显示效果如图 1. 4. 27(b)所示，也就是 Alpha 通道的作用是自动使原始素材中的黑色部分透明；如果只勾选“忽略 Alpha”复选框，则显示效果如图 1. 4. 27(c)所示，也就是黑色部分不用于控制透明，而是显示为黑色；如果只勾选“反转 Alpha”复选框，则显示效果如图 1. 4. 27(d)所示，这时蝴蝶本身透明，透出了下面的背景素材；如果同时勾选“反

转 Alpha”与“仅蒙版”复选框，“反转 Alpha”使蝴蝶本身透明，而“仅蒙版”则使背景变成了白色，效果如图 1.4.27(e)所示。

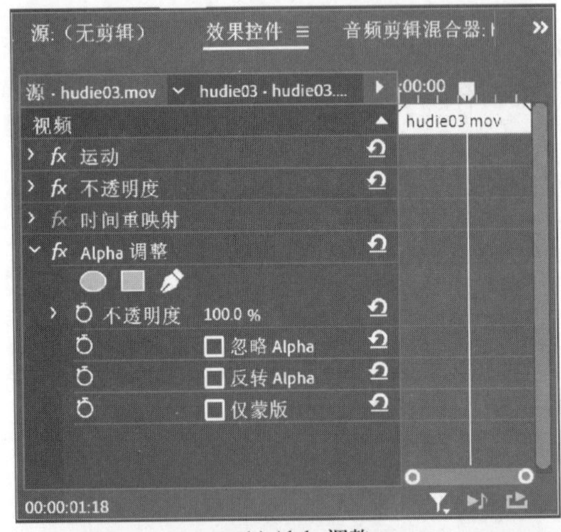

(a) Alpha调整

(b) 启用Alpha

(c) 忽略Alpha

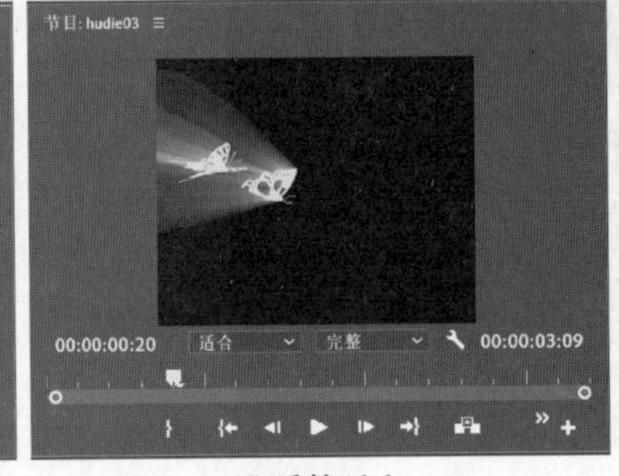

(d) 反转Alpha

(e) 反转Alpha与仅蒙版

图 1.4.27　Alpha 调整

④ 轨道遮罩键：这是常用的一种动态遮罩手段，一般将遮罩用的图片放在上面的某个视频轨道上，被遮罩的素材则放在下面的某个视频轨道上，将“轨道遮罩键”拖曳到下面被遮罩的素材上，然后在“效果控件”面板的轨道遮罩参数中选择正确的遮罩轨道即可。

注意：位于下方的被遮罩轨道的素材如果其运动属性(如位置、缩放、旋转等)发生了改变，添加轨道遮罩后，在其上方的遮罩轨道的素材运动属性会被同步修改。如果不想受到下面素材的影响，可以对下面轨道的素材设置好参数，再将其作为一个序列嵌套到另外一个序列中，然后再设置轨道遮罩效果。

轨道遮罩键参数的设置和遮罩效果如图 1.4.28 所示。

⑤ 超级键：这是 Premiere 版本新增的一个键控方式，其中“主要颜色”用于控制当前素材指定颜色的透明度；“遮罩生成”通过高光、阴影、透明度和容差等参数控制透明的范围；“遮罩清除”通过抑制、柔化、对比度等参数控制透明范围；“溢出抑制”则通过降低饱和度、范围、溢出和亮度控制遮罩的效果；“颜色校正”则可以通过色相、明亮度和饱和度对最终的色彩进行任意调节，如图 1.4.29 所示。

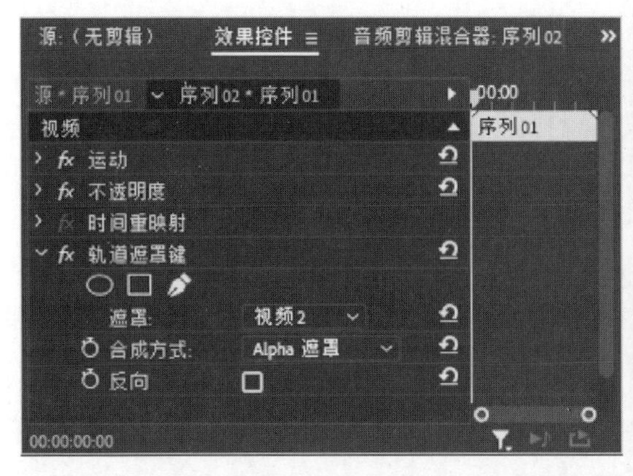

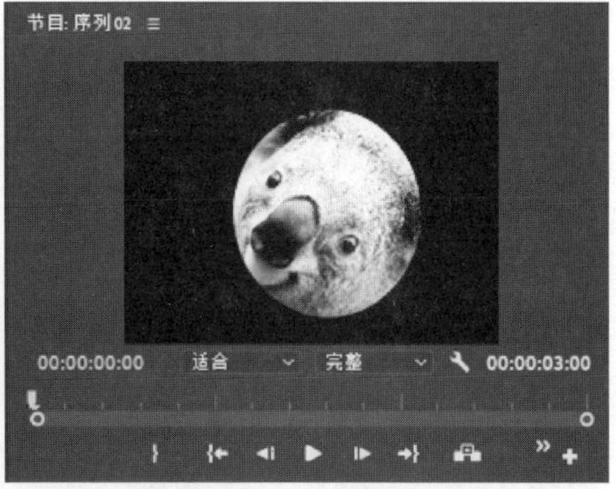

图 1.4.28　轨道遮罩键参数设置及遮罩效果

注意：老版本中的 X 点无用信号遮罩在新版本中全部用矢量遮罩形状代替，在每个效果的下方增加了一个椭圆形蒙版、矩形蒙版和用钢笔工具绘制任意形状的蒙版，利用这些矢量蒙版形状可以控制特效的作用范围。

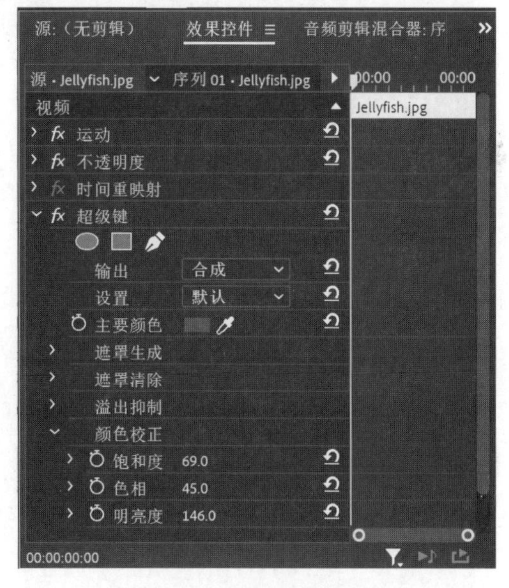

图 1.4.29　超级键的设置

3. 视频过渡效果

前面一帧图像马上消失，后面一帧图像突然出现，这样的过渡称为硬切，在视觉上引起了一个突变。如果在前一张图片和后一张图片之间添加视频过渡效果，让前面的图像慢慢消失，后面的图像慢慢出现，这样的过渡称为软切，在视觉变化上有一个缓冲，有利于视觉接受。

在 Premiere 中，视频过渡效果可以添加在任意视频轨道某个素材的开始或结束位置，也可以添加在同一视频轨道两个相邻素材的中间位置。双击该效果可以在“效果控件”面板中对过渡效果的各个参数进行设置。右击某个过渡效果，在弹出的快捷菜单中选择“清除”命令就可删除过渡效果。

4.2.5　字幕制作

一般的视频节目开头都会有一个标题，结尾会有详细的演员和制作人员介绍，如果有旁白则最好在画面底部同步显示出相应的解说词，适当的文字标注可以对画面起到很好的解释作用。

在 Premiere 老版本中，每一个新建的字幕需要在字幕窗口设置好参数，作为一个素材保存在项目中，可以把字幕素材当成一个静态的图像素材来使用。在 2023 版本中，添加字幕的方法得到了简化，可以用文本工具直接在节目窗口中输入文字，并在“效果控件”面板中修改文本参数，非常方便。下面介绍添加字幕的常用方法。

1. 旧版标题

在 Premiere Pro 2023 中已将旧版标题的功能移到了“图形和标题”菜单中，若需在老版本中创建旧版标题，选择菜单“文件”|“新建”|“旧版标题”命令，添加的就是传统字幕，输入字幕名后打开如图 1.4.30 所示的字幕制作窗口，单击左侧工具栏中的T图标，在图像区中单击定位文字插入点并输入文字。选中文字，可以直接在下方的“旧版标题样式”框中应用某种样式，也可以在右侧的“旧版标题属性”栏中设置文字样式，如文本的字体、大小和填充颜色等。

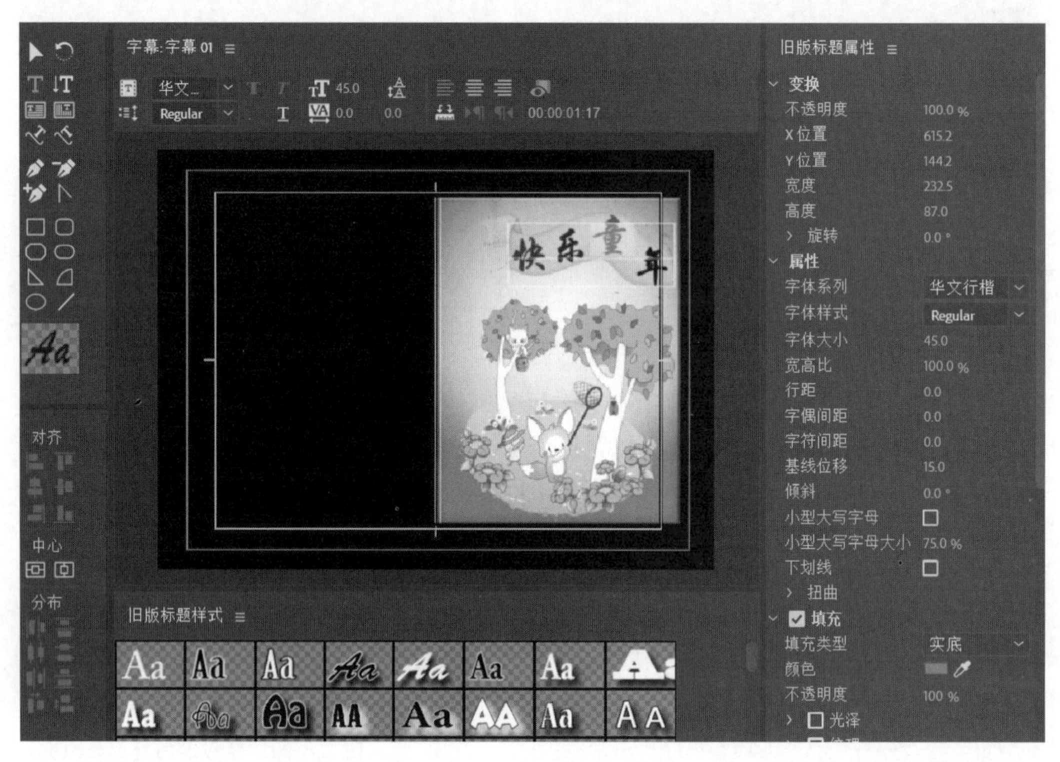

图 1.4.30　旧版标题窗口

在旧版标题窗口左上方字体样式区域中单击“滚动/游动选项”按钮，可将字幕设为滚动字幕或游动字幕。可以在弹出的对话框中设置其运动的参数，如图 1.4.31 所示，其中选项说明如下。

① 预卷：滚动前静止的帧数。

② 缓入：以指定帧数加速到正常速度。

③ 缓出：以指定帧数减速到正常速度。

④ 过卷：滚动结束后静止的帧数。

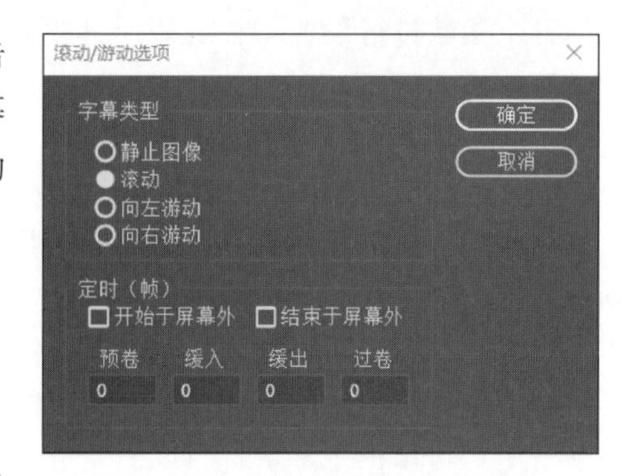

图 1.4.31　“滚动/游动选项”对话框

旧版标题窗口不仅能制作文字类字幕，还可以利用左面的各种工具按钮绘制各种形状的图形，在右侧的字幕属性栏中设置这些形状的大小、颜色和阴影等参数。图形可以用来制作一些简单的遮罩素材。

2. 新版字幕

（1）文字工具

单击工具箱中的文字工具，在节目窗口中的适当位置单击并输入文本，或选择菜单“图形和标题”|“新建图层”|“文本”命令，即可在时间轴当前位置新建一个文本图层。选中文本，在“效果控件”面板中“文本”效果下直接修改字体、大小、对齐、字间距、填充、描边、阴影等文字属性和位置、缩放等变换属性，如图 1.4.32 所示。如果要制作滚动字幕的效果，可直接设置位置属性动画。新版文本和旧版标题相比，少了现成的字幕样式框，但是操作更加简便，且无须在项目窗口中进行字幕素材的管理。

图 1.4.32　“效果控件”面板中的文本属性

（2）基本图形

选择菜单“窗口”|“基本图形”命令，启用基本图形面板，在该面板中可以对已输入的文本进行属性设置，在基本图形的“编辑”选项卡中，单击右上角的“新建图层”按钮，选择“文本”选项，创建一个文本图层，直接在节目窗口中输入文字即可。

如果要绘制图形，可以单击工具箱中的矩形工具和椭圆工具，或选择菜单“图形”|“新建图层”|“矩形(椭圆)”命令。与文本功能相同，图形的各种参数也可以在“效果控件”面板中直接调整。用这种方法创建的图形也可用于制作简单的遮罩素材，但使用时要注意区分文本和图形轨道。

注意：新版字幕如果采用文字工具，可以将其作为图片素材，设置其运动效果，制作类似旧版标题的水平游动字幕或滚动字幕效果，如果利用“文本”面板(即开放式字幕)创建或导入字幕文件，将新建专有的字幕轨道，不能添加运动效果，适合制作旁白的字幕显示。

例 4.3 制作具有打字机效果的字幕片段。

操作步骤如下。

这里假定需要输出的字幕文字为“多媒体技术以其丰富的表现形式使现代教育手段和教育水平产生了质的飞跃。”，采用视频效果中的“线性擦除”来实现文字逐个出现的效果。

① 新建一个项目 p4-3. prproj，新建“序列 01”，序列参数：自定义编辑模式，时基25 fps，画幅大小为 800 像素×600 像素，像素长宽比为方形像素 1.0，无场。

② 选择菜单“图形和标题”|“新建图层”|“文本”命令，在轨道 V1 新建文本图层，输入文字“多媒体技术以其丰富的表现形式使现代教育手段和教育水平产生了质的飞跃。”，在适当位置按 Enter 键，控制每行最多字数为 9 个。用选择工具选中文本，在“效果控件”面板中设置“文本”效果的字体为华文仿宋（STFangsong），大小为 60，字间距为 120，位置为(100，200)。文本效果如图 1.4.33 所示。

③ 选中“视频效果”|“过渡”|“线性擦除”效果，将其拖放到轨道 V1 的文本图层上，在“效果控件”面板中展开“线性擦除”效果，如图 1.4.34 所示，设置擦除角度为 270°，第 0 s 的过渡完成为 90%，第 2 s 的过渡完成为 10%。预览可以看到文本从左到右依次显示。

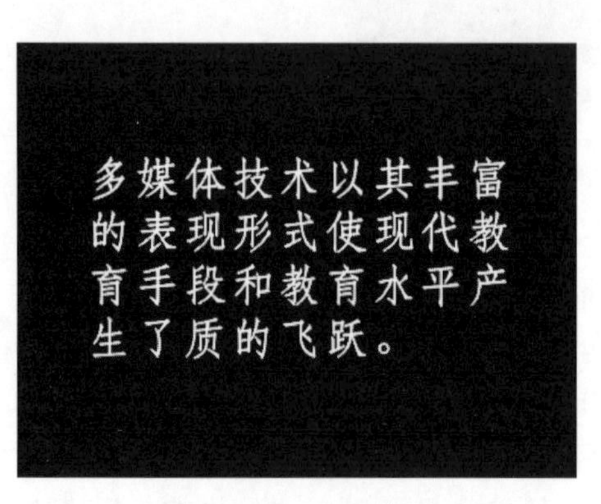

图 1.4.33　文本效果

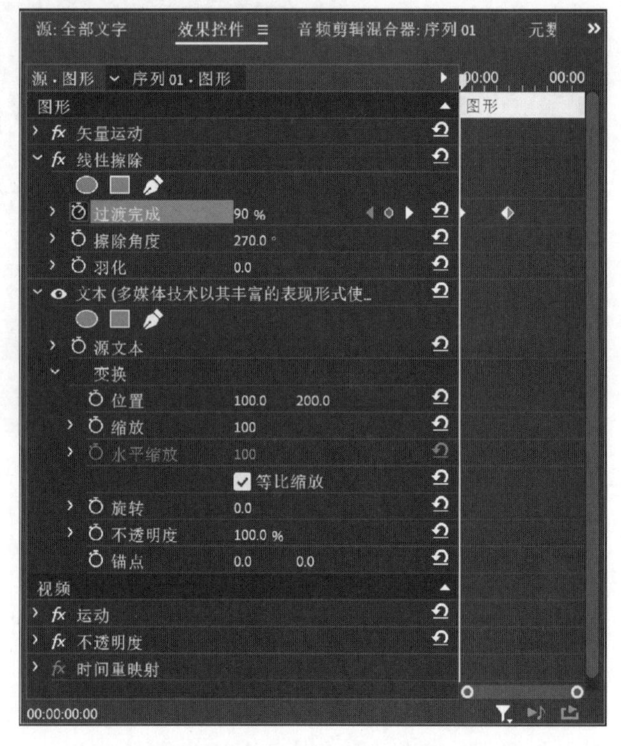

图 1.4.34　线性擦除参数

④ 将播放指示器移到 2 s 处，将文本图层的持续时间改为 2 s。选中文本图层，按 Ctrl+C 键，再按 Crtl+V 键复制文本图层 3 次。将 4 个文本图层分别移动到轨道 V4 第 0 s 处、轨道 V3 第 2 s 处、轨道 V2 第 4 s 处、轨道 V1 第 6 s 处，并将持续时间分别改为 8 s、6 s、4 s、2 s，使文本图层都在第 8 s 处结束。时间轴编排如图 1.4.35 所示。

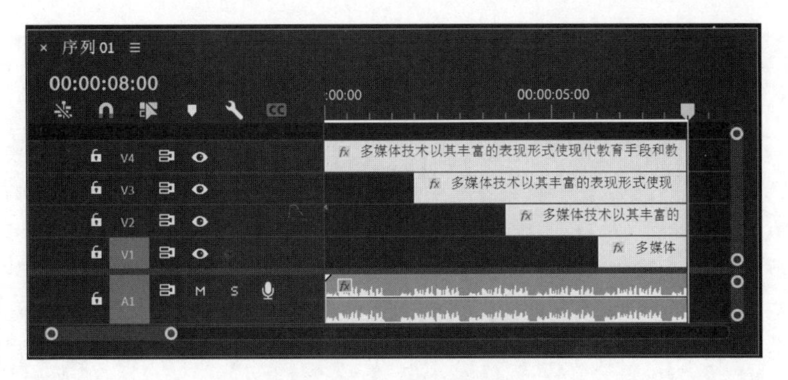

图 1.4.35　时间轴编排

⑤ 将播放指示器移到 1 s 处，并选中文字工具，编辑删除轨道 V4 的后 3 行源文本，使文本只保留第 1 行文字。同理，将播放指示器依次移到第 3 s、第 5 s 处，删除轨道 V3、V2 的部分文字，保留前 2 行和前 3 行。轨道 V1 的文本 4 行全部保留。预览可以看到 4 行文字按原句顺序逐字出现的打字机效果，如图 1.4.36 所示。

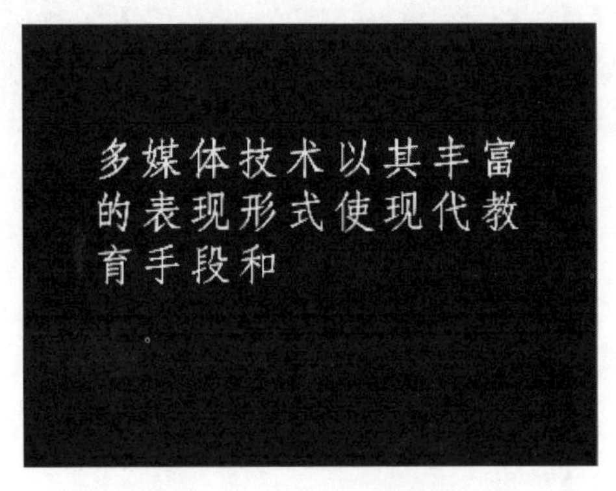

图 1.4.36　打字机效果

⑥ 最后导入打字机声音，放到音频轨道 A1 上调整其音量大小和持续时间，播放预览效果。

4.2.6　渲染输出

视频节目制作完成以后，一般都需要渲染输出，也就是计算出每一幅画面的最终效果，渲染需要的时间与节目的长度、计算的复杂性和硬件的配置有关。

首先激活时间轴窗口，选择菜单“文件”|“导出”|“媒体”命令，切换到如图 1.4.37 所示的“导出”面板，主要设置导出的文件格式。其中“AVI”为 AVI 视频格式，“H.264”为 MP4 视频格式等。除此之外，还可选择导出为 JPEG、PNG、TIFF 等图片格式。可以勾选“导出视频”或“导出音频”复选框，设置好输出名称及输出路径后，单击“导出”按钮对需要导出的文件按当前设置直接进行编码输出，或者单击“发送至 Media Encoder”按钮将渲染文件添加到 Adobe Media Encoder 队列中导出。

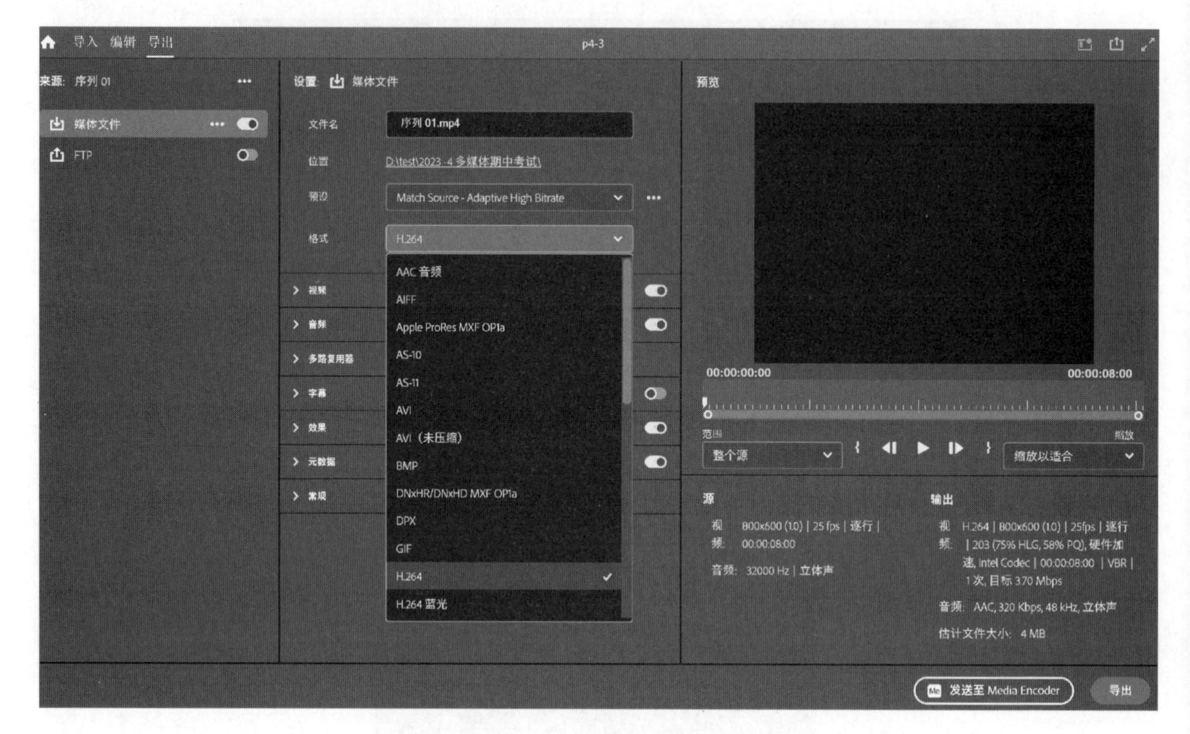

图 1.4.37　“导出”面板

4.3　视频处理综合应用

微视频：
飘落的枫叶

例 4.4　飘落的枫叶。

目标：掌握运动关键帧的制作和常用视频效果的应用。

操作步骤如下。

① 新建一个项目飘落的枫叶.prproj，新建“序列 01”，选择序列预设中的 DV PAL 选项，标准 32 kHz。

② 导入素材背景视频.wmv 和叶子 01.jpg。

③ 将背景视频.wmv 拖放到视频轨道 V1 的起始位置，解除音视频链接，再选中音频部分将其删除。

④ 将叶子 01.jpg 拖放到视频轨道 V2，起始位置定位在 00:00:01:00，持续时间改为 3 s。添加视频效果“键控”|“颜色键”，吸取白色使叶子周围透明，颜色容差设为 130，边缘细化设为 1，如图 1.4.38 所示。继续添加视频效果“颜色校正”|“颜色平衡”，分别设置阴影的 RGB 为(58，-48，-50)，中间调的 RGB 为(49，-28，-45)，高光的 RGB 为(100，-62，-28)，如图 1.4.39 所示。

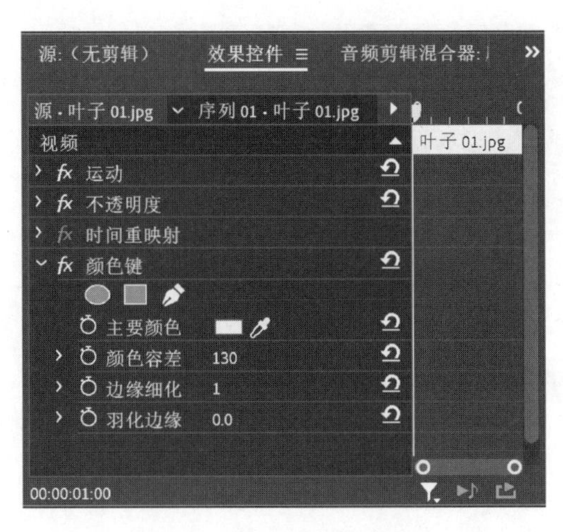

图 1.4.38　颜色键参数

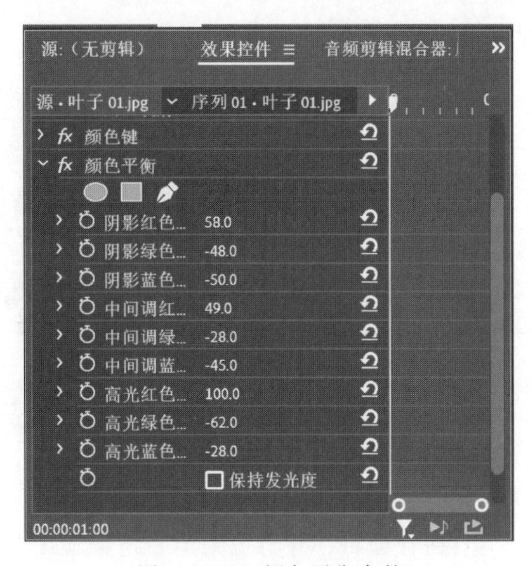

图 1.4.39　颜色平衡参数

⑤ 继续给叶子 01.jpg 添加视频效果“扭曲”|“边角定位”。边角定位相当于拉扯图片的 4 个角使图片变形，通过设置边角定位的左上、右上、左下、右下 4 个坐标的关键点使叶子在飘落的过程中发生形状的变化。第 1 s 处分别设置左上、右上、左下、右下 4 个坐标为(0，0)、(600，0)、(0，426)、(600，426)，如图 1.4.40 所示，第 2 s 处的 4 个坐标为(231，66)、(710，230)、(−21，164)、(517，431)，第 4 s 处的 4 个坐标为(−64，141)、(407，63)、(−14，334)、(392，263)。

⑥ 继续制作叶子在飘落过程中位置和大小的变化，设置第 1 s 的位置为(705，−108)，缩放为 10%，如图 1.4.41 所示，第 2 s 的位置为(57，198)，缩放为 20%，第 4 s 的位置为(690，692)。

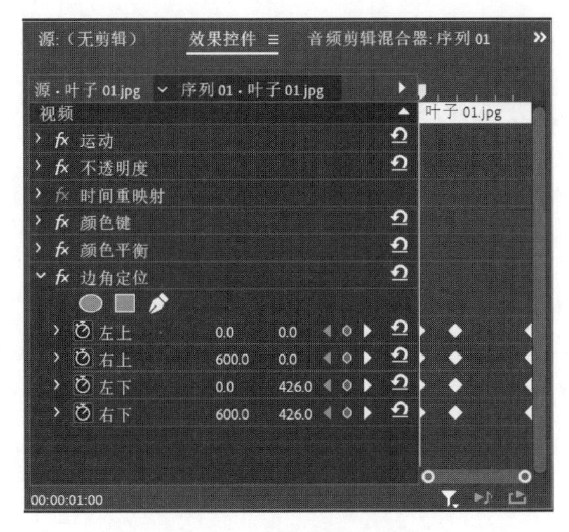

图 1.4.40　边角定位参数

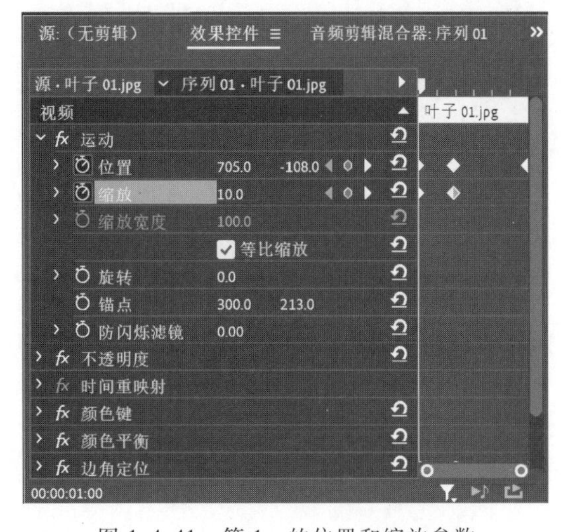

图 1.4.41　第 1 s 的位置和缩放参数

⑦ 如果希望叶子能够不停地飘落下来，而且在落下来时与前面的叶子有所不同，只需把视频轨道 V2 上制作好的叶子 01.jpg 复制并粘贴到其他轨道，然后修改其关键点的参数即可，

时间轴上的最终编排如图 1.4.42 所示。

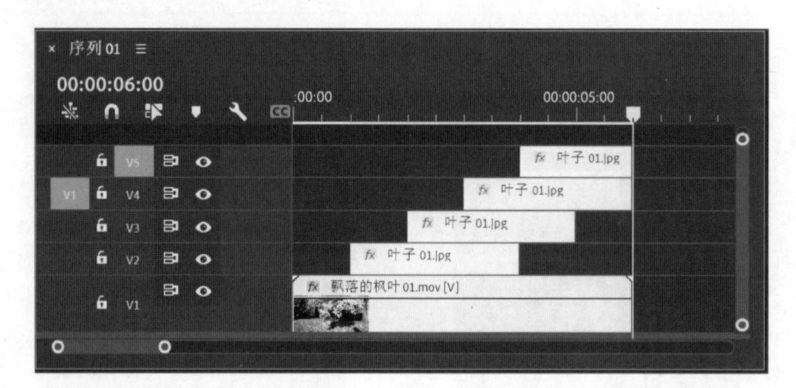

图 1.4.42　时间轴上的编排

⑧ 保存项目，并将视频节目渲染输出。

思　考　题

1. 视频文件分为几大类，各自的保存形式有何不同？数字化视频信号的特点是什么？
2. 常见的视频文件格式有哪些？各自有什么特点？
3. 假设时基为 25 fps，那么 SMPTE 视频时间码 00:03:21:20 对应的帧数是多少？
4. 现行模拟彩色电视有几种制式？各自的帧频率是多少？
5. 像素的长宽比是什么？有什么作用？
6. Premiere 的序列是什么？有什么作用？
7. 创建项目有什么作用？为什么最后要把视频节目渲染输出？
8. 简述 Premiere 视频编辑合成的主要步骤。

第5章 动画制作

动画是多媒体产品中最具吸引力的元素之一，不但表现力丰富，风趣幽默，而且可以充分发挥人的想象力，创造出许多神奇的虚幻效果。动画实质上是将内容连续但又各不相同的画面以一定的速度连续播放，给人以活动的感觉。医学实验证明，人眼在看到物体后，物体在大脑的视觉神经系统中停留约 1/24 s，如果以每秒 24 幅以上的画面进行连续放映，那么人眼看到的就是连续的运动影像。

5.1 动画基础

电子教案

1. 三维动画概述

三维动画指的是动画的创作空间是一个三维立体空间，采用三维立体模型来表现人或物，景物的变化与运动都在三维空间展开，在制作过程中，摄像机可以进行任意旋转。

三维动画软件主要有 Softimage 3D、LightWave 3D、3ds Max、Maya、Animate、Rhino3D、Cinema 4D 和 Blender 等。

2. 三维动画的发展史

第一阶段：1995—2000 年是三维动画的起步以及初步发展时期，由皮克斯公司出品的《玩具总动员》标志着动画进入三维时代。

第二阶段：2001—2003 年是三维动画的迅猛发展时期，有代表性的作品主要有由梦工厂出品的《怪物史莱克》、由迪士尼公司出品的《海底总动员》等。

第三阶段：从 2004 年开始，三维动画影片进入鼎盛时期。有影响的动画作品主要有由迪士尼和皮克斯公司共同推出的《虫虫危机》《玩具总动员 2》《怪兽公司》《海底总动员》《超人特工队》等，二十世纪福克斯电影公司推出的《冰河世纪》系列、《加菲猫》《阿凡达》等。

3. 三维动画的制作流程

一部完整的三维影视动画的制作一般分为前期制作、动画片段制作与后期合成 3 个阶段。

（1）前期制作

前期制作是对动画片进行规划与设计，主要包括文学剧本的创作、分镜头剧本的创作、造型设计和场景设计。

① 文学剧本是动画片的基础，要求将文字表述视觉化，即剧本所描述的内容可以用画面来表现，剧本形式多样，如神话、科幻和民间故事等。

② 分镜头剧本是由图画加文字构成的，每个图画代表一个镜头，文字则用于说明镜头长度、人物台词及动作等内容。

③ 造型设计包括人物造型、动物造型、器物造型等设计，如角色的外形设计与动作设计等。

④ 场景设计通常用一幅图来表达动画片中的景物和环境来源等。

（2）动画片段制作

动画片段制作是指根据前期制作要求，在计算机中使用相关软件制作出各个动画片段，制作流程分为场景建模、材质与贴图指定、动画制作、灯光与摄影机控制、渲染输出等。

（3）后期合成

后期合成是将前面的动画片段、声音等素材，按照分镜头剧本的设计，通过非线性编辑软件编辑后，最终生成动画影视文件。

4. 三维动画软件简介

（1）Softimage 3D

Softimage 3D 是 Avid Technology 公司的一个运行于硅图公司（Silicon Graphics）工作站和 Windows 平台的高端三维动画制作系统，2008 年被 Autodesk 公司收购，2014 年 Autodesk 公司发布停产声明，最后版本为Softimage 2015。该软件具有方便高效的工作界面，快速高质量生成图像的特点，使动画师们具有自由的想象空间，能创造出完美逼真的艺术作品，被广泛运用在电影、电视和交互制作中，如《泰坦尼克号》《失落的世界》《第五元素》等电影中的很多镜头都是由 Softimage 3D 制作完成的。

（2）LightWave 3D

LightWave 3D 是 NewTek 公司开发的一款高性价比的三维动画制作软件，被广泛应用在电影、电视、游戏、网页、广告、印刷、动画等领域。它的操作简便，易学易用，在生物建模和角色动画方面功能非常强大，基于光线跟踪、光能传递等技术的渲染模块，令它的渲染品质非常完美。《泰坦尼克号》中细致逼真的船体模型、《红色星球》中的电影特效以及《恐龙危机 2》和《生化危机：代号维罗妮卡》等许多经典游戏均由 LightWave 3D 开发制作完成。

（3）3ds Max

Autodesk 公司于 1996 年 4 月发行了 3ds Max 1.0 版，经过不断改版完善，目前最新的是 2024 版。3ds Max 提供强大的三维建模、动画制作、材质与贴图、渲染输出以及后期合成功能，主要应用于室内设计、建筑设计、影视动画制作、虚拟设计、游戏设计等方面。

（4）Maya

Maya 是优秀的三维动画制作软件之一，由 Alias 与 Wavefront 公司在 1998 年 6 月推出了 1.0 版，经过多年不断改版完善，其功能越来越强大。2005 年 10 月，Autodesk 公司宣布收购

Alias 公司，最新的是 Autodesk Maya 2024 版。

Maya 功能完善，操作界面灵活，制作效率高，渲染真实感强，是电影级别的高端制作软件。Maya 主要用于制作专业的影视广告、角色动画、电影特技等。《玩具总动员》《精灵鼠小弟》《金刚》和《汽车总动员》等众多知名影视作品的动画和特效都使用了 Maya。

5.2　动画制作软件 Animate

Animate 是一种矢量图像编辑与动画制作工具，可集成多种媒体素材，包括文字、声音、图像、动画和视频等，并能够进行交互控制，还可直接输出为网页。Animate 采用流式播放技术，非常适合在网上进行传输，现已成为网页动画设计的首选工具。Animate 是从 Flash 升级改造来的，动画制作方法基本一样，主要是脚本控制方面有较大的改变，下面介绍 Adobe Animate 2023(以下简称 Animate)。

5.2.1　Animate 概述

1. Animate 的界面组成

Animate 针对不同的设计要求提供了许多风格不同的操作界面，选择“窗口”|“工作区”|“传统”命令，打开传统风格的工作界面，其中包括菜单栏、工具箱、时间轴、工作区和“属性”面板等，如图 1.5.1 所示。

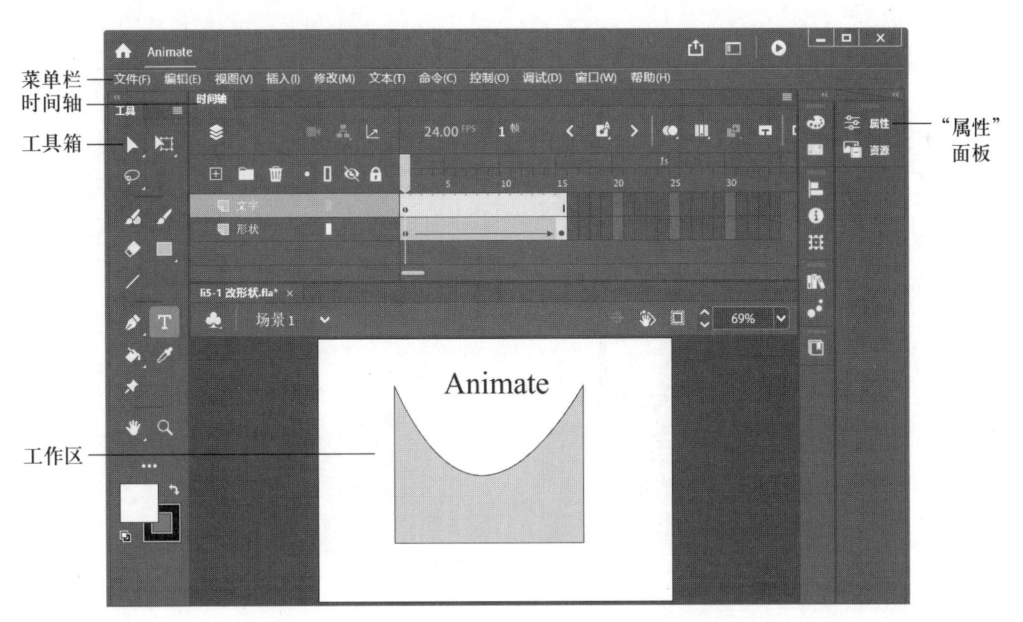

图 1.5.1　Animate 的传统工作界面

(1) 工具箱

工具箱中包括选择、绘制、填充颜色和修改对象等工具。

(2) 时间轴

时间轴用来编排场景中的素材，包括图层及其属性的控制。

Animate 中的图层相当于 Premiere 中时间线上的视音频轨道，左侧是图层的名称和可见性等属性，右侧的每一格就是一帧，时间标尺上显示了帧号，帧指针指示了动画播放的位置。

(3) 工作区

工作区可以进行绘制图形、导入外部图形、添加文本等操作。

(4) “属性” 面板

“属性” 面板用于设置或检查文本、图形、组件等各种对象的相关属性，只要选中对象就可同步得到相关属性提示。

(5) 其他面板

其他面板折叠在 “属性” 面板的左侧，单击即可展开，默认有颜色与样本组，对齐、信息与变形组，库与动画预设组，通过 “窗口” 菜单可以打开或关闭这些面板。

2. 基本图形的绘制

利用工具箱中的绘图工具可以绘制基本图形，利用属性和混色器面板可以对绘制的图形进行外观设置。

(1) 颜色

绘制图形前，一般先通过工具面板中的颜色工具选项来选择图形的笔触色、填充色，如图 1.5.2 所示。图形绘制后，用墨水瓶工具可重新设置图形的笔触颜色，用颜料桶工具可重新填充颜色。

(2) 基本图形

在绘制图形前，一般先使用 “属性” 面板选择图形的笔触样式与颜色、填充色，然后再绘制图形。

先单击工具箱底部的 “编辑工具栏” 按钮，将铅笔工具添加到工具箱中，再选中铅笔工具，在图 1.5.3 所示的选项区域中选择一种线条样式，按住鼠标在工作区内拖动即可绘制线段。其中 “伸直” 使所画的线段变得平直；“平滑” 使所画线段尽量圆滑；“墨水” 模式保持手绘效果，3 种效果如图 1.5.4 所示。

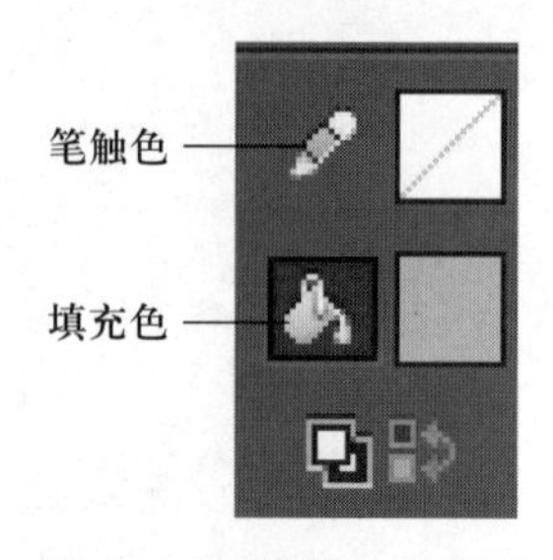

图 1.5.2　颜色工具选项

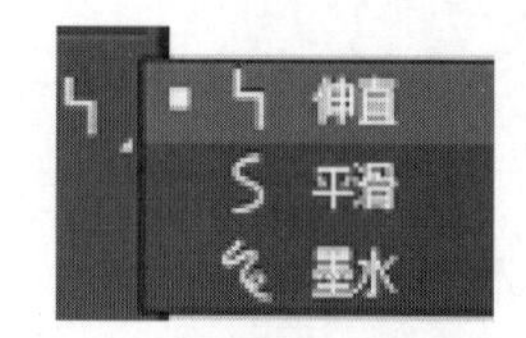

图 1.5.3　铅笔工具

也可使用线条工具绘制直线或用钢笔工具绘制矢量线。

(3) 选定对象

操作对象之前必须先选定对象，利用选择工具或部分选择工具可选定对象。

① 部分选择工具：对形状进行矢量变换，调节顶点两边的调节杆，可任意变换形状，

如图 1.5.5 所示。

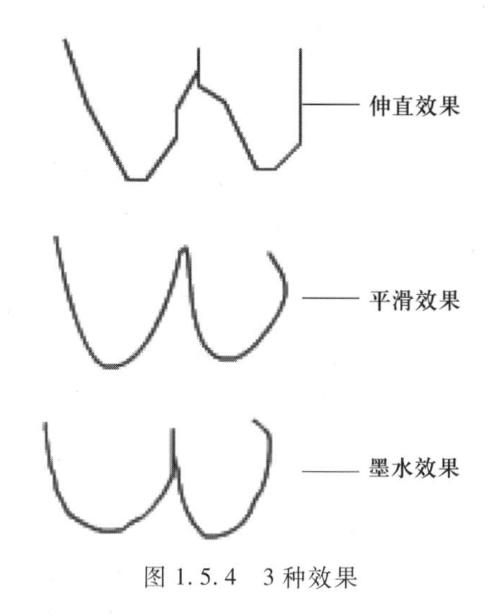

图 1.5.4　3 种效果

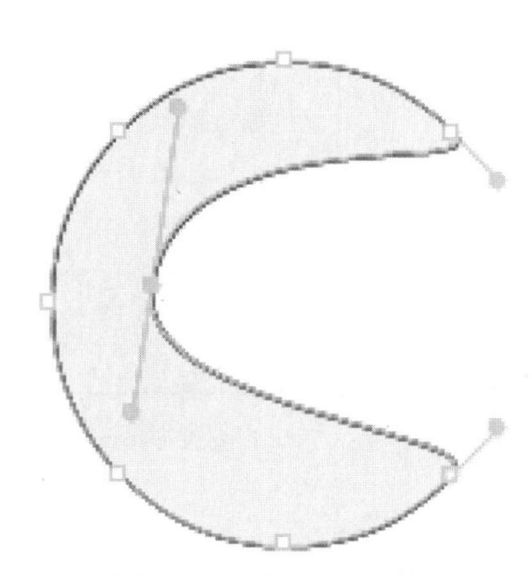

图 1.5.5　编辑矢量形状

② 选择工具：用于选择对象或部分选择形状，单击可选取直线段或曲线段；双击可选取连接在一起的轮廓线；拖动选取时将出现一个矩形选框，在矩形选框内的对象都被选中。光标形状会随鼠标所处位置发生变化，不同的形状表示的作用也不一样。

：用于移动对象或表示选中的形状部分。

：处于矩形框选状态。

：对当前顶点进行拖曳可改变顶点两边的线条形状。

：对当前线条进行拖曳可改变线条形状。

例 5.1　改变对象的形状。

当对象选取后，将鼠标指针移到对象的边缘，若鼠标指针形状变成，按住鼠标左键并拖动，可按圆弧形改变形状；若鼠标指针形状变成，则按直线边改变形状，如图 1.5.6 所示。

图 1.5.6　改变对象的形状

（4）对象的变形

对象的变形主要包括缩放、旋转、扭曲和封套等。可利用任意变形工具，使用该工具时只要用鼠标选择要变形的对象，对象上出现 8 个方向控制点，如图 1.5.7 所示，拖动某个控制点就可以缩放或旋转；也可以选择菜单“修改”|“变形”命令，弹出如图 1.5.8 所示的“变

形”子菜单，选择“缩放和旋转”命令，打开如图 1.5.9 所示对话框，可以精确输入缩放比例和旋转角度。

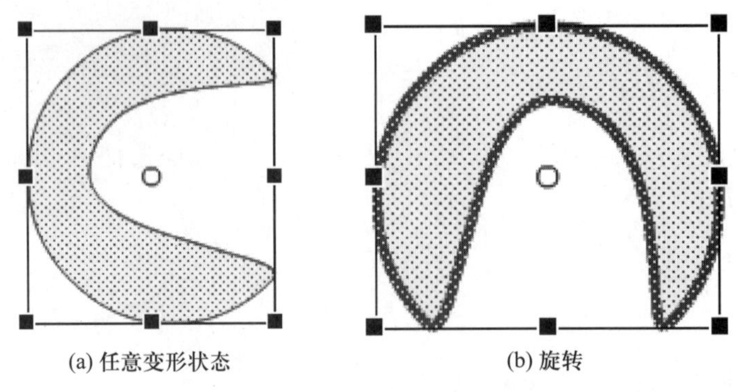

(a) 任意变形状态　　(b) 旋转

图 1.5.7　变形状态

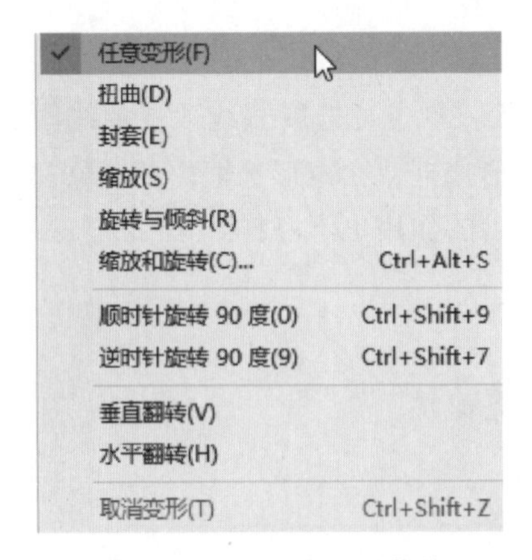

图 1.5.8　“变形”子菜单

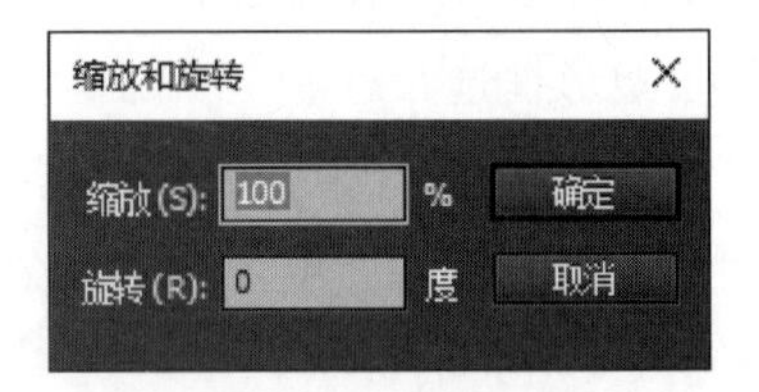

图 1.5.9　“缩放和旋转”对话框

（5）颜色

选择菜单“窗口”|“颜色”命令，可以打开“颜色”面板，如图 1.5.10 所示，设置所需的颜色或渐变颜色，渐变方式包括线性渐变和径向渐变。

（6）文字输入与处理

用文本工具 T 可以输入文字。先选中文本工具，在“属性”面板(图 1.5.11)中，可对要输入的文字先进行格式设置，然后再输入文字；也可选中已有的文字，再在“属性”面板中对文字属性进行修改。注意：在文本工具选项中，默认输入的文本为“静态文本”类型，主要用于标注、提示或制作文字动画效果；“输入文本”选项主要用于交互控制时从键盘获取文本信息；“动态文本”选项则用于动态改变文本内容的显示，输入文本和动态文本都可以通过“实例名称 . text”属性来控制文本内容的获取与更改。

在文本状态下，文字只能用单色填充。只有通过选择“修改”|“分离”命令(或同时按 Ctrl+B 键)将文本对象分离后转换为形状对象，才可以给文本填充多种颜色，如图 1.5.12 所示。

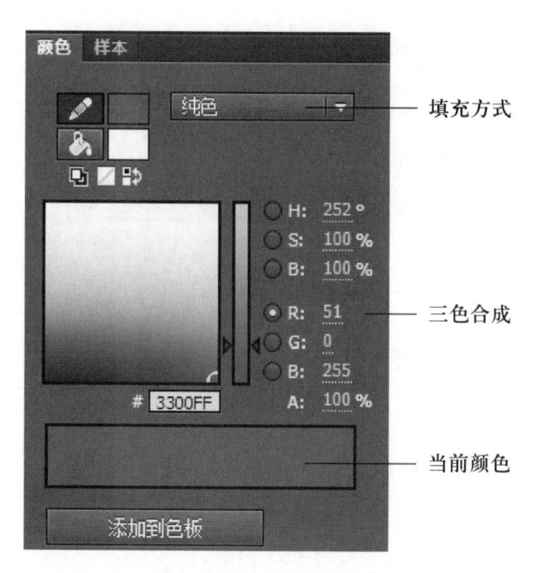

图 1.5.10 颜色的设定

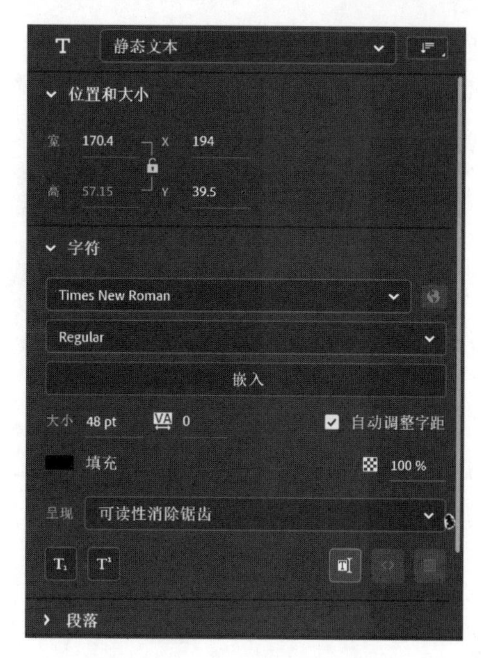

图 1.5.11 “属性”面板

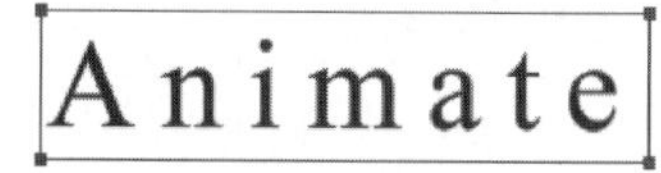

(a) 原文本

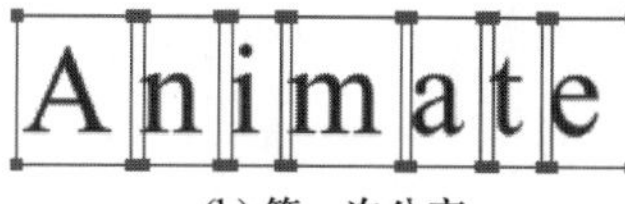

(b) 第一次分离

(c) 第二次分离

图 1.5.12 文本的分离过程

例 5.2 对文本进行分离并填充颜色，制作渐变文字，效果如图 1.5.13 所示。

图 1.5.13 渐变文字效果

① 使用文字工具输入文字，通过“属性”面板设置样式、大小等。

② 用选择工具将文本选中，选择“修改”|“分离”命令，将文字转换成矢量图形。

③ 通过绘图工具栏颜色区域中的填充颜色按钮选择渐变色填充。

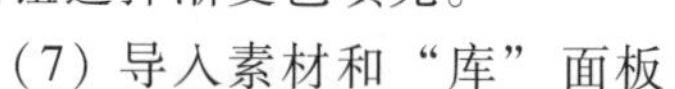

（7）导入素材和“库”面板

在 Animate 中需要用到外部的图片、声音等多媒体素材时，必须通过选择“文件”|“导入”命令，将选择的素材文件导入到库中，这也是 Animate 中利用其他多媒体文件的接口，非常有用。

库中除了导入的素材对象外，还有建立的元件对象。要引用库中的对象，可选择“窗口”|“库”命令，打开“库”面板，将选中的对象拖到场景编辑区即可。

3. Animate 的基本术语

以图 1.5.14 的“时间轴”面板为例，介绍 Animate 的基本术语。

（1）帧（frame）

帧是构成 Animate 动画的基本组成元素。Animate 的时间轴上的一小格代表一帧，表示动画内容中的一幅画面。帧主要有以下几种类型，如表 1.5.1 所示。

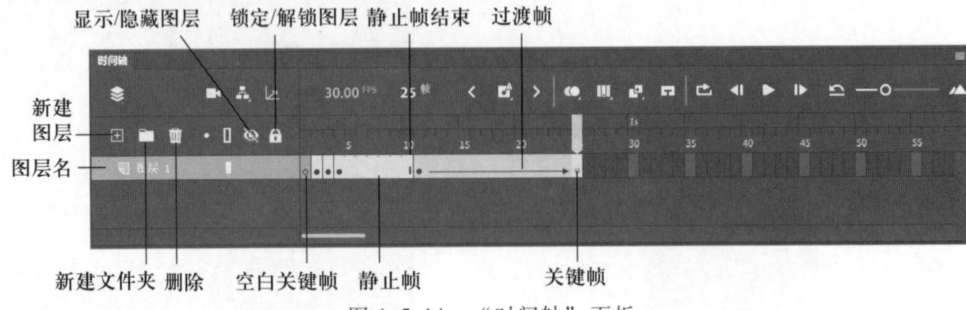

图 1.5.14 “时间轴”面板

表 1.5.1 帧的表示形式及其意义

帧名称	表示形式	意　义
关键帧		是一个包含有内容，或对内容的改变起决定性作用的帧
空白关键帧		每一个空白关键帧都是用空心圆点表示的。它不包含内容，当在该帧添加内容后变为关键帧
过渡帧		在过渡动画中，前后两个关联的关键帧之间出现的帧，由 Animate 根据前后两个关键帧自动生成
静止帧		在逐帧动画中，前后不关联的关键帧之间出现的帧，它是前一个关键帧的内容在时间空间的延续，直到出现静止帧结束
静止帧结束		表示静止帧的结束

(2) 图层

图层可以看作是一张透明的纸，当上面的图层没有内容时，可以透过该图层看到下面图层同一位置的内容。每个图层都有自己的时间轴，包含了一系列的帧，在各个图层中所使用的帧都是相互独立的。图层与图层之间也是相互独立的，也就是说，对各图层单独进行编辑不会影响到其他图层的内容。多个图层按一定的顺序叠放在一起，则会产生综合的效果。Animate 中的各图层表示如图 1.5.15 所示，各图层的含义如表 1.5.2 所示。

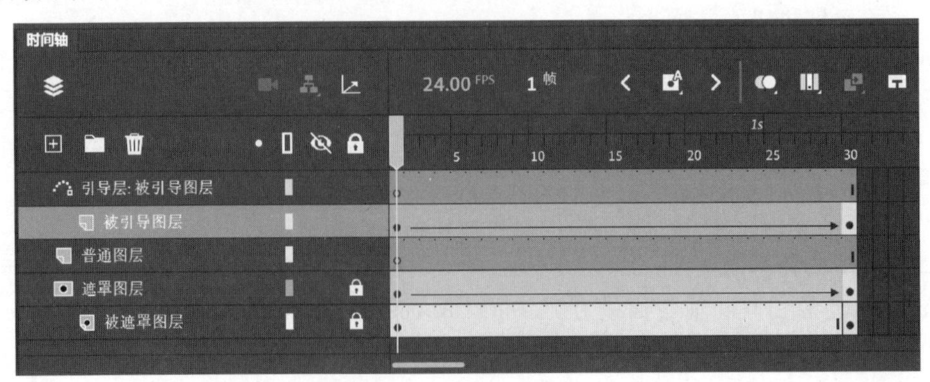

图 1.5.15 各图层的表示

表 1.5.2　图层及其含义

图层	含　义
普通图层	放置各种动画元素，单击按钮，可在当前图层上方插入一个新图层
遮罩图层	被遮罩图层中的动画元素只能通过遮罩图层看到。在普通图层上右击，在快捷菜单中选择“遮罩图层”命令，可将该图层设置为遮罩图层
被遮罩图层	在遮罩图层下方的普通图层
引导层	可使被引导层中的元件沿引导线运动。方法是在被引导图层上右击，选择“添加传统运动引导层”命令
被引导图层	在引导层下方的普通图层

(3) 对象

Animate 中的动画都是由对象组成的，对象可以分为四类：形状、组、元件和文本。

① 形状：通过绘图工具绘制产生的如圆、矩形等。对象被选中时，以网点覆盖，对象不是整体，各部分的形状、大小都可以改变。

② 组：将形状通过选择菜单“修改”|“组合”命令转换成组对象，组对象是一个整体，只能改变大小、角度等。

③ 元件：通过选择菜单“插入”|“新建元件”或“转换为元件”命令创建，在场景中引用时，其实质也是组。

④ 文本：通过工具箱的文本工具产生。

从图 1.5.16 中可以看到，对象实质上分为两类：形状为一类，其余 3 个为同一类，类别间可以相互转换。通过选择菜单“修改”|“组合”命令或按 Ctrl+G 键可将形状转换为组对象；同样通过选择菜单“修改”|“分离”命令或按 Ctrl+B 键可将对象打散转变为形状。

注意：要制作 Animate 动画，必须分清楚几类对象的概念，因为在动画补间时根据不同对象类型，会采用不同的方法：形状采用“补间形状”；组、元件、文本采用“补间动画”。

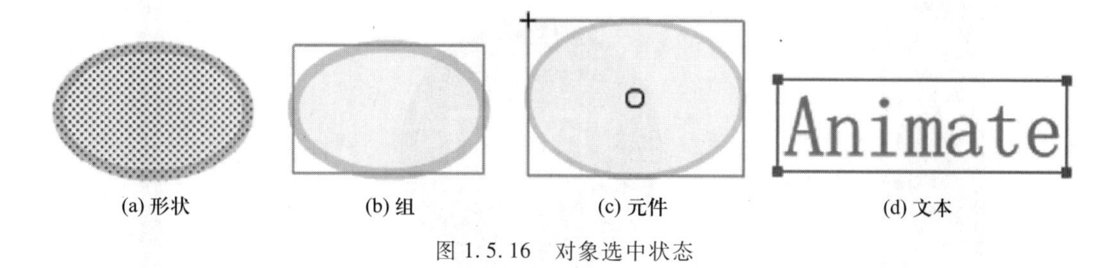

(a) 形状　(b) 组　(c) 元件　(d) 文本

图 1.5.16　对象选中状态

(4) 场景

一部电影由若干场景组成，制作 Animate 动画都是在场景中进行的。每个场景就像一个舞台，它需要确定大小、背景、分辨率及帧的播放速度等。选择菜单“修改”|“文档”命令，打开图 1.5.17 所示的“文档设置”对话框，可设置文档属性，图中数据为默认参数。帧频越大，播放速度也就越快，动画的效果就越流畅。

(5) 元件

为了提高制作的效率，对重复使用的对象可先制作成元件，然后在场景中使用时直接引用即可，引用的元件称为元件的实例。元件的运用可提高工作效率，制作 Animate 动画时，建议尽量使用元件。

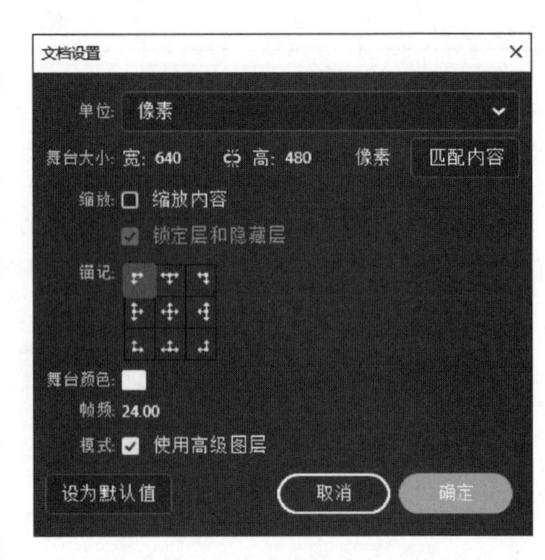

图 1.5.17 “文档设置”对话框

在 Animate 中有两个编辑状态，即场景编辑状态和元件编辑状态，可以任意进行编辑状态的切换。

① 创建元件。选择菜单“插入”|“新建元件”命令，弹出“创建新元件”对话框，输入元件的名称，并根据需要选择元件的类型。其中，“影片剪辑”常用于制作动态元件(相当于一个动画片段)，“图形”常用于制作静态元件，“按钮”用于交互控制(一般有 4 个状态，分别是弹起、指向、按下和点击)。当进入元件编辑状态时，工作区中会出现一个“+”标记，可制作所需元件的内容。如图 1.5.18 所示为“按钮”元件在“弹起”关键帧的编辑状态。

图 1.5.18 “按钮”元件在“弹起”关键帧的编辑状态

② 转换场景中的对象为元件。在场景中选中对象，右击，在快捷菜单中选择“转换为元

件”命令，打开“转换为元件”对话框，根据需要选择元件的类型即可。

③ 引用元件。在场景中要引用建立的元件，只要通过选择菜单“窗口”|“库”命令，将选中的元件直接拖入场景工作区中即可。把元件从库中拖到场景引用时，就创建了该元件的实例。

④ 修改元件。双击场景中的元件或双击元件库中的元件，可进入元件编辑区进行修改。此时，对场景中引用的所有元件自动更新为修改后的元件。

5.2.2　基本动画的制作

1. 时间轴操作

利用时间轴可以制作逐帧动画和过渡动画，在过渡动画中又分为补间动画、补间形状和传统补间。

(1) 逐帧动画

逐帧动画就是每一帧的内容都要自行设计，在连续播放时可以看到动画效果。

微视频：数字计数器

例 5.3　制作逐帧动画，显示数字计数器，显示到数字 5 时略微停顿。

① 选择菜单“文件”|“新建”命令，选择平台类型为 ActionScript 3.0。

② 在第 1 帧处用文字工具输入数字“1”，通过“属性”面板设置字号和颜色。

③ 在第 2 帧处右击，选择快捷菜单中的“插入关键帧”命令，实质是复制前一个关键帧的内容，然后将该帧上的“1”改成“2”，依此类推，建立 3、4、5、6、7、8、9、10 等数字关键帧。

④ 在第 5 帧完成后，在时间轴上留 4 个静止帧作为停留时间，在第 10 帧处再继续从数字“6”开始。时间轴效果如图 1.5.19 所示。

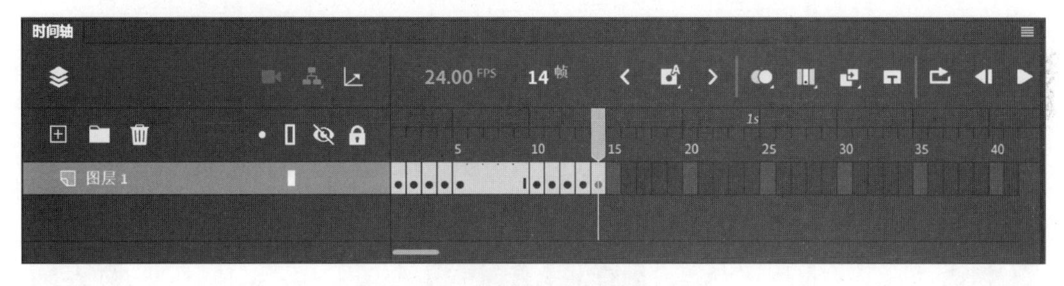

图 1.5.19　逐帧动画的时间轴效果

选择菜单“控制”|“播放”命令，即可观看动画效果(可以设置循环播放)。

(2) 过渡动画

在 Animate 中，过渡动画分为运动过渡动画和形状过渡动画，由关键帧的对象(组和形状)以及动画补间时的“动画”和“形状”选项来决定中间过渡帧的内容。

过渡动画制作的基本方法是通过改变关键帧的位置、形状、颜色和大小等属性来完成，也可通过几个层之间动画的叠加来实现，然后通过补间来实现过渡动画。

例 5.4　使用改变形状的方法制作由圆形变为方形的动画。

① 在第 1 帧处用椭圆工具画一个圆，填充颜色从圆中间开始渐变。

② 在第 30 帧处右击，选择快捷菜单中的“插入空白关键帧”命令，插入一个帧，用矩形工具绘制一个正方形，并填充颜色。

③ 右击第 1 帧，选择快捷菜单中的“创建补间形状”命令；或单击第 1 帧，选择菜单“插入”|“创建补间形状”命令，当两帧之间出现实线箭头时，则表示补间动画设置正确；若出现虚线时，则表示补间错误，通常是前后两个关键帧的对象类型不一致导致的。

2. 图层操作

Animate 中的图层类似于 Premiere 中的音视频轨道，每个图层可独立制作动画，图层之间可以进行叠加，利用引导层和遮罩层还可以制作特殊的动画效果。

微视频：
小球碰撞

(1) 图层的基本操作

例 5.5 利用两个图层实现两球碰撞的效果。

分析：利用元件、时间轴的两个图层实现两球碰撞的效果，可使用场景中的网格来定位，通过选择菜单“视图”|“网格”|“显示网格”命令来设置网格。

① 创建两个元件，分别是带有阴影的大球、小球。在元件编辑状态下，将小球的中心定位在元件的十字位置，注意把阴影部分的椭圆图层放置在小球图层的下面，并在“属性”面板的“色彩效果”中选择“样式”中的 Alpha，并设置 Alpha 的值为 30，降低其透明度。

② 回到场景编辑状态，在图层 1 的第 1、20、40 帧处引用库中的“小球 1”元件，给予碰撞的定位并在第 1 帧处和第 20 帧处创建传统补间。

③ 添加图层 2，引用大球并进行类似的定位和补间。

第 1 帧和第 20 帧的设计效果如图 1.5.20 所示。

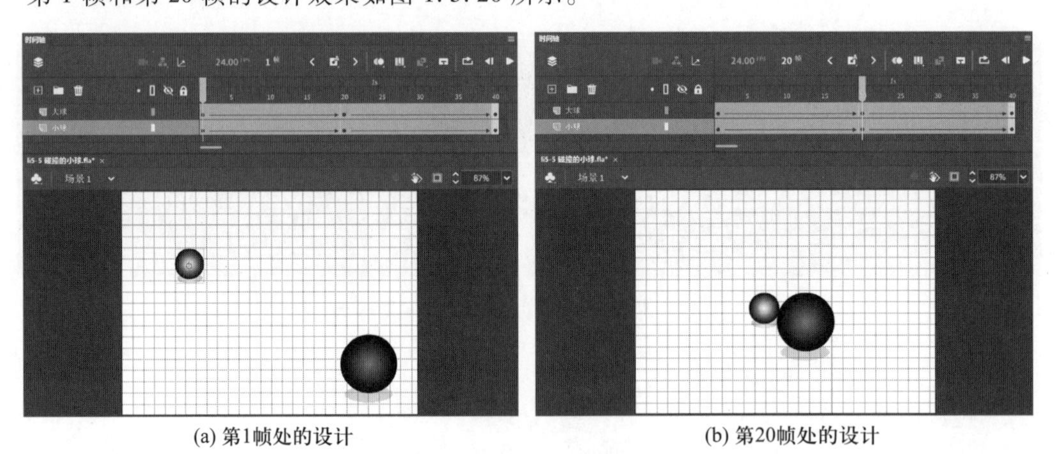

(a) 第1帧处的设计　　(b) 第20帧处的设计

图 1.5.20　两个图层的设计效果

(2) 引导层

前面小球碰撞的运动轨迹是根据两个关键帧之间的直线路径来实现的，如果用户希望自己定义运动轨迹，则可通过添加引导层来实现。引导层用于辅助其他图层中的对象的运动或定位。

注意：运动对象要沿着引导层的运动轨迹进行运动，有两个要点：其一是运动对象必须是元件；其二是运动对象的中心(空心小圆)须对准运动轨迹的起点和终点。

微视频：
纸飞机

例 5.6　利用引导层使纸飞机沿指定曲线运动。

① 绘制一个纸飞机形状，将其转换成影片剪辑元件。

② 切换到场景编辑状态，从库中将纸飞机元件拖曳到第 1 帧，在第 30 帧插入关键帧。

③ 右击图层 1，在快捷菜单中选择“添加传统运动引导层”命令，选择工具栏中的铅笔工具画一条光滑曲线作为引导线，如图 1.5.21 所示。

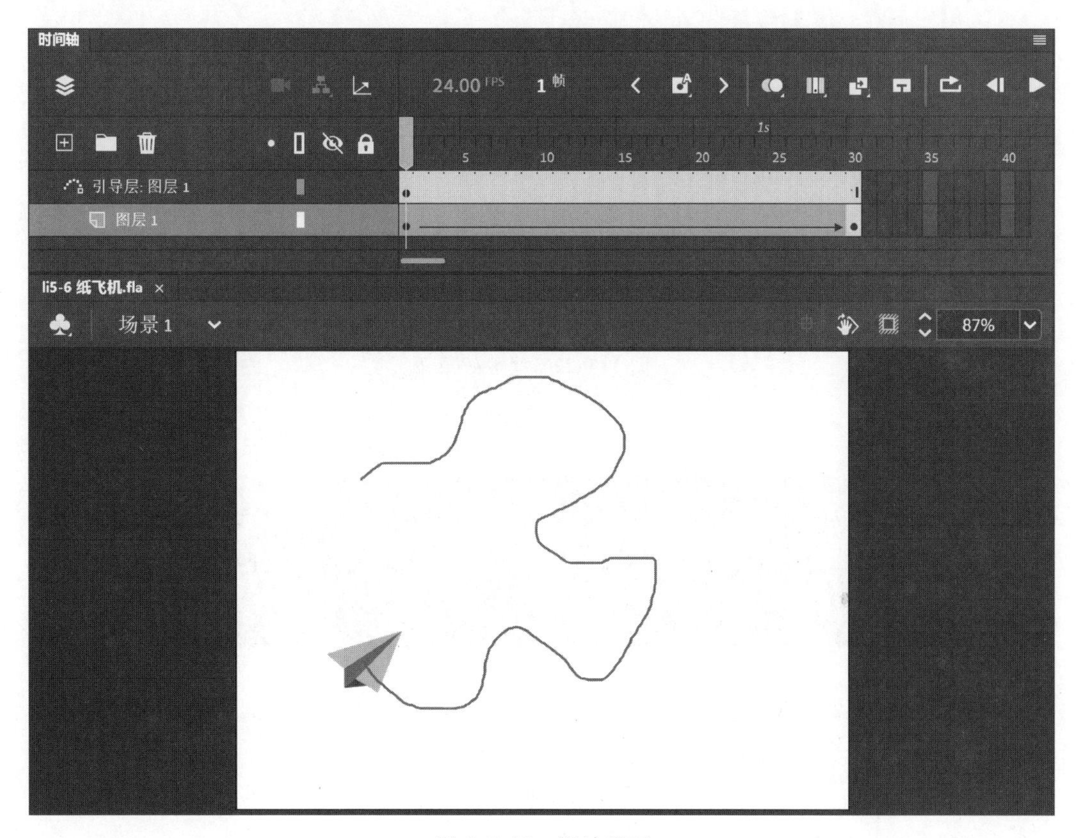

图 1.5.21　设计界面

④ 将图层 1 第 1 帧的纸飞机对象中心小圆圈定位到引导线的起始处，第 30 帧定位到引导线的终点处。

⑤ 右击图层 1 的第 1 帧，在快捷菜单中选择“创建传统补间”命令。

播放效果如图 1.5.22 所示。

(3) 遮罩层

遮罩层实质就是将层中的内容透明，透出其下方图层的内容。图 1.5.23 中的图层 2 与图层 1 之间的关系就是遮罩与被遮罩的关系(注意：图层名左侧的图标形式)。

例 5.7　制作探照灯效果的动画。

利用遮罩层运动的圆遮罩下面的文字，形成探照灯的效果。

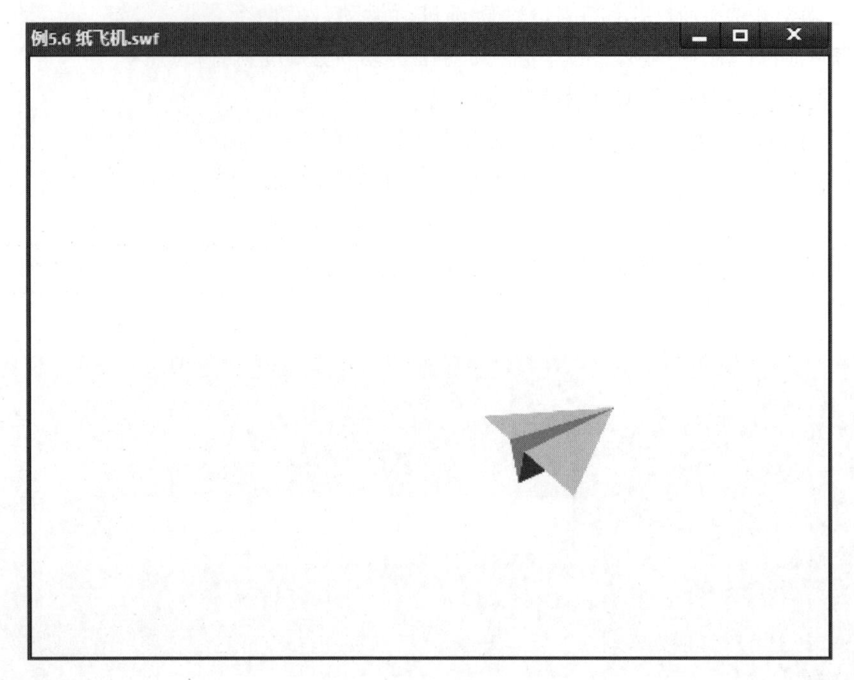

图 1.5.22　播放效果

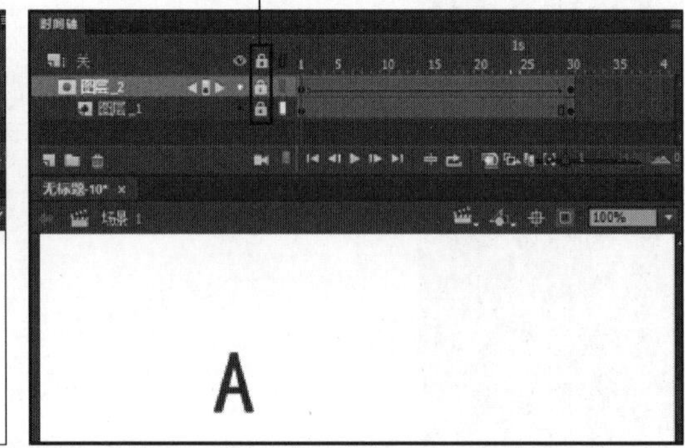

图 1.5.23　遮罩与被遮罩

① 在图层 1 中输入文字(本例为 Animate)，并在第 30 帧插入相同的关键帧。

② 在图层 2 中建立一个圆，位置在图层 1 文字的第一个字符处；在第 30 帧插入相同的关键帧圆，位置在文字的最后一个字符处；对第 1 帧做补间操作。

③ 做遮罩处理，右击图层 2，在快捷菜单中选择“遮罩层”命令，形成遮罩与被遮罩关系。播放后就可以看到探照灯效果了。

3. Alpha 的应用

Alpha 用于控制对象色彩的透明度，可制作对象的淡入和淡出的动画效果。

例 5.8　通过改变文本的位置、颜色和大小，制作逐渐消失的文字。

分析：利用元件制作所需的文本；在场景中引用库中的元件并进行定位和缩放；利用“属

性”面板“色彩效果”中“样式”中的 Alpha 改变元件对象的透明度，进行动画补间。

① 新建一个元件，利用文字工具输入“奔向远方”，并格式化文字。

② 在场景编辑状态(第 1 帧)中引用元件；在第 50 帧处“插入关键帧”，拖曳该帧中的文字到工作区的上方并缩小，在“属性”面板的“色彩效果”下拉列表中选择 Alpha 选项，并调小其值，使文字变淡，程度为 30%(根据自己的需要)，如图 1.5.24 所示。

图 1.5.24　Alpha 设置

③ 右击第 1 帧，在快捷菜单中选择“创建传统补间”命令。

注意：Alpha 改变对象颜色透明度、深度，该对象必须是元件的实例；否则“属性”面板无“颜色”列表项。

4. 声音控制

(1) 导入声音文件

在 Animate 中不能创建或录制声音，编辑动画所使用的声音文件，大多数都需要从外部导入，可使用的声音文件类型有 WAV、MP3 等。

选择菜单“文件”|“导入”命令，可将选中的声音文件导入到 Animate 中。导入的声音文件被放置在 Animate 的库中。

(2) 声音的设置

在场景中加入声音时，必须先创建一个图层，在该图层内存放一段或多段声音，每个声音图层相当于一个独立的声道。操作步骤如下。

① 将声音文件导入到 Animate 的库中。

② 为声音创建一个图层，在希望开始播放声音的位置处插入一个空白关键帧。

③ 在图 1.5.25 所示的“声音”对话框中选择要使用的声音文件。

④ 在“效果”下拉列表中选择声音播放的效果。

⑤ 在“同步”下拉列表中设置声音播放的方式。

图 1.5.25　“声音”对话框

同步有以下 4 个选项。

a. 事件：声音由动画中发生的某个动作来触发，如用户单击某个按钮或时间线到达某个设置了声音的关键帧。事件驱动式声音在播放之前必须全部下载完毕才能开始播放，而且一旦播放就会把整个声音文件播放完，与动画本身是否还在播放没有关系。此方式一般用于播放简短的声音。

b. 开始：与上面的事件方式类似，区别是如果某个事件再次触发该声音文件的播放时，不会从头开始播放，而是继续前面的播放。

c. 停止：某个事件再次触发该声音文件的播放时，将停止前面的播放而重新开始播放。

d. 数据流：流式播放，一边下载一边播放，当动画停止时，声音也会停止。此方式一般用于网络中，主要用作背景音乐。

5.2.3 ActionScript 脚本编程语言

1. 引例

Animate 时间轴上的播放头默认是按帧的顺序一帧一帧移动的，也就是进行顺序播放的。如果需要改变播放头的播放顺序，就必须在关键帧上添加必要的脚本代码，这种脚本称为帧脚本。Flash 支持的 ActionScript 2.0 允许将脚本附加到按钮和影片剪辑的实例上，而 Animate 只支持 ActionScript 3.0，不能将脚本附加到实例上。

例 5.9 用脚本控制场景的切换。

分析：创建两个场景，利用命令 goAndPlay(帧号,"场景名")实现两个场景的循环播放。

操作步骤如下。

① 场景制作：选择菜单“插入”|“场景”命令即可新增一个场景。

场景 1：制作一个文字的形变动画效果。在第 1 帧输入文字“多媒体”，打散为形状，在第 30 帧输入文字“media”，打散为形状。在第 1 帧添加补间形状，新建一个图层，在第 30 帧插入一个空白关键帧，打开“动作”面板，输入命令 stop()。再新建一个图层 3，在第 30 帧放置一个按钮“下一个”，在“属性”面板中给该实例命名为 next，如图 1.5.26(a)所示。

场景 2：制作一个小球的跳跃动画效果。第 1 帧到第 15 帧小球跳起，第 15 帧到第 30 帧回到原来位置。新建图层 2，在第 30 帧输入命令 stop()。再新建一个图层 3，在第 30 帧放置一个按钮“返回”，在“属性”面板中给该实例命名为 rt，如图 1.5.26(b)所示。

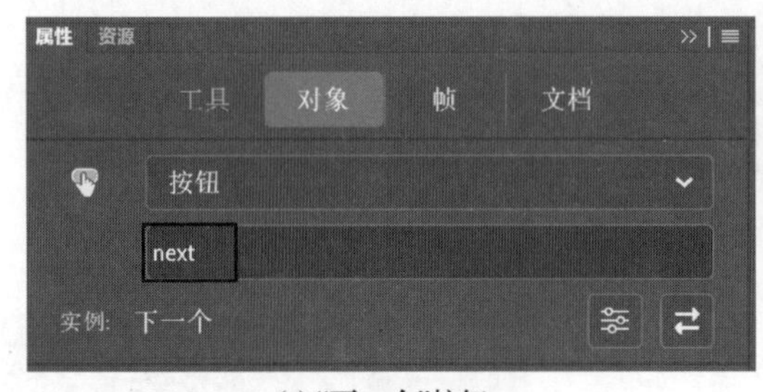

(a)“下一个”按钮

(b)“返回”按钮

图 1.5.26 按钮实例

② 跳转场景的脚本控制。在场景 1 中再添加一个新图层 4，在第 30 帧右击，选择快捷菜单中的“插入空白关键帧”命令，先选中按钮，再打开“代码片段”面板，如图 1.5.27 所示，展开“时间轴导航”，再双击“单击以转到下一场景并播放”选项，系统将在“动作”面板中自动生成代码，这里将系统自动生成的代码 nextScene()更改为 MovieClip(this.root).gotoAndPlay(1,"场景 2")，如图 1.5.28 所示。

切换到场景 2，添加一个新图层，在新图层的第 30 帧右击，选择快捷菜单中的“插入空白关键帧”命令，然后输入代码如下。

```
stop( ) ;
rt. addEventListener( MouseEvent. CLICK, fl_ClickToGoToNextScene_2) ;
function fl_ClickToGoToNextScene_2( event:MouseEvent) :void
{
    MovieClip( this. root). gotoAndPlay( 1, "场景 1" ) ;
}
```

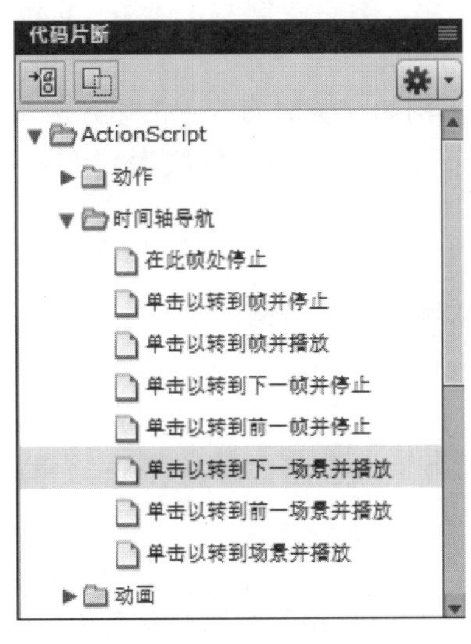

图 1.5.27　“代码片段” 面板

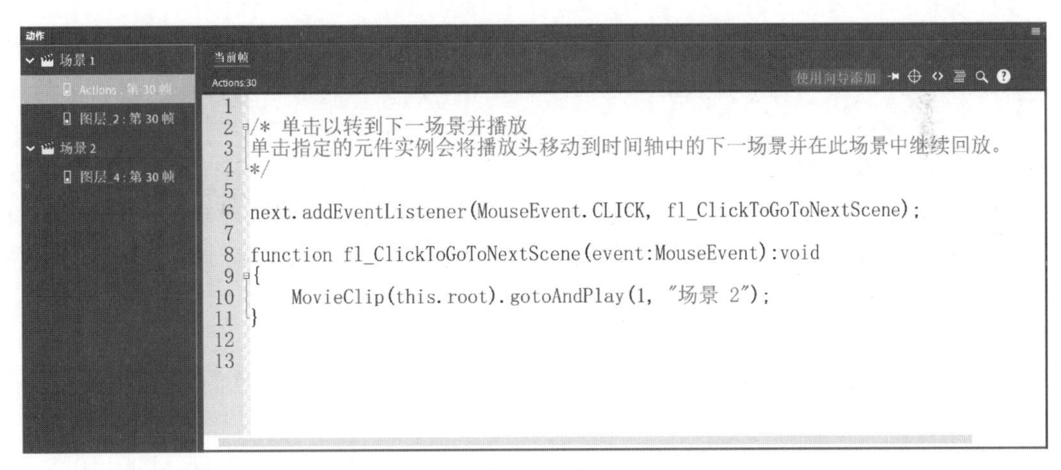

图 1.5.28　“动作” 面板

③ 保存并测试影片。保存影片文件，选择菜单 “控制”|“测试影片” 命令，通过单击按钮可以在两个场景之间切换播放。

2. 常用术语

(1) 标识符

标识符是表示变量、属性、对象、函数或方法的名称。它的第一个字符必须是字母、下画线（_）或美元符号（$），其后的字符必须是字母、数字、下画线或美元符号，如 firstName 就是一个合法的标识符。注意：在 Animate 中，字母是区分大小写的。

下面是 Animate 脚本中常用的几个特殊的标识符。

① root：用于引用当前层级的主时间线，利用该标识符可以表示一个对象的绝对路径。例如，“root. myFilm. play( );”表示播放主时间线上的影片剪辑 myFilm。

② parent：用于引用当前对象的父对象，利用该标识符可表示一个对象的相对路径。例如，在影片剪辑实例 f1 中包含了影片剪辑实例 f2，语句“parent. stop( );”即可在 f2 中停止播放 f1。

③ this：用于标识当前对象。例如，主时间线上的影片剪辑实例 m1 在第 5 帧开始播放，可以在第 5 帧添加语句“root. m1. play( );”，也可以改为“this. play( );”，这样如果影片剪辑实例 m1 改名，就不需要修改动作脚本了。

（2）实例名称

脚本中用来表示影片剪辑实例和按钮实例的唯一名称。可以在“属性”面板中给舞台上的实例指定实例名称。

（3）属性

属性用于定义对象的特性。例如，visible 是定义影片剪辑是否可见的属性，所有影片剪辑都有此属性。

（4）句点

句点(.)用于指示与对象或影片剪辑相关的属性或方法。如 point. x 表示引用影片剪辑实例 point 的 x 坐标属性。

（5）注释

两个斜杠(//)适合对某一行或一行的某一部分进行注释。在需要添加注释的语句块的开头加/＊，末尾加＊/，可以对多条语句同时添加注释，脚本执行时将不执行注释块中的任何代码。

（6）对象的目标路径

对象的目标路径就是 SWF 文件中的影片剪辑实例的名称、变量或对象的分层结构地址。可以在影片剪辑“属性”面板中对影片剪辑实例进行命名(主时间轴的名称始终为 root)，使用目标路径可以引导影片剪辑中的动作，或者获取和设置变量的值。

（7）输出

“trace(变量或表达式);”用于在输出窗口中显示变量或表达式计算的结果，一般用于调试代码时中间结果的输出控制。

例如，root. clock. tt 表示主时间线上的影片剪辑 clock 内的变量 tt。“star. alpha = 0. 5;”表示影片剪辑 star 的 alpha 属性为 50%，即半透明。

3. 编写脚本

（1）脚本基础

Animate 脚本代码可以嵌入到 fla 文件中，也可以将脚本代码存储为外部文件(用 as 作为扩展名)，然后在 fla 文件中使用#include 语句来访问外部文件。

使用脚本编辑器来编写脚本可以检查语法错误、自动设置代码格式，并用代码提示来帮助完成脚本输入，标点符号平衡功能可判断小括号、大括号或中括号是否匹配。

注意：添加到帧上的脚本语句都必须放在关键帧或空白关键帧中。尽可能将嵌入的脚本附加到时间轴的第一帧，一般创建一个名为“动作”的图层并将代码放置于该层中，这样就可以在一层中查找到所有的代码。

① 变量和数据类型。语句格式为

```
var  变量名[:类型=<表达式>]
```

说明：变量名必须是合法的标识符，不能用保留字及有特殊意义的属性名和方法名，如 x、y、width、play、stop 等。例如：

```
var  a:int=3;                                //整型
var  ff:Number=1.5;                          //实型
var  st="abc"                                //字符串
var  lg:Boolean=true;                        //逻辑型
var  obj:Object=new Object();                //创建对象型实例
var  arr:Array=new Array();                  //创建数组,下面给数组元素赋值
     arr[0]=123; arr[1]="abc"; arr[2]=true;
var  mc:MovieClip=new MovieClip();           //创建影片剪辑实例,下面设置其属性值
mc.x=50;   mc.y=50;   mc.width=100;
```

② 流程控制。Animate 中可以使用 if、else、else if、switch、for、while、do while、for..in、break 与 continue 等语句来控制程序执行的流程，这些语句的用法与 C++和 Java 语言中的用法基本相同，在此不做介绍。

③ 函数。语句格式为

```
function  函数名(形式参数列表):数据类型
{
     //代码块
}
```

说明：函数是用于完成一定功能的代码块，与 C++和 Java 语言的函数定义及调用方法基本一致。ActionScript 3.0 只支持面向对象编程方式，摒弃了 Flash 支持的 ActionScript 2.0 提供的大量全局函数的调用方式。

在面向对象编程中，对象中的函数称为方法，分为实例方法和类方法，在时间轴上自定义的函数全部属于实例方法，通过“实例名.方法名(实际参数)”来调用，如“this.test();”表示调用当前实例的 test 方法。

(2) 脚本的执行

当播放头进入某一帧时，该帧上的脚本就会被执行。时间轴上代码的执行顺序是：按照帧在时间轴上的先后顺序依次执行，而添加在同一帧上的代码则按照图层排列顺序从上往下依次执行。

脚本的执行是基于事件触发的机制，采用事件侦听的方式，例如，移动鼠标、按下键盘上的某个键或加载影片剪辑时可以触发相应的事件。注意：在 ActionScript 3.0 中，不能直接把代码添加在按钮和影片剪辑实例上，必须添加到关键帧上，采用统一的对象事件侦听方式，代码

格式为

```
实例名 . addEventListener("事件名",函数名);
function   函数名(e:Event)
{
        //语句块
}
```

例如，按钮实例名为“ok”，那么单击按钮的代码如下。

```
ok. addEventListener(MouseEvent. CLICK,func)
{
    function   func(event:MouseEvent):void
    {
            this. stop();            //鼠标单击事件发生时,时间线的播放头停止
    }
}
```

（3）脚本编辑器

动作脚本编辑器如图 1.5.29 所示，左侧显示当前选择的对象，右侧用于输入和编辑代码，配合“代码片段”面板可以自动生成程序代码的框架和命令。

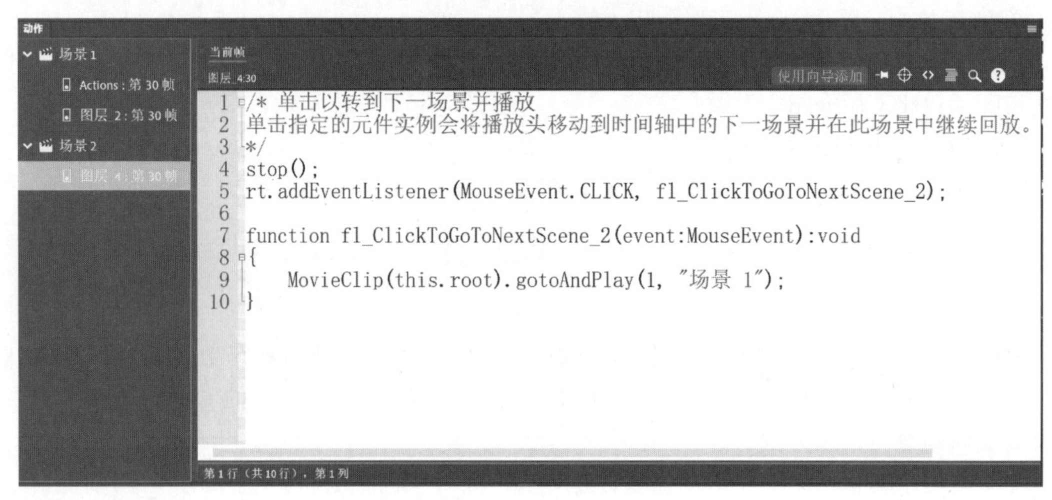

图 1.5.29　动作脚本编辑器

4. 帧脚本的控制

（1）添加帧动作

在帧上添加脚本就是让播放头播放到指定的关键帧时执行指定的动作语句。只要在帧内添加了脚本语句，那么时间线上对应的帧上将会出现一个标志 a( )。

（2）常用帧控制函数

帧控制函数主要用于控制时间轴上的播放头的播放、停止和跳转，常用的帧控制函数及其含义如表 1.5.3 所示。

表 1.5.3　常用的帧控制函数及其含义

函　　数	含　　义
stop()	使动画对象在当前位置停止
play()	使动画对象从当前位置开始播放
gotoAndStop(帧号，场景名)	使播放头跳转到指定编号的帧，并停止播放
gotoAndPlay(帧号，场景名)	使播放头跳转到指定编号的帧，并开始播放
nextFrame()	使播放头跳转到下一帧，并停止播放
prevFrame()	使播放头跳转到上一帧，并停止播放
nextScene()	使播放头跳转到下一场景的第 1 帧，并停止播放
prevScene()	使播放头跳转到上一场景的第 1 帧，并停止播放

注意：以上函数调用时，必须通过主时间线对象进行引用，如 root. play ( )；或 this. stop( )；等。

5.2.4　Animate 动画的导出与发布

到目前为止，制作的动画是 FLA 格式文件，只能在 Animate 软件中播放。若要在其他环境中播放，特别是在网络中发布，则需要通过发布或导出功能生成播放文件或所需的格式文件。

发布与导出的区别是：发布是指整个 Animate 影片，并且保存在 FLA 文件所在的文件夹中；导出可以把 Animate 影片里的某一部分提取出来在其他地方使用，如单独导出 WAV 文件等，并且每次导出时都需要重新选择格式、文件保存地址等。

1. 导出

导出有两种形式：导出图像和导出影片。“导出图像”只输出一帧(默认为第 1 帧)；“导出影片”输出影片所有的帧。导出的文件可以被其他软件编辑和使用，如导出为 AVI 文件，则可在视频编辑应用程序中进行编辑。

2. 动画发布

发布的过程分为以下两步。

(1) 发布设置

选择菜单“文件”|“发布设置”命令，在如图 1.5.30 所示的对话框中进行设置。

(2) 发布

发布设置完成后可直接单击“发布”按钮，或关闭对话框后选择菜单“文件”|“发布”命令。发布的文件与 Animate 动画源文件在同一目录下。

5.2.5　Animate 动画综合应用

1. 遮罩及引导路径的综合应用

例 5.10　制作月球绕地球转的动画。

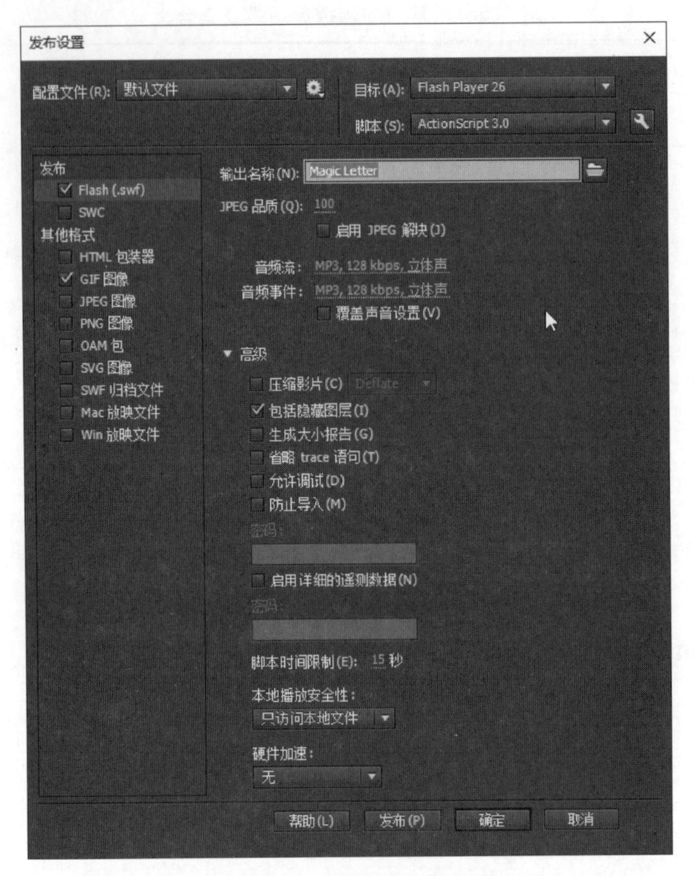

图 1.5.30 “发布设置”对话框

利用库中的“地球”和“月球”位图以及“太空 1.jpg”和“太空 2.jpg”图片，动画总长度 30 帧。在这个案例中，将 Animate 基本操作中的遮罩技术、运动轨迹、Alpha 进行综合应用，具体要求如下。

① 太空渐变背景。将图片文件“太空 1.jpg”和“太空 2.jpg”导入到库中，分别转换为元件 1 和元件 2；在图层 1 的第 1 帧和第 15 帧引用元件 1，第 15 帧 Alpha 设置为 50%。同理，第 16 帧和第 30 帧引用元件 2，第 30 帧 Alpha 设置为 50%，分别在第 1 帧和第 16 帧创建传统补间。

② 新建图层 2，引用“月球”图形，转换为元件，在第 30 帧插入关键帧。

③ 新建图层 3，绘制椭圆引导轨迹，使月球沿着椭圆运动。

④ 新建图层 4，引用“地球”图形，使地球从左往右移动，与图层 5 结合产生地球自转效果。

⑤ 新建图层 5，画一个圆，把图层 5 作为图层 4 的遮罩层，实现地球的自转。

设计界面如图 1.5.31 所示。

2. 影片剪辑实例的简单脚本控制

例 5.11 影片剪辑的复制与删除及其属性控制。

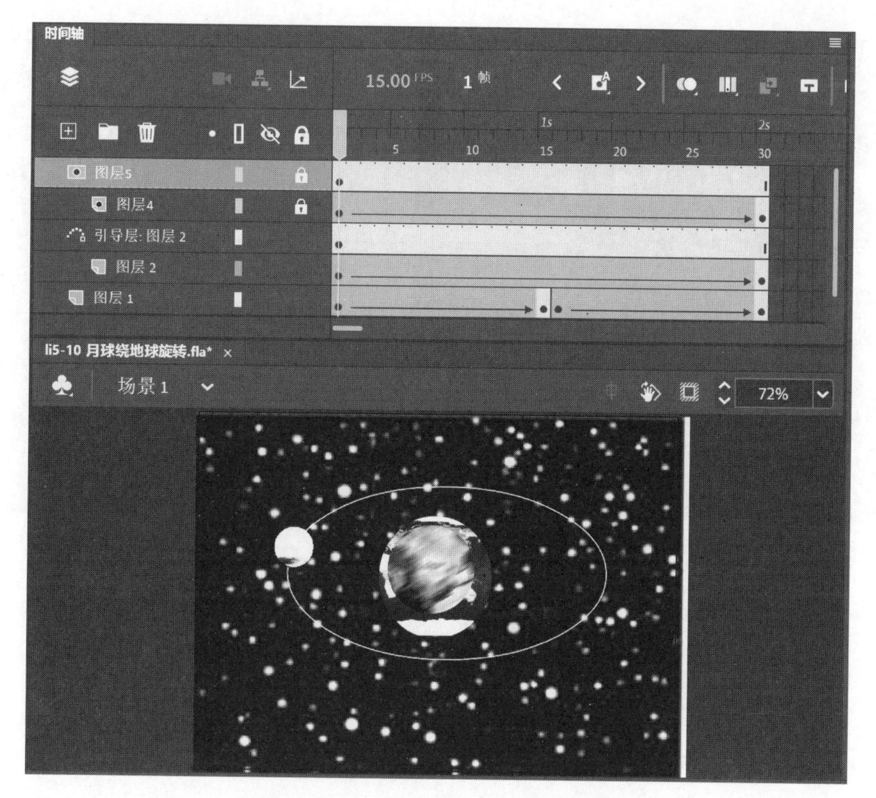

图 1.5.31　月球绕地球转的设计界面

分析：首先建立一个影片剪辑，画一只小鸟，沿着指定路径运动，然后建立几个交互控制的按钮，实现对该影片剪辑的复制与删除，并能进行旋转和移动。

（1）建立影片剪辑和按钮

① 选择菜单“插入”|“新建元件”|“图形”命令，元件命名为“小鸟”，绘制一个小鸟图形，如图 1.5.32 所示。

② 选择菜单“插入”|“新建元件”|“影片剪辑”命令，影片剪辑命名为“小鸟的运动”，将图层 1 改名为“小鸟”，在第 1 帧把小鸟元件放入，在第 25 帧插入关键帧。

③ 右击“小鸟”图层，在快捷菜单中选择“添加传统运动引导层”命令，并将引导层改名为“运动路径”，用画笔工具绘制一条移动路径，在路径图层的第 25 帧右击，选择快捷菜单中的“插入帧”命令。

④ 在“小鸟”图层上把第 1 帧的小鸟移到运动的起点，注意把小鸟的中心对齐路径的起点，在第 25 帧把小鸟移到路径的终点，创建小鸟从第 1 帧到第 25 帧的传统补间动画。

（2）复制影片剪辑

切换到场景编辑状态下，按 Ctrl+L 键展开库面板，将影片剪辑元件“小鸟的运动”拖到场景 1 的图层 1 的第 1 帧，在“属性”面板的实例名称中输入“bird”，如图 1.5.33 所示。创建一个按钮元件，插入到第 1 帧，摆放好位置，把按钮实例命名为“btCopy”，场景界面效果如图 1.5.34 所示。

图 1.5.32 小鸟的运动

图 1.5.33 “属性”面板

图 1.5.34 场景界面效果

在图层 1 上插入一个新图层，在图层 2 的第 1 帧输入如下脚本代码。

```
import flash. display. MovieClip;
```

```
btCopy.addEventListener(MouseEvent.CLICK, fCopy);
function fCopy(event:MouseEvent):void
{
    var newBird:MovieClip=new MovieClip();
    newBird=this.bird;          //给新建的影片剪辑实例赋值
    newBird.x=400;              //设置新实例的坐标位置
    newBird.y=200;
    newBird.alpha=0.5           //实例设置为半透明显示
    addChild(newBird);          //将复制的实例加入场景中显示
}
```

(3) 测试影片

单击“复制”按钮，观察播放效果，最后保存后测试影片并观看效果。

3. 图形的绘制

微视频：随机画圆

例 5.12　在场景中单击鼠标左键，随机画圆。

分析：场景舞台对应的实例为 stage，侦听到鼠标单击事件时，随机在舞台上绘制大小及颜色随机的圆，只需要将以下代码添加到图层 1 的第 1 帧上即可测试影片，每次单击鼠标即可在场景舞台上看到所绘制的圆。

方法 1：使用影片剪辑实例，效果如图 1.5.35(a)所示。

参考脚本代码如下。

```
import flash.display.MovieClip;
import flash.events.MouseEvent;
var sx,sy,rd:Number;
var clr:uint;
var mc:MovieClip=new MovieClip();
stage.addEventListener("click", Func);            //给舞台 stage 添加侦听事件
function   Func(e:MouseEvent)
{
    sx=Math.random()*400;                          //随机生成圆的位置与半径
    sy=Math.random()*300;
    rd=Math.random()*100;
    clr=(uint)(Math.random()*10000000);            //随机生成颜色值
    mc.graphics.beginFill(clr,Math.random());      //设置填充模式
    mc.graphics.drawCircle(sx,sy,rd);              //画圆
}
addChild(mc);                                      //将影片剪辑实例添加到场景舞台上显示
```

方法 2：使用 Shape 实例，效果如图 1.5.35(b)所示。

(a) 方法1的效果

(b) 方法2的效果

图 1.5.35　随机画圆

参考脚本代码如下。

```
import flash. display. MovieClip;
import flash. events. MouseEvent;
var rd:Number;
var clr:uint;
var sp:Shape=new Shape();
stage. addEventListener(MouseEvent. RIGHT_MOUSE_DOWN, onRightDown);
function onRightDown(e:MouseEvent):void
{
    rd=Math. random() * 100;
    clr=(uint)(Math. random() * 10000000);                  //随机生成颜色值
    sp. graphics. beginFill(clr,Math. random());             //设置填充模式
    sp. graphics. drawCircle(this. mouseX,this. mouseY,rd);  //在鼠标右击位置画圆
}
addChild(sp);                                    //将影片剪辑实例添加到场景舞台上显示
```

4. 动画的脚本控制

例 5.13　剪刀石头布的游戏设计。

界面效果如图 1.5.36 所示。

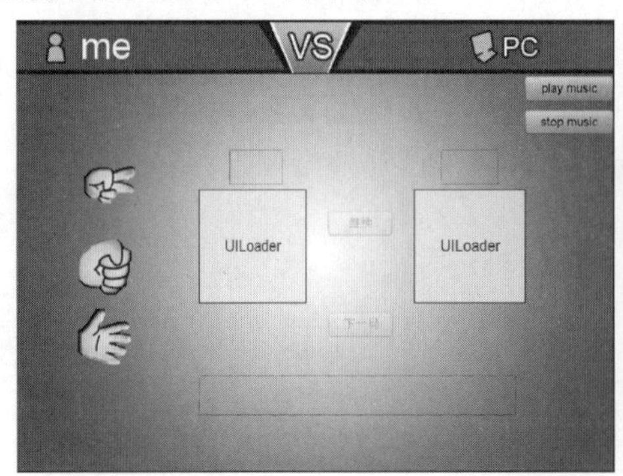

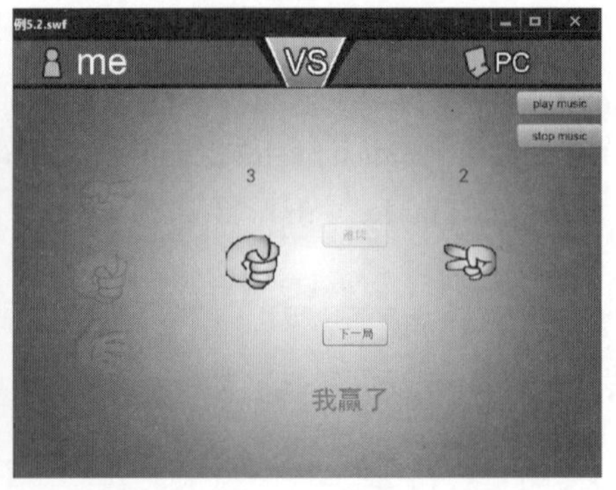

图 1.5.36　比赛界面设计及结果显示

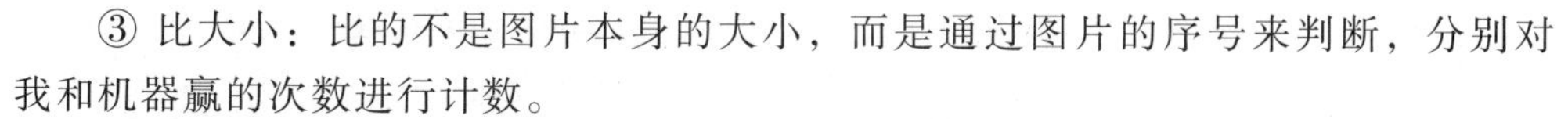

微视频：剪刀石头布

分析：

① 机器出剪刀石头布：利用随机数动态加载对应的图片。

② 我出剪刀石头布：通过单击图片实现。

③ 比大小：比的不是图片本身的大小，而是通过图片的序号来判断，分别对我和机器赢的次数进行计数。

④ 添加按钮“继续”和“下一局”控制比赛。

⑤ 用动态文本框显示当前结果以及宣布最后比赛的结果。

⑥ 添加背景音乐，控制音乐的播放与停止，保存并导出。

操作步骤如下。

① 新建一个文件：大小为 550 像素×400 像素，帧率为 24 fps，导入所有图片素材到“库”面板中。

② 界面设计：将图层 1 重命名为“背景”，在第 1 帧放入背景图片 back1. png。新建一个图层，命名为“图片按钮”，将剪刀 l1. gif、石头 l2. gif 和布 l3. gif 的图片放到第 1 帧上，位置如图 1. 5. 36 所示，依次将 3 个 gif 图片转换成按钮元件，将元件名称分别命名为“剪刀”“石头”和“布”，在“属性”面板中将实例名称分别命名为“jd”“st”和“bu”（用于后续代码中进行引用）。

③ 动态显示机器随机出的图片：新建一个图层，命名为“机器动态加载图片”，选择菜单“窗口”|“组件”命令，在“组件”面板的 User Interface 组中找到 UILoader 组件，在第 1 帧放置 1 个 UILoader 组件，在“属性”面板中将实例名称命名为“jqBmp”，用于动态显示机器随机出的图片。

④ 动态显示我出的图片：新建一个图层，命名为“我出的图片”，在第 1 帧中添加一个组件 UILoader，用于动态显示我单击的按钮图片，在“属性”面板中将该组件的实例命名为“meBmp”。

⑤ 编写脚本代码：新建一个图层，命名为“动作脚本”，在第 1 帧中输入如下代码。

```
import fl. containers. UILoader;
import flash. utils. Timer;
import flash. events. MouseEvent;
var   k1:int;                                   //k1 用于控制待加载图片的序号
k1=0;
var jqBmp:UILoader=new UILoader();              //定义机器出的位图显示组件对象
jqBmp. x=400;   jqBmp. y=180;                    //将机器出的图片定位在合适的位置
var jqTime:Timer=new   Timer(100,0);
     //定义定时器变量,每 100 ms 触发一次,0 表示定时器可无限次触发
jqTime. addEventListener(TimerEvent. TIMER,jqDisp); //注册定时器侦听事件
function   jqDisp(e:TimerEvent)                  //定时器触发时执行的功能代码
{
     k1=(int)(Math. random() * 3)+1;             //随机生成 1 到 3 的整数
     jqBmp. source="r"+k1+". gif";                //动态加载机器要显示的图片
     jqBmp. scaleContent=false;                  //控制显示图片的实际大小
```

```
        addChild(jqBmp);                                //将组件加到舞台上显示
    }
    jqTime.start();                                     //启动机器的计时器
```

⑥ 继续添加脚本，实现动态显示我出的图片，达到动态对决的动画效果。

```
    var  k2:int;                                        //k2 用于控制待加载图片的序号
    k2=0;
    var meBmp:UILoader=new UILoader();                  //定义我出的图片的显示组件对象
    meBmp.x=200;   meBmp.y=180;                         //将我出的图片定位在合适的位置
    var meTime:Timer=new  Timer(100,0);
    meTime.addEventListener(TimerEvent.TIMER,meDisp);
    function  meDisp(e:TimerEvent)
    {
        k2=(int)(Math.random()*3)+1;
        meBmp.source="1"+k2+".gif";                     //动态加载我出的图片
        meBmp.scaleContent=false;
        addChild(meBmp);
    }
    meTime.start();                                     //启动我的计时器
```

⑦ 添加用于显示比赛结果的动态文本：新建一个图层，命名为“显示比赛结果”，在第 1 帧中添加两个动态文本(放置在图片的上方)，用于显示当前比赛结果，实例名称分别命名为“meRst” 和 “jqRst”。继续在当前图层的第 1 帧中添加一个动态文本，放置在舞台的下方，实例名称为“resultTxt”，用于显示最终的比赛结果。

⑧ 添加“继续” 和 “下一局” 按钮：新建一个图层，命名为“继续与下一局”，在“组件” 面板的 User Interface 组中找到 Button 组件，在第 1 帧中添加两个按钮，用于控制比赛的“继续” 和 “下一局”，实例名称分别命名为“conBt” 和 “nextBt”。

⑨ 单击界面左侧我要出的图片按钮，动态对决的图片停止变化，同时左侧的 UILoader 组件显示单击按钮上的图片，右侧的 UILoader 组件显示机器出的结果，即定时器停止时 k1 的值所对应的那张图片。下面是单击 3 个按钮时的参考代码(注意：下面代码中已包含“继续” 和 “下一局” 按钮的状态控制)。

```
    jd.addEventListener("click",jdFunc);                //单击剪刀按钮
    function  jdFunc(e:MouseEvent)
    {
        meTime.stop();                                  //我的定时器停止
        meBmp.source="11.gif";                          //显示指定图片
        meBmp.scaleContent=false;
        addChild(meBmp);                                //将组件加到舞台显示
        jqTime.stop();                                  //机器的定时器停止
        jd.alpha=0.1;   st.alpha=0.1;   bu.alpha=0.1;   conBt.enabled=true;
```

```
        judge(1);                                   //调用 judge()函数判别输赢
    }
    st.addEventListener("click",stFunc);            //单击石头按钮
    function    stFunc(e:MouseEvent)
    {
        meTime.stop();
        meBmp.source="l2.gif";
        meBmp.scaleContent=false;
        addChild(meBmp);                            //将组件加到舞台显示
        jqTime.stop();
        jd.alpha=0.1;   st.alpha=0.1;   bu.alpha=0.1;   conBt.enabled=true;
        judge(2);
    }
    bu.addEventListener("click",buFunc);            //单击布按钮
    function    buFunc(e:MouseEvent)
    {
        meTime.stop();
        meBmp.source="l3.gif";
        meBmp.scaleContent=false;
        addChild(meBmp);                            //将组件加到舞台显示
        jqTime.stop();
        jd.alpha=0.1;   st.alpha=0.1;   bu.alpha=0.1;   conBt.enabled=true;
        judge(3);
    }
```

⑩ 输入判别输赢的函数代码。

```
    win1,win2:int;                                  //分别用于累计我和机器赢的次数
    win1=win2=0;
    function judge(n:int):void                      //判断谁赢并计数赢的次数
    {
        if (n ! =k1)
        {
            if (n==1 && k1==2)   win2+=1;   //我出剪刀,机器出石头,机器赢,累加一次
            if (n==1 && k1==3)   win1+=1;   //我出剪刀,机器出布,我赢,累加一次
            if (n==2 && k1==1)   win1+=1;
            if (n==2 && k1==3)   win2+=1;
            if (n==3 && k1==1)   win2+=1;
            if (n==3 && k1==2)   win1+=1;
        }
```

```
        meRst. text = " " +win1;                    //显示我赢的次数
        jqRst. text = " " +win2;                    //显示机器赢的次数
        if (win1 = =3 && win1 > win2)               //我赢
        {
            resultTxt. text = "我赢了";
            conBt. enabled = false;                 //"继续"按钮失效
            nextBt. enabled = true;                 //"下一局"按钮生效
        }
        if (win2 = =3 && win2 > win1)               //机器赢
        {
            resultTxt. text = "机器赢了";
            conBt. enabled = false;
            nextBt. enabled = true;
        }
    }
```

⑪ “继续” 和 “下一局” 两个按钮的脚本控制代码。

```
    conBt. addEventListener("click",conFunc);              //"继续"按钮的控制
    function conFunc(e:MouseEvent)
    {
        jqTime. start ();   meTime. start();               //开启定时器
        jd. alpha = 1;   st. alpha = 1;   bu. alpha = 1;   conBt. enabled = false;
                                                           //设置各个按钮的显示效果
    }
    nextBt. addEventListener("click",nextFunc);            //"下一局"按钮的控制
    function nextFunc(e:MouseEvent)
    {
        jqTime. start();meTime. start();                   //开启定时器
        this. win1 = 0; this. win2 = 0;                    //计数变量重置为 0
        jd. alpha = 1;st. alpha = 1;bu. alpha = 1;
        nextBt. enabled = false; conBt. enabled = false;
        meRst. text = "0";                                 //显示我赢的次数
        jqRst. text = "0" ;                                //显示机器赢的次数
        resultTxt. text = "";
    }
```

⑫ 背景音乐的控制。首先导入背景音乐文件到库中，在 “库” 面板中右击背景音乐文件，打开 “属性” 面板，切换到 Action Script 选项，在 “类” 中输入名字 “Music”，用于在脚本中控制该声音文件。

新建一个图层，命名为 “音乐按钮”，在第 1 帧放入两个按钮组件，分别改名为 “play

music” 和 “stop music”，实例名称分别命名为 “plyBt” 和 “stpBt”。新建一个图层，命名为 “音乐控制脚本”，时间线上最终的图层设计结果如图 1.5.37 所示。

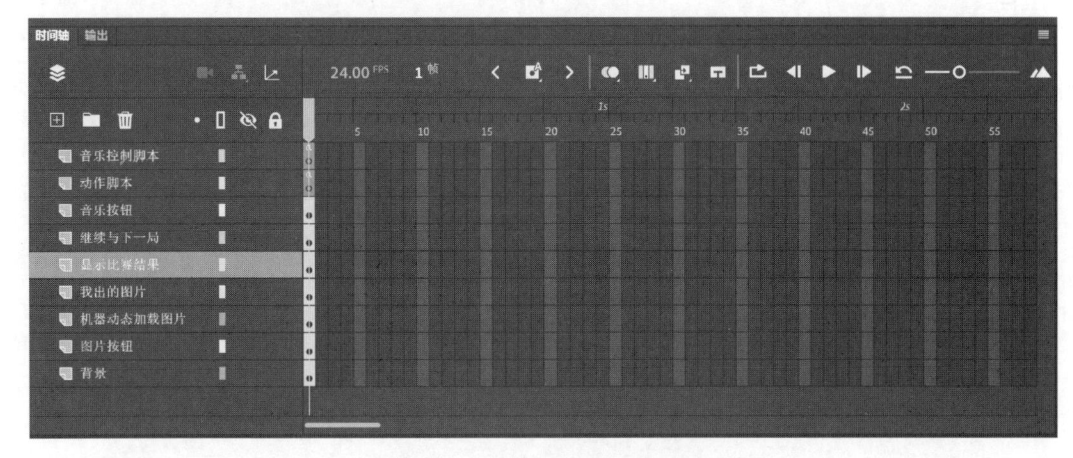

图 1.5.37　最终的图层设计结果

在图层 “音乐控制脚本” 的第 1 帧中添加如下代码。

```
import flash.media.SoundChannel;
import flash.media.Sound;
import flash.events.MouseEvent;
var sc:SoundChannel=new SoundChannel ( );  //新建一个声音通道
var sd:Music=new Music( );                  //Music 类的实例 sd 与背景音乐文件对应
sc=sd.play( );
plyBt.addEventListener("click",plyMusic);
function plyMusic(e:MouseEvent)
{
    sc=sd.play( );                          //播放声音
}
stpBt.addEventListener("click",stpMusic);
function stpMusic(e:MouseEvent)
{
    this.sc.stop( );                        //停止播放
}
```

5.3　动画制作软件 3ds Max

5.3.1　3ds Max 的界面组成

3ds Max 2023（以下简称 3ds Max）的界面如图 1.5.38 所示，主要由菜单栏、工具栏、工作区、命令面板、时间轴、视图控制区等组成。

图 1.5.38　3ds Max 的界面

5.3.2　三维动画的制作过程

3ds Max 是一个用来制作三维动画的软件，主要提供了关键帧动画、粒子动画、约束类动画、动力学动画和角色类动画的制作，物体大部分参数的变化都可以记录为动画。三维动画的制作过程主要包括以下 5 个步骤。

1. 建立场景模型

简单的场景模型可以利用系统提供的标准基本体、扩展基本体、复合对象、粒子系统等直接建立，也可在这些标准几何体的基础上通过各种修改器进行修改变形获得。复杂的场景往往需要综合运用多种建模手段以及多个修改器进行修改变形才能获得，复杂场景的建模是一个比较费时的过程。

2. 给物体指定材质与贴图

材质与贴图可以反映出物体表面的质感与纹理效果。

3. 添加必要的灯光和摄像机

灯光可以照亮物体并烘托场景气氛，使场景更加真实，摄像机则可以从各个角度观察场景。

4. 设置动画效果

首先应该在“时间配置”对话框中设置好动画播放的速度、动画持续的时间等参数，然后再设置动画变化的参数，并学会在曲线编辑器中调节运动的轨迹等。

5. 渲染输出

动画制作完成后除了保存场景文件外，还应该把模型或动画渲染输出为通用的图像或视频文件格式，这样就可以作为动画素材在其他合成类软件中进行合成。

例 5.14　制作一个花篮并渲染输出。

微视频：
花篮的制作

(1) 茶壶建模

选择命令面板中的“创建”|“几何体”命令，再选择“标准基本体”中的“茶壶”，茶壶部件只保留显示壶体部分，设半径为50，分段数为20，透视图中的茶壶模型如图1.5.39所示。选择菜单“渲染”|“环境”命令，将环境的背景色设置为白色，单击工具栏的(渲染产品)按钮，渲染效果如图1.5.40所示。

图1.5.39　透视图中的茶壶模型

(2) 材质贴图

3ds Max 的材质贴图默认使用的是物理材质，本书将继续沿用传统材质贴图方法，先选择菜单“自定义”|“自定义默认设置切换器”命令，在打开的对话框的“默认设置：”列表中选择“Max Legacy”，在“用户界面方案：”列表中选择“Default UI”，然后重新启动3ds Max软件即可恢复成传统的材质贴图显示界面。

图1.5.40　壶体的渲染效果

单击工具栏上的(材质编辑器)按钮，打开“材质编辑器”对话框，如图1.5.41所示，任选一个材质球，单击“Blinn基本参数”栏下漫反射右侧的贴图按钮，在材质/贴图浏览器中双击“位图”，选取一个彩色图片文件，然后把材质赋予茶壶对象，渲染效果如图1.5.42所示。

(3) 渲染输出

继续在材质编辑器的“明暗器基本参数”中勾选“线框”和“双面”复选框，再次单击工具栏中的按钮，即可得到一个彩色的花篮，如图1.5.43(a)所示。

取消勾选“线框”复选框，给茶壶添加一个晶格修改器，设置支柱半径为0.1，节点类型

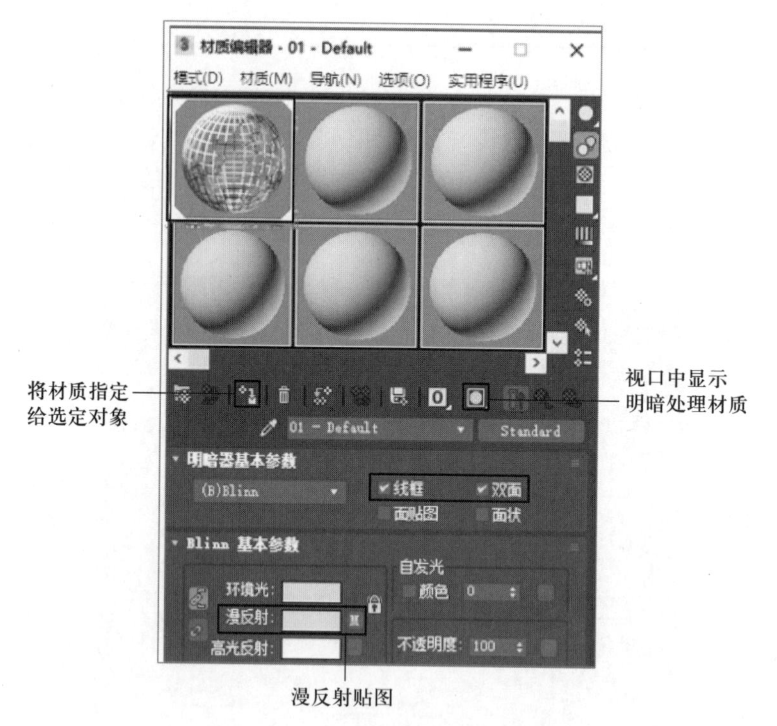

图 1.5.41 “材质编辑器”对话框

图 1.5.42 贴图后的渲染效果

为二十面体，节点半径为 0.5，重新渲染的效果如图 1.5.43(b)所示。单击(保存)按钮，即可保存渲染后的图片(注意：存储为 PNG 格式，背景可透明)。

例 5.15 制作一个旋转的地球并渲染输出。

操作步骤如下。

(1) 地球建模

选择命令面板中的“创建”|“几何体”命令，再选择“标准基本体”中的“球体”或“几何球体”来模拟一个地球，由于真实的地球形状是一个两极稍扁、赤道略鼓的不规则球

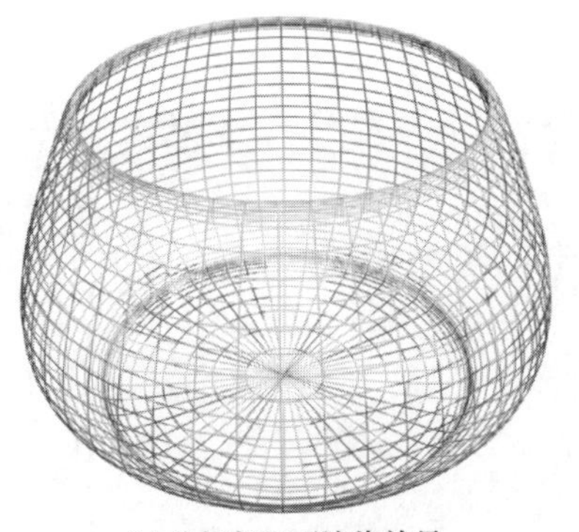

(a) 线框与双面渲染效果

(b) 晶格修改后的渲染效果

微视频：
旋转的地球

图 1.5.43　花篮效果图

体，可以单击工具栏中的“选择并非均匀缩放”按钮，在 X、Y 轴方向上稍微放大一些，效果如图 1.5.44 所示。

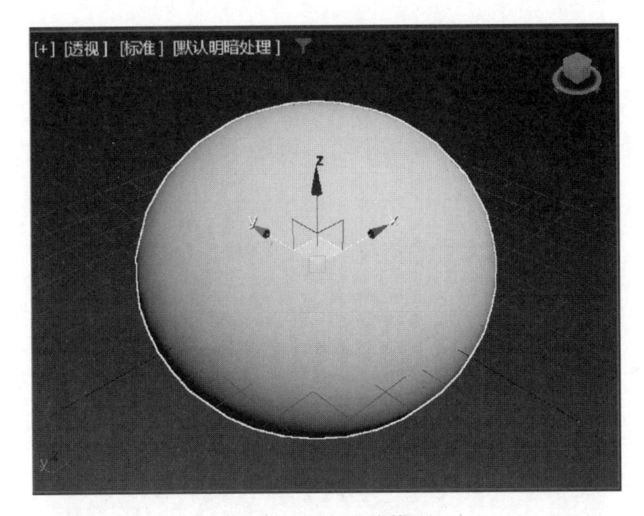

图 1.5.44　地球模型

（2）指定材质与贴图

首先找一张展平的世界地图照片作为地球的贴图素材，打开“材质编辑器”，任选一个材质球，展开下面的“贴图”栏，给“漫反射颜色”赋予位图贴图，贴图文件选择“地球贴图.jpg”。在“噪波”栏中设置数量为 20，级别为 5，大小为 10，如图 1.5.45 所示。将“漫反射颜色”的贴图复制给凹凸贴图，凹凸数量为 100。单击“材质编辑器”水平工具栏中的（将材质指定给选定对象）按钮，并单击（视口中显示明暗处理材质）按钮，效果如图 1.5.46 所示。

（3）添加灯光与摄像机

场景中默认开启系统的灯光进行照明，如果没有特殊要求可以不添加灯光。添加摄像机的目的是可以从镜头的角度来观察场景并渲染输出镜头所看到的场景，还可以制作镜头的推拉和旋转动画效果。本例暂不添加灯光与摄像机。

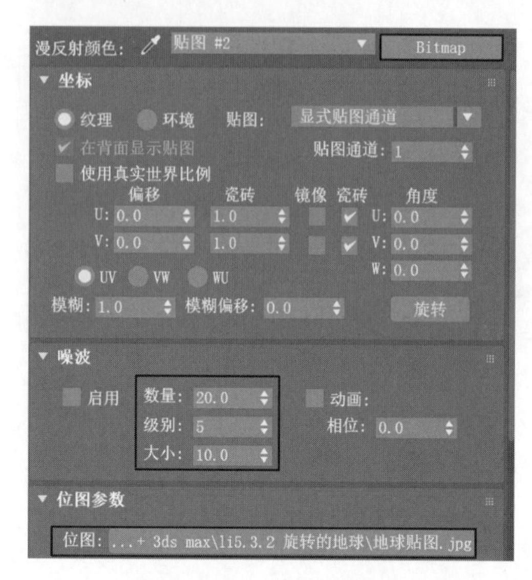

图 1.5.45　贴图参数设置

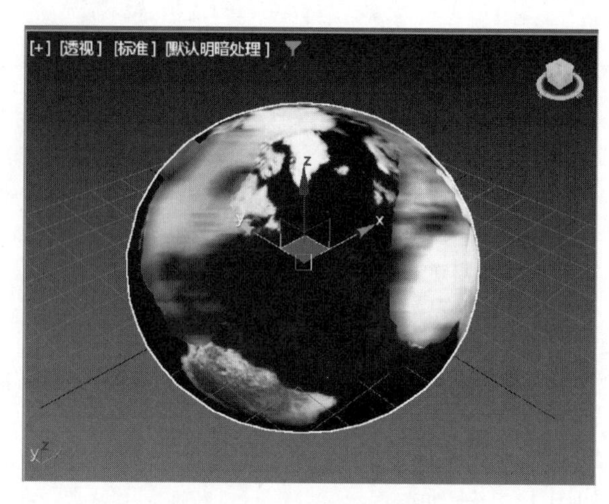

图 1.5.46　地球贴图效果

（4）设置动画

首先单击动画播放控制区的（时间配置）按钮，打开如图 1.5.47 所示的对话框，设置好动画的播放速度为 25 fps，开始时间为 1，结束时间为 100。然后再单击时间配置按钮右侧的 自动

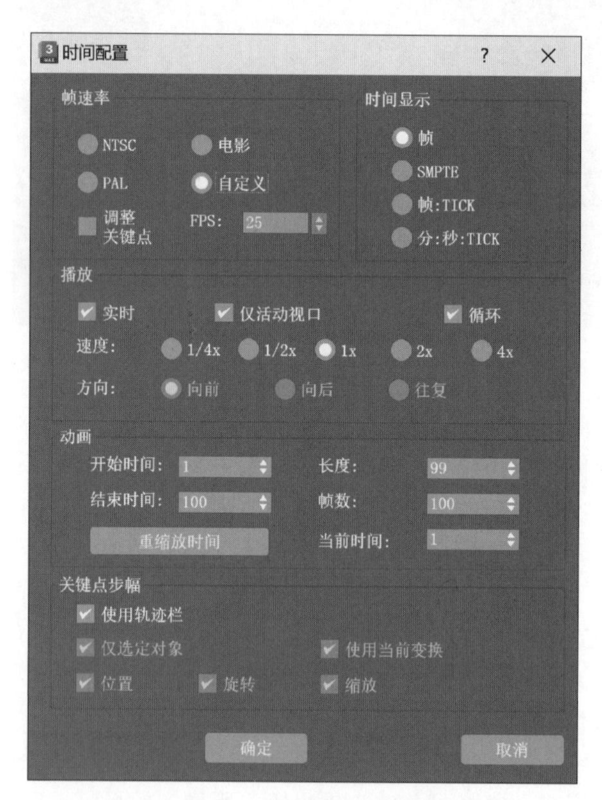

图 1.5.47　“时间配置”对话框

按钮，进入关键帧动画记录状态，将时间滑块拖动到第 100 帧，单击工具栏中的(选择并旋转)按钮，再单击(角度捕捉切换)按钮，使旋转的角度每次递增或递减 5°，在透视图中将地球旋转的轴向约束为 Z 轴，拖动鼠标旋转 360°，再次单击 自动 按钮，取消关键帧动画记录状态。拖动时间滑块观察地球旋转的动画效果，如果希望旋转的地球在 Z 轴方向上偏转一定的角度，那么可以单击视图控制区的（环绕）按钮对透视图进行视口的旋转，这样原来记录的 Z 轴方向的旋转动画就可以保持不变。

（5）渲染输出

选择菜单“渲染”|“渲染设置”命令，在弹出的对话框中设置渲染输出的时间范围、输出大小和保存文件信息，如图 1.5.48 所示，最后单击“渲染”按钮开始逐帧渲染，本例将动画渲染输出为 earth. avi。

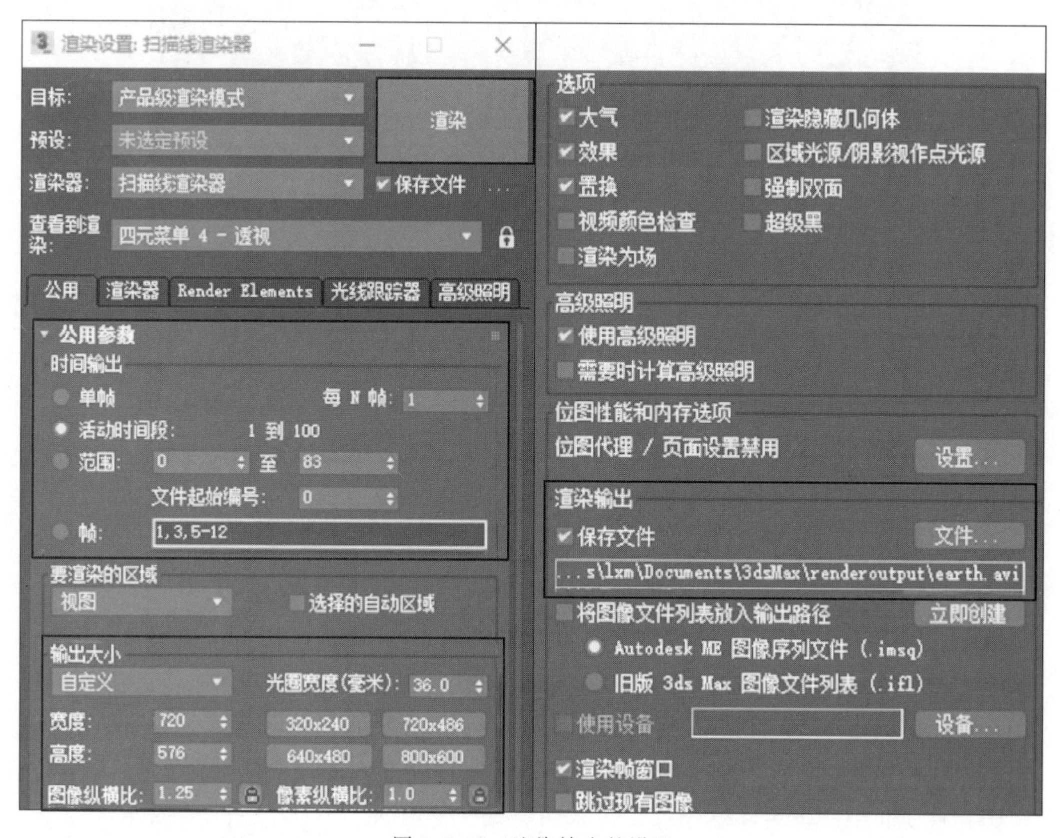

图 1.5.48 渲染输出的设置

5.3.3 3ds Max 基础

1. 视图的控制

（1）视图的分类与布局

视图可分为正视图、透视图、用户视图、摄像机视图和灯光视图等，其中正视图是来自 6 个方向上的投影视图，包括顶视图、底视图、前视图、后视图、左视图和右视图。透视图和用户视图则用于观察物体的三维形态结构，不同之处是用户视图不产生透视效果，是一种正交视图，物体不会发生透视形变，而透视图则类似一种广义的摄像机视图，可以变动角度对物体进行环游观察。3ds Max 的工作区默认由 4 个视图组成，分别是顶视图、前视图、左视图和透视图。

单击“创建新的视口布局选项卡”按钮▶可以快速切换视口(即视图)布局，或选择菜单“视图”|“视口配置”命令，打开如图 1.5.49 所示的“视口配置”对话框，在“布局”选项卡下可设置各视口的布局及显示方式。在每个视口的右上角有一个 ViewCube，直接在该视口的立方体上单击即可方便地切换为所需视口。

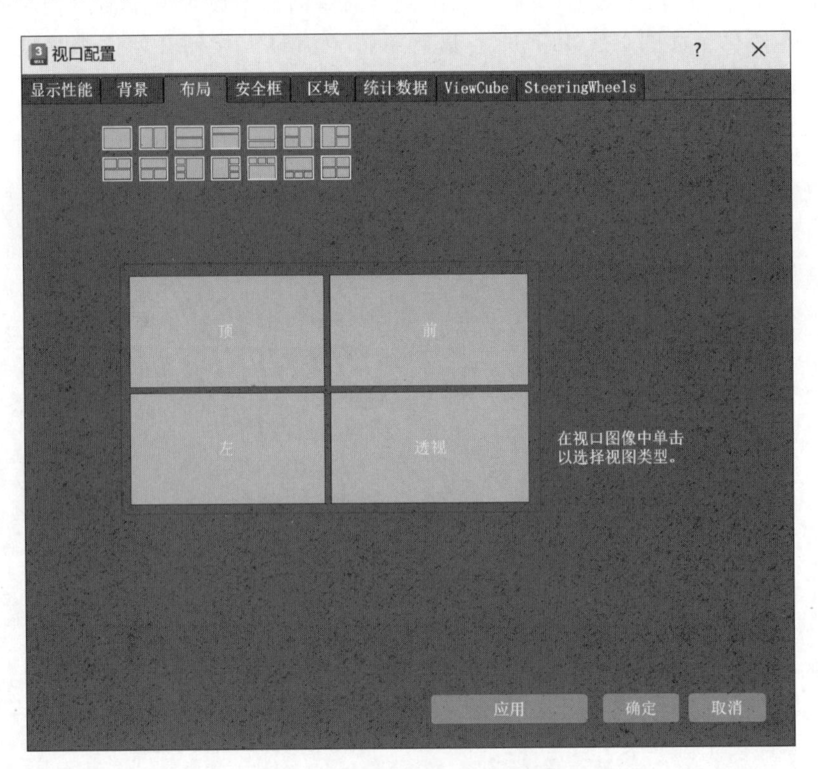

图 1.5.49 “视口配置”对话框

(2) 视图的切换

用鼠标单击任意一个视图即可激活该视图。一般情况下，操作都是针对当前活动视图的，其他视图会自动同步进行更新。建议尽量采用右键进行切换，这样切换视图后不会取消已选择的对象。

(3) 视图的控制

视图控制区默认显示的控制按钮如图 1.5.50 所示，如果按钮的右下角有一个小三角，单击该按钮就可以显示出隐藏的按钮。

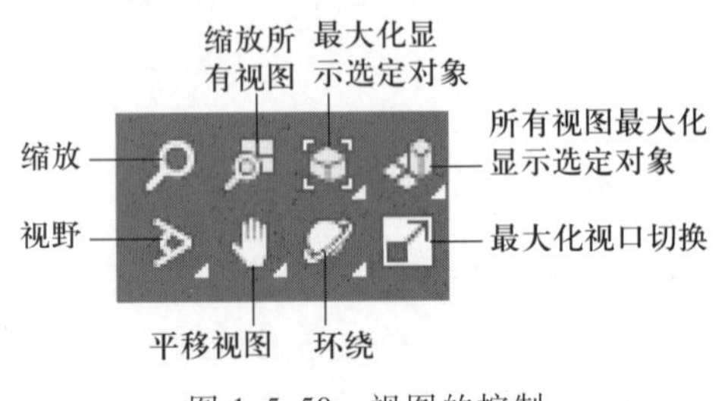

图 1.5.50 视图的控制

① 🔍(缩放)：单击该按钮，在视图中拖曳鼠

标，可以放大或缩小该视图中的所有对象。

② (缩放所有视图)：单击该按钮，在任意一个视图中拖曳鼠标，则所有视图中的对象都会同步放大或缩小。

③ (最大化显示选定对象)：单击该按钮，只对当前视图中选中的对象最大化显示。隐藏的按钮是 (最大化显示)，单击则对当前视图中的所有对象最大化显示。

④ (所有视图最大化显示选定对象)：单击该按钮，则所有视图中选定的对象最大化显示。隐藏的按钮是(所有视图最大化显示)，单击则对所有视图中所有对象都最大化显示。

⑤ (视野)：类似摄像机拉近或推远的视觉缩放，隐藏的按钮是(缩放区域)，单击用于放大对象局部选定的区域。

⑥ (平移视图)：单击该按钮，拖曳鼠标可以移动视图中的对象，最快捷的平移方式是按住鼠标中键后拖曳鼠标即可。隐藏的按钮是(2D 平移缩放模式)和(穿行)，只有当透视图为活动视图时才有效，可以对透视图中的对象进行平移或在场景中穿行。

⑦ (环绕)：单击该按钮，拖移鼠标可以将视图中对象的显示角度进行任意旋转，以便从各个角度观察对象。这是视图角度的改变，不影响对象与坐标的相对位置。隐藏的按钮有(选定的环绕)、(环绕子对象)和(动态观察关注点)。

⑧ (最大化视口切换)：单击该按钮，当前视图最大化显示，其他 3 个视图暂时隐藏，再次单击则还原成 4 个视图的显示状态，对应的快捷键是 Alt+W。

(4) 对象的显示方式

3ds Max 透视图中的对象默认以“默认明暗处理”显示实体，其他视图则默认显示为线框。在每个正视图左上角的图标[线框]或透视图左上角的图标[默认明暗处理]上单击，在弹出的子菜单中可选择以下几种显示方式。

① 默认明暗处理：这是一种实体着色方式，有助于了解灯光效果、物体的形态、阴影处理和物体表面的材质贴图效果。

② 线框：有助于了解物体的结构，编辑物体的点、线、面等次物体。

③ 其他：包括边界框、平面颜色、隐藏线、黏土、模型帮助和各种样式化显示。

④ 边面：结合了实体着色和线框两种显示方式的优点。

(5) 3ds Max 的坐标系

3ds Max 中默认的参考坐标系是视图坐标系，可以在如图 1.5.51 所示列表中选择其他坐标系进行切换。

① 世界：从顶视图看，X 轴沿水平方向延伸，Y 轴沿垂直方向延伸，Z 轴往场景的纵深处延伸。在每个视图中，坐标轴的方向是不变的，而且在每个视图的左下角都显示了一个世界坐标。

② 屏幕：适用于正交视图，屏幕坐标系将依照所激活的视图来定义坐标轴的方向，X 轴永远在激活视图的水平方向，Y 轴永远在垂直方向，Z 轴则垂直于屏幕。

图 1.5.51 坐标系列表

③ 视图：在正交视图中显示为屏幕坐标系，在非正交视图中则

切换为世界坐标系。

④ 局部：使用被选择对象本身的坐标轴作为参考坐标。例如在透视图中放置一个茶壶，将茶壶在 X 轴方向旋转 30°，单击 (选择并移动) 按钮，然后将坐标系切换为局部，这样将有利于茶壶在各个轴向的移动。

⑤ 拾取：将选择物体的坐标作为参考坐标系，先在工具栏的坐标系下拉列表中选择“拾取”选项，再到场景中单击某个要参照的物体，该参照物的名称将显示在工具栏的坐标系中，那么场景中的其他物体将以该参照物的坐标作为参考坐标，与其保持一致。

⑥ 父对象：类似于拾取坐标系，用其父对象的坐标作为参考坐标。

⑦ 栅格：用户可以定义自己的栅格对象，并将其置于场景的任意位置。选用栅格坐标系时，坐标轴的方位将自动符合激活的栅格对象。

2. 场景资源管理器

按照“先选择，后操作”的原则，必须先学会选择要操作的对象，一般单击某个视图中的对象就可以选中该对象。工具栏上提供了多个用于选择对象的工具按钮，3ds Max 新版本在视图左侧增加了一个“场景资源管理器”窗口，如图 1.5.52 所示，在该窗口中可以很方便地对场景中的所有对象进行选择或取消选择、显示或隐藏，并且提供了节点的复制、剪切和粘贴功能，还可实现对象的移动或复制，通过层级关系实现父子对象的约束。

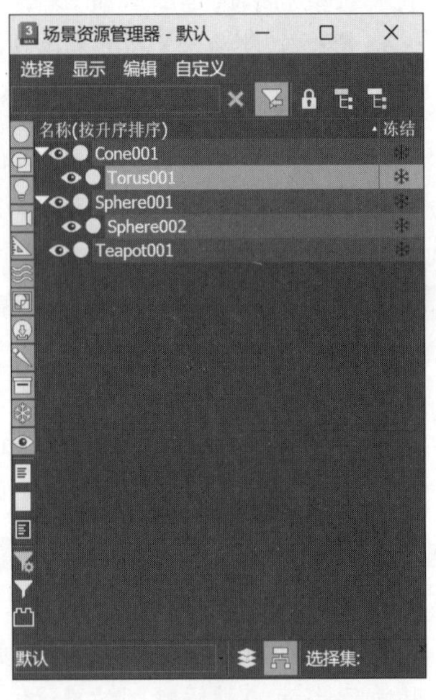

图 1.5.52 “场景资源管理器”窗口

3. 选择并移动

单击按钮，选定对象处于可移动状态，将鼠标指针移动到某个坐标轴或平面时，该坐标轴或平面会显示为黄色，表示将对象的移动约束在该轴或平面上，在如图 1.5.53 所示的透视图中，球体的移动被约束在 XZ 平面上。

右击按钮，弹出如图 1.5.54 所示的“移动变换输入”对话框，可以重新输入坐标的绝对值，直接定位对象，也可输入指定对象在各个坐标轴的相对位移量，精确控制对象的移动。

4. 选择并旋转

单击按钮，对象处于可旋转状态，在如图 1.5.55 所示的透视图中，球体处于可旋转的状态，当前被约束的旋转轴为 Z 轴。右击按钮，弹出“旋转变换输入”对话框，精确控制对象的旋转角度。单击工具栏上的 (角度捕捉切换) 按钮，旋转角度将以 5°递增或递减，也可以右击按钮，弹出如图 1.5.56 所示的“栅格和捕捉设置”对话框，可设置捕捉对象和捕捉半径、角度及百分比的值。

工具栏中参考坐标系右侧的按钮说明如下。

① (使用轴点中心)：默认为对象自身的轴心点，一般在对象底部的中心位置。

② (使用选择中心)：当选择多个对象时，系统自动切换为选择集的中心。

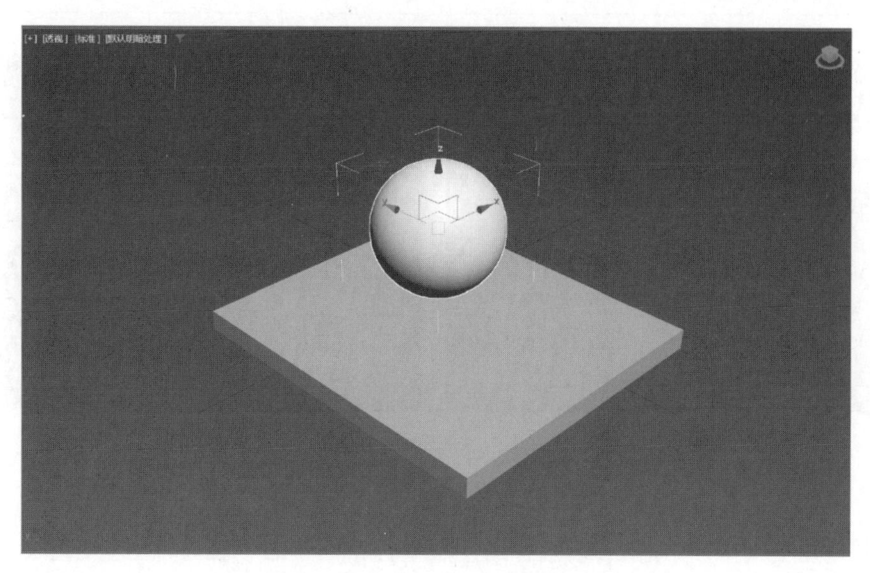

图 1.5.53　移动状态

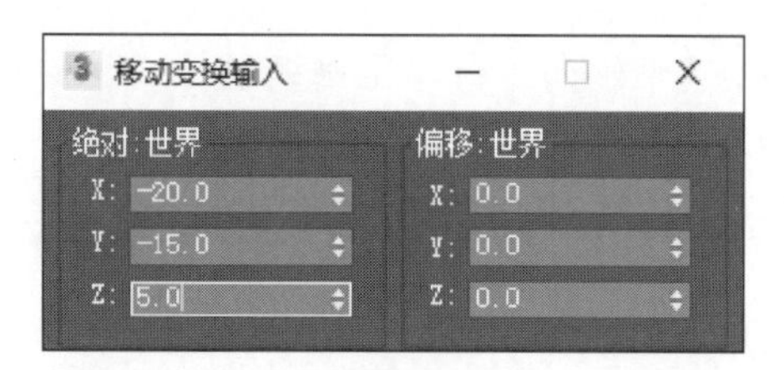

图 1.5.54　“移动变换输入”对话框

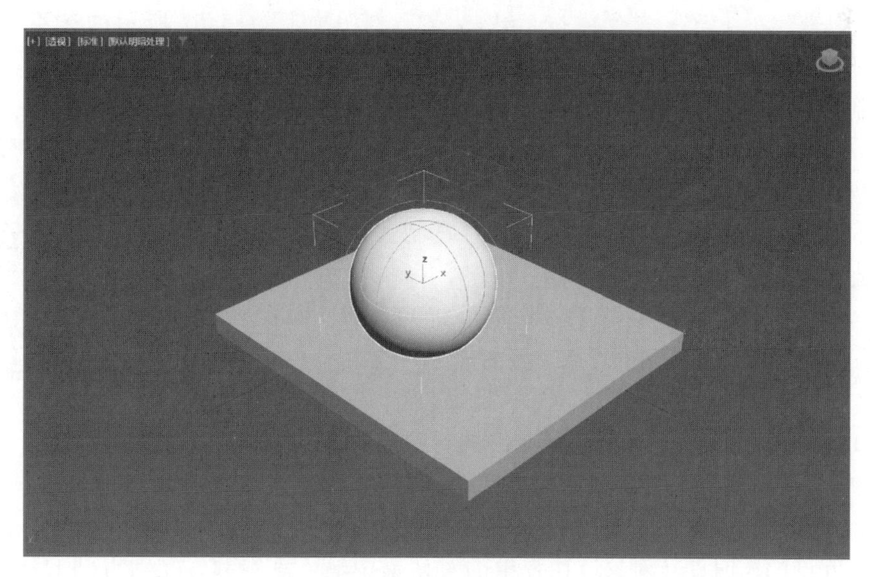

图 1.5.55　旋转状态

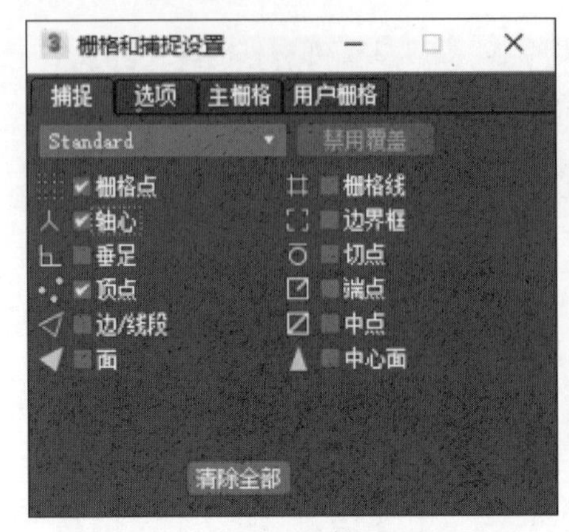

(a) 设置捕捉对象

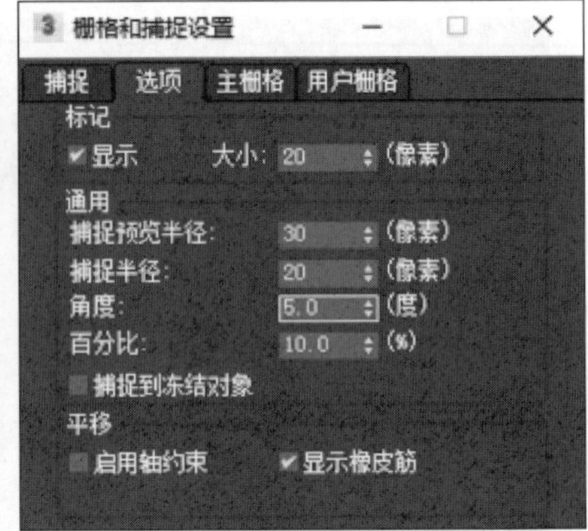

(b) 设置捕捉选项

图 1.5.56 “栅格和捕捉设置”对话框

③ (使用变换坐标中心)：所选择的参考坐标系的中心，若为视图坐标系时，中心为世界坐标系的原点。

5. 选择并均匀缩放

①：选择并均匀缩放，3 个轴向进行等比例缩放。

②：选择并非均匀缩放，3 个轴向进行非等比例缩放。

③：选择并挤压，若对象在 X 轴方向放大，那么 Y 轴和 Z 轴方向将缩小，以保持对象的体积不变。

6. 对象的复制

(1) 克隆

选择“编辑”|“克隆”命令或按 Ctrl+V 键，打开如图 1.5.57 所示的“克隆选项”对话框。

① 复制：表示将当前对象进行复制，复制的新对象与原对象一样，但两者没有关联。

② 实例：表示复制的对象与原对象是相互关联的，对原对象的修改将同时应用到复制的实例上，对复制实例的修改也会应用到原对象上。

③ 参考：表示复制的对象与原对象是单向关联的，即对原对象的修改会影响参考复制的对象，反过来则不会。

图 1.5.57 “克隆选项”对话框

(2) 移动复制

按住 Shift 键的同时移动对象，在弹出的对话框中输入副本数，并设置克隆的对象与原对象是否有关联，复制得到的对象是等间隔分布的。

(3) 旋转复制

按住 Shift 键的同时旋转对象，在弹出的对话框中输入副本数，复制得到的新对象间隔相同的角度。图 1.5.58 是将组对象沿指定的轴心旋转复制 5 个副本得到的透视图(轴心的改变是通过选择命令面板的“层次”|“轴”|“仅影响轴”命令，利用选择移动工具将茶壶的轴心移动

到指定位置，再次单击“仅影响轴”按钮，取消对轴心点的控制）。

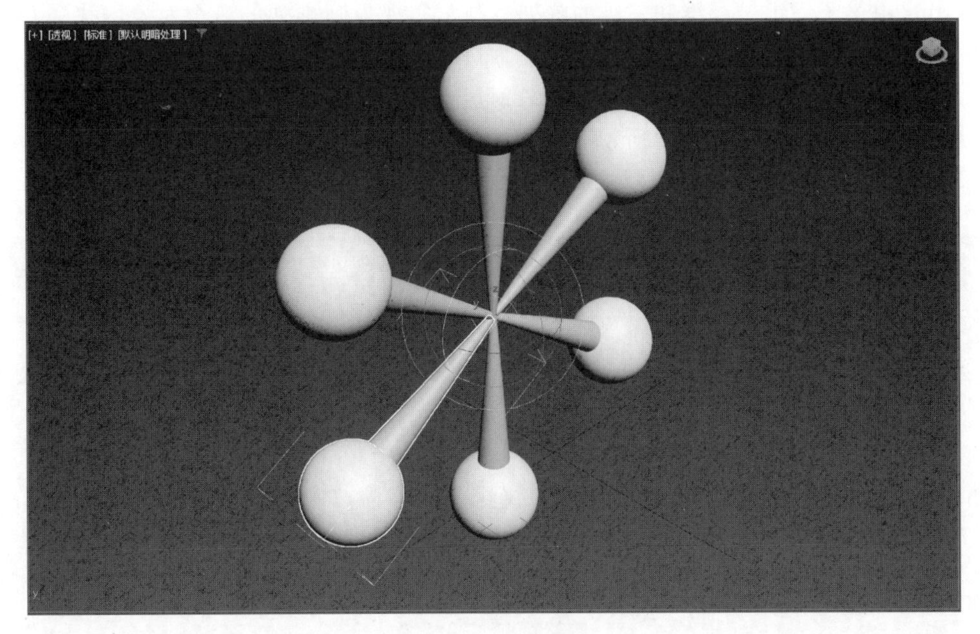

图 1.5.58　旋转复制

（4）镜像

单击工具栏中的（镜像）按钮或选择菜单“工具”|“镜像”命令，将弹出如图 1.5.59 所示的对话框，在对话框中可以设置镜像的轴或平面，对选中的对象进行镜像复制或移动，对话框中的“偏移”则是镜像对象的轴心点与原对象轴心点之间的距离，图 1.5.60 是一个圆锥体在 *Z* 轴上镜像复制的结果。

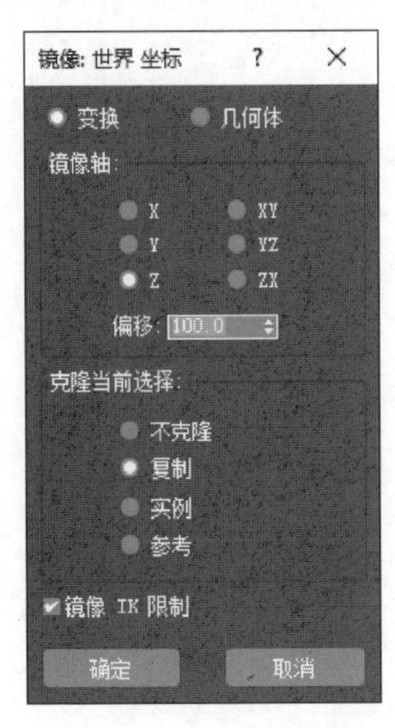

图 1.5.59　“镜像”对话框

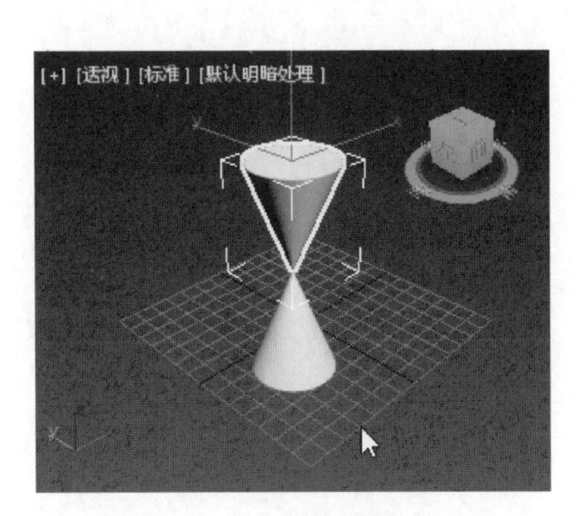

图 1.5.60　圆锥体镜像复制的结果

（5）阵列复制

3ds Max 提供了一维、二维和三维的阵列复制，实现规则排列的多个对象的移动和旋转复制。选中要复制的对象，再选择菜单“工具”|“阵列”命令，打开如图 1.5.61 所示的“阵列”对话框，先选中创建好的一个切角长方体(长、宽、高：10，10，10，圆角：0.5)，阵列复制一个 3×3×3 的魔方，如图 1.5.62 所示。

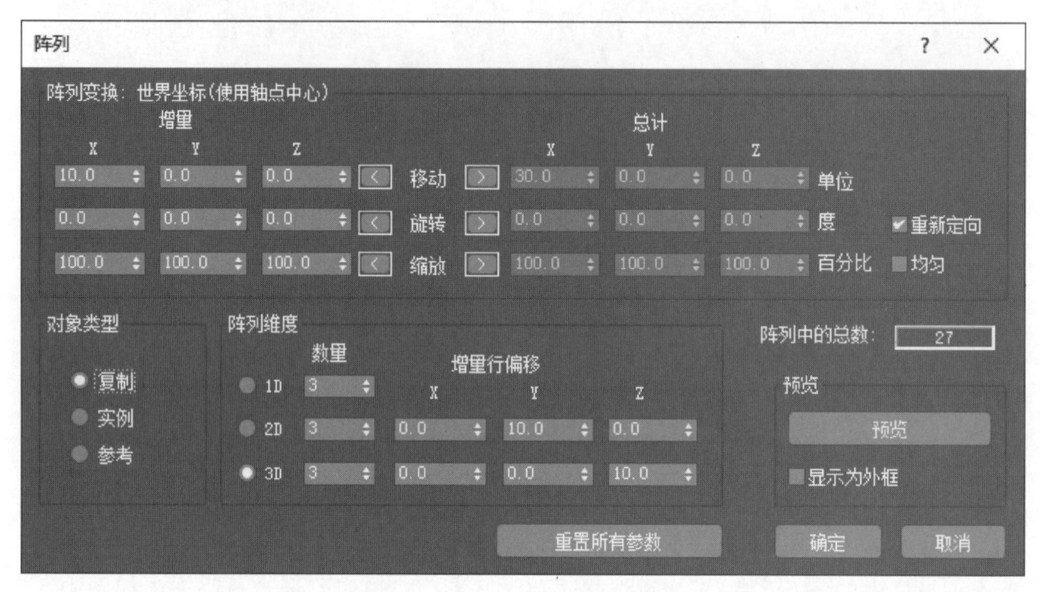

图 1.5.61　“阵列”对话框

图 1.5.62　阵列复制的魔方

7. 对象的删除

将不需要的对象选中，选择菜单“编辑”|“删除”命令或按 Delete 键直接删除。

8. 对象的对齐

（1）对齐

3ds Max 中对象之间如果不要求精确对齐，一般可以在前视图和左视图中进行对象的移动来放置对象的位置，但如果需要精确地对齐对象，则应该采用对齐命令来精确定位。首先选中要对齐的源对象，选择菜单“工具”|“对齐”命令或单击工具栏中的按钮，再到场景中单击要对齐的目标对象，弹出如图 1.5.63 所示的对话框，若要将球体正好放置在圆锥体尖端上方，在对话框中先设置 X 轴和 Y 轴方向中心对齐中心，单击“应用”按钮，再设置 Z 轴方向球的最小对齐到圆锥体的最大，效果如图 1.5.64 所示。

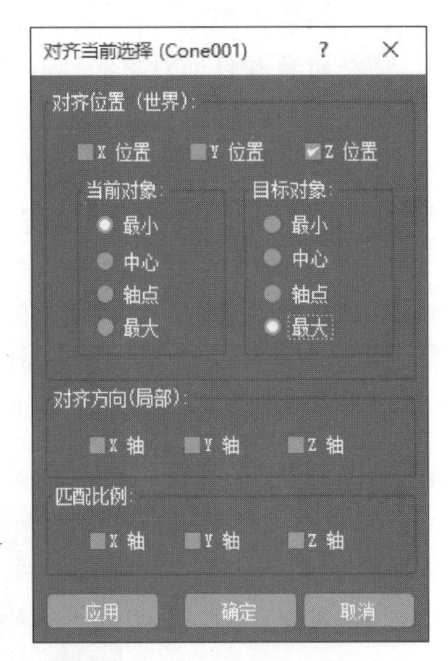

图 1.5.63　对齐当前选择

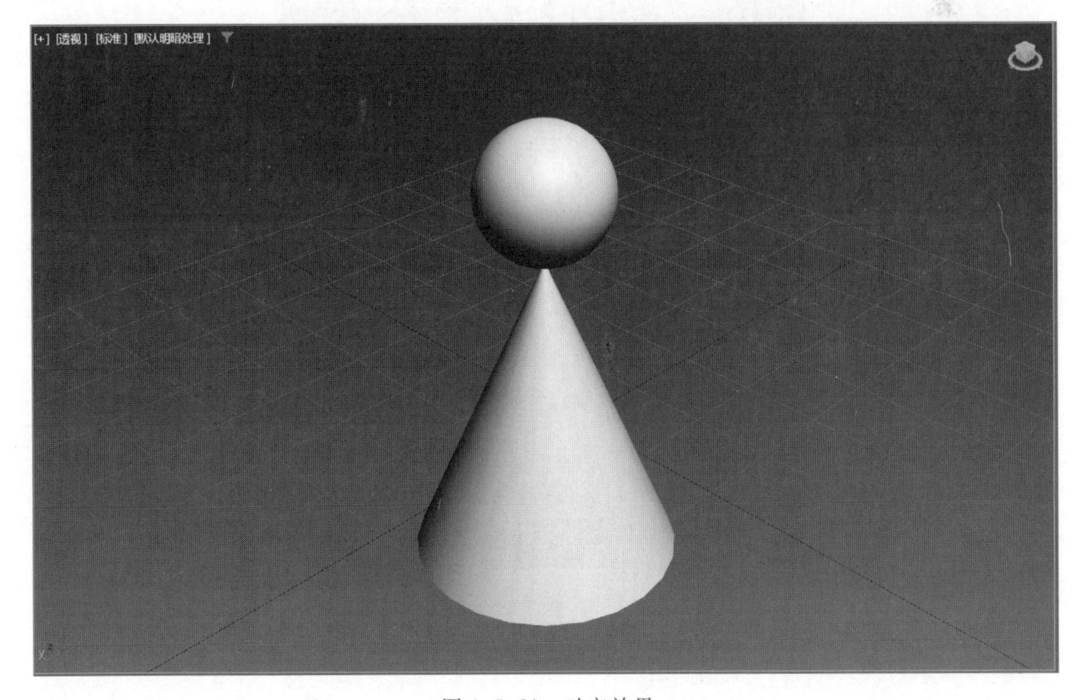

图 1.5.64　对齐效果

① 最小：表示对象沿某个坐标轴正向的起始位置。

② 中心：表示沿某个坐标轴方向对象的中心点位置。

③ 轴点：表示对象在某个轴向的轴心点。

④ 最大：表示对象沿某个坐标轴正向的结束位置。

(2) 快速对齐

使源对象和目标对象的轴心点重合。

(3) 法线对齐

在源对象要对齐的法线位置单击，对象表面会有一根蓝色的法线，然后到目标对象上需要对齐的法线位置单击，在单击处会有一根绿色的法线，那么源对象的法线将与目标对象的法线重合。

9. 对象的属性

选择菜单“编辑”|“对象属性”命令，或右击对象，在快捷菜单中选择“对象属性”命令，打开如图 1.5.65 所示的“对象属性”对话框，其中显示了对象的名称、尺寸、交互性、显示属性和渲染控制等信息，一般无须更改。

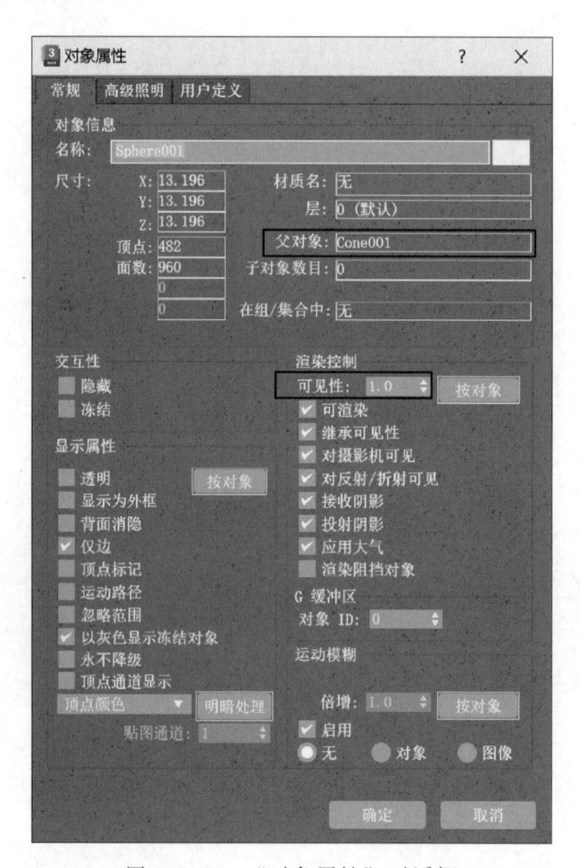

图 1.5.65 “对象属性”对话框

(1) 更改父对象

父对象默认为场景根，更改父对象的方法是单击工具栏中的 (选择并链接)按钮，然后到场景中单击当前对象并拖曳鼠标到其父对象上，建立链接以后，父对象的运动将同步作用到其子对象上，反过来则不会，也就是说，子对象的运动不会影响其父对象。 (取消链接选择)按钮可断开当前对象与其父对象之间的链接关系。

(2) 可见性

渲染控制中的可见性可以控制对象的显示或隐藏，1 表示完全可见，0 表示完全透明，这个参数的变化可以记录为动画，用于实现对象的淡入或淡出显示。

5.3.4　简单几何体和平面图形的创建

1. 标准基本体的创建

标准基本体包括长方体、圆锥体、球体、几何球体、圆柱体、管状体、圆环、四棱锥、茶壶和平面等，下面以长方体的创建为例讲解标准基本体的建模过程。

(1) 创建长方体

在命令面板中单击+(创建)按钮下的○(几何体)按钮，在列表中单击 长方体 按钮，然后在透视图或顶视图中单击鼠标左键，拖曳画出长方体的底部，松开鼠标后再向上拖曳画出长方体的高度，效果如图 1.5.66 所示。

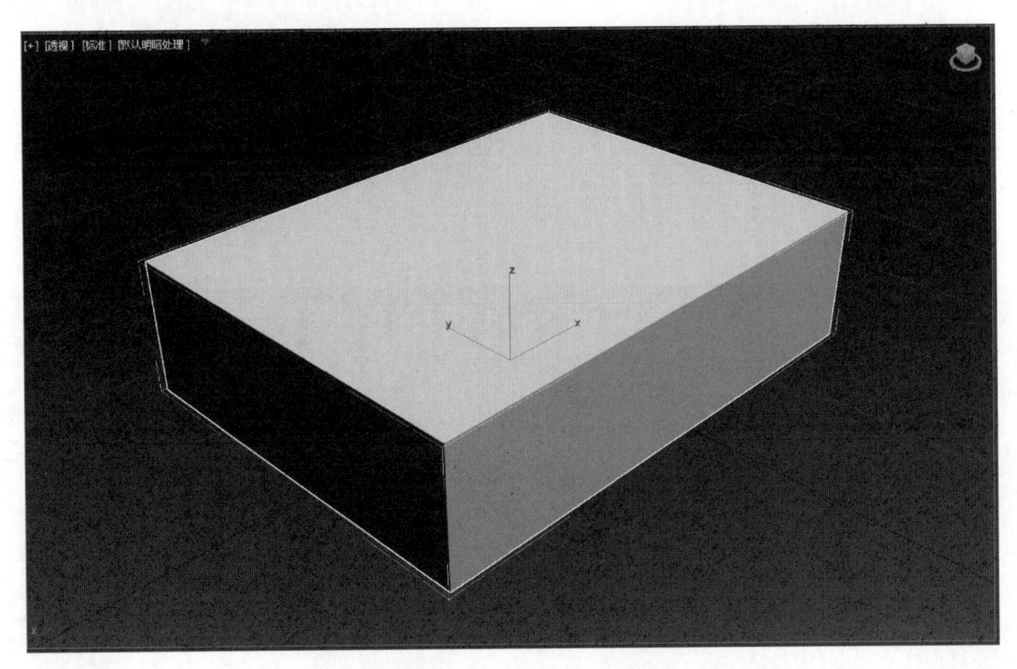

图 1.5.66　创建长方体

(2) 修改参数

选中长方体，单击命令面板中的(修改)按钮，在如图 1.5.67 所示的“参数”列表中修改长度、宽度、高度和各个方向上的分段数。

注意：3ds Max 中默认的单位是“通用单位”，可以选择菜单“自定义”|“单位设置”命令，打开如图 1.5.68 所示的对话框，单击“系统单位设置”按钮则可以改变系统单位的设置，默认 1 单位=1 英寸。

部分标准基本体有一个 ✔启用切片 的参数，现创建一个圆柱体，将切片起始位置设为 90，切片结束位置设置为 180，各个参数设置效果如图 1.5.69 所示。注意：切片起始位置和切片结束位置都可以从 0 变到 360，且其变化可分别记录为动画，也可以同时变化并记录为动画，观察不同动画效果的区别。

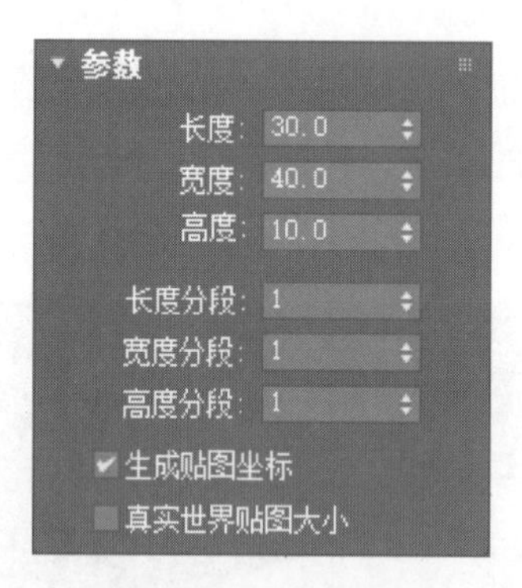

图 1.5.67　修改参数

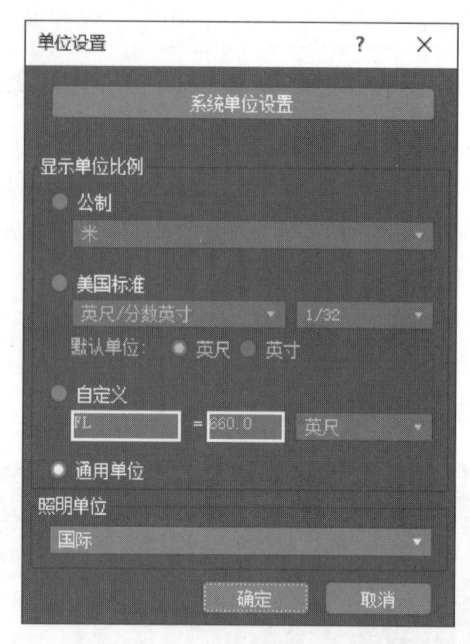

图 1.5.68　“单位设置”对话框

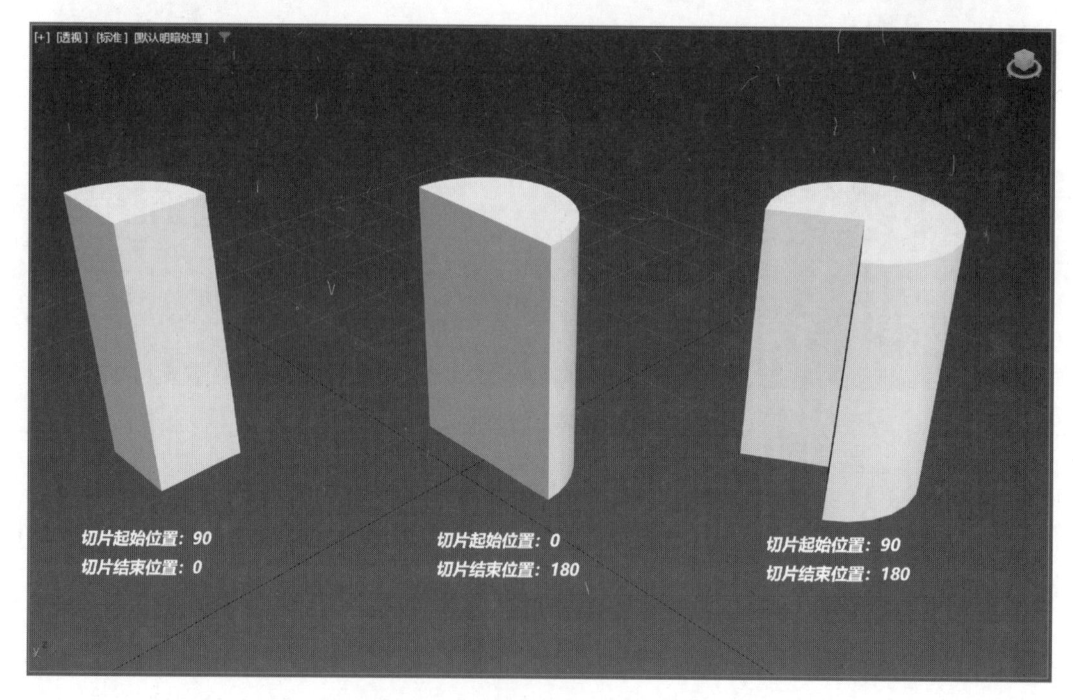

图 1.5.69　圆柱体启用切片效果

2. 扩展基本体的创建

在命令面板中单击(创建)按钮下的(几何体)按钮，在列表中选择“扩展基本体”按钮，显示出如图 1.5.70 所示的各种扩展基本体。扩展基本体的创建与标准基本体类似，只是提供的参数不同，而且比标准基本体复杂，利用标准基本体和扩展基本体可以创建出常见的形状规则的三维物体。

3. 平面图形的创建

(1) 样条线的创建

在命令面板中单击 +（创建）按钮下的（图形）按钮，选择样条线，显示如图 1.5.71 所示的各种类型的样条线类型，可以选择任意一种类型，一般在顶视图或前视图中拖动鼠标创建所需样条线。新增加的“徒手”类型可用于自由绘制样条线。

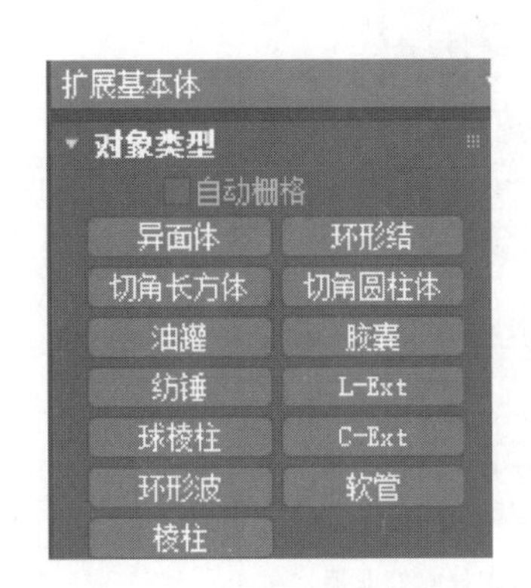

图 1.5.70 “扩展基本体”面板

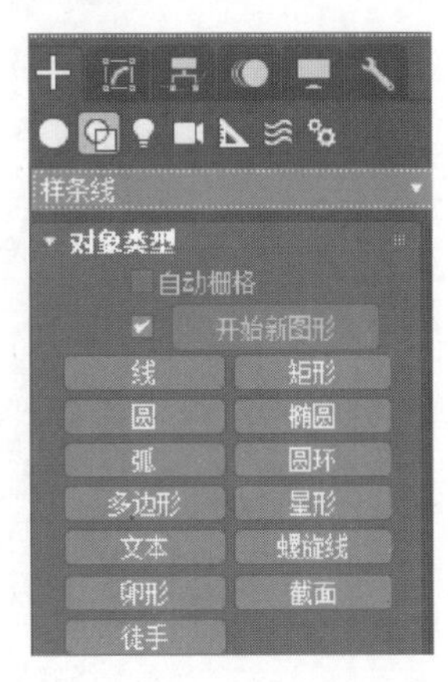

图 1.5.71 “样条线”类型

(2) NURBS 曲线的创建

在前视图或顶视图中每次单击鼠标可定位一个节点的位置，移动鼠标指针将拖出一条曲线，鼠标右击将停止绘制曲线。如果单击“CV 曲线”类型，那么在前视图或顶视图中每次单击鼠标定位的是控制节点位置，鼠标指针移动时有一条黄色的直线即为控制线，绘制的曲线(白色)则在控制线之间自动产生，如图 1.5.72 所示。

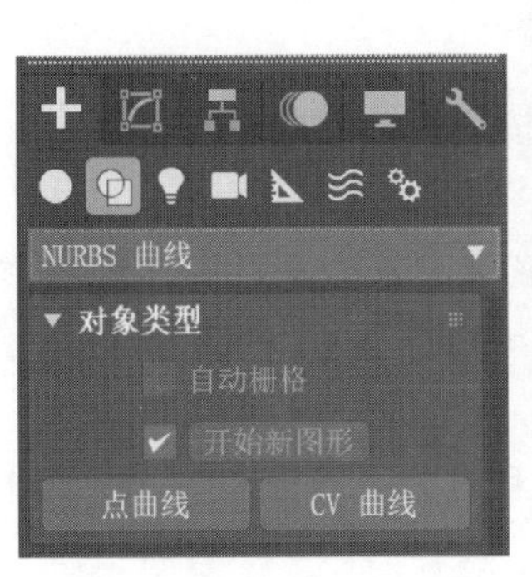

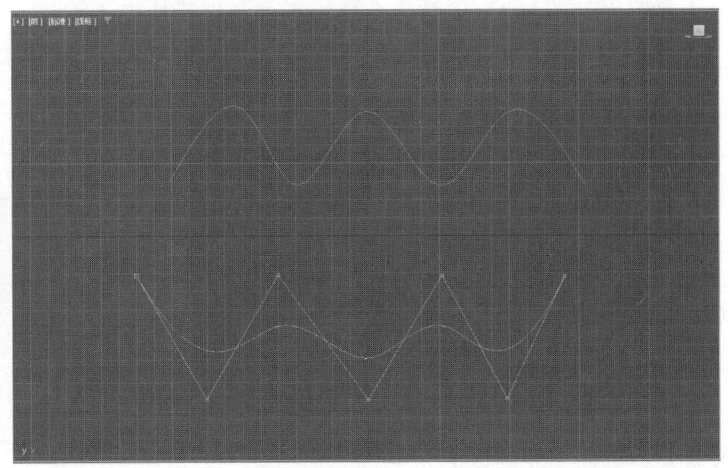

图 1.5.72 NURBS 曲线的创建

5.3.5 修改器

使用修改器可以对物体施加各种变形修改，同时还可施加到物体的次物体级别，如点、分段、样条线、面、多边形等，通过修改变形可创建复杂的三维物体模型。

1. 修改器面板

单击按钮进入修改器面板，如图 1.5.73 所示，其主要组成部分如下。

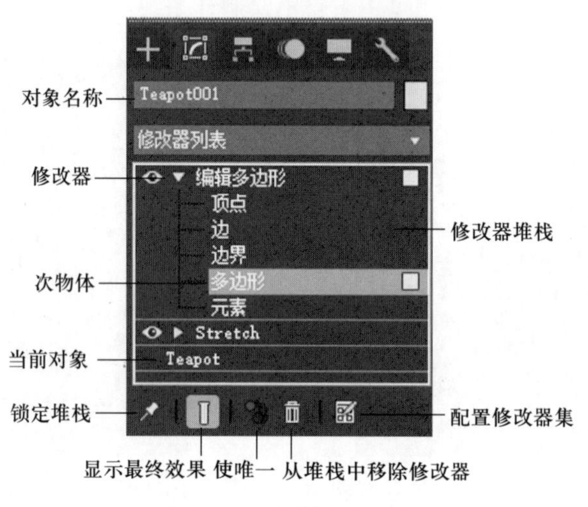

图 1.5.73　修改器面板

（1）修改器列表及修改器堆栈

大多数物体的形状都需要进行修改变形，在修改器列表中选择所需修改器，新添加的修改器将显示在堆栈上方，单击前面的小三角，可展开进入到修改器的次物体级别，底部的命令按钮如下。

①（锁定堆栈）：将修改堆栈锁定在当前物体上。

②（显示最终结果）：单击后即可观察对象修改的最终结果。

③（使唯一）：使作用于选择集的修改器独立出来，只作用于当前选择对象。

④（从堆栈中移除修改器）：删除某个修改器。

⑤（配置修改器集）：可将修改器显示为按钮形式及改变按钮组的配置。

（2）参数展卷栏

修改器堆栈下方会显示当前修改器的所有可设置参数，当屏幕上不能全部显示所有参数时，可以将鼠标指针放到参数部分的空白位置，指针变成手形即可拖曳显示出所需参数。

2. 修改器的类型

系统默认将修改器分为三大类：网格编辑、世界空间修改器和对象空间修改器，下面根据修改对象的不同，介绍以下几种。

（1）图形的修改

用于将二维的平面图形变为三维的几何体对象，如挤出、车削和倒角、面挤出等。

（2）几何体的修改

用于对几何体进行修改变形，如弯曲、锥化、扭曲、拉伸、晶格、网格平滑、松弛、噪波等。

（3）次物体的修改

用于平面图形和几何体的次物体的修改变形，如编辑样条线、编辑网格、编辑面片、编辑多边形等。

（4）自由变形的修改

用于给物体添加可任意调节的控制点，这里的修改变形可以记录为动画，有 FFD 2×2×2、FFD 3×3×3、FFD 4×4×4、FFD（长方体）、FFD（圆柱体）等类型。

（5）UV 修改器

用于改变对象的表面特性，如 UVW 贴图，可创建物体的贴图坐标。

3. 常用修改器

许多复杂三维物体的造型是通过对一些标准基本体和扩展基本体进行修改变形得到的，还有一些三维物体则是要先画出物体的截面图形或轮廓线，再通过车削、倒角或挤出等方式得到三维造型。

（1）编辑样条线修改器

平面图形是由点、分段和样条线等次物体组成的，修改矩形、圆或文本之类的图形次物体需要先添加“编辑样条线”修改器，直线则可以直接进入其次物体级别进行修改。

在前视图中绘制一个圆，进入修改器面板，在修改器列表中选择“编辑样条线”选项，单击“编辑样条线”前面的▶按钮，展开显示出次物体，如图 1.5.74 所示，单击“顶点”选项进入顶点次物体级别，然后在前视图中单击某个顶点，选中的顶点显示为红色，同时有两个控制杆，右击该顶点，显示当前顶点的编辑模式为“Bezier”（贝塞尔），顶点的编辑模式有以下 4 种形式。

① Bezier：提供两根调整杆，两根调整杆成一条直线并与顶点相切。

② Bezier 角点：提供两根调整杆，两根调整杆可任意调节。

③ 角点：顶点两边的线段可成任意角度。

④ 平滑：将顶点两边的线段变成圆滑的曲线，曲线与顶点相切。

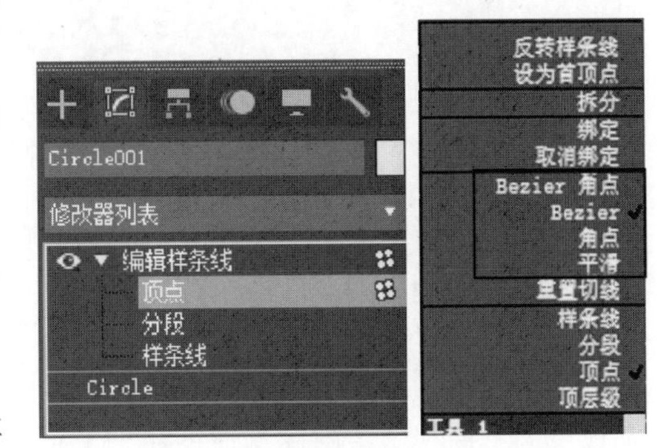

图 1.5.74　编辑样条线及顶点类型

编辑样条线中的次物体介绍如下。

①“顶点”次物体：首先在视图中选择需要修改的顶点，视图中选中的顶点显示为红色，然后再执行相应的顶点修改命令，常用的顶点修改命令包括插入、优化、焊接、融合、圆角/切角和删除等操作。

②“分段”次物体：首先在视图中选择需要修改的线段，选中的线段显示为红色，然后再执行相应的分段修改命令，对线段进行优化、拆分、插入和删除等操作。

③“样条线”次物体：首先在视图中选择需要修改的样条线，选中的样条线显示为红色，然后再执行相应的样条线修改命令，可对样条线进行附加、插入、轮廓、布尔运算、修剪、延

伸、分离、炸开和删除等操作。

(2) 挤出修改器

挤出修改器用于将二维图形挤出为有一定厚度的三维物体，如在顶视图中绘制一个矩形，利用挤出修改器就可以挤出为一个长方体。下面利用挤出修改器来创建立体文字。

① 创建文字：选择菜单“创建”|“图形”命令，单击“文本”按钮，在如图 1.5.75(a)所示的文本区中输入文字“人工智能”，然后在前视图中单击创建文字对象。

② 给文字添加“挤出”修改器，设置挤出的数量为 5，如图 1.5.75(b)所示，挤出的立体文字效果如图 1.5.75(c)所示。可以利用前面的“编辑样条线”修改器对文本图形先进行一些变形，然后再挤出，那么就可以获得各种造型的三维文字了。

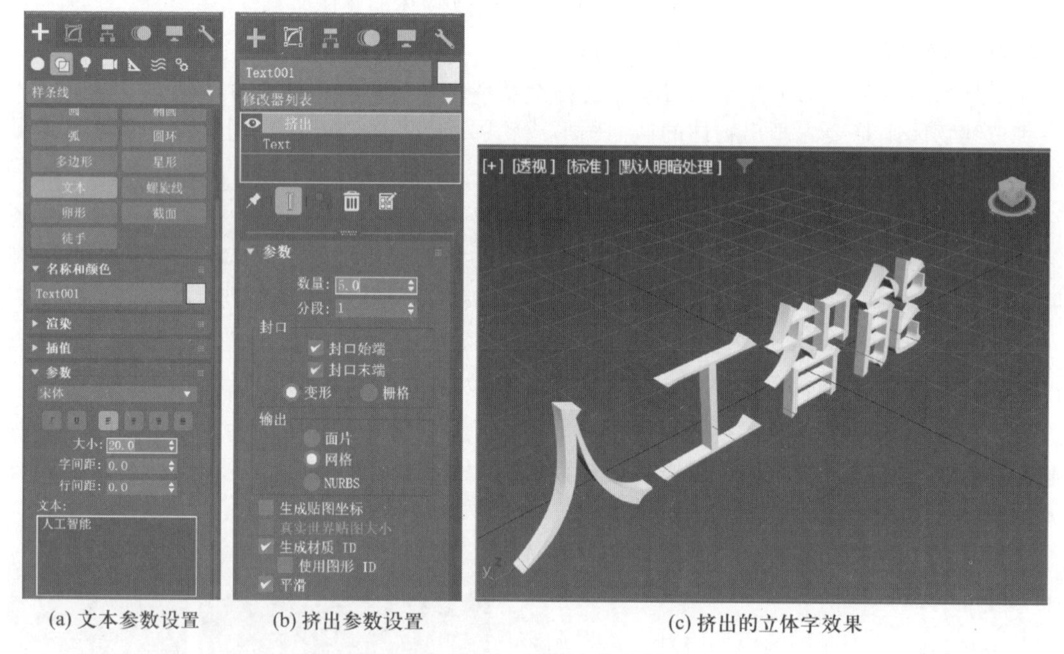

(a) 文本参数设置　(b) 挤出参数设置　(c) 挤出的立体字效果

图 1.5.75　创建立体文字

生成立体文字的另一种常用方法是利用倒角修改器，倒角立体字可以使文字具有多个斜面轮廓。其次利用倒角剖面、晶格和壳等修改器也可以生成实心或空心的立体文字。

(3) 车削修改器

车削是通过旋转的方法由二维截面图形旋转生成三维物体，适合构建类似花瓶和碗之类的三维模型。下面利用车削修改器创建一个花瓶。

① 首先在前视图中绘制花瓶的截面图形，如图 1.5.76 所示。

② 选择车削修改器，参数设置如图 1.5.77 所示，方向设为 Y，单击“对齐”组中的“最小”按钮，车削结果如图 1.5.78 所示。

(4) 弯曲修改器

弯曲修改器主要用于对物体进行弯曲修改，下面以一个圆柱体为例讲解弯曲修改。

① 创建一个“标准基本体”中的“圆柱体”，参数如图 1.5.79(a)所示。注意必须增加高度上的分段数，如果段数太少，在进行弯曲修改后圆柱体造型不发生变化或被弯曲的表面不够光滑。

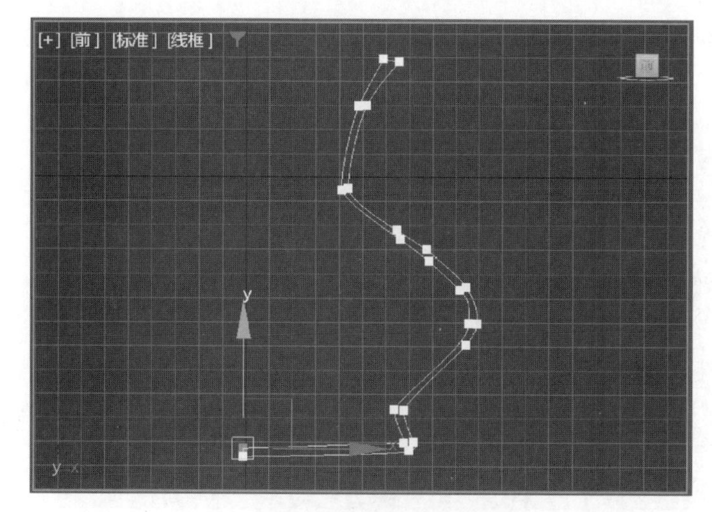

图 1.5.76　花瓶的截面图形

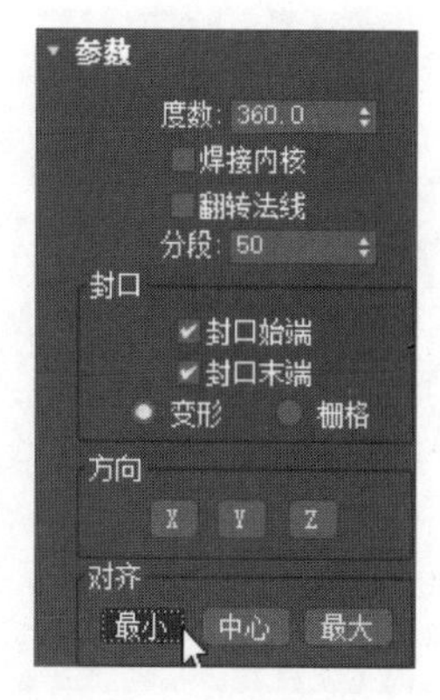

图 1.5.77　车削修改器参数设置

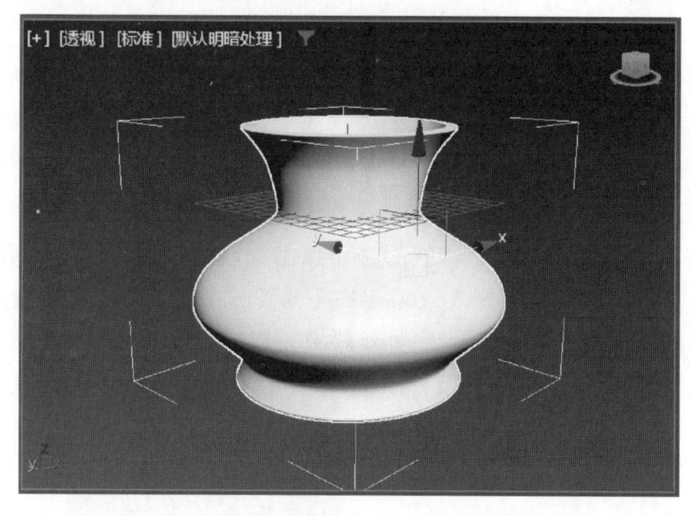

图 1.5.78　车削的花瓶

② 进入修改器面板，在修改器列表中选择“弯曲”选项。在视图中可看到圆柱体外被加上了一个橘黄色的外框，这个外框就是圆柱体的“Gizmo”（变换线框）次物体。Gizmo 次物体就像是一个盒子，许多的修改器被添加到物体上时都会有这个 Gizmo 次物体。物体的变形其实是 Gizmo 在变形，Gizmo 中的原物体就好像是液体一样随 Gizmo 发生变化。

③ 在“弯曲”参数展卷栏中调节参数观看弯曲效果，其参数设定如图 1.5.79(b)所示，弯曲 180°的效果如图 1.5.80(a)所示。

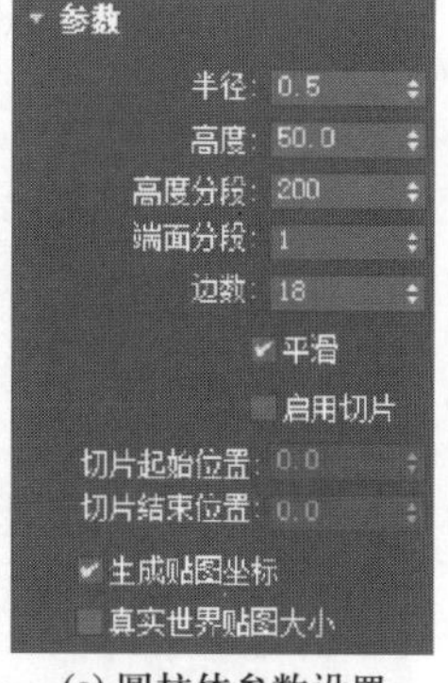

(a) 圆柱体参数设置

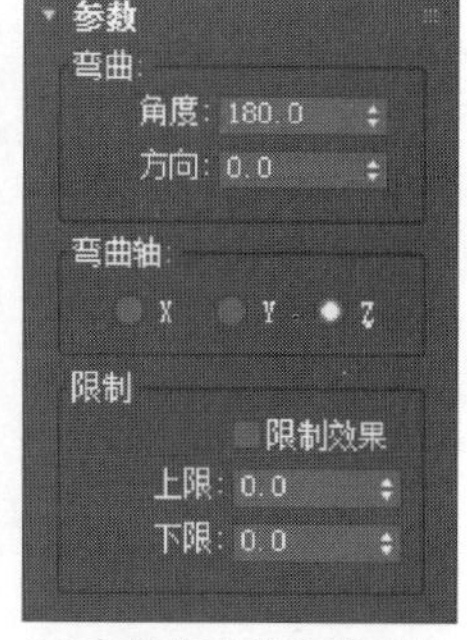

(b) 弯曲修改器参数设置

图 1.5.79　圆柱体的弯曲

④ 勾选“限制效果”复选框，将弯曲的上限设置为30，表示弯曲的范围限定在0~30，然后移动弯曲的中心，弯曲的效果如图 1.5.80(b)所示。

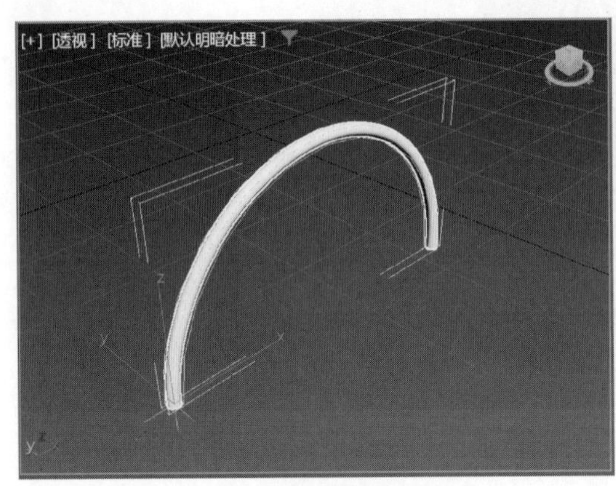

(a) 弯曲180°的效果

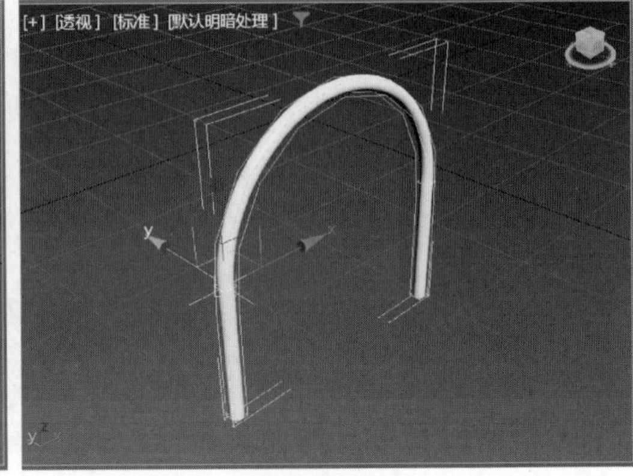

(b) 限制弯曲效果

图 1.5.80　圆柱体的弯曲效果

(5) 编辑网格和编辑多边形修改器

编辑网格和编辑多边形修改器主要用于三维对象的建模修改。编辑网格修改器提供了顶点、边、面、多边形和元素 5 个次物体级别的修改，而编辑多边形修改器则将面改成了边界次物体，如图 1.5.81 所示。如果在视图中右击三维对象，在快捷菜单中选择“转换为可编辑网格”或“可编辑多边形”命令，那么转换后会将原来添加的修改器全部塌陷(就是不再保留已添加的修改器，而是将前面所有的修改效果定格下来)。另外，对象添加编辑网格或编辑多边形修改器，次物体的修改变形不能记录为动画效果，而转换成可编辑网格或可编辑多边形后，其次物体的修改变形可记录为动画效果。图 1.5.82 所示为一个球体在顶点次物体级别中将中间的顶点放大、顶点删除，并进行适当移动与缩放的结果。

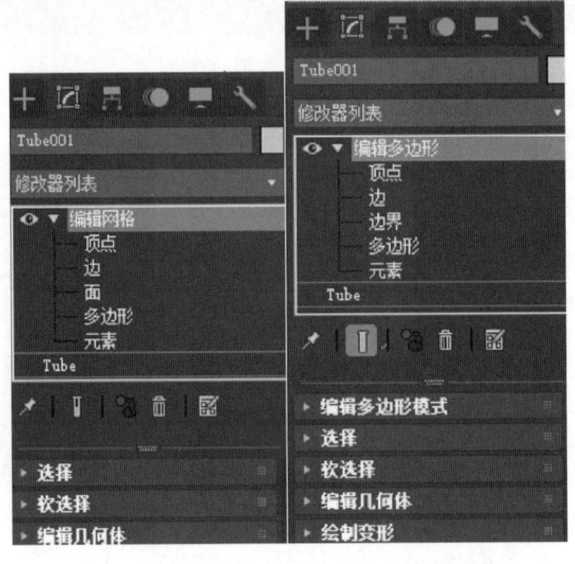

图 1.5.81　编辑网格和编辑多边形修改器

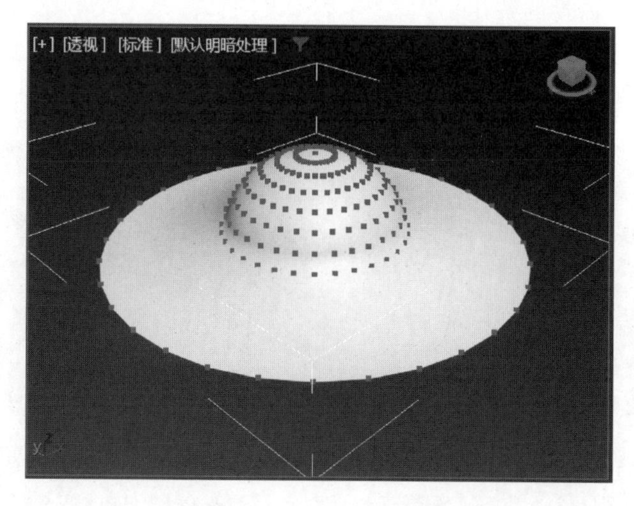

图 1.5.82　球体的编辑结果

(6) FFD 修改器

3ds Max 中 FFD 修改器是对物体进行空间变形修改的一种修改器，下面以 FFD 4×4×4 为例，构建一只碗的模型。

① 选择菜单“创建”|“几何体”命令，在下面的命令面板中选择“圆环”选项，参数设置如图 1.5.83(a)所示，在修改器面板中选择 FFD 4×4×4 修改器。

② 单击修改器堆栈中的“控制点”次物体，如图 1.5.83(b)所示，在前视图框选最上面一排所有的控制点，用选择并移动工具将这些选中的控制点往上移动，然后再框选最下面一排所有的控制点，稍微往下移动一些，利用选择并均匀缩放工具将所有控制点缩小到一点，如图 1.5.83(c)所示，最后得到碗的造型如图 1.5.83(d)所示。

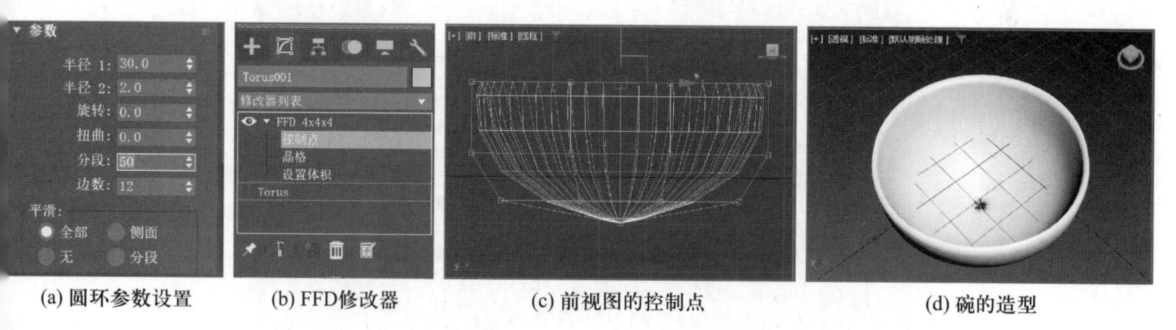

(a) 圆环参数设置　(b) FFD修改器　(c) 前视图的控制点　(d) 碗的造型

图 1.5.83　FFD 变形修改

5.3.6　复合对象的创建

1. 布尔运算

布尔运算可以将多个相关的几何体进行并运算、交运算、减运算或切割运算，使多个几何体成为一个复合的几何体。

例 5.16 创建一个简易的茶几。

① 创建一个切角长方体 ChamferBox001，长、宽、高：80×150×60，圆角：2，创建一个切角长方体 ChamferBox002，长、宽、高：90×140×55，圆角：2，位置如图 1.5.84 所示。

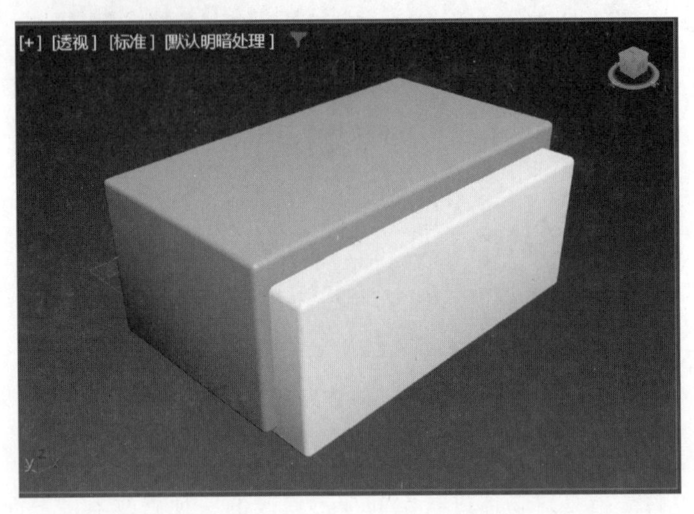

图 1.5.84 ChamferBox 的位置

② 首先选中 ChamferBox001，选择菜单“创建”|“几何体”命令，在下拉列表中选择“复合对象”选项，单击“布尔”按钮，运算对象参数中 ChamferBox00 设为“差集”，再单击“添加运算对象”按钮，到透视图中单击 ChamferBox002，差集运算结果如图 1.5.85 所示。

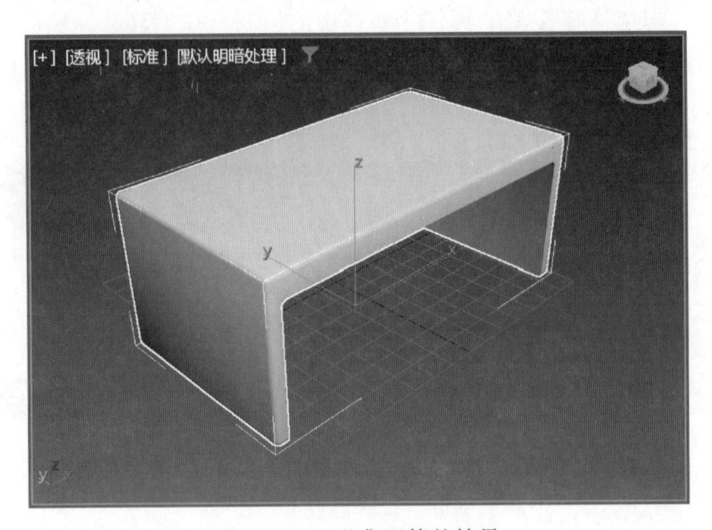

图 1.5.85 差集运算的结果

③ 右击布尔运算后的对象，选择快捷菜单中的“转换为”|“转换为可编辑多边形”命令，在多边形次物体级别中，将茶几表面的多边形利用倒角做出上表面的形状，这里第 1 次倒角高度为 5，轮廓为 20，第 2 次倒角高度为 2，轮廓为-10，结果如图 1.5.86 所示，给茶几贴上高级木纹和彩色图片，最终的渲染效果如图 1.5.87 所示。

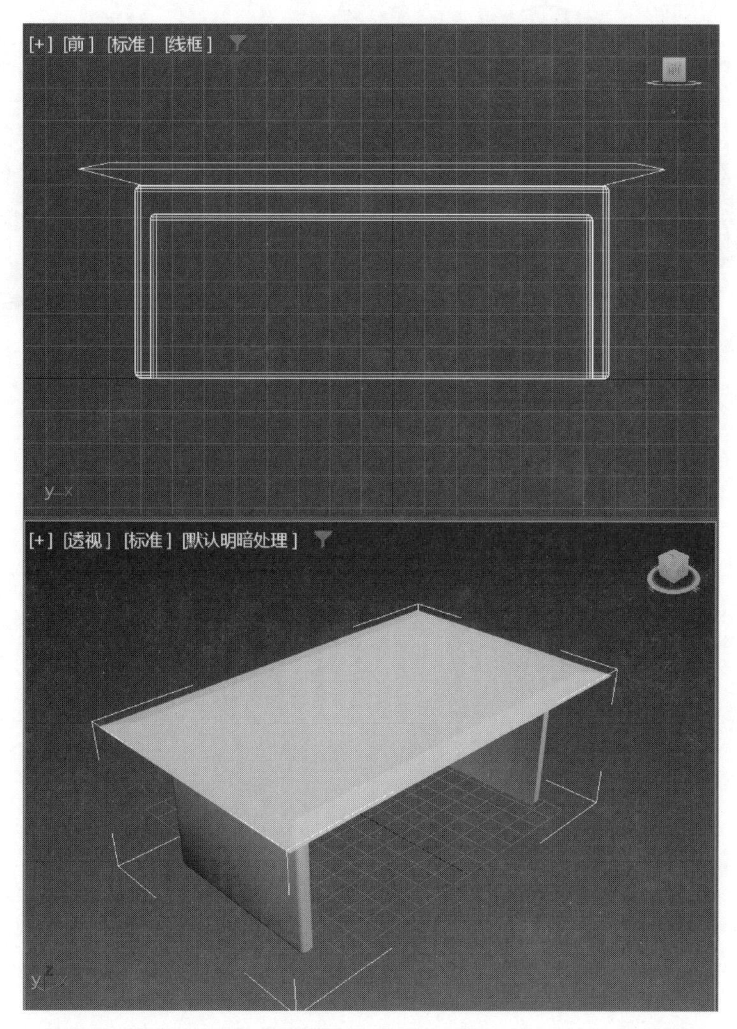

图 1.5.86　茶几形状

2. 图形放样

图形放样是 3ds Max 中创建复合对象的一种典型建模方法，就是将一个物体的截面图形沿着一条路径放样来获得其三维造型。放样的截面图形的形状和数目没有限制，但是放样的路径只能是一条。放样得到的物体还可以进行缩放、倒角、扭曲或拟合变形，可以创建出许多复杂的三维模型。

① 首先在顶视图中画一个圆和星形作为截面图形，在前视图中从上往下绘制一根直线作为放样路径，选中直线，然后选择菜单“创建”|“几何体”命令，在下拉列表中选择“复合对象”选项，单击“放样”按钮，在图 1.5.88 中单击“获取图形”按钮，然后到顶视图的“圆”上进行单击，就可以在透视图中看到如图 1.5.89 所示的放样圆柱体。继续在图 1.5.88 中的路径中输入 85(即路径的 85%处)，再单击“获取图形”按钮，然后到顶视图的“星形”上进行单击，透视图中的放样结果如图 1.5.90 所示。

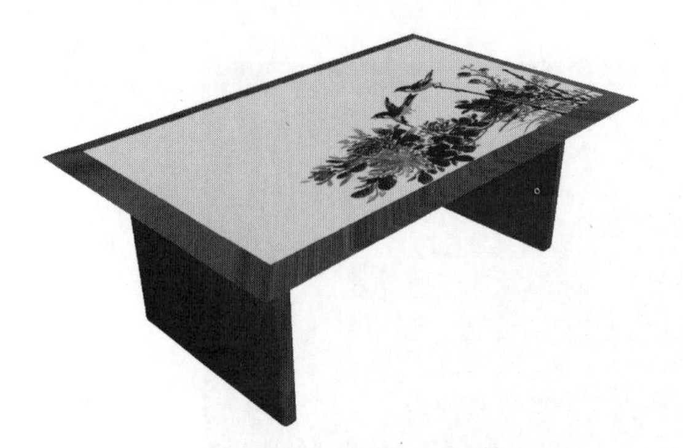

图 1.5.87 茶几渲染效果

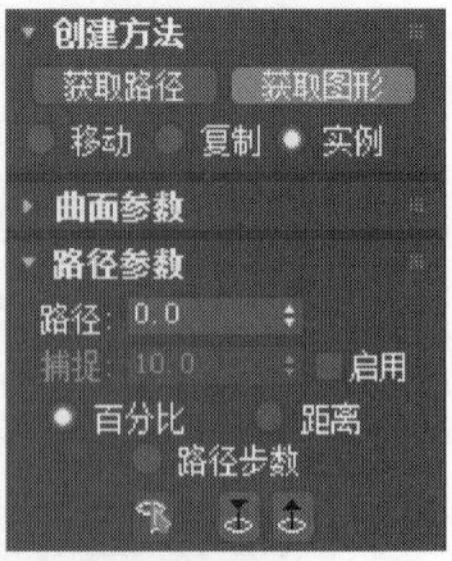

创建方法
获取路径
获取图形
移动
复制
实例
曲面参数
路径参数
路径: 0.0
捕捉: 10.0
启用
百分比
距离
路径步数

图 1.5.88 放样参数设置

[+] [透视] [标准] [默认明暗处理]

图 1.5.89 放样得到的圆柱体

[+] [透视] [标准] [默认明暗处理]

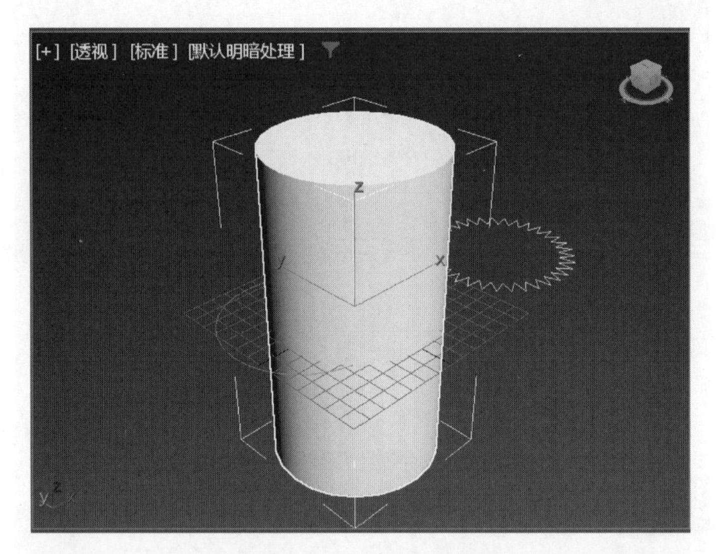

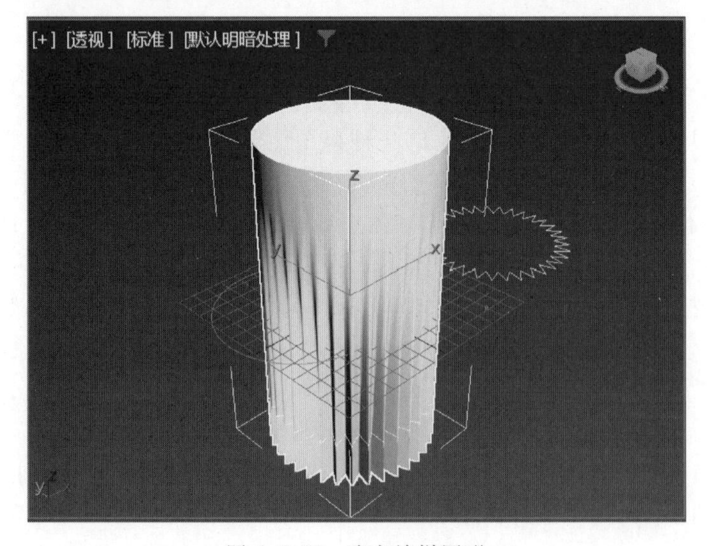

图 1.5.90 改变放样图形

② 选中放样物体，在如图 1.5.91 所示的“变形”参数展卷栏中单击“缩放”按钮，设置如图 1.5.92 所示的缩放变形曲线，横轴表示路径，纵轴表示缩放值，100 指的就是 100%，也就是不改变大小，最后的缩放效果如图 1.5.93 所示。

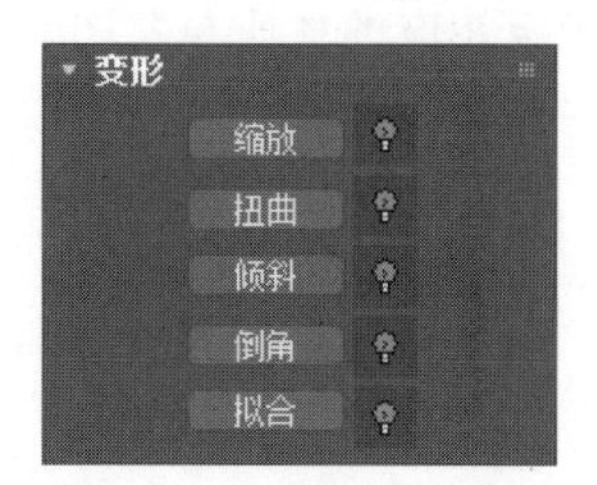

图 1.5.91　放样变形

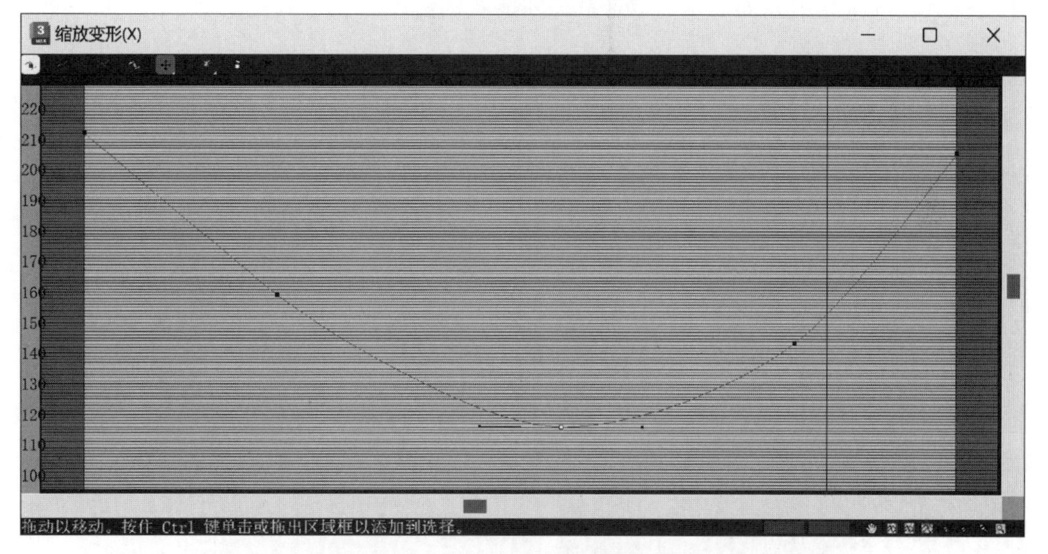

图 1.5.92　缩放变形曲线

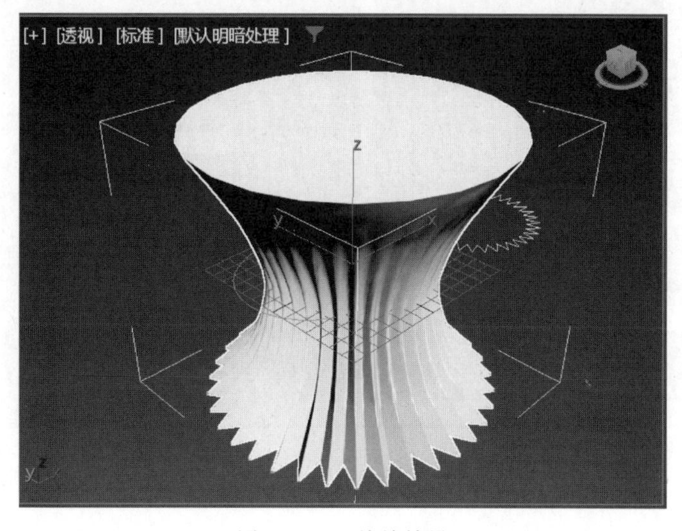

图 1.5.93　缩放效果

5.3.7 材质与贴图

场景中的物体模型虽然可以指定一种颜色进行区分，但要使物体看起来与真实物体一样，仅用颜色是做不到的，必须给物体指定相应的材质与贴图。材质包含了颜色、质感、反射、折射以及物体表面的纹理等内容，这些属性的组合在不同的光照条件下将呈现不同的视觉效果。3ds Max 中材质编辑器提供“精简材质编辑器”和“slate 材质编辑器”两种模式，其中精简材质编辑器沿用传统编辑界面，而 slate 材质编辑器用图形方式将各个关联节点连接，显示了各个材质与贴图的层级关系，其操作方法与精简材质编辑器的操作方法基本一致。新版本的材质编辑器界面如图 1.5.94（a）所示。选择菜单“自定义”|“自定义默认设置切换器”可以切换为传统材质显示界面，如图 1.5.94（b）所示。本书只介绍传统材质编辑界面下的材质贴图方法。注意：更改材质显示界面需重启 3ds Max 才能看到。

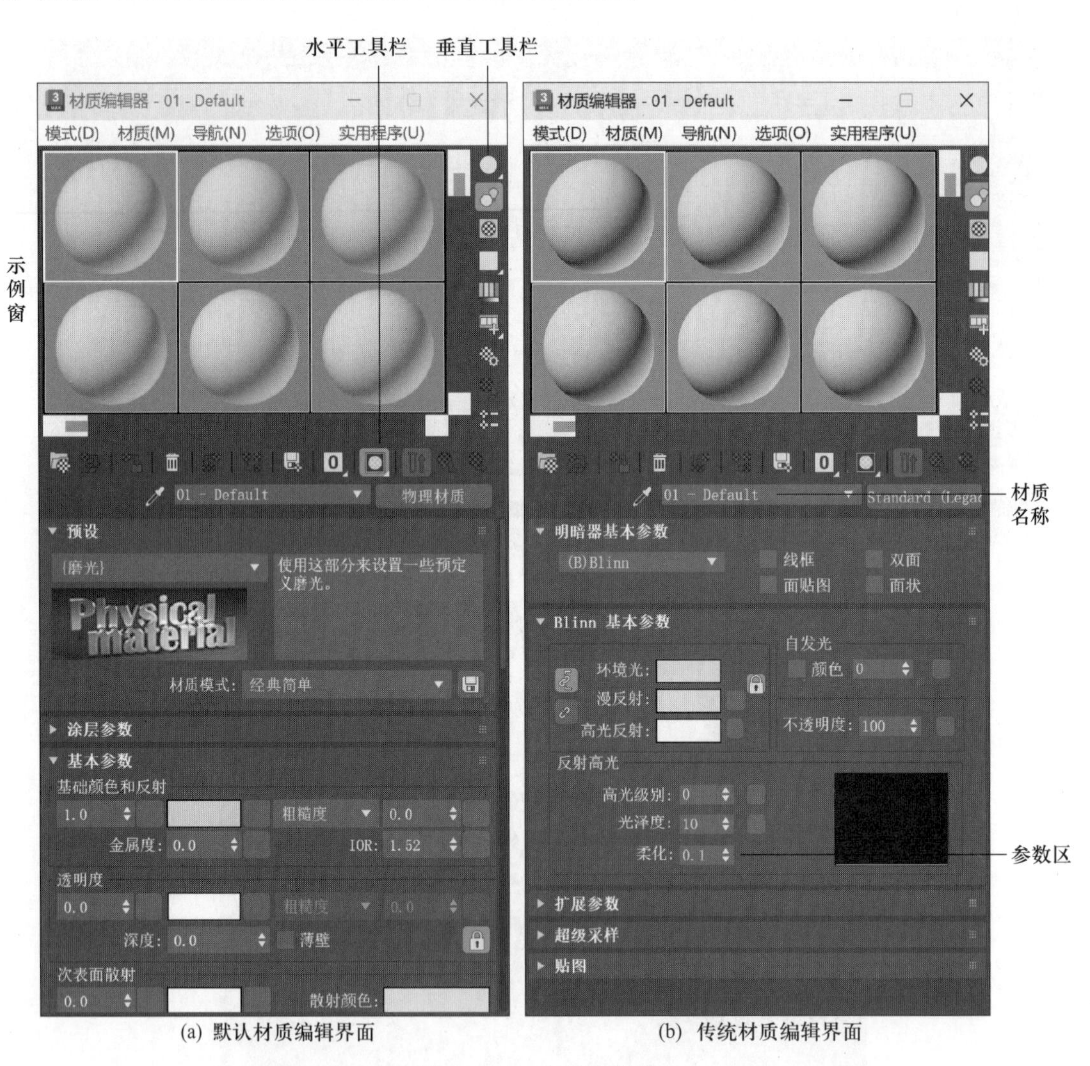

(a) 默认材质编辑界面　(b) 传统材质编辑界面

图 1.5.94　材质编辑器

1. 材质编辑器的组成

（1）示例窗

在材质编辑器窗口的上部为示例窗，可以预览材质和贴图，默认状态下显示为球体，每个窗口显示一个材质。单击示例窗即可激活，被激活的示例窗边框显示为白色外框。在选定的示例窗内右击，在快捷菜单中选择排列方式，在示例窗内可显示 3×2（默认）、5×3、6×4 等的排列方式。

（2）垂直工具栏

①（采样类型）：样本球可显示为球体、圆柱体或立方体。

②（背光）：单击此按钮可在样本的背后设置一个光源。

③（背景）：在样本的背后显示方格底纹，适合透明材质使用。

（3）水平工具栏

①（将材质指定给选定对象）：将材质赋予场景中选中的对象。

②（重置贴图/材质为默认设置）：恢复示例样本为默认材质。

③（放入库）：将编辑好的材质放入材质库中。

④（在视口中显示明暗处理材质）：在视图中显示标准贴图效果。

⑤（转到父对象）：返回上一个级别的操作。

（4）参数区

参数区可调节材质参数，3ds Max 的参数区包括多个展卷栏，如图 1.5.95 所示。一般的材质只需要设置明暗器基本参数、Blinn 基本参数和贴图参数即可。

2. 材质的参数设置

（1）明暗器基本参数

明暗方式即材质产生高光的方式，决定了材质的质感。3ds Max 提供了 8 种着色类型：Anisotropic（各向异性）、Blinn（胶性）、Metal（金属）、Multi-Layer（多层高光）、Oren-Nayar-Blinn（明暗处理）、Phong（塑性）、Strauss（金属加强）和 Translucent Shader（半透明明暗器），每一种着色类型确定在渲染一种材质时着色的计算方式。这几种着色方式的选择取决于场景中所构建物体的需求。若创建玻璃或塑料物体，可选择 Phong 或 Blinn 着色方式；如果要使物体具有金属质感，则选择 Metal 着色方式。

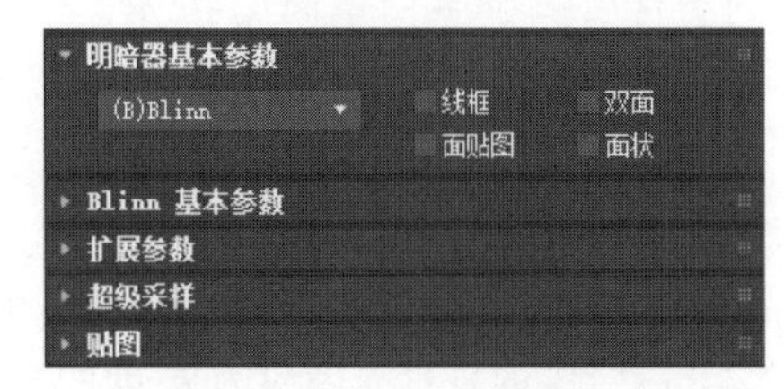

图 1.5.95 材质参数展卷栏

在图 1.5.95 所示的明暗器基本参数展卷栏中，还有 4 个复选框：线框、双面、面贴图、面状，它们可使同一种材质得到不同的渲染效果。

（2）Blinn 基本参数

在 3ds Max 中基本材质赋予对象一种单一的颜色，材质用于模拟物体表面的反射特性与真实生活中对象反射光线的特性。基本材质使用 3 种颜色构成对象表面，这 3 种颜色如下。

① 环境光：设置对象阴影处的颜色，环境光比直射光强时对象反射的颜色。

② 漫反射：光照条件较好（如太阳光和人工光直射）情况下对象反射的颜色，是对象的固有色。

③ 高光反射：设置反光亮点的颜色。高光颜色看起来比较亮，而且高光区的形状和尺寸可以控制。根据不同质地的对象来确定高光区范围的大小和形状。

使用3种颜色及对高光区的控制，可以创建出大部分基本反射材质。这种材质相当简单，但能生成有效的渲染效果，同时基本材质也可以模拟发光对象及透明或半透明对象。这3种颜色在边界的地方相互融合，在环境光颜色与漫反射颜色之间，融合根据标准的着色模型进行计算，高光和环境光颜色之间，可使用材质编辑器来控制融合数量。

3. 常用材质介绍

单击材质编辑器中的Standard（Legacy）(标准材质)按钮即可打开如图1.5.96所示的材质/贴图浏览器，下面介绍几种通用材质的使用。

(1) 多维/子对象

将多种材质组合在一起指定给一个物体的多个次物体，首先必须在次物体级别中给不同的次物体指定相应的材质编号，与多维/子对象中的子材质编号一一对应，也可以利用多维/子对象将一个材质球的多个不同的子材质赋予多个不同的物体，达到共享材质球的作用。

图1.5.96 材质/贴图浏览器

例5.17 创建一个静态的魔方，该魔方不能旋转，6个面以及接缝的颜色不一样。

微视频：静态魔方

① 在透视图中创建一个边长为30个单位的切角立方体，圆角为0.5，将立方体的长度、宽度和高度的分段数分别设为3。右击该切角立方体，在快捷菜单中选择“转换”|“转换为可编辑多边形”命令，进入“多边形”次物体级别，分别将每个面中的9个多边形选中以后单击“编辑多边形”参数栏中的“倒角”命令右侧的设置按钮 倒角 ，在如图1.5.97所示的窗口中设置倒角的高度、轮廓以及倒角类型(按多边形)，使立方体的6个面看上去是由9个凸出的多边形组成，效果如图1.5.98所示。

② 在材质编辑器中单击Standard按钮，选择“多维/子对象”材质，在图1.5.99中单击“设置数量”按钮，输入7，7个子材质全部设为标准材质，再分别设置7种子材质的不同颜色。

③ 回到场景中，框选切角立方体的所有多边形，设置其材质ID为1，如图1.5.100所示，然后再分别选中6个面中的9个多边形，依次赋予相应的材质ID，最后将材质赋予场景中的切角立方体，效果如图1.5.101所示。

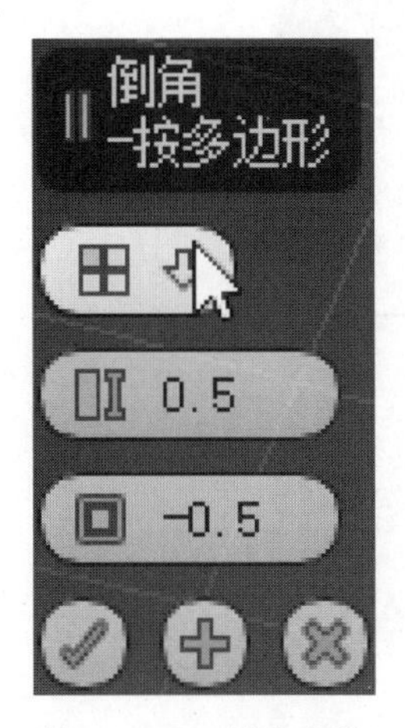

图 1.5.97　倒角参数

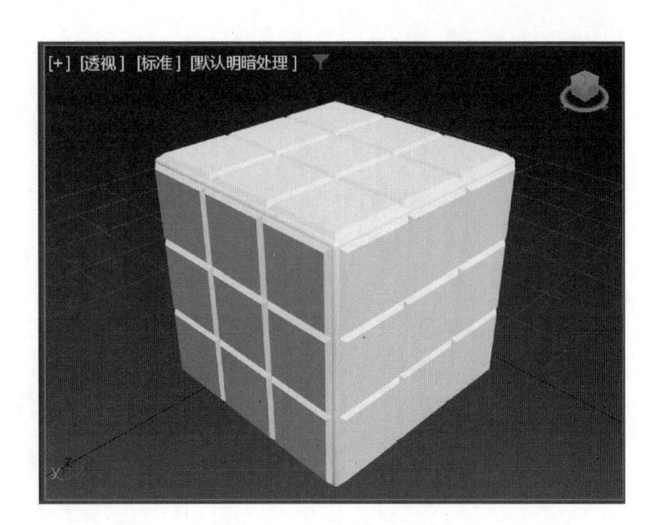

图 1.5.98　切角立方体

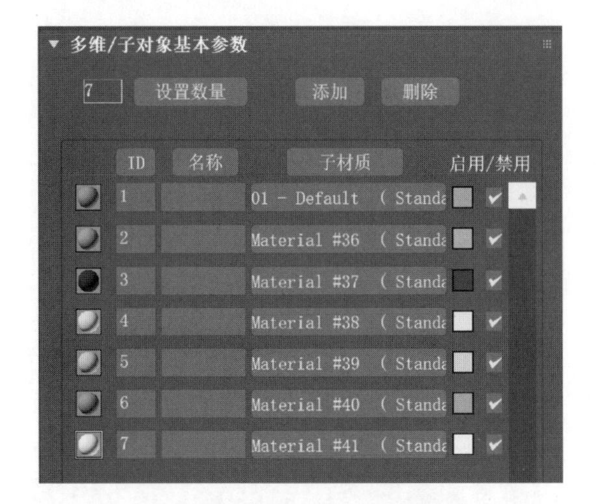

图 1.5.99　多维/子对象基本参数

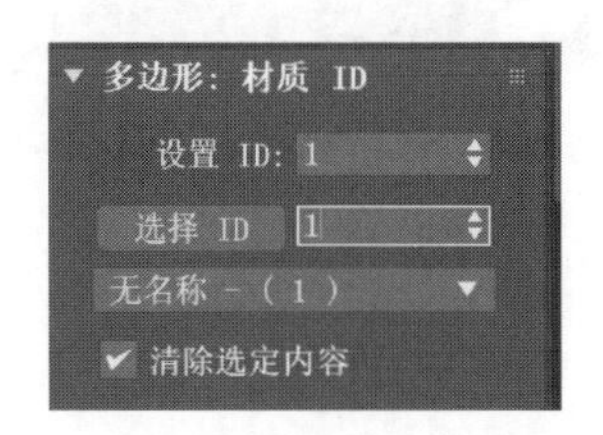

图 1.5.100　设置多边形的材质 ID

（2）双面材质

双面材质用于给对象的正反两面贴不一样的材质效果，在场景中创建一个茶壶，去掉壶盖，默认渲染效果如图 1.5.102 所示，只渲染出了法线的正向。如果选中明暗器基本参数中的“双面”选项，则渲染效果如图 1.5.103 所示，正反两面的材质效果是一样的。现在赋予茶壶一个双面材质，为其正面材质与反面材质分别赋予不同的颜色，渲染效果如图 1.5.104 所示。

（3）混合材质

用于将两种材质进行混合，可以通过混合量控制其混合程度，还可以通过遮罩贴图中的黑白灰控制其混合程度。在如图 1.5.105 所示的参数面板中将材质 1 的漫反射颜色设置为红色，材质 2 的漫反射颜色设置为绿色，混合量设置为 50，则渲染的颜色为黄色，如图 1.5.106 所示。

图 1.5.101　静态魔方效果

图 1.5.102　默认渲染效果

图 1.5.103　双面渲染效果

图 1.5.104　双面材质渲染效果

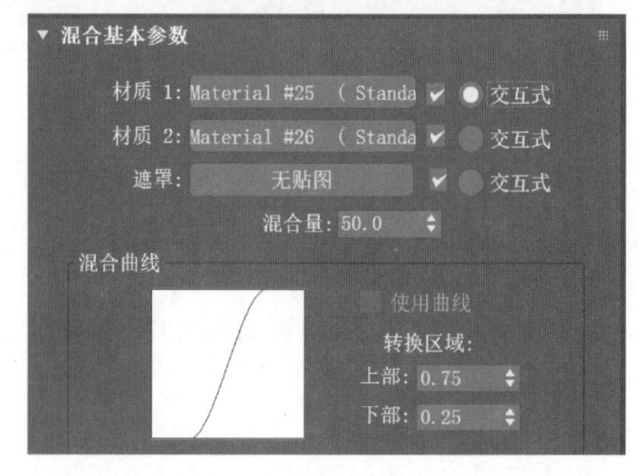

图 1.5.105　混合材质参数设置

(4) 合成材质

合成材质可以在基础材质上叠加 9 种不同的其他材质，合成材质参数如图 1.5.107 所示。合成类型有 A(加)、S(减)和 M(混合)，混合范围为 0~200。若设置基础材质的漫反射颜色为红色，材质 1 的漫反射颜色为绿色，混合值为 50，合成类型为 A 或 M，则结果色为黄色；若合成类型为 S，混合值为 100，则结果色为黑色。

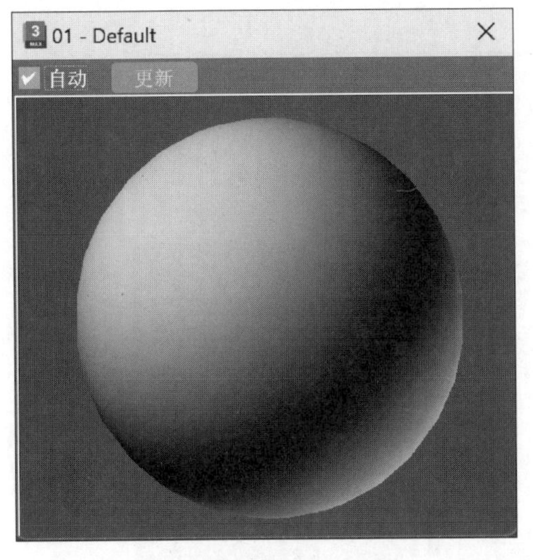

图 1.5.106　混合材质效果

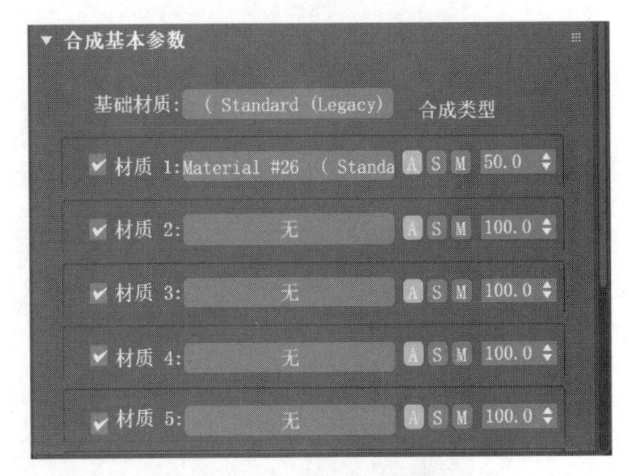

图 1.5.107　合成材质参数设置

例 5.18　材质的综合应用。

下面将用 3 种不同的方法使茶壶呈现相同的材质贴图效果，如图 1.5.108 所示。

方法 1：用标准材质，参数设置如图 1.5.109 所示。

① 设置漫反射颜色为 RGB(50，20，40)，“反射高光”中的“高光级别”为 300，“光泽度”为 85。

② 贴图选择“反射”中的 Raytrace（光线跟踪），数量为 5。

③ 漫反射贴图选择“遮罩”，其中“贴图”选择位图(用彩色图片)，将“贴图”复制到下面的“遮罩”，然后把彩色图片改为对应的黑白图片，坐标参数不变。

图 1.5.108　茶壶的材质贴图效果

注意：遮罩贴图中黑白图片的黑色部分用于抠除彩色图片的白色背景。

方法 2：用混合材质，参数设置如图 1.5.110 所示。

① 材质 1(标准材质)：其中漫反射颜色为 RGB(50，20，40)；“反射高光”中的“高光级别”为 300，“光泽度”为 85；贴图选择“反射”中的 Raytrace(光线跟踪)，数量为 5。

② 材质 2(标准材质)：漫反射颜色贴图选择位图(用彩色图片)，参数与方法 1 中的彩色图片一样。

③ 遮罩：先复制材质 2 的漫反射贴图，然后粘贴到遮罩贴图中，再把彩色图片改为黑白图片，同理，黑白图片的黑色部分用于抠除彩色图片的白色背景。

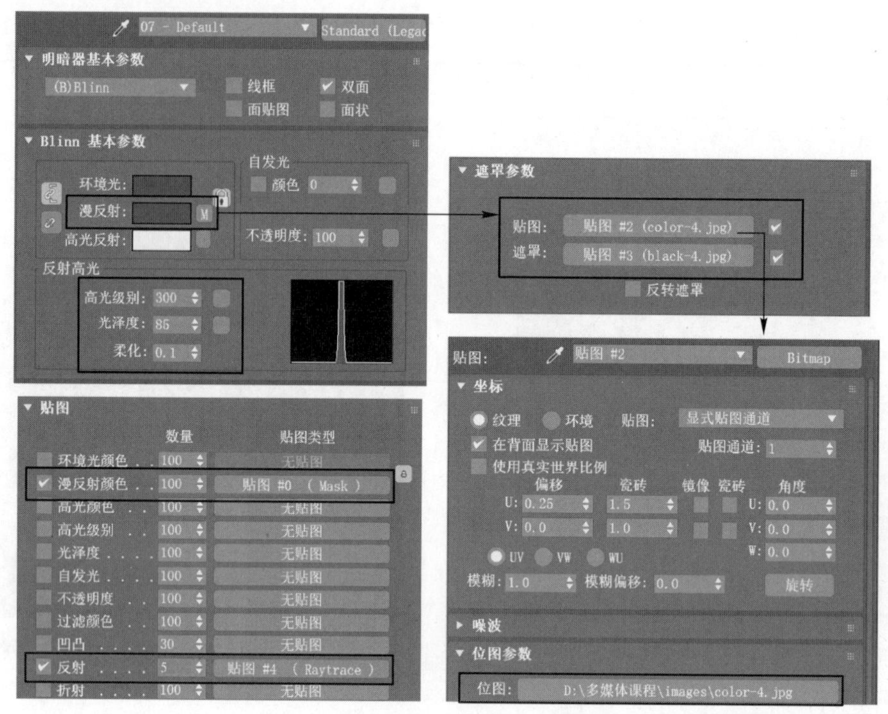

图 1.5.109 标准材质的参数设置

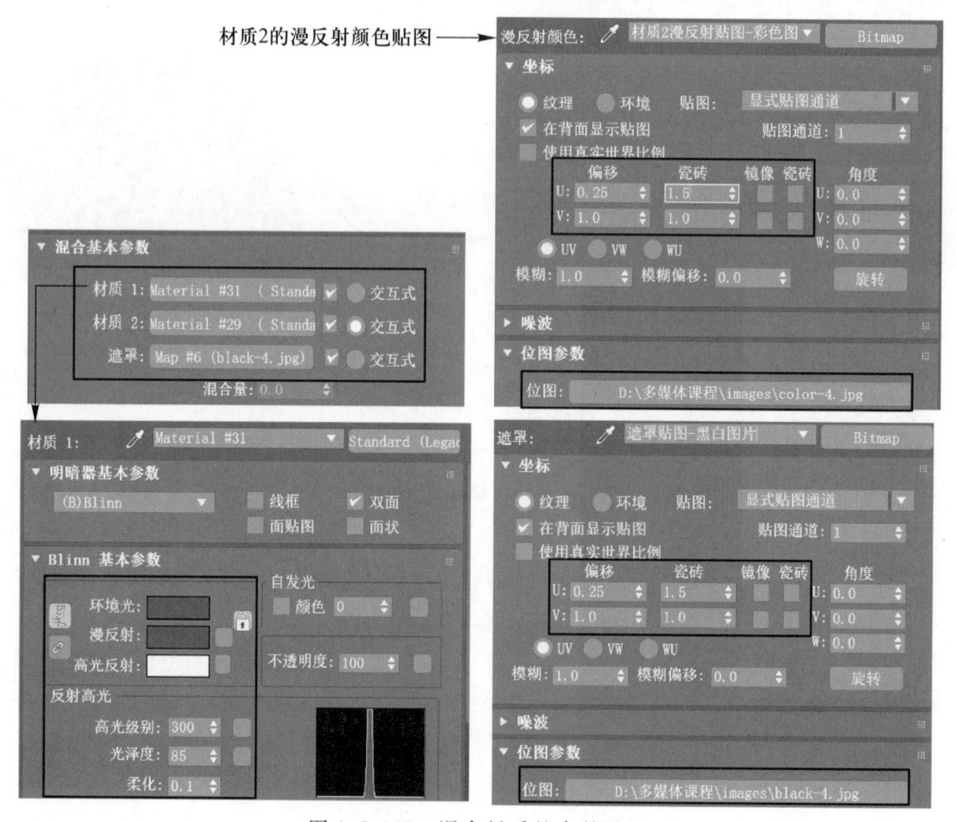

图 1.5.110 混合材质的参数设置

方法 3：用合成材质，参数设置如图 1.5.111 所示。

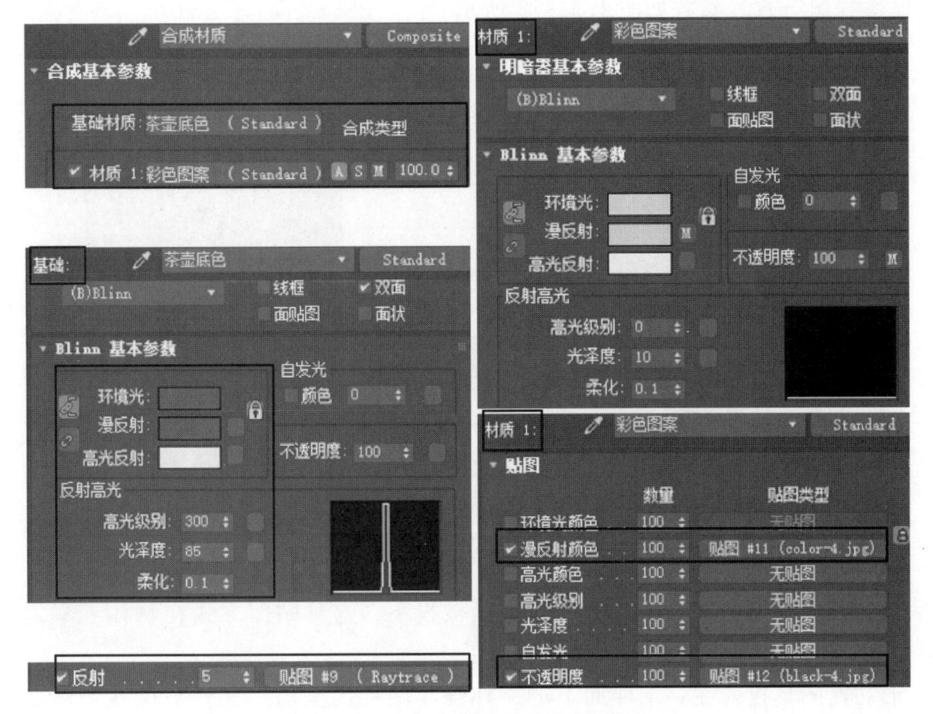

图 1.5.111　合成材质的参数设置

① 基础材质：漫反射颜色为 RGB(50，20，40)，“反射高光”中的“高光级别”为 300，“光泽度”为 85，反射贴图选择光线跟踪，强度为 5。

② 材质 1：使用标准材质、漫反射贴图、彩色图片，参数与前面设置的彩色图片参数一样。再将漫反射贴图复制给“不透明度”贴图，把彩色图片改成黑白图片即可。

4. 贴图

(1) 贴图类型

除了给三维物体指定相应的材质，还经常需要给物体进行贴图指定，使物体的外表更加丰富多彩。展开“贴图”展卷栏，单击对应贴图选项右侧的“无贴图”按钮，在材质/贴图浏览器中选择对应的贴图类型。

在通用贴图中提供了许多系统程序生成的常见贴图类型，其中位图贴图是最常用的一种二维贴图方式。在三维场景的制作中，大部分模型的表面贴图都应该与真实的物体相符，通过一些程序贴图可以模拟出一些纹理，但与真实的纹理有一定的差距，一般通过实际拍摄或扫描手段获取的位图来作为对象漫反射颜色的贴图，位图贴图可以贴静态的图片，也可以贴视频。

(2) 贴图坐标

如果赋予物体的材质中包含任何一种二维贴图，物体就必须具有贴图坐标，这个坐标就是确定二维贴图如何映射在物体上。贴图坐标不同于场景中的 *XYZ* 坐标系，使用的是 UV 或 UVW 坐标系。每个物体在创建时，参数中都有“生成贴图坐标”选项，选择该选项可使物体被渲染时看到贴图效果。

“UVW 贴图”修改器如图 1.5.112 所示，它可调整物体的二维贴图坐标，不同的物体要选择不同的贴图投影方式，参数如图 1.5.113 所示。

图 1.5.112　“UVW 贴图”修改器

图 1.5.113　UVW 贴图参数设置

① 平面：平面映射方式，贴图从一个平面被投下，这种贴图方式在物体上只需要一个面有贴图时使用。

② 柱形：贴图是投射在一个柱面上的，环绕在圆柱的侧面。这种坐标在物体造型近似柱体时非常有用。在默认状态下，柱面坐标系会处理顶面与底面的贴图，只有在勾选了“封口”复选框后才会在顶面与底面分别以平面方式进行投影。

③ 球形：贴图坐标以球面方式环绕在物体表面，用于造型类似球形的物体。

④ 收缩包裹：贴图坐标也是球形的，但收紧了贴图的四角，使贴图的所有边聚集在球的一点，可以使贴图不出现接缝。

⑤ 长方体：将贴图分别投射在长方体的 6 个面上，每个面是一个平面贴图。

⑥ 面：以物体自身的面为单位进行投射贴图。

⑦ XYZ 到 UVW：贴图坐标的 X、Y、Z 轴会自动适配物体造型表面的 U、V、W 方向，这种贴图坐标可以自动选择适配物体造型的最佳贴图形式，不规则物体适合选择此种贴图方式。

（3）贴图应用举例

例 5.19　制作一片玫瑰花瓣。

首先准备如图 1.5.114 所示的花瓣图片，分别用于漫反射颜色贴图、高光颜色贴图、光泽度贴图和不透明度贴图。

(a) 玫瑰花瓣1.jpg　(b) 玫瑰花瓣2.jpg　(c) 玫瑰花瓣3.jpg　(d) 玫瑰花瓣4.jpg

图 1.5.114　花瓣图片

① 选择“创建”|“几何体”|“标准基本体”命令，单击“平面”选项，在透视图中拖曳鼠标创建一个平面物体，将平面大小设为 20×20，分段数为 100，再给平面添加一个弯曲修改器，使其在 X 轴向弯曲-60°。

② 材质设置：选择一个材质球，单击垂直工具栏中的“背景”按钮。选中“明暗器基本参数”展卷栏中的“双面”选项，在“Blinn 基本参数”展卷栏中设置高光级别为 80，光泽度为 30。

③ 贴图设置：展开“贴图”展卷栏，如图 1.5.115所示。

a. 漫反射颜色：选择“位图”贴图，选取文件“玫瑰花瓣 1. jpg”。

b. 高光颜色：选择“玫瑰花瓣 2. jpg”。

c. 光泽度：选择“玫瑰花瓣 3. jpg”。

d. 不透明度：选择“玫瑰花瓣 4. jpg”。

④ 将材质指定给平面，透视图中的平面对象显示为如图 1.5.116 所示的玫瑰花瓣形状。

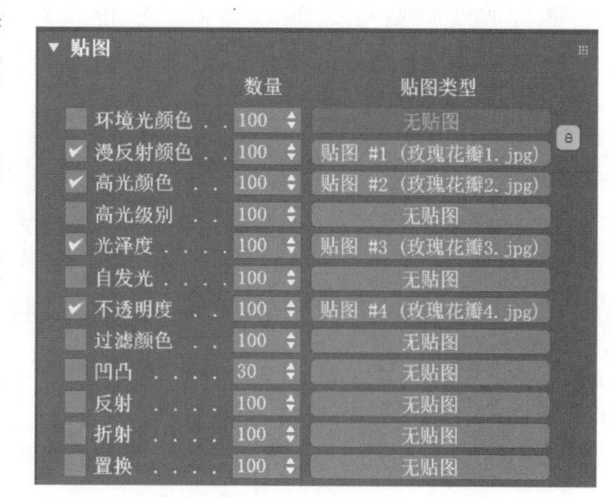

图 1. 5. 115　“贴图”展卷栏

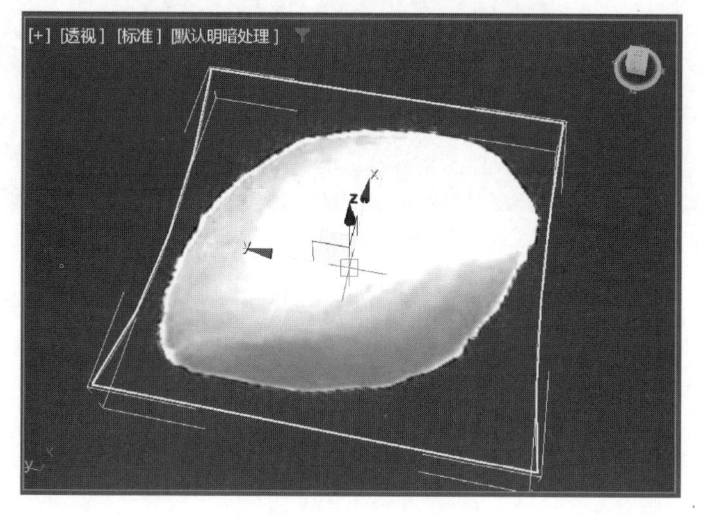

图 1. 5. 116　玫瑰花瓣

5. 3. 8　灯光和摄像机

1. 灯光

三维场景中灯光的作用不仅仅是将物体照亮，还可以通过灯光来决定场景的基调，烘托场景气氛。要使场景达到真实的效果，一般需要许多不同类型的灯光来实现，因为现实世界中的光源有许多种，如太阳光、烛光、荧光灯等，在不同光源的影响下所观察到的物体效果也会不同。

(1) 灯光的分类

3ds Max 中将灯光分为标准灯光、光度学灯光和 Arnold 灯光，其中标准灯光是一种虚拟光源，通过倍增来控制亮度，一般不考虑场景的大小及其单位。光度学灯光是一种真实光源，强度以 cd(坎德拉)为单位(发光强度的单位)，默认为 1 500 cd，对场景的单位和大小有一定限制。例如，在当前场景中创建一个长方体，如果用标准灯光照明，放个泛光灯，不论其单位是 1 米还是 1 万米，都可以将其照亮。但如果改用光度学灯光，则需要考虑单位，1 万米和 1 米所需的发光强度就完全不一样了。这里主要介绍标准灯光的使用。

标准灯光分为 6 种，选择命令面板中的“创建”|“灯光”|“标准” 命令，灯光对象类型如图 1.5.117 所示。在用户没有添加任何灯光以前，场景中已经有默认的灯光将场景照亮，一旦用户往场景中添加某种灯光，新版本中场景灯光不再自动关闭，需要单击视口左上角的“标准”|“照明和阴影”|“用场景灯光照亮” 命令。

① 聚光灯：分为目标聚光灯和自由聚光灯两种，这种灯光有照射方向和照射范围，所以可以对物体进行选择性照射。两种灯的区别在于，目标聚光灯除了一个光源外还有一个照射的目标控制点。如图 1.5.118 所示为聚光灯提供的参数展卷栏，可以对灯光的参数进行设置以达到更好的照明效果。

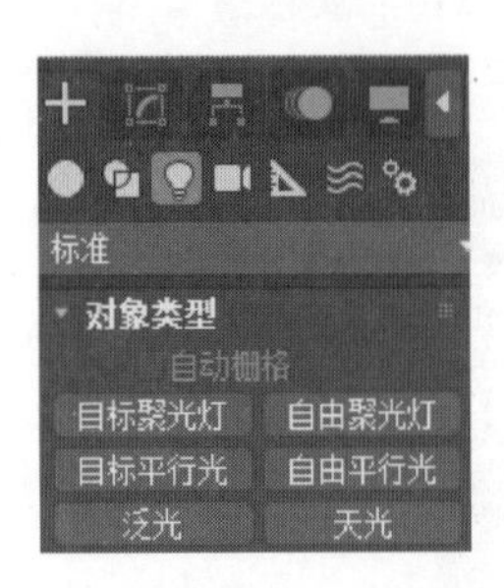

图 1.5.117　灯光类型

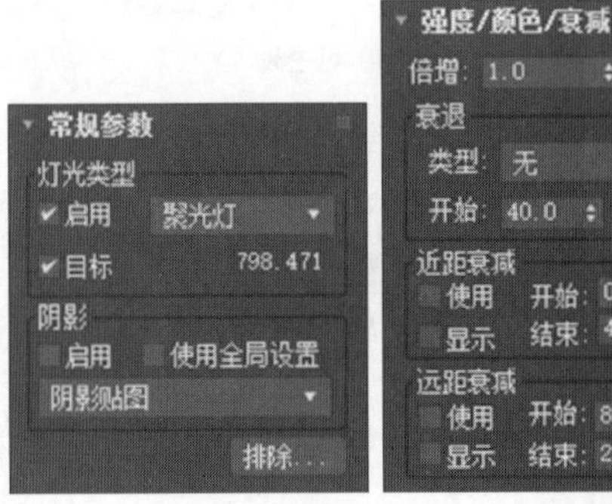

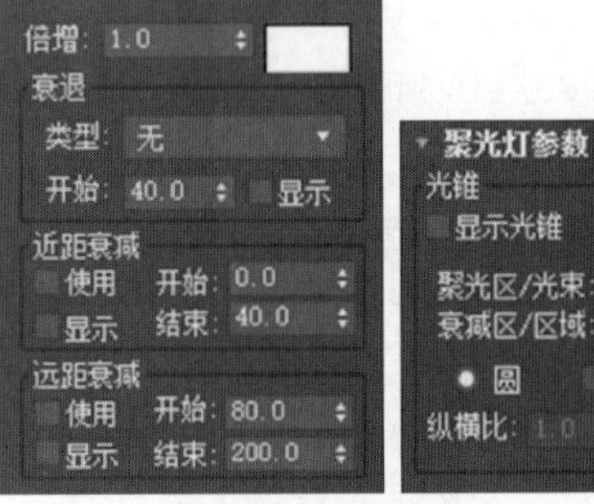

图 1.5.118　聚光灯的主要参数设置

② 平行光：分为目标平行光和自由平行光，其中目标平行光除了光源外还有一个照射的目标控制点，都可以用来模拟阳光效果，而且平行光也可以对物体进行选择性照射。其参数的修改与聚光灯类似。

③ 泛光：这是一种点光源，可以照亮周围物体，没有特定的照射方向，只要不是被灯光排除的物体都会被照亮。在三维场景中，泛光多作为补光使用，用来增加场景中的整体亮度。

(2) 基本布光方法

一般采用“三点照明” 法来给场景添加灯光，三点照明指的是在场景主体周围 3 个位置上布置灯光，从而获得良好光影效果的方法。这 3 个位置上的灯光分别称为“主光源”“辅光源” 和 “背光源”，还可以根据场景的需要增加补光和背景光等光源。

① 主光源的布置。主光源就是场景中的主要光源，通常用来照亮场景中的主要对象及其周围区域，并且实现给主体对象投射阴影的功能，通常是场景中最亮且唯一打开阴影功能的灯光。

主光源位置：从顶视图看，主光源可布置在摄影机旁边，一般情况下，主光源与场景主体大致成 35°~45°。从左视图看，主光源一般位于主体前上方，并与主体大致成 45°。主光源的高低角度还取决于所需的场景气氛，为表现恐怖等气氛，可以将灯光布置在较低位置，向上照射场景主体。

② 辅光源的布置。辅光源主要用于软化主光源投下的阴影，并且提高场景主体的亮度，调和明暗区域之间的反差。辅光源的亮度一般为主光源的一半左右。

辅光源位置：从顶视图看，辅光源与主光源大致成 90°。从前视图看，辅光源一般比主光源略微偏高或者偏低一些。

③ 背光源的布置。背光源的作用是为了突出场景主体轮廓或制造光晕效果，从而将场景主体从背景中分离出来，增加主体的深度感和立体感。

背光源位置：从顶视图看，背光源放在场景主体后面大致与摄影机相对的地方。

④ 补光的布置。为了模拟更加真实自然光效果，再布置两盏补光：一盏是背景光，另一盏是反射光。使用背景光的目的是为了照亮主光源没照射到的地方；使用反射光的目的是为了模拟场景中产生的反射光。

2. 摄像机

（1）摄像机的创建

3ds Max 中提供了两种类型的摄像机，即目标摄像机和自由摄像机，新版本中增加了物理摄像机，用于模拟真实相机的效果，提供了曝光、景深、透视控制和镜头扭曲等参数的控制。目标摄像机有两个对象，即摄像机的观察点和目标点，连接摄像机观察点和目标点的连线称为视线。摄像机的主要参数如下。

① 镜头：用于设置摄像机的焦距长度，即镜头与焦平面之间的距离。焦距以 mm 为单位，标准的摄像机焦距为 50 mm（符合人眼的视觉效果，标准人眼的焦距为 48 mm），小于 50 mm 的镜头称为短焦或广角镜头，大于 50 mm 称为长焦或远焦镜头。近焦距将造成鱼眼镜头的夸张效果，长焦距适合观察较远的景色，保证物体不变形。一般室内效果图的通用焦距是 24 mm～28 mm。

② 视野：控制可见区域的大小，单位为度，视野与焦距是相关的，镜头越长，视野越窄，镜头越短，视野越宽。

③ 正交投影：选中正交投影，摄像机视图就好像用户视图一样，否则摄像机视图与透视视图一样。

④ 显示圆锥体：显示摄影范围的锥形框。

⑤ 显示地平线：是否在摄影机视图显示地平线。

（2）摄像机的控制

一般在左视图的右上方单击来定位目标摄像机的位置，然后朝左下方的目标物体上拖动定位摄像机的目标位置，如图 1.5.119 所示。切换到透视图中，直接按 C 键就可快速切换到摄像机视图，如图 1.5.120 所示。注意：场景中将只显示摄像机镜头能够观察到的物体。

在右下角的视图控制区中有几个视图控制按钮发生了改变，如图 1.5.121 所示。

①（推拉摄像机）：用于把镜头拉近或拉远，观察到的物体就会相应地变大或变小。

②（侧滚摄像机）：可以让被观察的物体发生侧翻。

③（环游摄像机）：就是让摄像机的镜头围着被观察的物体转动。

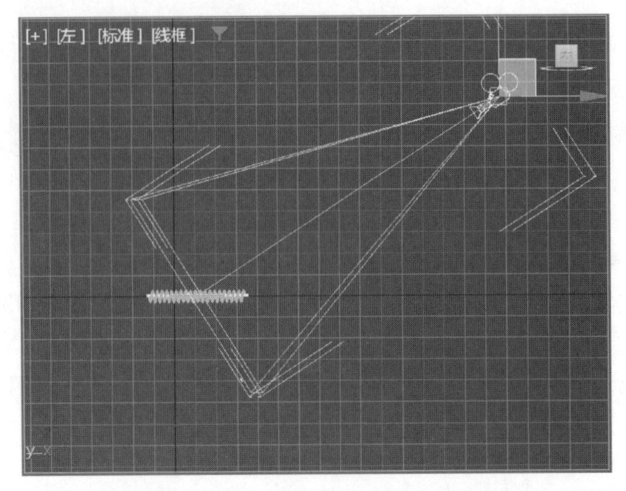

图 1.5.119 左视图中的摄像机位置

[+] [Camera01] [标准*] [默认明暗处理]

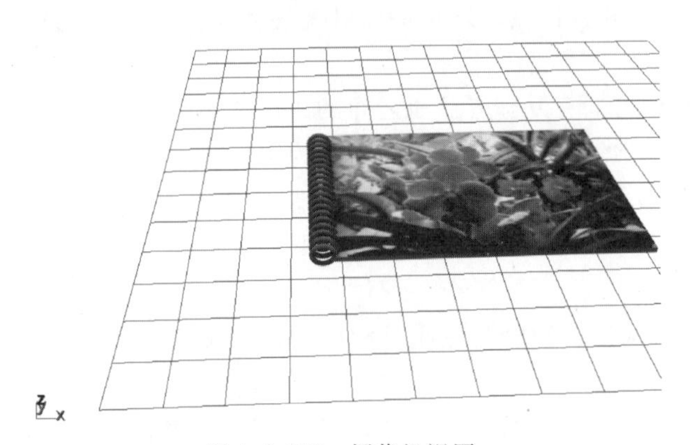

图 1.5.120 摄像机视图

图 1.5.121 视图控制按钮

利用上述控制按钮可改变摄像机视图中被观察对象的观察角度和观察视野，结合关键帧记录可以制作成摄像机动画。

微视频：翻页相册

5.3.9 3ds Max 动画综合应用

1. 关键帧动画的制作

例 5.20 制作一本翻页的电子相册。

操作步骤如下。

① 在 3ds Max 的透视视图中创建一个长方体 Box001，长、宽、高分别为 30、40、0.1，宽度分段数为 100，位置定位在世界坐标的原点(0，0，0)。

② 单击命令面板中的(层次)按钮，单击仅影响轴按钮，右击工具栏上的(选择并移动)按钮，设置长方体轴心点的坐标为(−21，0，0)，再次单击仅影响轴按钮，取消对轴心点的操作。

③ 给长方体添加一个弯曲修改器，在 X 轴向弯曲-45°。

④ 创建一根螺旋线，设置上下半径均为 1.5，圈数为 20，高度为 28，将位置调整到长方体的左侧。

⑤ 设置 Box001 的翻页动画效果。

a. 单击“时间配置”按钮，在弹出的“时间配置”对话框中设置帧速率为“自定义”，FPS 设为 15，动画开始时间设为 1，结束时间设为 300 帧(假设相册一共有 10 页，每页持续翻 2 s)。

b. 单击关键点过滤器按钮，在弹出的对话框中选中“全部”选项。

c. 单击设置关键点按钮，进入动画记录状态，选中 Box001，时间滑块放在第 1 帧，弯曲的角度改为 0，单击(设置关键点)按钮，拖曳时间滑块到第 15 帧的位置，弯曲的角度改为-45°，再次单击按钮，拖曳时间滑块到第 30 帧的位置，弯曲的角度改为 0，再次单击按钮。

d. 将时间滑块拖回到第 1 帧，单击按钮，拖曳时间滑块到第 30 帧，在透视图中将 Box001 沿 Y 轴旋转-180°(注意：单击工具栏中的角度捕捉按钮)，再次单击按钮。Box001 的第 1 帧、第 15 帧、第 30 帧的位置如图 1.5.122 所示。

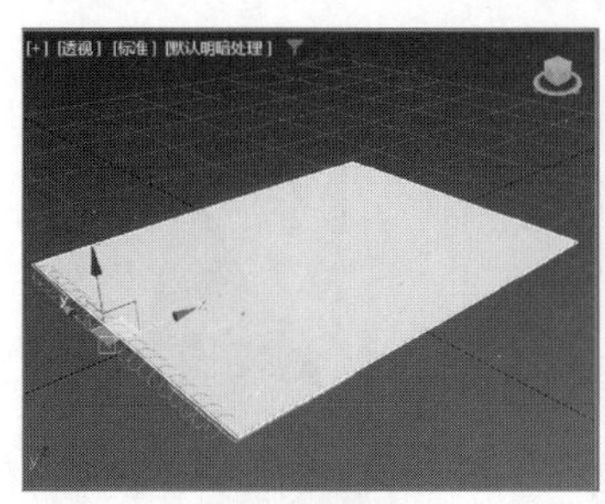

(a) 第1帧的位置

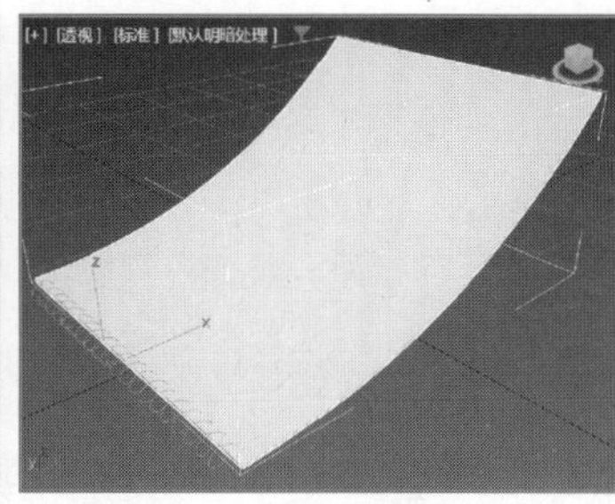

(b) 第15帧的位置

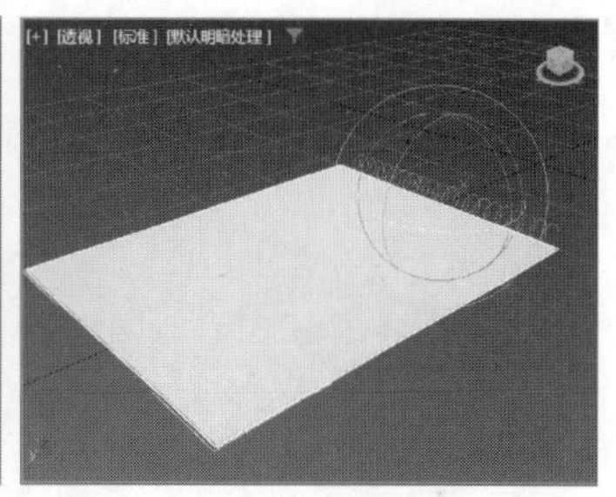

(c) 第30帧的位置

图 1.5.122　Box001 的翻页效果

⑥ 在透视图中选中 Box001，选择“工具”|“阵列”命令，在弹出的对话框中 1D 后面输入 10，Z 轴方向的增量输入 0.1(注意：对象类型选择“复制”)。

⑦ 选中所有的长方体，单击命令面板中的(层次)按钮，单击仅影响轴按钮，右击工具栏上的(选择并移动)按钮，在弹出的对话框中只需输入 Z 轴的值为 0.5，即让所有长方体的轴心点位于(-21，0，0.5)，再次单击仅影响轴按钮，取消对轴心点的操作。

⑧ 选中所有长方体，单击工具栏中的(曲线编辑器)按钮，打开曲线编辑器窗口，选择菜单“编辑器”|“摄影表”命令，切换为摄影表显示状态。

⑨ 单击曲线编辑器窗口中工具栏中的(滑动关键点)按钮，依次将 Box001 到 Box0010 的关键点滑动到相应的位置，如图 1.5.123 所示。

⑩ 打开材质编辑器，单击一个材质样本球，单击 Standard 按钮，在弹出的“材质/贴图浏览器”对话框中双击“多维/子对象”选项，在多维/子对象基本参数中单击“设置数量”按钮，输入 2，单击子材质按钮，分别设置两种子材质的漫反射贴图为位图贴图，并选择对应的

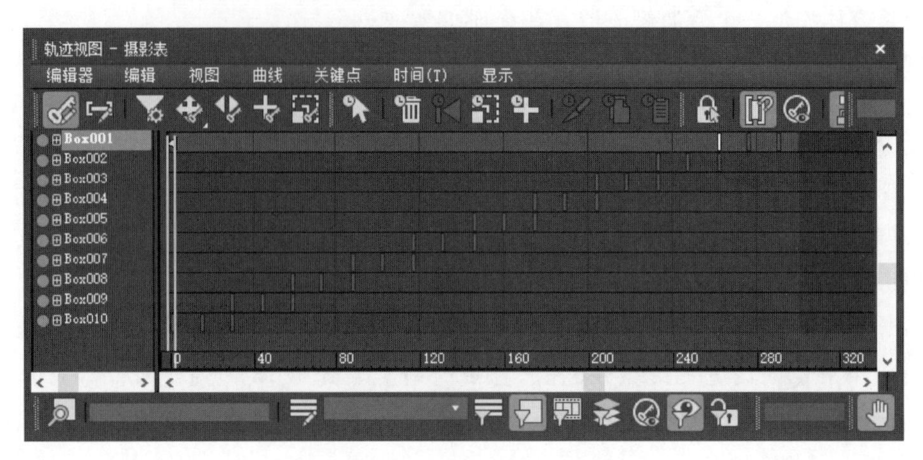

图 1.5.123　滑动关键点位置

照片文件，将材质指定给 Box010。用同样的方法将其余的材质样本球依次设置成由两种子材质构成的多维/子对象，并依次赋给其他 Box。

⑪ 渲染输出动画文件，保存为 AVI 格式，如图 1.5.124 和图 1.5.125 所示为贴图后的相册以及翻开的相册渲染效果。

图 1.5.124　贴图后的相册渲染效果

图 1.5.125　翻开后的相册渲染效果

2. 粒子动画的制作

例 5.21　制作飘落的花瓣的动画效果。

操作步骤如下。

① 在透视图顶部创建一个“暴风雪”粒子系统，参数设置如下。

a. 显示图标：长、宽为 200×200。选中“发射器隐藏”选项，视口显示选择“网格”，粒子数设为 100%。

b. 粒子生成：选择“使用速率”选项，数值为 1。

c. 粒子运动：速度为 1.0，变化为 20%。

d. 粒子计时：发射开始为-30，发射停止为 100，显示时限为 100，寿命为 50。

e. 粒子大小：大小为 0.35，变化为 20%。

f. 粒子类型：选择“实例几何体”选项，在“实例参数”中单击“拾取对象”按钮，再到场景中单击制作好的“平面”对象，在“材质贴图和来源”中单击“材质来源”按钮。

g. 旋转和碰撞：自旋时间为 30，变化为 20%。

② 选择“渲染”|“环境”命令，给环境贴图指定一个合适的背景图片。

③ 选择“渲染”|“渲染”命令，设置输出文件为 AVI 格式即可。

例 5.22　制作一个爆炸的足球。

微视频：
爆炸的足球

(1) 创建足球模型

① 选择“创建”|“扩展基本体”|“异面体”命令，再选择“十二面体/二十面体”选项，在场景中创建一个异面体，将该物体命名为“足球”，半径为 20，系列参数中 P 的值为 0.35，效果如图 1.5.126(a)所示。

② 右击足球，选择快捷菜单中的“转换为”|“转换为可编辑网格”命令，再选择“多边形”次物体，在前视图中框选所有的多边形，在“编辑几何体”参数展卷栏中勾选“元素”复选框，再单击“炸开”选项。

③ 在所有多边形选中状态下，添加一个“面挤出”修改器，挤出的数量设为 1。

④ 添加一个“松弛”修改器，松弛的值为 0.3。

⑤ 添加一个“网格平滑”修改器，平滑度设为 0.6，效果如图 1.5.126(b)所示。

⑥ 打开材质编辑器，选择一个材质样本球，单击下面的“标准”选项，选择“多维/子对象”选项，数量设为 2，将两种材质的漫反射颜色分别设为黑色和白色，将材质赋给足球物体，效果如图 1.5.126(c)所示。

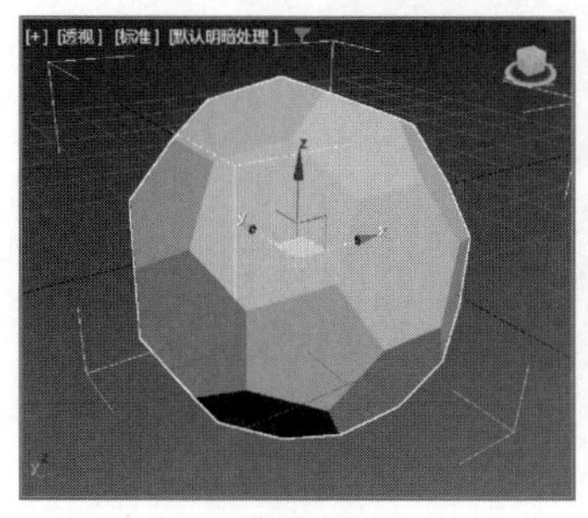

(a) 异面体

(b) 修改后的效果

(c) 材质效果

图 1.5.126　足球建模

(2) 制作足球爆炸的动画效果

① 选择“创建”|“几何体”|“粒子系统”命令，再选择“粒子阵列”选项，在场景中创建一个粒子阵列，如图 1.5.127 所示。

② 单击“基本参数”下“基于对象的发射器”中的“拾取对象”按钮，然后到场景中单击足球模型，粒子阵列的参数设置如图 1.5.128 所示。设置粒子阵列图标大小为 50，在“视口显示”中选中“网格”单选按钮。

③ 在“粒子类型”中选中“对象碎片”单选按钮，“对象碎片控制”中的厚度设为 1，碎片数目的最小值设为 90(爆炸时最少碎片数为 90)。

④ 在“材质贴图和来源”中选中“拾取的发射器”单选按钮，将外表面材质、边和内表面的材质 ID 分别设为 2、1、1，单击“材质来源”按钮。

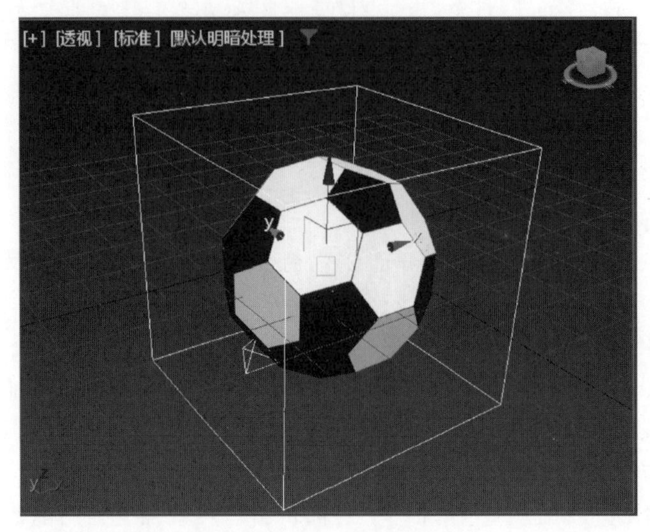

图 1.5.127　粒子阵列

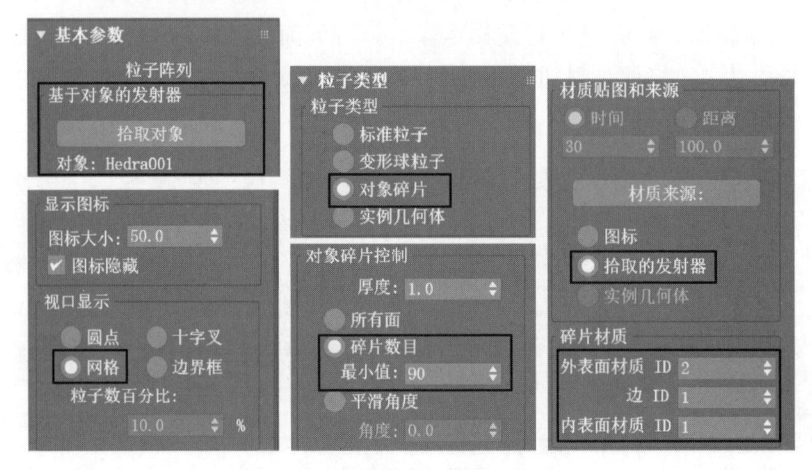

图 1.5.128　粒子阵列的参数设置

⑤ 选中足球模型，将其隐藏，拖动时间滑块即可观看足球的爆炸效果，如图 1.5.129 所示。(大家可以调整粒子生成中粒子的数量、运动速度以及粒子计时中的发射开始、结束以及寿命等参数，以达到理想的爆炸效果。)

微视频：文字书写动画

例 5.23　文字书写动画。

操作步骤如下。

① 创建一支铅笔，可以用圆柱体加圆锥体来实现，注意对齐，并将轴心点移动到笔尖，铅笔模型如图 1.5.130 所示。

② 在前视图中用直线画出文字的路径，如图 1.5.131 所示为文字“多”的路径(一定要连笔画)。

图 1.5.129 足球的爆炸效果

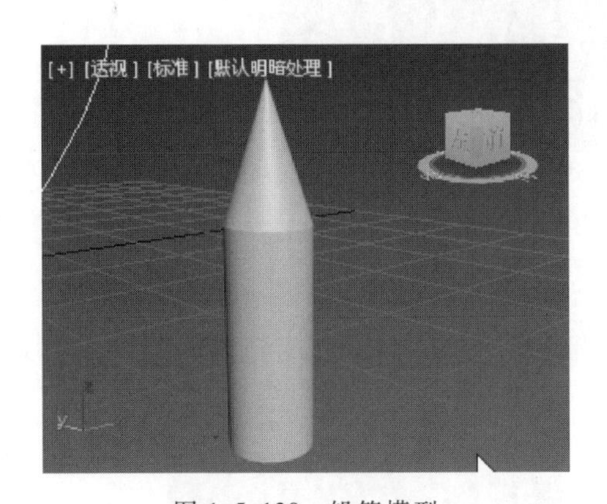

图 1.5.130 铅笔模型

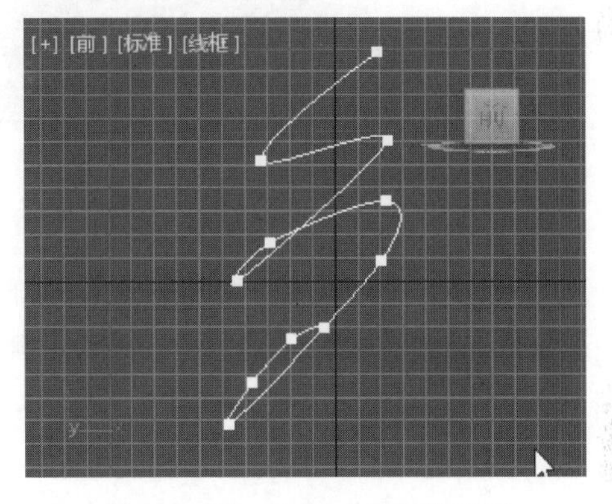

图 1.5.131 文字“多”的路径

③ 创建一个圆柱体，将其高度的分段数增加到 100，添加“路径变形”修改器，如图 1.5.132所示。单击“路径变形”下的按钮，再到场景中拾取文字“多”的路径，继续调节圆柱体的高度，使其高度的值足够弯曲成文字“多”的形状，如图 1.5.133 所示。

④ 单击关键点过滤器按钮，勾选“全部”复选框，单击自动关键点按钮，将第 0 帧的拉伸值设为 0，拖动时间滑块到 100 帧，拉伸值改为 1.0，如图 1.5.134 所示。再次单击自动关键点按钮，取消关键帧记录状态，文字的生成动画就完成了。

注意：打开曲线编辑器，在圆柱体的“修改对象”|“路径变形”|“拉伸”项中可以看到其轨迹为一条平滑的曲线。

⑤ 选中创建好的铅笔，在“运动”面板中展开“指定控制器”，选择“位置”选项，单击“指定控制器”按钮，打开“指定控制器”面板，选择“路径约束”选项，如图 1.5.135所示。

图 1.5.132 “路径变形”修改器

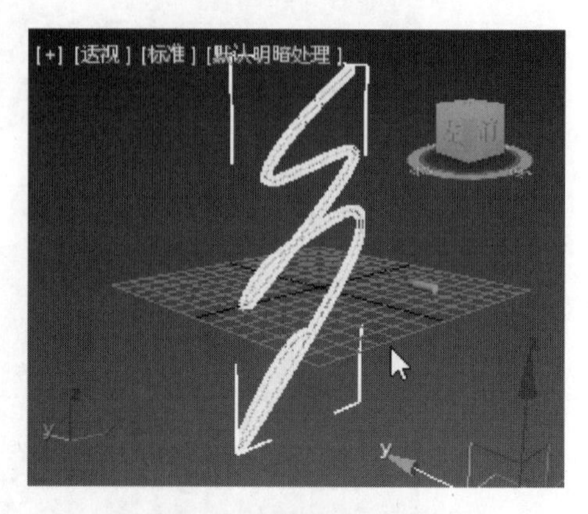

图 1.5.133 路径变形的文字

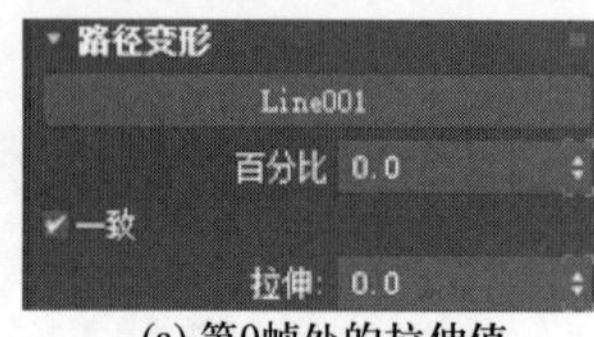

(a) 第0帧处的拉伸值

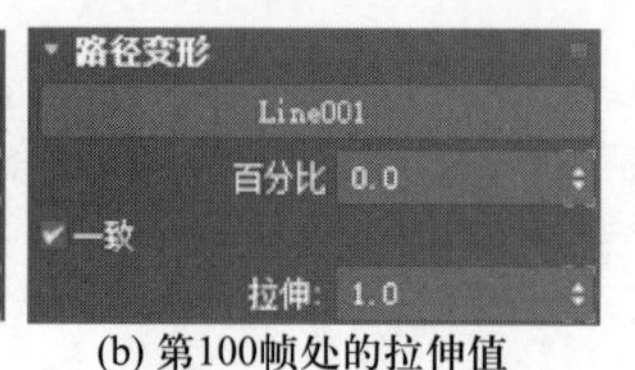

(b) 第100帧处的拉伸值

图 1.5.134 拉伸的关键帧

⑥ 在图 1.5.136 中的“路径参数”下单击“添加路径”按钮，到场景中拾取文字路径，第 0 帧的“沿路径”为 0%，第 100 帧的“沿路径”为 100%，铅笔书写文字的动画就完成了。

图 1.5.135 “指定控制器”面板

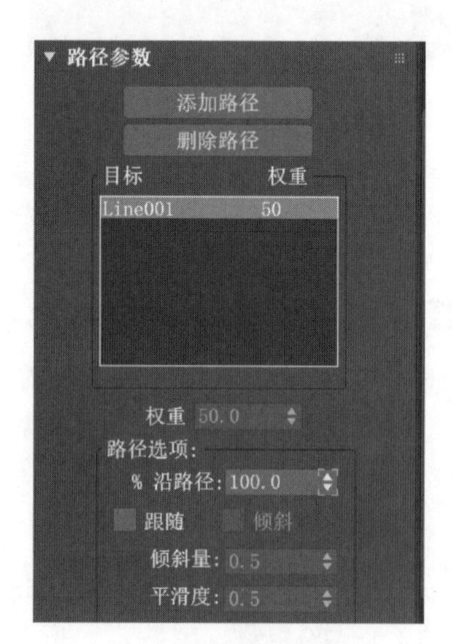

图 1.5.136 路径参数

注意：打开曲线编辑器在铅笔“变换”|“位置”|“百分比”项下可以看到其轨迹为一条直线，而文字生成的轨迹为一条曲线，所以大家看到铅笔书写的速度与文字生成的速度不匹配，可以在曲线编辑器中把圆柱体的拉伸轨迹从曲线改为直线，使其运动的速度基本相同。

思 考 题

1. 动画实现的基本原理是什么？
2. Animate 软件的主要功能有哪些？
3. Animate 的元件类型有哪几种？
4. Animate 的 Alpha 通道有什么作用？
5. Animate 的脚本有哪几种类型？
6. 三维动画制作的主要步骤有哪些？
7. 3ds Max 软件的主要功能有哪些？
8. 常用的建模方法有哪些？
9. 常用的编辑修改器有哪几种？作用是什么？
10. 材质与贴图的作用是什么？灯光与摄像机的作用是什么？
11. 3ds Max 中关键帧动画制作的主要步骤是什么？
12. 3ds Max 中制作的动画效果如何输出？

第 6 章 多媒体数据压缩编码

多媒体数据压缩和解压缩技术是多媒体的关键技术之一，随着多媒体存储设备的快速发展，超大容量的存储设备已经相当普及，数字化的声音、图像等大容量数据的本地存储已经不是问题，但是要在现有网络条件下快速存储和传输这些多媒体数据仍然有必要对这些数据进行压缩和解压缩，而动画和视频等海量数据的存储和传输则必须进行压缩和解压缩处理。

本章将介绍多媒体数据压缩的必要性，数据压缩的基本原理、技术分类及实现方法，并介绍声音、图像和视频等国际压缩编码标准。

电子教案 6.1 数据压缩概述

早期的计算机由于存储设备的容量小，必须对大容量的数据进行压缩后再存储，对声音、图像和视频等多媒体数据需要一些高效的压缩与解压缩算法来支持其显示与播放，针对各种不同的多媒体设备以及各种不同的应用场景，一些国际标准化组织制定了许多相关的压缩编码国际标准。

6.1.1 数据压缩基础

1. 数据压缩的必要性

随着计算机硬件技术的飞速发展，存储设备的容量越来越大，目前一个 U 盘可存储 2 TB 的数据，基本可以满足各种存储需求，对普通数据进行压缩失去了现实意义。但是声音如果采样频率变大、声道数增加，传输的比特率提升都会导致数据量变大；数字化图像随着清晰度的提升，数据容量也在增加，尤其是高清视频数据的容量非常大，有必要在存储与传输之前进行压缩。

下面先来看未经压缩的数字化声音、图像和视频的数据量的计算。

① 声音：采样频率为 44.1 kHz、位深度为 16 bit，录制 1 分钟的声音，如果不压缩，数字立体声的数据量：60×44 100×16×2/8/1 024/1 024≈10.09(MB)。

② 图像：一幅大小为 800 像素×600 像素的静态 RGB 彩色图像，不压缩的数据量为 800×600×3/1 024/1 024 MB≈1.373(MB)。一个 1 000 万像素的相机可拍摄的最大图像尺寸为 4 608 像素×3 456 像素，1 张不压缩的照片存储容量约为 45.56 MB。

③ 视频：制作 1 分钟视频，假设视频预设为 HDTV 720p25，不压缩的视频数据量为 60×25×1 280×720×3/1 024/1 024/1 024≈3.86(GB)。

从以上数据量的计算可以看出，声音的采样频率越高，位深度越大，录制的时间越长，所需存储的数据量就越大；图像和视频的分辨率越高，所需的存储空间也越大。对多媒体数据进行压缩，既可节省存储空间，又可加快传输速度。

2. 数据压缩的可能性

声音、图像和视频在空间或时间上都存在一定的冗余信息，如何去除数据中存在的各种冗余并使数据尽可能不失真，这是数据压缩研究的重点。下面介绍数据中存在的各种冗余。

(1) 空间冗余

空间冗余是指图像内部相邻像素之间存在较强的相关性所造成的冗余。一幅图像各采样点的颜色之间往往存在着空间连贯性，例如，在静止图像中有一块颜色相同的区域，那么该区域内所有像素点的色彩、亮度和饱和度都相同，这是一种空间冗余，这种空间冗余在计算机自动生成的图像中大量存在。

(2) 时间冗余

时间冗余是指视频图像序列中，相邻帧之间的图像往往存在很大的时间相关性，即视频中相邻帧的图像差异不大，后一帧图像与前一帧图像数据中有许多相同的地方。例如，在某个背景下有一个物体发生了移动，相邻两帧之间的背景相同，只是物体发生了移动，在存储这样的图像序列时就存在大量的时间冗余。

(3) 视觉和听觉冗余

人的视觉系统对图像的敏感程度是有区别的，例如，人眼对图像亮度的变化很敏感，而对图像色彩的变化不是很敏感；对图像整体结构的变化很敏感，而对图像内部细节的变化不是很敏感，可以根据这些视觉特性对图像进行取舍，即去除图像中人眼不敏感部分或意义不大的部分。

人耳对不同频率的声音敏感程度是不一样的，去除某些频率成分的声音波形，人耳感觉不到声音的变化，就可以想办法去除这样的听觉冗余。

(4) 知识冗余

知识冗余是指对某些图像理解时，可由先验知识和背景知识得到某种规律。例如，人脸的图像有固定的结构，鼻子位于正脸中线上，鼻子的上方是眼睛，下方是嘴巴，基于模型的编码就利用了知识冗余的特性。

(5) 结构冗余

结构冗余是指在有些图像的纹理区，像素存在着明显的规律分布模式，例如，方格状的地板图案，若已知分布模式，可以通过某种算法来生成这样的图像。

从以上数据冗余的分析中可以看出，尽管多媒体数据的存储容量很大，但由于数据存储时存在各种冗余，所以可以通过去除这些冗余数据或通过转换数据的表示方法(即编码)达到压缩数据的目的。

6.1.2 数据压缩的基本原理

数据压缩就是有效地减少表示信息所需要的总位数。压缩的实质就是根据数据的内在联系将数据从一种编码映射为另一种编码，因此又称为压缩编码(encoding)。

1. 数据压缩过程

数据压缩处理包括编码与解码，其中编码过程就是将原始数据经过某些变换达到压缩的目的，以便存储与传输；解码过程就是对编码后的数据进行逆变换，还原为可以使用的数据，如图 1.6.1 所示。

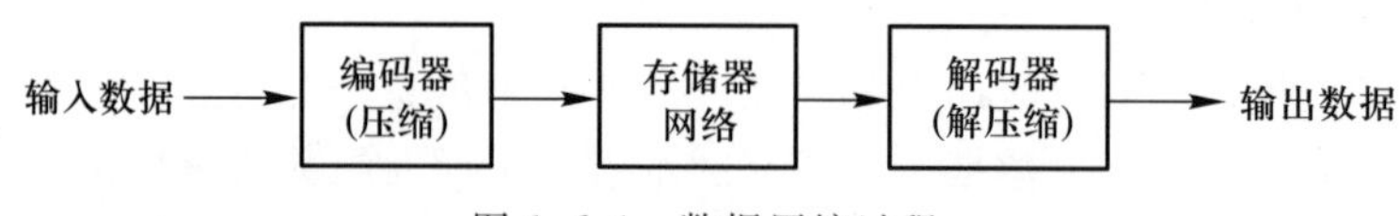

图 1.6.1　数据压缩过程

如果压缩和解压缩过程中没有任何信息丢失，即输出数据与输入数据一样，则称这种压缩方法为无损压缩；否则称为有损压缩。

2. 数据压缩方法的衡量指标

通常用压缩率、压缩质量、压缩/解压缩速度这 3 个指标来衡量数据压缩方法的优劣。

(1) 压缩率

压缩率为压缩前后数据的总位数之比，即文件压缩后的大小与压缩前的大小之比，压缩率并不是越小越好，因为压缩率越小，损失的信息就越多，应该选择在保证音视频质量的前提下尽可能地降低压缩率。

(2) 压缩质量

对于无损压缩，解压后的数据与压缩前的数据是一样的，只有在有损压缩中才需要考虑压缩的质量，比如声音，要尽量使耳朵听不出压缩前后音质的变化，而对于图像和视频，要尽可能做到画质损失最小化。

(3) 压缩/解压缩速度

压缩/解压缩速度当然是越快越好，实际应用中，压缩与解压缩一般是在不同的系统中分开进行的，因而要分别考虑。一般离线文件的压缩与解压缩速度要求不是很高，但是在一些实时应用场景中，在线压缩与解压缩速度就非常重要，如网络直播和视频会议等实时交互场景。

此外，还要考虑完成压缩与解压缩所需系统软硬件的开销，实际应用中应该综合考虑以上因素。

6.1.3 数据压缩方法

数据压缩的方法很多，针对不同的应用应该选择合适的压缩方法。

1. 数据压缩方法的分类

对压缩方法进行分类时，从不同的角度会有不同的分类。根据编解码后数据是否一致进行分类，数据压缩的方法一般被划分为两类：无损压缩（可逆编码）和有损压缩（不可逆编码）。无损压缩主要包括行程编码、变长编码、算术编码和 LZW 编码等。有损压缩包括量化编码、变换编码、预测编码、混合编码等，如图 1.6.2 所示。

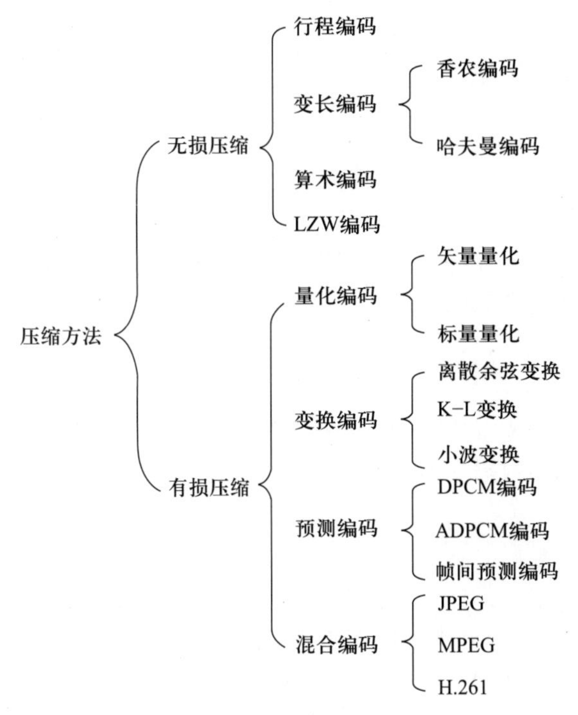

图 1.6.2　数据压缩方法分类

2. 数据压缩方法的特点

（1）无损压缩

无损压缩方法在压缩过程中没有信息的损失，因此常用于原始数据的存档，如存储文本数据、程序以及珍贵的图片和图像等。

常用的无损压缩方法有行程编码（run length coding/encoding，RLC/RLE）、哈夫曼（Huffman）编码、算术编码（arithmetic coding）、LZW（Lempel-Ziv-Welch）编码。这类压缩方法的压缩比比较小，为 2∶1~5∶1。

（2）有损压缩

有损压缩利用了人类视觉和听觉器官对图像或声音中的某些频率成分不敏感的特性，允许在压缩过程中损失一定的信息。虽然不能完全恢复原始数据，但是所损失的部分对理解原始图像或声音的影响较小，却换来了大得多的压缩比，可以压缩到几十倍甚至上百倍。有损压缩广泛应用于语音、图像和视频数据的压缩。

常用的有损压缩方法有量化编码（标量量化、矢量量化）、预测编码（DPCM 编码、ADPCM 编码、帧间预测编码）、变换编码（K-L 变换、离散余弦变换、小波变换等）、混合编码等。

混合编码是在不同阶段使用了不同种类的编码方法，它利用了各种单一压缩方法的优点，以求在压缩比、压缩效率及压缩质量之间取得最佳效果。许多实用的压缩标准中使用了混合编码，如 JPEG 和 MPEG 标准就采用了混合编码。

数据压缩方法在不断地发展和更新，涌现出了越来越高效的数据压缩方法，如子带编码、基于模型的压缩编码、分形压缩编码及小波变换等。

6.2 数据压缩编码算法

6.2.1 统计编码

统计编码是基于信息的统计特性(信息符号出现的概率)而进行的编码，它属于无损压缩。这种编码方法的要点是在消息和码字之间找到一一对应关系。常用的统计编码有行程编码、哈夫曼编码和算术编码等。

1. 行程编码

行程编码又称游程编码或游长编码，是比较简单的一种统计编码。其原理是基于压缩信息的空间冗余，将连续相同的数据序列用其出现的次数来代替。行程编码有多种编码方式，主要用于二值信息的编码。

(1) 多值信息的行程编码

对于多值信息的行程编码由信息重复次数和被重复的信息来构成，即

编码格式=信息重复次数 + 被重复的信息

例如，要编码的字符串为 AAABCDDDDDDDDBBBBB，编码后表示为 3ABC8D5B。压缩前后的字符个数分别为 18 和 8，压缩率为 8∶18。

(2) 二值信息的行程编码

二值信息的行程编码由于信息值非 0 即 1，采用事先约定，可以省略被重复的信息，只表示重复的次数，编码效率更高。

例如，数据流 000111111000001111，假设行程以 0 开始，编码为 3654；假设行程以 1 开始，编码为 03654。

行程编码简单直观，编码/解码速度快，因此许多图形和视频文件，如 BMP、TIFF 及 AVI 等格式文件的压缩均采用了此方法。

2. 哈夫曼编码

(1) 哈夫曼编码原理

哈夫曼于 1952 年提出了对统计独立信源能达到最小平均码长的编码方法，又称最佳编码方法。它的基本思想是依据信号的出现概率大小来构造码字，信息字符出现的概率越大，码字越短；反之，出现的概率越小，码字越长。

(2) 哈夫曼编码过程

哈夫曼编码的具体过程如下。

① 把信源符号按概率大小顺序排列，将概率最小的两个符号的概率相加合成一个概率。

② 把这个合成概率看成是一个新符号的概率，与其他符号的概率重新排序。

③ 重复上述过程直到最后概率为 1。

④ 前向编码：完成以上概率顺序排列后，再反过来逐步向前进行编码，对两个分支各赋予一个二进制码，可以对概率大的赋为 0，概率小的赋为 1，或者反过来也可以，即对概率大的赋为 1，概率小的赋为 0(注意保持前后一致)。

⑤ 码字生成：最终的编码结果是从后往前直到信源符号到达经历过的码字组合。

例如，某信源有符号 X_1、X_2、X_3、X_4、X_5，出现的概率分别为 0.5、0.25、0.12、0.08、0.05，哈夫曼编码的①~③步的排序过程如图 1.6.3 所示。

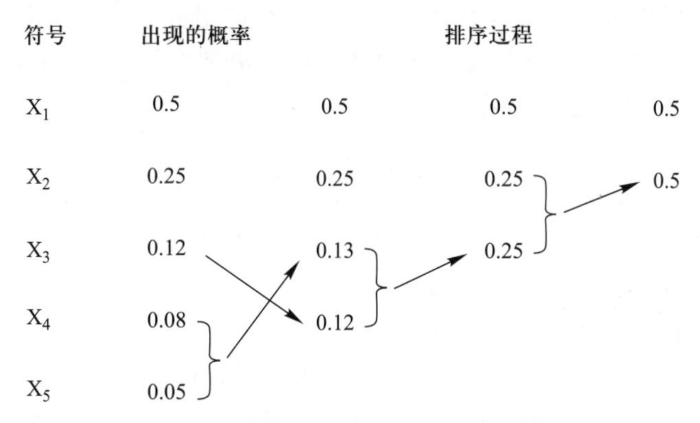

图 1.6.3　哈夫曼编码的①~③步的排序过程

在排序基础上再反向编码，按照上 0 下 1 或上 1 下 0 的规律，完成所有符号的编码，最后从右到左得出最终结果。编码过程的码字生成过程如图 1.6.4 所示。最后得到的各符号的概率和编码值如表 1.6.1 所示。

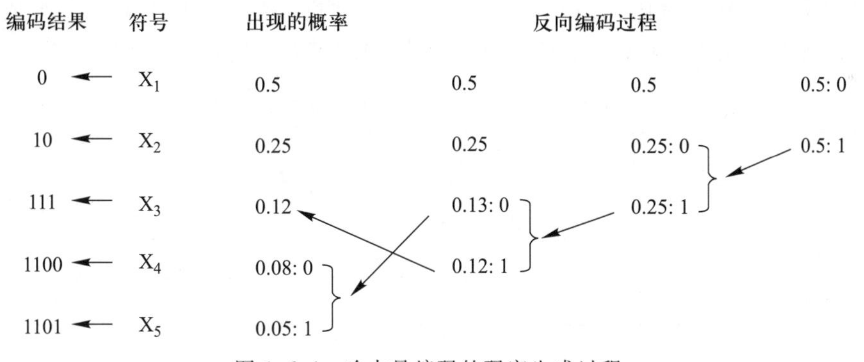

图 1.6.4　哈夫曼编码的码字生成过程

表 1.6.1　各符号的概率和编码值

字符符号	X_1	X_2	X_3	X_4	X_5
出现的概率	0.5	0.25	0.12	0.08	0.05
编码值	0	10	111	1100	1101

例如，要传送的信息流为 $X_1X_2X_3$ X_1X_2 X_5X_4 X_1 X_1，根据上述编码，实际传送的数据流为 0101110101101110000。

编码后信号的平均长度 $L=0.5\times1+0.25\times2+0.12\times3+0.08\times4+0.05\times4=1.88$(位)。而对5个符号采用等长编码，平均码长为3位。可以看出，使用哈夫曼编码数据得到了有效压缩。

大家熟知的西文字符编码采用的是ASCII码，这是一种等长编码，每个西文字符采用1个字节表示，最高位为0，可表示 $2^7=128$ 个西文字符。而哈夫曼编码属于不等长的编码，在编码实现过程中需要利用位运算实现按位存取，即用时间换空间。

哈夫曼编码是一种最小冗余编码，它对任何给定的、具有准确概率分布的数据模型都是最优的。哈夫曼编码在应用时，需要与其他编码方法结合使用，才能进一步提高数据压缩比。例如，在静态图像压缩标准JPEG中，先对图像像素进行离散余弦变换(discrete cosine transform, DCT)、量化、Z形扫描、游程编码后，再进行哈夫曼编码。

3. 算术编码

(1) 算术编码的原理

算术编码是把整个消息看作一个单元，将被编码的信源消息表示成实数轴0~1的一个区间，当信息字符不断出现，表示的区间值将逐渐变小。

新区间的起始位置和长度计算公式如下：

$$\text{新区间起始位置}=\text{前区间起始位置}+\text{当前区间左端}\times\text{前区间长度} \tag{1.6.1}$$

$$\text{新区间长度}=\text{当前符号概率}\times\text{前区间长度} \tag{1.6.2}$$

消息越长，编码表示的间隔就越小，表示这一间隔所需的二进制位数就越多，最后构造出[0, 1]的数值，这个数值是输入数据流的唯一编码值，这种编码方法在实际应用中比哈夫曼编码更加有效。

(2) 算术编码过程

下面以实例说明算术编码的方法，为计算简单，假设有一个由3个符号组成的信源S={a, b, c}，各符号出现的概率和设定的取值范围如表1.6.2所示。

表1.6.2 各符号出现的概率和设定的取值范围

信号字符	出现的概率	编码范围
a	0.2	[0, 0.2)
b	0.5	[0.2, 0.7)
c	0.3	[0.7, 1.0]

假设要传送的信息为“baccab”，根据表1.6.2中的约定和式(1.6.1)及式(1.6.2)，编码过程可参见图1.6.5。

① 第1个字符b，取值区间为[0.2, 0.7)。

② 第2个字符a，取值区间为[0.2, 0.7)的[0, 0.2)处，利用公式计算得到取值区间为[0.2 0.3)。

③ 第3个字符c，取值区间为[0.2, 0.3)的[0.7, 1.0]处，利用公式计算得到取值区间为[0.27, 0.3)。

④ 第4个字符c，取值区间为[0.27, 0.3)的[0.7, 1.0]处，利用公式计算得到取值区间为[0.291, 0.3)。

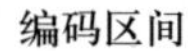

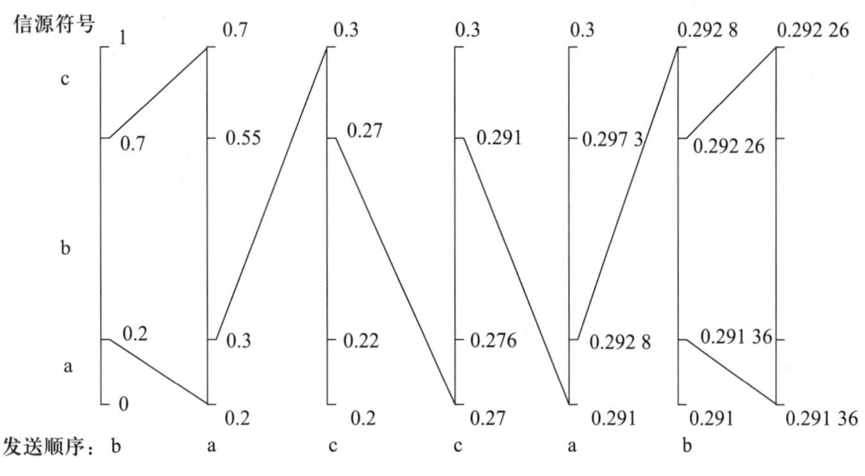

图 1.6.5　算术编码的过程

⑤ 第 5 个字符 a，取值区间为［0.291，0.3)的［0，0.2)处，利用公式计算得到取值区间为［0.291，0.292 8)。

⑥ 第 6 个字符 b，取值区间为［0.291，0.292 8)的［0.2，0.7)处，利用公式计算得到取值区间为［0.291 36，0.292 26)。

至此，要传送的消息“baccab”转换成区间中的 1 个实数，即此范围中的任意一个数值，每个数值都能够唯一对应字符串“baccab”。一般来讲，选择此区间的下限 0.291 36 作为最后输出的数值。这样一个浮点数就表示了一个字符串，达到数据压缩的目的。

按这种编码方法得到的代码，其解码过程也比较易于实现。根据编码时所使用的字符概率区间分配表和压缩后数值所在的范围，可以确定数值所对应的第一个字符，设法去掉第一个字符对数值区间的影响，再使用相同的方法可以找到下一个字符，重复以上操作，实现解码。

该方法实现较为复杂，常与其他有损压缩结合使用，并在图像数据压缩标准(如 JPEG)中扮演重要的角色。

6.2.2　预测编码

预测编码就是根据前面的样本去预测后面的样本值，然后对当前样本值和预测样本与当前样本的差值(即预测误差)进行编码。如果模型足够好且样本序列的时间相关性较强，预测比较准确，那么误差信号的幅度将远小于原始信号，可以用较少的值对其差值进行量化，从而得到较好的压缩效果。

预测编码常用的有差分脉冲编码调制(differential pulse code modulation，DPCM)、自适应差分脉冲编码调制(adaptive differential pulse code modulation，ADPCM)和帧间预测编码。

1. 差分脉冲编码调制

差分脉冲编码调制用于对模拟信号进行编码，在脉冲编码调制(PCM)系统中，原始的模拟信号经过采样后得到的每一个样本值都被量化成数字信号。为了压缩数据，可以不对每一个样本值都进行量化，而是预测下一个样本值，并量化实际值与预测值之间的差值，这就是差分脉冲编码调制。1952 年贝尔(Bell)实验室的 C. C. 卡特勒取得了差分脉冲编码调制系统的专利，奠定了真正实用的预测编码系统的基础。DPCM 的过程如图 1.6.6 所示，其中编码和解码分别完成对预测误差量化值的熵编码和解码。

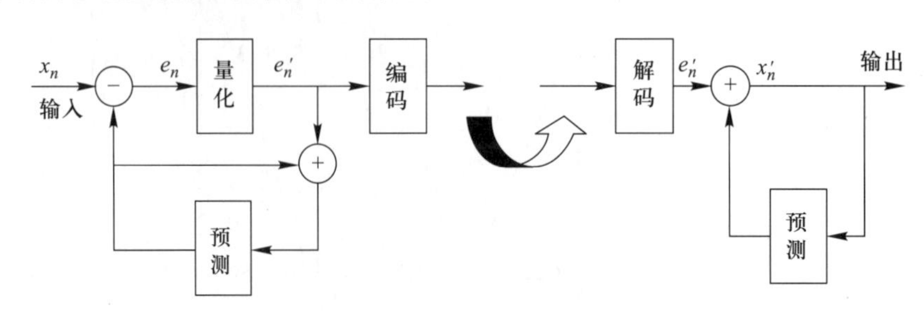

图 1.6.6 DPCM 的过程

2. 自适应差分脉冲编码调制

在 DPCM 中，由于信号样本值的相关性，使差值信号的动态范围比样本值本身的动态范围缩小了很多，采用自适应量化或自适应预测可以进一步改善量化性能或压缩数据率，即为自适应差分脉冲编码调制。

在 ADPCM 中，所用的量化间隔的大小可按差值信号的统计结果自动适配，达到最佳量化，从而使因量化造成的失真也达到最小。采用固定的预测参数往往得不到较好的性能，要得到最佳预测参数显然是一件烦琐的工作，为了提高性能，可以改用自适应预测。ADPCM 编码方法已广泛应用于各种数字语音通信中。

3. 帧间预测编码

视频图像的编码分为帧内编码和帧间编码，其中帧内编码利用的是图像的空间冗余来进行压缩的，而帧间编码则利用视频图像前后帧之间的相关性，即时间相关性来压缩图像，可获得比帧内编码高得多的压缩比。

(1) 帧间预测法

视频图像的每一帧所包含的物体对象与其前后帧之间变化不大，因为帧与帧之间物体的运动相关性大于帧内部相邻像素之间的相关性，尤其对于时间相近的图像，时间冗余比空间冗余更加明显。

采用预测编码的方法消除图像序列在时间上的相关性，即不直接传送当前帧的像素值，而是传送 x 和其前一帧或后一帧的对应像素 x' 之间的差值，这称为帧间预测。

当图像中存在着运动物体时，简单的预测不能收到好的效果时，可采用具有运动补偿的帧间预测，从而达到更高的数据压缩比。

(2) 帧重复法

对于静止图像或活动很慢的图像，可以少传输一些帧，如隔帧传输，未传输的帧利用接收端的帧存储器中前一帧的数据作为该帧数据，对视觉影响不大。因为人眼对图像中静止或活动慢的部分要求有较高的空间分辨率，而对时间分辨率的要求可低些，这种方法称为帧重复法，广泛应用于视频电话、视频会议系统中，其图像的帧速率一般为 1~15 fps。

6.2.3 变换编码

1. 变换编码的原理

变换编码是对数据进行某种形式的正交变换，并对变换后的数据进行编码。变换后数据能量相对集中，所以在对变换后的系数进行编码时常会主动引入误差，只对大系数进行编码，从而达到数据压缩的目的。所以变换编码主要用于消除空间冗余和时间冗余，属于有损编码。

2. 变换编码种类

常用的有傅立叶变换、余弦变换、正弦变换、沃尔什—哈达玛变换，还有基于统计特性的K-L 变换等。其中 K-L 变换误差最小，但算法复杂，执行速度慢。DCT 与 K-L 变换性能接近，且有快速算法，得到了广泛应用，如 JPEG 标准中就采用了 DCT。

小波变换能够提供一个随频率改变的时间—频率窗口，具有多分辨率分析的特点，而且在时间域和频率域中都具有表征信号的局部特征的能力。JPEG 2000 对 JPEG 的主要改进就是用离散小波变换取代了离散余弦变换，在性能上得到了进一步提高。

6.3 多媒体数据压缩标准

国际标准化组织、国际电工委员会和国际电信联盟等机构在广泛征求一些大公司、大学和研究机构的意见与建议下，共同制定了许多音视频的国际标准，为多媒体数据的处理、存储、传输和应用提供了技术支持，使不同厂家的各种产品能够相互兼容与互通，极大地推动了多媒体技术的发展与应用。

6.3.1 音频压缩标准

音频信号根据带宽不同可分为电话质量的语音(带宽为 200 Hz~3.4 kHz)、调幅广播质量的音频信号(带宽为 50 Hz~7 kHz)、超宽带和全带音频信号(带宽为 20 Hz~20 kHz)等。数字音频压缩技术标准可分为电话语音、广播电视语音、网络音视频、CD 音质和环绕立体声等。

ITU-T 和 ISO 已先后推出了一系列的语音编码技术标准，目前广泛应用的有 G 系列音频标准、MPEG 系列音频标准和网络音频编码标准。

1. 窄带语音压缩标准

窄带语音带宽为 300 Hz~3.4 kHz，采样频率为 8 kHz，量化位数为 8 位，主要有以下几个类别的国际标准。

① G 系列的电话质量的语音压缩标准：主要包括 G.722(64 kb/s)、G.721(32 kb/s)、G.728(16 kb/s)和 G.729(8 kb/s)等，用于数字电话通信。这些压缩标准中充分利用了线性预测技术、矢量量化技术和综合分析技术，典型的算法有 ADPCM、码本激励线性预测编码(code excited linear prediction，CELP)、矢量和激励线性预测编码(vector sum excited linear prediction，VSELP)等。

② 自适应多码率窄带(adaptive multi-rate narrowband，AMR-NB)：主要用于移动设备的音频，压缩比较大，声音质量较差。

③ 互联网低比特率编码解码器(internet low bitrate codec, ILBC):由语音引擎提供商 Global IP Sound 开发,是一个低比特率的编码解码器,具有丢包处理能力,是一种理想的包交换网络语音编解码方法,如 Skype 网络电话采用的就是 ILBC 语音编解码技术。

2. 宽带音频压缩标准

宽带音频的带宽范围为 50 Hz~7 kHz,采样频率为 16 kHz,相应的音频标准如下。

① G. 722 压缩标准:支持比特率分别为 64 kb/s、56 kb/s 和 48 kb/s 的多频率语音编码算法,采用基于子带的 ADPCM 技术,将信号速率压缩成 64 kb/s,用于优质语音、音乐、音频会议和视频会议等。

② 自适应多码率宽带(adaptive multi-rate wideband, AMR-WB):被 ITU-T 和 3GPP 采用为宽带语音编码标准,也称为 G. 722. 2 标准,广泛应用于移动设备的音频,其语音效果更加清晰自然。

3. 超宽带和全带音频压缩标准

超宽带的频率范围为 20 Hz~14 kHz,采样频率为 32 kHz;全带的频率范围为 20 Hz~20 kHz,采样频率为 44. 1 kHz 以上,对应的主要音频标准如下。

(1) MPEG-1 的音频部分

MPEG-1 的音频规定了 3 种模式,即层Ⅰ(简化的 ASPEC)、层Ⅱ(即 MUSICAM,又称 MP2)、层Ⅲ(又称 MP3)。VCD 中使用的是 MPEG-1 的层Ⅰ。MUSICAM 由于其适当的复杂程度和优秀的声音质量,在数字演播室、数字广播等数字节目的制作、交换、存储、传送中得到广泛应用。MP3 是在综合 MUSICAM 和 ASPEC 的优点的基础上提出的混合压缩技术,复杂度相对较高,MP3 在低码率条件下有较高水准的声音质量,目前在网络音频中应用广泛。

(2) MPEG-2 的音频部分

支持 5. 1 声道和 7. 1 声道等环绕立体声,如 Dolby Surround Pro-Logic、THX、DolbyAC-3、DTS 等,广泛应用于影剧院、家庭影院和高清电视等系统。

有关网络音频压缩编码的方法及标准将在第 8 章中补充介绍。

6. 3. 2 静态图像压缩编码标准

联合图像专家组(joint photographic experts group, JPEG)于 1991 年提出了多灰度静止图像的数字压缩编码,简称 JPEG 标准,是静态图像压缩编码的第一个国际标准。

1. JPEG 标准

JPEG 标准是一个适用于彩色和单色多灰度或连续色调静止数字图像的压缩标准,支持很高的图像分辨率和量化精度,具有较高的压缩比和图像质量。它包含基于离散余弦变换的有损压缩方法和基于预测与哈夫曼编码的无损压缩方法。JPEG 编码过程如图 1. 6. 7 所示,主要包含以下几个步骤。

① 采样与块划分:对输入的图像进行采样,将图像分隔成 8×8 的子块。

② DCT:将图像子块变为 8×8 的 DCT 系数阵列;实现数据从时域到频域的变换,在频域平面上变换系数是二维频域变量 u 和 v 的函数,当 $u=0$ 且 $v=0$ 时,系数称为直流分量(即 DC 系数),其余 63 个系数称为 AC 系数(即交流分量)。

③ 量化:对亮度和色度分量的 DCT 系数分别用一个 8×8 的量化值阵列进行量化。

④ 分量编码：对直流分量进行 DPCM 编码，对交流分量进行 RLC 编码，得到直流分量的中间格式和交流分量的中间格式。

⑤ 熵编码：为进一步压缩图像数据，有必要对 DC 和 AC 系数的中间格式进行熵编码，JPEG 规定采用哈夫曼编码，最后再输出编码结果。

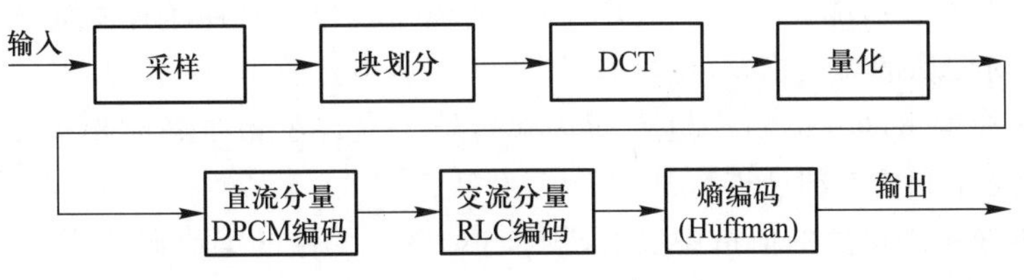

图 1.6.7　JPEG 编码过程

JPEG 包含 4 种运行模式，一种是基于 DPCM 的无损压缩算法，另外 3 种是基于 DCT 的有损压缩算法。

① 无损压缩编码模式：采用预测编码和哈夫曼编码或算术编码，保证重建图像与原图像完全相同。

② 基于 DCT 的顺序编码模式：按照从上到下、从左到右的顺序对图像数据进行压缩编码。

③ 基于 DCT 的渐进式编码模式：以 DCT 为基础，通过多次扫描的方法对一幅图像进行数据压缩，采取由粗到细进行逐步累加的方式。图像还原时，在屏幕上首先看到的是图像的粗略轮廓，而后逐步细化，直到全部还原出图像。

④ 基于 DCT 的分层编码模式：以图像分辨率为基准进行图像编码，首先从低分辨率开始，逐步提高分辨率，直至与原图像的分辨率相同为止。

2. JPEG2000 标准

JPEG2000 标准包含 12 个部分，其中第 1 部分规定了 JPEG2000 的基本特征和码流语法，其他部分的标准定义了各自应用领域的规范，包括互联网、彩色传真、印刷、扫描、数字摄影、遥感、移动通信应用、医用影像、数字图书库和电子商务等。

(1) JPEG2000 编码过程

JPEG2000 由 5 个基本模块组成，如图 1.6.8 所示。

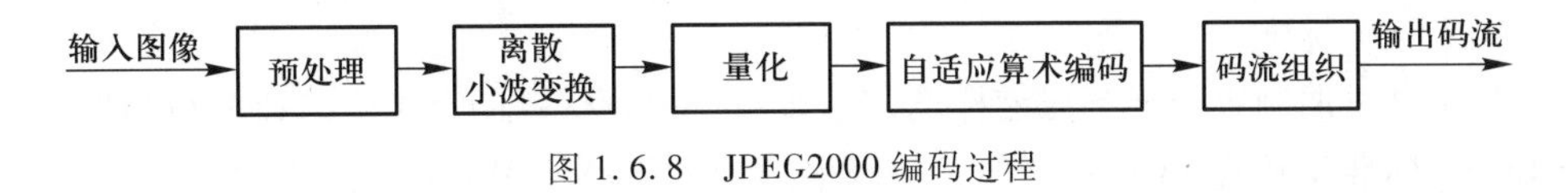

图 1.6.8　JPEG2000 编码过程

预处理可以为不同类型的图像提供一个统一的接口，包括图像切片、直流平移和图像的分量变换。

JPEG 标准中采用的 DCT 考查的是整个时域过程的频域特性，或者整个频域过程的时域特性，对于细节丰富、频率变化大的图像，图像压缩效果差，会出现图像块效应，而且无法实现 ROI(region of interest，兴趣区域)编码。离散小波变换(discrete wavelet transformation，DWT)具有良好的时—频局部性，既能考查局部时域过程的频域性，也能考查局部频域过程的时域特性，并且可以在图像高频时考查窄的时域窗，而在低频时考查宽的时域窗。因此，不论是对图像的平稳变化还是非平稳变化，DWT 都是一个强有力的分析工具。

(2) JPEG2000 的特点

① 支持低码率下的高压缩性能，在码率下降的同时失真性能仍能保持最优。

② 连续色调和二值压缩，对每一个彩色分量，都能使用可变动态范围进行压缩和解压缩。

③ 支持无损和有损压缩，在一个 JPEG2000 码流中可以同时存在有损压缩和高性能的无损压缩数据，并且对图像的无损恢复可以利用渐进式解码自然获得。

④ 支持按照像素精度和分辨率进行渐进式传输，允许图像重建时根据目标设备的需要，按不同的空间分辨率和像素精度进行显示。

⑤ 允许解码在有限带宽的信道中实时进行，对整个图像的编码码流大小固定，对有限内存空间的设备(如扫描仪)可容纳整个编码码流，而不需区分具体图像。

⑥ 允许用户在比特流中定义图像兴趣区域，并对该区域进行任意访问和处理。

⑦ 允许在压缩的图像文件中含有对图像内容的描述，允许用户在一个大的数据库中迅速找到感兴趣的图像。

⑧ 允许通过水印、标签、冲压、指纹、加密和加扰等方式对数字图像进行保护。

6.3.3 运动图像和视频压缩编码标准

ISO/IEC 在 1988 年组建了运动图像专家组(moving picture experts group，MPEG)，专门负责制定视频和音频标准，先后推出了 MPEG-1、MPEG-2、MPEG-4、MPEG-7 及 MPEG-21 等国际标准。

ITU-T 下设的视频编码专家组(video coding experts group，VCEG)主要负责面向实时通信领域的标准制定，主要制定了 H.261、H.263、H.263+和 H.263++等国际标准。

由 VCEG 和 MPEG 共同组成的联合视频组(joint video team，JVT)共同制定了 H.264 和 H.265 视频国际标准。

1. MPEG 系列标准

MPEG 标准的运动图像(视频)压缩编码技术，主要利用具有运动补偿的帧间压缩编码技术以减小时间冗余度，利用 DCT 技术以减小图像的空间冗余度，利用熵编码在信息表示方面减小了统计冗余度。这几种技术的综合运用，大大增强了压缩性能。

(1) MPEG-1 标准

MPEG-1 是早期制定的视频压缩标准，主要用于视频信息的存储、广播电视和网络传输应用。MPEG-1 标准是针对 VCD 制定的，其码率约为 1.2~1.5 Mb/s。

MPEG-1 标准所支持的图像类型与 H.263 类似，支持 I、B、P 帧类型，在 MPEG-1 中图像的显示顺序为 IBBPBBPBBP……其中各帧说明如下。

① I 帧：帧内编码的关键帧，仅由帧内预测的宏块组成，可作为 P、B 帧的参考帧。

② P 帧：前向预测帧，采用帧间编码，以 I 帧或 P 帧作为参考帧。

③ B 帧：双向预测帧，参考前后两个方向的参考帧。

MPEG-1 标准分为图像编码、声音和声像同步与复用 3 个部分，该标准没有指定具体的编码程序，而只是确定了一个标准的编码器和解码器。

MPEG-1 标准适用于不同带宽的设备，如 CD-ROM、VCD 和 CD-I，针对标准分辨率视频

（即标清视频）；NTSC 制式 VCD 视频画幅大小为 352 像素×240 像素；PAL 制式 VCD 视频画幅为 352 像素×288 像素，传输速率为 1.5 Mb/s，速度为 30 fps，伴音为 CD 音质。

（2）MPEG-2 标准

MPEG-2 是由 ITU-T 和 ISO 合作制定的编码标准，其视频部分也称作 H.262 标准，其标准编号为 ISO 13818，包括系统、视频、音频、一致性、参考软件等 10 个部分，在数字电视广播和音视频媒体容器等场合得到了广泛应用。DVD 采用的就是 MPEG-2 视频编码方法，其中 NTSC 制式 DVD 视频画幅大小为 720 像素×480 像素，PAL 制式 DVD 视频画幅为 720 像素×576 像素。

与 MPEG-1 一样，MPEG-2 也分为视频、音频和系统 3 个部分，码流结构分为 6 个层次：码流、图像序列层、图像组、帧层、条带层、宏块层。MPEG-2 具有逐行扫描及隔行扫描视频信号的能力，以及更高的色度信号采样模式，能提供可伸缩的视频编码方式，包括空间可伸缩性、时间可伸缩性、信噪比可伸缩性和数据分割等。

（3）MPEG-4 标准

MPEG-4 标准编号是 ISO/IEC 14496，它不仅针对一定比特率下的视频、音频编码，更加注重多媒体系统的交互性、灵活性和可扩展性，主要应用于移动端的视频电话，对传输速率要求较低，传输速率为 4.8~6.4 kb/s，画幅大小为 176 像素×144 像素。

MPEG-4 采用了基于对象的编码，视频对象主要是画面中分割出来的物体，描述了物体的运动、轮廓和纹理信息。

（4）MPEG-7 标准

MPEG-7 不是一种压缩编码方法，而是“多媒体内容描述接口”，其目的是生成一种用来描述多媒体内容的标准，不针对某个具体的应用，能够对图像与声音实现分类，并对它们的数据库实现查询，如同查询文本数据库那样，可应用于数字图书馆、多媒体内容查询服务、广播媒体选择、多媒体编辑等。

（5）MPEG-21 标准

MPEG-21 是一个“多媒体框架”或“数字视听框架”，实质是一些关键技术的集成。通过这种集成环境对全球数字媒体资源进行透明和增强管理，提供内容描述、创建、发布、使用、识别和收费管理，支持产权和用户隐私保护，实现终端和网络资源抽取、事件报告等功能。

2. H.26X 系列标准

（1）H.261 和 H.263 标准

1988 年国际电报电话咨询委员会（Consultative Committee International Telegraph and Telephone，CCITT）提出了 H.261 标准，ITU-T（前身为 CCITT）于 1990 年正式采纳此标准，主要用来支持在综合业务数字网（integrated services digital network，ISDN）中进行可视电话、视频会议和其他视听服务。压缩后的数据速率为 P×64 kb/s（P 的取值范围是 1~30），要求视频编码器的延迟必须低于 150 ms，以便用于实时双向视频会议。

H.261 只对标准化图像格式 CIF（352×288）和 QCIF（176×144）进行处理，压缩编码算法由具有运动补偿的帧间预测、基于块的离散余弦变换和哈夫曼编码组成。

H.263 是在 H.261 的基础上开发的电视图像编码标准，主要用于公用电话交换网（public

switched telephone network，PSTN）中的视频会议和其他可视化服务，旨在以尽可能低的码率（小于 64 kb/s）进行通信。

（2）H. 264 标准

H. 264 是由 JVT 提出的高度压缩的数字视频编解码器标准，既是 ITU-T 的 H. 264，又是 ISO/IEC 的 MPEG-4 高级视频编码（advanced video coding，AVC）的第 10 部分，通常又被称为 H. 264/AVC。

H. 264 是在 MPEG-4 技术的基础上建立起来的，其编解码流程主要包括 4 个部分：帧间和帧内预测、变换和反变换、量化和反量化、环路滤波和熵编码。

H. 264 标准的主要特点如下。

① 具有更高的编码效率：比 H. 263 标准的编码效率高，平均能够节省大于 50%的码率，在相同的带宽下提供更加优秀的图像质量，在同等图像质量下的压缩效率比 MPEG-2 标准提高了 2 倍左右。

② 具有更好的网络适应能力：可用于实时通信应用（如视频会议）的低延时模式，也可用于没有延时的视频存储或视频流服务器中。可以根据不同的环境使用不同的传输和播放速率，并且提供了丰富的错误处理工具，可以很好地控制或消除丢包和误码。

③ 采用混合编码结构：采用 DCT 加 DPCM 的混合编码结构，还增加了多模式运动估计、帧内预测、多帧预测、基于内容的变长编码、4×4 二维整数变换等新的编码方式，提高了编码效率。

（3）H. 265 标准

H. 265 全称是高效视频编码（high efficiency video coding，HEVC），是继 H. 264 之后新的视频编码标准，改善了码流、编码质量、延时和算法复杂度之间的关系，达到最优化设置。H. 264 可以对低于 1 Mb/s 的速率实现标清数字图像的传送，而 H. 265 则可以利用 1～2 Mb/s 的传输速率传送普通高清音视频（720P，分辨率为 1 280 像素×720 像素）。

H. 265 的编码架构与 H. 264 的架构相似，主要也包含帧内预测、帧间预测、转换、量化、去区块滤波器、熵编码等模块。H. 265 提供了更多不同的工具来降低码率，以编码单位来说，H. 264 中每个宏块大小都是固定的 16 像素×16 像素，而 H. 265 的编码单位可以选择从最小的 8 像素×8 像素到最大的 64 像素×64 像素。

H. 265 的目标是在有限带宽下传输更高质量的网络视频，仅需原先的一半带宽即可播放相同质量的视频。智能手机、平板电脑等移动设备能够直接在线播放 1 080P 的全高清视频，H. 265 标准也同时支持 4K（4 096 像素×2 160 像素）和 8K（8 192 像素×4 320 像素）超高清视频。

3. AVS 标准

AVS 标准是我国自主开发的音视频编码标准，我国在 2002 年 6 月由国家信息产业部科学技术司批准成立数字音视频编解码技术标准工作组，简称 AVS 工作组。工作组的任务是面向我国的信息产业需求，联合国内企业和科研机构，制定数字音视频的压缩、解压缩、处理和表示等共性技术标准，为数字音视频设备与系统提供高效经济的编解码技术，服务于高分辨率数字广播、高密度激光数字存储媒体、无线宽带多媒体通信、互联网宽带流媒体等重大信息产业应用。

AVS 视频与 MPEG 标准都采用混合编码框架，包括变换、量化、熵编码、帧内预测、帧间预测、环路滤波等。AVS 在较低的复杂度下实现了与国际标准相当的技术性能，核心技术包括 8×8 整数变换、量化、帧内预测、1/4 精度像素插值、特殊的帧间预测运动补偿、二维熵编码、去块效应环内滤波等。

AVS 视频标准(GB/T 20090.2)是基于我国自主创新技术和国际公开技术所构建的标准，主要面向高清晰度和高质量数字电视广播、网络电视、数字存储媒体和其他相关应用，具有以下特点。

① 性能高，编码效率是 MPEG-2 的 2 倍以上，与 H.264 的编码效率处于同一水平。

② 复杂度低，算法复杂度比 H.264 明显低，软硬件实现成本都低于 H.264。

③ 我国掌握主要知识产权，专利授权模式简单，费用低。

基于以上 AVS 的技术和特点可以看出，AVS 标准是能够支撑国家数字音视频产业发展的重要标准。

思　考　题

1. 如何衡量一种数据压缩方法?
2. 多媒体数据存在哪些类型的冗余?
3. 数据压缩技术如何分类? 每类有何主要特点?
4. 行程编码是如何编码的?
5. 简述哈夫曼编码的原理和过程。
6. 简述算术编码的原理和过程。
7. 统计编码有何特点?
8. 常见的声音压缩标准有哪些?
9. 常见的图像和视频压缩标准有哪些?
10. 常见的视频压缩标准有哪些?

第 7 章 视频的后期合成

顾名思义，视频的后期合成就是在视频加工的后期添加各种效果，让视频效果更加绚丽多彩。Adobe 公司的 After Effects 是最具代表性的软件之一，它可以给影片添加非常多的特效，让很多靠实际拍摄无法实现的效果轻而易举地实现，例如影片的叠加、特殊的光效以及艺术效果等，本章将介绍该软件的使用方法。

电子教案 7.1 After Effects 功能简介

After Effects 主要用于视频和动画的后期合成，与视频编辑软件 Premiere 在功能和操作上有许多相似之处，但 After Effects 在效果制作方面更有特色，主要有如下几点。

① 后期合成：可导入多种格式的文本、图形与图像、音频、视频和动画序列等文件，还可以新建纯色层、调整层、形状图层、灯光和摄像机等，支持图层的三维控制，适合多媒体素材的后期加工与合成。

② 动画制作：每个图层都有自己的变换属性，如位置、缩放、旋转、不透明度等，各个属性都可以制作关键帧动画效果。文字图层还可以添加专门针对文字属性的动画效果，并且提供了动画效果的范围控制，可制作各种文字动画效果。与 Premiere 视频处理软件相比，After Effects 提供了更多的可制作动画的属性，在动画的局部控制与全局控制上更加灵活多变。

③ 特效控制：After Effects 可以给素材添加各种音频和视频特效，如声音的立体声混音、视频的透视、扭曲、风格化和键控等，与 Premiere 中的特效控制方式类似。

④ 可输出广播级的影片效果：可以先用低分辨率进行设计，最后再用其原始分辨率进行渲染输出，AE 支持目前流行的大多数视频、动画和静态图像及其序列格式。

启动 After Effects 2023（以下简称 AE）软件以后，操作界面如图 1.7.1 所示。

图 1.7.1　AE 的操作界面

例 7.1　图像与视频的合成及输出。

目标：通过本例了解在 AE 中创建一个合成并渲染输出的一般制作流程。

操作步骤如下。

(1) 导入素材

首先启动 AE，进入操作界面后选择菜单“文件”|“导入”|“文件”命令，在弹出的对话框中选择所需文件，“项目”面板中将显示导入的素材信息，如图 1.7.2 所示。

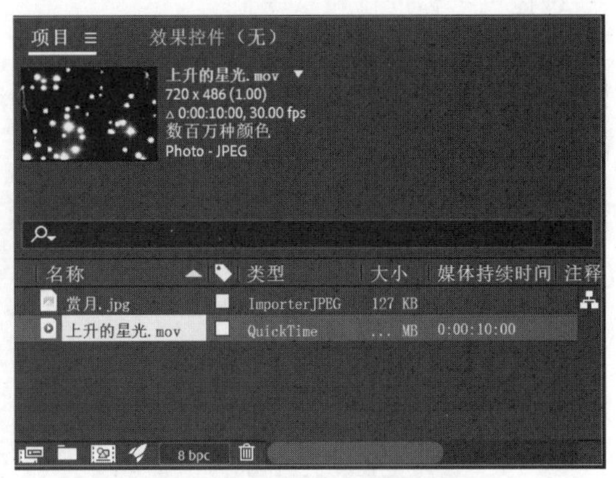

图 1.7.2　导入素材

(2) 新建合成

合成就是由各种素材组合而成的一段影片。选择菜单“合成”|“新建合成”命令，打开如图 1.7.3 所示的“合成设置”对话框，在“合成名称”中输入“第一个合成”，在“基本”选项卡的“预设”下拉列表中选择“自定义”选项，在合成的“持续时间”中输入00:00:05:00，在“项目”面板中将出现一个名为“第一个合成”的合成，在“合成”面板中将显示出当前合成的视图效果，默认背景颜色是黑色。

(3) 编排素材

素材的编排都是在时间轴面板中完成的，每个合成都有一个与之对应的时间轴，不同的素

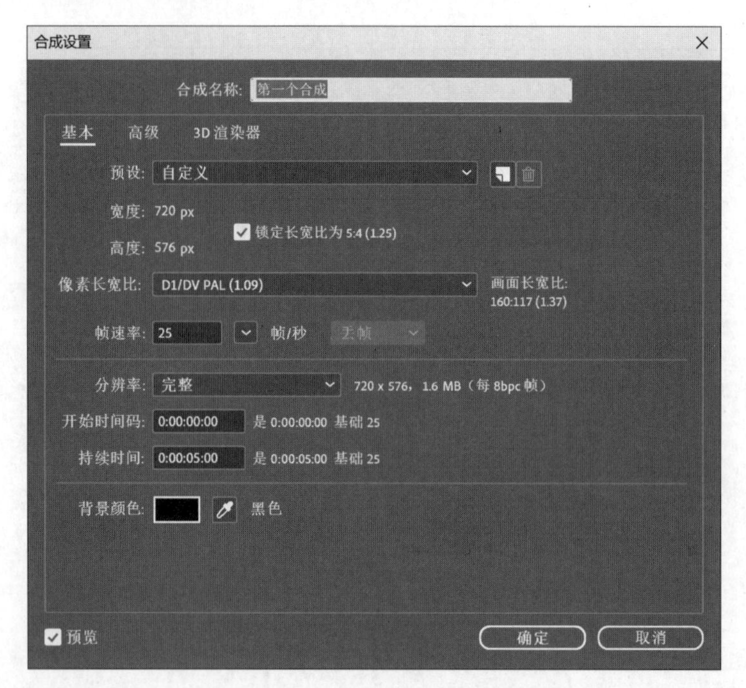

图 1.7.3 “合成设置”对话框

材在时间轴上以不同的图层来表示，将素材直接拖动到“合成”面板中或直接拖动到时间轴面板中即可创建该素材的图层。如图 1.7.4 所示为本例的两个素材的编排，图层自动以素材的名称命名。在时间轴面板中，位于上方的图层内容将遮挡位于下方的图层内容，图层的顺序可以通过拖曳鼠标进行任意调整。

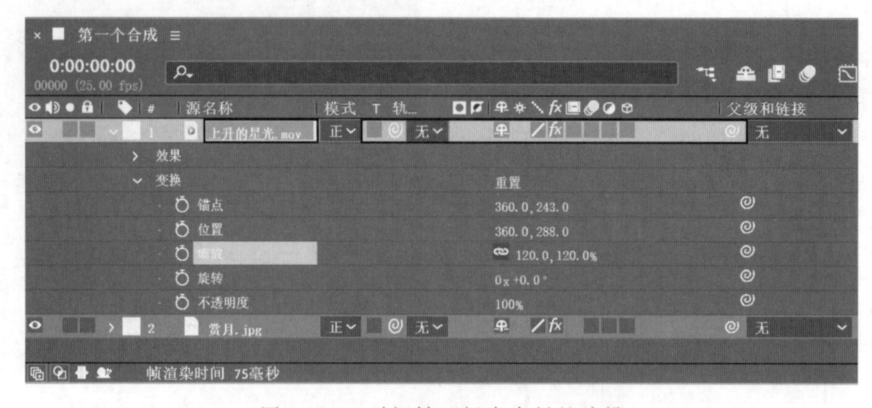

图 1.7.4 时间轴面板中素材的编排

当前时间轴上素材的叠加合成效果显示在合成窗口中，可以看出“上升的星光.mov”视频素材没有很好地匹配合成的画幅大小，展开“上升的星光.mov”图层的属性参数，调整“变换”属性下的“缩放”参数，调整视频的尺寸。如果视频尺寸的比例与画幅比例不匹配，还可以单击“约束比例”按钮，取消等比例缩放状态，然后将参数修改为合适的数值，使素材全屏显示，如图 1.7.5 所示。

(4) 添加效果

下面利用效果将“上升的星光 . mov”视频中的黑色背景抠除。选择菜单“窗口”|“效果和预设”命令，打开“效果和预设”面板，在面板中选择“抠像”|“线性颜色键”效果，将其拖动到时间轴面板中的“上升的星光 . mov”图层上，或者在时间轴面板中选中“上升的星光 . mov”图层，选择菜单“效果”|“抠像”|“线性颜色键”命令，将“线性颜色键”效果添加到该图层中。添加效果后将自动打开“效果控件”面板，在该面板中对效果进行设置，首先单击“主色”右侧的色块，设置要抠除的颜色，本例为黑色，将“匹配容差”设置为 50%，增加色彩的容差；将“匹配柔和度”设为 100%，增加抠除效果的柔和度，如图 1. 7. 6 所示。

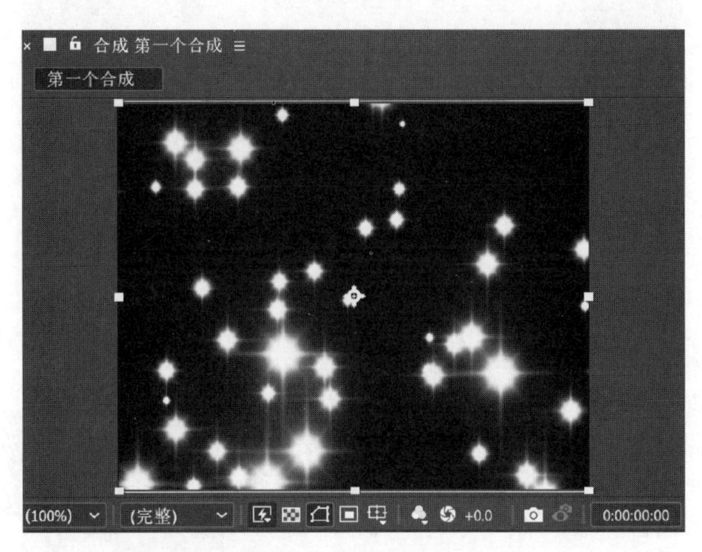

图 1. 7. 5　素材全屏显示

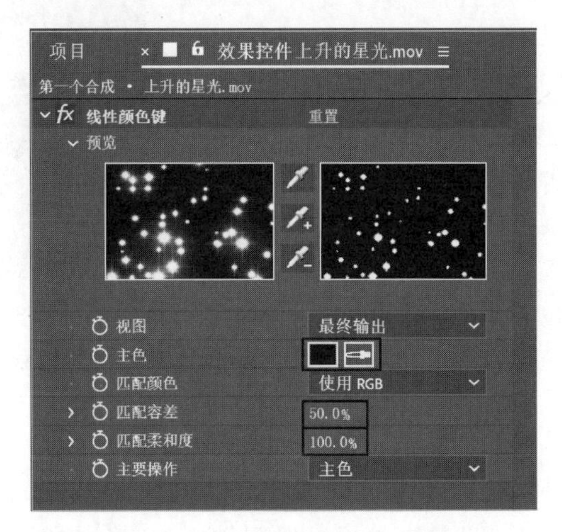

图 1. 7. 6　“线性颜色键”的设置

添加效果后，时间轴面板中的“上升的星光 . mov”图层的属性中也将同步显示“线性颜色键”效果的参数变化，调整后的合成效果如图 1. 7. 7 所示。

图 1.7.7　调整后的合成效果

（5）制作动画

下面给“赏月 .jpg”图层添加一个具有局部缩小和放大效果的“凸出”特效，并制作从缩小到放大变化的动画效果。

在“效果和预设”面板中选择“扭曲”|“凸出”效果，将其拖动到时间轴面板中的“赏月 .jpg”图层上，在“效果控件”面板或者时间轴面板的图层属性中展开“凸出”效果的属性参数，将“水平半径”设为“300.0”，“垂直半径”设为“280.0”，“凸出中心”移动到“(606.0, 390.0)”，“凸出高度”设为“2.0”，如图 1.7.8 所示。

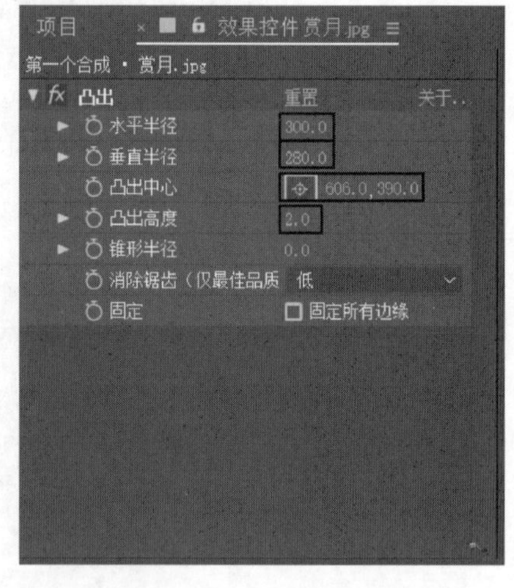

图 1.7.8　凸出效果

当前时间轴面板的时间指示线处于 0:00:00:00 位置，单击“凸出高度”前面的码表按钮，激活该参数的关键帧设置，将在当前位置添加一个关键帧，然后拖动时间指示线或直接修改时间轴面板左上角的当前时间，设定当前时间为 0:00:03:00，并调整“凸出高度”参数为 1.0，将自动在该位置添加一个新的关键帧。

要预览合成的效果，可以单击“预览”面板上的播放按钮，将在合成面板中预览到影片的效果，如图 1.7.9 所示。

（6）渲染输出

对预览影片的效果感到满意后，最后进行渲染输出。先激活时间轴面板，然后选择菜单“文件”|“导出”|“添加到渲染队列”命令，时间轴面板自动增加“渲染队列”标签，如图 1.7.10 所示。在渲染设置和输出模块中设置必要的参数，单击“渲染”按钮则开始渲染，这里输出为“第一个合成 .avi”。

(a) 第0秒处　　(b) 第2秒处　　(c) 第4秒24帧处

图 1.7.9　合成预览效果

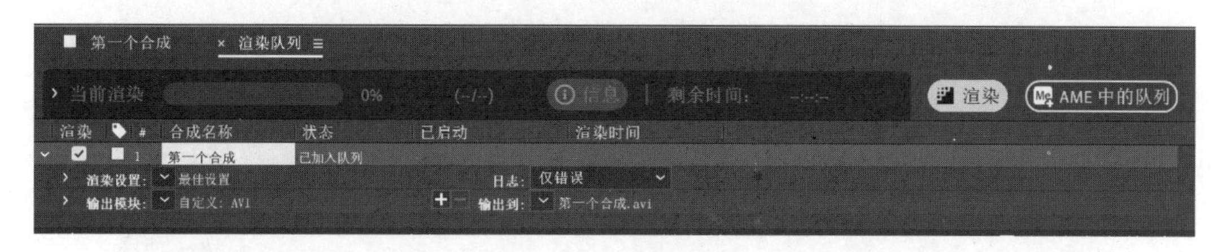

图 1.7.10　渲染输出

7.2　项目资源管理

7.2.1　项目文件

1. 新建项目

启动 AE 之后，系统默认创建并打开一个新的项目“无标题项目 .aep”，选择菜单“文件”|“另存为”命令可以将项目文件以指定的名字保存在指定的路径下。项目文件用于保存当前项目中导入了哪些素材，创建了哪些合成以及这些合成的时间轴是如何进行编排的，给各个素材添加了哪些效果，设置了哪些关键帧参数，等等。

2. 打开项目

选择菜单“文件”|“打开项目”命令即可打开以前保存的 aep 项目文件，或者直接双击项目文件也可打开项目。在时间轴面板中可以看到所有合成的编排信息和添加的效果等。

注意：如果项目文件中的素材内容或位置发生了变化，加载项目时，该素材将以脱机素材进行替代，可以右击脱机素材，选择快捷菜单中的“替换素材”命令，然后用新的素材进行替换。

3. 项目设置

选择菜单“文件”|“项目设置”命令，弹出如图 1.7.11 所示的“项目设置”对话框，可设置当前项目的显示风格，一般选择时间码基准，如我国电视采用的标准 DV PAL 制式为 25 fps，其余参数采用默认设置。

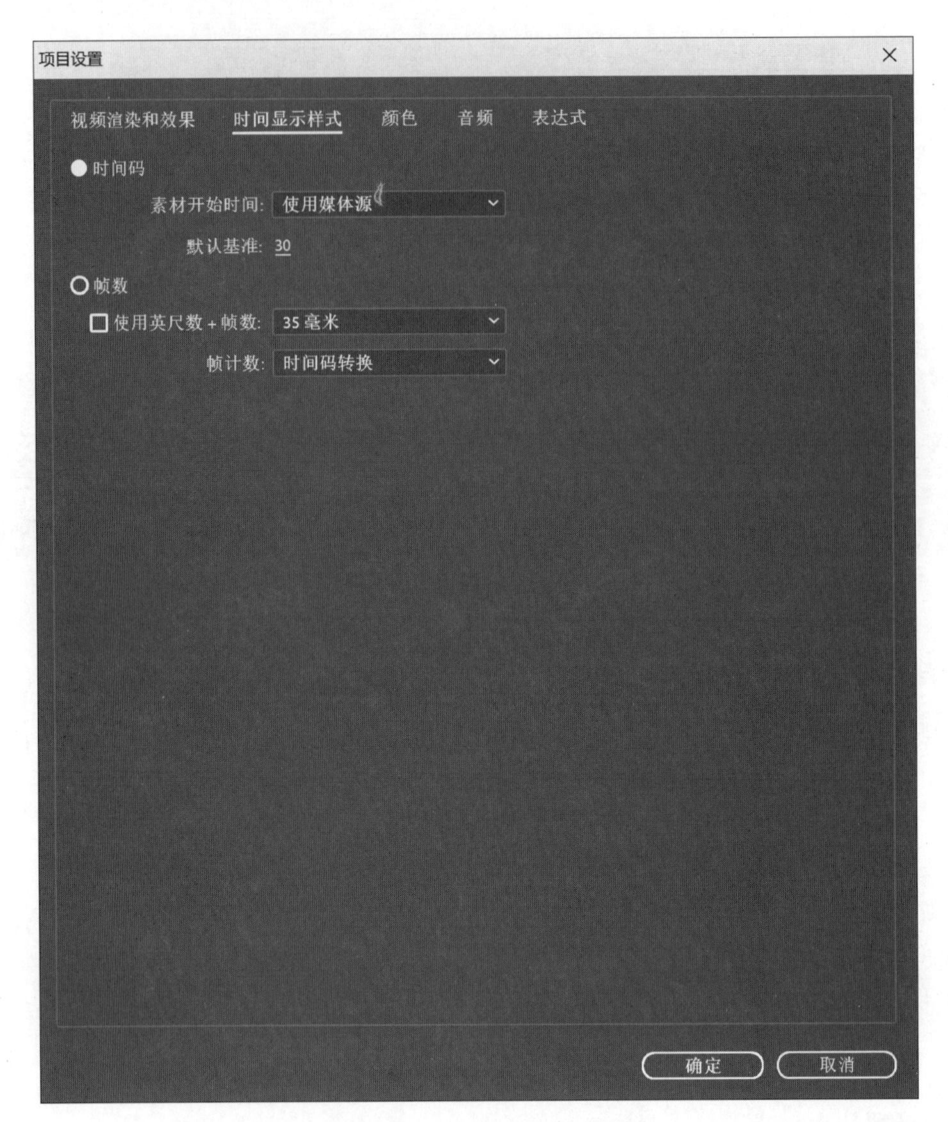

图 1.7.11 “项目设置”对话框

7.2.2 “项目”面板

“项目”面板用来显示和管理各种素材，便于素材的查找和使用，如图 1.7.12 所示。

1. 素材预览区

用来预览当前选中素材的信息，预览区中左侧显示的是当前选择素材的预览缩略图，通过它可以了解素材的基本内容。双击缩略图可以打开素材窗口并显示或播放素材内容。

2. 素材显示区

在“项目”面板中创建或导入的素材都以列表的形式显示出来。面板中会显示素材的名称(name)、类型(type)、大小(size)、持续时间(duration)、文件路径(path)、日期(date)、注释(comment)等信息，并可以按照相应的方式进行排序。

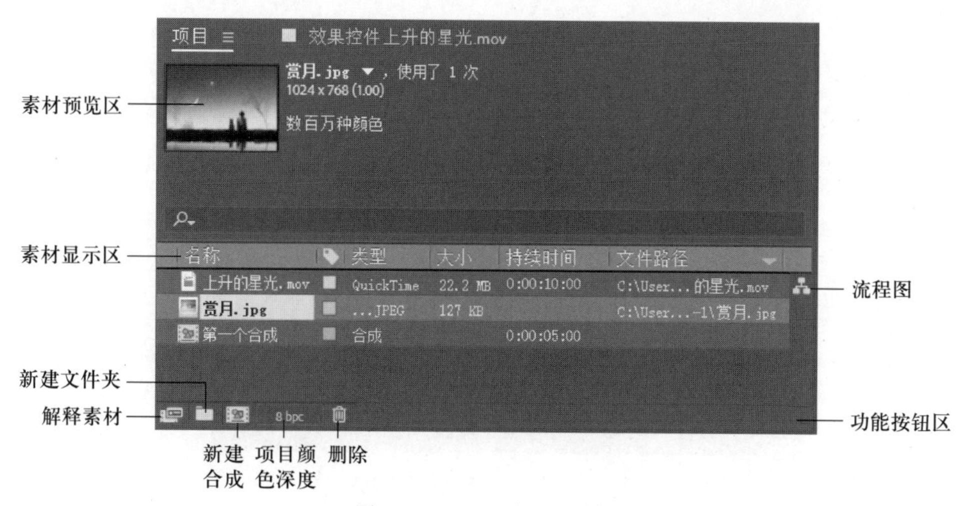

图 1.7.12　“项目”面板

3. 功能按钮区

①（解释素材）：用来重新设置选中素材的 Alpha 通道、帧速率、开始时间码、场和 Pulldown、其他选项中的像素长宽比等。

②（新建文件夹）：在“项目”面板中建立目录，用于分类保存各种素材。

③（新建合成）：合成是指对素材加工后的成品，它是一段完整的影视片段，可以包含各种特技效果。

④ 8 bpc（项目颜色深度）：默认情况下，项目的颜色深度为每通道 8 位。

⑤（删除）：单击该按钮可将当前选中的素材从项目中删除。

⑥（流程图）：单击该按钮可以打开流程图面板，观察当前项目的组织和结构情况，查看各个合成的流程。

7.2.3　素材管理

1. 导入素材

选择菜单“文件”|“导入”|“文件”命令，在弹出的对话框中选择要导入的素材文件，导入的素材文件显示在“项目”面板中。

注意：如果导入的是图像序列，可以选择菜单“文件”|“导入”|“多个文件”命令，在弹出的对话框中选择要导入的图像序列文件中的第 1 个，注意标记为序列，序列图像相当于一个视频素材。

2. 解释素材

解释素材用于对素材的参数重新进行解释，主要是对含有 Alpha 通道的素材用于遮罩时需要选择相应的遮罩方式，如果选择错误将引起遮罩错误，对于有场序的视频素材，如果解释错误将导致视频播放时的抖动。如图 1.7.13 所示为 Alpha 通道的设置，建议单击“猜测”按钮由系统进行自动检测。

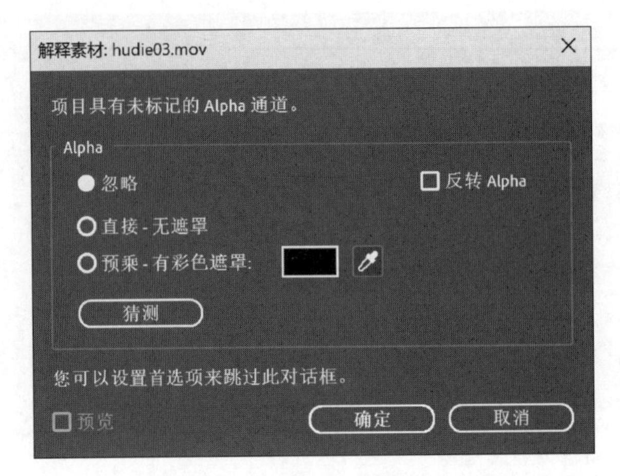

图 1.7.13　Alpha 通道的设置

7.3　合成

7.3.1　合成概述

一个项目中可以包含多个合成，每个合成相当于一个视频片段，每个合成都可以作为一个素材嵌套到另外一个合成中，这样就可以将一个复杂的视频编排通过合成来达到简化编排的目的。

1. 新建合成

选择菜单“合成”|“新建合成”命令，打开如图 1.7.14 所示的“合成设置”对话框。

合成中需要设置的参数如下。

① 合成名称：输入合成的名称，如“文字动画”，默认为“合成 1”。

② 预设：可选择常用标清或高清设备对应的规范化参数设置，或通过“自定义”方式任意设置。

③ 宽度与高度：设置合成的宽度和高度。

④ 像素长宽比：从下拉列表中选择一种像素长宽比，将自动改变后面的画面长宽比，选择的依据与视频输出的画面长宽比有关，例如，标清画幅长宽比为 4∶3，预设如果选择“自定义”，画幅大小为 720 像素×576 像素(长宽比为 5∶4)，那么像素长宽比就是(1.333∶1.25=1.067)。考虑到缝隙的修正，新版本的像素长宽比设置为 1.094，目的就是把画面校正到全屏显示，不留黑边。

⑤ 帧速率：帧速率即每秒播放的帧数，一般根据最终输出的类型来确定。

a. PAL 制式的视频帧速率为 25 fps。

b. NTSC 制式的视频帧速率为 29.97 fps。

c. 电影的视频帧速率为 24 fps。

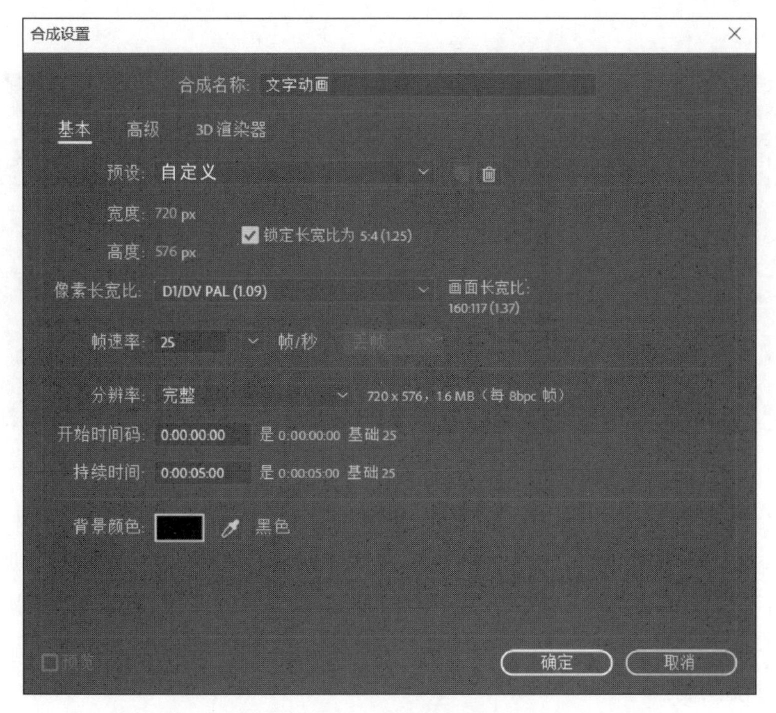

图 1.7.14　“合成设置” 对话框

d. CD-ROM 或 Web 上的动画视频帧速率为 10~15 fps。

⑥ 分辨率：在下拉列表中选择合成显示时的分辨率，包括“完整”“二分之一”“三分之一”“四分之一”或者“自定义”，合成编辑时为了提高显示速度，在不影响显示质量的情况下可以选择较低的分辨率显示，观察最终效果时再调整到完整分辨率。

⑦ 开始时间码：设置合成开始的时间，默认为 0:00:00:00，即时间轴中以 0 秒 0 帧开始的位置。

⑧ 持续时间：设置合成的持续时间长度，即播放当前合成所需要的时间。

若在“项目”面板中将素材直接拖放到“项目”面板底部的“新建合成”按钮上，将直接以该素材名命名创建一个新的合成。

2. 合成的打开与关闭

项目中的所有合成都将显示在“项目”面板中，双击即可将选定的合成在时间轴面板中打开。单击时间轴面板顶部的选项卡可以过渡打开的各个合成，也可以将不需要编排的合成关闭。

3. 删除合成

在“项目”面板中选中需要删除的合成，按 Delete 键可以将其删除，删除合成不会删除合成中的素材。

7.3.2　合成的编排

1. 时间轴面板

每个合成都有一个对应的时间轴，建立一个新的合成时，会自动显示相应的时间轴面板，如图 1.7.15 所示。

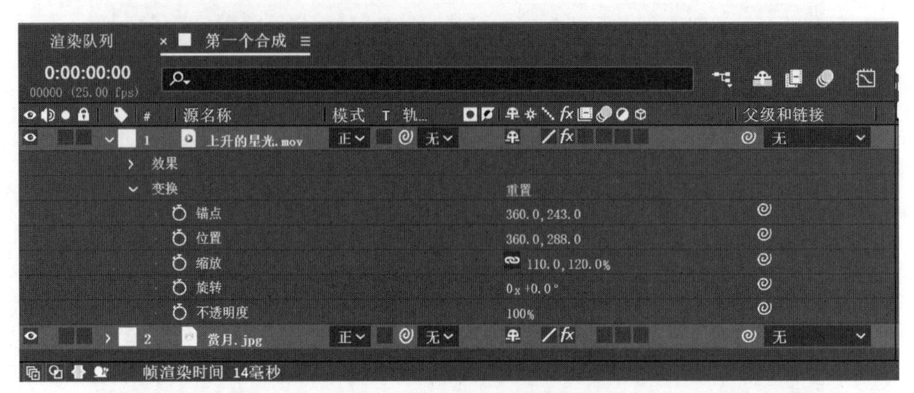

图 1.7.15　时间轴面板

在“项目”面板中选择一个或多个素材拖放到时间轴面板中，即可将素材添加到当前的合成中，一个合成中可以包含多个图层，图层的顺序可以用鼠标拖曳进行上下调整，默认上面的图层会遮住下面图层的内容，可以通过更改图层的不透明度或混合模式达到多个图层进行叠加混合显示。

（1）时间面板控制区

① 时间轴标签 第一个合成 。用来显示当前所打开的合成的名称，当时间轴面板中有多个合成时，当前所打开的合成会以高亮显示。

② 当前时间 0:00:00:00 。显示时间轴面板中当前时间指示线所在的时间位置，单击它可以输入新的时间，以改变当前时间指示线所在的时间位置。

③ 素材特征区(A/V features)。用于控制在一个合成中音频和视频素材的工作状态。

a. (视频开关)：显示或隐藏该图层图像。

b. (音频开关)：是否使用该图层的音频部分(不含音频的素材无此选项)。

c. (独奏开关)：控制只显示当前图层，若有多个图层选中了独奏，则显示所有选中独奏的图层。

d. (锁定开关)：是否锁定当前图层，如果锁定则不允许修改当前图层。

④ 层概述区。

a. (标签)：用于区分不同类型的素材，也可以设置自己的颜色，可以快速选择颜色相同的图层。

b. #(编号)：显示图层的编号，最上面的图层编号为 1，可以用数字键盘中的数字键快速选择对应编号的图层。

c. 源名称(图层名称)：默认显示素材文件的名字，按 Enter 键可以进入当前图层的重命名状态，也可以选择快捷菜单中的“重命名”命令更改图层的名称。

⑤ 模式区。

a. 模式(混合模式)：用于设置图层间的混合模式，相当于 Photoshop 中的图层混合模式。

b. TrkMat(轨道遮罩)：可以设置当前图层的遮罩轨道及其遮罩形式。

⑥ 开关区

a. (消隐开关)：标记当前图层为消隐状态，单击时间轴窗口顶部右侧的(显示或隐藏消隐图层)按钮，可以将时间轴窗口中所有设置为消隐状态的图层隐藏，但不影响这些图层在合成窗口中的显示。

b. (塌陷开关)：若为合成图层，则用于折叠变换；若为矢量图层，则用于连续栅格化。

折叠变换是指系统将优先计算当前图层的变换效果，然后再将特效作用到变换以后的图层上。例如，某个纯色层设置了旋转变换，又添加了“过渡/线性擦除”特效，那么如果没有开启塌陷开关，将先应用线性擦除特效，再计算变换效果；如果开启塌陷，将先计算变换后的图层效果，然后再将特效作用到变换后的图层上。

对于 AE 中的文字图层、形状图层、纯色层以及通过其他软件导入的矢量素材(如 Adobe Illustrator 制作的 ai 文件)，若选中连续栅格化，则这些图层将按照矢量方式计算，也就是说可以任意缩放不变形。注意：AE 中新建的文字图层和形状图层默认已经开启了塌陷。

c. (质量和采样开关)：可以选择草图质量、线框质量和最高质量。质量越高，渲染越慢。

d. fx(效果开关)：可打开或关闭效果的应用，若关闭效果，可加快渲染速度。

e. (帧混合开关)：当素材的帧速度与合成的帧速度不一致时，画面会产生抖动，通过帧融合技术则可以使画面的变化变得平滑，但需要大量的计算时间。

f. (运动模糊开关)：可模拟真实的运动效果。

g. (调整图层)：与 Photoshop 中的调整图层功能类似。若新建一个调整图层，该开关将自动添加，也可以将其他图层设置为调整图层，那么该图层的效果将应用于它之下图层的合成。

h. (3D 图层)：用于将当前层转换成三维图层。

(2) 图层编辑区

图层编辑区直观地表示各层的入点/出点的值，并显示关键帧的位置以及每层的时间轴，主要用于调整显示的时间范围以指定创建和预览合成时渲染的时间范围，如图 1.7.16 所示。

① 时间导航开始与结束标记：用来指示当前时间轴面板中在哪个时间位置开始显示，通过调整它的范围可以浏览特定区域。

② 工作区开始与结束标记：用于指定合成渲染或者预览的工作区域范围。如果只要渲染部分合成图像，可以拖动工作区标记定义要渲染的区域；也可以通过键盘上的 B 键和 N 键设置工作区的起始点和结束点。

③ 时间标尺：用来指明当前时段的时间标尺。

④ 缩放滑块：向右放大或向左缩小图层编辑区的显示比例。

⑤ 时间指示器：移动时间指示器可以在合成面板中查看当前时间位置的合成画面效果，当需要从“项目”面板中移动素材到时间轴面板时，使用时间指示器还可以将素材定位到特定的时间位置。

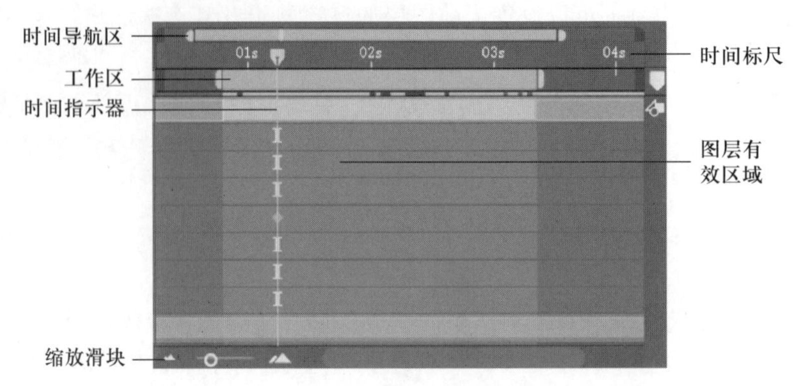

图 1.7.16　图层编辑区

（3）展开/折叠按钮区

单击面板左下角的按钮可以展开或折叠图层开关框，按钮可以展开或折叠转换控制框，按钮可以展开或折叠入点\出点\持续时间\伸缩框。

2. 图层类型

AE 中有多种类型的图层，除了导入的视频、音频、图像等作为素材层之外，还可以创建多种类型的图层。使用菜单“图层”|“新建”命令可创建文本、纯色、灯光、摄像机等图层。

（1）素材层

AE 在进行合成制作时，需要将项目中导入的素材添加到时间轴面板中，这些素材就以层的形式存在，可以对这些素材层进行移动、缩放、旋转、设置透明等变换，以及添加各种效果等操作。

（2）文本层

在 AE 中，可以设置丰富的文字效果和动画。文本层可以通过如下方法建立：选择菜单“图层”|“新建”|“文本”命令，或者在时间轴面板中左侧的区域右击，弹出快捷菜单并选择“新建”|“文本”命令；或者在工具栏中选择横排文字工具，在合成窗口中单击并输入文字，以建立文本层。文本层具有透明的背景，可以叠加在下层图像上，文本层合成效果如图 1.7.17，文本层的组织如图 1.7.18 所示。

图 1.7.17　文本层合成效果

图 1.7.18　文本层的组织

（3）纯色层

纯色层是一个单色的静态图层，通常被用来制作蒙版、效果图案等。可以通过选择菜单“图层”|“新建”|“纯色”命令，或者在时间轴面板中左侧区域右击，弹出快捷菜单并选择“新建”|“纯色”命令来建立纯色层，弹出如图 1.7.19 所示的“纯色设置”对话框，对所建立的纯色层进行预先设置。在项目中第一次建立纯色层后，会在项目窗口中自动产生一个“纯色”文件夹，将新建及后续的纯色层置于其中。纯色层制作的蒙版如图 1.7.20 所示。

注意：纯色层即老版本的固态层。

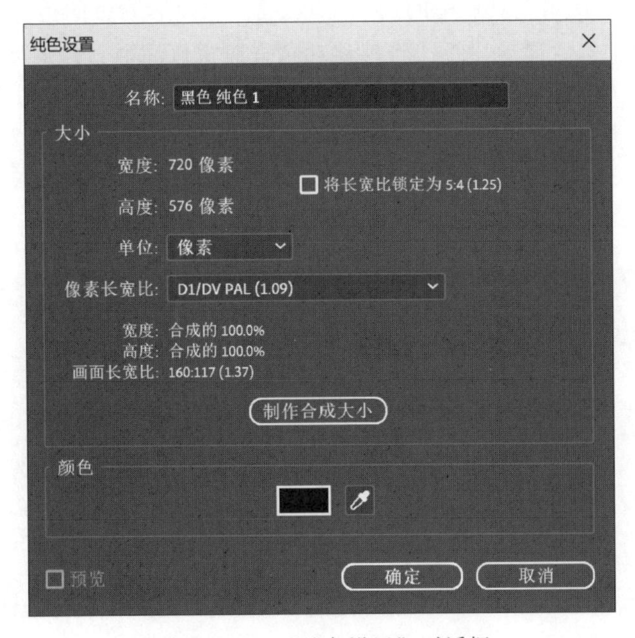

图 1.7.19　“纯色设置”对话框

例 7.2　用纯色层制作羽化蒙版。

分析：选中素材层可以直接给图像素材添加任意形状的蒙版，本例通过在素材层上方创建一个蒙版形状来实现图像素材的遮罩效果，操作步骤如下。

① 新建一个合成，选择预设“自定义”，宽度为 720 px，高度为 576 px，像素长宽比为 D1/DV PAL（1.09），持续时间设为 5 s，导入图片“水果 .jpg”，拖放到合成的时间轴中，将图片的缩放设置为 135%。

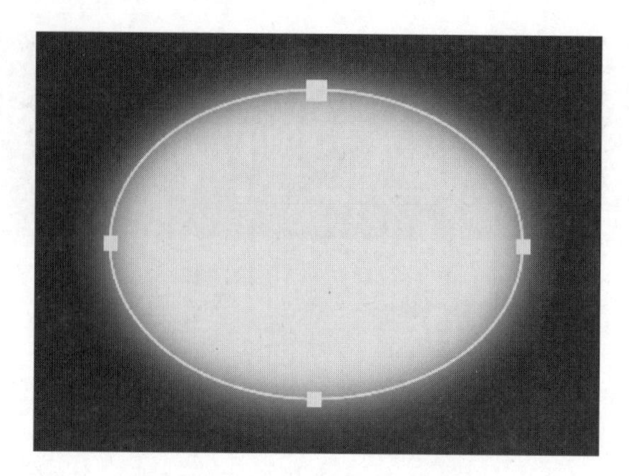

图 1.7.20　纯色层制作的蒙版

② 新建一个黑色背景的纯色层，放置在水果图片的上方。

③ 选中纯色层，在工具栏中选择椭圆工具，在合成窗口的黑色纯色层上按住 Shift 键，绘制一个圆形的蒙版。

④ 在合成面板中，使用工具栏中的选取工具，在圆形蒙版的边界上双击鼠标，使其周围出现矩形的控制框，然后移动蒙版，将其移动到合成窗口的中心，也可以对蒙版进行缩放或旋转等变换。

⑤ 选择纯色层，展开其参数，在“遮罩 1”右侧勾选“反转”复选框，即可将蒙版反转。

⑥ 将“遮罩 1”下的“蒙版羽化”参数的数值调大。羽化蒙版参数设置和效果如图 1.7.21和图 1.7.22 所示。

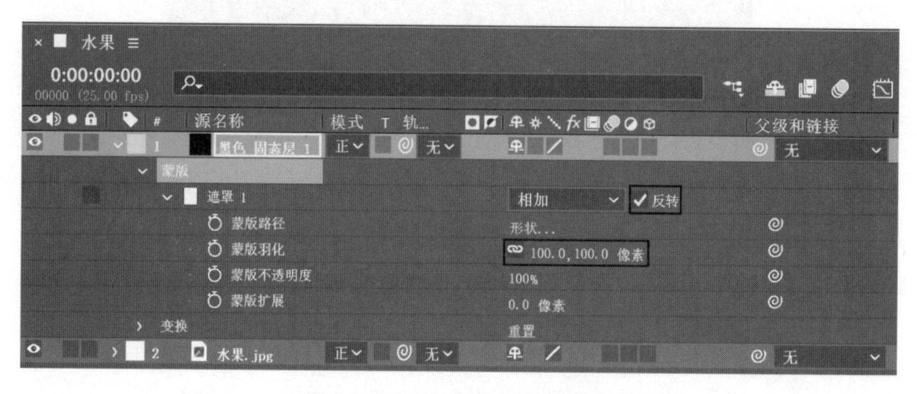

图 1.7.21　羽化蒙版参数设置

（4）灯光层

灯光层用于三维合成制作中，为三维场景中的对象添加灯光照明效果。灯光层会改变三维图层默认的亮度显示，重新以灯光的照射效果来显示三维图层中的画面效果。

（5）摄像机层

摄像机层用于三维合成制作中，控制三维合成的最终视角表现。

图 1.7.22　羽化蒙版的效果

7.3.3　合成的显示

1. 合成面板

合成面板主要用于预演节目，观察素材的合成和特效处理后的效果，还可以在合成窗口中对素材进行移动、缩放和旋转等控制操作，合成面板如图 1.7.23 所示。

图 1.7.23　合成面板

2. 显示参数设置

合成面板顶部的选项卡用于切换显示合成、素材、图层或流程图，底部的命令按钮则用于控制合成窗口的显示选项或显示效果。

① (83.7%)（显示比例）：只改变合成窗口的显示大小，不改变实际的分辨率。

② （参考线选项）：用于控制是否显示栅格、安全线框和标尺等。

③ （过渡蒙版路径可见性）：按下则显示蒙版的路径，弹起则不显示蒙版的路径。

④ 0:00:00:00（当前时间）：显示当前时间轴面板中时间指示器所在的位置，单击会弹出跳转时间对话框，可以重新精确定位时间。

⑤ （目标区域）：单击该按钮，在合成显示窗口拖曳鼠标可拉出一个矩形区域，系统将仅显示该矩形区域内的影片内容，这样可加快预演速度。

⑥ （透明网格）：控制是否以棋盘格形式显示透明背景。

⑦ （时间轴）：当时间轴窗口关闭时，单击该按钮可快速显示出时间轴面板。

⑧ （合成流程图）：可快速过渡到合成的流程图显示。

⑨ （重置曝光度）：可改变合成的曝光量，快速使图像变亮或变暗。

7.4 效果控制

7.4.1 变换效果

1. 变换属性

每个图层都有自己的变换属性，在时间轴面板中可以将其展开，如图 1.7.24(a)所示为图像素材层的变换参数，如图 1.7.24(b)所示为开启三维开关的纯色层的变换参数，其中锚点用于设置素材旋转的轴心点位置。每个参数英文单词的首字母为其快捷键，如锚点(A)、位置(P)、缩放(S)、旋转(R)、不透明度(T)等。如果只需要设置位置参数，那么按 P 键将只显示位置参数，其他参数自动隐藏。如果同时选中了多个图层，将只显示这些图层的位置参数，有利于在时间轴面板中对指定参数进行操作。如果想同时显示其他变换参数，那么按住 Shift 键再按对应的快捷键即可。

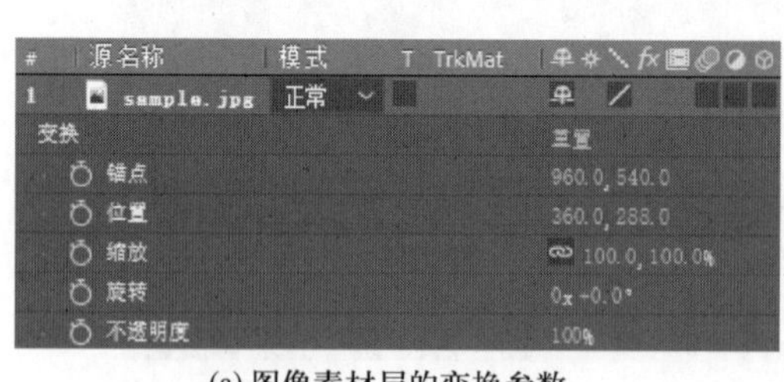

(a) 图像素材层的变换参数

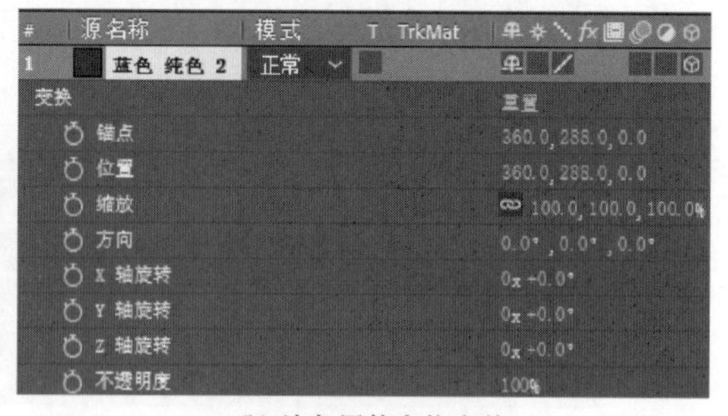

(b) 纯色层的变换参数

图 1.7.24 变换属性

2. 关键帧设置

AE 通过关键帧来创建和控制动画，当对时间轴上某个图层的某个参数值添加关键帧时，表示当前层在当前时间确定了一个固定的参数值，通过至少两个不同的关键帧，就会在关键帧之间产生参数值的变化，从而影响画面显示，产生动画效果。

一个关键帧包含以下几个方面的信息。

① 参数的属性：哪个参数发生了变化。

② 时间：在哪个时间点确立关键帧。

③ 参数值：当前时间点参数的数值。

④ 关键帧类型：关键帧之间的参数变化是曲线还是线性。

⑤ 关键帧速率：数值变化的速率。

大多数参数都可以设置动画，这些参数前面有一个码表按钮。打开码表时，当前参数的关键帧被激活，同时在时间轴上会出现一个菱形的关键帧标记。

例 7.3　设置关键帧制作变换效果。

目标：通过本例学会用变换属性的各个参数制作关键帧动画效果，操作步骤如下。

① 新建一个合成，选择预设“自定义”，宽度为 720 px，高度为 576 px，像素长宽比为 D1/DV PAL（1.09），持续时间设为 10 s，导入图片“水果 .jpg”，双击该图片可激活“素材”面板，如图 1.7.25 所示。

② 将“项目”面板中的“水果 .jpg”拖放到时间轴面板中，单击图层编号前的小三角形按钮展开该图层，显示图层的“变换”属性，继续单击“变换”前小三角形按钮展开“变换”属性，将显示“锚点”“位置”“缩放”“旋转”和“不透明度”5 个属性。

③ 由于该图片小于合成窗口的大小，首先将图片的“缩放”改为 135%，图片显示效果如图 1.7.26 所示。

图 1.7.25　“素材”面板

图 1.7.26　图片显示效果

④ 将时间轴面板中的当前时间指示器定位在 0:00:00:00 位置，单击“位置”属性旁的码表按钮激活关键帧，并将“位置”属性设置为(0，0)。通过拖动时间指示器或者直接设置当前时间到 0:00:09:24，修改此时“位置”属性为(720，576)，即在此处自动添加关键帧，如图 1.7.27 所示。

图 1.7.27　关键帧的设置

可以看到在合成面板中出现了图像的矩形框以及运动路径，可以在关键帧处移动图像矩形框的中心点以同步确定图像的“位置”参数，而且路径对应的关键帧还具有相应的控制点，控制点上的控制杆可以用来调整运动轨迹曲线的形状。

图像由屏幕左上角向右下角移动的动画效果如图 1.7.28 所示。

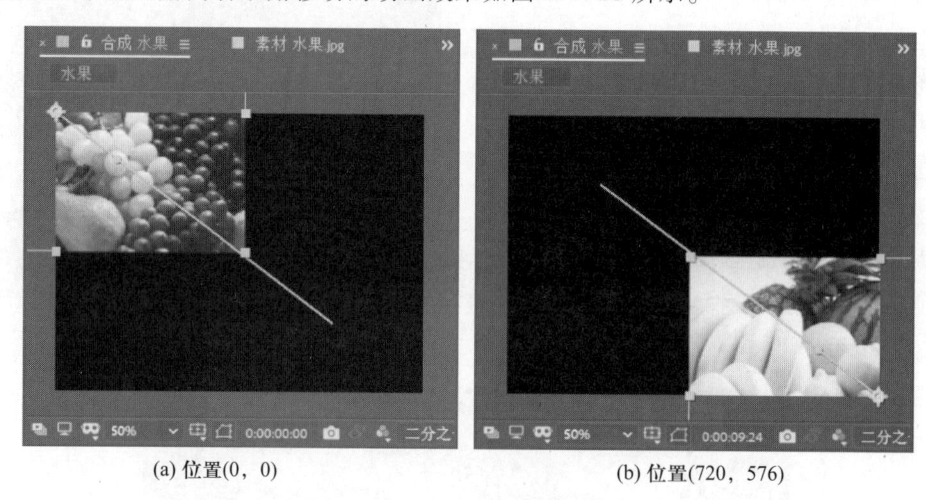

(a) 位置(0，0)　　(b) 位置(720，576)

图 1.7.28　位置变化的动画效果

⑤ 单击“缩放”“旋转”等属性的码表激活关键帧，并在不同的时间设置不同的属性参数，使得素材产生缩放、旋转等动画效果。例如，设置“缩放”参数在 0 秒时为 0%，在第 5 秒时为 140%，在第 9 秒 24 帧时为 0%。或者可以直接在合成面板中用拖动鼠标的方法拖动图像位置的矩形框，以确定关键帧的缩放比例，将会自动更新“缩放”属性的参数值。设置好后，可以看到图片从左上角向右下角移动的同时尺寸由小变大，移动到屏幕中间位置时铺满整个屏幕，然后再继续向右下角移动并由大变小，移动到屏幕右下角位置时完全消失。

⑥ 设置“旋转”参数在 0 秒时为 0x+0°，在第 5 秒时为 0x+180°，在第 9 秒 24 帧时为 1x+0°(即 360°)。可以看到图片在移动和缩放的同时进行旋转，当移动到屏幕中心位置时，旋转

了 180°，移动到右下角时，旋转了 360°，如图 1.7.29 所示。

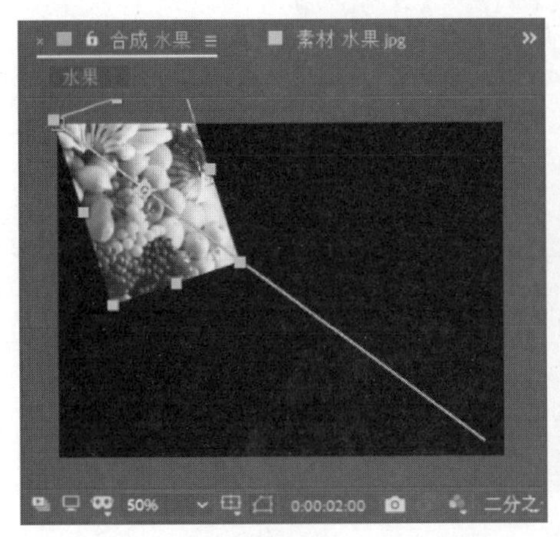

(a) 第2秒处

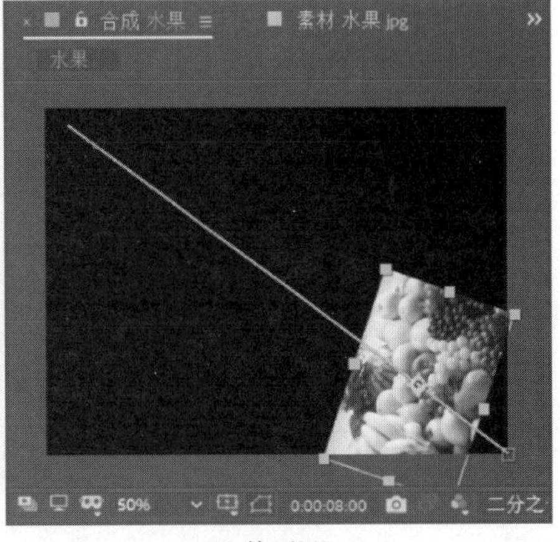

(b) 第8秒处

图 1.7.29　位置、缩放和旋转变化的动画效果

3. 关键帧的复制

如果要在一个新添加的素材片段 B 中创建与素材 A 相同的动画效果，可以使用复制关键帧的方法。

将素材 B 拖到时间轴面板上，首先在素材 A 的属性列表中框选要复制的关键帧的属性名，或者按住 Ctrl 键选择所有要复制的关键帧的属性名称，或者在时间轴面板右方直接框选要复制的几个关键帧图标，然后选择菜单“编辑”|“复制”命令，最后选择时间轴面板中的素材 B，移动时间指示器到需要复制关键帧的起始时间位置，选择菜单“编辑”|“粘贴”命令，便将素材 A 的选定属性的关键帧的参数信息复制到素材 B 的相同属性上，但素材 B 的关键帧的时间设置由粘贴时的时间指示器位置决定。

7.4.2　效果控制的基本操作

AE 提供了各种类型的效果，例如，可以使用效果来修改素材的颜色或曝光度，设置音频素材的音量，对图像进行变形，设置动态字幕效果以及创建转场过渡效果。

除了自身所带的效果插件外，AE 还支持许多第三方插件，所有这些效果插件文件都保存在 AE 安装目录下的 Support Files/Plug-ins 目录中，AE 启动时会自动检索该目录中的所有插件文件及子文件夹，并将插件列到效果菜单和“效果和预设”面板中。

1. 效果控件

效果控件是用于显示效果并设置效果参数的控制面板，首先选中需要添加效果的图层，从菜单“效果”中选择所需效果，“项目”面板会自动过渡到“效果控件”面板，如图 1.7.30 所示。新添加的效果会自动添加在原有效果的下面，可以添加任意多个效果。也可在“效果控件”面板空白处右击，将弹出所有效果的快捷菜单，可快速添加效果。

给图层添加了效果以后，在时间轴面板中将自动在“变换”属性前增加“效果”属性，可以单击每个效果前面的按钮进入到其参数设置界面，在时间轴面板中设置效果参数与在

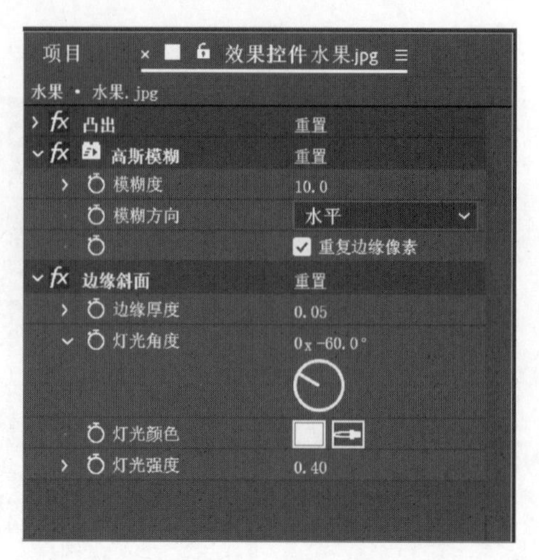

图 1.7.30　“效果控件”面板

“效果控件”面板中设置参数是同步的，如图 1.7.31 所示。

2. 效果和预设

在 AE 中，系统将所有效果和常用效果的组合设置为动画预设显示在“效果和预设”面板中，如图 1.7.32 所示。用户可以将选定的效果或动画预设直接拖曳到时间轴面板中需要的图层上，或者直接将其拖曳到合成窗口中，这样可以快速添加效果并且通过动画预设快速生成常用的变换和过渡动画效果。

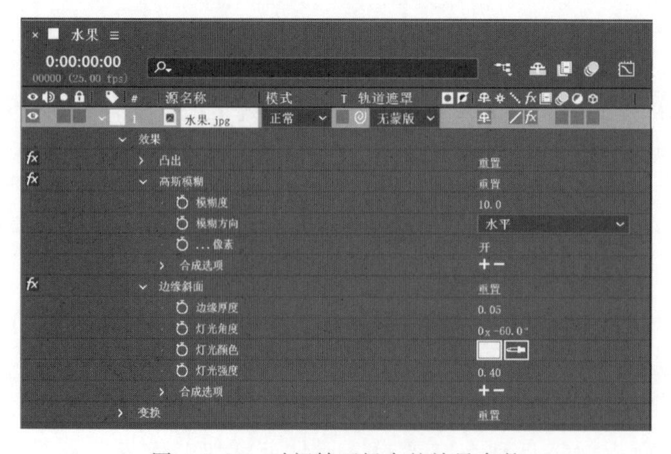

图 1.7.31　时间轴面板中的效果参数

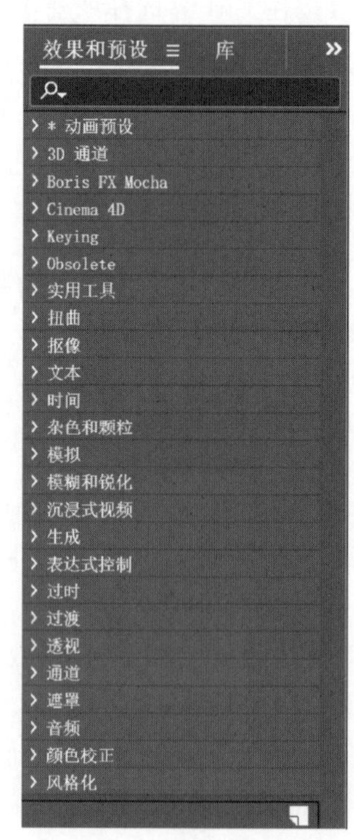

图 1.7.32　“效果和预设”面板

3. 效果的复制、关闭与删除

(1) 复制效果

应用在素材层上的效果是可以复制的，也就是说，可以将某个设置好的效果插件复制到其他层上，以提高工作效率，操作步骤如下。

① 在时间轴面板中选择一个或多个效果，然后选择菜单“编辑”|“复制”命令。

② 在时间轴面板中选择一个或多个素材层，然后选择菜单“编辑”|“粘贴”命令。

(2) 关闭效果

可根据需要暂时关闭效果，其方法如下。

方法 1：在“效果控件”面板中单击效果名称左侧的按钮。

方法 2：在时间轴面板中单击素材层上的按钮。

(3) 删除效果

可以在时间轴面板或者“效果控件”面板中选中效果名称，再选择菜单“编辑”|“清除”命令，或者按 Delete 键。如果要同时删除一个或多个层上的所有效果，可以选中这些层，再选择菜单“效果”|“全部移除”命令。

7.4.3　效果应用

例 7.4　文字特效的制作。

分析：在文本图层的变换中，每个属性都可以通过关键帧制作动画效果，文本图层中的所有文字被当作一个整体进行变换。如果需要对文字逐个进行变换，可以单击文本的“动画”按钮，如图 1.7.33 所示，在弹出的菜单中选择需要添加的变换动画效果，如锚点、位置、缩放、倾斜、旋转、不透明度等；还可以在“效果和预设”面板中将查找到的文本预设特效直接添加到文本图层中。

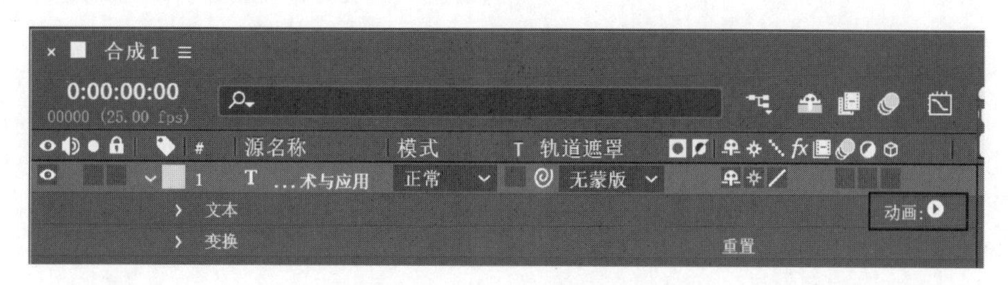

图 1.7.33　添加文本动画

目标：先新建一个合成 1，制作文字的淡入和淡出效果，然后添加一个“随机回弹”的预设动画；再新建一个合成 2，制作文字逐个旋转一圈的动画效果。

操作步骤如下。

① 新建一个合成 1，选择预设“自定义”，宽度为 720 px，高度为 576 px，像素长宽比为 D1/DV PAL (1.09)，持续时间设为 6 s。新建一个纯色层，颜色设置为淡黄色，然后输入文字“多媒体技术与应用”，设置为蓝色，大小为 72 像素。

② 选中文本层，按 T 键(注意切换到英文输入状态)，只显示文本图层的“不透明度”属性，在 0:00:00:00 处设置不透明度为 0%，如图 1.7.34 所示；在 0:00:02:00 处设置不透明度为 100%；

在 0:00:04:00 处添加一个关键点，不透明度为 100%；在 0:00:05:24 处设置不透明度为 0%。

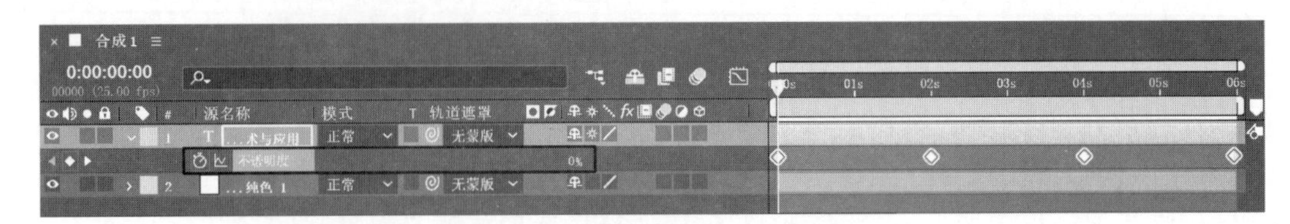

图 1.7.34　不透明度的关键帧控制

③ 在“效果和预设”面板的搜索框中输入“随机回弹”，如图 1.7.35 所示，将找到的文本特效拖曳到文本图层，或者直接拖曳到合成面板的文字上即可。

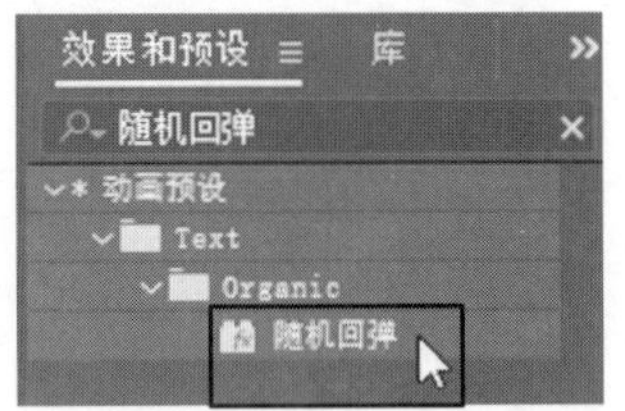

图 1.7.35　文本预设特效

④ 新建合成 2，选择预设“自定义”，宽度为 720 px，高度为 576 px，像素长宽比为 D1/DV PAL（1.09），持续时间设为 5 s；新建一个纯色层，颜色设置为淡青色，然后输入文字“深度学习”，设置为红色，大小为 100 像素，字符间距为 500 像素。

⑤ 在时间轴面板中展开文本层的参数，单击文本右侧的“动画”按钮，在弹出的菜单中选择“旋转”命令，展开“文本”参数，如图 1.7.36 所示，先设置旋转的度数为-360°(顺时针旋转一圈)，然后单击范围选择器 1 下“开始”前面的码表按钮，在 0:00:00:00 处设置开始值为 0%，在 0:00:01:00 处设置开始值为 25%，在 0:00:02:00 处设置开始值为 50%，在 0:00:03:00 处设置开始值为 75%，在 0:00:04:00 处设置开始值为 100%。最后预览动画效果，观察文字依次逐个旋转一圈的动画效果。

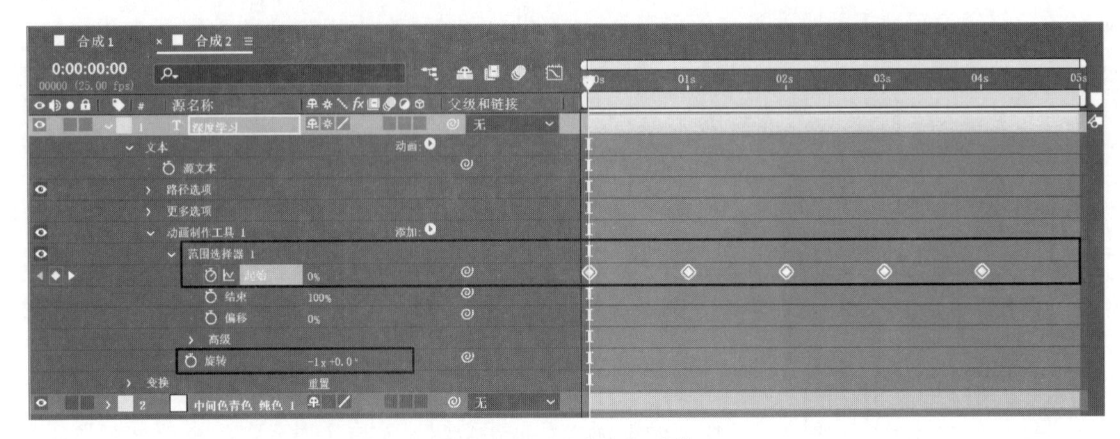

图 1.7.36　“文本”参数

例 7.5　相加混色的动画演示。

分析：在 Photoshop 中通过“滤色”混合模式可以制作出相加混色的示意图，本例将利用形状图层的混合模式实现相加混色，并制作形状的摆动的动画效果。

操作步骤如下。

① 新建一个合成 1，选择预设“自定义”，宽度为 720 px，高度为 576 px，像素长宽比为 D1/DV PAL（1.09），持续时间设为 5 s。

② 将工具栏中的矩形工具切换为星形工具，双击星形工具按钮，将在合成窗口中创建一个五角星，同时在时间轴面板中新建一个形状图层 1，颜色设置为红色。

③ 选中形状图层 1，改用椭圆工具在左下角绘制一个蓝色的椭圆，注意观察在当前形状图层 1 的内容中多了一个椭圆 1。不选中形状图层 1 的状态下再用椭圆工具在右下角绘制一个蓝色的椭圆，注意观察在形状图层 1 的上方多了一个形状图层 2，同时形状图层 2 的内容中有一个椭圆 1，如图 1. 7. 37 所示，形状的叠加显示效果如图 1. 7. 38 所示。

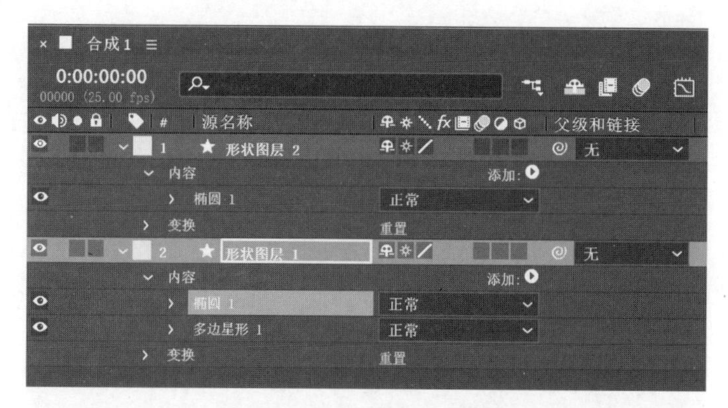

图 1. 7. 37　新建的形状图层

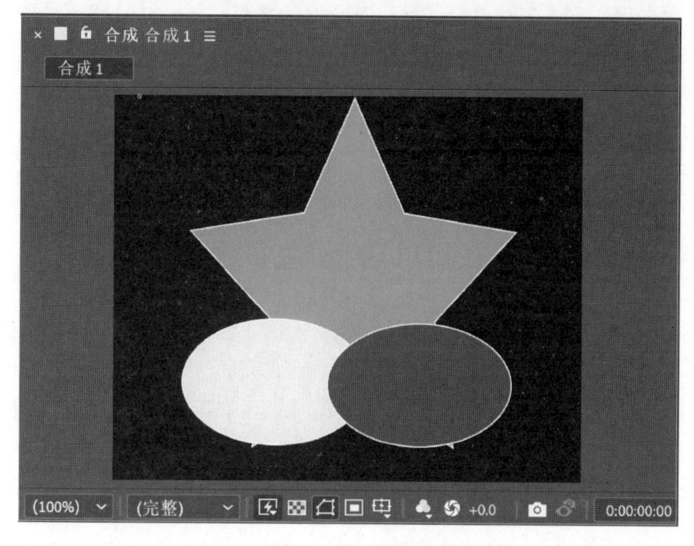

图 1. 7. 38　形状的叠加显示效果

④ 将形状图层 1 中的椭圆 1 的混合模式从“正常”改为“滤色”，可以看到绿色与红色重叠部分变成了黄色。注意：在同一个形状图层中的形状混合模式的修改，只影响当前图层下面的其他形状，对其他形状图层中的形状不起作用。

⑤ 右击形状图层 2，在弹出的快捷菜单中选择“混合模式”|“变亮”命令、“屏幕”命令、“经典颜色减淡”命令、“线性减淡”命令，都可以看到与“滤色”一样的混合效果，也可以展开时间轴的“转换控制”窗格，直接在模式中选择，如图 1. 7. 39 所示，相加混色效果如图 1. 7. 40 所示。

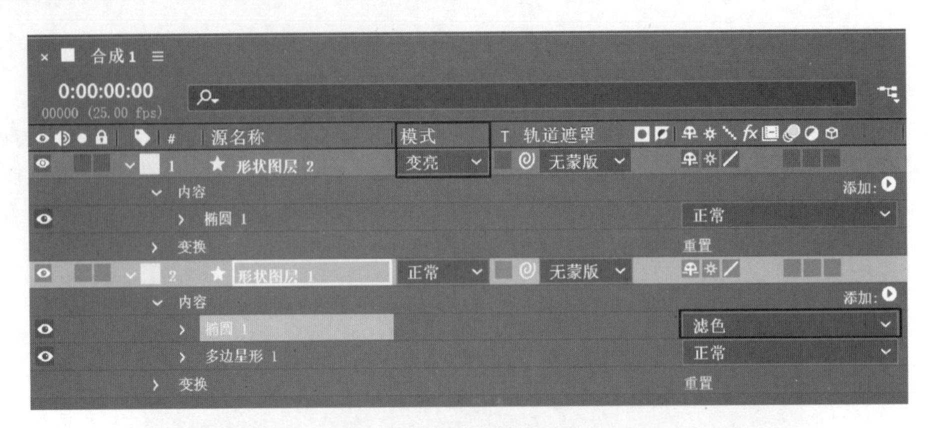

图 1.7.39　混合模式的设置

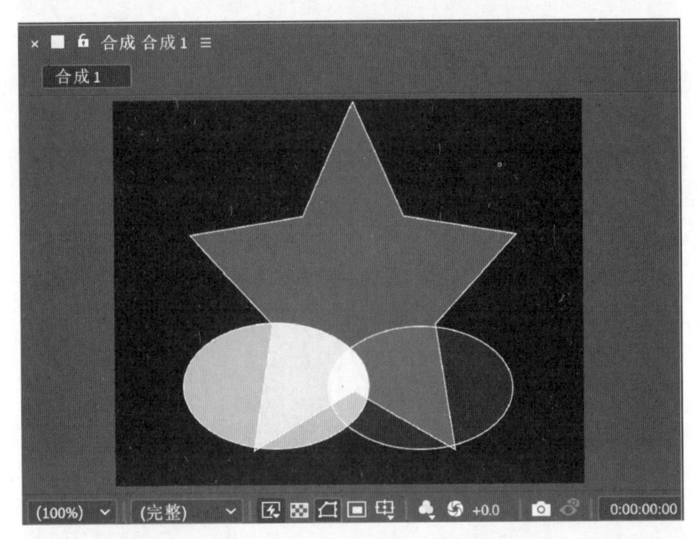

图 1.7.40　相加混色效果

⑥ 利用工具栏中的向后平移(锚点)工具将五角星的锚点移动到最顶端的角上，展开形状图层 1 下的“多边星形 1”下的“变换：多边星形 1”，单击旋转属性前的码表按钮，每隔1 s添加一个关键帧，制作多边星形的左右摆动 45°的动画效果，多边星形 1 的旋转关键帧设置如图 1.7.41 所示，多边星形摆动的效果如图 1.7.42 所示。

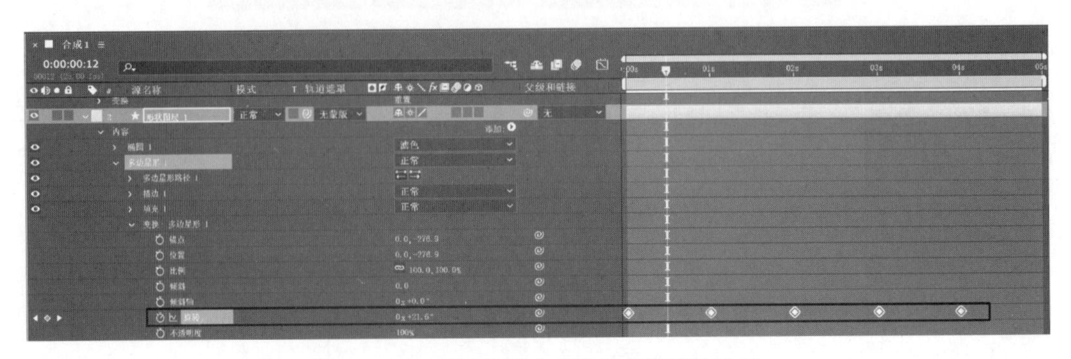

图 1.7.41　多边星形 1 的旋转关键帧的设置

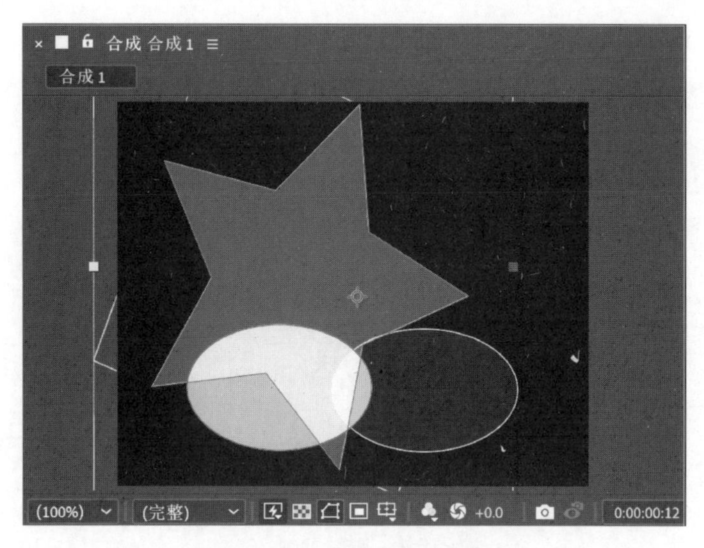

图 1.7.42 多边星形摆动效果

7.5 三维合成

7.5.1 三维图层

1. 三维图层的定义

在进行三维合成时，首先需要将图层定义为三维图层。可以通过单击时间轴面板中的“3D 图层”按钮，将一个二维图层转换为三维图层，展开图层变换参数将增加三维属性的设置，如图 1.7.43 所示。或者在时间轴面板中选择图层后，选择菜单“图层”|“3D 图层”命令，也可将其定义为三维图层。

2. 三维图层的操作

AE 中的三维图层是一个没有厚度的“假三维”，这个与 3ds Max 中的三维物体是不一样的，一旦将图层定义为三维以后，展开其“变换”下的参数设置，发现主要是增加了纵深方向的 Z 轴参数，这样可以对平面图形进行立体旋转和纵深方向的控制。

为了更加真实地模拟三维场景的效果，属性栏增加了一个质感选项，用于模拟物体的材质效果。

例 7.6 创建一个立方体并制作其展开的动画效果。

操作步骤如下。

① 新建一个项目，选择菜单“图像合成”|“新建合成组”命令，新建一个合成“Box”，选择预设“自定义”，宽度为 720 px，高度为 576 px，像素长宽比设为“方形像素”，持续时间为 5 s。

② 选择菜单“图层”|“新建”|“纯色”命令，新建一个蓝色的纯色层，大小为 250 像素×250 像素，方形像素，设置该图层为 3D 图层，选中当前“蓝色 纯色 1”图层，反复选择菜单“编辑”|“复制”命令或按 Ctrl+D 键将其复制 5 份，然后从上往下将各个纯色层分别重命名为

前、后、左、右、顶、底，如图 1.7.44 所示。

图 1.7.43　三维属性的设置

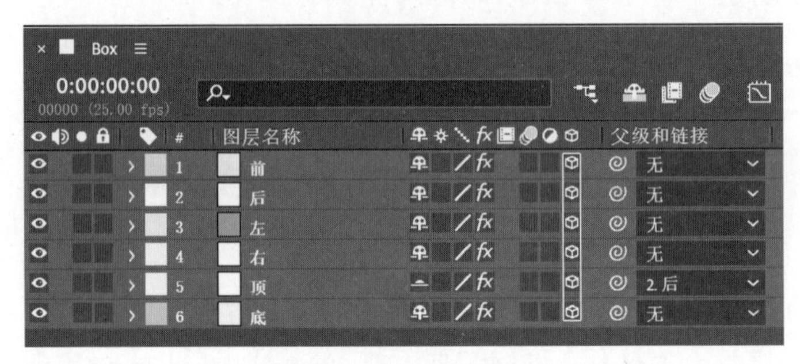

图 1.7.44　6 个纯色层

③ 在时间轴面板中按 Ctrl+A 键选中 6 个图层，按 R 键展开所有图层的方向和旋转属性，再按 Shift+P 键展开位置属性，这里设置图层“前”的位置为(360，413，-125)，图层“后”的位置为(360，288，125)，图层“左”的位置为(235，288，0)，图层“右”的位置为(485，288，0)，图层“顶”的位置为(360，163，0)，图层“底”的位置为(360，413，0)。设置左右两个图层在 Y 轴方向旋转 90°，顶底两个图层在 X 轴方向旋转 90°，6 个面的参数设置如图 1.7.45 所示。

④ 选择菜单“效果”|“透视”|“斜面 Alpha”命令，给每个图层添加一个效果，或者先给图层“前”添加该效果，按 Ctrl+C 键复制，再选择其他图层按 Ctrl+V 键粘贴。

⑤ 单击工具栏上的▒(锚点工具)按钮，分别将“前”“后”“左”“右”4 个图层的轴心点移动到底部的中心位置，而“顶”图层的轴心点移动到后部中心位置。注意：先在时间轴

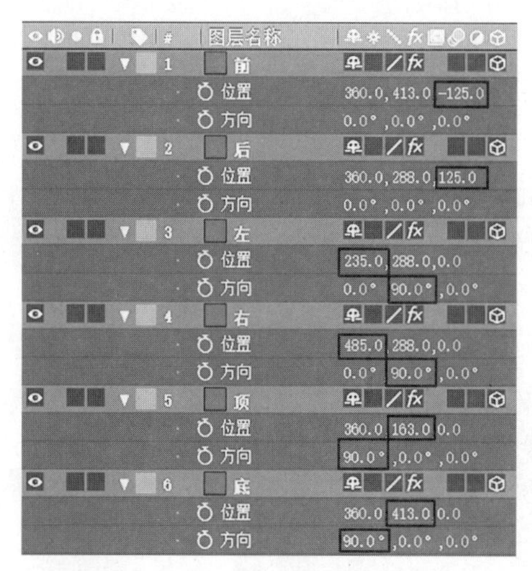

图 1.7.45　6 个面的参数设置

面板中选择好图层，如图层“前”，然后将合成窗口的视图过渡为前视图，然后再拖曳轴心点，按住 Shift 键可以约束轴向。

⑥ 设置图层“顶”的父对象为图层“后”，如图 1.7.46 所示，使“顶”图层能够跟随“后”图层一起翻转。

图 1.7.46　设置图层“顶”的父对象

⑦ 将时间轴定位在第 0 秒处，按 Ctrl+A 键选中所有图层，按 R 键展开旋转属性，单击“X Rotation”属性前面的秒表按钮，设置第 0 秒处的关键帧，将时间轴定位到第 2 秒处，分别设置“前”“后”“左”“右”和“顶”图层的旋转度数为 90°、-90°、90°、-90°和-90°，如图 1.7.47 所示。

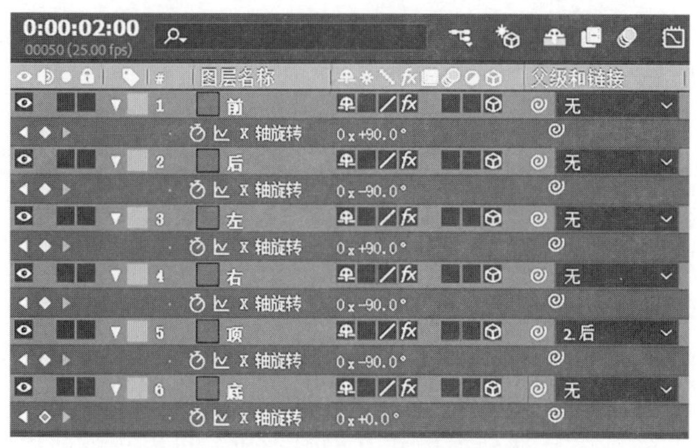

图 1.7.47　各图层 *X* 轴旋转的设置

⑧ 导入图片素材，将纯色层替换成图片素材(按住 Alt 键的同时将“项目”面板中的图片素材直接拖到时间轴中纯色图层上)，预览合成窗口的动画效果，立方体展开前后的效果如图 1.7.48 所示。

(a) 展开前效果

(b) 展开后效果

图 1.7.48　立方体展开前后的效果

7.5.2　摄像机与灯光

1. 摄像机

在三维合成中，可以使用不同的视角来预览合成的效果，在三维图层的角度或位置不变的情况下，如果视角发生变化，其合成的效果也会发生相应的变化。三维图层的变化或三维视角的变化都将引起合成效果发生变化，三维视角可以通过摄像机来进行控制。

在合成预览窗口中右击，选择快捷菜单中的“切换 3D 视图”命令，或者在窗口下方的“视图类型”下拉列表中选择“有效摄像机”视图进行切换，默认的“有效摄像机”视图和自定义视图都属于透视视图，可以清楚地看到合成中图层的三维显示效果。

在时间轴面板中建立自定义摄像机，选择菜单“图层”|“新建”|“摄像机”命令，创建一个摄像机图层，弹出如图 1.7.49 所示的“摄像机设置”对话框，对话框中部分参数说明如下。

① 名称：摄像机的名称。

② 预设：预设的透镜参数组合。

③ 缩放：摄像机位置与视图的距离。

④ 合成大小：合成画面的高度、宽度或对角线的大小。

⑤ 焦距：摄像机焦距的大小。

创建了摄像机之后，展开时间轴面板中的摄像机图层，“变换”下方是摄像机的目标点、位置、方向及旋转设置参数，“摄像机选项”下是创建摄像机时的部分参数，可以在时间轴面板中进行更改或设置动画效果。要查看所建立的摄像机，可以在合成窗口中选择自定义视图方式。选择“有效摄像机”或者选择当前已建立的摄像机，可以按当前摄像机的视角来显示合

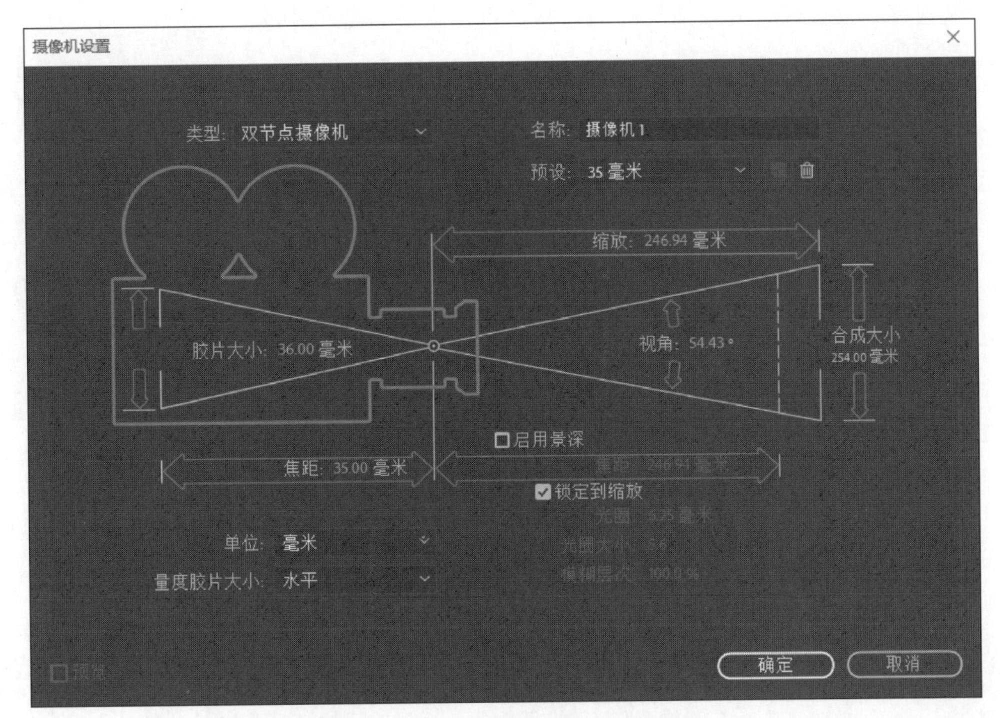

图 1.7.49　“摄像机设置”对话框

成效果。可以通过改变摄像机图层中的相关参数来改变视角的显示。

2. 灯光

在进行三维图层的合成时，可以建立灯光层为三维图层应用光照和阴影效果。选择菜单“图层”|“新建”|“灯光”命令，在时间轴面板中新建一个灯光层，灯光类型可选择平行光、聚光、点光、环境光等，“灯光设置”中可设置灯光的颜色、强度、照射的范围、衰减的距离以及投影与阴影的控制等参数。

7.6　预览与渲染输出

7.6.1　预览

“预览”面板用于预览视频的播放控制，如图 1.7.50 所示。

在时间轴面板中对视频进行编辑处理后，可以单击时间控制面板中的播放按钮预览效果。如果要同时预览声音效果，要确认面板中的按钮处于打开状态。

预览属性的设置如下。

① 在回放前缓存：勾选后在整个范围内先完成缓存再开始播放。

② 范围：可选择工作区、整个持续时间、围绕当前时间播放等。

③ 播放自：选择从当前时间开始播放，或从范围开头开始播放。

④ 帧速率：设置预览视频播放的帧速率，可以在下拉菜单中选择或直接输入数值。

⑤ 跳过：设置不需要被渲染的中间帧，可以加快渲染速度。

⑥ 分辨率：从下拉列表中选择预览视频的分辨率，选择“自动”选项即以当前合成的分辨率进行预览。

⑦ 全屏：采用合成的尺寸设置，在黑屏背景内播放预览。

图 1.7.50 “预览”面板

7.6.2 渲染输出

合成编辑完成后，单击播放控制器上的“播放”按钮，可以预览影片的效果，最后需要将合成渲染输出成视频。

选中时间轴面板中需要渲染输出的合成，选择菜单“合成”|“添加到渲染队列”命令，将自动激活“渲染队列”面板，如图 1.7.51 所示。单击“输出模块”右侧的蓝色文字，在弹出的对话框中可以对视频输出的格式以及输出编码进行设置，设置好参数以后单击“渲染”按钮开始渲染输出，面板中会显示相应的渲染进度及提示信息。

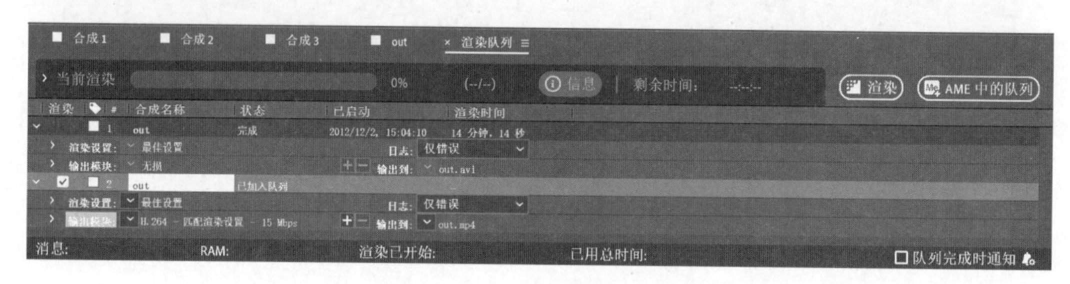

图 1.7.51 “渲染队列”面板

如果需要将 AE 中的项目导出到 Premiere 中进行视频合成，可以选择菜单“文件”|“导出”命令，选择“Adobe Premiere CC 项目”选项，可以将当前项目保存为 prproj 项目文件。

7.7 后期合成综合应用

AE 提供了非常多的动画制作方式和特效，给多媒体素材的后期特效制作带来了便利。下面介绍几个综合案例来进一步了解 AE 的奇妙特效。

例 7.7 扫光文字。

分析：本例制作了图层变换属性的关键帧动画，综合运用多个特效制作出文字的扫光效果，同时利用合成的嵌套简化编排。

操作步骤如下。

① 选择菜单“合成”|“新建合成”命令，新建一个合成 1，选择预设“自定义”，宽度为 720 px，高度为 576 px，像素长宽比为 D1/DV PAL（1.09），持续时间为 4 s。

② 选择菜单“图层”|“新建”|“纯色”命令，新建一个黑色的纯色，大小与合成尺寸相同。

③ 选择菜单“效果”|“生成”|“梯度渐变”命令，为纯色新建一个渐变效果，设置“渐变起点”为(0，0)，“渐变终点”为(720，0)，“渐变散射”为10，渐变参数设置和效果如图1.7.52和图1.7.53所示。

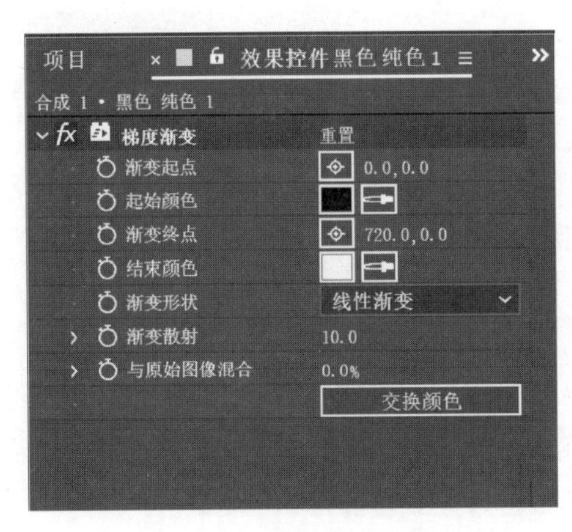

图1.7.52　渐变参数设置

图1.7.53　渐变效果

④ 选择菜单“效果”|“扭曲”|“极坐标”命令，设置“插值”为90%，“转换类型”为“矩形到极线”。极坐标参数设置和效果如图1.7.54和图1.7.55所示(单击合成面板下方的“切换透明网格”按钮)。

图1.7.54　极坐标参数设置

⑤ 选择菜单“效果”|“颜色校正”|“色光”命令，设置“输出循环”下的“使用预设调板”为“金色2”。色光参数设置和效果如图1.7.56和图1.7.57所示。

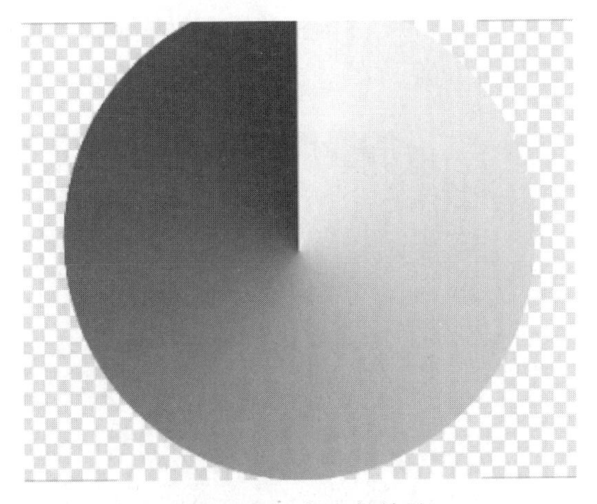

图1.7.55　极坐标效果

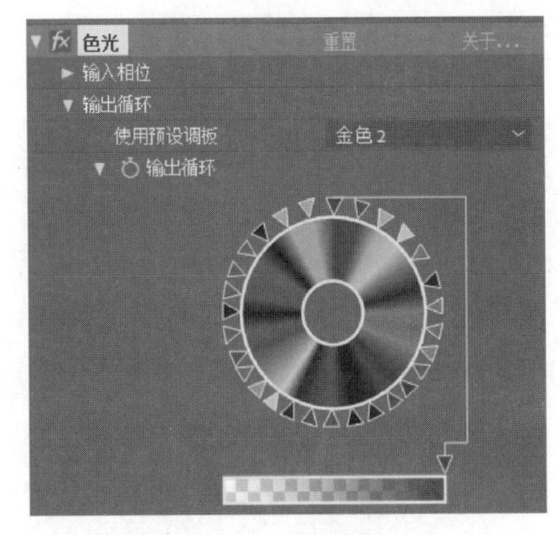

图1.7.56　色光参数设置

⑥ 展开纯色的缩放和旋转，设置动画关键帧，第0帧时缩放为1%，旋转为0°，第2秒时缩放为150%，旋转为1x+0.0°。

⑦ 在项目窗口中，将“合成1”选中并拖至窗口下方的按钮上然后松开鼠标，会自动建立一个“合成2”。在时间轴面板的“合成2”下，将看到其包含的“合成1”层。将时间指

示器定位在第 2 秒处，单击椭圆工具，在“合成 1”层上绘制一个大的圆形蒙版 1，如图 1.7.58 所示。在时间轴面板中展开蒙版 1 的参数，选中“反转”选项，然后给“蒙版扩展”参数设置关键帧动画，第 2 秒时设置为-300，第 3 秒时设置为 250。

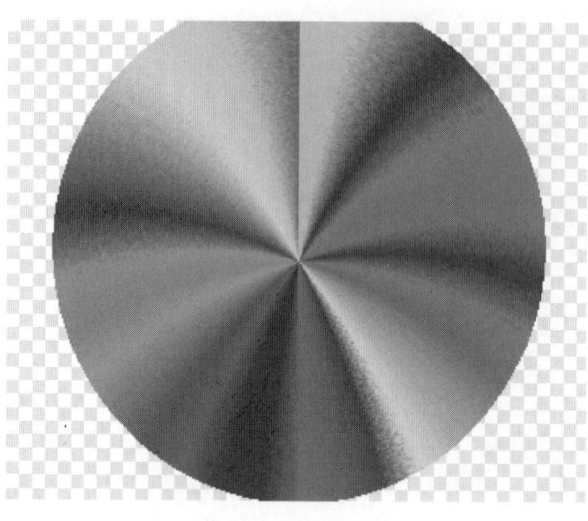

图 1.7.57　色光效果

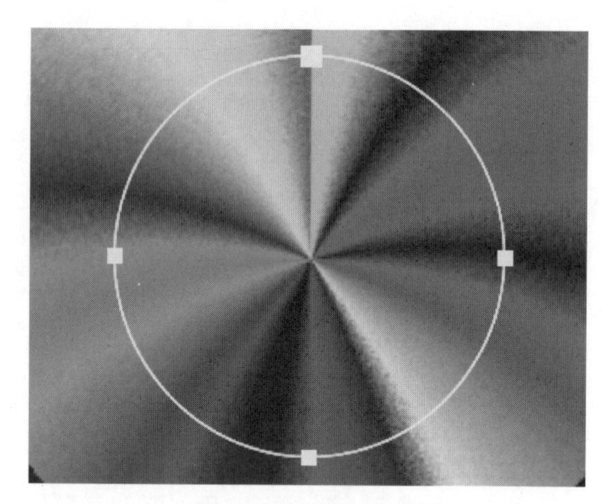

图 1.7.58　绘制蒙版 1

⑧ 在项目窗口中，将“合成 2”拖至窗口下方的按钮上然后松开鼠标，会自动建立一个“合成 3”。在时间轴面板的“合成 3”下，将看到其包含的“合成 2”层。选择菜单“图层”|“新建”|“文本”命令，新建一个文本层，分两行输入 Tongji University。在右方的“字符”面板中设置字体为“Arial Rounded MT Bold”，大小为 102 px，并将文本移动到屏幕的中心位置，如图 1.7.59 所示。

⑨ 选中文本层，选择菜单“效果”|“生成”|“梯度渐变”命令，添加渐变效果，设置“渐变起点”为(360，150)，“起始颜色”为 RGB(255，234，0)，“渐变终点”为(360，380)，“结束颜色”为 RGB(208，0，0)，梯度渐变效果如图 1.7.60 所示。

图 1.7.59　添加文本层

图 1.7.60　梯度渐变效果

⑩ 将文本层的入点设置为 1 秒 10 帧，展开“变换”参数下的“不透明度”，在 1 秒 10 帧

处设置为 0%，在 2 秒时设置为 100%。

⑪ 选择菜单“效果”|“生成” | CC Light Sweep（CC 扫光）命令，添加扫光效果，设置 Direction（方向）为 45°，激活 Center（中心）的关键帧，在 1 秒 10 帧处设置为（200，120），在 3 秒 24 帧处设置为（550，120），动画效果如图 1.7.61 所示。

图 1.7.61　扫光动画效果

⑫ 在项目窗口中，将“合成 3”拖至窗口下方的按钮上然后松开鼠标，会自动建立一个“合成 4”。在时间轴面板的“合成 4”下，将看到其包含的“合成 3”层。

⑬ 选择菜单“图层”|“新建”|“纯色”命令，新建一个黑色的纯色层，大小同合成尺寸，位置放在合成 3 的下方。选择菜单“效果”|“生成”|“梯度渐变”命令，添加梯度渐变效果，设置“起始颜色”为 RGB（0，100，150），“结束颜色”为 RGB（0，50，60）。

⑭ 选中“合成 3”图层，为其添加“扭曲”|“波纹”效果，并为“波纹”下的“半径”设置关键帧，0 帧处设置为 100，0:00:02:07 处设置为 0，参数设置如图 1.7.62 所示。

⑮ 再给“合成 3”图层添加“风格化”|“发光”效果，设置“发光阈值”为 40.0%，“发光半径”为 50.0，“发光颜色”为“A 和 B 颜色”，“颜色 A”为 RGB（255，220，0），“颜色 B”为 RGB（255，20，0），参数设置如图 1.7.63 所示。

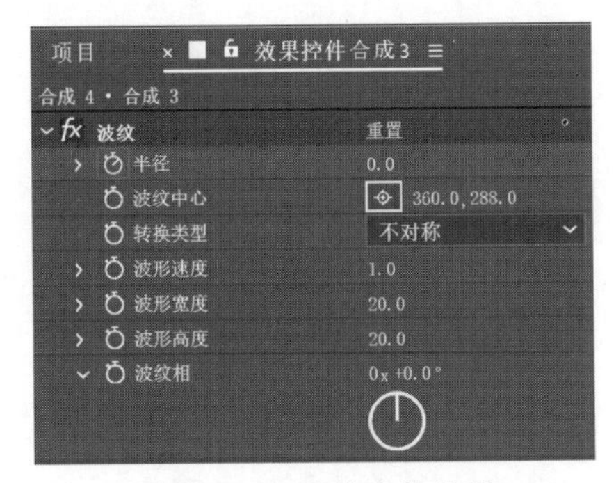

图 1.7.62　波纹参数设置

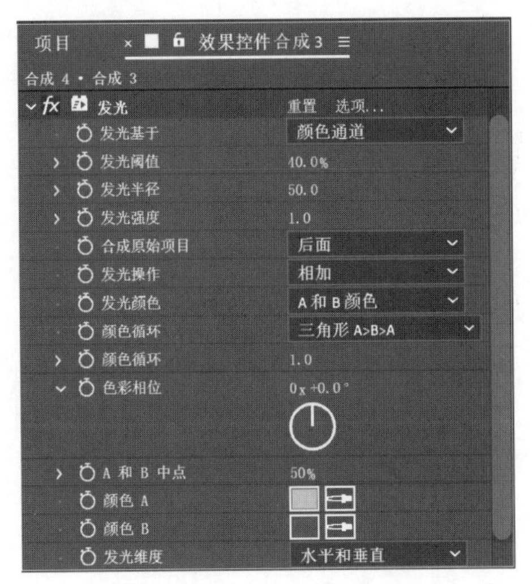

图 1.7.63　发光参数设置

⑯ 预览动画效果如图 1.7.64 所示。

(a) 第1秒处　(b) 第2秒15帧处　(c) 第3秒15帧处

图 1.7.64　预览动画效果

例 7.8　太空地球。

分析：本例综合运用多种特效制作一个漂浮的地球，同时模拟显示夜空中的大气和星星效果，操作步骤如下。

（1）创建合成“世界地图”

① 导入素材“世界地图 .jpg”。

② 在项目窗口中将“世界地图 .jpg”拖至窗口下方的按钮上然后松开鼠标，自动建立一个“世界地图”合成。合成宽度为 1 080 像素，高度为 540 像素，方形像素，持续时间设为 5 s。

③ 单击“世界地图 .jpg”图层，选择菜单“效果”|“颜色校正”|“亮度和对比度”命令，设置“亮度”为-20，“对比度”为 100。

④ 选择菜单“图层”|“新建”|“纯色”命令，新建一个黑色纯色层，命名为“大气”，单击“制作合成大小”按钮。在时间轴面板中将“大气”图层放在“世界地图 .jpg”图层上方。

（2）创建大气合成

① 右击“大气”图层，选择快捷菜单中的“预合成”命令，新合成命名为“大气合成”，选中“将所有属性移动到新合成”和“打开新合成”选项。

② 单击“大气”图层，选择菜单“效果”|“杂色和颗粒”|“分形杂色”命令，设置“分形类型”为“涡旋”，“杂色类型”为“样条”，“对比度”为 200，“亮度”为-100，展开“变换”属性，设置“缩放”为 50。设置“演化”的关键帧动画，第 0 秒处为 0，第 4 秒 24 帧处为 180°。参数设置如图 1.7.65 所示。

③ 单击“大气”图层，按 Ctrl+D 键创建图层副本，将上方的副本重命名为“大气 2”。在“效果控件”面板中设置“大气 2”的分形杂色效果，如图 1.7.66 所示。“对比度”设为 400，“亮度”设为-200，展开“变换”属性，“旋转”设为 180°，“缩放”为 200。设置“演化”的关键帧动画，第 0 秒处为 0，第 4 秒 24 帧处为 90°。

④ 将“大气 2”图层的混合模式设为“屏幕”，则出现“大气”和“大气 2”叠加的大气效果。

⑤ 选择菜单“图层”|“新建”|“调整图层”命令，新建调整图层，重命名为“边缘拼接”，并置于时间轴的顶部。选择菜单“效果”|“扭曲”|“偏移”命令，添加偏移效果，“将中心转换为”设为(0，270)，如图 1.7.67 所示，发现大气合成窗口的屏幕中间出现一条竖直接缝，

如图 1.7.68 所示。

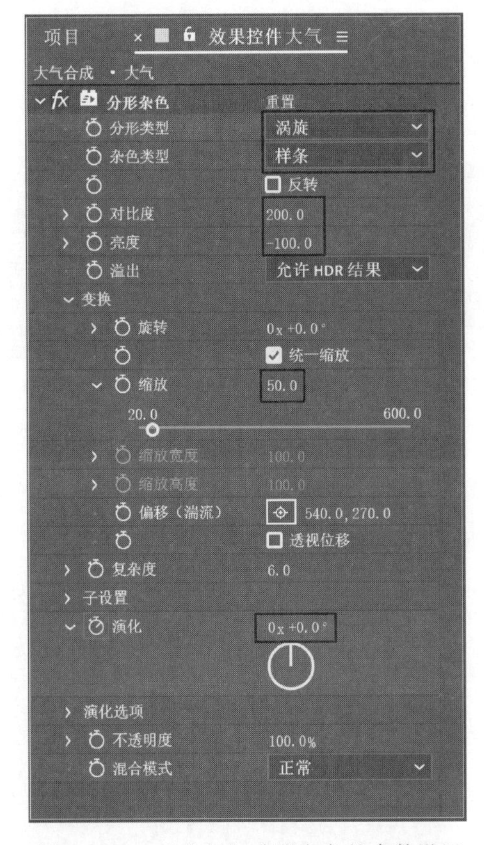

图 1.7.65　“大气”分形杂色的参数设置

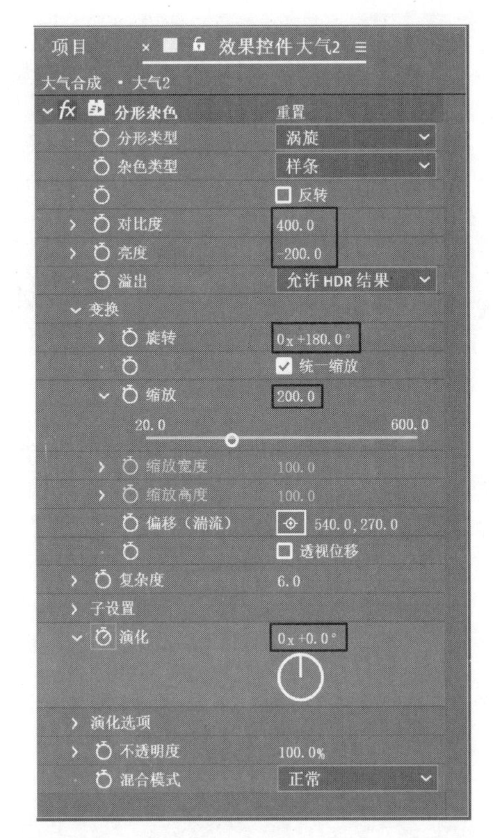

图 1.7.66　“大气 2”分形杂色的参数设置

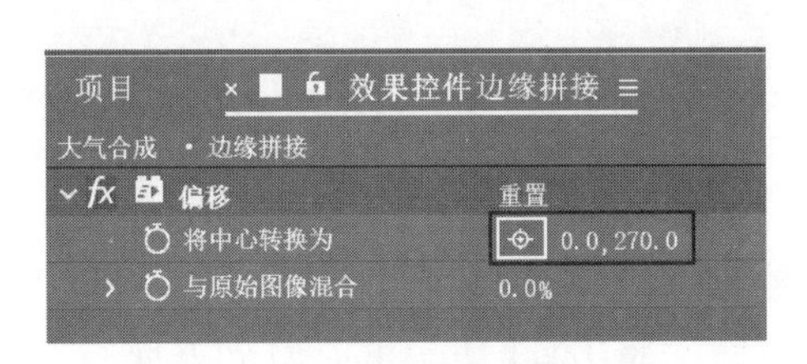

图 1.7.67　偏移参数设置

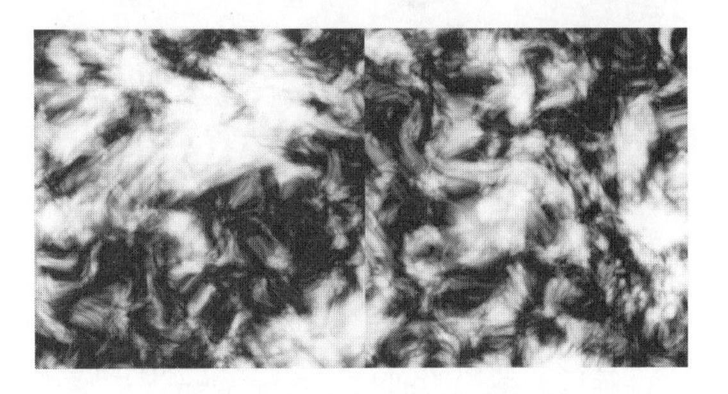

图 1.7.68　大气合成竖直接缝

⑥ 选中调整图层“边缘拼接”，选择矩形工具在合成窗口中绘制“蒙版 1”，如图 1.7.69 所示。将“蒙版 1”设为“相减”，展开“蒙版 1”参数，将“蒙版羽化”设为 50，如图 1.7.70所示。发现大气合成屏幕中间的竖直接缝消失。

（3）制作地球

① 在项目窗口中双击打开“世界地图”合成，将“大气合成”图层的混合模式设为“屏幕”，使大气和世界地图的画面叠加混合，画面效果如图 1.7.71 所示。

② 选择菜单“合成”|“新建合成”命令，新建合成“太空”，选择预设“自定义”，宽度

为 720 px，高度为 576 px，像素长宽比为 D1/DV PAL（1.09），持续时间 5 s。

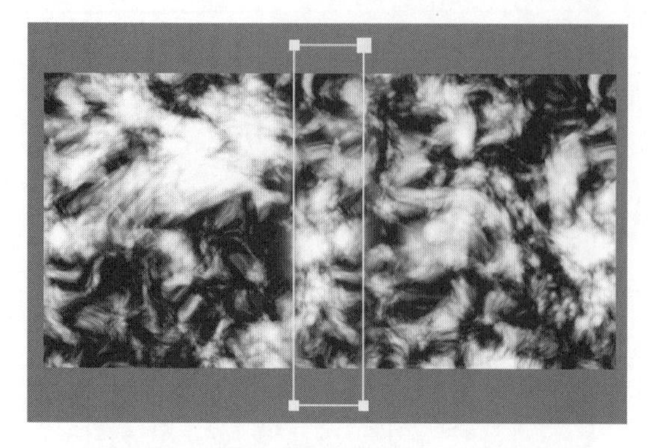

图 1.7.69　蒙版 1

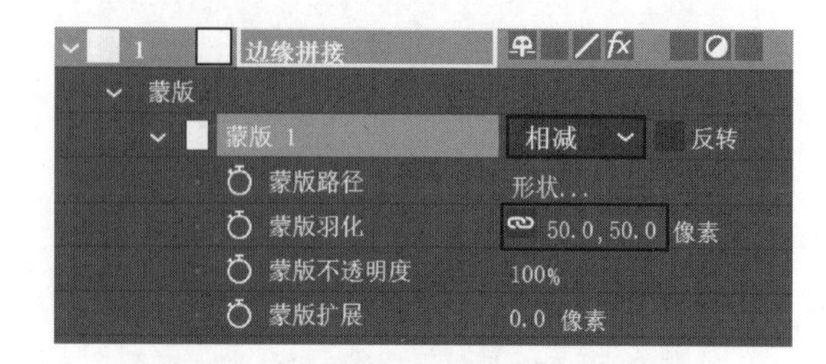

图 1.7.70　“蒙版 1”参数设置

③ 在项目窗口中将“世界地图”合成拖至“太空”合成的时间轴中，选择菜单“效果”|“扭曲”|“偏移”命令，设置“将中心转换为”的关键帧动画，第 0 秒处为(0，270)，第 4 秒 24 帧处为(1 080，270)，如图 1.7.72 所示，使地图自左向右偏移。

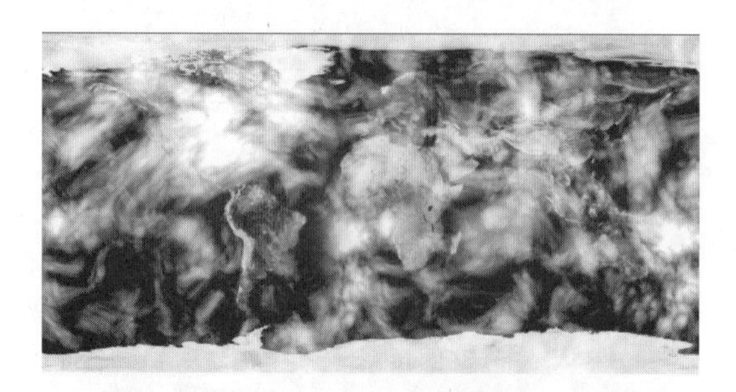

图 1.7.71　大气和世界地图叠加混合效果

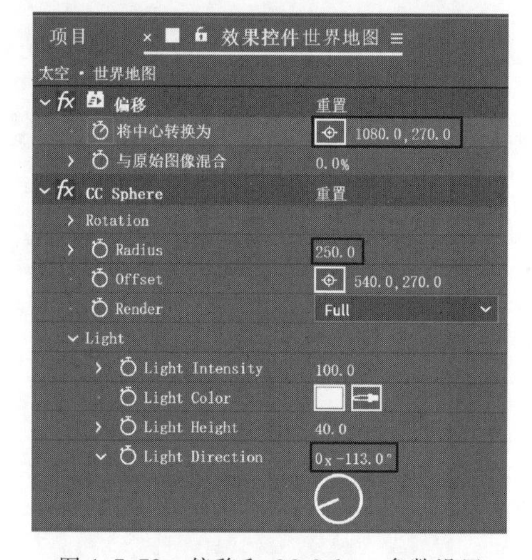

图 1.7.72　偏移和 CC Sphere 参数设置

④ 选择菜单“效果”|“透视”|CC Sphere(CC 球体)命令，添加球体化效果，使世界地图变换为地球。将 Radius(半径)设为 250，展开 Light(灯光)，将 Light Direction(灯光方向)设为 -113°。

⑤ 选择菜单“效果”|“风格化”|“发光”命令，设置“发光基于”为“Alpha 通道”，“发光半径”为 100，“合成原始项目”为“顶端”，“颜色 A”为 RGB(0，100，255)，“颜色 B”为黑色，如图 1.7.73 所示。最终地球效果如图 1.7.74 所示。

(4) 制作太空场景

① 打开“世界地图”图层的 3D 开关，将“位置”设为(360，288，500)，“方向”设为(0°，0°，23°)。

② 选择菜单“图层”|“新建”|“摄像机”命令，预设选择“15 毫米”，创建广角镜头“摄

像机 1”。

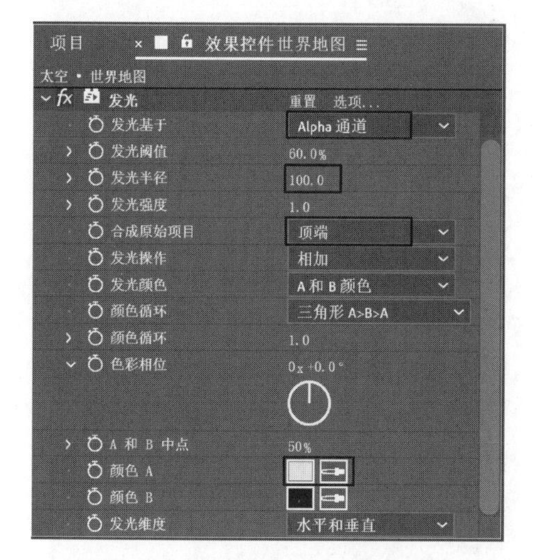

图 1.7.73　发光效果参数设置

图 1.7.74　最终地球效果

③ 选择菜单“图层”|“新建”|“纯色”命令，单击“制作合成大小”按钮，新建黑色纯色图层，重命名为“星星”，置于时间轴最底层。打开该图层的 3D 开关，将“位置”设为(360，288，10 000)，“缩放”设为 5 000。

④ 选中图层“星星”，选择菜单“效果”|杂色和颗粒|“分形杂色”命令，设置“对比度”为 1 000，“亮度”为-400。展开“变换”属性，“缩放”设为 1。设置“演化”的关键帧动画，第 0 秒处为 0，第 4 秒 24 帧处为 180°。参数设置如图 1.7.75 所示。

⑤ 单击“星星”图层，按 Ctrl+D 键创建图层副本，将上方的副本重命名为“星际尘埃”。将“位置”改为(360，288，5 000)，“缩放”改为 2 500。将该图层的混合模式改为“屏幕”，使“星际尘埃”与“星星”画面叠加混合。

⑥ 在“效果控件”面板中设置“星际尘埃”图层的分形杂色参数，如图 1.7.76 所示。“杂色类型”为“样条”，“对比度”为 200，“亮度”为-80。展开“变换”属性，“缩放”设为 300。取消“演化”的关键帧动画并设为 0。

⑦ 选中图层“星际尘埃”，选择菜单“效果”|“颜色校正”|“色相/饱和度”命令，勾选“彩色化”复选框，“着色色相”设置为 220°，“着色亮度”设为-20，如图 1.7.77 所示。

⑧ 选择菜单“图层”|“新建”|“调整图层”命令，新建调整图层，重命名为“调色”，置于顶层。选择菜单“效果”|“颜色校正”|“亮度和对比度”命令，设置“亮度”为 50，“对比度”为 20。太空背景效果如图 1.7.78 所示。

（5）制作场景动画

① 单击“世界地图”图层，设置“位置”的关键帧动画。先在第 0 秒处单击“位置”的码表按钮，设为(-4 000，288，3 000)，再在第 4 秒 24 帧处设为(500，288，-1 000)，最后在第 3 秒处设为(0，288，500)。右击第 3 秒处的关键帧，选择快捷菜单中的“漂浮穿梭时间”命令，软件根据速度平缓变化的原则自动计算该关键帧的位置。打开图层的运动模糊开关和运动模糊总开关。在时间轴中的关键帧参数设置如图 1.7.79 所示。

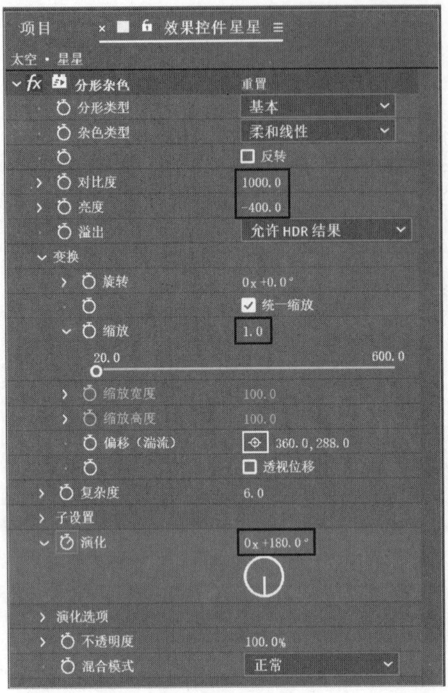

图 1.7.75 “星星”分形杂色参数设置

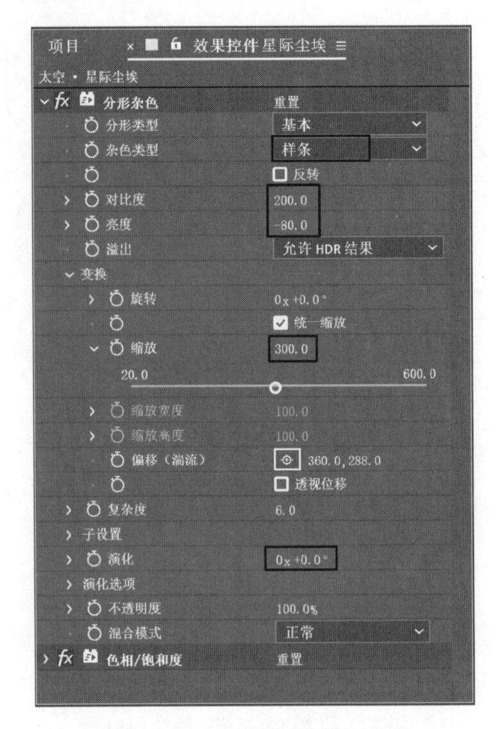

图 1.7.76 “星际尘埃”分形杂色参数设置

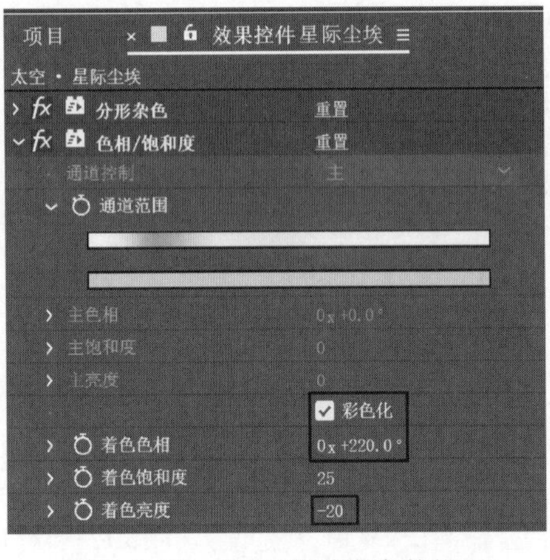

图 1.7.77 色相/饱和度参数设置

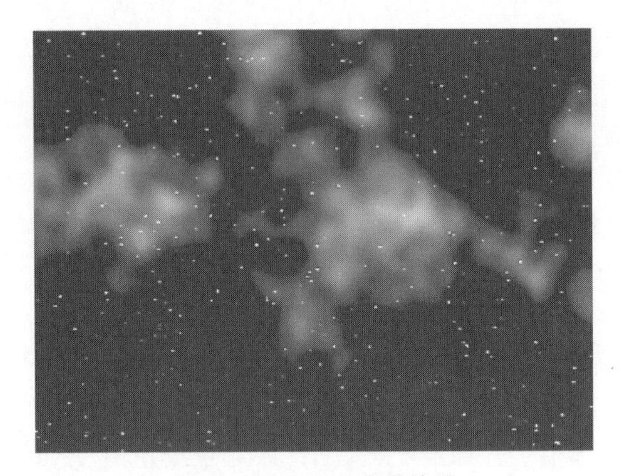

图 1.7.78 太空背景效果

② 选择菜单“图层”|“新建”|“空对象”命令，重命名为“摄像机位置”，打开空对象的3D图层开关。将“摄像机1”的父对象设为“摄像机位置”。单击“摄像机位置”图层，设置“位置”的关键帧动画，在0秒处设为(-1 000，288，1 000)，在第4秒24帧处设为(360，288，0)。

(6) 预览动画

按空格键预览动画，得到摄像机由远至近飞速掠过地球的效果，如图1.7.80所示。

图 1.7.79　“位置”关键帧的参数设置

(a) 第2秒处　　(b) 第4秒处　　(c) 第4秒6帧处

图 1.7.80　最终动画效果

例 7.9　简易时钟。

操作步骤如下。

① 选择菜单“合成”|“新建合成”命令，新建一个合成“时钟”，选择预设“自定义”，宽度设为 788 像素，高度设为 576 像素，像素长宽比设为方形像素，持续时间为 5 s。

② 选择菜单“图层”|“新建”|“纯色”命令，新建一个白色纯色层，命名为“外框”，宽度和高度都设为 500 像素，方形像素。选中“外框”图层，双击工具栏中的椭圆工具，新建圆形“蒙版 1”。在时间轴中选中“蒙版 1”，按 Ctrl+D 键创建副本“蒙版 2”。将“蒙版 2”设为相减，展开“蒙版 2”，将“蒙版扩展”设为-15，得到了一个厚度为 15 像素的白色圆环框。

③ 选择菜单“图层”|“新建”|“纯色”命令，新建一个白色纯色层，命名为“时针”，宽度设为 10 像素，高度设为 130 像素。在“变换”属性中将“时针”的“锚点”设为(5, 100)，给“旋转”属性添加关键帧，在第 0 秒处设为 0°，在第 4 秒 24 帧处设为 180°。

④ 选择菜单“图层”|“新建”|“纯色”命令，新建一个白色纯色层，命名为“分针”，宽度设为 8 像素，高度设为 210 像素。将“分针”的“锚点”设为(4, 180)，给“旋转”属性添加关键帧，在第 0 秒处设为 0°，在第 4 秒 24 帧处设为 6x+0°。

⑤ 选择菜单“图层”|“新建”|“纯色”命令，新建一个白色纯色层，命名为“轴”，宽度和高度都设为 30 像素。选中“轴”图层，双击椭圆工具，新建圆形“蒙版 1”。时钟动画初步效果如图 1.7.81 所示。

⑥ 选择菜单“合成”|“新建合成”命令，命名为“刻度合成”，预设为“自定义”，宽度设为 600 像素，高度设为 500 像素，方形像素，持续时间 5 s。

⑦ 选择菜单“图层”|“新建”|“纯色”命令，新建一个白色纯色层，命名为“刻度”，宽

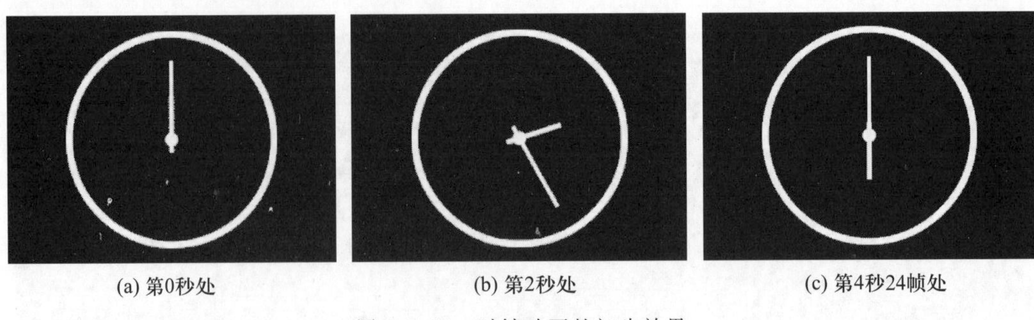

图 1.7.81　时钟动画的初步效果

度设为 4 像素，高度设为 60 像素，将“刻度”的“位置”设为(0，450)。在“效果和预设”面板的搜索框中输入“XYZ”，将 Transform|“分离 XYZ 位置”效果拖到“刻度”图层上，在“效果控件”面板中按住 Alt 键的同时单击“X 位置”的秒表按钮，在时间轴面板出现如图 1.7.82 所示的界面，将“表达式：X 位置”对应的文字表达式改为“(index-1)*50”。注意：这里的“index”的数值大小为所在图层的编号。当前图层的编号为 1，所以“index”值为 1，那么“X 位置”的值就是(1-1)×50=0。

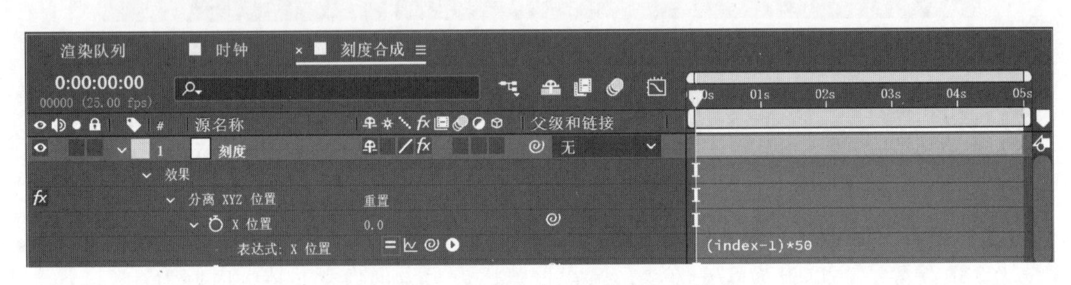

图 1.7.82　“表达式：X 位置”的设置

⑧ 选中“刻度”图层，连续按 Ctrl+D 键创建 12 个图层副本。由于每个图层的编号不同，对应的“index”值也就不同，因此每个图层的“X 位置”也会不同。图层 2 至图层 13 的“X 位置”分别为 50，100，150，…，600，“刻度合成”效果如图 1.7.83 所示。

⑨ 在时间轴面板中切换到“时钟”合成，将“项目”面板中的“刻度”合成拖至“时钟”合成的最上方。选择菜单“效果”|“扭曲”|“极坐标”命令，将“转换类型”设为“矩形到极线”，插值设为 100，如图 1.7.84 所示，刻度显示效果如图 1.7.85 所示。

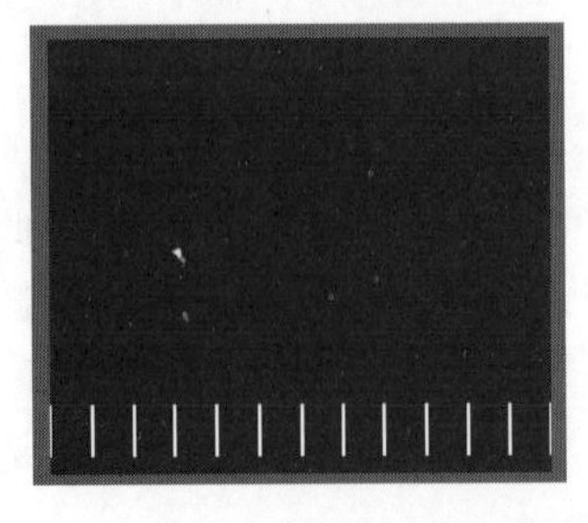

图 1.7.83　“刻度合成”效果

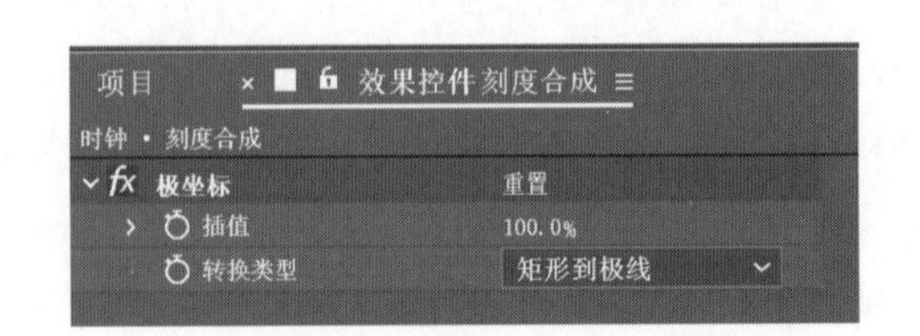

图 1.7.84　极坐标参数设置

⑩ 在时间轴面板中选中“外框”图层，按 Ctrl+D 键复制，将下方的副本图层重命名为“镜片”，先删除“镜片”图层的“蒙版 2”。再选择菜单“效果”|“生成”|CC Light Sweep（CC 扫光）命令，设置 Center（中心）为（250，250），Direction（方向）为 45°，Width（宽度）为 250，Sweep Intensity（扫光强度）为 40，Light Reception（灯光接收）为 Cutout（剪贴），如图 1.7.86 所示，时钟的镜片效果如图 1.7.87 所示。

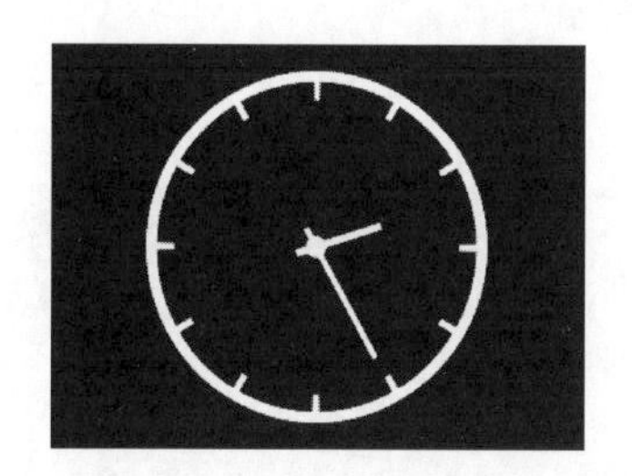

图 1.7.85　刻度显示效果

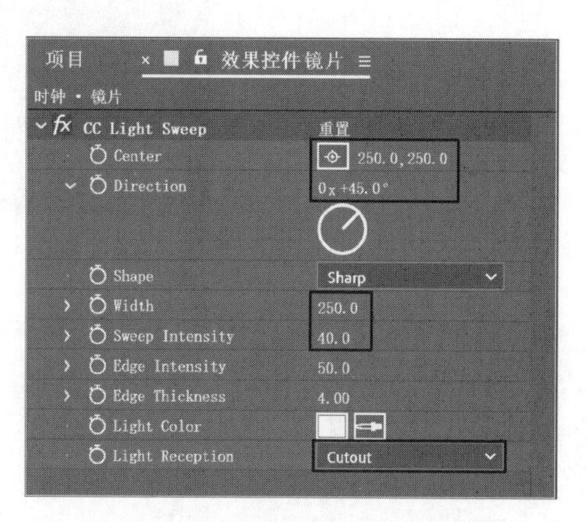

图 1.7.86　CC Light Sweep 效果

⑪ 选择菜单“图层”|“新建”|“纯色”命令，新建灰色纯色层，命名为“背景”，单击“制作合成大小”按钮，灰色 RGB 值设为（128，128，128），置于时间轴的最底层。选择菜单“效果”|“颜色校正”|“色相/饱和度”命令，勾选“彩色化”复选框，“着色饱和度”设置为 50，“着色色相”在第 0 秒处设为 150°，第 4 秒 24 帧处设为 200°，如图 1.7.88 所示。

图 1.7.87　镜片效果

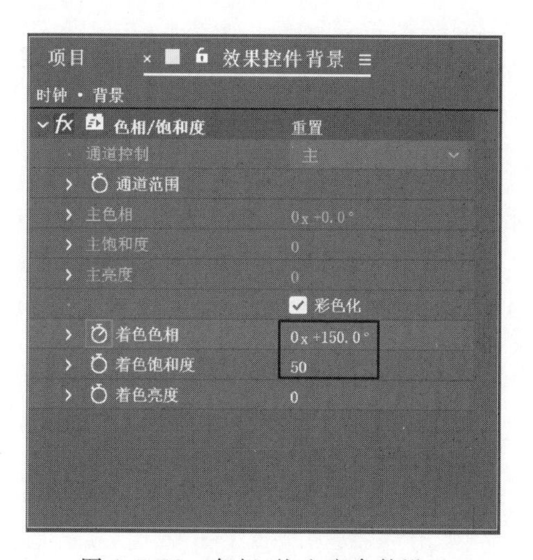

图 1.7.88　色相/饱和度参数设置

⑫ 选择菜单“图层”|“新建”|“文本”命令，输入“magic”。在字符面板中设置字体为 Impact，大小为 50，颜色为淡黄色，无描边，居中对齐，如图 1.7.89 所示。在时间轴中将文本图层的“位置”设为（394，450）。按空格键预览时钟动画的效果，如图 1.7.90 所示。

图 1.7.89　文本参数设置

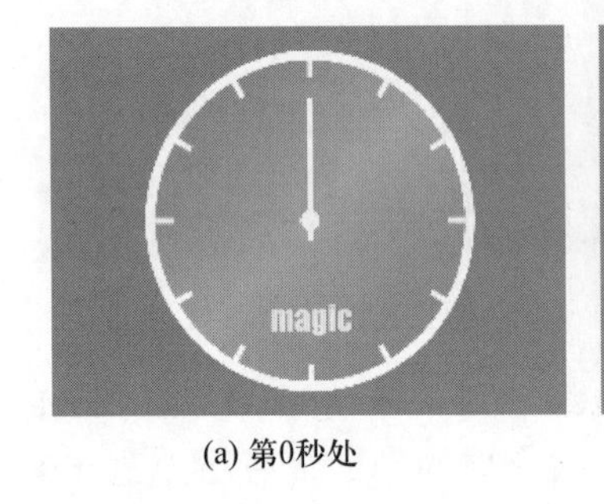

(a) 第0秒处

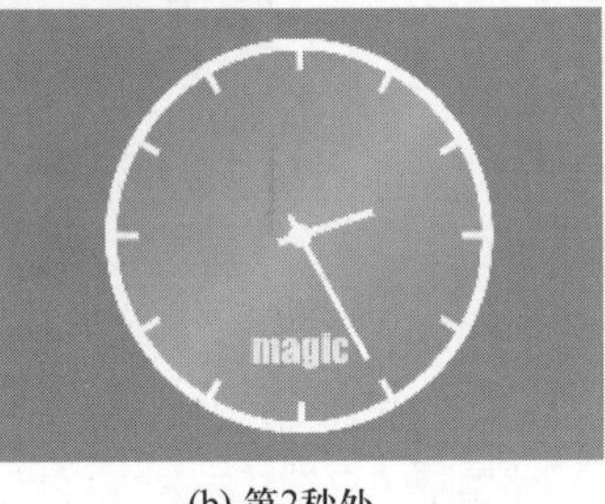

(b) 第2秒处

(c) 第4秒24帧处

图 1.7.90　时钟的动画效果

思　考　题

1. 制作合成一般包括哪些主要步骤？
2. 时间轴面板中的图层有哪些类型？
3. 三维合成与二维的主要区别是什么？
4. 添加效果常用的方法有哪些？
5. 合成的渲染输出有什么作用？

第 8 章 网络多媒体技术与应用

网络多媒体技术是一门融合了计算机技术、网络通信技术以及多种信息处理技术的综合性跨学科技术，已经与人们的日常生活密不可分，如短视频、在线学习、语音或视频聊天、远程视频会议、远程医疗会诊等。本章将重点介绍网络多媒体技术常见的应用场景及其实现的关键技术。

8.1 网络多媒体概述

电子教案

顾名思义，网络多媒体主要关注的是网络环境下，图文、音视频信息的获取、传输、显示及存储等。一个网络多媒体系统往往包含多个节点，用于共享多媒体数据，每个节点都有各自的多媒体硬件和软件。目前，基于互联网的音视频应用已经非常广泛，通过浏览器就可以很方便地访问网络上的各种多媒体内容。

8.1.1 网络多媒体基础

1. 网络多媒体的发展

互联网普及之前，用户一般通过广播电视节目获取音视频直播或者点播服务，通过电话业务获取语音即时通信服务，通过手机短信业务获取文字即时通信服务等。互联网早期也仅提供新闻浏览、电子邮箱、电子公告板(bulletin board system，BBS)等服务。例如 20 世纪 90 年代，Mirabilis 公司推出的 ICQ 就是一款被广泛用于互联网的即时消息(instant messaging，IM)软件，是一类用于文字聊天的在线工具。

进入互联网和数字化时代，骨干光纤网络、企业和家庭接入互联网的带宽迅速扩大，基于 TCP/IP 协议簇的互联网成为主导技术，高性能的交换和路由技术使得广播电视网络、传统电话通信网络和互联网三网融合基本实现，促成了网络多媒体的快速发展。许多即时通信服务开始提供音视频会议的功能，网络电话与网络会议服务也同时提供可视化影像与即时消息的功能。多种媒体在互联网发展过程中融合互补，各自的边界变得越来越模糊。

2. 网络多媒体的应用

随着网络通信技术与信息处理技术的飞速发展，网络多媒体的应用已经渗透到各个领域，如手机即时语音通话、短视频、在线视频会议、在线教学、远程医疗服务等。

现代互联网承载着各种多媒体应用，并提供线上音视频服务，服务方式主要包括以下三大类。

① 点播(video on demand，VOD)：根据观众要求播放指定节目的音频和视频点播系统，系统可以把用户点击或选择的视频内容传输给用户，如爱课程的MOOC/SPOC在线学习视频、网易公开课、优酷影视点播等。

② 直播：服务端实时采集和上传音频和视频流，支持大量客户端同时从服务器下载并播放这些实时的音视频流，如体育赛事直播、泛娱乐直播节目、在线销售直播、手术直播等。

③ 实时交互：支持音视频的实时交互，常用于在线会议系统。允许多个用户通过互联网进行即时语音或视频交流，交流过程中可以发送文字和表情符号、共享桌面和文档等，如腾讯会议、ZOOM会议、远程医疗会诊等。

3. 网络多媒体系统的架构

基于网络的通信会涉及两方的发送—接收—应答过程，也就是初始的接收方本身也会发送，发送方也会接收，双方必然存在着一套传输和“握手”协议。对于网络多媒体，任何一对发送方和接收方，除了通信的关系外，还包含着对多媒体的处理，特别是应用了针对多媒体的属性设计和优化的网络传输。通常发送方会通过多媒体输入设备采集音视频信息，采集得到的数据须经过预处理，如声音降噪、回声消除、图像增强等。音视频数据量巨大，若通过网络传输，应进行压缩编码，形成比特流，再打成数据包，才能通过网络发送出去。不同的数据，如“握手”信令和实时的语音、视频数据，都会逐层经过量身匹配的协议栈形成相应的报文，在网络中流转，直至目的地。接收方收到报文后，会与发送的处理逆向而行，从网络的报文中恢复出压缩的音视频数据，压缩的数据会被解码和后处理，后处理包括网络抖动均衡与丢包消除、音视频的同步，最后通过播放器在输出设备上显示和播放。网络多媒体系统的架构如图1.8.1所示。

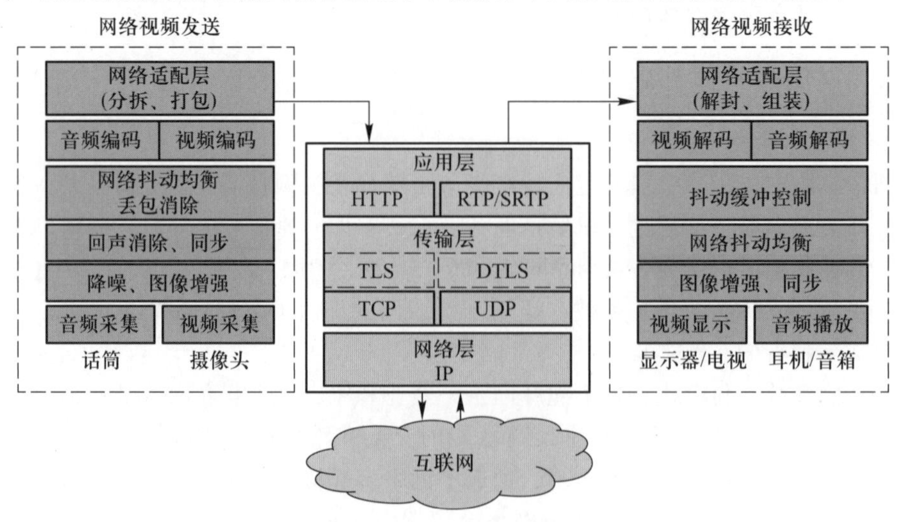

图1.8.1 网络多媒体系统的架构

4. 网络多媒体的压缩编码方法

音视频原始格式的数据量巨大，传输之前需要进行压缩，压缩的编码又称为信源编码(source coding)，可节省网络带宽的开销，接收方收到音视频数据后必须进行解码操作才能再输出。

(1) 网络音频编码技术

常见的网络音频编码技术包括 Opus、AAC、Vorbis、MP3、Speex、AMR、ILBC 和 G. 7xx 系列等，对应的音质与传输速率如图 1.8.2 所示，目前最常用的两个是 Opus 和 AAC，特点是延迟小，压缩率高。

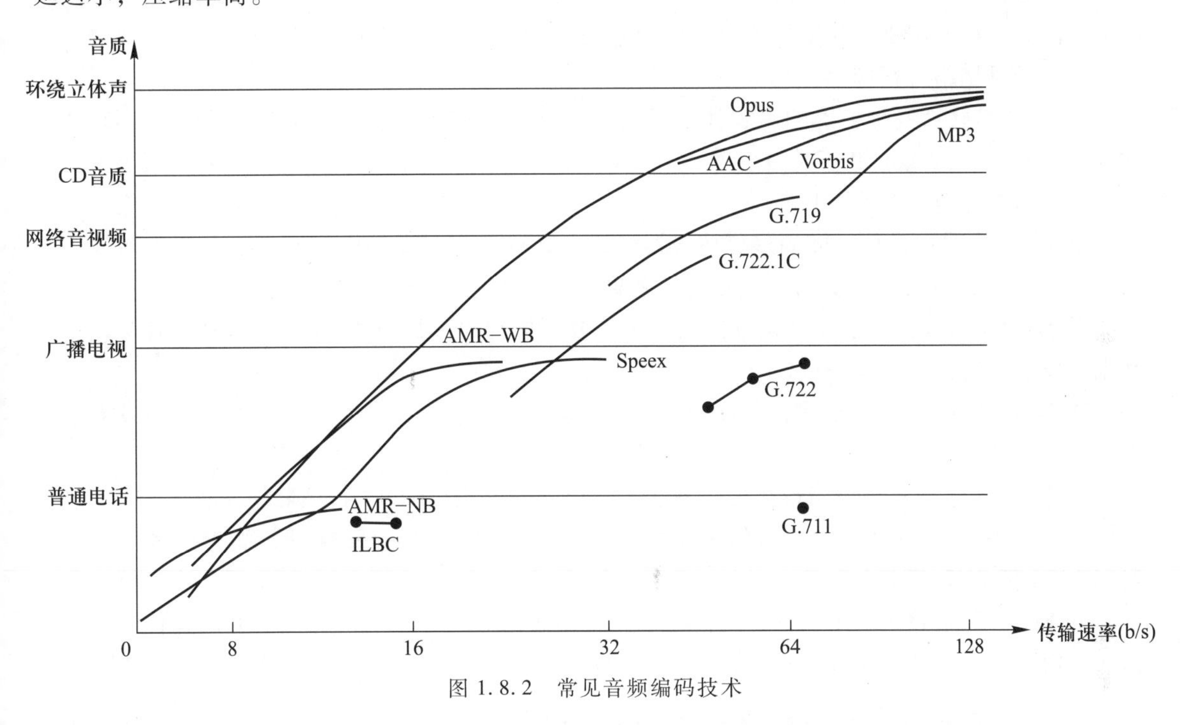

图 1.8.2　常见音频编码技术

① AAC(advanced audio coding，高级音频编码)：基于 MPEG-2 和 MPEG-4 的音频编码格式，音频的压缩比为 18∶1，与 MP3 格式相比，AAC 格式的音质更佳，文件更小，目前广泛应用于娱乐直播。

② Opus：有损声音编码格式，由互联网工程任务组(internet engineering task force，IETF)制定，适用于网络中低延迟的即时声音传输。Opus 是一种开放格式，得到大多数主流浏览器的支持，目前的实时互动系统较多地使用 Opus，如在线教育、视频会议系统等，其中网页即时通信(web real-time communication，WebRTC)是一个支持网页浏览器进行实时语音对话或视频会议的应用程序接口，默认使用的音频编码就是 Opus。

(2) 网络视频编解码标准

① AVC(advanced video coding，高级视频编码)：用于高精度视频的录制、压缩和发布，这是一种面向块的基于运动补偿的编解码器标准，被广泛用于网络流媒体服务，如 YouTube、iTunes Store、Adobe Flash Player、Microsoft Silverlight 以及各种高清晰度电视广播系统。

② SVC(scalable video coding，可伸缩视频编码)：传统 H. 264/MPEG-4 AVC 编码的改进，

具有更大的编码弹性，以及时间可伸缩、空间可伸缩和信噪比可伸缩等，使视频传输更适应不同的网络带宽。

③ HEVC(high efficiency video coding，高效视频编码)：即 H. 265，是 ITU-T 继 H. 264 之后制定的高压缩率的视频压缩格式，最高分辨率可达 8 192 像素×4 320 像素。HEVC 面向下一代 HDTV 设计，使用帧扫描，采样分辨率支持 4K 高清视频，具有增强的动态范围调整和噪声抑制等功能。

④ VP8/VP9：都是谷歌公司发布的开放视频编解码标准，最早由 On2 Technologiesis 公司开发，目前已开源。VP8 与 H. 264 一样采用混合编码框架，采用 libvpx 进行编解码；VP9 则支持更低的码率(与 VP8 具有相同的视频质量时)，VP9 比 H. 265 有更好的编码效率。

（3）常见网络音视频存储格式

① MP4 格式：一种标准的多媒体容器格式，保存了视频和音频数据流、海报、字幕和元数据等，MP4 格式属于 MPEG-4 标准的第 14 部分，目前流行的 AVC/H. 264 视频编码格式则定义在 MPEG-4 第 10 部分中。

② MKV 格式：一种标准的多媒体容器格式，能够在一个文件中容纳无限数量的视频、音频、图片或字幕轨道，可以作为一种统一格式保存常见的电影和电视节目。

③ WEBM 格式：由谷歌公司推出的一个开放、免费的多媒体文件格式，是以 MKV 格式为基础开发的，支持浏览器播放。

④ WMV 格式：微软公司推出的一种采用独立编码方式，且可以直接在网上实时观看的文件压缩格式。

⑤ MOV 格式：苹果公司推出的一种流式视频格式，用 QuickTime 播放。为了适应网络多媒体应用，QuickTime 为多个流行的浏览器提供了 QuickTime Viewer 插件，能够在浏览器中实现 MOV 文件的实时回放。

⑥ FLV、F4V 格式：Adobe 公司推出的一种视频格式，是在网络上传输的流媒体数据存储格式，由于移动端浏览器大多不支持 Flash 播放器，已逐步被 MP4 和 WEBM 等格式取代。

8.1.2 网络多媒体传输技术——流媒体

1. 流媒体简介

流媒体(streaming media)指的是一种媒体传送方式，一般分为音频流和视频流。流式传输技术就是将多媒体数据压缩编码后，在网络上分段发送，实时传输数据，把数据包像流水一样源源不断地发送到用户端，用户无须等待整个影音文件全部下载到本地，可以一边下载一边播放。流式传输主要有两种方式，即顺序流式传输(progressive streaming)和实时流式传输(realtime streaming)。

（1）顺序流式传输

顺序流式传输是指用户在线观看的同时下载文件。用户只能观看已下载部分，而不能观看未下载部分。也就是说，用户总是在一段延时后才能看到服务器传送过来的信息，HTTP(hyper text transfer protocol，超文本传送协议)服务器就可以发送这种形式的文件，所以又称为 HTTP 流式传输。

顺序流式文件放在标准 HTTP 或 FTP(file transfer protocol，文件传送协议)服务器上，易于管理，基本上与防火墙无关。顺序流式传输能够较好地保证节目播放的质量，适用于用户点播的高质量的短片段，如片头、片尾和广告，不适用随机访问的视频，如讲座、演说与演示，也不支持现场广播。

（2）实时流式传输

实时流式传输是指用户可以实时观看网上内容，对网络带宽有较高的要求，在观看过程中用户可以任意快进或快退，如果网络传输状况不理想，则收到的图像质量就会比较差。

实时流式传输需要专用的流媒体服务器与流式传输协议，如 Nodejs 是基于 Chrome JavaScript 运行时建立的平台，可方便快速搭建响应速度快、易于扩展的多媒体网络服务；SRS (simple rtmp server)是一个简单高效的实时视频服务器，这些多媒体服务器允许对媒体发送进行更多级别的控制，系统设置与管理比 HTTP 服务器更复杂，实时流式传输还需要特殊的网络协议，如 RTSP(real-time streaming protocol，实时流协议)、HLS(HTTP live streaming，苹果公司制定的基于 HTTP 的流媒体传输协议)等。防火墙有时会对这些协议进行屏蔽，导致用户不能看到站点的实时内容。实时流式传输特别适合现场事件的直播。

2. 网络协议

网络协议是计算机网络中为数据交换而制定的规则、标准或约定的集合。互联网协议基础是 TCP/IP(transmission control protocol/Internet protocol，传输控制协议/因特网互联协议)，还有 HTTP、FTP、SMTP(simple mail transfer protocol，简单邮件传送协议)等。TCP/IP 分为 4 个层次，每一层都有相应的功能，如图 1.8.3 所示。

① 应用层：为应用程序提供服务，不同的应用程序采用不同的协议，如万维网应用使用 HTTP，文件传输使用 FTP 等。

② 传输层：定义数据通信端口号，实现端口到端口的通信，其中 UDP(user datagram protocol，用户数据报协议)负责定义端口。当数据包到达目标主机以后，根据端口号找到对应的应用程序，但是 UDP 没有确认机制，传输的可靠性差。而 TCP 可以保证数据传输的可靠性，每发出一个数据包都要求确认，如果丢失必须重发。

③ 网络层：定义网络的 IP 地址，IP 可以判断通信的两台主机是否在同一个子网中，如果在同一个子网，就通过 ARP(address resolution protocol，地址解析协议)查询对应的 MAC (medium access control，介质访问控制)地址，然后以广播的形式向该子网内的主机发送数据包；如果不在同一个子网，则将该数据包通过路由器转发，到达目标 IP 地址所在的子网后再通过 ARP 获取目标主机的 MAC 地址，最终到达接收方。

④ 数据链路层：对电信号进行分组并形成具有特定意义的数据帧，然后以广播的形式通过物理介质发送给接收方，接收方子网内每台主机收到数据包以后，都会读取目标 MAC 地址，然后和自己的 MAC 地址进行对比，如果相同就做下一步处理；如果不同，就丢弃这个数据包。当网卡工作在混杂模式(promiscuous mode)下时，网卡会接收所有途经该网卡的数据帧并上报给驱动程序，而不管数据帧的目标 MAC 地址是否与网卡的 MAC 地址相同，混杂模式往往被用来做网络诊断。

3. 网络多媒体协议

对于音视频流来说，对传输质量要求不是很高，而对传输速度则有较高的要求，所以多媒体数据传输采用的是建立在 UDP 上的 RTP/RTSP，如图 1.8.4 所示。

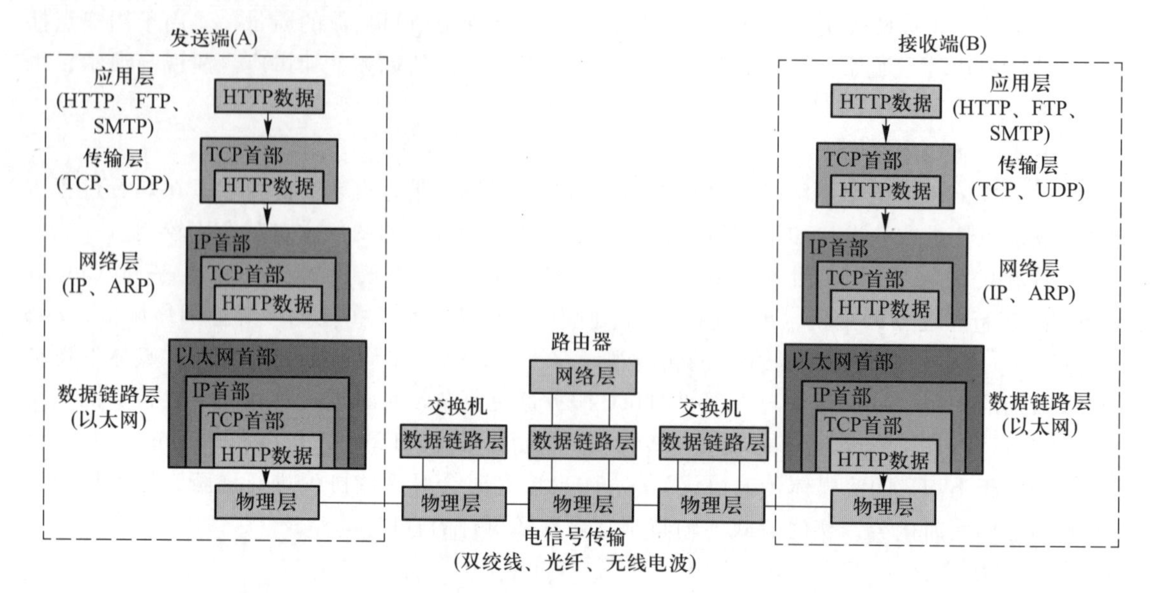

图 1.8.3　TCP/IP 的 4 个层次

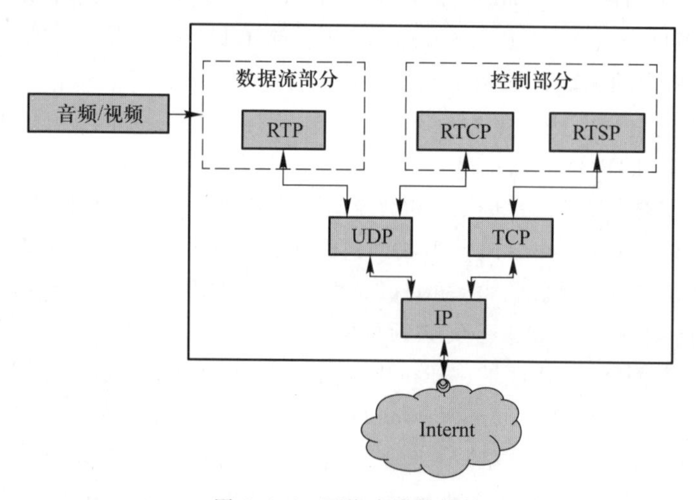

图 1.8.4　网络多媒体协议

① RTP(real-time transport protocol，实时传输协议)：提供端对端的网络传输功能，适合为应用程序传输实时数据，如音视频数据，但是 RTP 没有提供资源预留的功能，所以不能保证服务质量(QoS)。

② RTCP(real-time transport control protocl，实时传输控制协议)：为 RTP 媒体流提供信道外控制，RTCP 本身并不传输数据，将与 RTP 一起协作将多媒体数据打包与发送，定期在多媒体会话参加者之间传输控制数据。

③ RTSP：允许客户端远程控制流媒体服务器，发出类似于 VCR 的命令(即暂停/恢复、重新定位播放以及在播放过程中进行调整)，并允许基于时间访问服务器中的文件。

④ RTMP(real-time messaging protocol，实时消息协议)：Adobe 公司为 Flash 播放器和服务

器之间传送音视频开发的私有协议，使用TCP连接，目前直播推流的各平台基本都支持RTMP。

⑤ HLS：苹果公司基于HTTP的流媒体传输协议，一般的浏览器、智能电视、手机操作系统和HTML5视频播放器都支持HLS。

⑥ HDL(HTTP-FLV)：Adobe公司针对FLV视频格式做的直播分发流，格式简单，在延迟表现和大规模并发方面表现良好，但手机浏览器上一般不支持。

8.2 非交互式网络多媒体服务

非交互式网络多媒体服务包括点播(或录播)与直播，如大家熟悉的慕课在线学习，用户可随时点播自己想要观看的课程视频。电视和微商直播购物、体育赛事的直播等都属于非交互式的多媒体服务。

8.2.1 点播服务

1. 点播基础

点播的前提是音视频文件已经录制或制作完成且已上传到网络服务器上，用户按照需求向服务器发出请求，服务器一般通过流式传输方式响应用户的请求，教学中的录播就属于这样的应用场景。如图1.8.5所示，所有音视频资源、课件、习题、随堂测验、考试等资源预先已经制作好并上传到服务器上，用户可以随时通过计算机或手机、平板电脑等移动平台进行观看或下载等，用户也可以与服务器端有一定的交互，如上传文件和提交答案等，但是客户端无法实时与服务器端进行音视频的交互控制。

图1.8.5 “多媒体技术与应用”在线课程

2. 点播节目制作

制作点播或录播节目最常用的是用带有摄像头的设备进行视频录制，如手机、平板电脑、笔记本电脑、照相机和摄像机等，也可以通过视频软件制作生成，如 Premiere 与 After Effects 等。

如果制作教学类视频，常用的是屏幕录制软件，如 Camtasia Studio，可记录屏幕动作，包括影像、音效、鼠标移动轨迹、旁白解说等。这类软件具有即时播放和编辑加工的功能，可对视频片段进行剪辑，添加转场效果，输出支持 MP4、AVI、WMV、M4V、MOV、RM、GIF 等多种常见格式。Camtasia Recorder 用于录制屏幕，启动后的界面如图 1.8.6 所示。设置好录制屏幕的区域大小并调整好屏幕上的录制位置后，单击 rec 按钮开始录制。录制过程中可以随时按 F9 键暂停录制，按 F10 键停止录制，停止录制后自动进入视频编辑状态，视频的后期加工和渲染输出与 Premiere 的功能类似。

图 1.8.6　Camtasia Recorder 界面

一般的直播软件和视频会议系统都同时提供云录制或本地录制功能，可以将直播现场或视频会议直接录制为 MP4 或 MKV 格式的视频文件，方便用户后期点播观看。

3. 点播应用

点播除了用于在线教学外，还大量应用在音视频节目中，如优酷、爱奇艺、芒果 TV、YouTube 等，除了可以点播音视频节目外，还提供互动控制，如暂停/恢复、时间上的跳跃和定位。从用户发出请求(例如，请求听到一个流媒体文件，或流媒体播放向前跳过两分钟)到用户主机上的动作表现(例如，用户开始听到音频文件的对应内容)之间的延迟，最好控制在 0.1~3 s，这个响应速度一般用户都可以接受。相比实时场景，如视频会议，点播对数据包延迟和抖动的要求没有那么严格，但对节目播放的完整性和流畅性有较高的要求。

8.2.2　直播服务

1. 网络直播概述

网络直播是通过互联网进行传输的，允许用户接收任何地方发送来的广播和电视节目，如新年晚会、手术直播等。直播与点播一样，对数据包延迟和抖动的要求不像互联网电话和实时视频会议那样严格。从用户点击一个音视频文件播放开始，几十秒的延迟是可以容忍的。将实时音视频文件分配给许多接收者可以通过组播方式有效完成，然而，目前互联网中大多数一对多的音视频传输仍然是通过单播流传输给接收者的。

2. 直播推流与拉流

推流指的是把采集阶段封包好的内容传输到服务器的过程，其实就是将现场的视频信号传到网络的过程。推流对网络要求比较高，如果网络不稳定，直播效果就会很差，观众观看直播时就会发生卡顿等现象。

拉流是指服务器中已有直播内容，客户机根据协议类型(如 RTMP、RTP、RTSP、HTTP 等)与服务器建立连接、接收数据、进行拉取的过程。拉流端的核心处理在播放器端解码输出，在互动直播中集成了聊天室、点赞和分发礼物等功能。拉流端目前主要支持 RTMP、HLS 和 HDL 等协议，其中，在网络稳定的情况下，对于 HDL 的延时控制可达 1 s，完全可以满足互动直播的业务需求。

3. 网络直播软件

直播时，主播端需要使用直播软件来对直播内容进行管理，目前比较流行的有 OBS(open broadcaster software)，是一个用于录制和网络直播的自由开源软件包，使用 C 和 C++语言编写，提供实时源和设备捕获、场景组成、编码、录制和广播等功能。数据传输主要通过路由选择表维护协议(routing table maintenance protocol，RTMP)完成，可以发送到任何支持 RTMP 的云平台上。

OBS 两个常用功能是推流和录制。首先选择多媒体内容的来源，可以是录制屏幕、浏览器、桌面窗口、视频采集设备、音频输入和输出采集、媒体源、文本等。其次配置多媒体内容的采集参数，比如画面的分辨率、帧率，音频的采样率、声道等。如果要实现直播推流，须配置服务器地址和串流密钥、视频码率和音频码率等参数。OBS 允许在直播推流的同时，把直播内容录制到本地，录制之前最好设置文件保存的路径、录制的质量和文件格式等参数；否则 OBS 会使用默认参数。启动 OBS 后系统的主界面如图 1.8.7 所示。

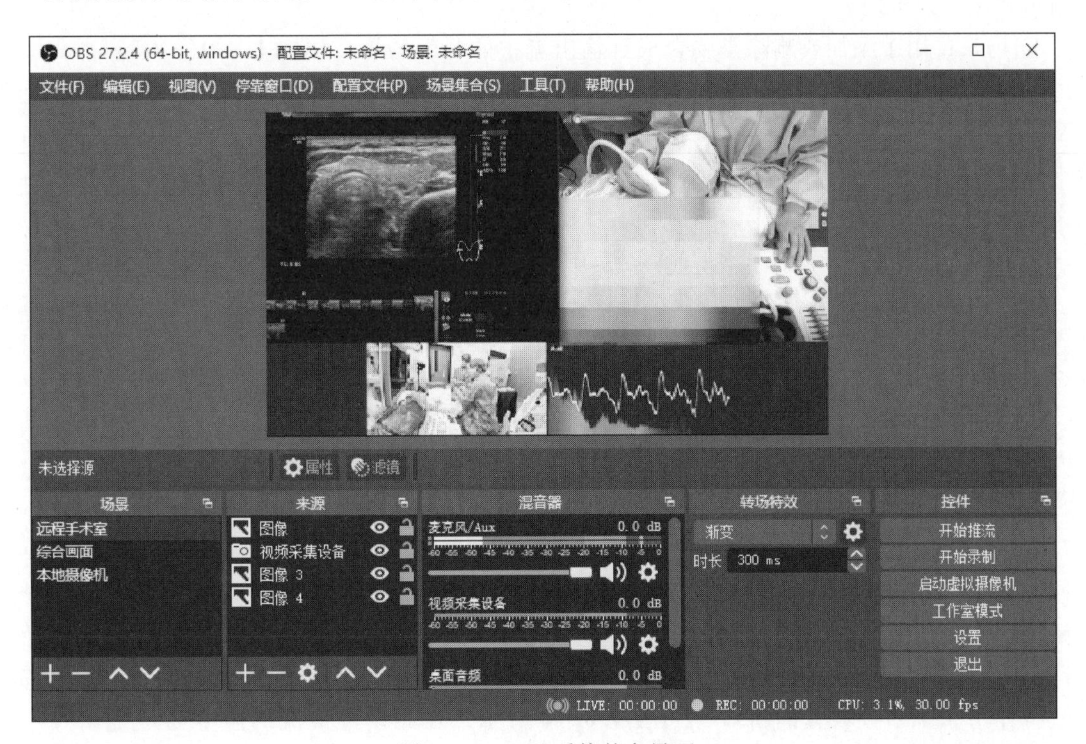

图 1.8.7　OBS 系统的主界面

单击“控件”面板的“工作室模式”选项，可以将主窗口显示为“预览”和“输出”两个窗口，如图 1.8.8 所示。

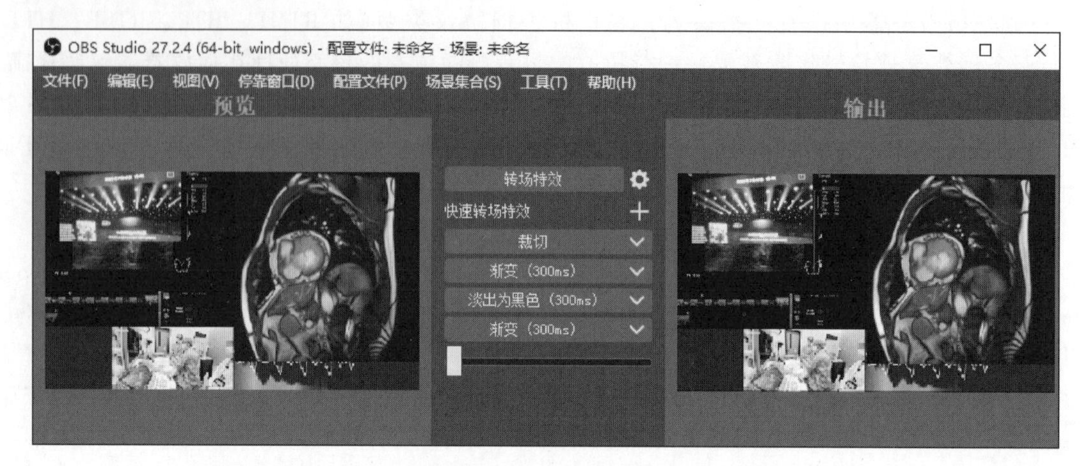

图 1.8.8 OBS 系统的“预览”和“输出”窗口

① 预览：对 OBS 采集的多媒体内容进行预览。图 1.8.8 预览的内容是一台甲状腺介入手术，既可以是本地离线文件的回放，也可以是通过浏览器登录的远程医疗在线诊室。介入手术画面可以在工作站(支持双屏显示的工作站)的另一块屏幕上全屏播放，便于观察。

② 输出：OBS 输出的是多媒体内容画面，直播场景的输出被推送到服务器端，录制场景的输出被保存到本地。

③ 场景：用于添加或删除需要合成到输出流中的各个场景，如图 1.8.9(a)所示。每个场景可以命名，便于管理，各个场景的排列顺序可以任意调整。本例中添加了 3 个场景，“远程手术室”场景对应的是远端摄像机采集通过浏览器传输来的视频画面；“本地摄像机”场景则是本机摄像头采集的视频画面；“综合画面”场景对应的是在本机上绘制的背景图像以及标注的文字等信息。

④ 来源：用于添加或删除场景来源，如图 1.8.9(b)所示。先选择来源类型，如显示器采集、窗口采集还是从浏览器中获取等，再设定来源名称，如视频采集设备、显示器采集、音频输入采集等与类型一致的名称。场景和来源相配套，可以避免用户重复配置。同一个场景可以有多个来源。

用户选中场景和来源之后，从预览窗口中可以看到 OBS 采集的多媒体内容的画面，从输出窗口中可以看到 OBS 输出视频的实时画面。来源设置右侧的混音器以分贝读值的形式显示 OBS 输出音频的瞬时强度。

⑤ 控件：“控件”面板中提供了常用的推流与录制命令按钮，如图 1.8.10 所示。单击“开始推流”按钮启动直播推流，推流启动后“开始推流”按钮自动切换为“结束推流”按钮，再次单击则停止直播推流。单击“开始录制”按钮可以启动本地录制，录制启动后“开始录制”按钮自动切换为“结束录制”按钮，再次单击则停止本地录制。单击“设置”按钮将弹出系统参数设置的窗口，如图 1.8.11 所示，在此设置推流的服务器地址以及串流密钥等信息。

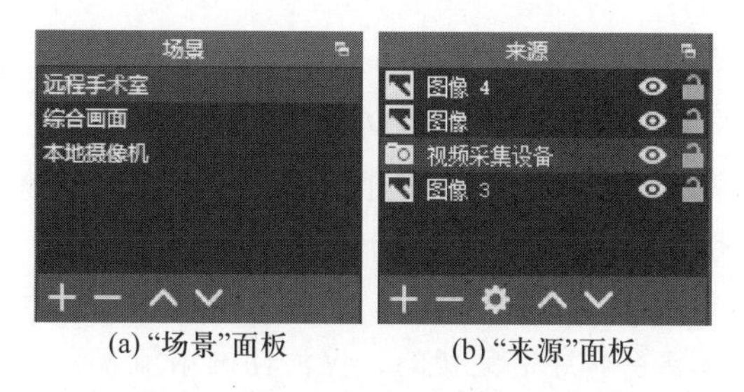

(a)“场景”面板　(b)“来源”面板

图 1.8.9　OBS“场景”和“来源”面板

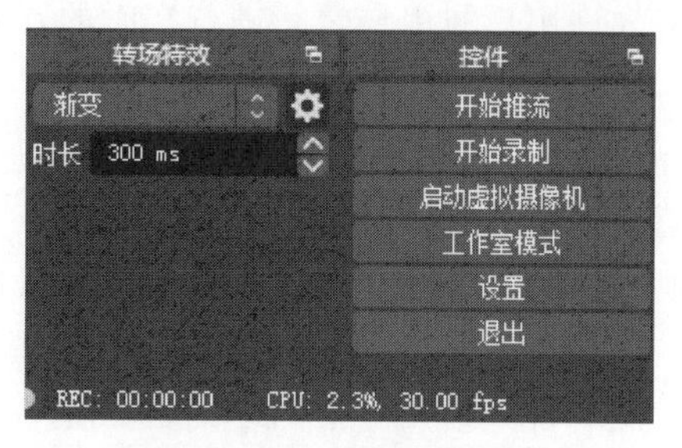

图 1.8.10　“控件”面板

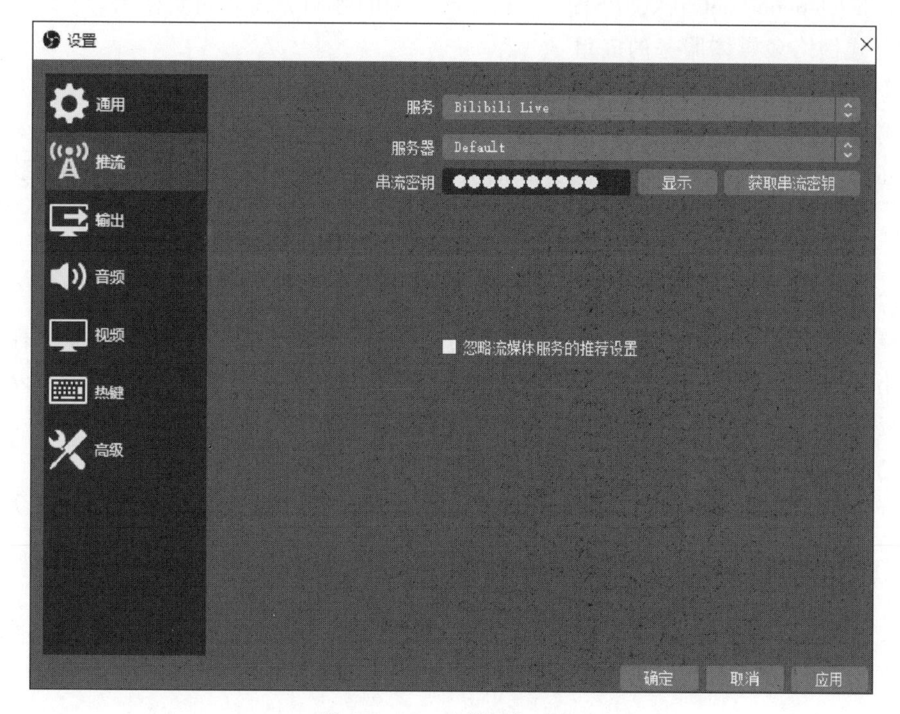

图 1.8.11　“设置”窗口

8.3　交互式网络多媒体服务

交互式网络多媒体服务允许两人或多人同时使用网络和多媒体设备，将文字、文件、语音与视频实时互传，实现即时互动的沟通，如视频会议系统，包括腾讯会议、钉钉智能移动办公平台等。

8.3.1　交互式网络多媒体基础

1. 交互式网络多媒体概述

交互式网络多媒体首先通过网络实时传输多媒体信息，包括文字、图像、声音和视频等，同时允许用户与用户之间进行实时的互动沟通。

20 世纪 90 年代的文字即时通信工具是交互式网络多媒体通信的基础，2000 年以后，以 Skype、Google Talk、腾讯 QQ 为代表的新一代实时通信软件开始提供网络语音和视频服务。目前盛行的网络视频会议系统则为参会各方提供了文字和音视频的即时通信服务，可随时共享屏幕画面，为网络社交媒体或其他行业提供通信服务。

网络电话则与一般意义上的网络视频会议有所不同，如果即时通信的参会方都来自互联网，或者说只涉及电信网络的数据业务，即时通信服务本身是免费的，仅消耗网络流量。但从互联网拨号给电话座机或者手机，涉及电信网络的语音业务，需要通过传统的公共电话交换网（public switch telephone network，PSTN），互联网一端的呼叫方需要付费使用。

2. 交互式网络多媒体服务的应用

（1）远程办公

将台式机、笔记本电脑、平板电脑和其他移动设备接入网络，可以支持会议室、个人桌面、移动办公室等多个地区多种访问方式的灵活应用场景。使用同一套视频会议系统，可在不同国家、不同地区创建会议室，在客户端参加会议，实现跨国、跨地区会议，随时随地参会。

（2）远程教育

通过视频会议系统构建学习平台或与第三方教育平台合作，可提供线上精品课程、网络直播班、企业研讨会等形式。学生通过计算机终端和移动设备远程听课，随时与教师以及其他学生互动交流，还可以进行教学探讨、线上答辩等教学活动。

（3）电商直播

直播带货正受到越来越多主播与观众的喜爱，电商平台可以通过嘉宾连麦、观众连麦等多种互动方式，提高直播间的流量与产品的销售额。

（4）远程医疗

针对偏远山区、基层医院的医疗资源有限等问题，可以搭建高清视频会诊服务系统，实时采集医学影像等资料发送到远端会诊专家的显示屏上，进行远程会诊及指导。

8.3.2 网络视频会议系统

随着网络带宽的不断提高，以及多媒体硬件和软件的不断发展，网络视频会议系统的应用日趋成熟。互联网巨头先后推出了许多流媒体服务的开源框架，以软件开发工具包（software development kit，SDK）的形式，提供给中小型企业进行二次开发，定制功能差异化的服务。基于浏览器的网络会议系统无须安装，方便快捷。专注于网页通信的开源框架推动了网络视频会议系统的快速发展，其中 WebRTC 技术为基于浏览器访问的视频会议系统和远程医疗诊断系统的二次开发提供了有力的技术保障。

1. 网络视频会议系统的组成

网络视频会议系统一般包括会议终端、服务器和传输网络 3 个部分。

（1）会议终端

通常以网页浏览器、计算机软件或移动应用程序的方式给用户提供服务。会议终端一般自带音视频采集功能，也可以外接采集设备。

（2）服务器

为会议各终端提供数据交换、音视频处理和转发、会议控制管理等服务。

（3）传输网络

会议终端通过有线或者无线的方式接入网络，服务器一般通过有线方式接入网络，数据包通过网络在各终端与服务器之间传送。

2. 网络视频会议系统的性能指标

网络视频会议系统能够顺利运行，首先是具备足够的网络带宽，其次是支持稳定的数据传输。影响网络数据传输性能的因素主要包括以下几种。

（1）带宽

不同的网络条件会有不同的带宽。像手机这样的移动终端，在不同的室内外环境、不同的移动速度条件下会有不同的无线信号强度、不同的带宽。参加一个视频会议常常要保证有 1 Mb/s 以上的接入带宽，更高的带宽带来更清晰的画面，而会议的中央服务器需要同时支持成千上万的连接，应对大象流（elephant flow）的流量压力，带宽需求达 10 Gb/s 或者更高。

（2）丢包

数据包无法到达目的地即丢包，出现丢包的原因是多方面的，包括网络中的信号衰减、通道阻塞、损坏的数据包被拒绝通过、有缺陷的网络硬件、网络驱动故障等。

（3）延迟

延迟是网络中的一项重要指标，可以衡量数据从一个端点传送到另一个端点所需的时间，端点的位置、数据包的大小以及流量大小都会对网络延迟造成影响。

（4）抖动

接收端收到数据包序列的时序和发送端不同，比如间隔时长变化、顺序错位等都会引起抖动。

3. 服务质量

质量服务（quality of service，QoS）策略的主要任务就是对抗各种因素对数据传输带来的影响。保证网络服务质量的常用技术如下。

（1）自动重传请求（automatic repeat-request，ARQ）

ARQ 是数据链路层的错误纠正协议之一。WebRTC 用的是协议中的 NACK（negative ACK）机制，即接收端监测到数据包丢失后，发送对该数据包的重传请求，由发送端执行重传。

（2）前向纠错（forward error correction，FEC）

FEC 属于信道编码，是一种增加数据通信可靠度的方法，利用原始数据编码进行冗余信息的传输。当传输中出现丢包时，允许接收端根据冗余信息重建。WebRTC 利用非均等保护前向纠错机制进行数据保护，冗余系数由链路上的丢包率决定。

（3）抖动缓冲（jitter buffer）

通过在接收端维护一个数据缓冲区，可以对抗一定程度的网络抖动、丢包和乱序，需要考虑的是接收延时和卡顿之间的平衡。

（4）拥塞控制（congestion control）

利用拥塞控制算法，通过兼顾丢包和时延的算法来估计网络可用带宽，并以此估算值来调节源端的发送码率，避免网络拥堵。

QoS 改善网络性能的同时也有代价，如前向纠错降低丢包率，但增加带宽开销，拥塞控制保证网络畅通，但降低码率的同时可能会降低语音和画面的质量。

8.4 网络多媒体技术综合应用

网络多媒体技术的应用越来越广泛，视频会议、在线教育和远程医疗给人们的工作、学习和生活带来了极大的便利。

远程医疗是一种正在发展中的医疗技术，是计算机技术、网络通信技术、医疗技术与医疗设备的结合，医师可以与病人远距离互动，达到诊疗的目的，多用于克服距离障碍及改善偏远地区的医疗服务。远程医疗使得偏远地区的病患无须长途跋涉到医院就诊，他们可以就近得到相对较好的医疗服务。随着移动设备和网络技术的快速发展，不同地区的医护人员能够彼此分享资料、讨论病情、监测远端病患、在线开处方，显著降低了患者的就医成本，对于行动不便的病患更有益处。此外，利用远程医疗系统，偏远地区的医护人员也可与大医院专家即时互动，获取便捷的咨询和培训机会。

远程医疗也推动了跨学科会诊。例如，重症医学科或传染病科的医师，可以通过远程医疗系统，向其他科室的医师发起在线会诊、分享影像资料、快速获取专业指导意见。与此同时，其他科室医生无须进入重症监护室或者传染病房，节省了时间成本，避免了潜在的风险。

1. 远程医疗诊断系统的构成

医院常见的会诊场景就是多个医生针对一个病案进行交流讨论和临床诊断，会诊过程往往需要调阅病人的病历资料，分析各种检查结果。远程诊断则把会诊从线下转到线上，会诊医生不必亲临现场，病人的影像资料、现场医生和受邀专家会集在线上诊室中，通过互联网开展会诊工作。远程诊断系统的架构如图 1.8.12 所示，主要包括以下几个部分。

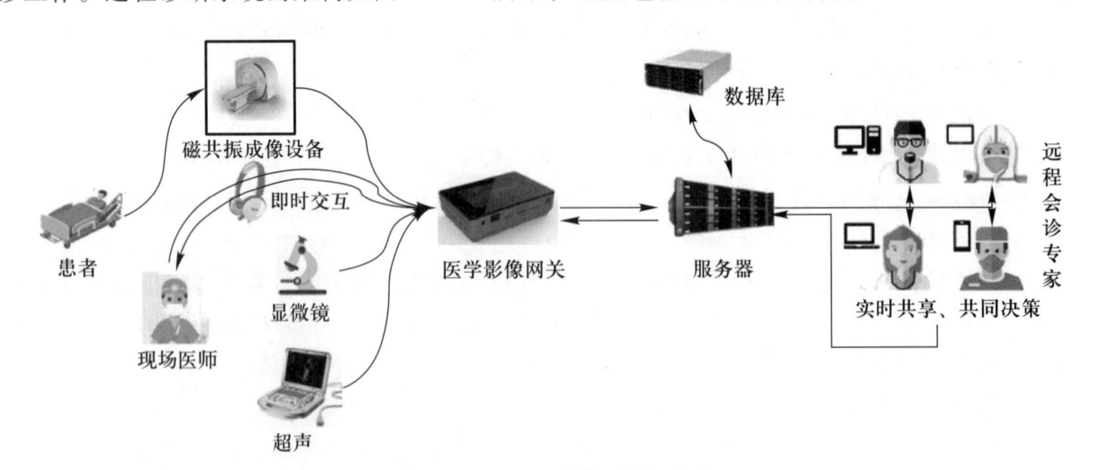

图 1.8.12　远程诊断系统的架构

① 医疗设备：包括 X 光、计算机断层扫描（computed tomography，CT）设备、磁共振成像（magnatic resonance imaging，MRI）设备、超声机、病理显微镜等。远程会诊一般使用其中一种

设备，通过合适的接口与医学影像网关连接。

② 医学影像网关：部署在现场，从医疗设备采集输出信息，再把实时影像从线下转换到线上。线上影像可以通过互联网远程实时访问，也可以存储在云端数据库中。网关同时采集现场画面和语音，创建在线诊室，使得现场和远端可以即时互动。此外，会诊或手术过程的音视频内容能够和医学影像同步录制下来，作为备案资料或者教学课件。

③ 现场医师：操作医疗设备，给患者做相应的检查或手术。通过现场摄像头和耳麦，现场医师可以咨询会诊专家，也能够给远端的实习医生做示范。

④ 远程会诊专家：通过互联网设备(台式机、笔记本电脑、平板电脑和手机)访问在线诊室，观察实时医学影像，调阅存储的影像档案加以比对，与现场医师讨论交流，给予指导和建议。

⑤ 服务器：包括音视频服务器和信令服务器，可以部署在现场或专家端，也可以部署在云端节点。服务器响应终端用户发起的请求，处理和转发数据包，配置和管理在线诊室。

⑥ 数据库：可以与服务器部署在同一台物理主机上，也可以是分布式结构。数据库归档医学影像作为病历资料，保存会诊过程作为教学课件。

2. 超声远程医疗诊断系统

超声是目前应用最广泛的影像学技术，有巨大的临床需求。超声是一种机械波，超声检查无辐射、无创伤、动态实时、适用人群多、学科覆盖广。超声机可移动、便携，成本较低，部署灵活，覆盖基层医院。超声诊断依赖医生的操作手法和切面，以及对动态影像的准确判断，对超声医生的技能水平要求很高。超声影像网关作为创新产品，基于 5G 网络传输、边缘云应用以及核心云存储，实现了超声设备的网络互联。除了实时交互、影像归档这两大基本功能之外，超声影像网关更拓展了类似影像大数据分析、超声 AI(artificial intelligence，人工智能)等服务，重新定义的超声机，将其从纯粹的医疗设备升级为智慧诊断平台，如图 1.8.13 所示。

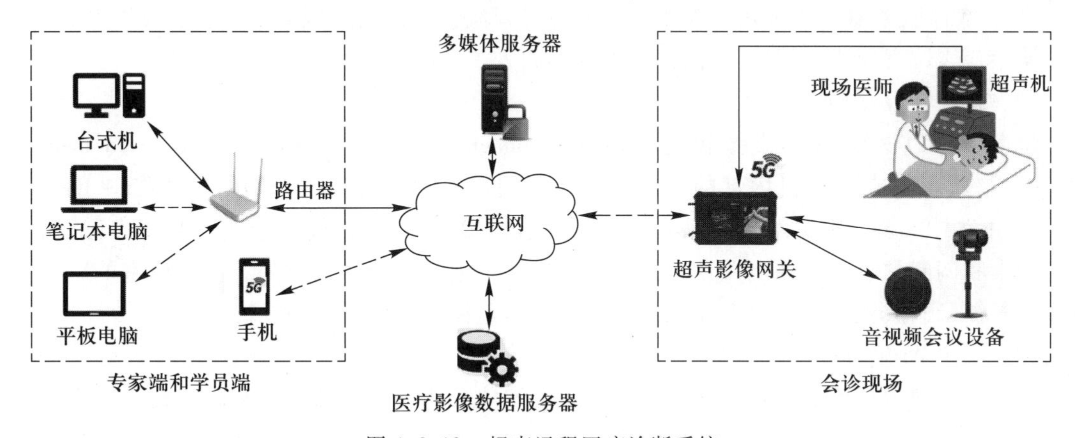

图 1.8.13　超声远程医疗诊断系统

(1) 会诊实时交互

① 会诊现场：超声机输出的动态影像基于高清多媒体接口 HDMI 或 DP 导入超声影像网关。现场的音视频会议设备采集现场语音、医师操作超声探头的手势画面等，基于通用串行总线 USB 接口导入超声影像网关。

通过5G网络的网关对接线下和线上的超声影像流、音视频数据流。在线诊室内的不同窗口分别显示实时动态影像及参会各方的画面，参会各方的语音则通过耳机或者音频设备播放。

对于超声引导下的介入手术，会诊现场就是手术室，如图1.8.14所示。

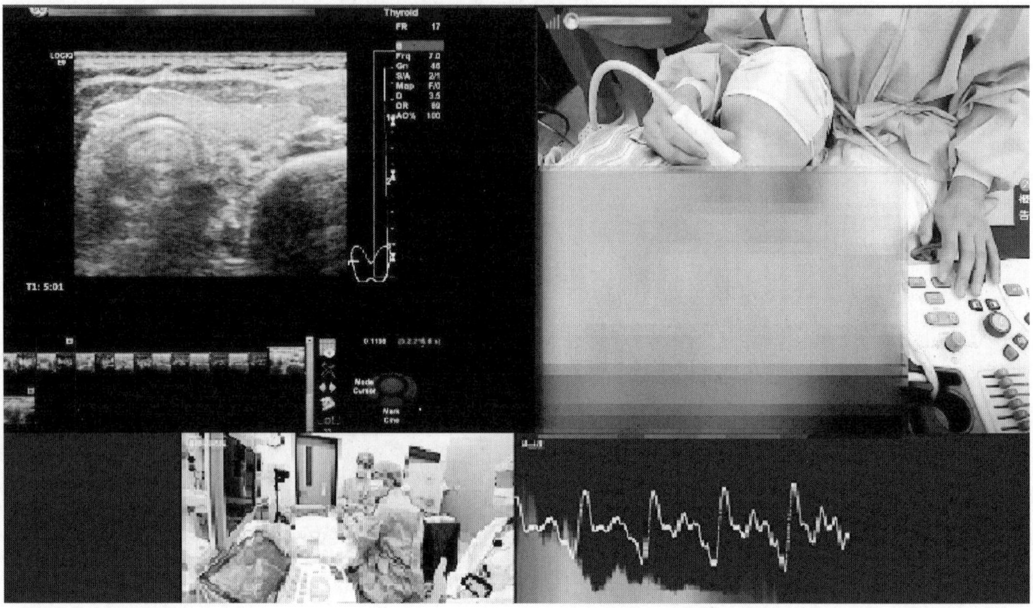

图1.8.14 实时交互——甲状腺介入手术

② 专家端和学员端：通过互联网设备访问在线诊室，实时观察超声影像和现场医师的操作手势，与现场医师即时交流讨论，专家远程指导工作，学员在线观摩学习。

③ 多媒体服务器：提供媒体服务，转发音视频流，提供信令服务，管理在线诊室等。

④ 医疗影像数据服务器：提供扩展服务，如人工智能或者大数据分析等。

(2) 超声影像归档

超声影像以医学数字成像和通信(digital imaging and communication system in medicine, DICOM)格式保存在超声机内部的存储设备上，超声机再通过标准的网络物理接口RJ-45将DICOM文件导入超声影像网关。网关通过服务器把DICOM文件转发给线上数据库归档存储，以供检索和调阅，超声影像网关设备也提供一定的本地存储能力。此外，在线诊室的整个会议过程可以被录制成视频，经过压缩编码后存储在本地网关或者云端数据库中。

(3) 超声AI辅助诊疗

随着深度学习技术的发展，医学影像资料的智能分析与辅助诊断越来越重要，越来越多的医学影像辅助诊疗系统被开发并推广到实际应用中。通常先选择一个合适的神经网络模型，对带有人工标签(专业医生标注)的影像数据进行训练，再将训练完毕的模型部署到云端服务器中，以AI插件的形式嵌入到已有的诊疗系统中。

超声AI在实际应用时，先从对应的在线诊室获取超声动态影像流，再调用训练好的模型分析影像内容，检出疑似病灶，分割病灶轮廓，然后把轮廓坐标和良恶性分类等信息反馈给超声远程会诊系统。在线诊室可以订阅一个新的超声影像窗口，根据收到的坐标信息描记病灶轮廓，如图 1. 8. 15 所示。

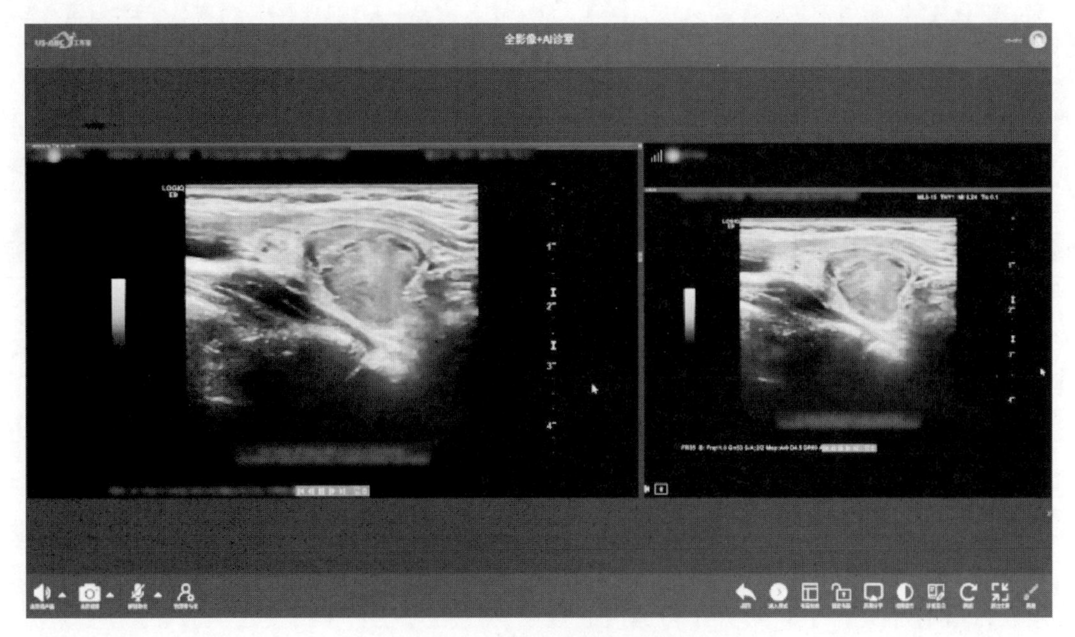

图 1. 8. 15　甲状腺病灶的在线检测

对比图 1. 8. 15 中的两个实时影像窗口，医师能够从标注的影像中获得提示和帮助，同时系统可以选择录制病灶的在线检测过程，便于存档和后期讨论分析。

由于医学设备老旧、功能设计缺陷、存储空间不足等原因，医学影像可能存在分辨率低、噪声过多、纹理丢失等问题，AI 插件对这类影像的在线流或者离线文件，以更高的分辨率重建每一个像素值，修补缺损细节，可以提高诊断的质量。

更多有关深度学习的基础知识以及卷积神经网络模型的训练过程，请参阅第 9 章。

思　考　题

1. 网络多媒体中流式传输的优缺点是什么？
2. 常见的开源的直播服务软件有哪些？支持哪些内容的直播服务？
3. 简述网络视频会议系统的组成部分。

第 9 章 多媒体技术拓展应用

在数字化的互联网时代，多媒体技术与人工智能技术深度融合，拓展了人类的感官与体验，智能音箱、语音导航、图像识别、运动目标跟踪、远程医疗诊断、无人驾驶以及智能机器人等这些耳熟能详的应用都与多媒体技术中的声音、图像和视频等数据处理技术密切相关，本章只探讨图像和视频在深度学习技术中的处理及应用。

自从 AlphaGo 战胜人类职业围棋选手后，深度学习成了机器学习领域最受青睐的技术之一。对大多数初学者来说，深度学习技术有点高深莫测，往往不知道该如何入手，本章将以综合应用案例——“剪刀石头布”互动小游戏为例，帮助大家了解深度学习的基本知识，掌握视频的获取与显示、图像数据处理、数据集制作、神经网络建模、图像识别及游戏动画制作等技术的综合应用。

电子教案 9.1 深度学习概述

深度学习就是通过各种算法提取样本数据中隐藏的内在规律，最终目标是让机器能够像人一样具有分析数据的能力，能够识别出文字、声音、图像和视频中的信息，获取感兴趣的内容。

9.1.1 神经网络的发展

人脑是由大约 1 000 亿个生物神经元构成的复杂系统，生物神经元的基本结构如图 1.9.1 所示，主要包含细胞体、细胞核、轴突、树突和突触等。树突接受其他神经元轴突传来的冲动并传给细胞体；轴突是一条长长的纤维，它把细胞体的输出信息传导到其他神经元；突触则是神经元之间在功能上发生联系的一个连接结构，每个神经元拥有约 1 万个连接，当神经元“兴奋”时就会向相连的神经元传递冲动，从而改变这些神经元内的电位。如果某个神经元的电位超过一个“阈值”，这个神经元就会被激活，进入“兴奋”状态并继续向其他神经元传递冲动。

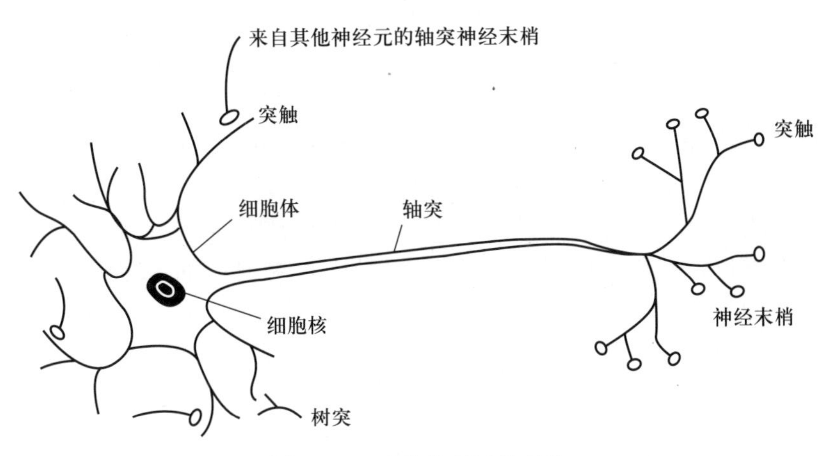

图 1.9.1　生物神经元的结构

人工神经网络是以生物神经网络为基础的，1943 年，美国心理学家麦卡洛克和数学家皮茨，最先在论文《神经活动中所蕴含思想的逻辑活动》中提出了第一个神经元数学模型，即 M-P 模型，将接收到的一个输入中多个分量加权求和后通过硬限幅函数输出。

第一代神经网络又称为感知机，在 1950 年左右被提出来，算法分为输入层和输出层，输入和输出之间为线性关系，感知机无法处理非线性模型，即不能解决线性不可分的问题。

第二代神经网络为多层感知机(multilayer perceptron，MLP)，又称人工神经网络(artificial neural network，ANN)，和第一代相比，在中间加了多个隐含层，隐含层可以引入非线性结构，能够解决第一代神经网络面临的线性不可分问题，从而能够处理非线性问题。

第三代神经网络即深度神经网络，虽然 MLP 能够解决线性不可分问题，但是隐含层的引入使得 MLP 变得复杂，由于梯度消失的问题，MLP 模型难以训练。直到 2006 年，无监督预训练(pre-training)的方法解决了梯度消失的问题，使得深度神经网络变得可训练，自此逐步开启了第三代神经网络。第三代神经网络主要包括深度神经网络(deep neural network，DNN)、循环神经网络(recurrent neural network，RNN)、卷积神经网络(convolutional neural network，CNN)等。

9.1.2　感知机

要掌握深度学习方法及其应用，须从感知机开始，逐步了解神经网络模型中的概念和方法。

1. 感知机(perceptron)模型

感知机是一个简单的二分类线性分类模型，可以接收多个输入信号并输出一个结果信号，图 1.9.2(a)所示为只有两个输入信号的简单感知机模型。

说明如下。

① 输入信号为 $x1$、$x2$，输出信号为 y，输入信号的权重分别为 $\omega1$ 和 $\omega2$，用于控制输入信号的重要性。

② 输出信号

$$y=\omega 1x1+\omega 2x2$$

$$y=\begin{cases}0, & \omega 1x1+\omega 2x2\leqslant\theta \\ 1, & \omega 1x1+\omega 2x2>\theta\end{cases} \tag{1.9.1}$$

③ y 的值通过阈值 θ 来控制，θ 用于控制神经元输出的难易程度，当 y 输出为 1 时，称为神经元被激活。

如果将感知机中的阈值参数 θ 改用 $-b$，将式(1.9.1)改写成式(1.9.2)，那么权重 $\omega1$ 和 $\omega2$ 用于控制输入信号的重要程度，而偏置 b 用于控制神经元被激活的难易程度，如图 1.9.2(b)所示：

$$y=\begin{cases}0, & \omega 1x1+\omega 2x2+b\leqslant 0 \\ 1, & \omega 1x1+\omega 2x2+b>0\end{cases} \tag{1.9.2}$$

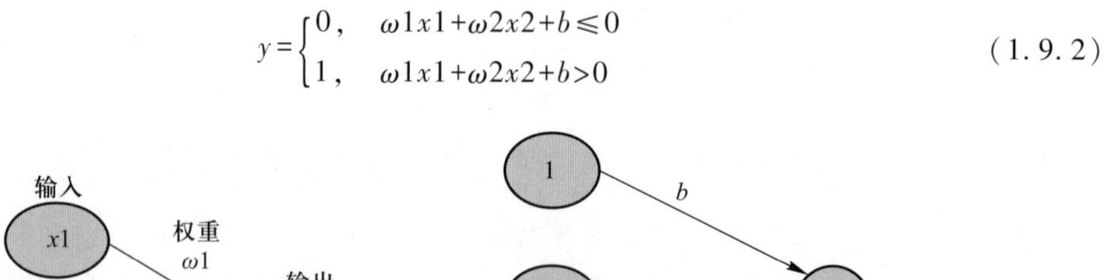

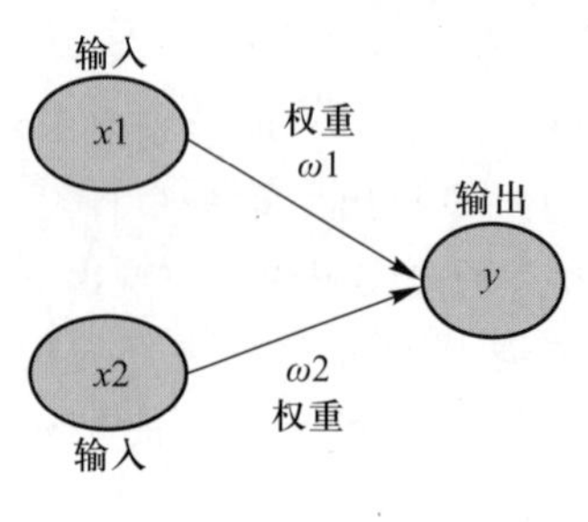

(a) 简单的感知机

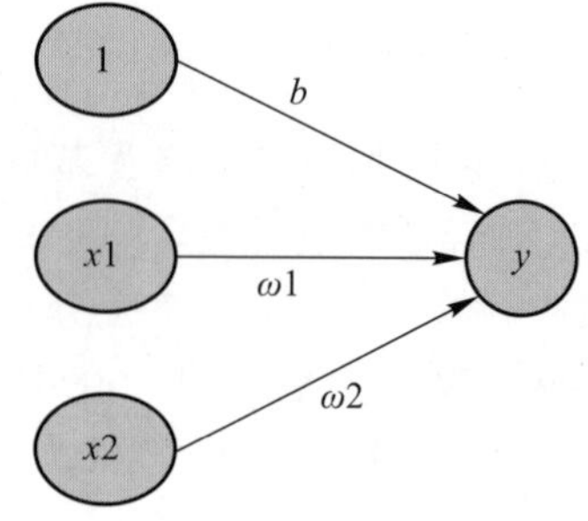

(b) 引入偏置b的感知机

图 1.9.2 感知机

2. 感知机的特点

只有 1 层输入信号的感知机称为单层感知机，适合用于线性分类。

当 $b=-0.5$，$\omega1=\omega2=1.0$ 时，感知机可表示为由直线 $-0.5+x1+x2=0$ 分割成的两个空间，图 1.9.3(a)所示的灰色区域对应感知机输出为 0 的空间，白色区域对应感知机输出为 1 的空间，即线性可分。但是对于图 1.9.3(b)所示的圆圈和三角标志却无法画一条直线来分隔，只能绘制一条曲线来进行分隔，用单层感知机无法实现这样的非线性可分空间。

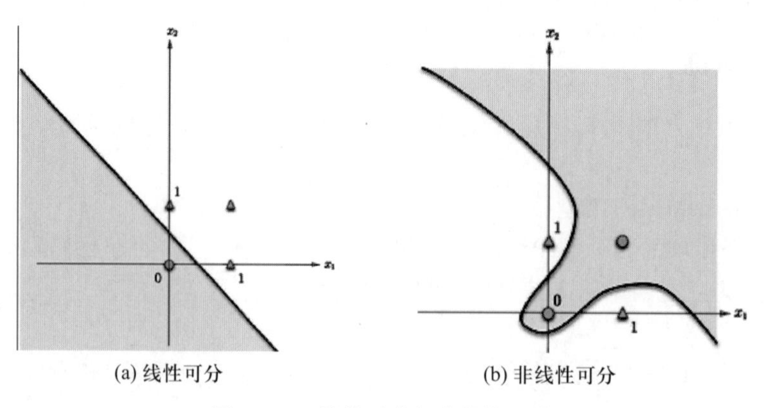

(a) 线性可分　　(b) 非线性可分

图 1.9.3 线性可分与非线性可分

9.1.3　神经网络

掌握了感知机的基本原理以后，下面进一步介绍神经网络的基本原理及其方法。

1. 神经网络

单层感知机的局限性就在于只能进行线性分类。若把多个单层感知机进行组合，形成一个多层感知机，就可以实现更复杂的功能，这样的多层感知机就是一个神经网络，如图 1.9.4 所示，神经网络具有以下几个特点。

① 神经网络包括输入层、中间层和输出层，中间层又称为隐含层。

② 该网络由 3 层神经元构成，但只有 2 层神经元有权重，一般称之为 2 层网络。

③ 信号从输入到输出都是单向的，整个网络中无反馈，这样的网络又称为前馈神经网络。

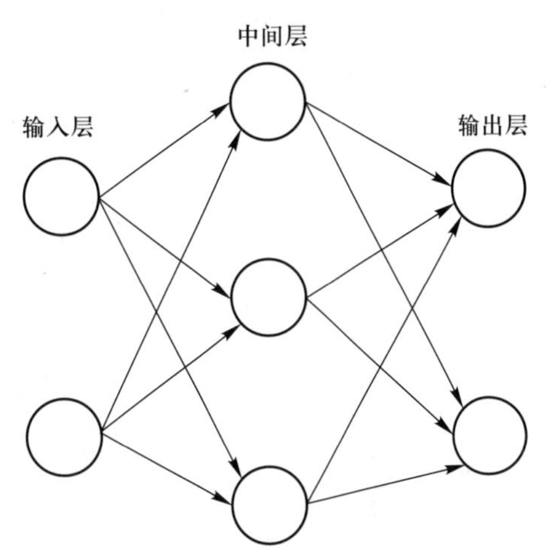

图 1.9.4　神经网络

2. 激活函数

首先引入新函数 $h(x)$，将式(1.9.2)改写为 $y=h(b+\omega 1x1+\omega 2x2)$，即将输入信号的总和转换为输出信号，设 $x=b+\omega 1x1+\omega 2x2$，则 $y=h(x)$，函数 $h(x)$ 可表示为

$$h(x)=\begin{cases}0, & x\leqslant 0\\ 1, & x>0\end{cases} \tag{1.9.3}$$

这里的函数 $h(x)$ 称为激活函数，即决定如何来激活输入信号的总和。

激活函数实质是一种非线性的数学变换，用于对上一层神经元的输出结果进行某种数学变换，将变换后的结果作为下一层神经元的输入。如果使用线性激活函数，不论神经网络有几层，最终的输出还是一个线性变换的结果，无法发挥多层网络叠加带来的优势，所以神经网络的激活函数都使用非线性的激活函数。

下面介绍最常用的几个非线性的激活函数。

① 线性整流函数(rectified linear unit，ReLU)。以阈值为界，一旦输入超过某个阈值，就切换输出，这就是感知机中的激活函数，又称为阶跃函数。该函数的数学表示如式(1.9.4)所示：

$$f(x)=\max(0, x)=\begin{cases}0, & x\leqslant 0\\ x, & x>0\end{cases} \tag{1.9.4}$$

② Sigmoid 函数。当输入信号 x 较小时，输出接近 0。随着输入信号 x 的增大，输出向 1 靠近，由于输出值限定在 0~1，因此它对每个神经元的输出进行了归一化处理。当 x 的变化范围增大(远大于 10)时，Sigmoid 函数的效果与感知机的阶跃函数效果类似，一般用于将预测概率作为输出的模型，主要用于输出为二分类的神经网络模型。该函数的数学表示如式(1.9.5)所示：

$$\varphi(x)=\frac{1}{1+\mathrm{e}^{-x}} \tag{1.9.5}$$

③ 双曲正切函数(hyperbolic tangent function，tanh)。输出以 0 为中心，输出范围是 -1 ~ +1。与 Sigmoid 函数相比，tanh 函数的梯度下降作用更强，在一般的二元分类问题中，tanh 函数用于隐含层，而 Sigmoid 函数则用于输出层。该函数的数学公式表示如式(1.9.6)所示：

$$y=\tanh(x)=\frac{\sinh(x)}{\cosh(x)}=\frac{e^{x}-e^{-x}}{e^{x}+e^{-x}} \tag{1.9.6}$$

以上 3 个激活函数的曲线图如图 1.9.5 所示。

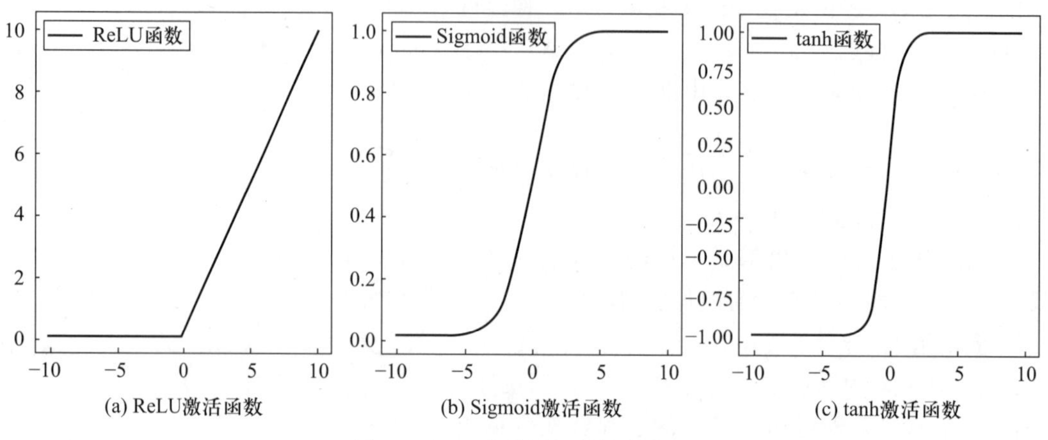

图 1.9.5　3 个激活函数的曲线图

④ Softmax 函数：对于神经网络具有 K 个信号的输出向量，Softmax 函数可以将其变换到 K 个数值位于(0，1)区间的实数，刚好可以对应每个输出结果出现的概率，并且各项输出的总和为 1，Softmax函数的作用如图 1.9.6 所示，输出值中概率值最大的即为对应的结果，一般用于多分类问题。

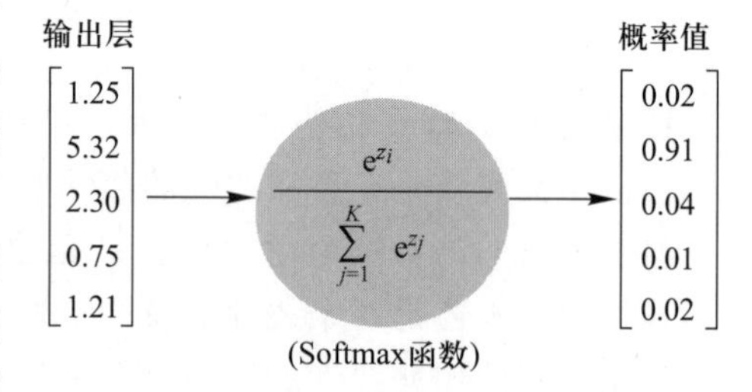

图 1.9.6　Softmax 函数的作用

回归问题是根据输入值预测一个连续的数值问题，而分类问题就是判别数据属于哪一个类别的问题。神经网络的输出层该选择哪种激活函数呢？回归问题一般选用恒等函数，二分类问题用 Sigmoid 函数，而多分类问题则用 Softmax 函数。

3. 损失函数

构建神经网络的目的就是要从数据中进行学习，学习是指从训练数据中自动获取最优权重参数的过程。感知机可以通过人工设定权重参数的值来实现，但是神经网络的参数数量成千上万，在深度卷积神经网络中，参数的数量甚至会上亿，由人工决定这些参数的最优值是不可行的，所以需要在学习的过程中通过反向传播的方式不断地调整网络中的权重参数，使模型中的权重参数尽可能达到最优。

损失函数是用来评价模型的预测值和真实值不一样的程度，用于衡量神经网络性能的一个指标，模型训练过程中损失函数的值越来越小，说明模型的性能越来越好。

常见的损失函数如下。

① 均方误差(mean squared error，MSE)：函数形式为

$$E = \frac{1}{k}\sum_{k}(y_k - t_k)^2 \tag{1.9.7}$$

② 交叉熵误差(cross entropy error)：交叉熵就是用来判定实际的输出与期望输出的接近程度。函数形式为

$$E = -\sum_{k} t_k \log_2 y_k \tag{1.9.8}$$

其中：y_k 表示神经网络的输出；t_k 表示监督数据，t_k 中只有正确解的索引为1，其他均为0(采用 one-hot 表示)；k 表示数据的维数。

交叉熵误差的值是由正确解标签的输出求其自然对数，其中 y_k 的值越接近1，误差越接近0；y_k 越小，误差越大。

4. 优化器

优化器就是在深度学习的反向传播过程中，通过损失函数来调整各个权重参数往正确的方向更新，更新后的各个权重参数使损失函数的值不断逼近全局最小。为了理解神经网络的反向传播过程中权重参数的调优过程，先回顾几个数学中的概念。

① 导数：表示参数在某个瞬间的变化量，即 x 的微小变化将导致函数 $f(x)$ 的值在多大程度上发生变化。

② 偏导数：当函数有多个自变量时，对其中某个变量 x 求导数，其他自变量保持不变，称之为求 x 的偏导数。偏导数和单变量的导数一样，都是求某个地方的斜率，只是偏导数需要将多个变量中的某一个变量定为目标变量，并将其他变量固定为某个值。

③ 梯度：梯度是由全部变量的偏导数汇总而成的向量。在神经网络的学习中，寻找最优的权重和偏置参数时，就是要找到使损失函数的值尽可能小的权重参数，于是需要计算权重参数的导数，即梯度，通过梯度的变化指引改变权重参数，使损失值变化最快，这个过程称为梯度下降。

神经网络中常用的优化器方法如下。

① 批量梯度下降(batch gradient descent，BGD)：每次迭代使用所有的样本计算梯度并更新权重参数，计算工作量大，训练速度慢，但是由全部数据集确定的梯度方向能够更准确地逼近最优解。

② 随机梯度下降(stochastic gradient descent，SGD)：每轮迭代都是针对一个样本而不是全部样本，这样每一轮权重参数的更新速度大大加快，但是得到的有可能只是局部最优解而不是全局最优解。

③ 小批量梯度下降(mini-batch gradient descent，MBGD)：每轮迭代都是针对一个 mini-batch 小样本集合，既可以加快训练速度，又可以避免只能得到局部最优解。实际训练时，根据训练的样本数设置一个合适的 batch_size(每批次训练样本的数目)的值也很重要，如手写数字的识别可以设置 batch_size = 32。

④ 自适应梯度下降(adaptive gradient descent，AdaGrad)：对不同的权重参数调整不同的学习率 α，对频繁变化的权重参数以更小的步长进行更新，而稀疏的权重参数以更大的步长进行更新，一般默认学习率 $\alpha = 0.01$。

⑤ 均方根传递(root mean square propagation，RMSProp)：采用指数加权移动平均(累计局

部梯度和)来替代 AdaGrad 中的累计平方梯度和，能够在不稳定的目标函数情况下很好地收敛，可克服 AdaGrad 梯度急剧减小的问题，在很多实际应用中都发挥了学习率自适应的能力。

5. 模型的评价

评价一个训练好的神经网络模型最主要的性能指标是准确率，用测试集数据来测试模型的准确率大小。对于机器学习中的数据分类来说，可以用混淆矩阵(confusion matrix)来表示预测值与真实值的匹配个数，每一行代表数据的真实归属类别，每一列代表预测的结果类别，单元格中的数值表示预测为对应类别的数目，表 1.9.1 中总的样本数为 $a+b+c+d$，其中预测为正类(真实值也为正类)的样本数有 a 个，预测为负类(真实值为正类)的样本数有 b 个，预测为正类(真实值为负类)的样本数有 c 个，预测为负类(真实值也为负类)的样本数有 d 个。

表 1.9.1 混淆矩阵

预测值 / 真实值	正类	负类
正类	a	b
负类	c	d

根据混淆矩阵可以计算得到以下几个评价指标。

(1) 准确率(accuracy)：$(a+d)/(a+b+c+d)$，所有样本中被正确预测的比例。

(2) 精确率(precision)：$a/(a+c)$，所有被预测为正类的样本中，预测正确的比例。

(3) 召回率(recall)：$a/(a+b)$，所有真实类别为正类的样本中，被正确预测出来的比例。

(4) F1 得分：$2a/(2a+b+c)$，是准确率和召回率的一种调和均值。

其他用来评价模型性能的指标还有泛化能力，是指机器学习算法处理训练集之外未知样本的适应能力，即把未知样本作为测试集，检测已训练好的模型在测试集上的适应能力。

如果模型在训练集与测试集上的表现都好，这就是所谓的拟合(fit)，而欠拟合就是模型在训练集与测试集上的表现都不好，过拟合则是模型在训练数据集上表现很好，但在未知数据集上却表现欠佳。

如果模型出现欠拟合或过拟合，建议增加训练样本数，调整超参数，包括 Epcho、batc_size、学习率等，对训练集与测试集数据做归一化预处理等。

9.1.4 卷积神经网络

1. 卷积神经网络的发展

卷积神经网络是一类包含卷积计算且具有深度(多层)结构的神经网络，是深度学习的代表性算法之一。

第一个卷积神经网络是 1987 年提出的时间延迟神经网络(time delay neural network，TDNN)，输入经过快速傅立叶变换预处理后的语音信号，网络中的隐含层由两个一维卷积核组成，提取频率域上的平移不变特征，主要用于语音识别。

1998 年，一个比较完备的卷积神经网络 LeNet-5 被构建，其加入了池化层对输入特征进行筛选，实现了手写数字的图像识别。LeNet-5 确定了现代卷积神经网络的基本结构，交替使用卷积层—池化层可以提取输入图像的平移不变特征。

ImageNet 是一个用于视觉对象识别的大型可视化数据库，包含2万多个类别的对象及其标注信息，自2010年以来，ImageNet 项目每年举办一次大规模视觉识别挑战赛(ImageNet Large Scale Visual Recognition Challenge，ILSVRC)。2012年，AlexNet 模型获得挑战赛的冠军，该模型使用了 ReLU，而 Sigmoid 函数在网络层次较深时容易出现梯度不收敛的问题；模型在最后几个全连接层使用了 Dropout 方法，随机忽略一部分神经元，以避免模型过拟合；改用最大池化层，避免过去的平均池化带来的模糊效应；使用 CUDA(compute unified device architecture，由英伟达公司推出的通用并行计算架构，使 GPU 能够解决复杂的并行计算)对深度卷积网络的运算进行加速；采用数据增强技术，降低模型的过拟合，提升了模型的泛化能力。

2. 卷积神经网络的结构

卷积神经网络同样包括输入层、隐含层和输出层，其中隐含层中包括卷积层、池化层和全连接层等。

(1) 输入层

卷积神经网络的输入层可以处理多维数据，如四维数组［0，0，0，0］可理解为第1张图片的第0行第0列的第0个通道的像素值，通常在数据输入卷积神经网络前，需对数据进行归一化处理，若输入数据为像素，原始像素值［0，255］会被归一化处理为［0，1］的实数，有利于提升卷积神经网络的学习效率和性能。

(2) 隐含层

隐含层又称隐藏层，一般包含卷积层、池化层和全连接层3类常见层级，在一些深度神经网络算法中还包含 Inception 模块、残差块(residual block)等复杂模块，主要用于加深网络的层数，对神经网络的深度和宽度进行高效扩充，在提升深度学习网络准确率的同时还可以防止过拟合现象的发生。

① 卷积层：用于对输入数据进行特征提取，核心思想是通过卷积核有规律地在感受野内对输入特征做矩阵元素的乘法运算并求和，再叠加一个偏差量。

卷积层的参数包括卷积核大小(kernel size)、步长(stride)和填充(padding)方法，其中卷积核大小可以指定为小于输入图像尺寸的任意值，卷积核越大，可提取的输入特征越复杂；步长即卷积核在相邻两次扫过特征图时移动的距离，步长为1则表示卷积核会逐个扫过特征图的每个元素，步长为 n 则在下一次扫描时跳过 $n-1$ 个像素；填充方法就是人为填充边界值，如填充0或重复边界值填充，可以避免卷积计算导致的输入特征值变小。

假设输入图像的大小为(7，7)，卷积核的大小为(3，3)，移动的步长为2，填充设为1，那么一次卷积计算后输出图像的大小是(4，4)，如图1.9.7所示。

② 池化层：每个卷积层输出的特征图会被传递至池化层进行特征选择和信息过滤，仿照人的视觉系统进行降维(又称降采样)，可以提取出图像更高层的抽象特征。

③ 全连接层：卷积神经网络隐含层的最后部分，特征图在全连接层中会失去空间拓扑结构，被展平为一个向量，对提取的特征进行非线性组合得到最后的输出结果。

(3) 输出层

卷积神经网络中输出层的上一层通常是全连接层，与传统前馈神经网络中的输出层相同。对于图像分类问题，输出层使用逻辑函数或 Softmax 函数输出分类标签；对于物体识别问题，

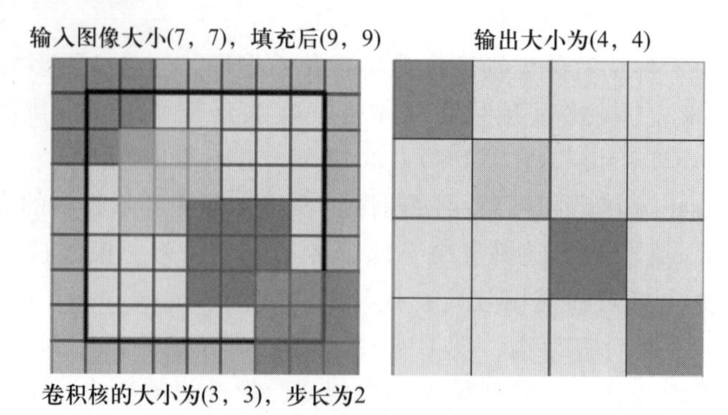

图 1.9.7 图解卷积计算过程

输出层将输出物体的中心坐标、大小(尺寸)和分类信息等。

3. 卷积神经网络的应用

卷积神经网络已经广泛应用于大家熟知的语音识别、字符检测和字符识别、图像识别及目标跟踪等，还可以用于机器人控制、自动驾驶、目标识别与跟踪定位、遥感科学、大气科学等领域。

下面介绍一个大家耳熟能详的小游戏——剪刀石头布，其中图像识别方法用的就是卷积神经网络模型。

9.2 拓展应用案例——剪刀石头布

在第 5 章的 Animate 综合应用中，已经利用 ASP 3.0 脚本实现了人和机器玩剪刀石头布的动画效果，本章将改用 Python 语言来实现该交互动画效果，利用摄像头实时采集人的手势，然后与机器进行比赛，分别采用基于卷积神经网络模型和 Yolo v4 模型对人的手势进行识别，下面将详细介绍视频的采集，数据集的建立，神经网络模型的搭建，训练好的模型用于游戏的对决比赛中。

9.2.1 基于按钮交互的动画实现

1. 设计思路

下面先将第 5 章 Animate 中采用 ASP 3.0 脚本编写的比赛动画改用 Python 语言来实现，游戏界面如图 1.9.8 所示，设计思路如下。

① 准备好代表剪刀石头布的图片。

② 机器出的图片用一个标签显示，由系统时钟控制其随机出现。

③ 人出的动作可通过单击图片按钮实现。

④ 当人单击某个图片按钮时，系统时钟暂停，机器标签显示的图片即为机器出的结果。

⑤ 根据游戏规则判别输赢，并对赢的次数进行累计。

⑥ 游戏采用 5 局 3 胜制，当某一方获胜时，弹出对话框，显示最后的结果。

⑦ 单击“下一局”按钮，开始新一轮的比赛。

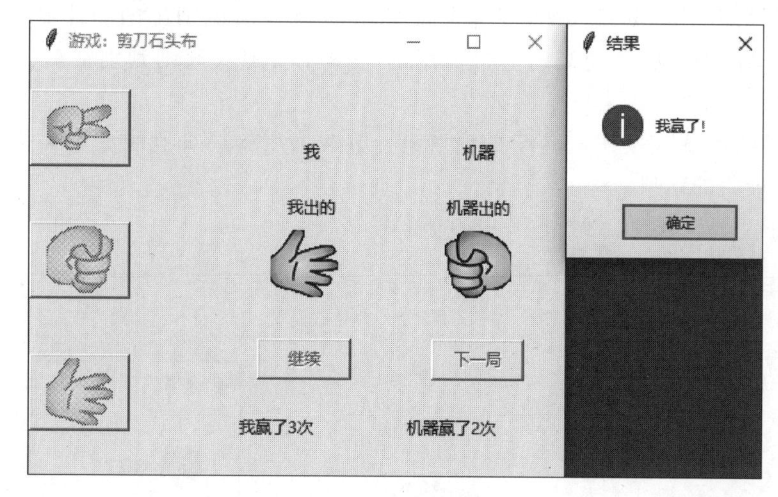

图 1.9.8　游戏界面

2. 游戏实现过程

① 准备工作，先导入必要的 Python 库，利用 tkinter 设计游戏的图形操作界面，对程序中的全局变量进行初始化赋值。

② 创建两个标签，动态显示机器和我出的图片。

③ 加载用于显示的图片对象，分别控制机器和我出的图片。

④ 创建 3 个按钮，单击按钮表示我出的手势。

⑤ 创建两个标签，用于显示当前比赛对决的结果。

⑥ 创建“继续”和“下一局”按钮，控制继续比赛和开始新一局的比赛。

⑦ 在图片上方创建两个提示性的文字标签。

⑧ 设置定时器和定时处理的功能代码。

⑨ 单击我出的图片按钮，处理单击事件的功能代码。

⑩ 判别输赢的函数功能代码，同时控制各个按钮的状态显示及最终比赛结果的判别。

⑪ 设计“继续”按钮的处理函数。

⑫ 设计“下一局”按钮的处理函数。

游戏实现代码

9.2.2　基于图像识别的动画实现

采用单击按钮的方式来与机器比赛，每次都需要单击按钮选择人出的手势，不是很方便。能否借助计算机摄像头识别手的动作，让机器自动识别出人出的手势并与机器比赛呢？随着深度学习技术的不断进步，图像识别的准确率越来越高，所以尝试使用各种算法来训练自己的神经网络模型，并对前面的游戏进行改造，下面介绍采用卷积神经网络模型的实现。

1. 图像识别的设计思路

① 人和机器随机出的剪刀石头布图片动画显示在界面上方，运行界面如图 1.9.9 所示。

② 左下角显示当前摄像头采集的图像画面。

③ 单击“开始识别”按钮，视频采集画面静止，将当前识别出的图片显示在“我出的”图片位置，同时动画停止，并与当前“机器出的”图片按游戏规则判别输赢，动画图片下方显示当前输赢的次数。

④ 单击“继续出拳”按钮，继续视频采集，游戏采用 5 局 3 胜制。当某一方获胜时，弹出对话框，显示最后的结果。

⑤ 单击“下一局”按钮，继续下一轮的游戏。

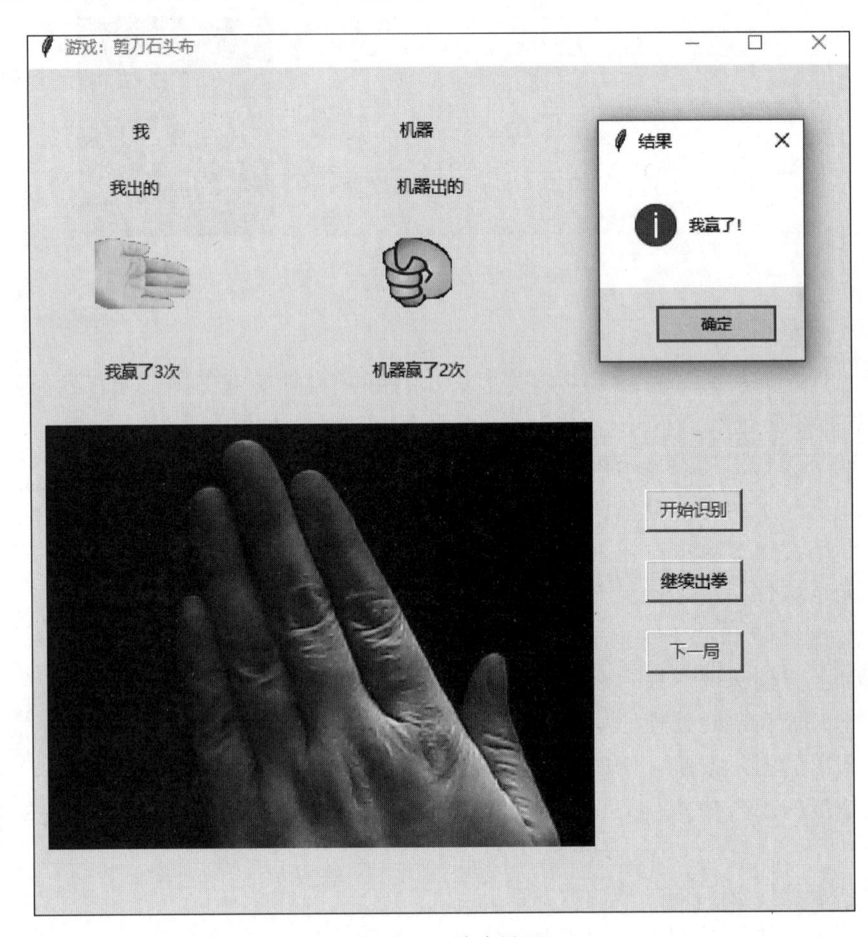

图 1.9.9　游戏界面

2. 系统实现过程

(1) 视频采集，保存图像文件

首先采集剪刀石头布的手势图像，并按规律保存为图像文件，本例采集了 30 000 张训练和测试用的原始 JPG 格式的图像，大小为 640 像素×480 像素，通过外接 USB 摄像头，背景为黑色的计算机屏幕背景，3 种手势图片分 3 次采集，分别保存在当前目录下，下面的参考代码保存的是剪刀图像，采集石头和布时只需要修改代码中的图像文件名即可。

注意：不同的计算机摄像头的编号不一定相同，ThinkPad 中 0~2 为内置摄像头，3 为外接

USB 摄像头；Microsoft Surface 中 0 为前置摄像头，1 为后置摄像头，2 为外接 USB 摄像头。

采集剪刀图像的参考代码

（2）制作卷积神经网络模型训练用的数据集

分别读取 3 种图像文件，按照训练模型中的格式要求进行处理，同时对其进行标注，对应剪刀石头布的序号，分别用 0、1、2 表示。

（3）训练卷积神经网络模型的过程

① 读取数据集，并转换数据维度，满足卷积神经网络模型的输入要求。

制作数据集的参考代码

② 对图像数据进行预处理，即把每个像素点的值归一化为［0，1］的实数。

③ 搭建神经网络模型，模型由输入层、隐含层(包括 4 个卷积层、3 个池化层)和输出层组成。

训练卷积神经网络模型参考代码

函数 models. Sequential( )表示模型是各个层次的线性堆叠；函数 layers. Conv2D(32，(3，3)，activation='relu'，input_shape=(48，64，1))用于添加神经网络模型的卷积层，其中参数 32 表示过滤器的个数(filter)，即该层神经元的输出通道数；(3，3)表示卷积核的大小，用于点积运算；activation 激活函数设为 reLU，用于将所有输入值变为非负数；input_shape=(48，64，1)表示输入图像的高度为 48 像素，宽度为 64 像素，通道数为 1。

函数 MaxPooling2D((2，2))用于添加池化层，参数(2，2)表示在垂直方向和水平方向下采样的尺寸，即相邻的 4 个像素点保留最大值，经过一次池化处理后图像的尺寸会减半。

下一个卷积层可省略输入图像的尺寸，系统默认用上一层的输出作为下一层的输入。

输出层的设计，函数 layers. Flatten( )用于把前面输出的多维数据展平成一个向量；函数 layers. Dense(512，activation='relu')用于添加一个全连接层；函数 layers. Dense(3，activation='softmax')用于添加全连接层，最后输出 3 个类别。

运行 sjbModel. summary( )则可以查看该卷积神经网络模型各卷积层、池化层和全连接层的参数信息，如图 1. 9. 10 所示。

④ 指定模型的优化器、损失函数和评价方法

```
sjbModel.compile(optimizer=optimizers.RMSprop(lr=0.001), \
                 loss='categorical_crossentropy', metrics=['accuracy'])
```

其中，参数 optimizer 用于指定模型的优化器；RMSprop 是一种梯度下降方法；lr 为学习率(learning rate)，是一个超参数，一般设为 0.01~0.001；参数 loss 指定损失函数，本例采用的是 categorical_crossentropy(多分类交叉熵损失)；参数 metrics 用于指定模型的评价指标，本例采用的是 accuracy(准确率)。

⑤ 处理训练标签和测试标签。将训练标签和测试标签转换为 one-hot 向量表示，如 train_labels［0］的值转换前标注为 2，表示“布”，转换后表示为［0.，0.，1.］，即每个标注用一个列表来表示，在对应类别位置标记为 1，其他的值标记为 0，如图 1. 9. 11 所示。

⑥ 从训练集中分出 18 000 张作为训练图像，3 000 张作为验证集图像(验证集的作用是在每回合训练之后用来验证训练效果，如训练集 loss 下降但验证集 loss 降不下来，往往意味着过拟合，那么验证集就可用来动态调整超参数)，训练标签和验证标签同步处理。

```
In [9]: sjbModel.summary()

Model: "sequential"
_________________________________________________________________
Layer (type)                 Output Shape              Param #
=================================================================
conv2d (Conv2D)              (None, 46, 62, 32)        320
_________________________________________________________________
max_pooling2d (MaxPooling2D) (None, 23, 31, 32)        0
_________________________________________________________________
conv2d_1 (Conv2D)            (None, 21, 29, 64)        18496
_________________________________________________________________
max_pooling2d_1 (MaxPooling2 (None, 10, 14, 64)        0
_________________________________________________________________
conv2d_2 (Conv2D)            (None, 8, 12, 64)         36928
_________________________________________________________________
max_pooling2d_2 (MaxPooling2 (None, 4, 6, 64)          0
_________________________________________________________________
conv2d_3 (Conv2D)            (None, 2, 4, 64)          36928
_________________________________________________________________
flatten (Flatten)            (None, 512)               0
_________________________________________________________________
dense (Dense)                (None, 512)               262656
_________________________________________________________________
dense_1 (Dense)              (None, 3)                 1539
=================================================================
Total params: 356,867
Trainable params: 356,867
Non-trainable params: 0
```

图 1.9.10　卷积神经网络模型的参数

```
In [4]: train_labels

Out[4]: array([2, 0, 0, ..., 1, 1, 2], dtype=uint8)
```

(a) 转换前

```
In [34]: train_labels

Out[34]: array([[0., 0., 1.],
                [1., 0., 0.],
                [1., 0., 0.],
                ...,
                [0., 1., 0.],
                [0., 1., 0.],
                [0., 0., 1.]], dtype=float32)
```

(b) 转换后

图 1.9.11　训练图像转换前后的标注信息

⑦ 训练模型

```
history = sjbModel.fit(train_images1, train_labels1, epochs = 50,
            batch_size = 64, validation_data = (partial_train_images, partial_train_labels))
```

本例训练 50 个 epochs(回合)，每个回合分多批处理，每批次处理的图像数为 64，batch_size 值可以调整，该数字越小，处理会越慢。history 可以保存训练过程中的数据，包括损失值和准确率，加上在验证集中的损失与准确率，训练过程如图 1.9.12 所示。

⑧ 保存训练好的模型文件。

⑨ 查看测试集上该模型的表现，如图 1.9.13 所示。

⑩ 将模型训练过程中损失值与准确率的变化过程以可视化的方式显示出来，便于分析该卷积神经网络模型的拟合情况，如图 1.9.14 所示。通过可视化图示对比分析 lr 的取值可以发现，lr = 0.01 不是很合适，说明梯度下降过程中收敛过快，准确率波动过大。本例中 lr = 0.001 是一个比较合适的学习率。

```
In [*]: history=sjbModel.fit(train_images1, train_labels1, epochs=50, batch_size=64,validation_data=(partial_train_images,partial_train_labels))

Epoch 1/50
282/282 [==============================] - 7s 25ms/step - loss: 0.4443 - accuracy: 0.8041 - val_loss: 0.2470 - val_accuracy: 0.8893
Epoch 2/50
282/282 [==============================] - 7s 24ms/step - loss: 0.1210 - accuracy: 0.9563 - val_loss: 0.1110 - val_accuracy: 0.95871254 - -
ETA: 0s - loss: 0.1247 - ac
Epoch 3/50
282/282 [==============================] - 7s 25ms/step - loss: 0.0513 - accuracy: 0.9827 - val_loss: 0.1765 - val_accuracy: 0.9423
Epoch 4/50
282/282 [==============================] - 7s 24ms/step - loss: 0.0327 - accuracy: 0.9902 - val_loss: 0.0205 - val_accuracy: 0.9947
Epoch 5/50
282/282 [==============================] - 7s 24ms/step - loss: 0.0268 - accuracy: 0.9922 - val_loss: 0.0124 - val_accuracy: 0.9980
Epoch 6/50
282/282 [==============================] - 7s 24ms/step - loss: 0.0190 - accuracy: 0.9949 - val_loss: 0.0076 - val_accuracy: 0.9980
Epoch 7/50
157/282 [===============>..............] - ETA: 2s - loss: 0.0259 - accuracy: 0.9934

Epoch 45/50
282/282 [==============================] - 7s 24ms/step - loss: 0.0033 - accuracy: 0.9997 - val_loss: 0.0074 - val_accuracy: 0.9993
Epoch 46/50
282/282 [==============================] - 7s 24ms/step - loss: 0.0029 - accuracy: 0.9998 - val_loss: 0.0872 - val_accuracy: 0.9953
Epoch 47/50
282/282 [==============================] - 7s 24ms/step - loss: 0.0109 - accuracy: 0.9991 - val_loss: 0.0023 - val_accuracy: 0.9993
Epoch 48/50
282/282 [==============================] - 7s 25ms/step - loss: 0.0076 - accuracy: 0.9993 - val_loss: 0.0167 - val_accuracy: 0.9980
Epoch 49/50
282/282 [==============================] - 7s 24ms/step - loss: 0.0028 - accuracy: 0.9995 - val_loss: 0.0378 - val_accuracy: 0.9963
Epoch 50/50
282/282 [==============================] - 7s 24ms/step - loss: 0.0029 - accuracy: 0.9997 - val_loss: 0.0132 - val_accuracy: 0.9997
```

图 1.9.12　神经网络模型的训练过程

```
In [42]: test_loss, test_acc =sjbModel.evaluate(test_images, test_labels)

282/282 [==============================] - 2s 7ms/step - loss: 2.8532 - accuracy: 0.8793:

下面显示训练集上的准确率

In [43]: print('test_acc:', test_acc)

test_acc: 0.8793333172798157
```

图 1.9.13　神经网络模型在测试集上的表现

相关程序代码如下：

```
import matplotlib.pyplot as plt
plt.rcParams['font.sans-serif'] = ['SimHei']
plt.figure(figsize=(6,8))
acc=history.history['accuracy']                          #训练集的准确率
val_acc=history.history['val_accuracy']                  #验证集上的准确率
plt.subplot(211)
epochs=range(1, len(acc)+ 1)
plt.plot(epochs, acc, 'co', label='训练集准确率')          # 紫色圆点
plt.plot(epochs, val_acc, 'r', label='验证集准确率')       # 绿色实线
plt.title('训练集和验证集的准确率')
plt.xlabel('训练轮数')
plt.ylabel('准确率')
plt.legend( )
plt.show( )
loss=history.history['loss']                             #训练集的损失
val_loss=history.history['val_loss']                     #验证集上的损失
```

```
plt.subplot(212)
epochs=range(1, len(loss)+ 1)
plt.plot(epochs, loss, 'bo', label='训练集损失')          # 蓝色圆点
plt.plot(epochs, val_loss, 'r', label='验证集损失')       # 红色实线
plt.title('训练集和验证集的损失值')
plt.xlabel('训练轮数')
plt.ylabel('损失值')
plt.legend( )
plt.show( )
```

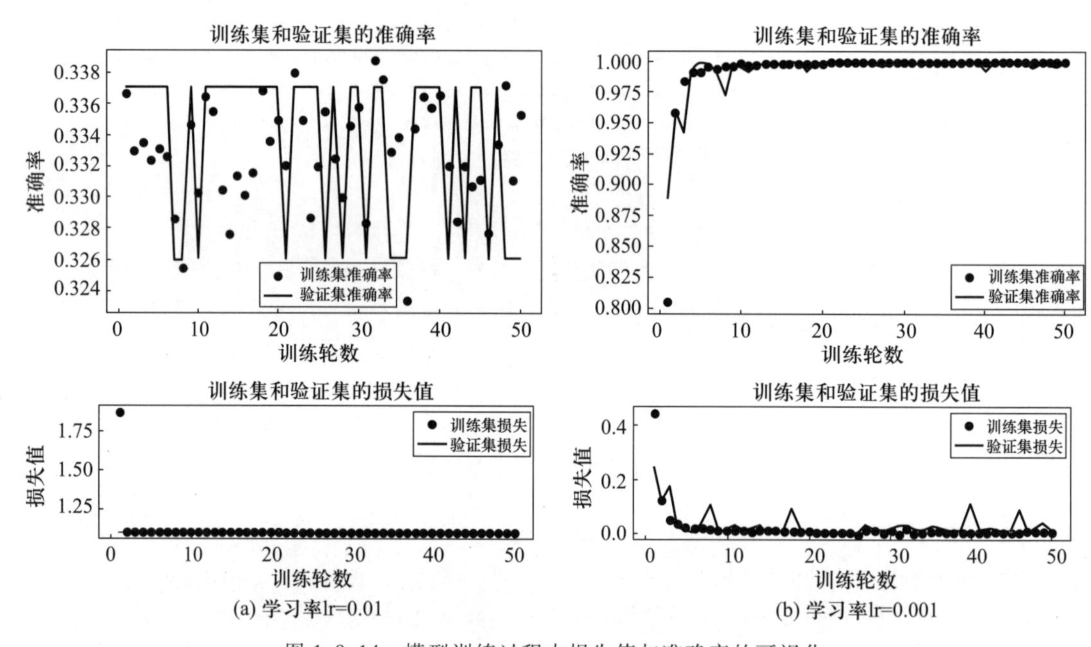

图 1.9.14 模型训练过程中损失值与准确率的可视化

训练好的模型参考代码

(4) 基于训练好的卷积神经网络模型继续完善剪刀石头布游戏

分析：在前面简单交互动画设计的基础上进行界面改进，把原来界面中“我出的”3 个手势按钮都删除，在下方创建一个 canvas 画布，将摄像头实时获取的画面显示在画布上，如图 1.9.9 所示，在画布右边添加 3 个按钮，单击“开始识别”按钮，摄像机画面停住，识别当前手势，将识别结果显示在上面的对决位置，然后判别比赛结果，单击“继续出拳”按钮，摄像头继续开始捕获图像。

经过反复实践表明，该卷积神经网络模型对简单的黑色或白色背景下的手势识别准确率比较高，如果手势比较规范，准确率可以达到 90%左右。但是在复杂背景下的准确率却非常低，基本只能达到 35%左右。

3. 神经网络模型的改进

如何提高复杂背景下模型识别的准确率呢？通过反复多次实践，如改用复杂背景下的图像进行训练、增加训练图像的数量、采用图像增强、修改训练模型的超参数等方法，最终识别准

确率的提升都不是很理想，说明借助 Keras 工具箱，像搭建乐高积木那样一层一层自行搭建起来的卷积神经网络模型，本身存在一定的局限性，无法很好地去除噪声的干扰。

为了尽量排除背景的干扰，尝试引入一个广受关注的成熟模型——Yolo v4 算法。实践证明，该模型的训练结果对手势的识别准确率非常高，能达到 99%左右，而且抗干扰能力很强。

改用 Yolo v4 训练的模型进行手势识别的结果如图 1.9.15 所示，将交互用按钮改用计时器，从 3 变到 0，到时就自动识别，无须单击按钮。

如果采用 Yolo v4 算法，需要对所有采集的图像重新进行标注，这里采用的是 LabelImg 图像标注软件对 3 种手势进行标注，建议采集时尽量变换背景，还可以同时在画面中标注多个手势，比赛时通过算法来选择其中一个手势即可。

从开源社区可以找到实现 Yolo v4 算法的框架范例，开源范例一般以 Python、C/C++ 编写，大多借助时下流行的 Keras、Pytorch、Tensorflow 等工具进行部署，一个常见的可配选项是启用英伟达公司的 CUDA 深度神经网络库(CUDA deep neural network library，cuDNN)进行运算加速，具体实现过程本书不做详细介绍。

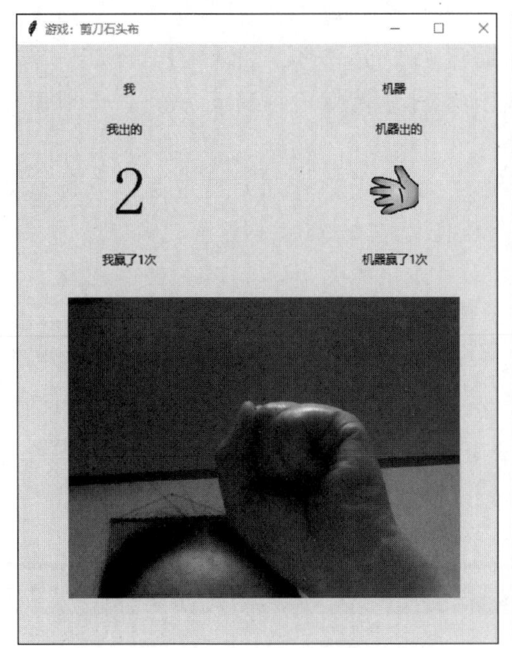

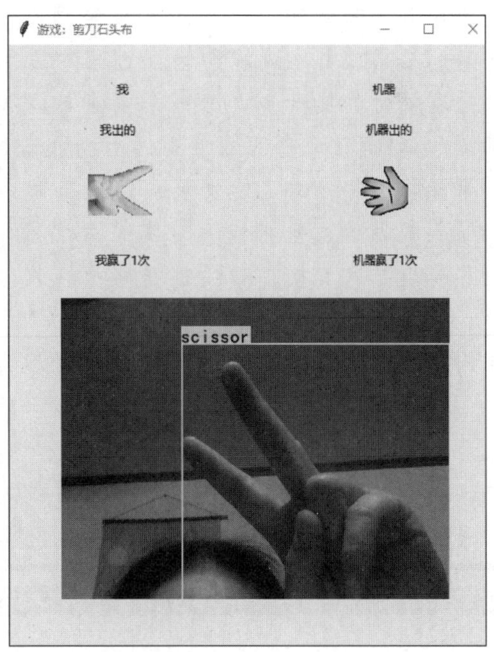

图 1.9.15　Yolo v4 模型的识别结果

思　考　题

1. 简述常见的机器学习方法，各自有哪些特点？
2. 常见的深度学习框架有哪些？
3. 本章案例可拓展应用到哪些相关领域？

第10章 多媒体技术展望

第9章学习了人工智能中有关深度学习的基础知识及其应用，训练一个神经网络模型需要用到很多算法，而且深度神经网络模型的参数非常多，计算量巨大，加上算法复杂度的要求，其在训练和验证过程中常常需要一定的算力，随着GPU、TPU等专用芯片处理能力的提升，训练一个复杂的深度神经网络模型不再遥不可及，云端服务器上部署的AI算法已经可以实时运行与推理。

半导体芯片技术飞速发展，使服务器和客户端的处理能力大大增强，同时微处理器、嵌入式系统、手持或可穿戴式系统的处理能力也越来越强。与此同时，传感器、控制和光电技术、接口和通信链路也在发生日新月异的变革，加速度姿态陀螺、激光雷达、力传感器等设备不再遥不可及，CMOS成像传感器的分辨率可达上亿像素，可以在不同照明条件下快速成像，帧速率可达到每秒数百帧，接口传输速率可达每秒数百兆位，5G通信的商业系统达到了千兆速率，有机发光二极管技术使得在一个眼镜的面积上能达到高清，甚至达到4K的显示分辨率。这些技术的共同点是性能越来越高，通道越来越多，尺寸也越来越小，将多种技术融合制造成新产品，实现产业化生产，未来的多媒体技术将大放异彩。

电子教案 10.1 3D成像

人能感受到立体视觉效果，是由于人眼是横向观察物体且观察的视角略有差异，两眼之间有6 cm左右的间隔，人脑的神经中枢融合反射及视觉心理效应产生了三维立体感。

利用这个原理，3D显示技术分为两种：第一种是利用人眼的视差特性产生立体感，需通过特殊的设备来观察，如立体眼镜。第二种是在空间上呈现出真实的3D立体影像，如基于全息影像的立体成像技术，用户不需要佩戴立体眼镜或其他任何辅助设备，就可以在不同的角度裸眼观看到立体影像，如在展览馆或陈列馆中经常可以看到这样的立体影像。下面主要介绍第一种立体成像方法及其应用。

10.1.1　3D成像方法

目前主流的3D成像方法包括飞行时间法(time of flight, TOF)、结构光法和双目立体视觉法等。

1. 飞行时间法

飞行时间法给目标物体连续发送光脉冲，然后用传感器接收从物体上返回的光信号，通过探测光脉冲的往返飞行时间来获得目标物体的距离。

TOF相机由光源、光学部件、传感器、控制电路以及处理电路等组成，是一种主动式深度感应技术，每个像素点除了记录光线强度，还记录了光线从光源到该像素点所需的时间，根据光飞行的时间差可以获取物体的深度信息。TOF相机的深度计算不受物体表面灰度和特征影响，可以非常准确地进行三维探测，通常用于单点测距系统，与扫描技术相结合便可实现3D视觉成像。由于光探测元件的精度限制，飞行时间法不适合进行近距离的测量，一般应用在测量距离要求比较远的场合，主要应用在无人驾驶系统、安防与监控、动作姿态探测、表情识别、机器人视觉控制等。

2. 结构光法

结构光成像系统由若干个投影仪和相机组成。利用计算机生成结构光图案或用特殊的光学装置产生结构光，经过光学投影系统投射至被测物体表面，然后采集被测物体表面调制后发生变形的结构光图像，利用图像处理算法计算图像中每个像素点与物体轮廓上点的对应关系，最后通过系统结构模型及其标定技术，经过计算得到被测物体的三维轮廓信息。结构光法是机器人3D视觉感知的主要方式。结构光3D相机(如图1.10.1所示)精度高，具有很高的对象识别能力，适合机器人抓取微小的零部件，相机的图像动态范围大，适合机器人抓取高反光零部件，可用于控制机器人拣货、无序抓取、定位、包装和质量控制等。

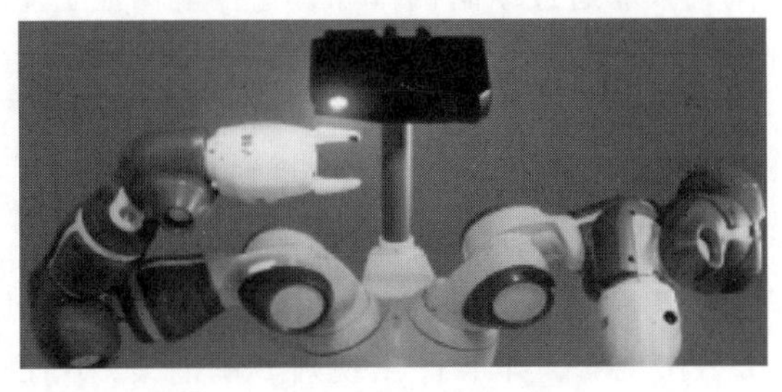

图1.10.1　结构光3D相机

3. 双目立体视觉法

双目立体视觉法是基于视差原理，并利用成像设备从不同的位置获取被测物体的两幅图像，通过计算图像对应点间的位置偏差，来获取物体三维几何信息的方法。

例如，用两个相机从左、右两个不同的视点对同一个目标物体进行拍摄，左边镜头的影像经过一个横向偏振片过滤，得到横向偏振光，右边镜头的影像经过一个纵向偏振片过滤，得到纵向偏振光，戴上偏振光眼镜即可看到3D立体影像。这种双目立体视觉3D成像方法依赖于目标场景产生的光辐射信息，对场景的要求较高。

双目立体视觉法具有效率高、精度合适、系统结构简单、制造成本低等特点，广泛用于机器人视觉、航空测绘、医学成像和工业检测等领域。

10.1.2 3D 眼镜

观看双目立体视觉法产生的 3D 影像必须佩戴 3D 眼镜，3D 眼镜主要有 3 种不同的实现方式，都是令两只眼睛接收不同影像，大脑会将两边的图像合并起来形成立体的视觉效果，不同的 3D 眼镜如图 1.10.2 所示。

(a) 3D红蓝眼镜

(b) 偏振光眼镜

(c) 时分式眼镜

图 1.10.2 3D 眼镜

1. 色差眼镜

色差眼镜一般是一边红色，另一边是蓝色或绿色。若左边放映的画面通过左眼的红色镜片，那么拍摄时剔除掉的红色像素会自动还原，从而产生真实色彩的画面，而该画面通过右眼的蓝色或绿色镜片时大部分像素都被过滤掉，人脑会忽略掉。同理，在右边放映的画面通过右眼的蓝色或绿色镜片，拍摄时剔除掉的蓝色或绿色像素会自动还原，产生另一个角度的真实色彩画面，而该画面通过左眼的红色镜片时大部分像素都被过滤掉，这样两个眼睛最终看到的就是立体图像效果了。

2. 偏振光眼镜

偏振光眼镜利用偏振原理，左边镜片是横向偏振片，右边是纵向偏振片，横向偏振光只能通过横向偏振片，纵向偏振光只能通过纵向偏振片，这样就保证了左边相机拍摄的图像只能进入左眼，右边相机拍摄的图像只能进入右眼，这样戴上立体眼镜后人眼看到的就是立体图像了。

3. 时分式眼镜

时分式眼镜(即液晶快门式眼镜)属于头戴式虚拟显示器的一种，是利用人眼视觉暂留现象，左、右镜片利用电子控制液晶交替遮挡左、右眼睛，3D 影片播放时，屏幕上是两幅图像 A 和 B，但这两幅图像是交替出现的，即 A 图出现则 B 图消失，B 图出现则 A 图消失。同时时分式眼镜会按照影片所给的信号，对 A、B 两图进行同步交替的镜片开关动作，如果图像和眼镜刷新的频率达到 60 Hz 以上，人眼就不会感到图像抖动，但长时间观看会导致眼部疲劳，信号也容易受到干扰。

10.2 虚拟现实、增强现实、混合现实和扩展现实

虚拟现实(virtual reality，VR)、增强现实(augment reality，AR)、混合现实(mixed reality，

MR）和扩展现实（extended reality，XR）是多媒体技术与其他高新技术融合发展的结果，利用各种数字技术使用户沉浸在虚拟环境中或叠加在用户可以与之交互的现实世界里。

10.2.1　虚拟现实

1. VR 概述

VR 利用计算机生成一种模拟环境，如车间、驾驶舱、手术室、地下或太空操作现场等，通过各种传感设备，使人能够沉浸在计算机生成的虚拟世界中，并能够通过语音、手势、操作杆等多种方式与其实时交互，创建一种适人化的多维虚拟空间。用户不仅能够通过虚拟现实系统感受到在客观物理世界中那种“身临其境”的感觉，而且能够突破时空以及其他客观条件的限制，感受到在真实世界中无法亲身经历的体验。

虚拟现实技术是集计算机技术、传感技术、通信技术、人工智能、模式识别和心理学等多门学科于一体的综合技术，是多媒体今后发展的趋势，通过计算机展现给用户一个虚拟的多维空间，用户可以通过各种特殊的输入输出设备与虚拟现实环境进行交互，如数据手套、头盔式显示器等，主要应用于各种模拟仿真、游戏、娱乐等。

2. VR 设备

要体验虚拟现实的沉浸感，必须配备合适的 VR 设备，VR 设备主要有以下两大类。

（1）VR 追踪设备

主要的 VR 追踪设备包括 VR 手套、操控手柄和追踪器等，如图 1.10.3 所示。其中 VR 手套可提供手指动态姿态数据，实时探测手腕转动信息，对动作数据进行精准捕捉，实现手腕的跟踪处理，在虚拟现实世界中提供高度的沉浸感。

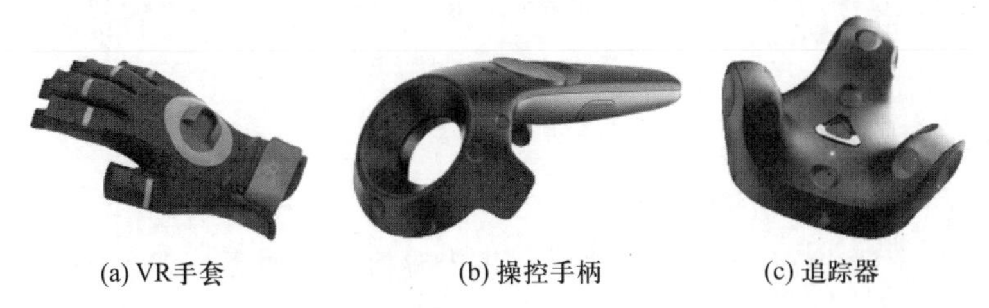

(a) VR手套　(b) 操控手柄　(c) 追踪器

图 1.10.3　VR 追踪设备

（2）VR 头戴式显示器

VR 头戴式显示器（head-mounted display，HMD）简称 VR 头显，其上集成了一个或多个图像传感器，提供无线连接，显示屏的分辨率高、帧速率快，具有宽广的视野，以提供极具真实感的图像和身临其境的体验。

3. VR 头显类别

目前有许多公司提供 VR 头显产品，包括华为（VR 眼镜）、Facebook（Oculus Quest 2）、谷歌（Daydream）、HTC（VIVE）、三星（Gear VR）、微软（Windows Mixed Reality）等。VR 头显主要有以下两种类型。

（1）外接式 VR 头显

外接式 VR 头显又称系留 VR 头显，俗称 PC VR，具备独立屏幕，需同时配备较高性能的计算机、定位器和手柄，用于交互控制，获得流畅度高的VR游戏体验，由于受线缆限制，无法自由活动，如图1.10.4(a)所示。所有视频处理放在另外一个设备中，而不需要放在头显中，这样可以具备更加强大的视频处理能力，借助运动感应控制器，外部传感器或外置摄像头可为头部和手部提供完整的六自由度(6DOF)运动跟踪，从而提供非常好的VR体验。

(2) 一体式VR头显

一体式VR头显又称独立VR头显，不需要连接到个人计算机或智能手机上，独立设备完全移除电缆并且不需要外部设备来进行计算处理，提供最大的移动自由度。

例如Oculus Quest 2，采用由内而外的追踪，可以在不需要外部传感器的情况下跟踪用户的运动，并且追踪技术比较准确。它配备了一对具有6自由度的手柄控制器，支持手部追踪，具备5G接入功能。优点是不仅可以独立运行，也可以通过电缆连接到个人计算机，获得个人计算机端的VR游戏库和流畅的游戏体验，如图1.10.4(b)所示。

4. 智能手机VR头显

使用智能手机作为VR设备很常见，智能手机是系统的大脑，又是显示器，如Gear VR，如图1.10.4(c)所示，通过智能手机即可获得VR体验。由于其性能有限，正逐步退出市场。

(a) 外接式VR头显

(b) 一体式VR头显

(c) 智能手机VR头显

图1.10.4 VR头显

5. VR头显性能

VR头显性能主要包括以下几个方面。

① 服务内容：一般由VR设备开发平台提供内容流媒体服务，如Steam VR就是一个功能比较完整的空间虚拟现实体验系统，属于开放性的游戏平台，支持HTC、Valve、Oculus和微软VR等设备。

② 控制器：手持控制器可以更好地与内容交互，灵活的自由度(degree of freedom，DoF)控制则使VR的沉浸体验效果更佳。

③ 追踪：追踪越精准，VR沉浸感就越好，包括外部或内部的位置跟踪，以及眼睛和手部的跟踪。

④ 视野(field of view，FoV)：人眼可以看到的视野范围大约为220°，大多数VR头显提供大约100°的FoV。

⑤ 分辨率：头显的分辨率越高，显示越清晰，其次像素密度、色彩保真度、色彩动态范围和亮度等参数也会影响显示效果。

⑥ 刷新率(帧速率)：帧速率越高，沉浸感越好，一般起始刷新率为60 Hz，大多数VR头显的刷新率为90~120 Hz。

⑦ 声音：大多数 VR 头显都配有内置扬声器，音频可以改善用户身临其境的体验。

10.2.2　增强现实

1. AR 概述

AR 是一种将真实世界与虚拟世界无缝集成在一起的新技术，把原本在现实世界的一定时间空间范围内很难体验到的实体信息，如视觉信息、声音、味道、触觉等信息，通过模拟仿真后再叠加到真实世界中，将真实的环境与虚拟的物体实时地叠加在一起，这种数字叠加可以与环境实时交互。

AR 主要通过可穿戴眼镜设备与智能手机 App 来体验，通过智能手机实现真实场景与虚拟三维动画效果叠加在一起的效果，如图 1.10.5 所示。

图 1.10.5　AR 在手机 App 上的场景体验

AR 将虚拟的数字内容叠加在用户对真实世界的体验之上，通过 AR 设备可以感受到所有类型的内容和数据（如温度、湿度和方向等），增强的内容不会识别现实世界中的物理对象，也不会与之交互，但增强了用户的体验。

2. AR 眼镜

AR 眼镜是一种可穿戴式眼镜，可在佩戴者可见的合适位置添加信息。与 VR 头显相比，AR 眼镜对处理能力的要求不高，因为它不需要渲染一个全新的环境，用户将手机上的摄像头对准现实世界中的物体，AR 应用程序将覆盖用户可以看到的图像、动画或数据等内容，为用户提供身临其境且引人入胜的体验。AR 眼镜还可以作为扩展屏，为用户带来更好的观影体验。

目前流行的 AR 眼镜包括 Google Glass、Rokid Air、雷鸟 Air 等，如图 1.10.6 所示。

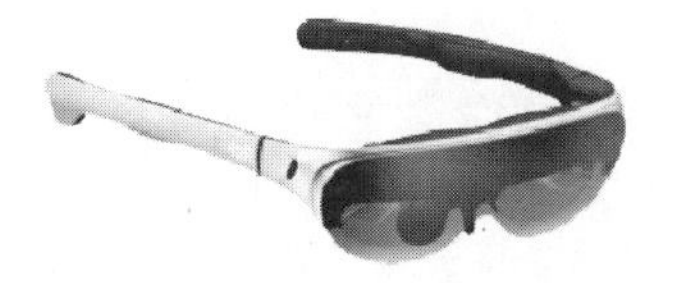

图 1.10.6　AR 眼镜

AR 眼镜比 VR 头显的限制更少，不会让用户感觉脱离了现实世界。增强现实与虚拟现实技术有很多相似的应用领域，如数据模型的可视化、虚拟仿真与模拟训练、高精密设备的研制与开发、游戏娱乐与艺术欣赏等，由于增强现实具有能够对真实环境进行增强显示输出的特性，在工业设计与制造、设备维修、医疗解剖研究、远程机器人控制等领域，具有比虚拟现实技术更明显的优势。

10.2.3 混合现实

1. MR 概述

MR 是虚拟现实技术的进一步发展，通过在虚拟环境中引入现实场景信息，在虚拟世界、现实世界和用户之间搭起一个交互反馈的信息回路，以增强用户体验的真实感。混合现实使用遮挡消除了现实世界和虚拟世界之间的界限，从用户的角度来看，计算机生成的对象可以明显地被物理环境中的对象遮挡。MR 在与用户的现实世界环境交互的同时将数字内容交织在一起，允许数字内容与用户的真实环境集成和交互。

2. MR 头显

MR 头显设备会不断扫描现实世界环境以实现混合现实体验，在用户的现实世界中无缝放置数字信息，并允许用户与这些计算机生成的对象进行交互。

HoloLens 是微软公司开发的 MR 头显，眼镜外观如图 1.10.7 所示，无须外部电源，支持自由移动，没有线缆或外部配件，具有 WiFi 连接，相当于一台独立的计算机，可以用真实自然的方式实现全息图的触摸、抓握和移动，提供更强的沉浸感和舒适的混合现实体验。

图 1.10.7 HoloLens 2

10.2.4 扩展现实

1. XR 概述

XR 是一个涵盖所有真实和虚拟环境的总称，包括了 VR、AR 和 MR，3 个概念都与虚拟的数字世界有关，但各自关注的应用领域不同。三者之间的关系可以用图 1.10.8 所示的谱系图来表示。

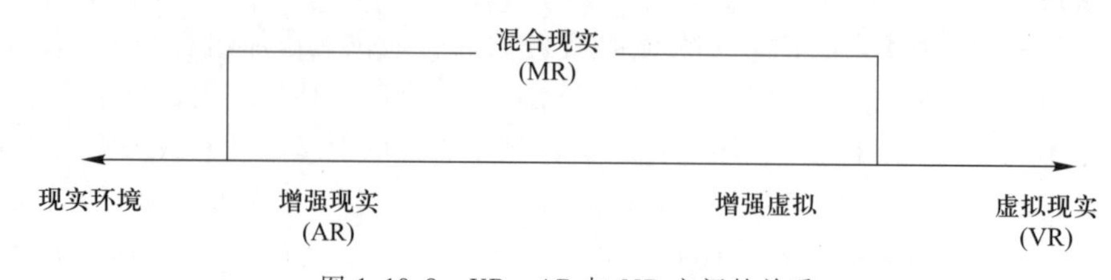

图 1.10.8 VR、AR 与 MR 之间的关系

① VR：一个完全虚拟的环境，是 100% 数字化的内容，一般由计算机软件来构建，或者由设备采集获取，但和用户周边环境完全无关，用户可以在完全虚拟的环境中体验到身临其境的感觉。

② AR：将数字内容叠加在现实世界之上，更靠近现实环境，强调的是叠加，把虚拟的数字内容叠加到现实场景中。

增强虚拟（augmented virtuality，AV）更靠近 VR，强调互动，把虚拟物体嵌入到现实场景中，与现实世界互动，比如虚拟物体遮挡部分真实背景，虚拟物体响应重力牵引等。

③ MR：一种数字叠加，广义上是增强现实的超集，包括增强现实和增强虚拟；狭义上的

混合现实就是增强虚拟，强调真假两边的响应和互动，允许交互式虚拟元素与现实世界环境集成和交互。

2. XR 的应用

XR 的应用涵盖了健康、教育、娱乐和工业等领域，VR、AR 和 MR 等技术相互融合，5G 网络的高带宽和低延时极大地促进了 XR 相关业务的发展。

与传统媒体业务相比较，XR 业务作为可穿戴的移动设备，要求外形轻薄且具有高续航能力，对能耗和算力有严格的要求。XR 设备需要与其他节点协助，如支持边缘计算等。XR 服务需要协同一个或多个下行链路(DL video)视频流和上行链路(UL video)中的运动/控制数据频繁更新且紧密同步，图 1.10.9 展示了 5G 下的 XR 应用场景。

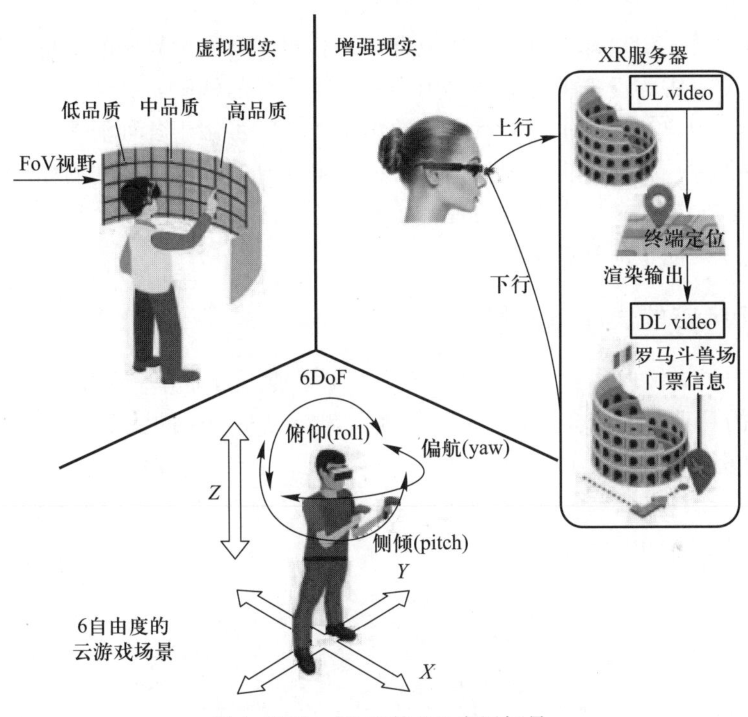

图 1.10.9　5G 下的 XR 应用场景

10.3　元宇宙

2021 年被称为元宇宙元年，元宇宙目前还处于探索阶段，元宇宙的本质概要来说，就是一种融合各种高新技术(包括增强现实、机器视觉、人工智能、区块链等)的数字化的虚拟世界。

10.3.1　元宇宙概述

1. 元宇宙的起源

元宇宙(Metaverse)的概念最初来源于 1992 年美国科幻小说家尼尔·斯蒂芬森(Neal Stephenson)的科幻小说《雪崩》(*Snow Crash*)，小说描述了男主人公无意间让雪崩病毒感染了自己的朋友，导致朋友大脑出现不可逆转的伤害，虚拟身份崩溃，从此开始寻找真相的故事。书中虚构了一个超现实主义的数字空间“Metaverse”，现实世界中的人在虚拟世界中都有各自的化身(avatar)，他们可以在虚拟世界中相互交往，度过闲暇时光，还可以随意支配自己的虚拟资产。小说中的人物游走在现实世界和虚拟世界之间，人们只要有一台计算机，戴上一副专用的眼镜，就可以进入元宇宙的虚拟世界，任何现实世界中的活动都可以在虚拟世界中实现。

2. 元宇宙的特征

元宇宙是一个可以映射到现实世界，但又独立于现实世界的数字化的虚拟世界，是可提供沉浸式体验的一个多维虚拟时空，是对现实时空的多重延伸，提供一个逼近现实但又能够超越现实的新世界。元宇宙一般具有以下几个基本特征。

① 虚拟身份：每个用户都拥有一个虚拟身份，相当于真实世界中的身份信息。

② 沉浸感：元宇宙的虚拟世界能够给用户提供沉浸式的体验。

③ 数字资产：用户在元宇宙中拥有一定的数字资产，可用于各种消费。

④ 真实体验：用户在元宇宙的虚拟世界中可获得与真实世界中一样的体验。

⑤ 虚实互联：元宇宙是一个虚拟与现实相互渗透、相互融合的新世界。

⑥ 元宇宙是一个完整的社会系统。

10.3.2 元宇宙的发展与应用

元宇宙是整合了虚拟现实、5G、Web 3.0、人工智能、云计算、大数据、区块链等多种新技术的虚实互融的一种新的社会形态，它与现实世界是虚实相生的关系。

1. 元宇宙的发展

元宇宙的发展一方面由实向虚，实现真实体验的数字化；另一方面由虚向实，实现数字体验的真实化，如图 1.10.10 所示。

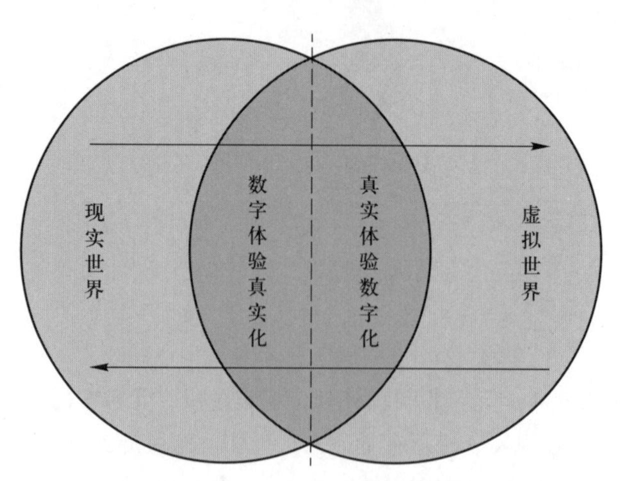

图 1.10.10　元宇宙的虚实相生

在元宇宙中，通过数字孪生技术生成了现实世界的虚拟镜像，它们是现实世界的数字化复制品，同时还会创造一些虚拟世界特有的新产物。元宇宙将虚拟世界和现实世界在经济社会的各个层面进行了紧密融合，用户未来可以打造一个属于自己的虚拟世界。

元宇宙的数字世界分为 3 个层次：数字孪生、数字原生和虚实相生。

① 数字孪生：现实世界中实体对象在虚拟空间中的动态仿真，可反映实体对象的全生命周期。现实世界中可以根据数字孪生体反馈的信息对实体对象采取进一步的行动，所以数字孪生可看作实体对象的数字克隆体，广泛应用于产品设计与制造、医疗诊断与分析、工程建设与维护等领域。

② 数字原生：数字世界里原生的对象，在现实世界中不存在对应的实体，属于元宇宙里的原生物，例如科幻片中的已经灭绝了的物种。

③ 虚实相生：元宇宙中的虚拟世界与物理的现实世界相互渗透，相互融合，形成了一种新的生态，即虚实相生的社会新形态。进入数字孪生模拟出来的数字世界，人们能够完成在现实世界中做不到的事情，可以模拟过去和未来，坐在家里就可以与地球另一面的家人或朋友在元宇宙见面，感觉近在咫尺。

元宇宙是移动互联网的下一代平台，将颠覆现有互联网的概念，用户戴上特殊眼镜就能进入元宇宙的世界，拥有自己的虚拟身份和数字资产，能够享受不一样的精神生活。

2. 元宇宙的应用

元宇宙的应用在某些领域中已经趋于成熟，如游戏与娱乐，而随着 AR、VR、云计算、5G 和区块链等新技术的不断完善，元宇宙将在远程教育与医疗、远程办公、制造业等越来越多的领域中大展身手。

（1）游戏与娱乐

游戏可以让用户直观地感受元宇宙的虚拟世界，有一些游戏已经具备了元宇宙的雏形，如 Roblox（罗布乐思）就是一款支持虚拟世界的多人在线创作内容的游戏软件。元宇宙可以比传统 3D 或 4D 影院更能让观众获得一种身临其境的沉浸式体验，甚至可以实时交互控制影片中的角色。

（2）远程教育与医疗

在线教育得到了前所未有的快速推广和发展，相关技术也越来越成熟。在元宇宙中，教学将不再受时空条件的约束，学生获取知识的手段将更加多样化，沉浸式的学习体验将有助于提高教学效率，同时也能够改善教育资源不均衡等问题。

元宇宙下的远程医疗会诊将更加方便与快捷，辅助诊疗方法越来越多，诊断结果将更加精准。

（3）远程办公

元宇宙下的远程办公将打破屏幕带来的空间隔离感，让同事之间的互动更加自然，比如在元宇宙中，加入一个虚拟的全息会议室中，用户可以从不同角度观察到其他人，达到物理世界中面对面交流的效果。

（4）制造业

在元宇宙的数字化的虚拟工厂中，可以对整个生产过程进行仿真、评估和优化，对整个产品生命周期进行数字化的新型管理，大幅提升产品的生产效率。英伟达公司发布的 Omniverse 平台被定位为“工程师们的元宇宙”，是一个可扩展的开放式平台，其底层核心支撑技术可以提供产业级的虚拟仿真环境。

10.4 混合现实的综合应用

随着元宇宙产业的快速推广与应用，新技术与新产品可以给用户带来沉浸式的新体验，怎样才能体验到虚拟场景与现实环境融为一体的感觉呢？首先用户需要佩戴一副MR眼镜，具有配套的交互控制设备。其次还需要有丰富的应用场景，用户也可以通过某些应用开发平台搭建自己喜爱的虚拟场景进行拓展应用。下面以Nreal公司的MR智能眼镜为例介绍混合现实的综合应用。

1. 准备MR眼镜及应用软件

Nreal公司Air和X/Light均可提供混合现实体验，每个镜片的视场分辨率可达到1 920像素×1 080像素的高清标准，空间刷新频率高于60 fps，同时配有姿态传感器、双声道的喇叭和麦克风，眼镜外观如图1.10.11所示。Nreal Air眼镜质量为77 g，视野为46°，头部姿态有3个自由度的跟踪。Nreal X/Light则增加了一个彩色摄像头和两个视觉SLAM(simultaneous localization and mapping，即时定位与地图构建)摄像头，因此能够进行平面跟踪、图像跟踪和手势跟踪，质量约110 g，视野达到52°，头部姿态有6个自由度的跟踪。

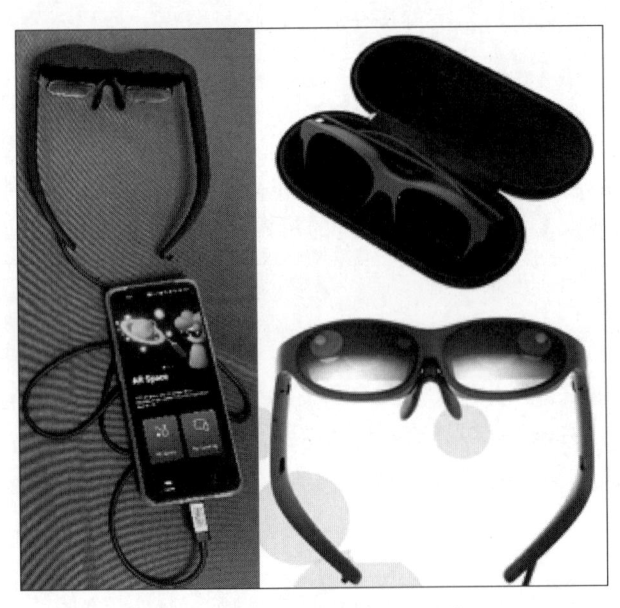

图1.10.11　Nreal X/Light眼镜

Nreal眼镜目前主要支持Android系统，一般使用手机作为交互控制器，本例采用的是Nreal Light眼镜和OnePlus 9安卓手机，手机系统上默认安装了MR空间和MR沙盘两个软件，提供VR、AR、MR的互动控制和演示，应用交互界面如图1.10.12所示。

2. 虚拟体验——足不出户环法骑行

动感单车是一种室内训练自行车骑行的方式，如果想体验户外骑行的效果，那么带上MR眼镜就可以实现了，如图1.10.13所示。用户可以在应用环境中选择不同的地理环境，从瑞士的山间小路到上海的闹市，边锻炼边身临其境地欣赏当地的景色。

图 1.10.12　应用交互界面

图 1.10.13　动感单车骑行

① 先把 AR 眼镜连接到 OnePlus 手机端的 type-C 接口，这段旅程从戴上眼镜开始。

② 然后在手机上打开应用“MR 空间”，这样手机就成了一个控制器。

③ 用户通过眼镜可以看到前方显示的画面，画面叠加到当前真实的场景上。首先看到的是菜单环绕显示在前方，而且可以看到手机发出一道白色光束，操纵手机的方向使光束指向目标菜单项，然后在手机的面板上单击确认，这里选择“单车”应用，如图 1.10.14 所示。

④ 图 1.10.15 所示为用户进入应用软件所看到的界面，光束点在地球模型上，在手机面板上滑动可以旋转地球选择不同地方，用户还可以在左侧预览不同路线的风景，如图 1.10.16 所示。

⑤ 抬头向上看，画面上方显示骑行的时间、燃烧的卡路里的热量，如图 1.10.17 所示。

⑥ 到达终点，单击手机屏幕底部的 HOME 按钮，退出本次骑行，如图 1.10.18 所示。

图 1.10.14　选择“单车”应用

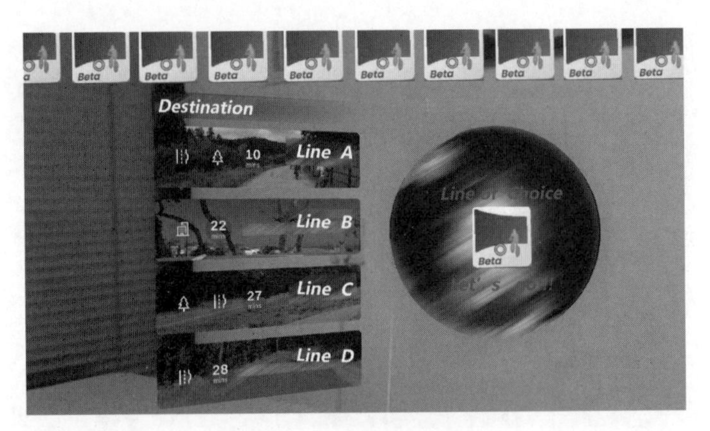

图 1.10.15　选择骑行线路

图 1.10.16　预览路线风景

图 1.10.17 查看骑行效果

图 1.10.18 退出应用

3. 应用开发案例——石头剪刀布

(1) NRSDK 应用开发平台简介

作为智能眼镜，产品供应商一般会提供软件开发包(software development kit，SDK)供用户开发自己的 App，Nreal 提供的开发平台是 NRSDK，如图 1.10.19 所示，其核心功能包括空间计算、优化渲染和多模式交互。

① 空间计算包括运动跟踪、平面跟踪、图像跟踪、手部跟踪，允许眼镜跟踪用户相对于世界的实时位置，了解用户周围的环境。

② 优化渲染自动应用于应用程序，并在后端运行，以尽量减少延迟和抖动，优化用户的体验。

③ 多模式互动为不同的应用提供直观的互动选择。搭建应用开发环境需要安装的软件包括 NRSDK 1.9.5、Unity 3D 2021.3 以上的版本、Android Studio(使用 NRSDK 的 sdkmanager 添加 Android SDK API 33)、VS Code 或 Visual Studio 等集成开发环境，用于脚本编辑与调试运行。

（2）三维虚拟游戏体验——石头剪刀布

在 unity 3D 中创建一个项目，导入必要的资源包，配置环境并将应用程序部署到眼镜的应用环境中，具体流程如下。

① 建立一个 unity 3D 项目，新建一个工程，选择 3D core 选项，将工程命名为“rock-scissor-paper”；在 Assets 中导入包 NRSDKForUnity_1. x. y. unitypackage。

② 项目配置，先下载 Unity Android Support Setup for Editor-20xx. y. v. exe 并执行，运行平台选择 Android。

③ 在 Assets 的 Demos 中找到 HandTracking 场景应用案例，根据需求对模板中的代码做适当修改，调整后生成基于 NRSDK 的安卓 App。

④ 将 App 部署到 Nreal 眼镜的应用中。

运行该应用程序，用户看到的是从彩色摄像头实时采集的图像作为背景，通过手机光束单击“Let’s go!!!”按钮，系统和玩家在 3 秒内给出各自的手势。

系统提前准备好了剪刀、布和石头的三维模型，如图 1. 10. 20 所示，比赛时系统将随机选取并显示在视野可见的空间范围内。

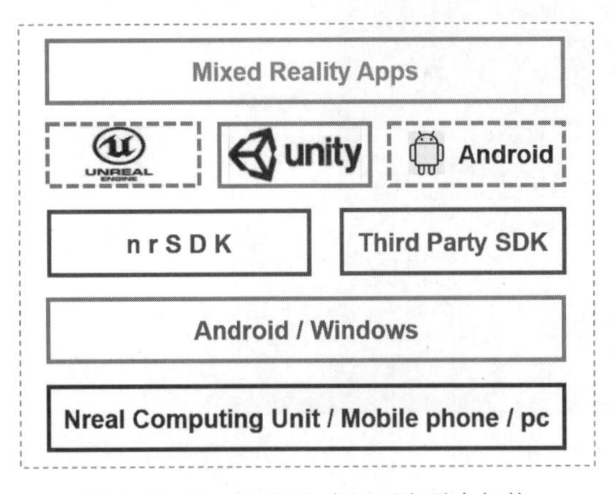

图 1. 10. 19　NRSDK 应用开发平台架构

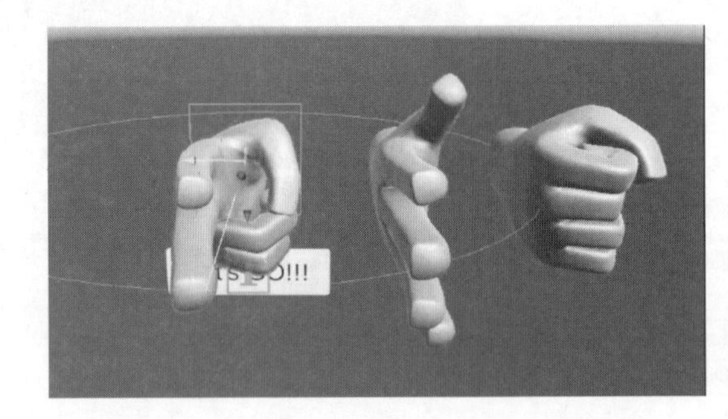

图 1. 10. 20　系统预先准备的三维手势模型

玩家出的手势也需出现在眼镜前方，进入到摄像头的视野中，这时手部跟踪功能被使用，本例是对 3 种手势进行识别，同时显示在视野中，如图 1. 10. 21 所示。

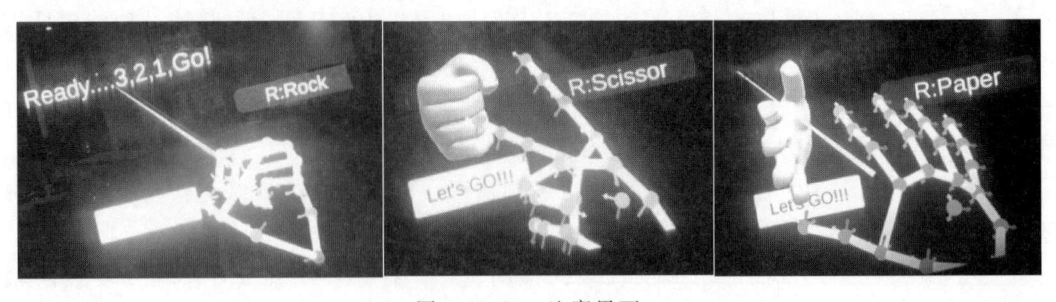

图 1. 10. 21　比赛界面

最后裁判会比较玩家和系统的手势，给出输赢结果。

思 考 题

1. VR、AR、MR、XR 各自有什么特点?
2. 畅想元宇宙的发展将给自己今后的学习和生活带来哪些变化。

实验篇

实验一 音频的编辑与合成

一、实验目的

① 熟悉 Audition 的基本操作。

② 学会声音的录制、人声的基本处理。

③ 掌握常用声音效果的设置方法。

④ 掌握多轨合成及其混缩输出的方法。

二、实验内容

1. 录音及声音编辑(请自带耳麦)

把录音文件分别保存为 sy1-1.wav 和 sy1-1.mp3。

提示:

① 录音环境的设置:选择录音设备为“麦克风”,将录制音量的级别调到最大。

② 在单轨编辑模式下选择菜单“文件”|“新建”|“音频文件”命令,弹出如图 2.1.1 所示的“新建音频文件”对话框,设置合适的采样率、声道和位深度,单击“确定”按钮进入准备录音状态,然后单击传送器面板中的 (录制)按钮开始正式录音,如果硬件和软件设置正常,在波形编辑窗口会显示录制的声音波形(请确保录制的波形有较大的振幅),录音结束时再次单击录制按钮即可停止录音。

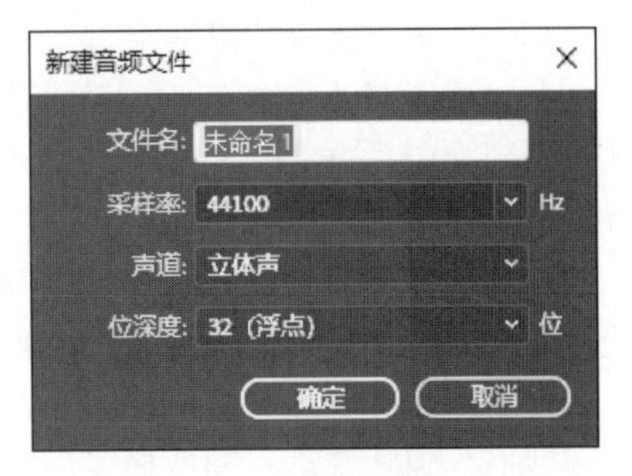

图 2.1.1 “新建音频文件”对话框

注意:为了给声音进行降噪处理,单击 按钮进入正式录音状态后,先录制 2 s 左右的环境噪声,再开始正式的录音。

③ 选择菜单“文件”|“另存为”命令,打开如图 2.1.2 所示的“另存为”对话框,输入文件名,将录制好的声音保存为声音文件,默认将声音波形存储为 WAV 文件,也可以在保存类型中选择其他音频文件格式,请读者将自己录制的声音文件分别保存为 WAV 格式和 MP3 格式,再比较两个文件的大小。图 2.1.3 是同一段声音波形存储为不同格式

的大小比较。

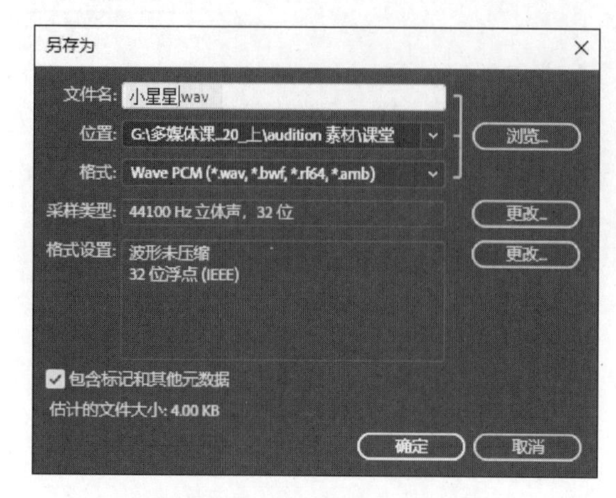

图 2.1.2 “另存为”对话框

图 2.1.3 声音文件的大小比较

④ 波形的选取：分别选取左声道、右声道，再同时选择左右声道的波形。

⑤ 波形的删除：将不需要的波形选中以后按 Delete 键删除，如果录制的声音中有较多的停顿，可以利用“诊断”面板中的“删除静音”效果，将所有定义为静音的波形片段查找出来并一次性删除，使声音更加连贯。

⑥ 波形的复制、剪切和粘贴以及混合粘贴：如录制的声音为“床前明月光”，利用剪切和粘贴实现倒放“光月明前床”，再利用菜单“效果”|“反向”命令处理(低版本为“效果”|“倒转”命令)，听听与前面的倒放有什么区别。

2. 人声处理

将最后处理的结果文件保存为 sy1-2. mp3。

(1) 降噪处理

正式录音之前先录制一段环境的噪声，噪声样本信号如图 2.1.4 所示，必须与实际录音环境相同。如果是朗诵，也可以选择语句间隙处的波形作为环境噪声。

选中录制的噪声样本波形，然后选择菜单“效果”|“降噪/恢复”|“降噪(处理)”命令，打开如图 2.1.5 所示的降噪窗口，在“降噪”部分可以设置降噪的参数，这里采用默认值，单击“捕捉噪声样本”按钮，得到当前噪声的采样信号，单击“保存”按钮，把当前的噪声采样保存到指定的文件，这样以后在同一环境进行录音时，就不需要再采样了，通过“预设”可以选择以前保存的噪声样本。

单击“选择完整文件”按钮，可以把需要降噪的整个波形选中，然后单击“应用”按钮就开始降噪处理了，请读者自己聆听降噪前后的声音效果。

注意：在降噪处理之前必须先把噪声的样本波形选中，在 Audition 中，如果操作之前没有选择波形，则默认将全部波形选中，这样就把正常说话的声音当成了噪声进行采样，导致降噪处理后所有波形基本看不见了，几乎成了静音。

(2) 标准化处理

在录音之前一般应该将录音的音量尽可能地放到最大，录制好的人声一般先用标准化处理将其音量进行提升，以达到最大不失真的程度。

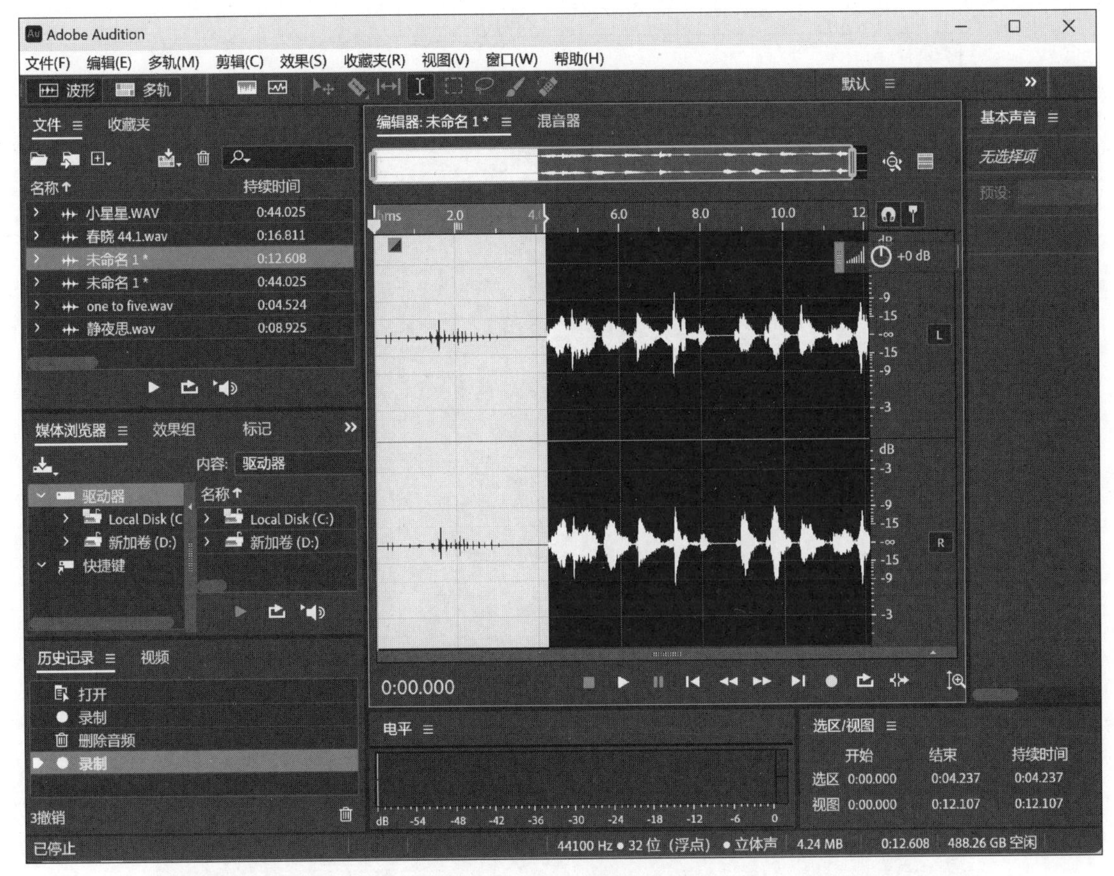

图 2.1.4　信号中的噪声样本

选择菜单“效果”|“幅度”|“标准化”命令，打开如图 2.1.6 所示的“标准化”对话框，勾选“标准化为：0.00 dB”复选框。

（3）压限处理

压限处理是使声音幅度的变化更加平滑，避免声音的忽高忽低，实际上是把振幅大(声音高)的波形音量变小，把振幅小(声音低)的波形音量变大。选择菜单“效果”|“幅度”|“动态处理”命令，打开如图 2.1.7 所示的“效果-动态处理”对话框，选择“预设”下拉列表中的“画外音”选项即可，也可以自己调节该曲线的形状，达到让声音变化比较平缓。

（4）混响处理

没有添加任何延迟类效果的声音属于干声，听上去很单薄，所以人声处理的最后一步是添加混响，混响是声音的各种漫反射之和，添加混响可以模拟声音在各种环境下的反射与折射引起的回声效果。

选择菜单“效果”|“混响”|“混响”命令，打开如图 2.1.8 所示的“效果-混响”对话框，选择“预设”下拉列表中的“房间临场感”选项，即可模拟出一般房间内的混响效果。

其他效果请读者添加后试听进行效果对比。

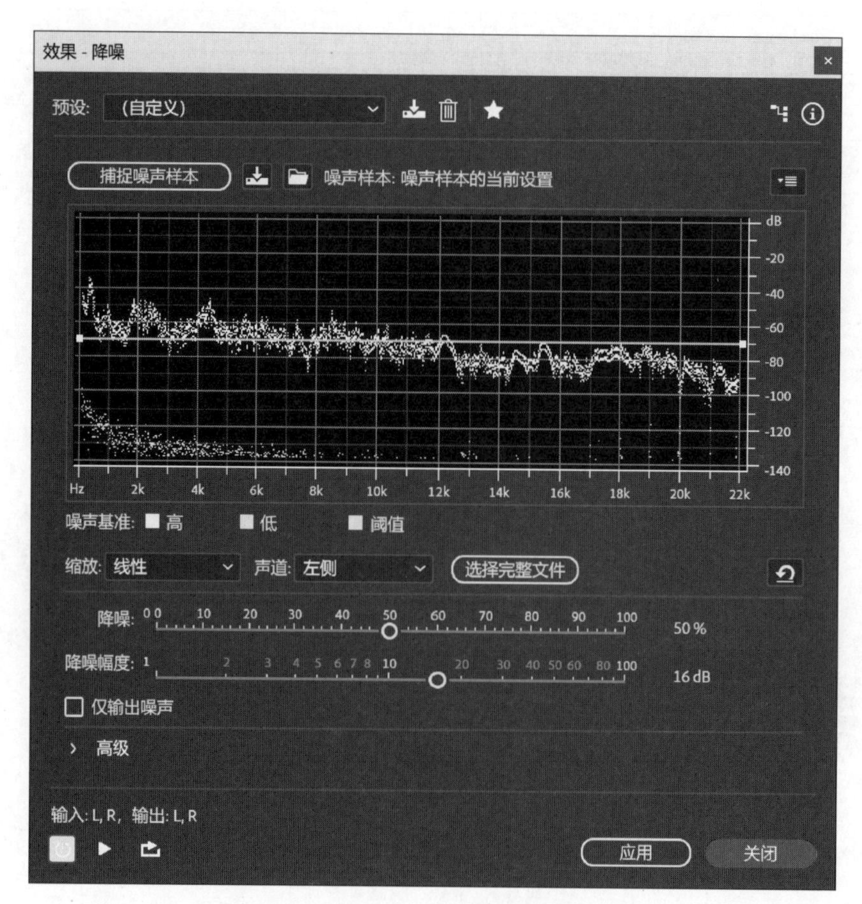

图 2.1.5　降噪窗口

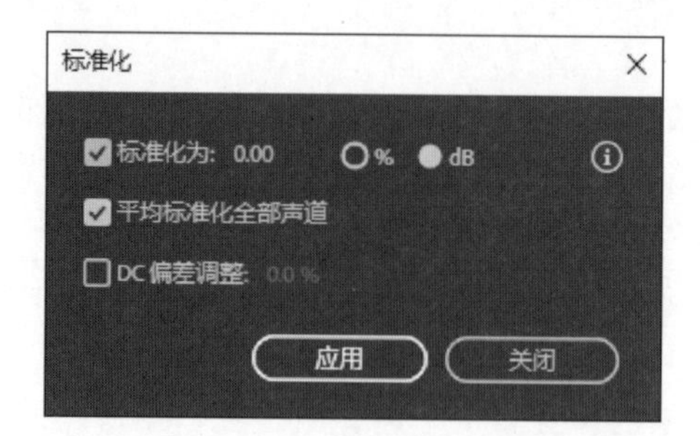

图 2.1.6　“标准化”对话框

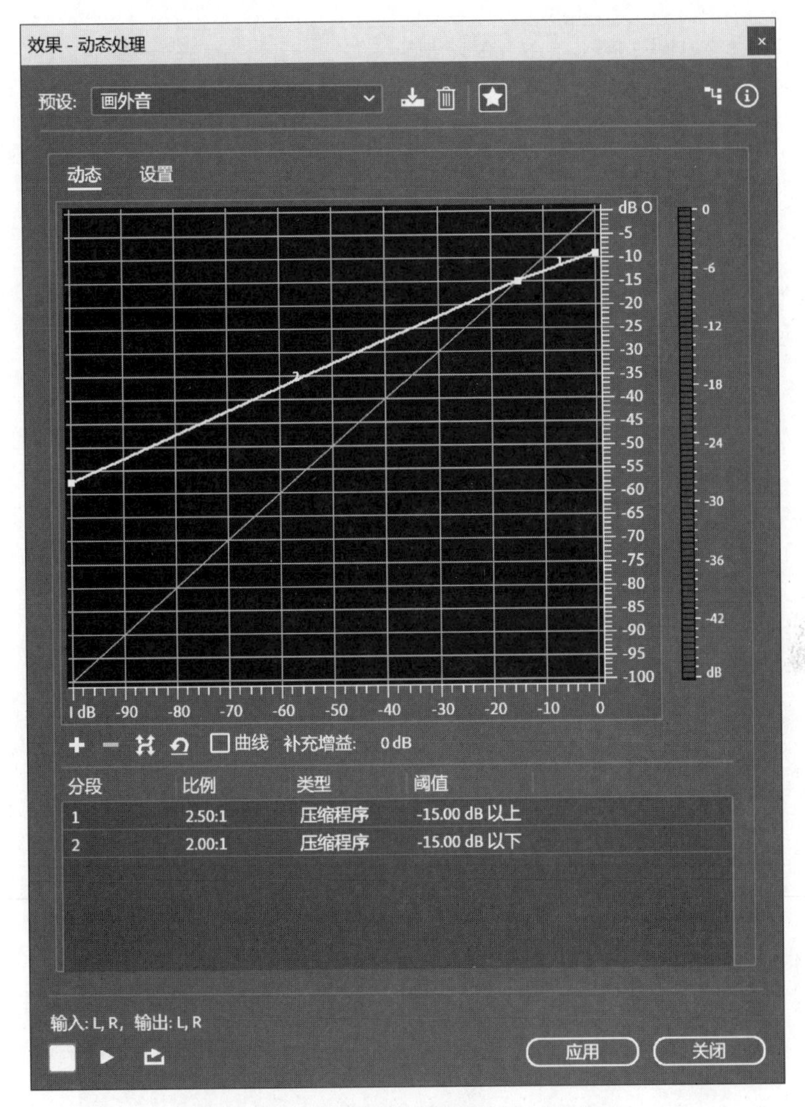

图 2.1.7　“效果-动态处理”对话框

(5) 声音的变速与变调处理

在单轨编辑状态下，选择菜单“效果”|“时间与变调”|“伸缩与变调(处理)”命令，打开如图 2.1.9 所示的对话框，在“预设”中选择相应的选项即可实现声音的变速或变调。

① 声音的变速。

倍速：伸缩为 45%，变调为 12 个半音阶，声音加快且变调。

加速：伸缩为 65%，变调为 0 个半音阶，声音加快但不变调。

快速讲话：伸缩为 45%，变调为 0 个半音阶，声音加快但不变调。

减速：伸缩为 150%，变调为 0 个半音阶，声音变慢但不变调。

断电：初始伸缩为 100%，最终伸缩为 500%，声音是越来越慢的，最后达到有气无力的感觉。

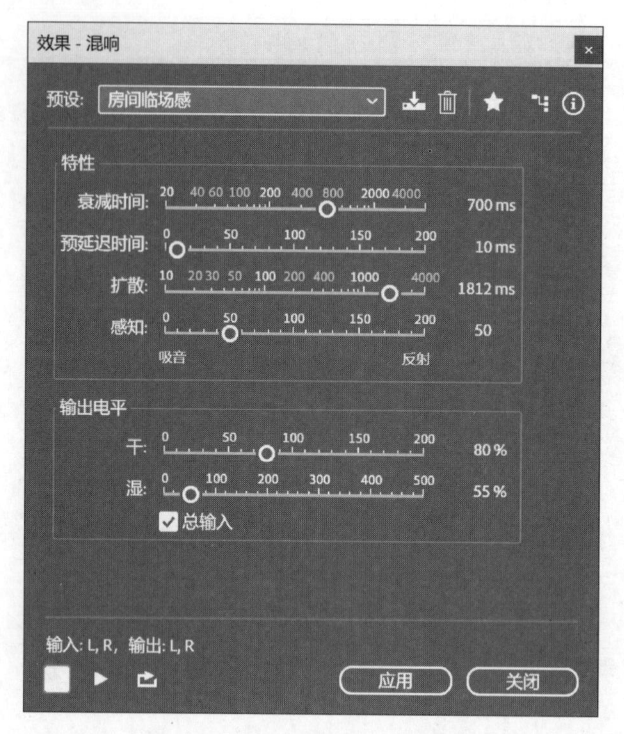

图 2.1.8 “效果-混响”对话框

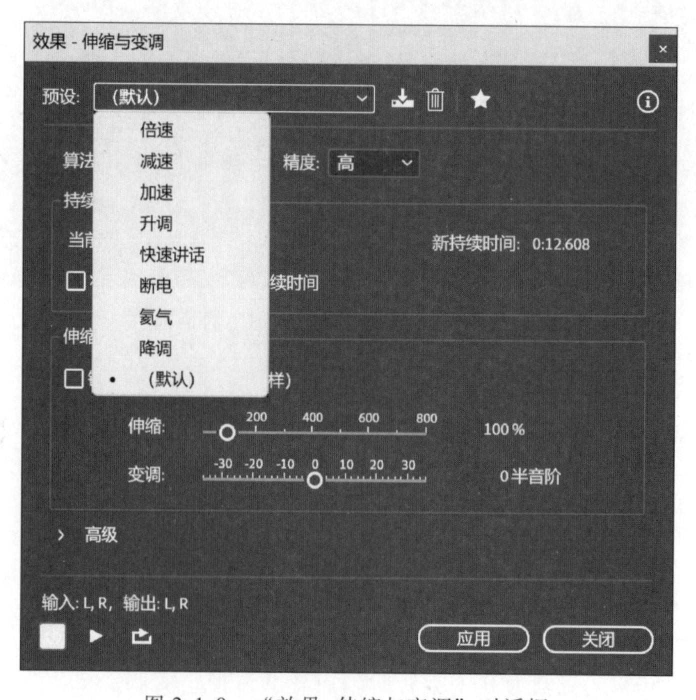

图 2.1.9 “效果-伸缩与变调”对话框

② 声音的变调。

升调(raise pitch)：变调为 4 个半音阶，使男声变女声。

降调(lower pitch)：变调为-5 个半音阶，使女声变男声。

氦气(helium)：变调为 8 个半音阶，进行童声处理。

(6) 人声消除

方法 1：选择菜单“效果”|“立体声声像”|“中置声道提取器”命令，打开如图 2.1.10 所示对话框，选择“预设”中的“人声移除”选项即可。

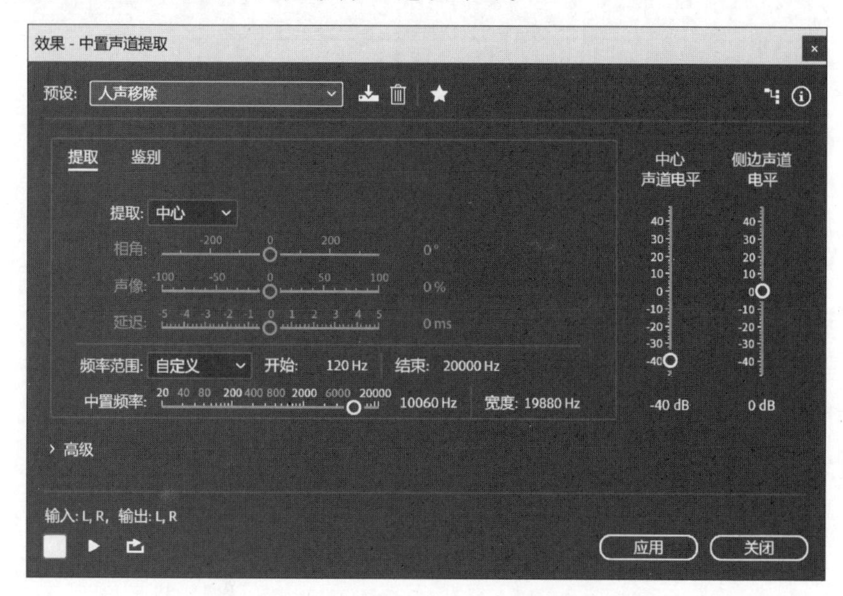

图 2.1.10　“效果-中置声道提取”对话框

方法 2：将左声道的波形反相，然后选择菜单“编辑”|“变换采样类型”命令，再选择“单声道”选项，看看左右声道是否可以完全抵消。

方法 3：选择菜单“效果”|“振幅与压限”|“声道混合器”命令，分别实现将左声道的波形消除，右声道的波形消除，两个声道的波形都消除 3 种效果。

思考：如何利用声道混合器将其中一个声道的波形叠加到另一个声道上，达到提升某个声道的波形幅度。

3. 制作一首配乐诗朗诵

把结果文件保存为 sy1-3. mp3。

① 准备工作：寻找制作配乐诗朗诵的素材，一首背景音乐和一首诗。注意：背景音乐要尽量符合诗的意境和节奏。

② 对背景音乐进行剪辑，使它的长度与诗朗诵的时间长度基本一致。完成后将它导入多轨编辑模式下的一个音轨中，比如音轨 1。

③ 使用多轨录音：让音轨 2 处于准备录音状态，听着背景音乐大声朗诵。

④ 给录制的声音进行降噪、标准化、动态处理，添加回声、混响等效果。

⑤ 将制作好的配乐诗朗诵混缩输出为 MP3 格式的文件。

实验二 图像的基本操作

一、实验目的

① 熟悉 Photoshop 的基本操作。

② 掌握常用图像处理工具的使用方法。

③ 掌握图层的简单应用。

二、实验内容

1. 立体相框的制作

把结果文件保存为 sy2-1. psd。

① 打开图片“牡丹花 . jpg”，选择菜单“图像”|“图像大小”命令，注意观察当前图像大小是 9. 00 MB，请用计算器计算 2 048×1 536×3/(1 024×1 024)是不是正好等于图像大小 9 MB。当前尺寸(图像可打印尺寸，对应老版本的文档大小)是 72. 25 cm×54. 19 cm。

将宽度和高度改为 1 024 像素×768 像素，分辨率设为 72 ppi，观察现在的图像大小为 2. 25 MB，当前尺寸为 36. 12 cm×27. 09 cm。

若将分辨率改为 300 ppi，注意尺寸没有改变，但是图像大小改变了，变成了 39. 1 MB，为什么？通过本实验了解图像大小、尺寸(即可打印的文档大小)和分辨率之间的关系。

② 下面设置立体相框效果。

a. 打开图片“t1. jpg”，图像大小改为 100 像素×72 像素，选取该照片定义为图案。

b. 将“牡丹花 . jpg”的图像大小设为 1 024 像素×768 像素，分辨率为 72 ppi，画布的宽度和高度都扩大 8 cm，然后将自己定义的图案填充到扩充的画布区域内。

c. 在“图层”面板中双击背景图层，将其转换为普通图层，然后添加斜面与浮雕的立体效果，样式自己定义。效果如图 2. 2. 1 所示。

2. 移花接木

把结果文件保存为 sy2-2. psd。

① 打开图片“美人蕉 . jpg”，将图像的大小改为 800 像素×600 像素，图像顺时针旋转 90°，如图 2. 2. 2 所示。

图 2.2.1 立体相框效果

图 2.2.2 美人蕉

② 打开图片“蝴蝶 .jpg”，将图片放大显示到 300%，用钢笔工具描绘出蝴蝶的路径(注意：工具选项栏中选择工具的模式为路径)，如图 2.2.3 所示，然后在如图 2.2.4 所示的“路径”面板中单击下方的“将路径作为选区载入”按钮，将蝴蝶选中，按 Ctrl+C 键复制选中的图像。注意：如果复制出来的是路径，请先取消工作路径的选中状态，再按 Ctrl+C 键复制图层中的图像。

图 2.2.3 蝴蝶的路径

图 2.2.4 “路径”面板

③ 切换到美人蕉图片，按 Ctrl+V 键粘贴(注意：复制的图片放在一个新图层中)，可以按 Ctrl+T 键(自由变换)对蝴蝶进行任意缩放，调整到合适的大小，利用移动工具将蝴蝶移动到花瓣上，最后合并图层，效果如图 2.2.5 所示。

3. 制作圆柱体等图案

把结果文件保存为 sy2-3. psd。

① 新建一个 RGB 模式的彩色图像文件，大小为 800 像素×600 像素，分辨率为 72 ppi。

② 新建一个图层 1，用矩形选框工具拉出一个矩形，从左往右填充一个从深灰到浅灰的线性渐变色，如图 2.2.6 所示。

③ 继续新建一个图层 2，在矩形顶部用椭圆选框工具拉出一个椭圆形区域，从右往左填充一个从深灰到浅灰的线性渐变色，如图 2.2.7 所示。

图 2.2.5　合成后的照片

图 2.2.6　矩形区域

图 2.2.7　椭圆区域

④ 单击椭圆选框工具，用鼠标将椭圆选区移动到矩形的下方，如图 2.2.8 所示。(注意：不能用移动工具，移动工具移动的是选区内的图像。)

⑤ 单击矩形选框工具，再单击工具选项栏中的(添加到选区)按钮，拉出一个矩形区域，扩大选区范围，如图 2.2.9 所示，选择菜单“选择”|“反向”命令，单击“图层”面板的图层 1，选择菜单“编辑”|“清除”命令，取消选区得到如图 2.2.10 所示的圆柱体效果。

图 2.2.8　移动椭圆选区

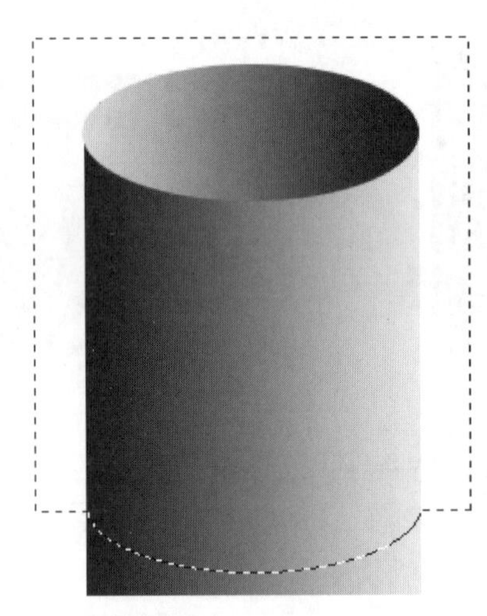

图 2.2.9　扩大选区

图 2.2.10　圆柱体

⑥ 继续制作如图 2.2.11 所示的圆锥体和如图 2.2.12 所示的立方体。

注意：3 个图案可以制作在一个图像文件中，也可以分别制作在 3 个文件中，最后再合并到一个文件中保存。

4. 修补照片

把结果文件保存为 sy2-4.psd。

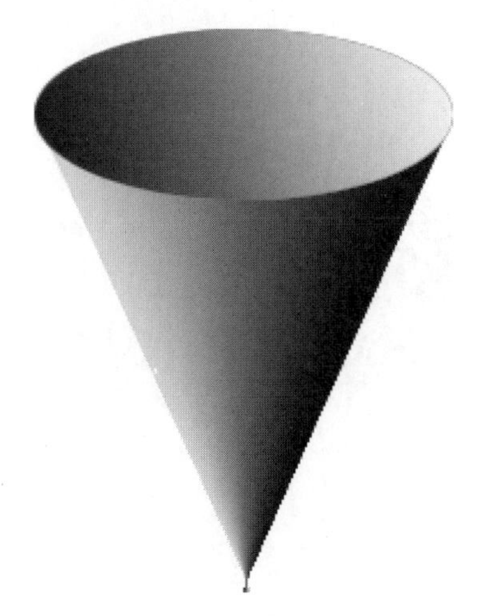

图 2.2.11 圆锥体

图 2.2.12 立方体

打开“原始照片 .jpg”，将背景中的人物修补干净，然后新建一个文件，大小为 1 280 像素×480 像素，分辨率为 72 ppi，将原始照片和修补以后的照片缩小到合适大小，便于以后复制到新文件中，左边是原始照片，右边是修补后的照片。

注意：建议改用自己的照片进行修补。

5. 制作彩色文字

把结果文件保存为 sy2-5. psd。

提示：任意打开一幅彩色图片，选择横排文字蒙版工具，设置好字体和大小，在图层蒙版上输入文字(请输入自己的名字)，这时文字成为选区，选择菜单“选择”|“反选”命令，将非文字区域选中，清除非文字区域的图像，按 Ctrl+D 键取消选择就得到彩色文字了，如图 2.2.13所示。

图 2.2.13 蒙版彩色字

6. 制作心形图案

把结果文件保存为 sy2-6. psd。

提示：

① 打开图片文件，双击背景图层将其转换为普通图层。

② 用钢笔工具绘制一个心形图案，注意：选择工具选项栏中的形状工具，绘制一个心形的形状图层，将形状图层直接拖到图层 0 的下面。

注意：形状图层必须放在所有图层的最下面。

③ 输入文字，然后选择菜单“图层”|“创建剪贴蒙版”命令，或按住 Alt 键的同时将鼠标放在两个相邻图层的分界线处单击鼠标，分别将文字图层和图像图层缩进，如图 2.2.14 所示，

最后合并可见图层的效果如图 2. 2. 15 所示。

图 2. 2. 14 “图层”面板

图 2. 2. 15 剪贴蒙版效果

实验三　Photoshop 高级应用

一、实验目的

① 掌握 Photoshop 图层的应用方法。

② 学会蒙版的使用方法。

③ 了解通道的使用方法。

④ 综合运用图层、蒙版以及通道，掌握 Photoshop 的高级应用技巧。

二、实验内容

1. 制作一个相减混色的示例图

如图 2.3.1 所示，把结果文件保存为 sy3-1.psd。

方法 1：3 个圆分别画在 3 个图层中，利用图层的混合模式(正片叠底)来实现。

方法 2：3 个圆都画在图层 1 中，用油漆桶填充颜色，注意混合模式的改变。

比较两种实现方法，体会分图层制作的优点。

图 2.3.1　相减混色示例图

2. 给小汽车换颜色

把结果文件保存为 sy3-2.psd。

方法 1：用钢笔工具将汽车边缘路径描绘出来，如图 2.3.2 所示，将路径转换为选区(采用快速选择工具或磁性套索等工具进行选择都可以)，新建图层 1，设置前景色为黄色，填充该颜色到图层 1 的选区内，再将新图层的混合模式设置为“颜色”，最后合并图层，效果如图 2.3.3 所示。

方法 2：选择菜单“图像”|“调整”|“色相/饱和度”命令，将红色替换为其他颜色。

方法 3：选择菜单“图像”|“调整”|“替换颜色”命令，将红色替换为其他颜色。

思考：比较 3 种方法的优缺点，掌握各种方法的应用。

方法 1 中如果采用其他图层混合模式，观察其混合效果。

图 2.3.2　汽车路径

图 2.3.3　换颜色后(黄色)效果

3. 制作火焰字

把结果文件保存为 sy3-3.psd。

① 新建一个图像文件，大小为 640 像素×480 像素，分辨率为 72 ppi，将背景填充为黑色。

② 输入文字“火焰”，大小 120，颜色为红色，将文字图层与背景图层合并。

③ 逆时针旋转图像 90°，选择菜单“滤镜”|“风格化”|“风”命令，从右向左吹，按 Ctrl+F 键可重复应用“风”滤镜，使吹出的线条更明显，然后将图像顺时针旋转 90°。

④ 选择菜单“滤镜”|“扭曲”|“波纹”命令，数量设为 100%，大小设为中，使吹出的线条和文字发生扭曲。

⑤ 选择菜单“图像”|“模式”|“灰度”命令，扔掉文字的颜色，变成灰色文字。

⑥ 选择菜单“图像”|“模式”|“索引颜色”命令，再选择菜单“图像”|“模式”|“颜色表”命令，选择“黑体”选项，这里的颜色更接近火焰的颜色。最后选择菜单“图像”|“模式”|“RGB 模式”命令使图像恢复为彩色图像，如图 2.3.4 所示。

图 2.3.4　火焰字

4. 制作一个木桶

把结果文件保存为 sy3-4.psd。

① 新建一个文件，大小为 600 像素×600 像素，分辨率为 72 ppi，背景为白色。

② 选择菜单“滤镜”|“杂色”|“添加杂色”命令，设置数量为 40%，高斯分布，选中“单色”选项。

③ 选择菜单“滤镜”|“滤镜库”|“纹理”|“颗粒”命令，设置强度为 72，对比度为 30，颗粒类型为垂直。

④ 选择菜单“图像”|“调整”|“色相/饱和度”命令，先勾选“着色”复选框，再设置色相为 28，饱和度为 55，明度为-60。

⑤ 选择菜单“滤镜”|“液化”命令，在纹理上进行任意涂抹，使纹理变得不规则，制作的木纹效果如图 2.3.5 所示。选中制作的木纹，将其定义为图案。

⑥ 通过“历史记录”面板回到文件新建状态，参考实验二的第 3 部分制作一个圆柱体，填充前面定义的木纹图案，效果如图 2.3.6 所示。

图 2.3.5 木纹效果

图 2.3.6 木纹圆柱体

⑦ 为了让木纹出现高光和暗部，使木桶具有立体感，在矩形木纹图层下方新建一个图层，并在矩形区域内填充从深灰到浅灰的渐变色，设置木纹图层的混合模式为“叠加”，如图 2.3.7 所示，这样木纹就具有了高光和暗部，同样给椭圆木纹部分设置高光和暗部(注意灰度变化要与矩形部分正好相反)，效果如图 2.3.8 所示。

图 2.3.7 “图层”面板

图 2.3.8 木纹效果

⑧ 参考理论篇的例 3.9 制作木纹上的立体字效果，如图 2.3.9 所示。

5. 设计一个标志或图案

先制作一个如图 2.3.10 所示的图案，把结果保存为 sy3-5-1. psd，然后再设计一个有自己特色的标志图案，结果保存为 sy3-5-2. psd。

① 用竖排文字工具输入“多媒体”，单击工具选项栏中的“创建变形文本”按钮，选择“扇形”选项，设置垂直方向弯曲 100%，通过应用样式设置文字的立体效果和渐变颜色填充，另一边的文字只需将垂直方向弯曲改为 -100% 即可。竖排文字“图文声像”，采用挤压变形，横排文字“技术与应用”，采用“下弧”变形效果，横排文字“动画 视频”，采用“扇形”变形效果。

图 2.3.9　立体字效果

图 2.3.10　图案效果

② 打开“百合花.jpg”文件，选择图片，通过多次复制、粘贴并移动位置对齐即可。

③ 打开“乐音动画图片.gif”文件，选择并复制、粘贴，将乐音图片复制到一个新图层中，按住 Ctrl 键并单击该图层，对选区进行渐变填充即可。

实验四 Photoshop 综合应用

一、实验目的

① 熟悉常用滤镜的作用。

② 综合运用各种手段制作特殊的图像效果。

二、实验内容

1. 利用滤镜制作一个镂空的彩球

把结果文件保存为 sy4-1. psd。

提示(参考中国学生网):

① 新建一个背景为透明的新文件，如图 2.4.1 所示，将背景层改名为“凹陷”，选择直线工具，在工具选项栏中单击“填充像素”选项，画出一个网格背景图案，线条颜色填充为浅灰色，效果如图 2.4.2 所示。

② 复制“凹陷”图层，改名为“凸起”，用椭圆选框工具选取一个正圆(按住 Shift+Alt 键从圆心往外拖曳鼠标)，选择菜单“滤镜”|“扭曲”|“球面化”命令，数量设为 100%。

③ 切换到“凹陷”图层，如图 2.4.3 所示。选择菜单“滤镜”|“扭曲”|“球面化”命令，数量设为-20%。

④ 选择菜单“选择”|“反选”命令，按 Delete 键将凹陷图层球面外围像素清除，切换到凸起图层，继续按 Delete 键将球面外围像素清除，按 Ctrl+D 键取消选择。

⑤ 按住 Ctrl 键并单击“凸起”图层，将球形选中，在“通道”面板中单击“将选区存储为通道”按钮，选择菜单“滤镜”|“模糊”|“高斯模糊”命令(半径为 4)。

⑥ 回到“图层”面板(选区不要取消)，选择菜单“滤镜”|“渲染”|“光照效果”命令，选择点光，纹理通道设为“Alpha 1”，其他默认不变，如图 2.4.4 所示。

注意：不同的光照效果可以使物体呈现出不同的质感，请在左边的光照区直接拖曳控制点改变光照的方向和距离，调节光照的强度和亮度，观察最后的效果有什么区别。

⑦ 在凸起层上新建一个图层(选区不要取消)，选择一种渐变色填充选区，将图层的混合模式设置为“颜色”，与下面的凸起图层合并，按 Ctrl+D 键取消选区。

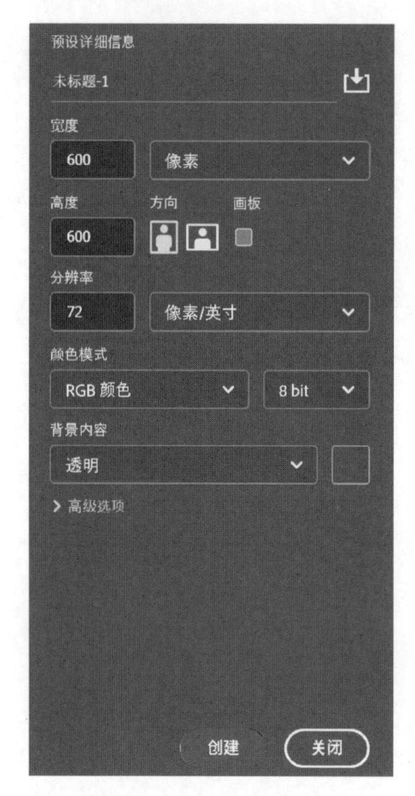

图 2.4.1　新建背景为透明的新文件

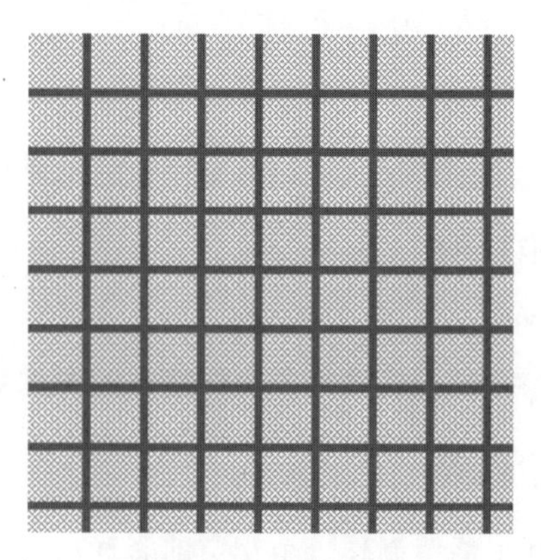

图 2.4.2　网格背景

图 2.4.3　“图层”面板

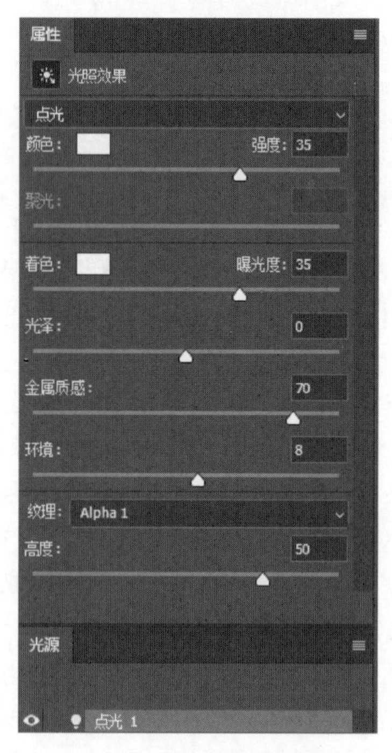

图 2.4.4　光照效果设置

⑧ 用类似方法设置“凹陷”图层的填充效果。最后效果如图 2.4.5 所示。

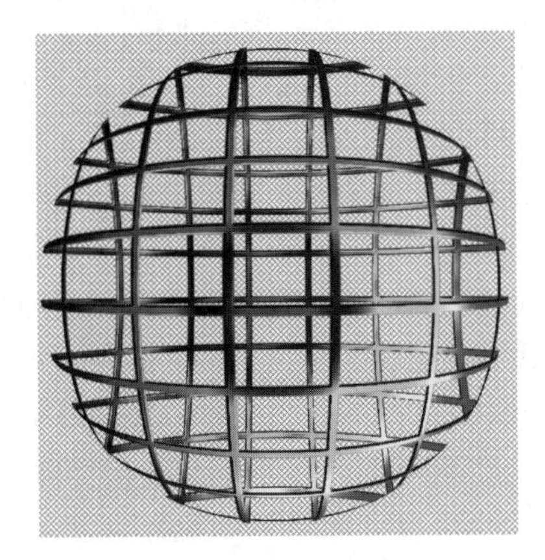

图 2.4.5　镂空的彩球效果

2. 棋盘格的制作

把结果文件保存为 sy4-2. psd。

① 新建一个文件，大小为 800 像素×800 像素，分辨率为 300 ppi。

② 制作填充用的黑白块图案。

a. 新建一个图层 1，建立一个 100 像素×100 像素的矩形选区，填充黑色，取消选区。

b. 复制图层 1，单击移动工具，往右下移动复制的黑色矩形，对齐两个黑色矩形的位置，如图 2.4.6 所示。

c. 合并所有图层，再用矩形选框工具将两个黑色矩形都选中，选择菜单“编辑”|“定义图案”命令。

③ 通过“历史记录”面板回到新建文件状态。新建图层 1，填充前面定义的图案得到棋盘格效果，如图 2.4.7 所示。

图 2.4.6　对齐矩形

图 2.4.7　棋盘格图案效果

④ 制作棋盘格的立体边框。

a. 新建图层 2，填充深红色，设置图层样式为斜面与浮雕，深度改为 200%。

b. 新建图层 3，填充金黄色，设置图层样式为斜面与浮雕，深度改为 450%，大小改为 20 像素。

c. 按住 Ctrl 键并单击图层 3 的缩览图将其选中，选择菜单“选择”|“变换选区”命令，按

住 Shift 键和 Alt 键，往中心拖曳鼠标到左上角，等比例缩小到 94%，按 Delete 键清除选区内的图像。

d. 单击图层 2，继续等比例缩小选区到 94%，按 Delete 键清除选区内的图像。

e. 选中图层 1，按 Ctrl+T 键对图层 1 进行自由变换，等比例将棋盘格缩小到相框内。

f. 将图层 1、图层 2 和图层 3 合并为一个图层 1，效果如图 2.4.8 所示。

⑤ 创建一个球。

a. 新建一个图层 2，按住 Shift+Alt 键用椭圆选框工具拉出一个正圆，填充渐变色：径向填充，颜色从白色到浅红再到深红色。

b. 设置羽化值为 20 像素，选择菜单“选择”|“修改”|“扩展”命令，设为 25 像素。

c. 单击椭圆选框工具，将圆形选区往左下角方向稍微移动，如图 2.4.9 所示，选择菜单“选择”|“反选”命令，再选择菜单“图像”|“调整”|“色相/饱和度”命令，设置色相为+10，饱和度为-10，明度为+12(颜色稍微减淡)，按 Ctrl+D 键取消选区。这里主要是增加球的立体感。

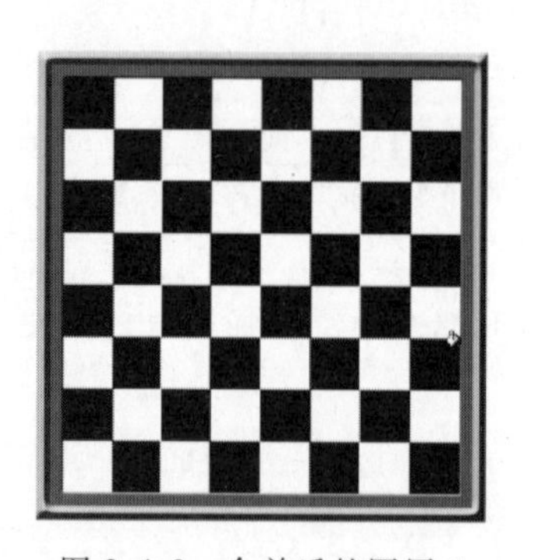

图 2.4.8　合并后的图层 1

图 2.4.9　小球选区移动位置

⑥ 扩大画布，右边宽度扩展 5 cm。

⑦ 将棋盘格扭曲：选中图层 1，选择菜单“编辑”|“变换”|“扭曲”命令，调节 4 个顶点扭曲成如图 2.4.10 所示的形状。

⑧ 将球缩小：选中图层 2，按 Ctrl+T 键对小球进行自由变换，将球缩小并移到合适的位置。

⑨ 设置背景：选中背景图层，将前景色和背景色分别设置成深红和金黄色，选择菜单“滤镜”|“渲染”|“云彩”命令，效果如图 2.4.11 所示。

⑩ 创建小球的阴影。单击图层 1，在图层 1 上方新建一个图层 3，设置羽化值为 13 像素，在球的右下方创建一个椭圆选区，填充黑色，效果如图 2.4.12 所示，然后取消选区。

⑪ 制作球体下半部分的透明效果。

a. 按住 Ctrl 键并单击图层 2 的缩览图，选中小球。

b. 选择菜单“选择”|“变换选区”命令，将下面的控制点往上移动，在垂直方向上压缩选区，然后反选。

图 2.4.10　扭曲棋盘格

图 2.4.11　渲染背景

c. 按住 Ctrl+Shift+Alt 键并单击图层 2(获得交叉选区)，得到小球的下半部分选区，如图 2.4.13 所示。

图 2.4.12　小球的阴影

图 2.4.13　选中小球的下半部分

d. 单击图层 1，选择菜单“图层”|“新建”|“通过拷贝的图层”命令，在图层 1 的上方建立一个图层 4(通过复制再粘贴也可以)。

e. 将图层 4 移动到图层 2 的上面，将图层 4 的混合模式设置为“柔光”，如图 2.4.14 所示，按住 Ctrl 键并单击图层 4，添加“滤镜”|“扭曲”|“球面化”效果，大小为 38%，效果如图 2.4.15 所示，取消选区。

图 2.4.14　“图层”面板

⑫ 设置棋盘格的风吹效果。

a. 按住 Ctrl 键并单击图层 1，选中棋盘格，设置羽化值为 10 像素，在图层 1 的下方新建一个图层 5，将图层 5 的选区填充白色。

b. 逆时针旋转图像 90°，选择菜单“滤镜”|“风格化”|“风”命令，选择“大风”选项，从左吹，再添加 3 次“风”滤镜，把图像顺时针旋转回来。

c. 选择菜单“滤镜”|“模糊”|“动感模糊”命令，设为 10 像素，效果如图 2.4.16 所示。

图 2.4.15　柔光混合效果

图 2.4.16　风吹效果

⑬ 在画布右侧添加合适的文字，把所有图层合并保存。

3. 设计制作一张自己的名片

把结果文件保存为 sy4－3.psd。要求名片的宽度为 9 cm，高度为 5.4 cm，分辨率为 300 ppi，名片上包含自己的姓名和联系方式，画面尽量简洁大方。如图 2.4.17 所示为学生设计的名片效果。

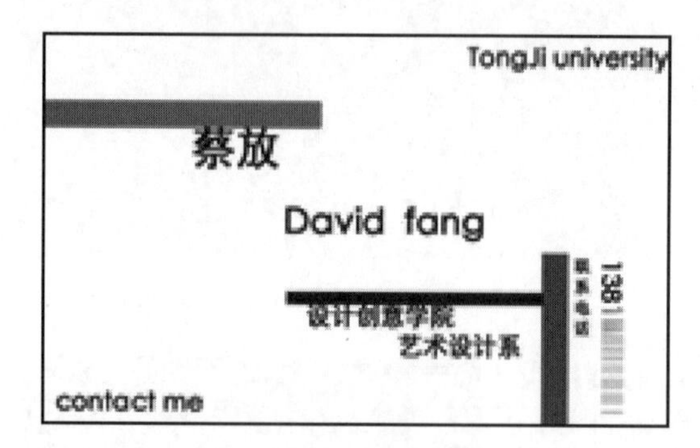

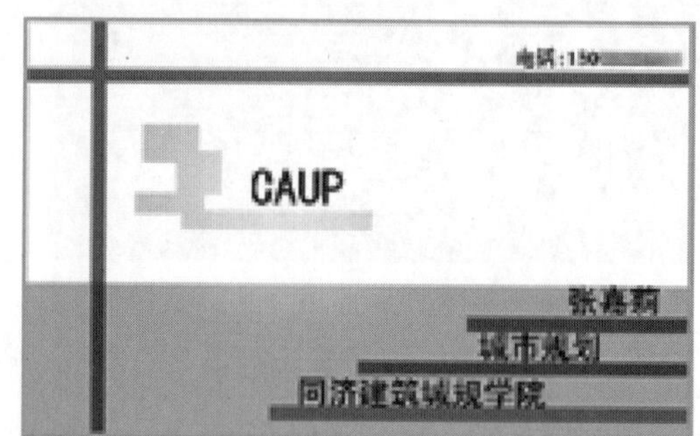

图 2.4.17　学生设计的名片效果

实验五 Premiere 视频基本操作

一、实验目的

① 熟悉 Premiere 的操作环境。
② 掌握 Premiere 的基本操作。
③ 学会简单视频和音频的剪辑方法。
④ 掌握视频效果的制作方法。

二、实验内容

1. 制作倒计时和彩色字

新建一个项目文件 sy5-1. prproj，参数默认，所有新建序列的编辑模式为“自定义”，帧大小为 800 像素×600 像素，时基为 25 fps，像素长宽比为方形像素(1.0)，无场，音频和轨道参数为默认值。

(1) 制作通用倒计时

新建一个序列“通用倒计时”，选择菜单“文件”|“新建”|“通用倒计时片头”命令，设置自己喜欢的颜色，拖放到 V1 轨道，持续时间改为 13 s，播放当前通用倒计时，观察数字变化顺序，然后勾选“剪辑速度/持续时间”对话框中的“倒放速度”复选框，再播放观察数字变化顺序。

(2) 制作自己的倒计时

新建一个序列“倒计时”，利用文本工具单击节目预览窗口，或选择菜单“图形”|“新建图层”|“文本”命令，新建大写数字“伍”。在时间轴面板中选中文本图层，再选中文字“伍”，在“效果控件”面板中对“文本(伍)”设置参数：“源文本”中字体为“STXingkai (华文行楷)”，字体大小为 200，居中对齐文本；“变换”中“位置”设为(400，350)。在时间轴中将文本图层持续长度设为 3 s。参照上述步骤在 V1 轨道上新建文本(肆、叁、贰、壹)，持续时间都是 3 s，并依次排列；或将时间指针移到 3 s 处，单击“文本(伍)”图层，按 Ctrl+C 键，再按 Ctrl+V 键连续粘贴 4 次，然后修改新图层的文本内容为(肆、叁、贰、壹)。在两个文本图层中间添加视频过渡“擦除”|“时钟式擦除”，过渡持续时间为 3 s。

(3) 制作一个彩色发光字

① 新建一个“彩色文本”序列，选择菜单“文件”|“新建”|“彩条”命令，将其拖放到 V1 轨道的起始位置，解除音视频连接后将其音频部分删除，持续时间默认为 5 s。

② 在 V2 轨道新建一个文本图层，输入文本“多媒体技术”，字体设为“华文仿宋 (STFangSong)”，大小为 110，居中对齐文本，“位置”设为(400, 330)，持续时间为 5 s。

③ 给 V1 轨道的“色条和色调”添加视频效果“键控”|“轨道遮罩键”，“遮罩”设为“视频 2”，“合成方式”设为“Alpha 遮罩”，如图 2.5.1 所示。可以看到彩条从文本中透出了彩色，效果如图 2.5.2 所示。

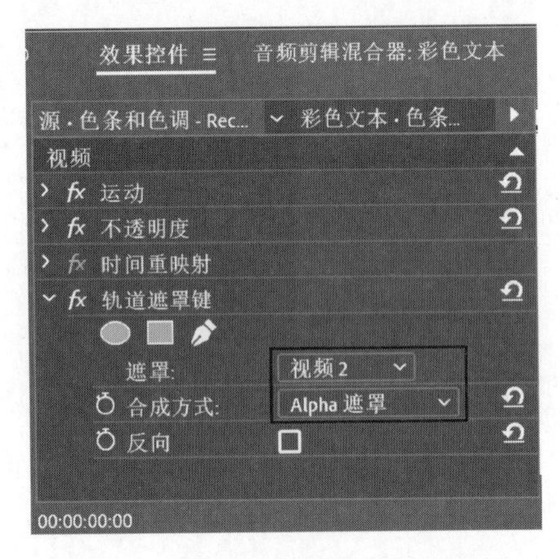

图 2.5.1 轨道遮罩键参数的设置

图 2.5.2 彩色文本效果

④ 新建一个“发光字”序列，将“彩色文本”序列拖放到 V1 轨道的起始位置，解除音视频连接后将其音频部分删除，持续时间默认为 5 s。

注意：默认没有安装发光特效，可以到网上下载安装 Trapcode 插件中的 Shine。如果插件注册不成功，则使用过程中背景会留下水印。

添加视频效果“Trapcode | Shine”，将源点、光线长度、提升光的变化记录为动画，单击这 3 个参数前面的 (切换动画) 按钮，在第 0 秒处设置 Source Point (源点) 为 (560, 215)，Ray Length (光线长度) 为 1，Boost Light (提升光) 为 1.0；在第 3 秒处设置 Ray Length 为 5，Boost Light 为 5.0；在第 5 秒 24 帧处设置 Source Point 为 (60, 215)，Ray Length 为 1，Boost Light 为 1.0；Colorize (彩色化) 选择“3-Color Gradient”(3 色渐变)，Base on (基于) 选择“Alpha”，Highlights (高光) 为白色，Midtones (中间调) 为金黄色 HSB (45, 100, 100)，Shades (阴影色) 设为暗金色 HSB (45, 100, 70)，Tranfer Mode (混合模式) 选择“Screen”(屏幕)，Shine 参数设置如图 2.5.3 所示。最后保存项目，文字发光效果如图 2.5.4 所示。

2. 视频剪辑练习

新建项目文件 sy5-2. prproj，参数默认。

① 新建一个序列 01，选择预设为 DV-PAL，标准 32 kHz。

② 导入 3 个视频素材“ocean1. mp4”“ocean2. mp4”和“鸟的飞行 . wmv”。

③ 分别截取 3 个视频素材中间的某个片段，把 3 个视频片段依次拖放到 V1 轨道中，使其前后相连，利用波纹编辑工具和滚动编辑工具对相邻两个视频片段改变其持续长度，观察两个

工具之间的区别。

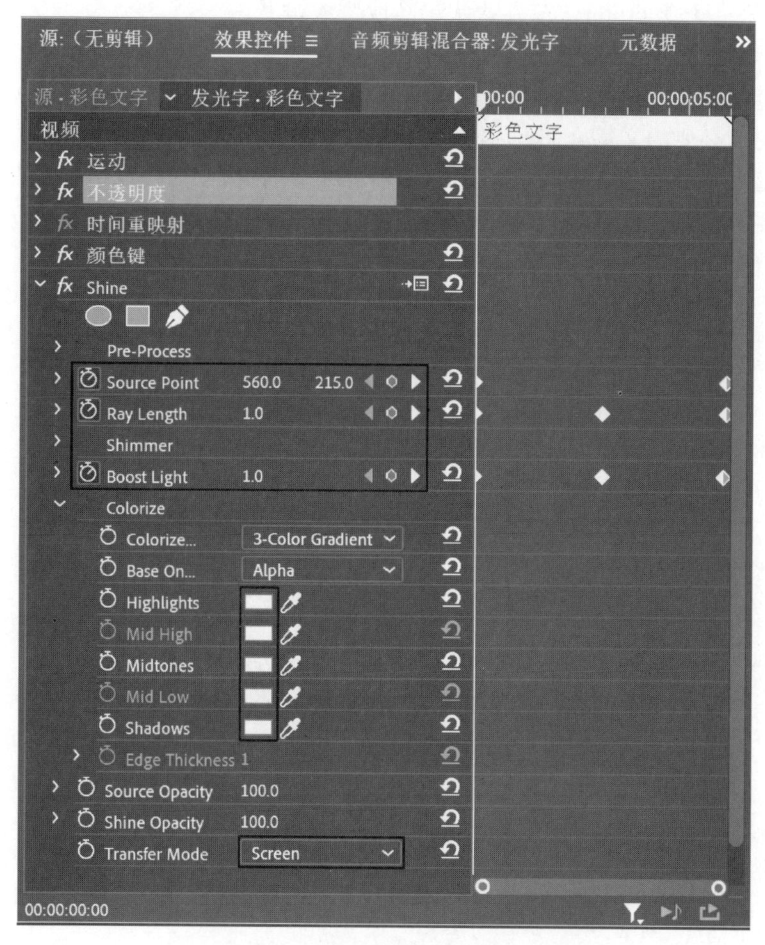

图 2.5.3　Shine 参数设置

图 2.5.4　文字发光效果

④ 再用外滑工具和内滑工具对中间那个视频片段进行滑动，观察 3 个视频片段的位置和长度有没有发生变化，前后两个视频片段的内容有何变化，以及两个工具的区别是什么。

3. 设计制作一个 1 分钟左右的花卉展示视频

新建项目文件 sy5-3. prproj，参数默认，其他要求如下。

① 序列选择“自定义”编辑模式：640 像素×480 像素，25 fps，方形像素，无场。

② 设计一个彩色文字标题，样式任意。

③ 给每种花加必要的文字介绍，尽量采用动态字幕，形式不限。

④ 添加自己喜欢的背景音乐，有条件的读者请尽量录制简短的旁白介绍。

⑤ 添加必要的特效，使画面变化自然而流畅。

⑥ 将序列渲染输出为 sy5-3. mp4 格式的视频。

注意：也可以选择自己喜欢的主题和素材。

实验六 视频合成

一、实验目的

① 掌握视频合成的基本流程。

② 学会使用序列嵌套。

③ 掌握常用视频效果的应用。

样例：
飘气球 .mp4

二、实验内容

1. 飘气球

要求：导入所需素材，制作一段如样例“飘气球 .mp4”所示的视频片段，项目中所有序列选择预置中的 DV PAL 标准 48 kHz，项目文件保存为 sy6-1. prproj。

（1）新建“照片变色 1”序列

① 将 f1. jpg 拖放到 V1 轨道的起始位置，设置 f1. jpg 的缩放比例为 26%，位置为(187，146)，旋转-20°，持续时间为 18 s，添加视频效果“过时”|“Color Balance(RGB)”，将时间线定位在第 6 s，单击 Red(红)、Green(绿)、Blue(蓝)前面的“切换动画”按钮分别添加关键点，设置 RGB 为(150，140，50)，在第 7 s 的 24 帧处设置 RGB 为(100，100，100)，如图 2. 6. 1 所示。

② 将 f2. jpg 照片拖放到 f1. jpg 照片后面，并把 f1. jpg 的属性复制给 f2. jpg，如图 2. 6. 2 所示。

注意：素材的持续长度不能通过复制修改，只能手动调整。

（2）新建“照片变色 2”序列

① 将 f3. jpg 拖放到 V1 轨道的起始位置，设置 f3. jpg 的缩放比例为 28%，位置为(367，168)，旋转 20°，持续时间为 18 s，添加视频效果“过时”|“Color Balance(RGB)”，将时间线定位在第 8 s，单击 Red、Green、Blue 前面的“切换动画”按钮分别添加关键点，设置 RGB 为(120，60，190)，在第 9 s 的 24 帧处设置 RGB 为(100，100，100)。

② 将 f4. jpg 拖放到 f3. jpg 后面，并把 f3. jpg 的属性复制给 f4. jpg。

（3）新建“照片变色 3”序列

① 将 f5. jpg 拖放到 V1 轨道的起始位置，设置 f5. jpg 的缩放比例为 24%，位置为(506，

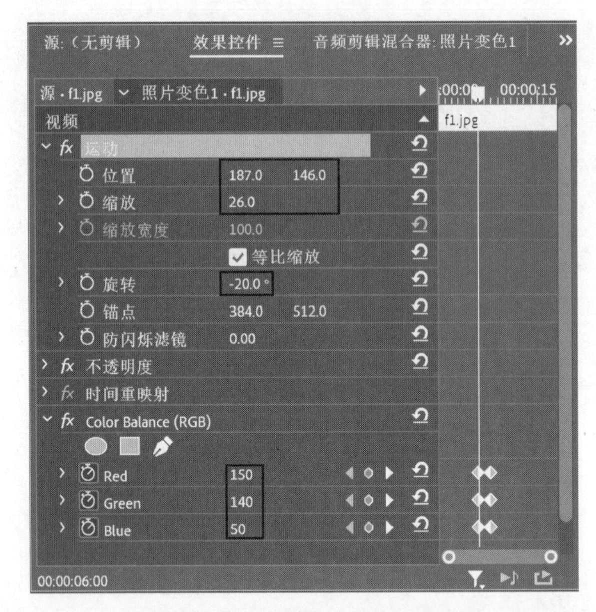

图 2.6.1　照片参数设置和变色控制

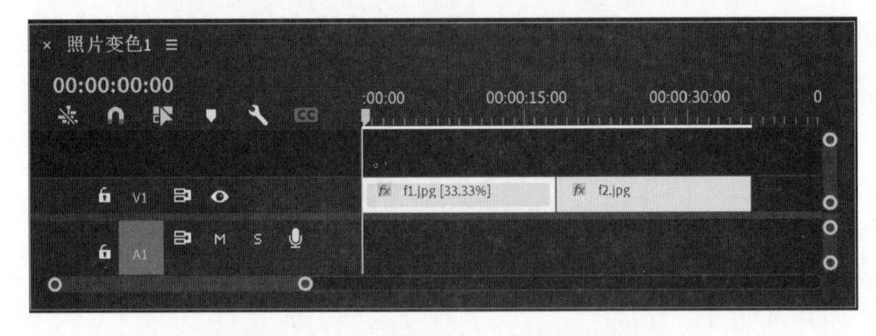

图 2.6.2　照片变色 1 序列的编排

208)，旋转 30°，持续时间为 18 s，添加视频效果“过时”|“Color Balance(RGB)”，将时间线定位在第 10 s，单击 Red、Green、Blue 前面的“切换动画”按钮分别添加关键点，设置 RGB 为(30，90，180)，在第 11 s 的 24 帧处设置 RGB 为(100，100，100)。

② 将 f6.jpg 拖放到 f5.jpg 后面，并把 f5.jpg 的属性复制给 f6.jpg。

(4) 新建“气球”序列

① 气球背景图片放到 V1 轨道开始位置，持续时间为 36 s。

② mask1 放到 V5 轨道上，并设置其淡入淡出效果。第 0 s 的透明度为 0，第 1 s 的 24 帧的透明度为 100；第 12 s 的透明度为 100，第 13 s 的 24 帧的透明度为 0；第 18 s 的透明度为 0，第 19 s 的 24 帧的透明度为 100%；第 30 s 的透明度为 100，第 31 s 的 24 帧的透明度为 0；第 35 s 的 24 帧的透明度为 0，如图 2.6.3 所示。

③ mask3 放到 V6 轨道上，并设置其淡入淡出效果。第 0 s 的透明度为 0，第 2 s 的透明度为 0，第 3 s 的 24 帧的透明度为 100；第 14 s 的透明度为 100，第 15 s 的 24 帧的透明度为 0；第 20 s 的透明度为 0，第 21 s 的 24 帧的透明度为 100%；第 32 s 的透明度为 100，第 33 s 的 24 帧的透明度为 0；第 35 s 的 24 帧的透明度为 0。

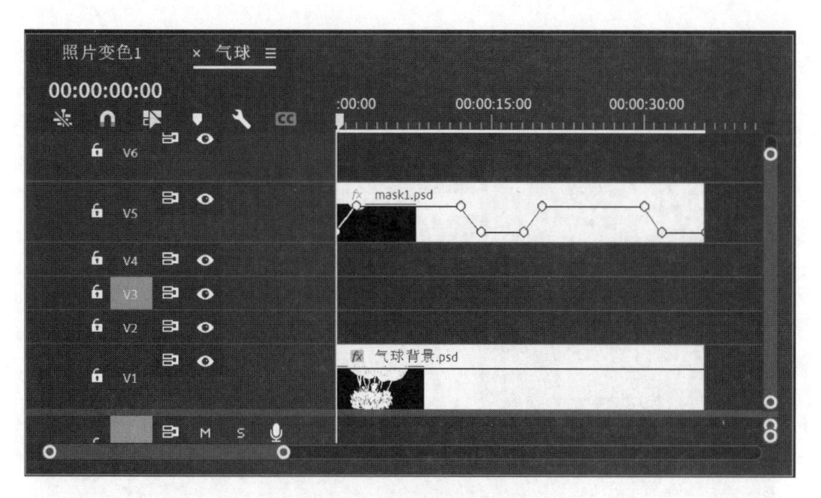

图 2.6.3　轨道透明度控制

④ mask2 放到 V7 轨道上，并设置其淡入淡出效果。第 0 s 的透明度为 0，第 4 s 的透明度为 0，第 5 s 的 24 帧的透明度为 100；第 16 s 的透明度为 100，第 17 s 的 24 帧的透明度为 0；第 22 s 的透明度为 0，第 23 s 的 24 帧的透明度为 100%；第 33 s 的 24 帧的透明度为 100；第 35 s 的 24 帧的透明度为 0。

⑤ “照片变色 1” 序列放到 V2 轨道上，取消音视频连接并删除其音频部分，添加视频效果中的 “键控”|“轨道遮罩键”，设置遮罩的轨道为视频 5，如图 2.6.4 所示。

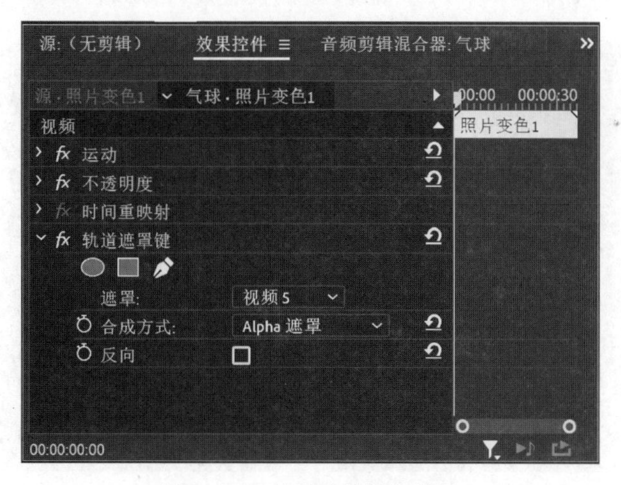

图 2.6.4　轨道遮罩键的设置

⑥ “照片变色 2” 序列放到 V3 轨道上，取消音视频连接并删除其音频部分，添加视频效果中的 “键控”|“轨道遮罩键”，设置遮罩的轨道为视频 6。

⑦ “照片变色 3” 序列放到 V4 轨道上，取消音视频连接并删除其音频部分，添加视频效果中的 “键控”|“轨道遮罩键”，设置遮罩的轨道为视频 7。气球序列最后的编排效果如图 2.6.5所示。

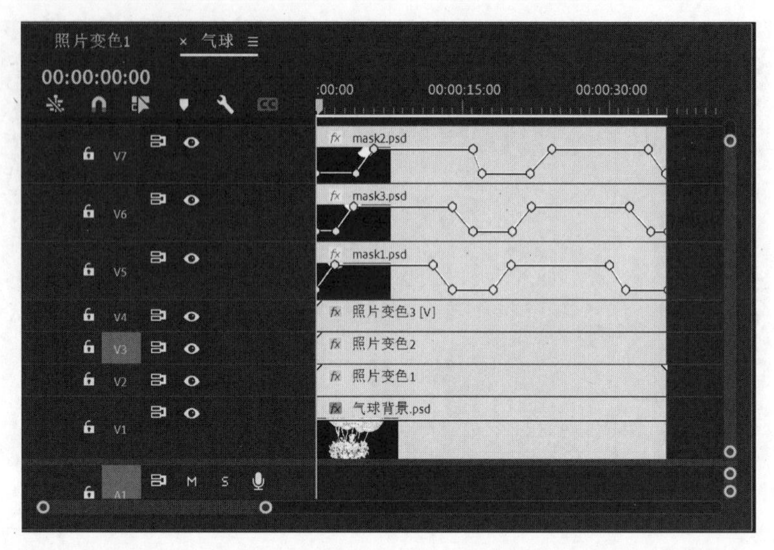

图 2.6.5　气球序列的编排效果

(5) 新建“合成”序列

将背景图片拖放到 V1 轨道上，持续时间为 36 s，第 0 s 的位置设为(407，575)，如图 2.6.6 所示，第 35 s 的 24 帧的位置设为(302，0)。

将气球序列拖放到 V2 轨道上，解除音视频连接并删除其音频部分，第 0 s 的位置设为(308，288)，如图 2.6.7 所示，第 35 s 的 24 帧的位置设为(445，288)。

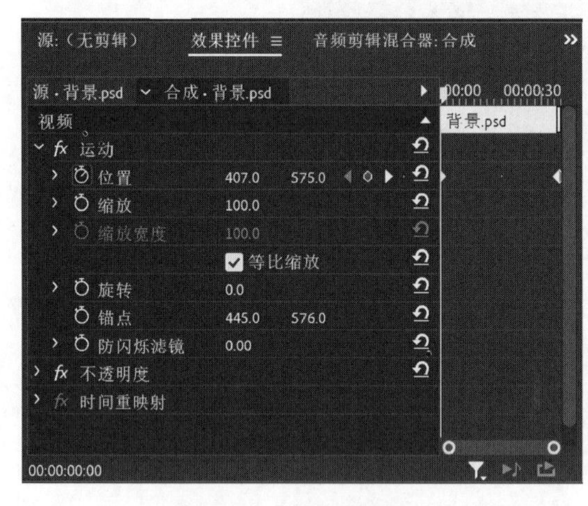

图 2.6.6　背景参数设置

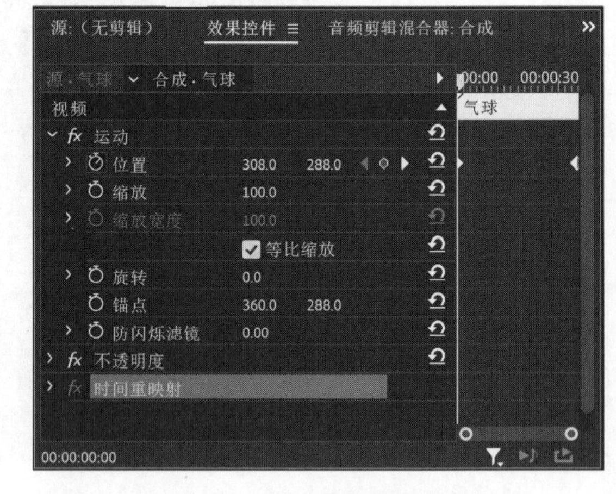

图 2.6.7　气球序列的运动设置

(6) 保存项目

保存项目并渲染输出合成序列，视频文件保存为 sy6-1. mp4。

2. 翻页的电子相册

新建项目文件 sy6-2. prproj，参数默认，所有新建序列选择 DV PAL 标准 48 kHz。首先准备好图片素材，这里假设相册有 1 个封面、3 张内页和一个封底，将所需素材全部导入。

(1) 创建“封面 1”序列

① 将 T1. psd 拖放到 V1 轨道上，起始点为 00:00:00:00，持续时间改为 7 s。

② 将 T2. psd 拖放到 V2 轨道上，起始点为 00:00:00:00，持续时间改为 7 s。

③ 用文本工具在 V3 轨道上创建文本图层，输入文本“可爱动物”，设置字体为 STXingkai（行楷），大小为 45，调节各个文字的基线位移，样例中 4 个字的基线位移分别为-28、-7、-10、-45。4 个字的颜色任意，并将字幕叠加到 V3 轨道上，持续时间也设为 7 s，封面 1 的编排如图 2. 6. 8 所示，封面 1 的叠加效果如图 2. 6. 9 所示。

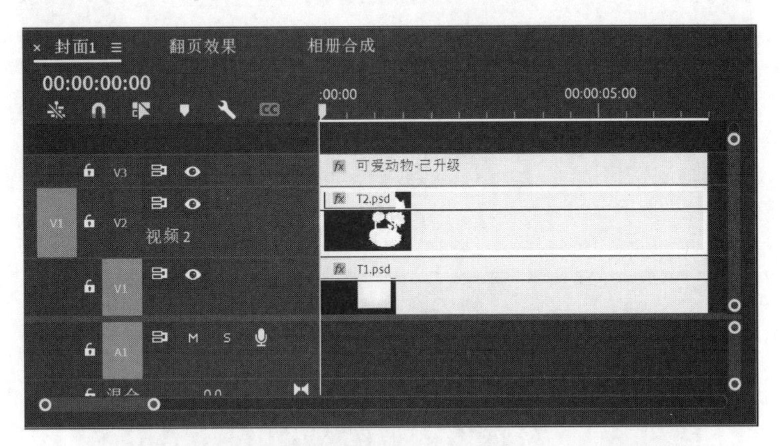

图 2. 6. 8　封面 1 的编排

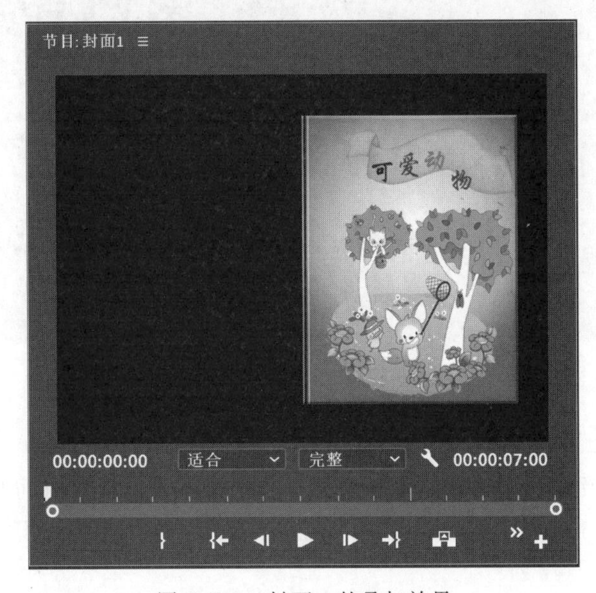

图 2. 6. 9　封面 1 的叠加效果

（2）创建“封面 2”序列

① 将 T1. psd 拖放到 V1 轨道上，起始点为 00:00:00:00，持续时间改为 20 s。

② 添加“视频效果”|“变换”|“水平翻转”效果。

③ 将 T4. psd 拖放到 V2 轨道上，起始点为 00:00:00:00，持续时间改为 20 s。封面 2 的编排如图 2. 6. 10 所示，封面 2 的叠加效果如图 2. 6. 11 所示。

图 2.6.10　封面 2 的编排

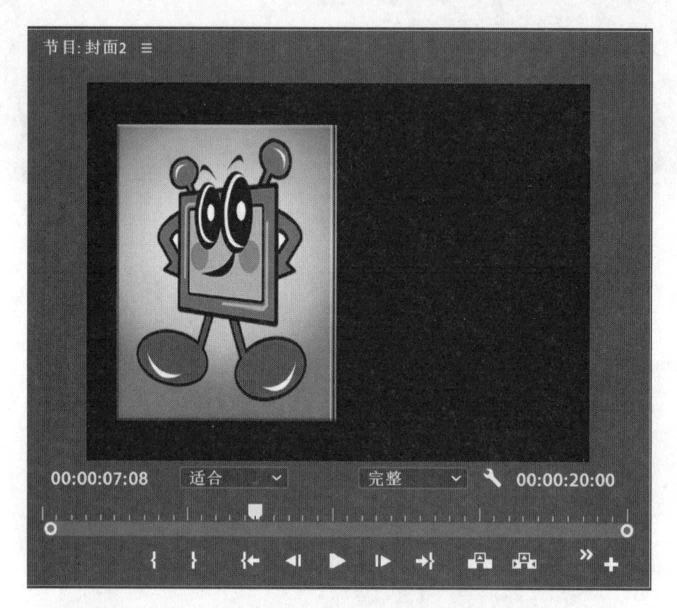

图 2.6.11　封面 2 的叠加效果

（3）创建“封底 1”序列

① 将 T1.psd 拖放到 V1 轨道上，起始点为 00:00:00:00，持续时间改为 23 s。

② 将 T5.psd 拖放到 V2 轨道上，起始点为 00:00:00:00，持续时间改为 23 s。

（4）创建“封底 2”序列

① 将 T1.psd 拖放到 V1 轨道上，起始点为 00:00:00:00，持续时间改为 4 s。

② 添加“视频效果”|“变换”|“水平翻转”效果。

（5）创建“内页 1”序列

① 将 T6.psd 拖放到 V1 轨道上，起始点为 00:00:00:00，持续时间改为 11 s。

② 将 T7.psd 拖放到 V3 轨道上，起始点为 00:00:00:00，持续时间改为 11 s。

③ 将 p1.jpg 拖放到 V2 轨道上，起始点为 00:00:00:00，持续时间改为 11 s。在“效果控

件”面板中设置比例为 30%，位置设为(525，266)。内页 1 的编排如图 2.6.12 所示，内页 1 的叠加效果如图 2.6.13 所示。

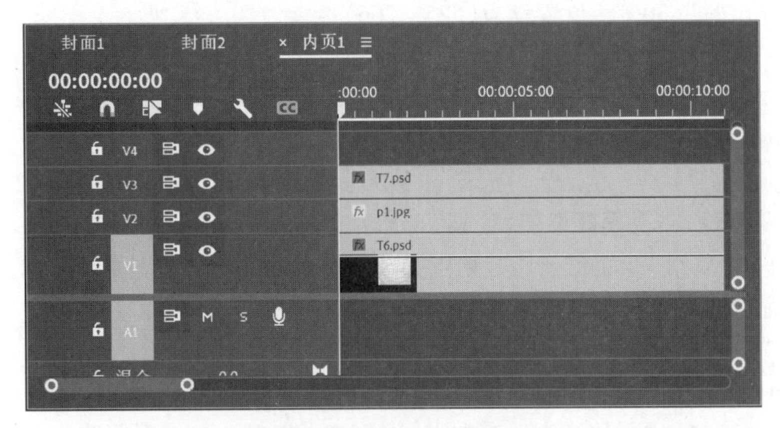

图 2.6.12　内页 1 的编排

图 2.6.13　内页 1 的叠加效果

(6) 创建“内页 2”序列

① 将 T6. psd 拖放到 V1 轨道上，起始点为 00:00:00:00，持续时间改为 16 s。

② 给 T6. psd 添加“视频效果”|“变换”|“水平翻转”效果。

③ 将 T7. psd 拖放到 V3 轨道上，起始点为 00:00:00:00，持续时间改为 16 s。

④ 给 T7. psd 添加“视频效果”|“变换”|“水平翻转”效果。

⑤ 将 p2. jpg 拖放到 V2 轨道上，起始点为 00:00:00:00，持续时间改为 16 s。在“效果控件”面板中设置比例为 30%，位置设为(195，266)。

(7) 创建“内页 3”序列

① 将 T6. psd 拖放到 V1 轨道上，起始点为 00:00:00:00，持续时间改为 15 s。

② 将 T7. psd 拖放到 V3 轨道上，起始点为 00:00:00:00，持续时间改为 15 s。

③ 将 p3. jpg 拖放到 V2 轨道上，起始点为 00:00:00:00，持续时间改为 15 s。在“效果控件”面板中设置比例为 30%，位置设为(525，266)。

(8) 创建“内页 4”序列

① 将 T6. psd 拖放到 V1 轨道上，起始点为 00:00:00:00，持续时间改为 12 s。

② 给 T6. psd 添加“视频效果”|“变换”|“水平翻转”效果。

③ 将 T7. psd 拖放到 V3 轨道上，起始点为 00:00:00:00，持续时间改为 12 s。

④ 给 T7. psd 添加“视频效果”|“变换”|“水平翻转”效果。

⑤ 将 p4. jpg 拖放到 V2 轨道上，起始点为 00:00:00:00，持续时间改为 12 s。在“效果控件”面板中设置比例为 30%，位置设为(195，266)。

(9) 创建“内页 5”序列

① 将 T6. psd 拖放到 V1 轨道上，起始点为 00:00:00:00，持续时间改为 19 s。

② 将 T7. psd 拖放到 V3 轨道上，起始点为 00:00:00:00，持续时间改为 19 s。

③ 将 p5. jpg 拖放到 V2 轨道上，起始点为 00:00:00:00，持续时间改为 19 s。在“效果控件”面板中设置比例为 30%，位置设为(525，266)。

(10) 创建“内页 6”序列

① 将 T6. psd 拖放到 V1 轨道上，起始点为 00:00:00:00，持续时间改为 8 s。

② 给 T6. psd 添加“视频效果”|“变换”|“水平翻转”效果。

③ 将 T7. psd 拖放到 V3 轨道上，起始点为 00:00:00:00，持续时间改为 8 s。

④ 给 T7. psd 添加“视频效果”|“变换”|“水平翻转”效果。

⑤ 将 p6. jpg 拖放到 V2 轨道上，起始点为 00:00:00:00，持续时间改为 8 s。在“效果控件”面板中设置比例为 30%，位置设为(195，266)。

(11) 创建“翻页效果”序列

首先设置新建序列的视频轨道数为 10 个，将 T9. psd 拖放到 V1 轨道上，起始点为 00:00:00:00，持续时间改为 27 s。将 T8. psd 拖放到 V10 轨道上，起始点为 00:00:00:00，持续时间改为 27 s。

① 嵌套叠加封面 1 序列：将封面 1 序列拖放到 V9 轨道上，起始点为 00:00:00:00，解除音视频连接并将音频部分删除。给封面 1 序列添加“视频效果”|“透视”|“基本 3D”效果，在“效果控件”面板中展开基本 3D 的参数，将时间线定位在 00:00:05:00，单击“旋转”前面的“切换动画”按钮，设置一个关键帧，再将时间线定位在 00:00:06:24，设置旋转度数为 90。

② 嵌套叠加封底 1 序列：将封底 1 序列拖放到 V2 轨道上，起始点为 00:00:00:00，解除音视频连接并将音频部分删除。给封底 1 序列添加“视频效果”|“透视”|“基本 3D”效果，在“效果控件”面板中展开基本 3D 的参数，将时间线定位在 00:00:21:00，单击“旋转”前面的“切换动画”按钮，设置一个关键帧，再将时间线定位在 00:00:22:24，设置旋转度数为 90。

③ 嵌套叠加封面 2 序列：将封面 2 序列拖放到 V3 轨道上，起始点为 00:00:07:00，解除音视频连接并将音频部分删除。给封面 2 序列添加“视频效果”|“透视”|“基本 3D”效果，在“效果控件”面板中展开基本 3D 的参数，将时间线定位在 00:00:08:24，单击“旋转”前面的“切换动画”按钮，设置一个关键帧，再将时间线定位在 00:00:07:00，设置旋转度数为-90。

④ 嵌套叠加内页 1 序列：将内页 1 序列拖放到 V8 轨道上，起始点为 00:00:00:00，解除音视频连接并将音频部分删除。给内页 1 序列添加“视频效果”|“透视”|“基本 3D”效果，在“效果控件”面板中展开基本 3D 的参数，将时间线定位在 00:00:09:00，单击“旋转”前面的“切换动画”按钮，设置一个关键帧，再将时间线定位在 00:00:10:24，设置旋转度数为 90。

⑤ 嵌套叠加内页 3 序列：将内页 3 序列拖放到 V7 轨道上，起始点为 00:00:00:00，解除音视频连接并将音频部分删除。给内页 3 序列添加“视频效果”|“透视”|“基本 3D”效果，在“效果控件”面板中展开基本 3D 的参数，将时间线定位在 00:00:13:00，单击“旋转”前面的“切换动画”按钮，设置一个关键帧，再将时间线定位在 00:00:14:24，设置旋转度数为 90。

⑥ 嵌套叠加内页 5 序列：将内页 5 序列拖放到 V6 轨道上，起始点为 00:00:00:00，解除音视频连接并将音频部分删除。给内页 5 序列添加“视频效果”|“透视”|“基本 3D”效果，在“效果控件”面板中展开基本 3D 的参数，将时间线定位在 00:00:17:00，单击“旋转”前面的“切换动画”按钮，设置一个关键帧，再将时间线定位在 00:00:18:24，设置旋转度数为 90。

⑦ 嵌套叠加内页 6 序列：将内页 6 序列拖放到 V6 轨道上，起始点为 00:00:19:00，解除音视频连接并将音频部分删除。给内页 6 序列添加“视频效果”|“透视”|“基本 3D”效果，在“效果控件”面板中展开基本 3D 的参数，将时间线定位在 00:00:20:24，单击“旋转”前面的“切换动画”按钮，设置一个关键帧，再将时间线定位在 00:00:19:00，设置旋转度数为-90。

⑧ 嵌套叠加内页 4 序列：将内页 4 序列拖放到 V5 轨道上，起始点为 00:00:15:00，解除音视频连接并将音频部分删除。给内页 4 序列添加“视频效果”|“透视”|“基本 3D”效果，在“效果控件”面板中展开基本 3D 的参数，将时间线定位在 00:00:16:24，单击“旋转”前面的“切换动画”按钮，设置一个关键帧，再将时间线定位在 00:00:15:00，设置旋转度数为-90。

⑨ 嵌套叠加内页 2 序列：将内页 2 序列拖放到 V4 轨道上，起始点为 00:00:11:00，解除音视频连接并将音频部分删除。给内页 2 序列添加“视频效果”|“透视”|“基本 3D”效果，在“效果控件”面板中展开基本 3D 的参数，将时间线定位在 00:00:12:24，单击“旋转”前面的“切换动画”按钮，设置一个关键帧，再将时间线定位在 00:00:11:00，设置旋转度数为-90。

⑩ 嵌套叠加封底 2 序列：将封底 2 序列拖放到 V9 轨道上，起始点为 00:00:23:00，解除音视频连接并将音频部分删除。给封底 2 序列添加“视频效果”|“透视”|“基本 3D”效果，在“效果控件”面板中展开基本 3D 的参数，将时间线定位在 00:00:24:24，单击“旋转”前面的“切换动画”按钮，设置一个关键帧，再将时间线定位在 00:00:23:00，设置旋转度数为-90。

最后时间轴面板中翻页效果序列的编排如图 2.6.14 所示。

（12）创建翻页相册序列

① 将 T3.psd 拖放到 V1 轨道上，起始点为 00:00:00:00，持续时间改为 29 s。

② 将翻页效果序列拖放到 V2 轨道上，起始点为 00:00:02:00，取消音视频连接并删除音频部分。选中“翻页效果”序列，在“效果控件”面板中展开运动，时间定位在 00:00:03:24，单击“位置”前面的“切换动画”按钮，再将时间定位在 00:00:02:00，设置位置为 (202，-232)，展开位置下面的控制区，右击第 2 个关键点，将变化曲线调整为淡入，如图 2.6.15 所示。

（13）保存项目

将翻页相册序列渲染输出为视频文件 sy6-2.mp4。

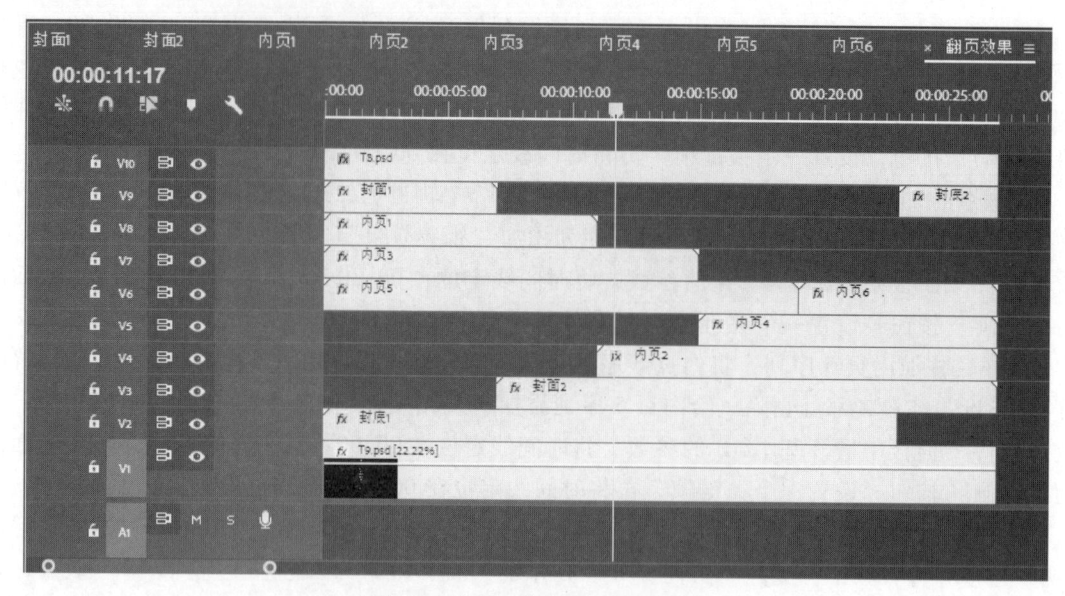

图 2.6.14 翻页效果序列的编排

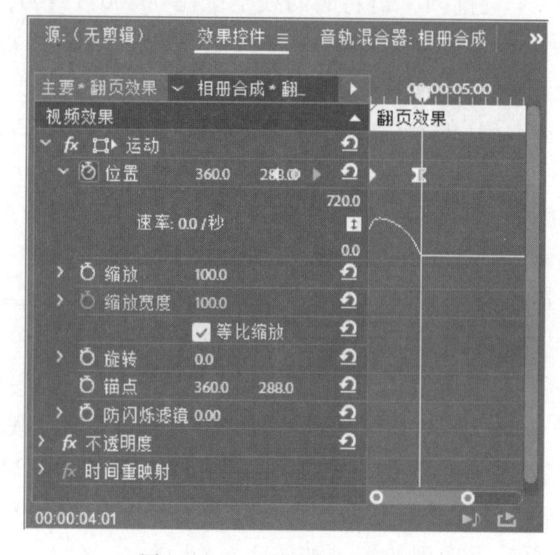

图 2.6.15 关键点变化曲线

实验七 Animate 动画制作

一、实验目的

① 掌握逐帧动画的制作和过渡动画的制作方法。

② 掌握元件的使用和图层的应用方法。

③ 掌握运动轨迹的使用方法。

④ 掌握 Alpha 通道的使用方法。

⑤ 掌握声音的控制方法。

⑥ 掌握简单脚本的控制方法。

⑦ 掌握 Animate 动画的发布与输出方法。

二、实验内容

1. 利用工具箱的“椭圆”和“矩形”工具，分别在第 1、10、20 帧插入 3 个关键帧，依次画出椭圆、三角形和矩形，观察播放的效果

把结果文件保存为 sy7-1. fla。

提示：要制作三角形，只要先通过矩形工具画矩形。然后通过部分选取工具指向矩形的左上角顶点，利用鼠标拖曳到对角线位置即可，如图 2.7.1 所示。

2. 制作形状变化的过渡动画

把结果文件保存为 sy7-2. fla。

利用上例，选中第 1 帧，选择菜单“插入”|“创建补间形状”命令，制作形状的变形动画效果，观察播放的效果。

提示：正常的形状补间时间轴上显示的是实线，如图 2.7.2(a) 所示。若是虚线，说明补间不成功，如图 2.7.2(b)所示，原因是补间前后的对象不一致。

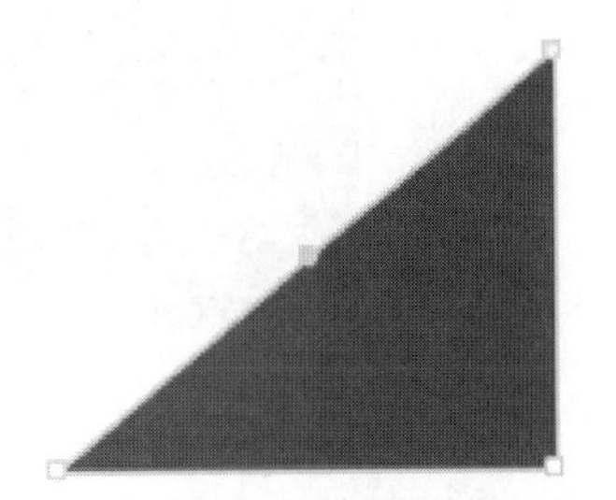

图 2.7.1 矩形变三角形

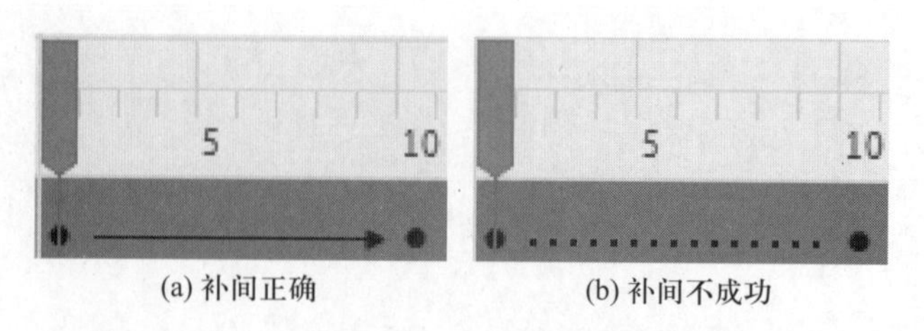

(a) 补间正确　　(b) 补间不成功

图 2.7.2　形状补间

3. 利用逐帧动画制作学校的夜晚、教室窗户的灯光和天空闪烁的星星

把结果文件保存为 sy7-3. fla。

① 首先制作两个元件：黄色的矩形表示窗户灯光，白色的五角星表示星星，绘制五角星可以先绘制一个五边形，然后用直线工具将 5 个顶点连接，再填充颜色并删除外围边与线条。

② 场景中黑色部分表示教学楼，如图 2.7.3 所示，关键帧引入不等的灯光和星星元件，来表示教室窗户的灯光和天空的星星，如图 2.7.4 所示(在每一帧引入数量不等的灯光和星星，将帧速率由默认的 30 fps 改为 5 fps)。

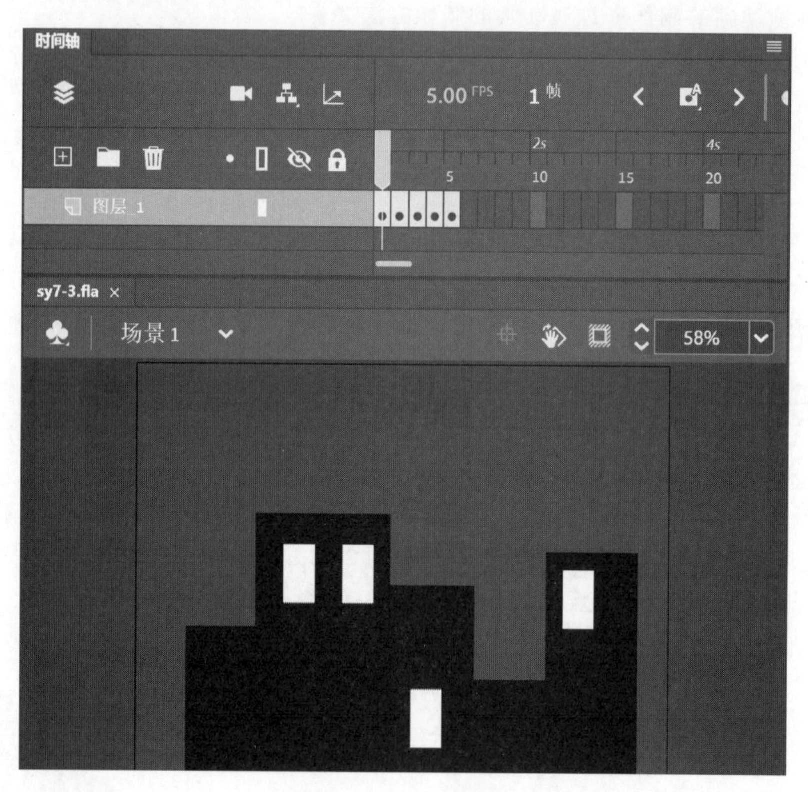

图 2.7.3　第 1 帧效果

4. 利用图层遮罩技术，制作一个类似于打字机在屏幕上依次打出一行文字的动画效果

例如，逐一显示“欢迎光临我的网站”，文字底下有一条黑线，表示当前打字的位置。把结果文件保存为 sy7-4. fla。

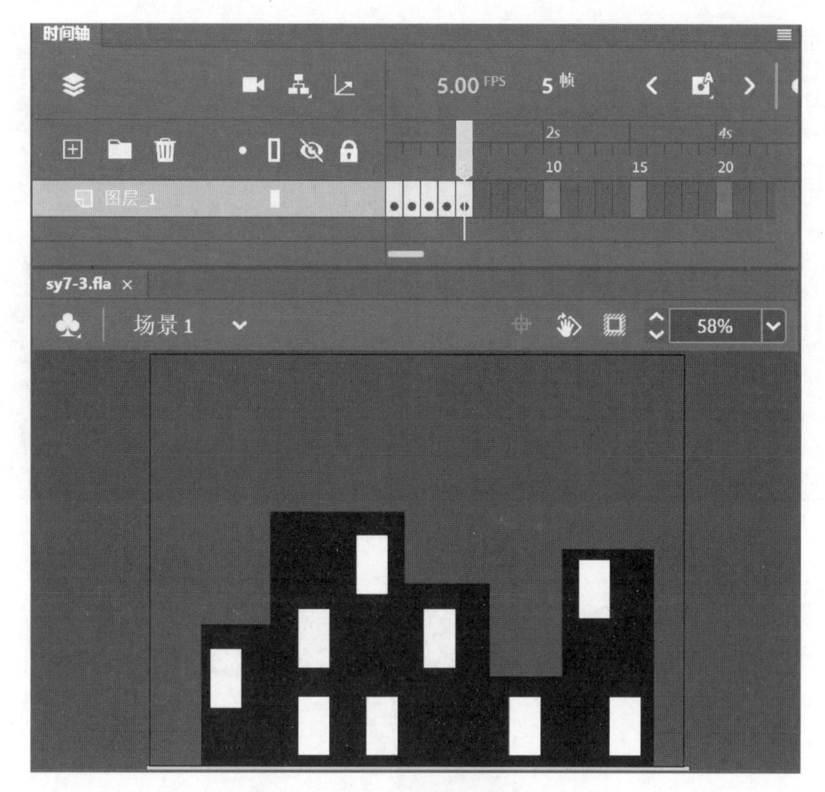

图 2.7.4　第 5 帧效果

提示：

① 新建一个元件，选择元件类型为“图形”，元件名称为“下画线”，在第 1 帧处用直线工具绘制一条黑线，长度约为一个字符的宽度。

② 切换到场景，设置场景的背景为蓝色(#3399CC)，大小为 500 像素×200 像素。在图层 1 的第 1 帧输入文字“欢迎光临我的网站”，设置文字大小和颜色。在第 15 帧右击，选择快捷菜单中的“插入帧”命令。

③ 添加图层 2，在第 1 帧画“矩形”，宽度为一个字符，定位于图层 1 的第一个字符左边，如图 2.7.5 所示。在第 15 帧画“矩形”，宽度为“欢迎光临我的网站”8 个字符宽。建立第 1 帧与第 15 帧之间的形状补间动画，将该图层设置为遮罩层。

④ 添加图层 3，在第 1 帧引用元件库中的“下画线”元件，位置定位在与图层 2 第 1 帧相应的位置处。在第 15 帧插入关键帧，定位于最后一个字符处。在第 1 帧与第 15 帧之间创建传统补间，播放时发现，下画线的移动与遮罩文字的逐个出现不同步，请将图层 3 的补间改为逐帧插入下画线，再对比同步效果。

5. 使用运动轨迹技术，制作任意一幅图像沿着一个椭圆轨迹运动的效果

把结果文件保存为 sy7-5. fla。

① 新建一个元件，命名为纸飞机，如图 2.7.6 所示。

② 切换到场景，设置背景颜色，在第 1 帧引用元件，在第 15 帧和第 30 帧插入关键帧，然

图 2.7.5　设计时的第 1 帧界面和播放后的第 8 帧界面

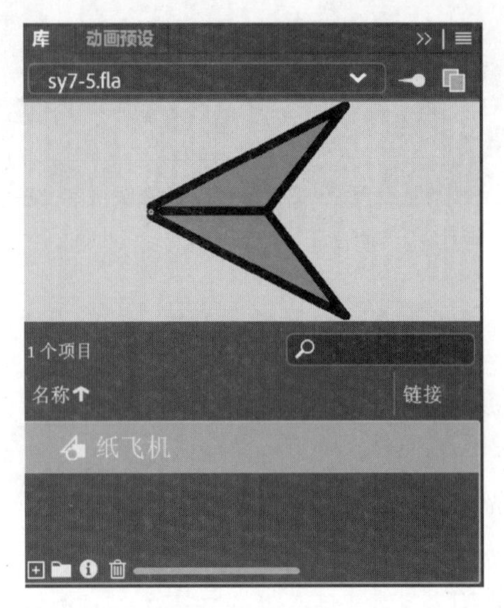

图 2.7.6　元件

后在第 1 帧、第 15 帧处分别创建传统补间。

③ 添加传统运动引导层，运动轨迹为椭圆（用橡皮擦工具将椭圆的线条擦除一点），将图层 1 的 3 个关键帧的中心位置对准椭圆的起始位置、中间位置和结束位置（图 2.7.7 为中间位置的设计界面，注意：可以用任意变形工具调整纸飞机的中心点，选中图层 1 的第 1 个关键帧，在“属性”面板中展开“补间”，设置旋转为无，勾选“调整到路径”复选框）。

注意：若播放时没有沿椭圆运动，说明引用的元件中心点与运动轨迹的起始点没有对准。

6. 利用元件和 Alpha 通道制作太阳升起时太阳和天空颜色变化的过程

把结果文件保存为 sy7-6. fla。

① 制作背景元件。导入一幅风景图片，若是位图图片，选择菜单“插入”|“组合”命令

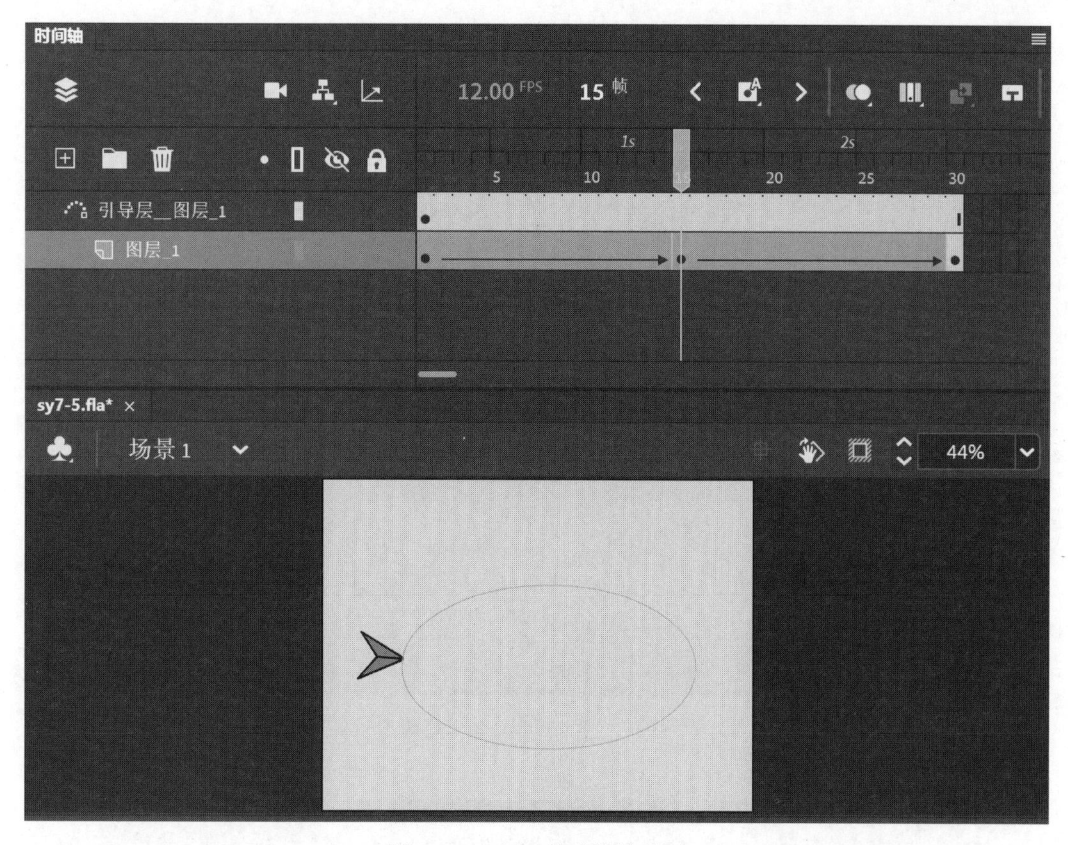

图 2.7.7　运动轨迹设计界面

将位图转换成组对象。再选择菜单“插入”|“转换为元件”命令将导入的图片转换为元件，元件命名为“背景”。

② 制作太阳元件。画一个圆，颜色为红色。

③ 在场景中的图层 1 引用“背景”元件，在第 25 帧插入关键帧，在“属性”面板的色彩效果中设置 Alpha 的值为 50%，使得天空变亮，如图 2.7.8 所示，在第 1 帧创建传统补间。

④ 添加图层 2，引用“太阳”元件，设置 Alpha 为 15%，将太阳变小，如图 2.7.9 所示。在第 25 帧插入空白关键帧，引用太阳，将太阳变大并将 Alpha 值调到 100%，在第 1 帧创建传统补间。

7. 使用遮罩技术和文字分离并填充，制作一个动感彩色文字效果的动画

效果如图 2.7.10 所示，把结果文件保存为 sy7-7. fla。

① 遮罩技术。图层 1 为被遮罩层，第 1 帧处导入彩色图片，在第 20 帧处插入关键帧，对图片做略微移动，在第 1 帧创建传统补间，为动感文字做准备。插入图层 2，输入文字，设置格式，同样在第 20 帧处插入关键帧。右击，选择快捷菜单中的“遮罩层”命令，把图层 2 设置为遮罩层。

图 2.7.8　图层 1 第 25 帧天空变亮的设计界面

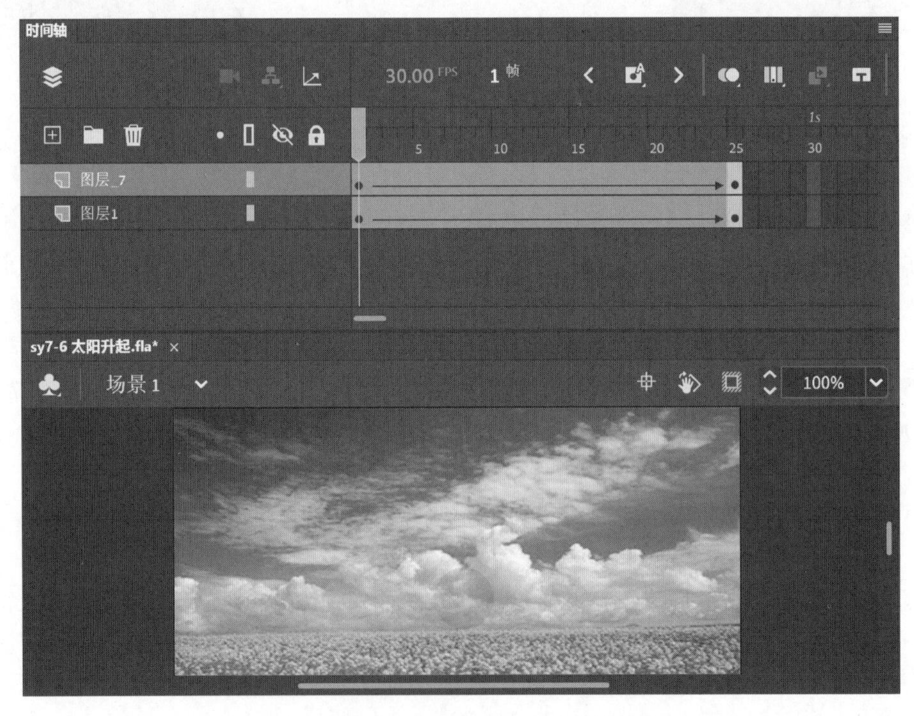

图 2.7.9　图层 2 第 1 帧太阳变小的设计界面

图 2.7.10　动感彩色文字效果

② 文字分离填充。将文字分离成形状，通过“颜色”面板选择颜色填入分离的文字内。在第 20 帧插入关键帧，填充不同的颜色。在第 1 帧创建形状补间。

8. 制作一个动感反弹球体的动画

效果如图 2.7.11 所示。要求一个小球上下运动，下面同步显示其投影，投影大小随小球上下运动而变化。

① 制作两个元件：上下运动的小球和小球阴影(改变元件的 Alpha 值模拟阴影效果)。把结果文件保存为 sy7-8. fla。

② 引用两个元件，小球上下运动。阴影水平方向大小变化。

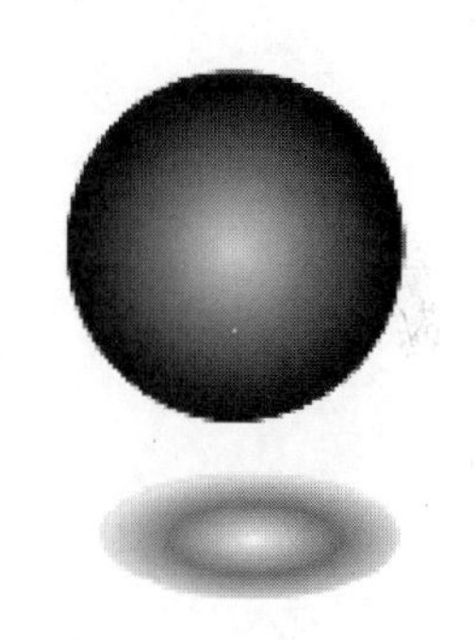

图 2.7.11　动感反弹球体效果

9. 文字的输入与显示

通过本例题掌握 Animate 中文字的输入控制与动态显示。把结果文件保存为 sy7-9. fla。

① 选择菜单“插入”|“新建元件”|“按钮”命令，命名为“确认”，按钮的样式可任意设置。

② 参照图 2.7.12 所示的界面在图层 1 的第 1 帧设计输入学生信息的界面，注意所有提示文字设置为静态文本，请在“属性”面板中将用于接收输入的文本框都设置为“输入文本”，在“实例名称”框中分别输入学号和姓名，并单击“在文本周围显示边框”按钮。

③ 在图层 1 的第 10 帧插入空白关键帧，设计如图 2.7.13 所示的输出信息界面，其中“显示学生信息”为静态文本，下面的文本框设为动态文本，实例名称命名为 student。

请输入学生信息

学号：

姓名：

确认

图 2.7.12　输入界面设计

显示学生信息

学号:123456

姓名:Kevin

图 2.7.13　输出信息界面

④ 新建图层 2，在第 1 帧中输入动作脚本

```
stop( );                         #播放头先静止在第 1 帧,等待用户输入信息
var stMess:String = "";          #变量 stMess 用于保存用户输入的文本信息
ok.addEventListener(MouseEvent.CLICK, fun);   #单击“确定”按钮时,获取输入的文本
```

```
function fun(event:MouseEvent):void
{
    stMess="学号:"+this.xh.text + "\n 姓名:" + this.xm.text;

    MovieClip(this.root).gotoAndPlay(10);      #跳转到第 10 帧,显示学生信息
}
```

⑤ 在图层 2 的第 10 帧中输入动作脚本

```
stop();                        #播放头静止在当前帧
student.text=stMess;           #将上面输入的文本信息显示在本帧的动态文本框中
```

实验八 3ds Max 基本操作

一、实验目的

① 熟悉 3ds Max 的操作环境。
② 学会简单的三维建模。
③ 熟悉关键帧动画制作的过程。
④ 掌握简单的材质和贴图的应用方法。

二、实验内容

1. 在透视视图中创建如图 2.8.1 所示的简单场景

将场景文件保存为 sy8-1.max，并将透视图渲染输出为 sy8-1.jpg。

提示：创建一个长方体、一个圆柱体、一个球体、一个圆锥体、一个圆环体和一个茶壶，通过移动、旋转和对齐摆放成如图 2.8.1 所示的相对位置，大小和颜色自定。

2. 制作一张桌子

结果如图 2.8.2 所示，将场景文件保存为 sy8-2.max，并将透视图渲染输出为 sy8-2.jpg。

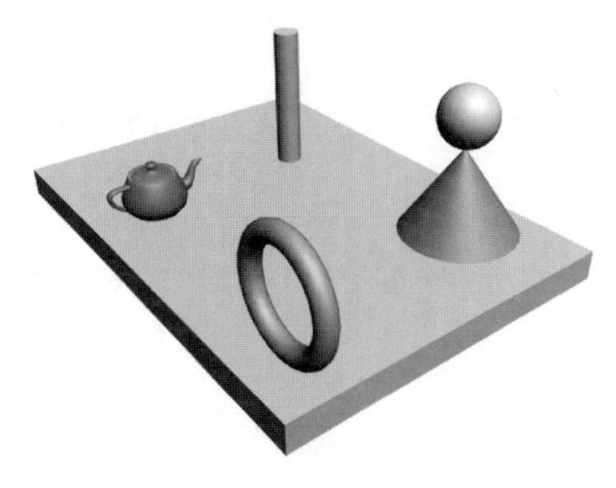

图 2.8.1　简单场景

图 2.8.2　桌子

提示：先创建一个圆柱体，然后通过镜像（实例复制）产生对称的圆柱体，再同时选中两个圆柱体，同样利用镜像产生对称的另外两个圆柱体，再创建一个长方体，调整长方体的位置即可，大小和颜色自定。

3. 制作一个旋转的楼梯

结果如图 2.8.3 所示，将场景文件保存为 sy8-3. max，并将透视图渲染输出为 sy8-3. jpg。

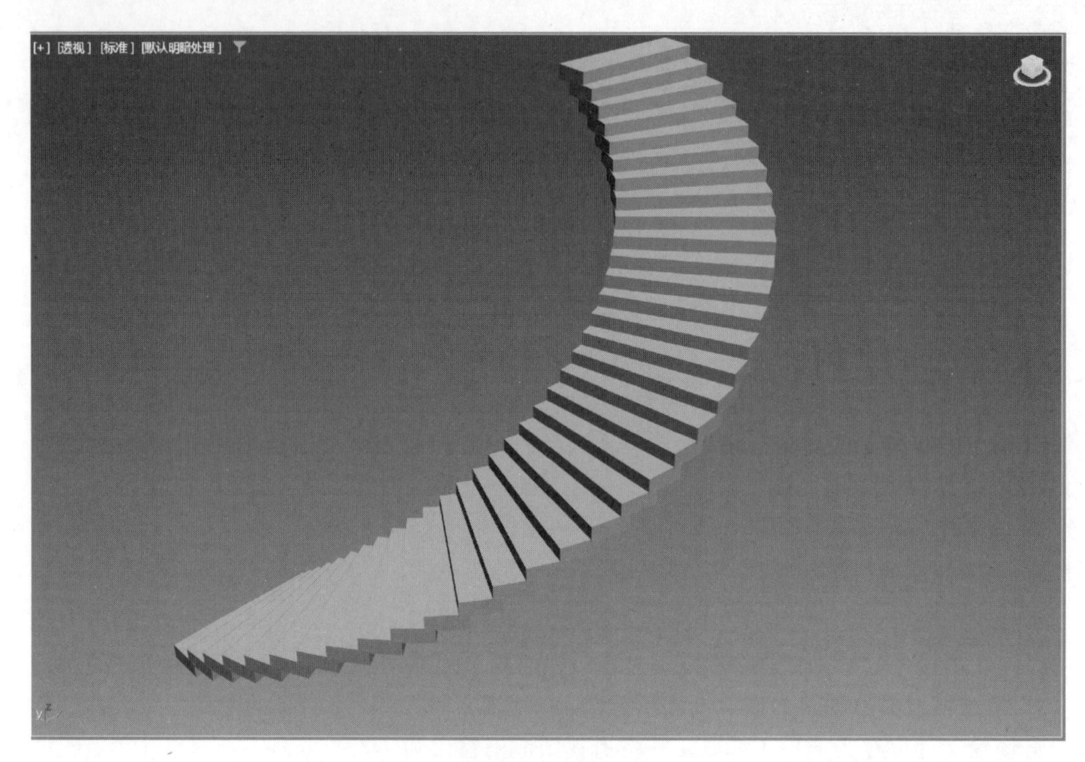

图 2.8.3　旋转楼梯

提示：

① 先创建一个长方体，长、宽、高分别为 150、600、60，世界坐标的绝对位置为(-1 000，0，0)，单击右下角的“最大化视图”按钮可以显示出场景中的所有对象。

② 在“层次”面板中单击“仅影响轴”按钮，将长方体的轴心点移动到(0，0，0)，再次单击“仅影响轴”按钮，取消对轴心点的操作。

③ 选择菜单“工具”|“阵列”命令，设置沿 Z 轴方向位移为 50，绕 Z 轴方向旋转 5°，1D 方向数量为 36。

4. 制作一圈篱笆

结果如图 2.8.4 所示，将场景文件保存为 sy8-4. max，并将透视图渲染输出为 sy8-4. jpg。

提示：

① 创建一个长方体，长、宽、高为 15、30、80，再创建一个四棱锥，宽、深、高分别为 30、15、40，将长方体和四棱锥对齐后变成一组，形成单个篱笆形状，将组命名为篱笆。

② 在“层次”面板中单击“仅影响轴”按钮，将篱笆的轴心点移动到将要制作的篱笆圈的中心。

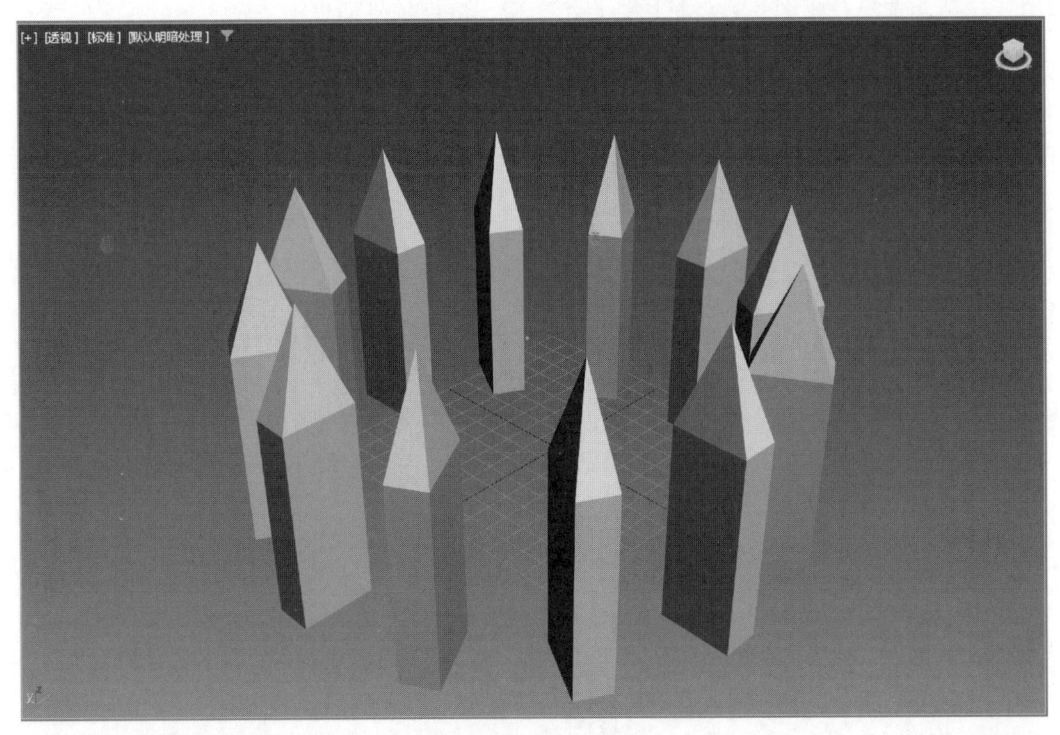

图 2.8.4　一圈篱笆

③ 按住 Shift 键的同时旋转篱笆，假定旋转 30°，在弹出的对话框中输入副本数为 11，那么正好围成一圈，再次单击“仅影响轴”按钮，取消对轴心点的操作。

5. 利用标准几何体制作一个如图 2.8.5 所示的篮子

将场景文件保存为 sy8-5.max，并将透视图渲染输出为 sy8-5.jpg。

图 2.8.5　篮子

提示：在场景中创建一个茶壶，只保留壶体，在材质编辑器的“明暗器基本参数”中选中“线框”和“双面”选项，单击漫反射右侧的灰色小按钮，在“材质/贴图浏览器”中选择

“位图”选项，选择一幅图片，将材质指定给茶壶，渲染场景即可。

6. 利用扩展基本体制作如图 2. 8. 6 所示的沙发场景，并将沙发展开记录为动画

将场景文件保存为 sy8-6. max，把动画渲染输出为 sy8-6. avi。

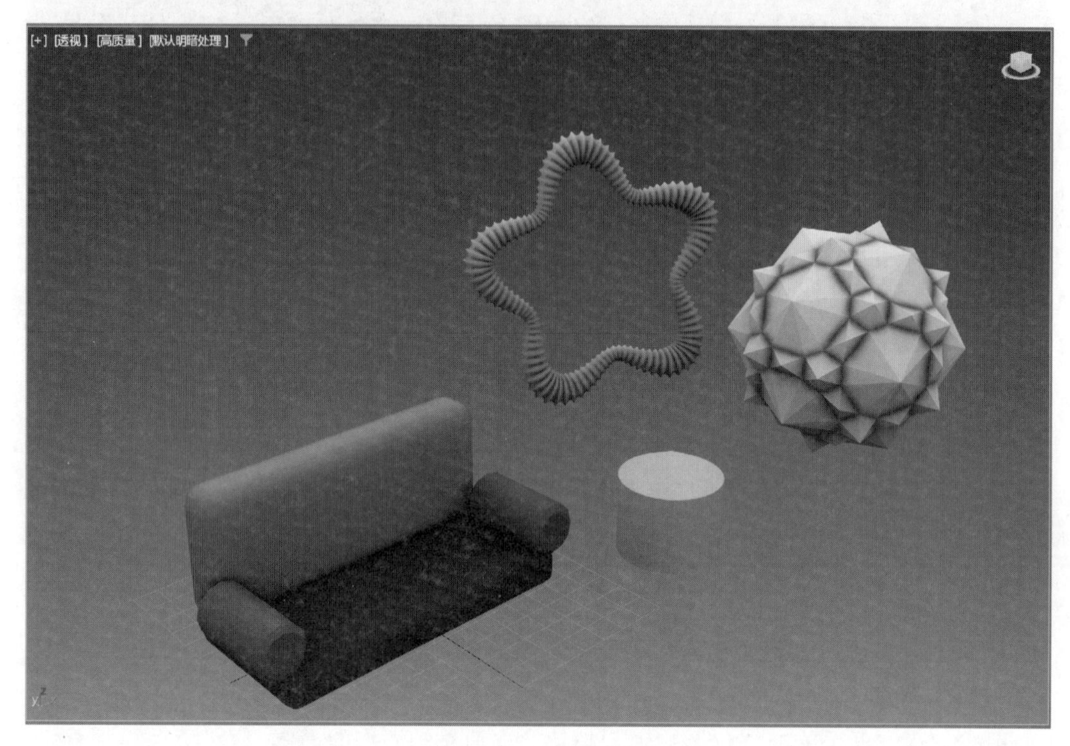

图 2. 8. 6　沙发场景

提示：

① 利用切角长方体和切角圆柱体创建沙发，大小自定，设置动画播放速度为 15 fps，持续 150 帧，利用自动关键点将沙发展开记录为动画，展开后的沙发如图 2. 8. 7 所示。

② 利用异面体中的“十二面体/二十面体”制作球状体，半径设为 50。在系列参数中，设 P=0. 2，Q=0. 5；在轴向比率中，设 P=110，Q=120，R=130。

③ 利用环形结创建五星形状，基础曲线选择圆，半径设为 50，分段设为 120，扭曲数设为 5，扭曲高度设为 0. 5，横截面半径设为 5，边数设为 30，扭曲设为 30，块设为 5，块高度设为 1。

④ 创建一个纺锤体，大小自定。

7. 设计一个由 12 个风车围成一圈运转的动画场景

将场景文件保存为 sy8-7. max，把动画渲染输出为 sy8-7. avi，图 2. 8. 8 和图 2. 8. 9 为学生提交的风车场景。

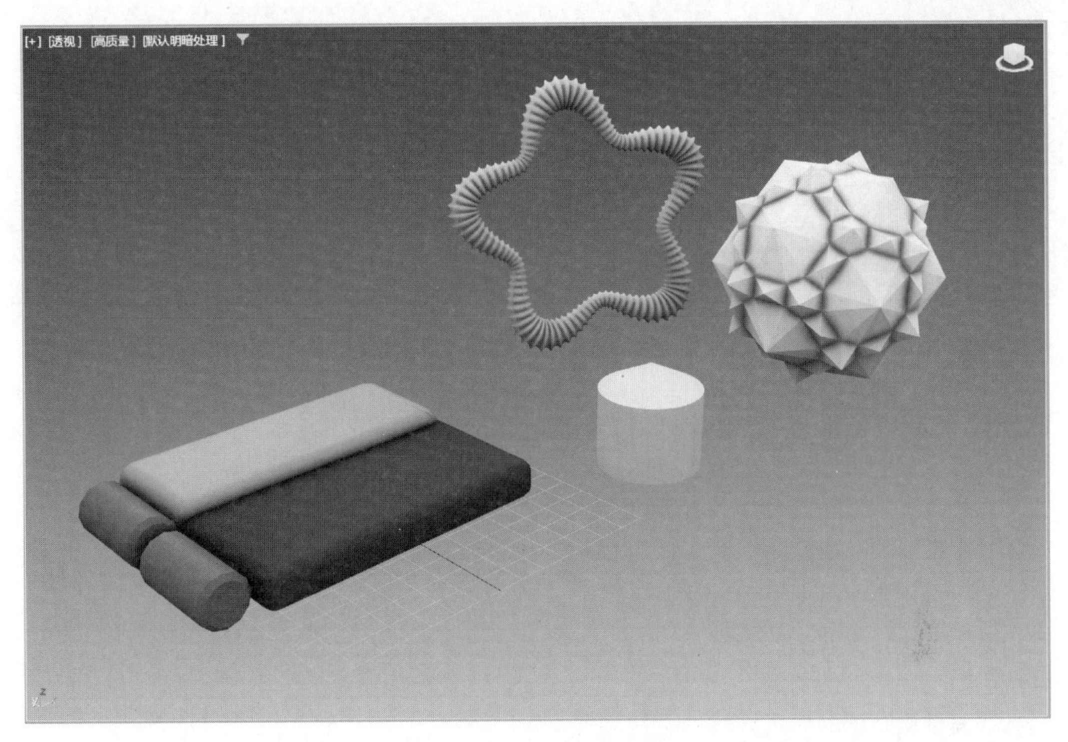

图 2.8.7　展开后的沙发

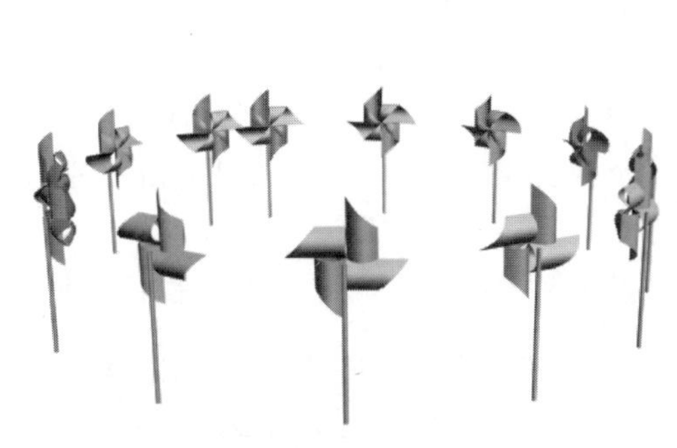

图 2.8.8　风车 1

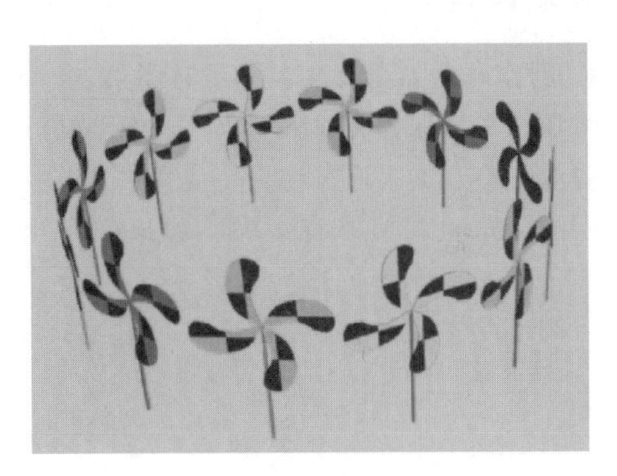

图 2.8.9　风车 2

实验九 3ds Max 建模及应用

一、实验目的

① 掌握常用修改器的使用方法。
② 掌握常用三维建模的方法。
③ 掌握复合对象的创建方法。
④ 掌握材质贴图的应用方法。

二、实验内容

1. 制作一个如图 2.9.1 所示的倒角立体字“多媒体”，并将文字的旋转制作为动画

将场景文件保存为 sy9-1. max，把动画渲染输出为 sy9-1. avi。

提示：输入文字后，将文字应用“倒角”修改器，设置如图 2.9.2 所示的倒角值。注意各个级别的倒角轮廓值不宜太大，如果文字出现尖角或部分面缺失，请将倒角值调小到合适大小。

将倒角立体字和挤出立体字进行对比，掌握通过平面图形制作三维物体的常用方法。

图 2.9.1 倒角立体字

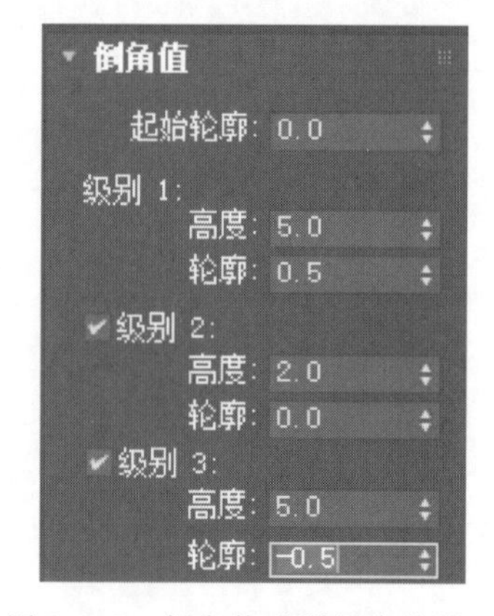

图 2.9.2 倒角修改器的参数设置

2. 象棋制作

将场景文件保存为sy9-2.max，把棋子渲染输出为sy9-2.jpg。

提示：

① 绘制象棋的二维横截面图，在前视图中用“线”和“矩形”画出如图2.9.3所示的图形(一条直线、一个矩形和一条折线)，注意将直线的右端点与矩形的左上顶点重合，通过顶点的捕捉来实现，矩形的右上顶点与折线的起点重合，然后选中直线或折线，在修改器命令面板中进入“样条线”次物体级别，利用“附加”命令将3根样条线组合成一根复合的样条线。

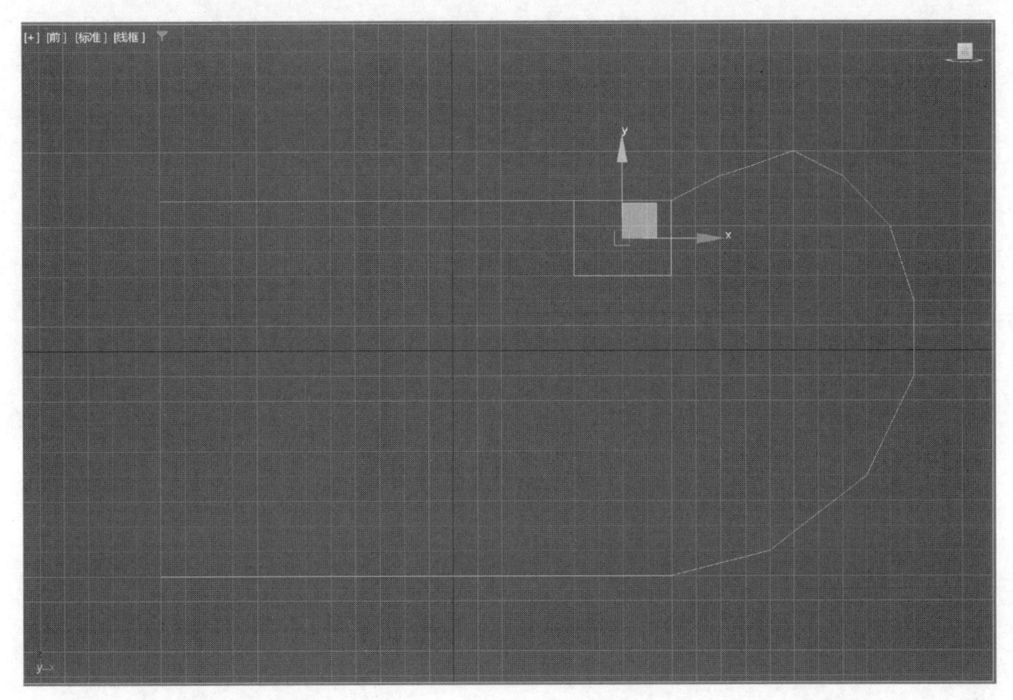

图2.9.3 象棋的二维横截面

② 进入“线段”次物体级别，选中矩形的最上边，按Delete键将其删除。

③ 进入“顶点”次物体级别。将矩形与线段相交的两个顶点分别框选后进行“焊接”，设置值为5.0(使两个顶点成为一个顶点)。注意：如果前面没有进行捕捉，两个顶点不一定重合在一起，那么焊接之前应该增大后面的距离值，再单击“焊接”按钮。

框选折线部分的所有顶点，右击，选择快捷菜单中的Bezier命令，调节每个顶点两边的调节杆，使折线变成一条比较光滑的曲线，编辑样条线，将折线段调整为光滑曲线。

单击“优化”按钮，在左边的直线部分单击添加多个顶点。

单击“圆角”按钮，将矩形的4个顶点变为圆角，如图2.9.4所示。

④ 退出样条线次物体的编辑状态，添加“车削”修改器，单击方向中的“y轴”，对齐中选“最小”，分段数增加到50，使棋子更加光滑，象棋模型如图2.9.5所示。

⑤ 在顶视图中输入文字“将”，在各个视图中调整好字体、大小和位置，使文字位于棋子的上表面的中央位置。注意控制文字的大小使其显示在棋子的内圆圈中，前视图显示如图2.9.6所示，透视图显示如图2.9.7所示。

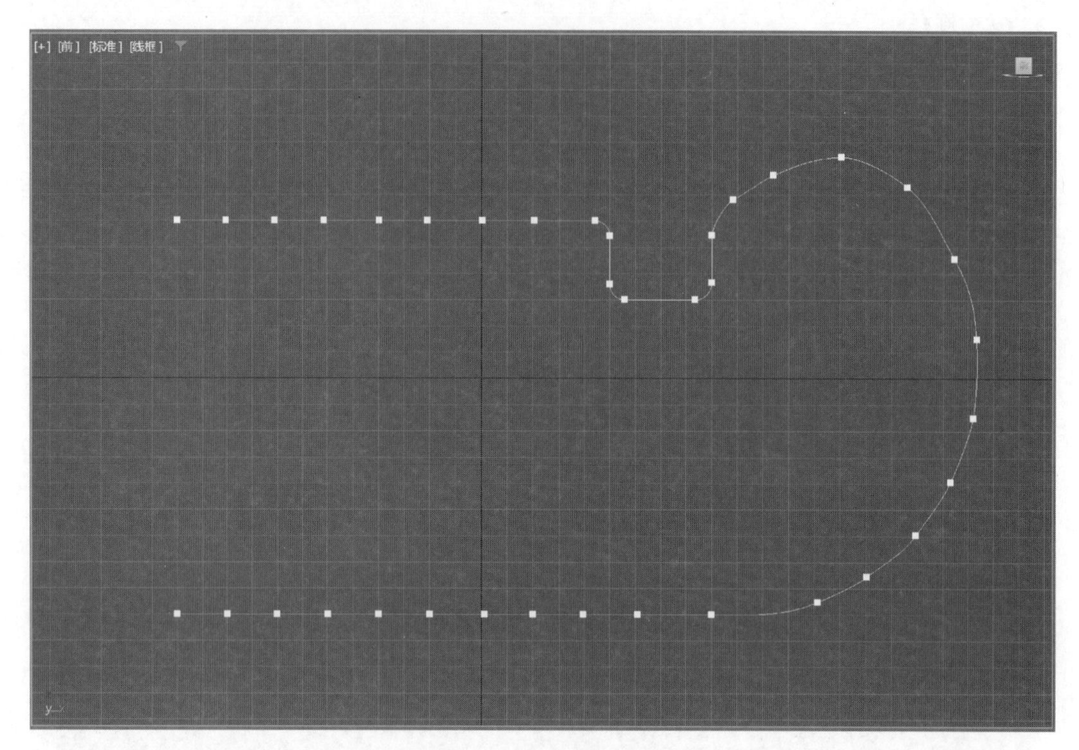

图 2.9.4　将顶点变为圆角

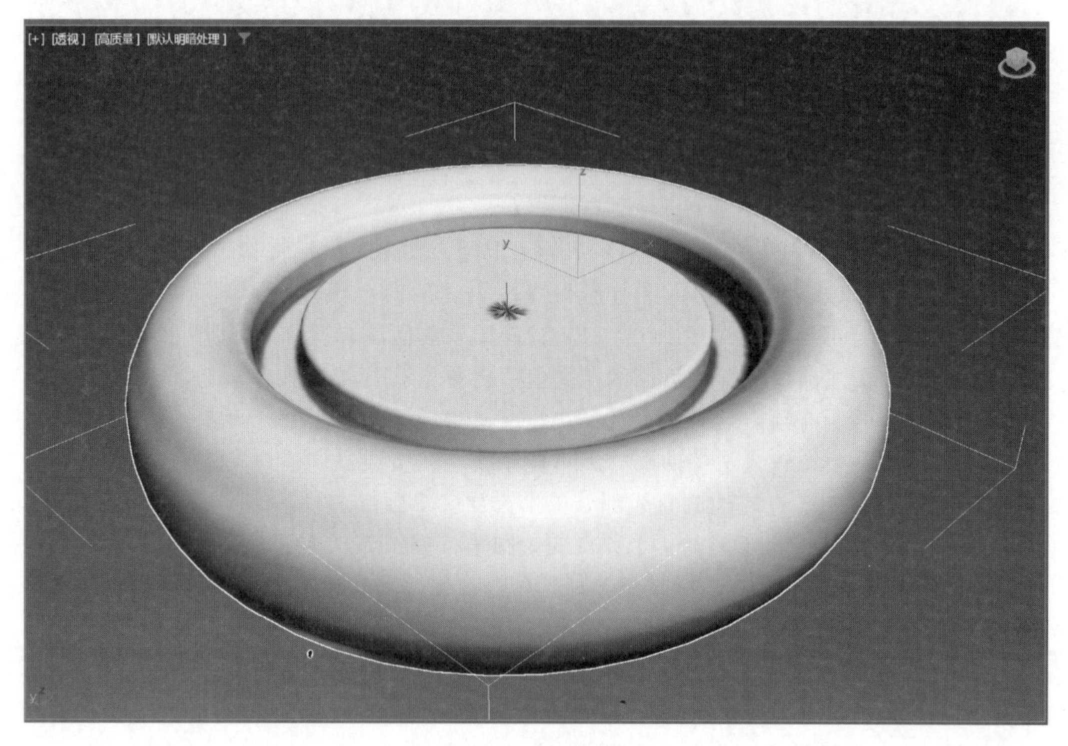

图 2.9.5　象棋模型

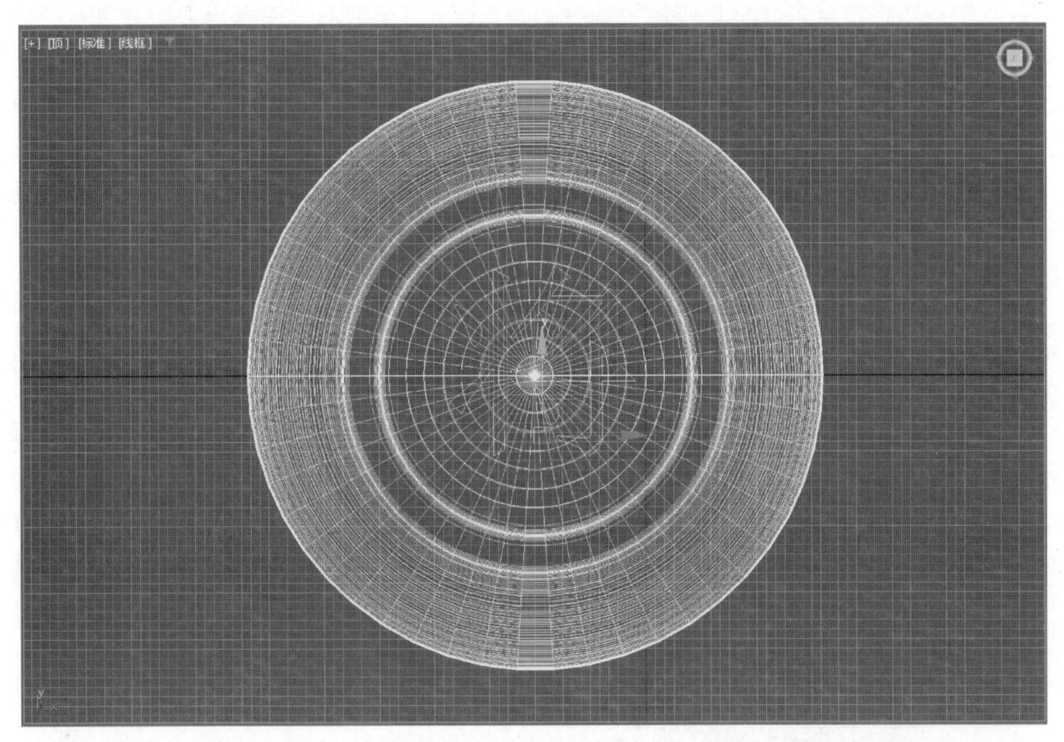

图 2.9.6　前视图中的文字

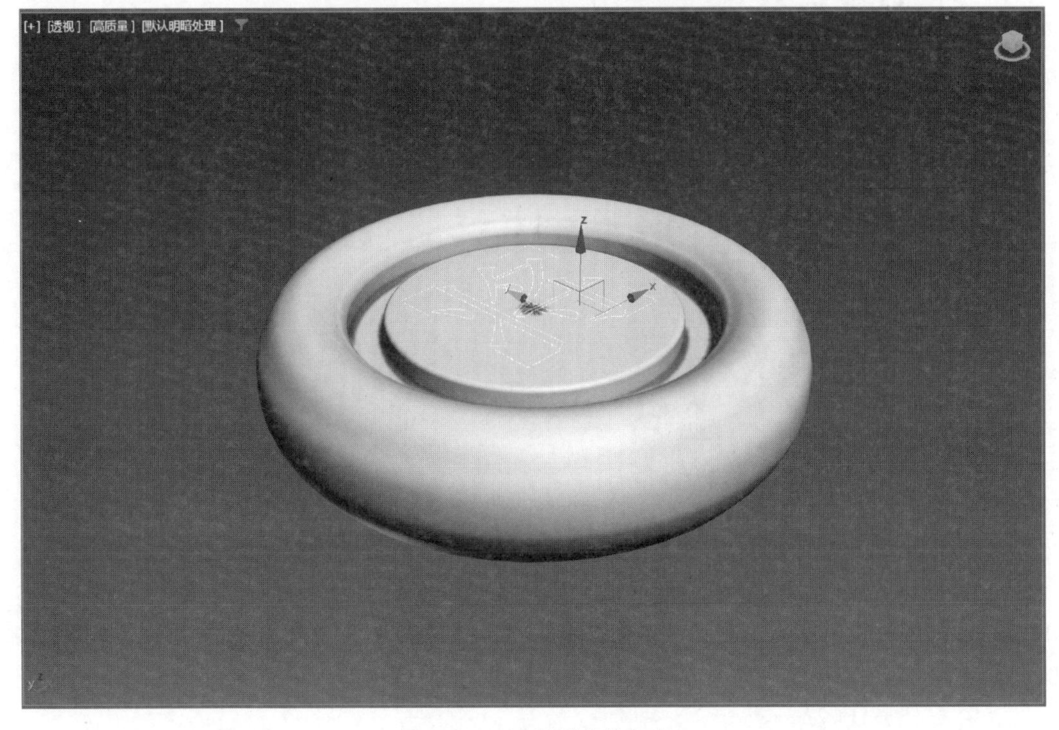

图 2.9.7　透视图中的文字

⑥ 首先选中棋子，在创建几何体中选择“复合对象”，单击“图形合并”按钮，在下面的参数栏中单击“拾取图形”选项，然后再到顶视图中单击“将”字(也可以单击工具栏中的“按名称选择”按钮，然后在拾取对话框中单击 Text01)，图形合并的参数设置如图 2.9.8 所示。

注意：拾取图形只需拾取一次，拾取多次会使计算时间变长甚至死机；图形合并操作只执行一次，很多学生上机操作时图形合并了很多次，导致根本无法拾取文字，而且此操作无法撤销还原到图形合并之前的状态。

如果要制作其他文字的棋子，到这里就必须将场景文件保存，作为一个象棋模板文件，这里假设存储为 xq.max，然后再另存为 sy9-2.max 文件。

⑦ 选择文字“将”并将其删除，右击棋子，选择快捷菜单中的“转换为”|“可编辑多边形”命令，在如图 2.9.9 所示的次物体中选择“多边形”选项，前视图中“将”字一般能够自动选中(红色显示)，如图 2.9.10 所示，如果不能自动选中，可以在前视图中按住 Ctrl 键的同时单击文字的各个多边形将其选中。然后在下面的参数栏中单击“挤出”按钮，把“将”字向上拉伸，得到棋子表面凸出的立体文字，可以给棋子添加位图贴图，保存场景，渲染得到如图 2.9.11 所示的将字棋子，保存渲染得到的图片。

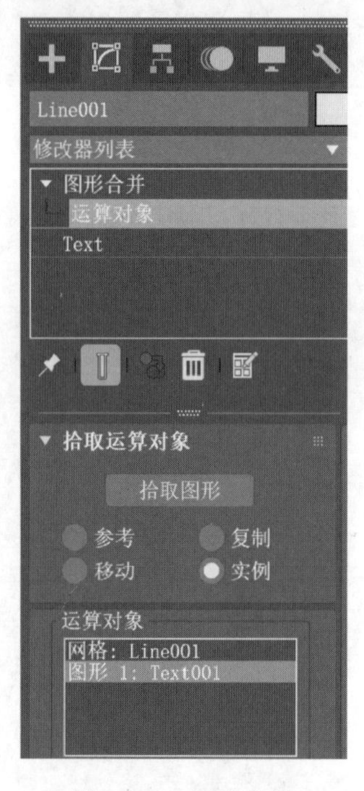

图 2.9.8 图形合并

图 2.9.9 修改器

⑧ 打开象棋模板文件 xq.max，把“将”字改为繁体字“帅”，在各视图中调整好帅字的大小和位置。和前面的方法类似，只是把“挤出”(Extrude)的值设为负数，使文字陷入棋子内即可，如图 2.9.12 所示。

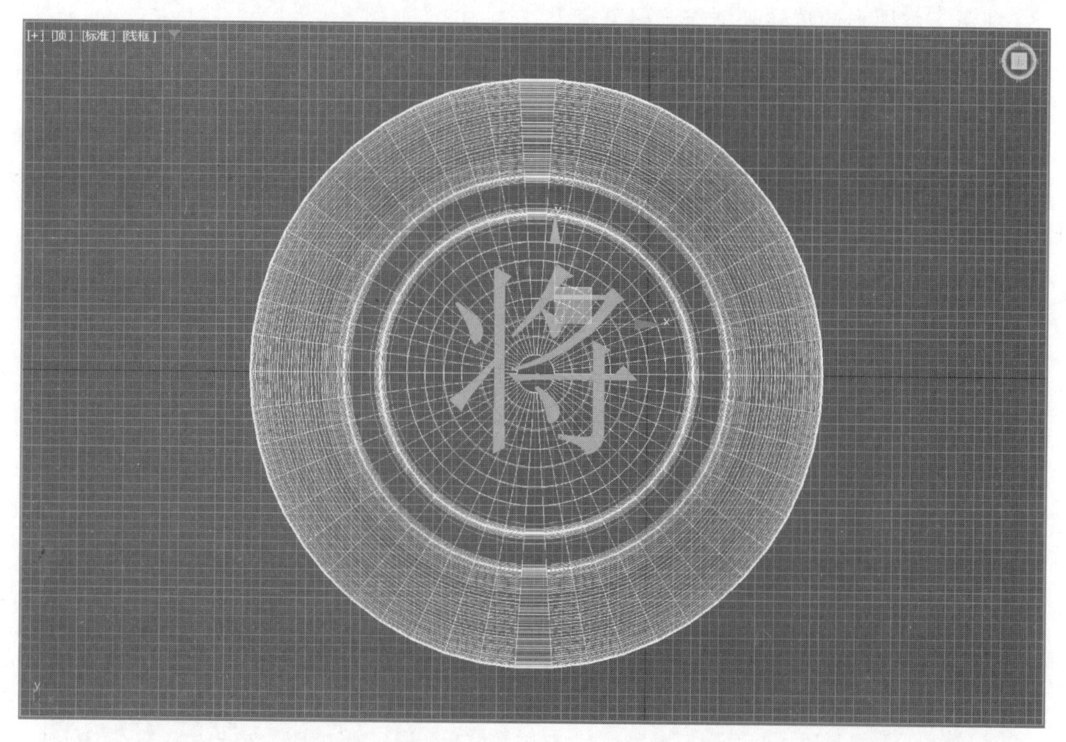

图 2.9.10　文字自动选中

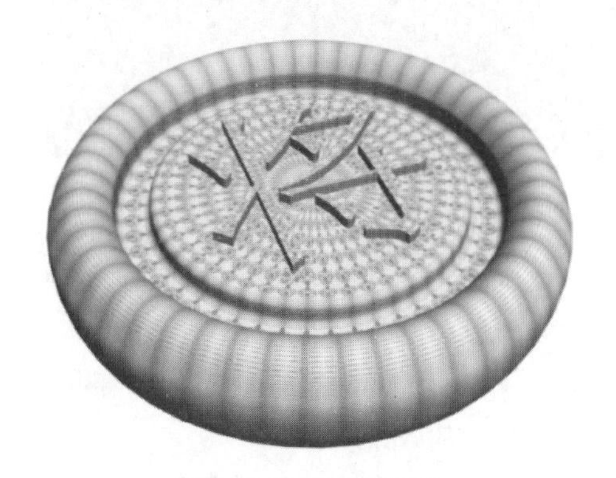

图 2.9.11　将字棋子

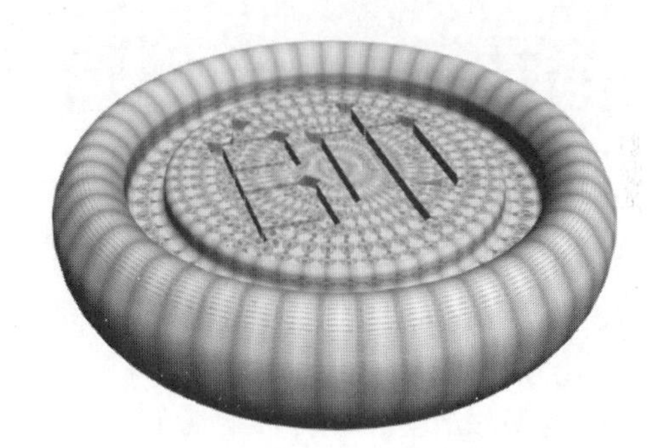

图 2.9.12　帅字棋子

⑨ 其余棋子的制作类似，只需打开象棋模板，将文字改变，重新合并图形并挤出，再进行贴图渲染。

总结：

① 通过本例需掌握样条线的编辑，尤其是次物体级别针对顶点、分段和样条线的常用命令的使用方法。

② 学会利用图形合并，将平面图形映射到几何体的表面制作出复合对象。

③ 掌握几何体次物体级别的修改变形的方法。

3. 利用二维图形的放样来制作一副窗帘

将场景文件保存为 sy9-3. max，动画渲染输出为 sy9-3. avi。

提示：

① 在顶视图中用“线”绘制一条曲线，作为窗帘放样的横截面，如图 2. 9. 13 所示，再绘制一条短曲线作为窗帘收缩的截面图形。切换到前视图中，从上往下绘制一条直线，作为窗帘放样的路径。

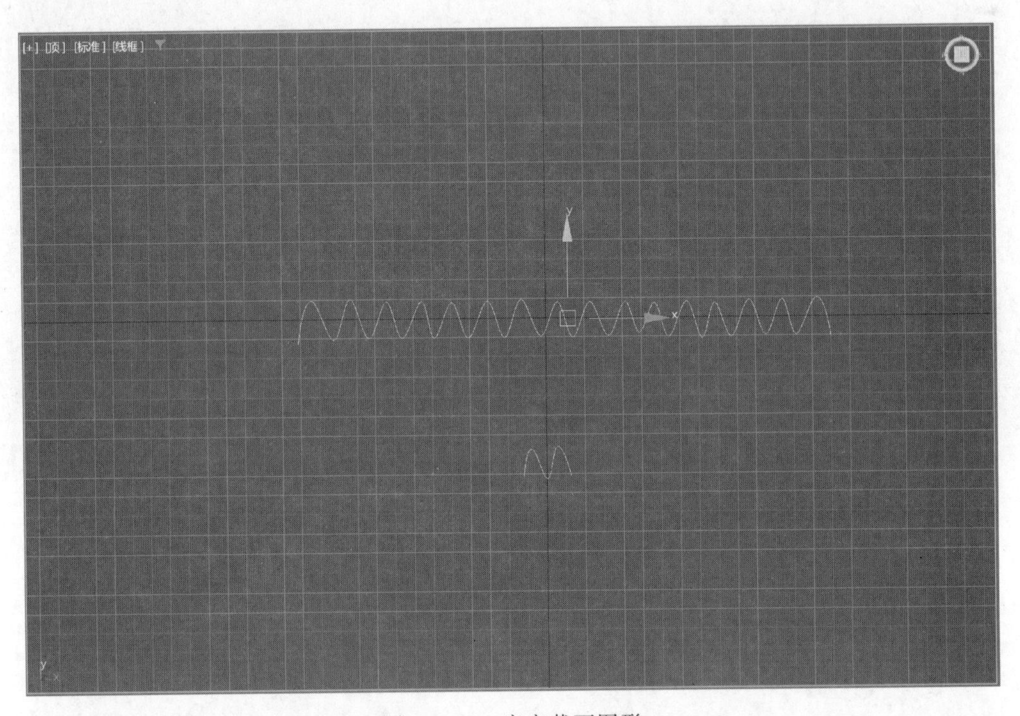

图 2. 9. 13　窗帘截面图形

② 选中前视图中放样的直线路径，在“创建”|“几何体”中选择“复合对象”，单击“放样”按钮，在下面单击“获取图形”按钮，在长曲线上单击，得到放样的窗帘。

③ 给窗帘赋予一个双面材质，并贴一个位图贴图，在“修改”命令面板中给窗帘添加一个 UVW 贴图修改器，旋转一下视角，得到如图 2. 9. 14 所示的效果。

④ 选中放样得到的窗帘，进入编辑修改器，在如图 2. 9. 15 所示的路径参数中输入 60(即路径的 60%处)，单击“获取图形”按钮，在顶视图中单击短曲线，得到如图 2. 9. 16 所示的收缩效果。

⑤ 进入放样窗帘 Loft 的次物体“图形”，在前视图中单击中间的短曲线，将选中的短曲线移动到左边，再利用镜像复制(采用实例复制)得到如图 2. 9. 17 所示的两帘窗帘。

⑥ 制作窗帘收缩的动画效果，首先在“时间配置”对话框中设置好动画播放的速度和持续的时间，单击“自动关键帧”按钮，进入动画记录状态，选中放样窗帘(Loft)，在编辑修改器中单击 Loft 的次物体“图形”，然后到前视图中单击短曲线(在路径的 60%处)，这时编辑修改器的 Loft 物体下面会出现一个 Line，如图 2. 9. 18 所示，进入到“样条线”次物体级别，然后将该样条线进行放大，注意调整该短曲线的位置，取消动画记录状态。

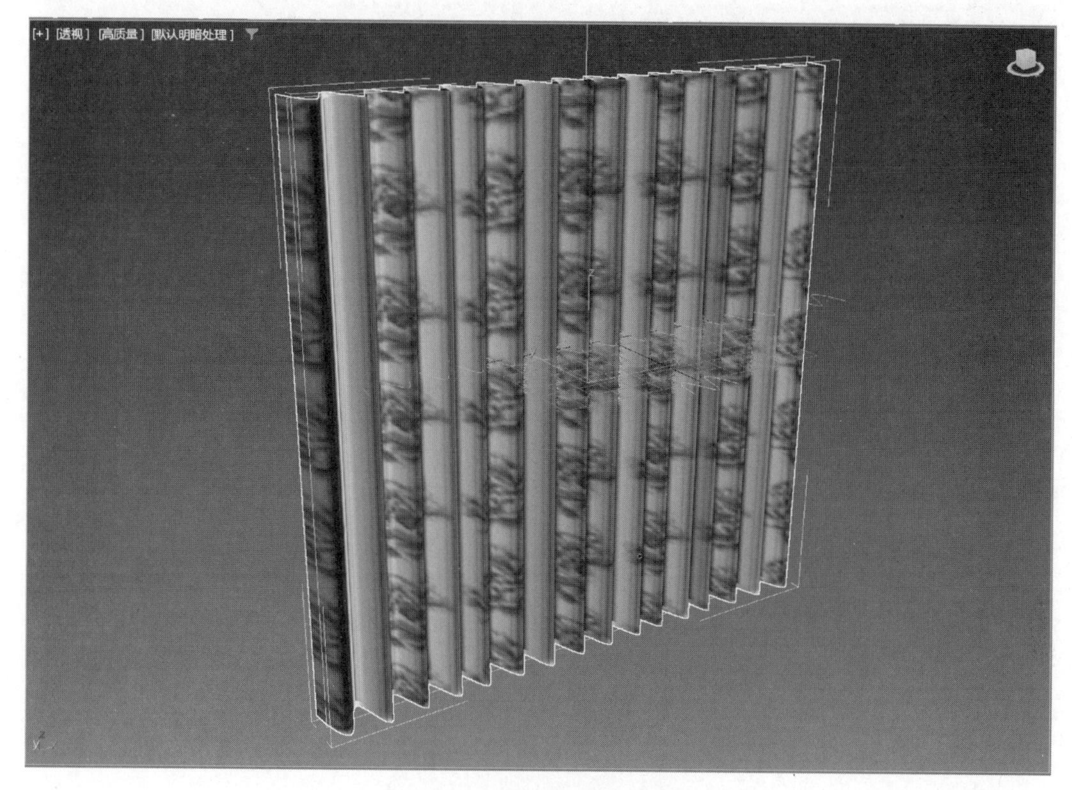

图 2.9.14 窗帘效果

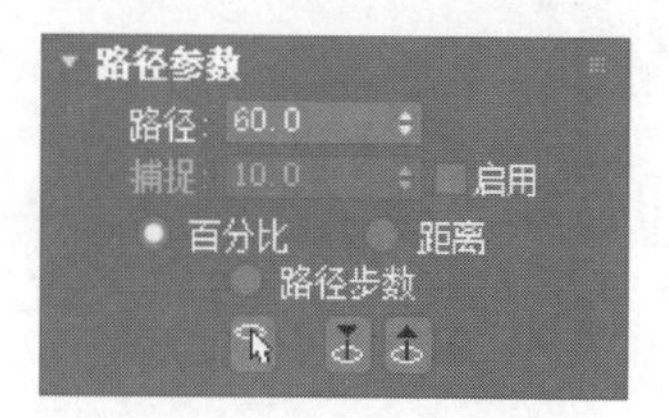

图 2.9.15 路径参数

⑦ 保存场景并渲染输出动画。

4. 利用放样制作一个床罩

将场景文件保存为 sy9-4.max，并渲染输出为 sy9-4.jpg。

提示：

① 在顶视图中画一个矩形(200×300)，将其复制，对复制的矩形进行变形(添加“编辑样条线”修改器，在线段次物体级别将矩形的 4 条线段进行拆分，在顶点次物体级别移动某些顶点)，床罩截面如图 2.9.19 所示。

② 在前视图中从上往下画一条竖直线，选中直线，选择菜单“创建”|“复合对象”|“放样”命令，拾取图形矩形 1，得到一个长方体，在路径参数中的路径后输入 80，继续拾取矩形 2，如果放样得到的床罩发生了扭曲，那是因为矩形左下角的顶点默认为首顶点，改变该首顶点的位置可以修正扭曲，这里将首顶点设置在左下的第 1 个顶点，最后的放样效果如图 2.9.20 所示。

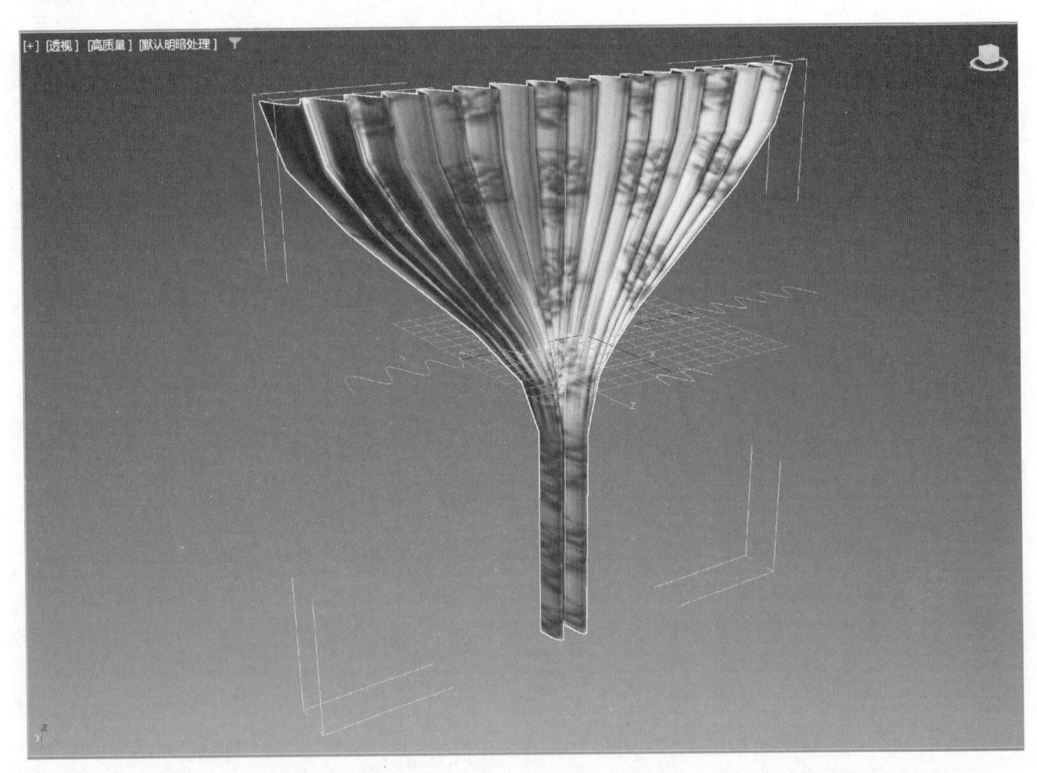

图 2.9.16　收缩的窗帘效果

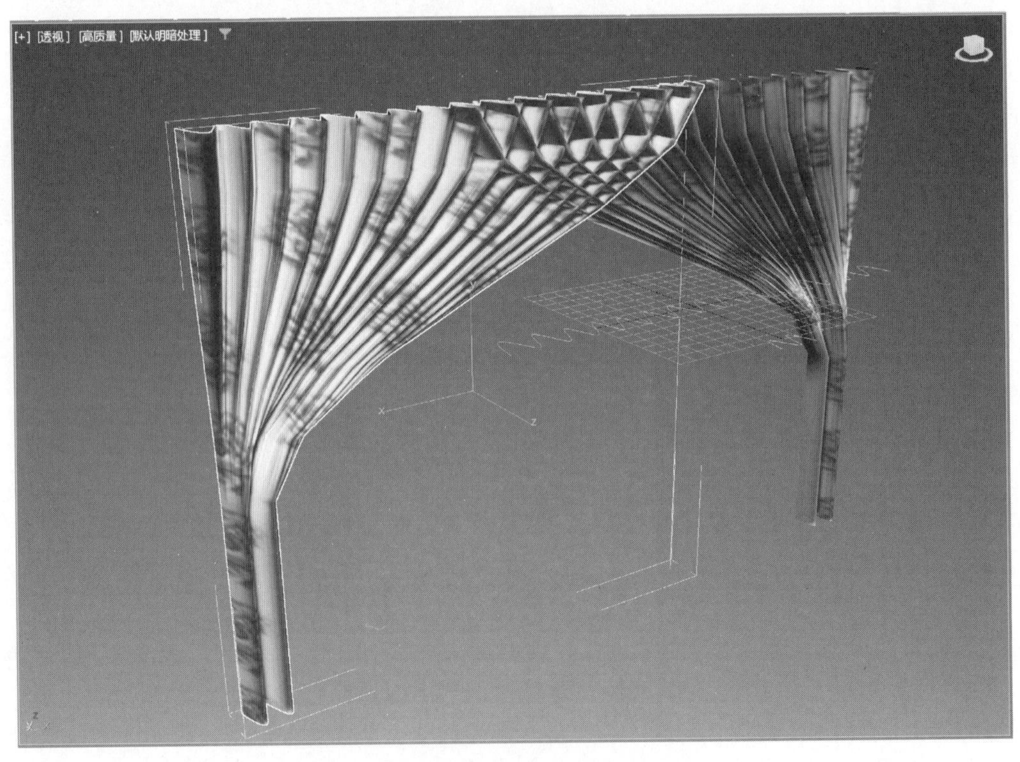

图 2.9.17　镜像复制得到的两帘窗帘

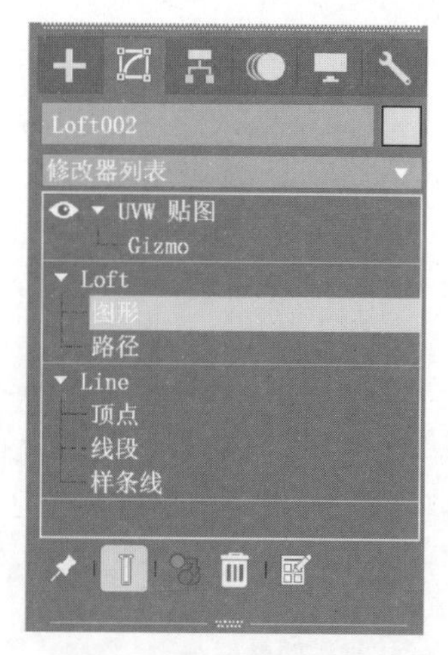

图 2.9.18 放样次物体

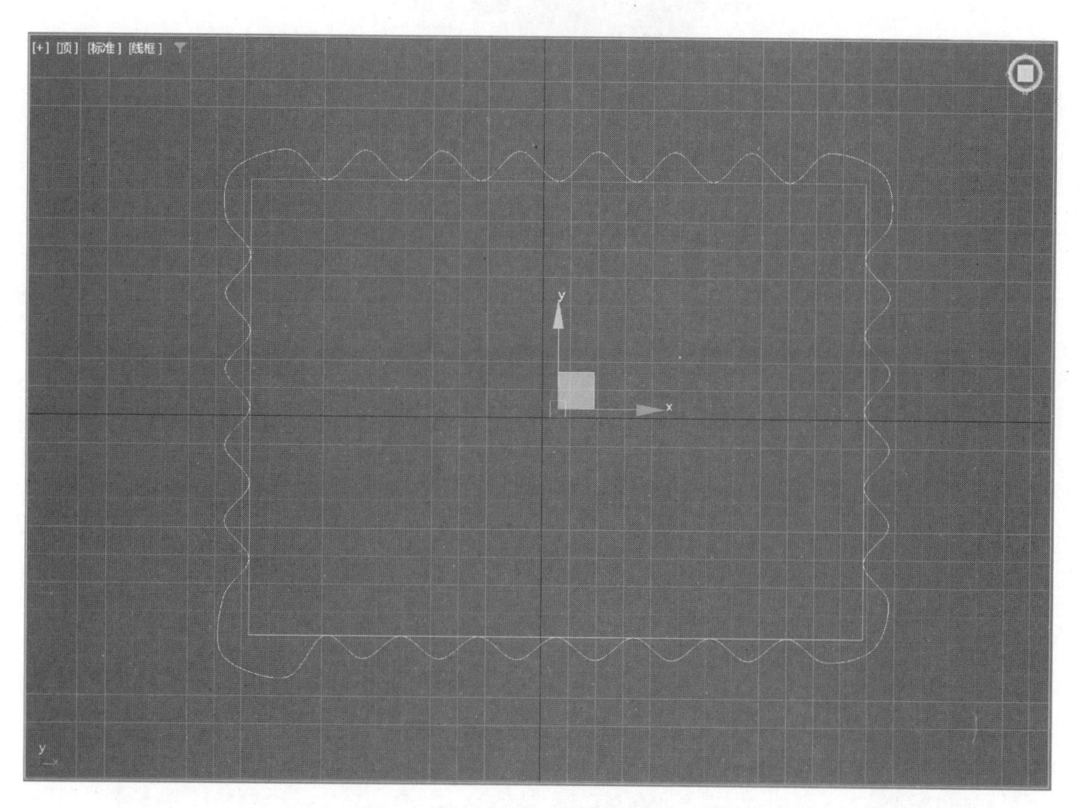

图 2.9.19 床罩截面

③ 在放样参数最底部的放样变形中单击“缩放”按钮，在如图 2.9.21 所示的“缩放变形”窗口中制作一条缩放曲线，给放样物体添加一个 UVW 贴图修改器，在漫反射中添加一个位图贴图，这里选择长方体映射方式，U 向平铺和 V 向平铺默认为 1，如图 2.9.22 所示。

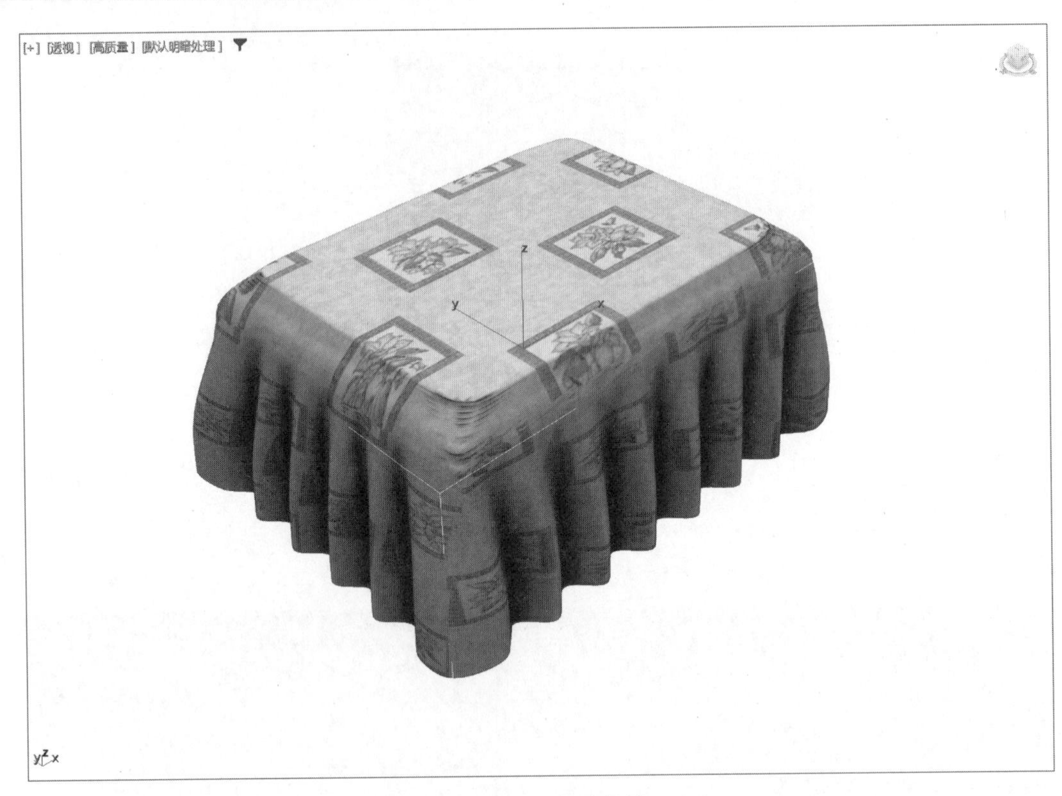

图 2.9.20　床罩效果

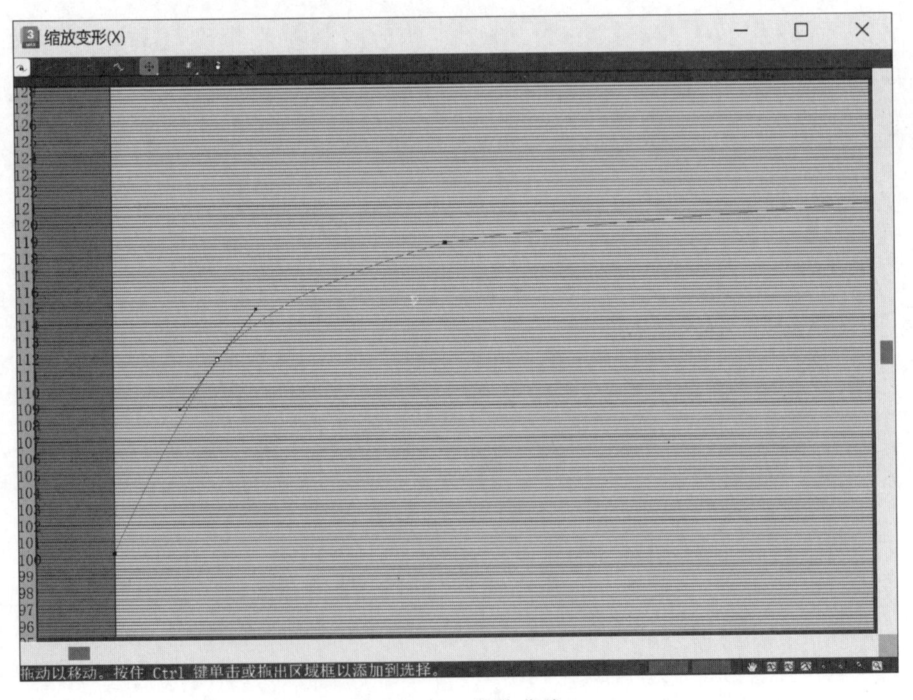

图 2.9.21　缩放曲线

④ 保存场景，渲染输出的床罩贴图效果如图 2. 9. 23 所示。

图 2. 9. 22　贴图参数设置

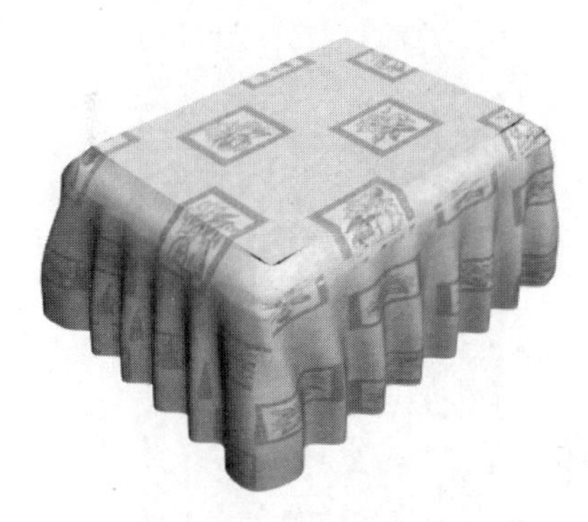

图 2. 9. 23　床罩贴图效果

5. 创建一把椅子

将场景文件保存为 sy9-5. max，并渲染输出为 sy9-5. jpg。

提示：

① 创建一个圆柱体，参数设置如图 2. 9. 24 所示，作为椅子的支架，添加一个“弯曲”修改器，参数设置如图 2. 9. 25 所示，将弯曲限制在 0~80，以后再移动 Gizmo 使弯曲位置控制在圆柱体的中央，前视图中的弯曲效果如图 2. 9. 26 所示。

② 在前视图中绘制一个矩形，添加编辑样条线修改器，按照弯曲部分的形状对矩形进行变形修改，如图 2. 9. 27 所示，添加挤出修改器生成椅背模型，然后对支架和椅背一起倾斜，继续创建一个支架圆柱体并稍微旋转一定角度，调整其位置，采用移动得到对应的另外一个支架，如图 2. 9. 28 所示。

③ 直接用倒角长方体生成椅子的坐凳。

④ 分别对各物体赋予不同的材质贴图，并渲染输出，效果如图 2. 9. 29 所示。

6. 设计一个自己喜欢的三维玩偶形象

将场景文件保存为 sy9-6. max，并渲染输出为 sy9-6. jpg。

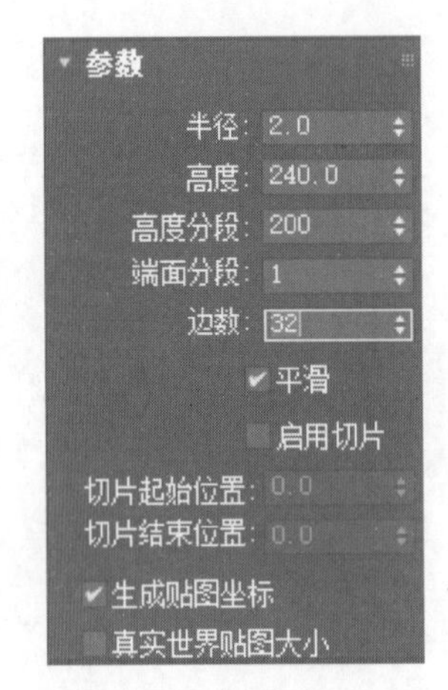

图 2.9.24　圆柱体参数设置

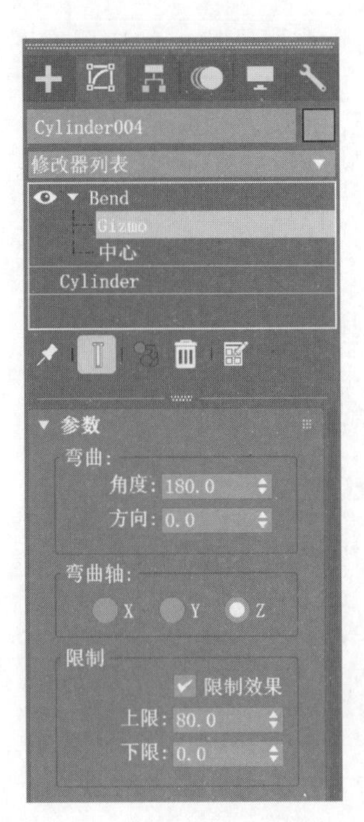

图 2.9.25　弯曲修改器参数设置

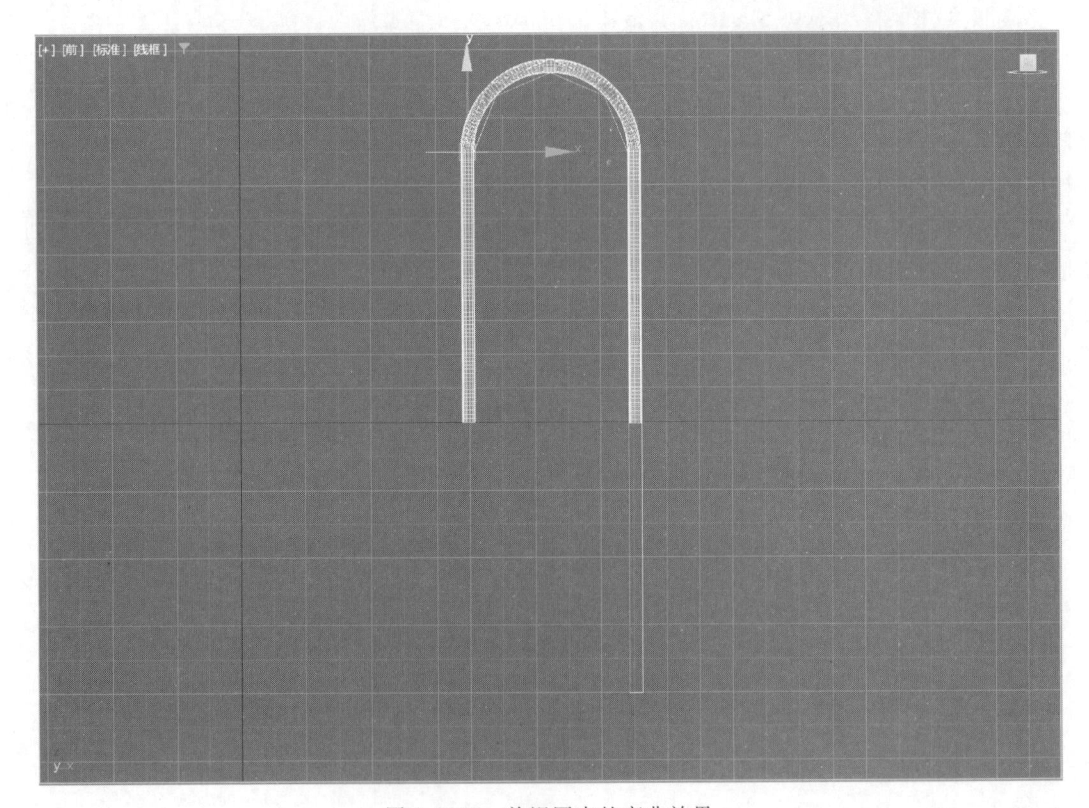

图 2.9.26　前视图中的弯曲效果

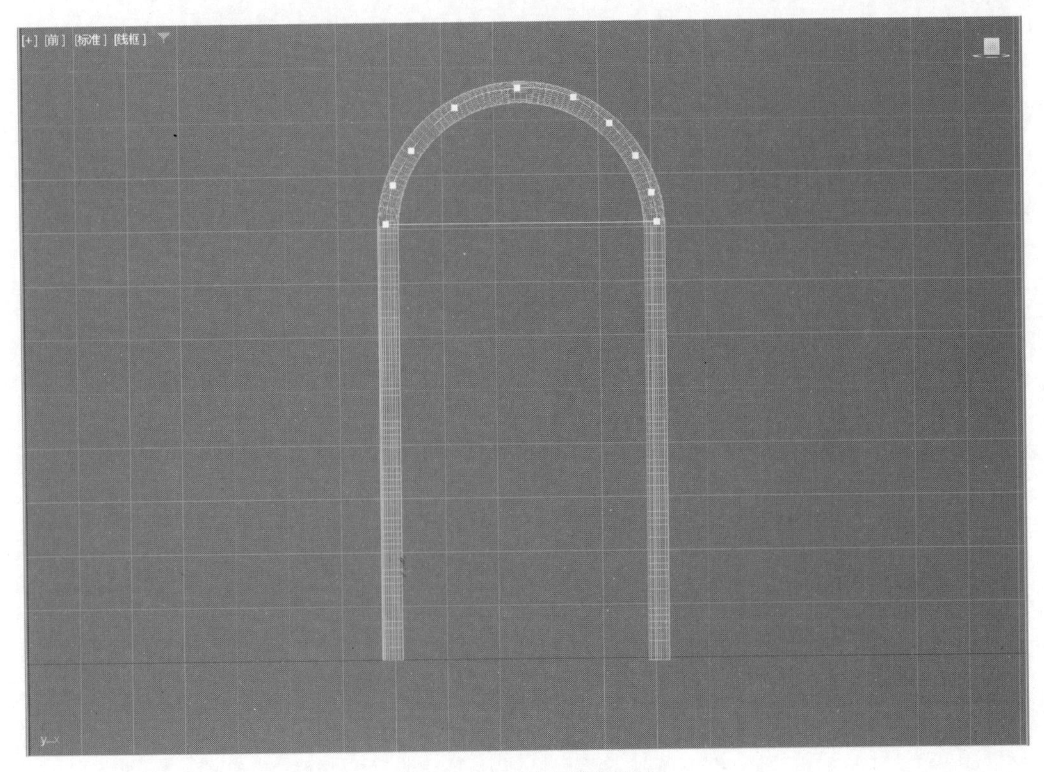

图 2.9.27 矩形变形修改

图 2.9.28 椅子支架

图 2.9.29　椅子效果

实验十 3ds Max 综合应用

一、实验目的

① 掌握灯光的应用方法。

② 掌握摄影机的应用方法。

③ 学会制作各种动画效果。

二、实验内容

1. 建立一个卧室场景模型

将场景文件保存为 sy10-1. max，并渲染输出为 sy10-1. jpg。

提示：

① 建立卧室模型(单位：厘米)。

a. 地面：长方体，长、宽、高为 450×350×10。

b. 左墙：长方体，长、宽、高为 450×10×285。

c. 右墙：长方体，长、宽、高为 450×10×285。

d. 窗墙：长方体 1，长、宽、高为 10×350×285；长方体 2，长、宽、高为 15×150×180。

选择菜单“创建”|“几何体”|“复合对象”命令，选择“布尔”选项，再选择“差集”选项，长方体 1 减去长方体 2 得到挖去窗户大小的长方体窗墙。对齐以上物体的效果如图 2. 10. 1 所示。

e. 选择菜单“创建”|“几何体”|“窗”命令，直接加入一个固定窗户，高、宽、深为 180×150×10，把固定窗户移动到前面窗墙的窗户位置对齐。

f. 门墙：长方体 1，长、宽、高为 10×350×285；长方体 2，长、宽、高为 15×135×220，同样利用复合对象中的布尔运算得到一个挖去门大小的长方体门墙。

g. 选择菜单“创建”|“几何体”“门”命令，直接加入一个枢轴门：高、宽、深为 215×135×10，门打开的角度为 90°时的效果如图 2. 10. 2 所示。

h. 天花板：长方体，长、宽、高为 450×350×10，可以选择地面，按住 Shift 键的同时拖曳地面到天花板位置松开，采用移动复制命令来得到天花板，把天花板与其他墙面对齐。

② 由于场景中的灯光无法完全照亮卧室，这里加入两盏泛光灯，倍增为 0.7，颜色为淡黄色。移动泛光灯的位置使得卧室被照亮，灯光参数如图 2.10.3 所示。

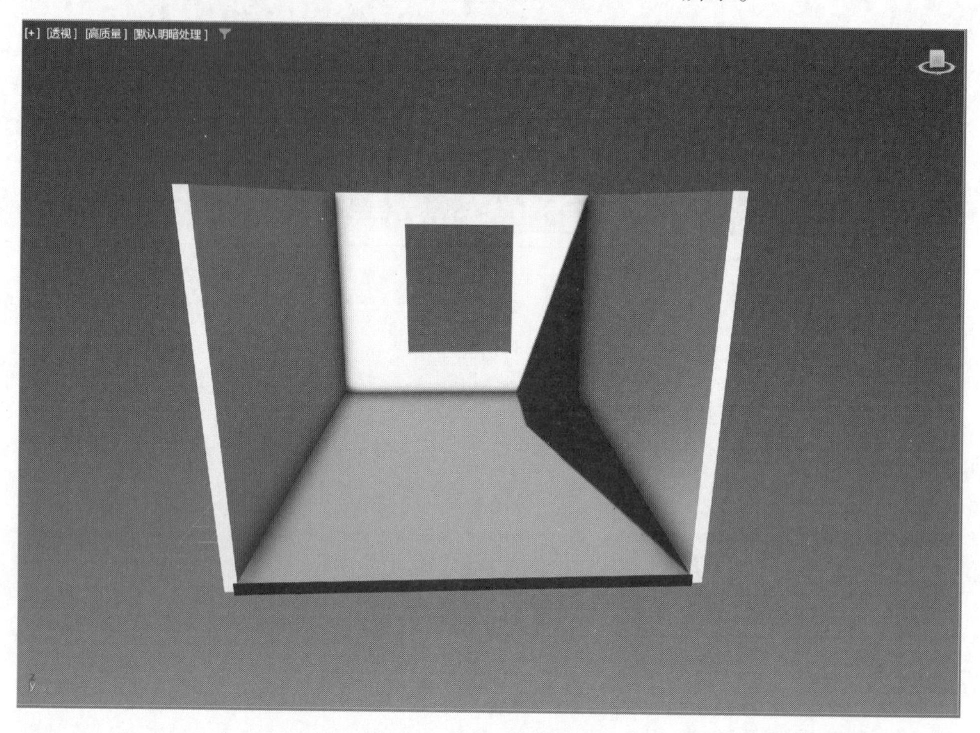

图 2.10.1　卧室模型 1

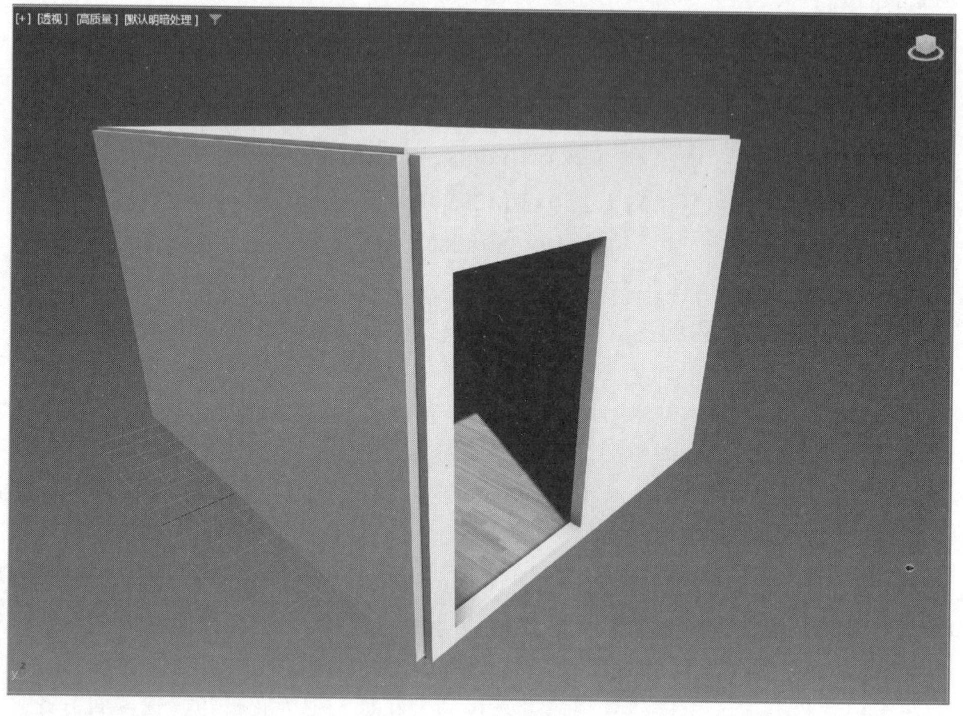

图 2.10.2　卧室模型 2

图 2. 10. 3　灯光参数

③ 在顶视图中加入一个目标摄影机，在各视图中调整摄影机的位置，将透视图切换为“camera01”视图，效果如图 2. 10. 4 所示。

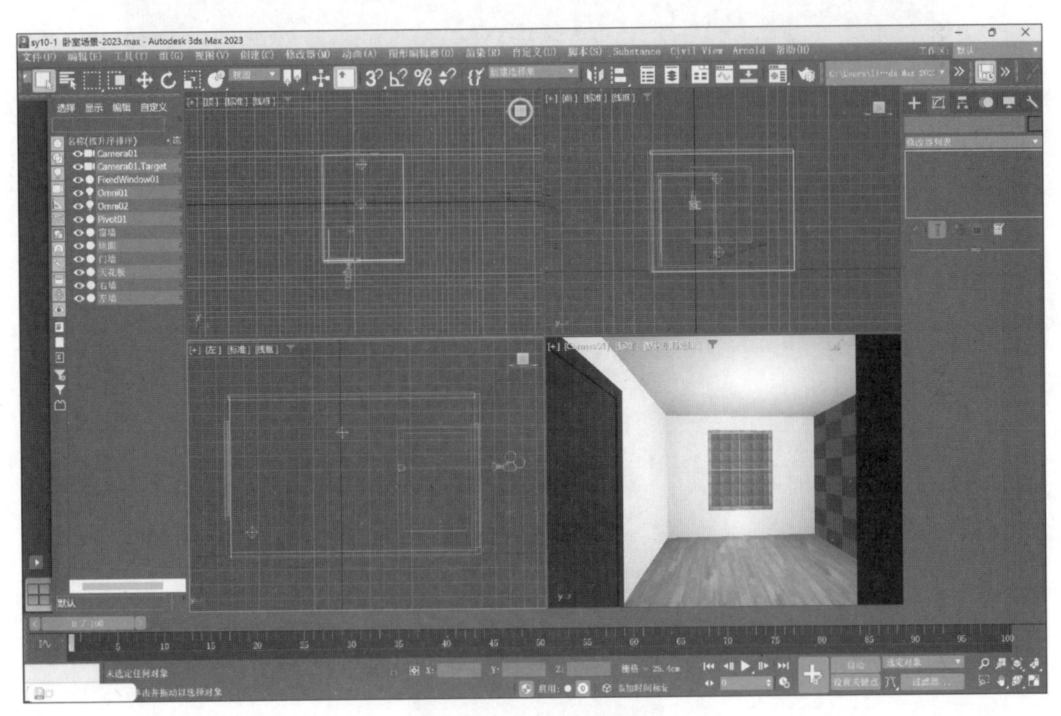

图 2. 10. 4　目标摄影机

④ 给卧室的地面、门和窗户指定材质贴图，渲染效果如图 2. 10. 5 所示。

⑤ 最后把前面制作的椅子、床、窗帘等物体合并到当前卧室场景中，还可以自己加入一些装饰物品，如花瓶、吊灯、装饰柜等，利用所学的放样、截面图形挤出、倒角修改器等方法制作出想要的模型，再指定材质贴图即可。

图 2. 10. 5　卧室模型渲染效果

2. 燃烧的蜡烛

将场景文件保存为 sy10-2. max，并渲染输出为 sy10-2. avi。

提示：

① 创建一个圆柱体，设半径为 20，高度为 100，端面分段数为 3，圆柱体参数如图 2. 10. 6 所示。

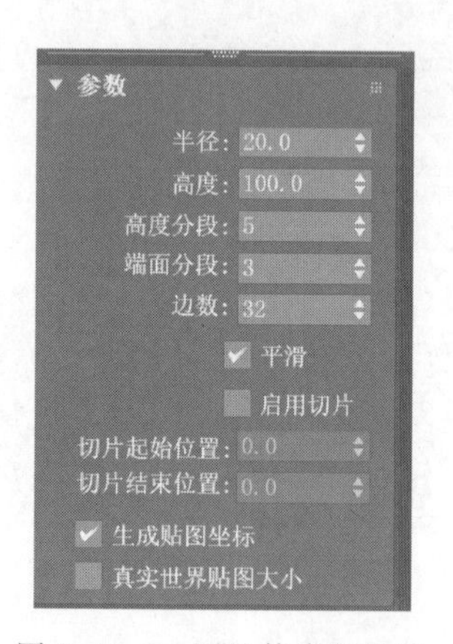

图 2. 10. 6　圆柱体参数设置

② 添加“编辑网格”修改器，进入“多边形”次物体级别，在顶视图中按住 Ctrl 键并单击各个多边形，将圆柱体上表面所有多边形选中，如图 2. 10. 7 所示。然后添加“噪波”修改器，选中分形，设置 Z 轴方向的强度为 25，参数设置如图 2. 10. 8 所示。

③ 在透视图中再创建一个圆柱体作为蜡烛的烛芯(半径为 1. 2，高度为 20)。给烛芯添加

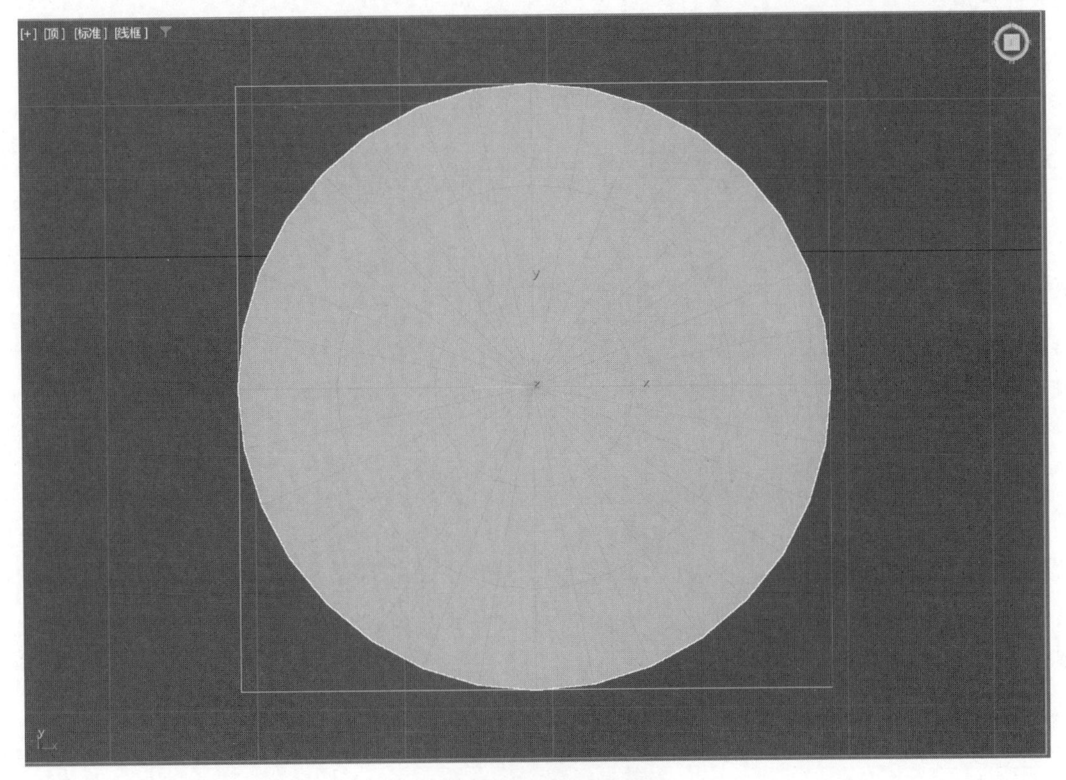

图 2.10.7　选中的多边形

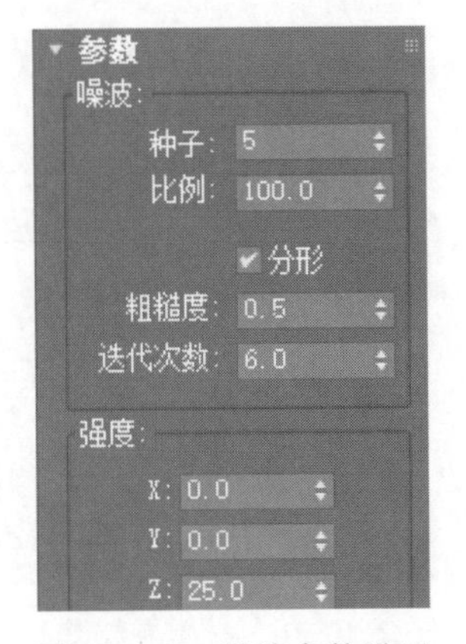

图 2.10.8　噪波参数设置

一个“弯曲”修改器，弯曲的角度设为 45°，使用移动工具调整好烛芯的位置，蜡烛模型如图 2.10.9 所示。

④ 打开材质编辑器，任选一个材质球，将标准材质改为光线跟踪材质，在如图 2.10.10 所示的“光线跟踪基本参数”中将“漫反射”设为白色，高光级别设为 80，光泽度设为 25。在“扩展参数”中将附加光、半透明和荧光的颜色都设置为 RGB(170，0，0)，材质赋予蜡烛。

图 2.10.9　蜡烛模型

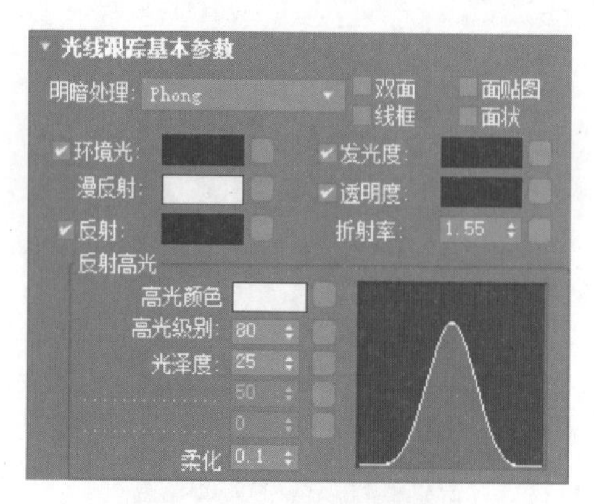

图 2.10.10　材质参数设置

⑤ 选择菜单“创建”|“辅助对象”命令，选择“大气装置”选项，单击“球体 Gizmo”按钮，在顶视图中创建一个球体 Gizmo，设半径为 20，选中“半球”选项，调整其位置到蜡烛的上方，利用缩放工具在 Z 轴方向放大，前视图中大气装置如图 2.10.11 所示。

⑥ 选定球体 Gizmo，在修改命令面板的“大气和效果”中单击“添加”按钮，选择“火效果”选项，选中“火效果”后单击下面的“设置”按钮，在火效果参数中设置“内部颜色”为 RGB(255，255，243)，“外部颜色”为 RGB(252，183，46)，火焰类型为火

舌，拉伸为 6，火焰大小为 50，其他参数如图 2.10.12 所示。蜡烛的渲染效果如图 2.10.13 所示。

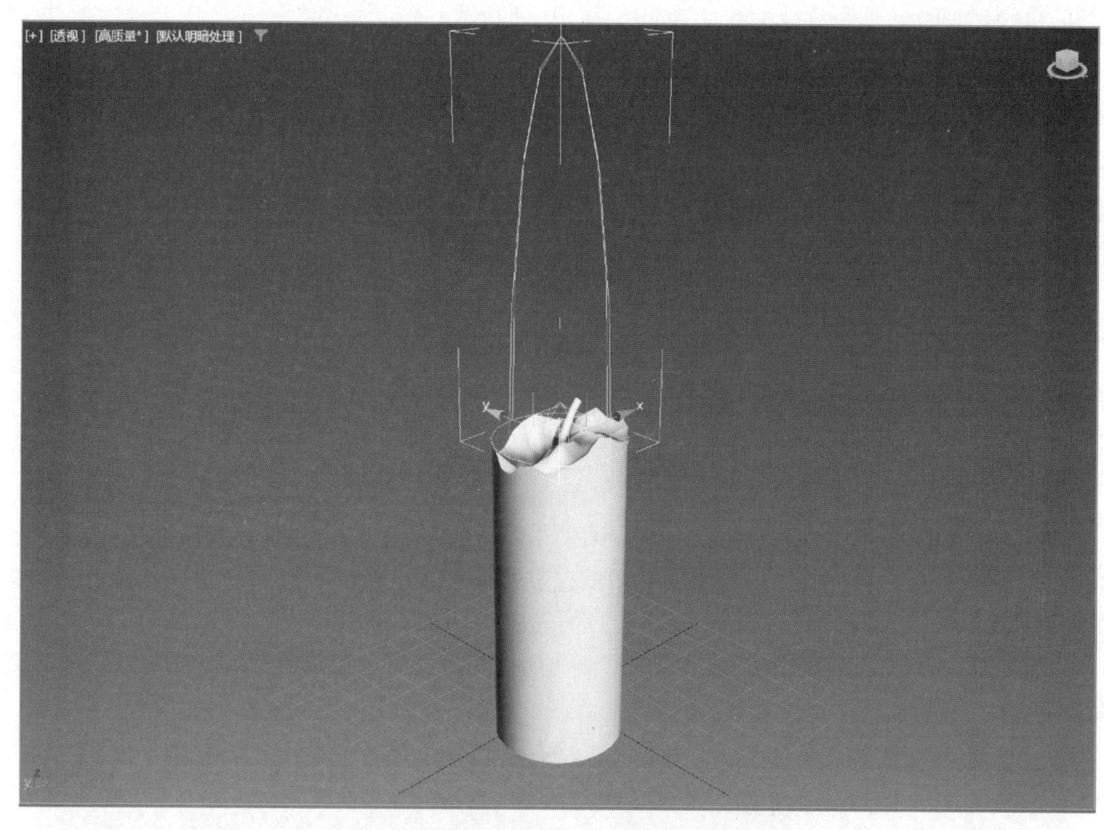

图 2.10.11　大气装置

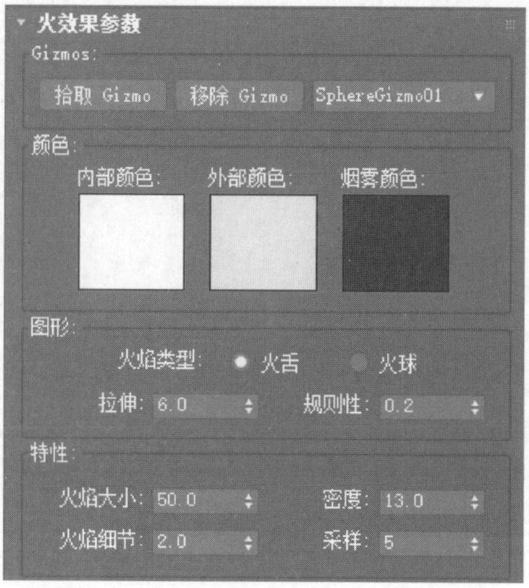

火效果参数
Gizmos:
拾取 Gizmo　移除 Gizmo　SphereGizmo01
颜色:
内部颜色:　外部颜色:　烟雾颜色:
图形:
火焰类型: 火舌　火球
拉伸: 6.0　规则性: 0.2
特性:
火焰大小: 50.0　密度: 13.0
火焰细节: 2.0　采样: 5

图 2.10.12　火效果参数设置

⑦ 为了使蜡烛的火焰效果更加逼真，在蜡烛的烛芯处添加一盏标准灯光中的泛光灯，在火焰的上方再添加一盏泛光灯。选择烛芯处的泛光灯，设置其倍增为 1.0，灯光颜色为 RGB（236，156，150），远距衰减参数设置如图 2.10.14 所示。

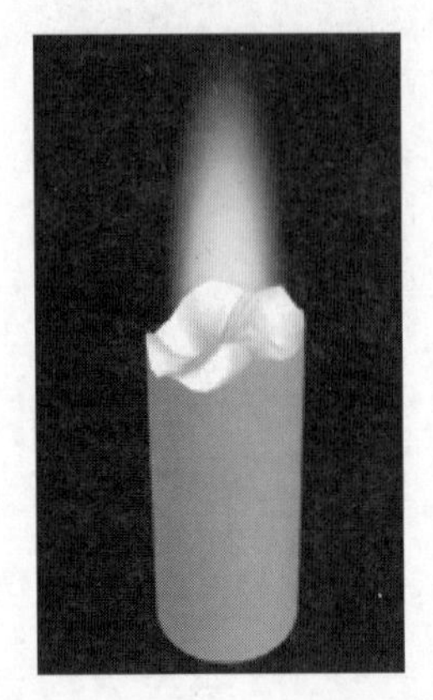

图 2.10.13　蜡烛火焰的渲染效果

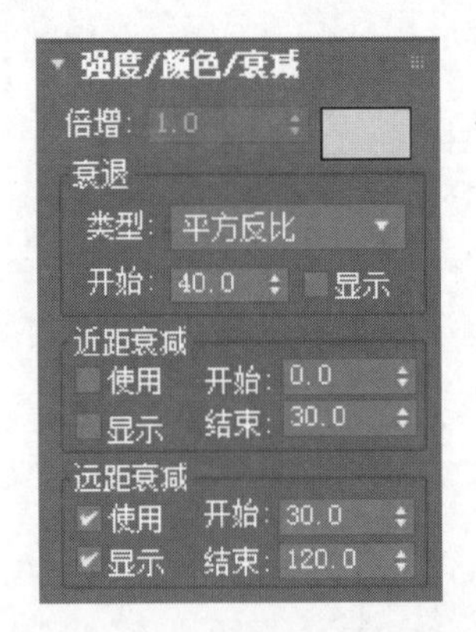

图 2.10.14　远距衰减参数设置

⑧ 制作火焰的动画效果，单击工具栏中的“曲线编辑器”，选择曲线编辑器中的菜单“视图”|“过滤器”命令，在打开的过滤器对话框左下角先勾选“全局轨迹”复选框，然后选择菜单“环境”|“火效果”|“漂移”命令，在右边的轨迹上添加 6 个关键点，然后移动这几个关键点，使其轨迹如图 2.10.15 所示。用同样的方法制作相位和密度的轨迹曲线，尽量使 3 条轨迹曲线相似。

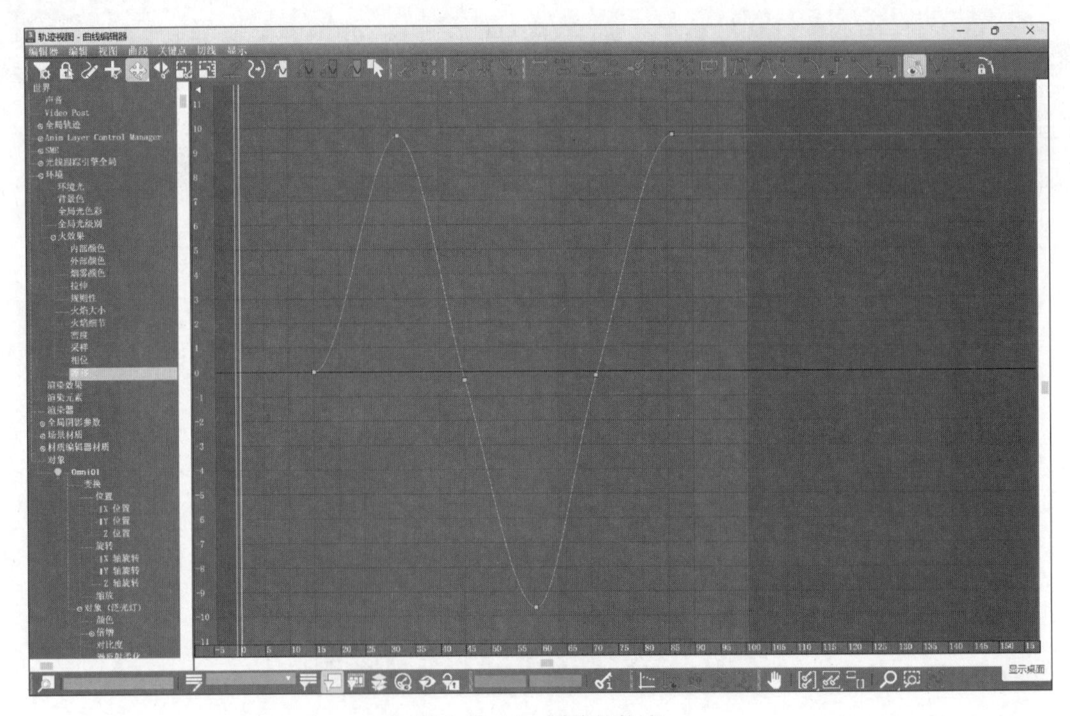

图 2.10.15　漂移的轨迹

⑨ 在曲线编辑器的左边选择“对象”|“Omni01”|“对象(泛光灯)”|“倍增”选项，选择菜单“编辑”|“控制器”|“指定”命令，再选择“噪波浮点”控制器，在如图 2.10.16 所示的对话框中设置噪波强度为 2.0，勾选“>0”复选框，灯光倍增变化的轨迹如图 2.10.17 所示。

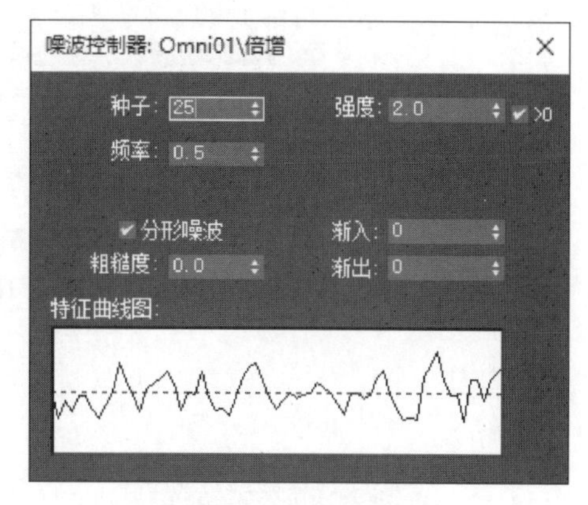

图 2.10.16　噪波参数

⑩ 选择菜单“渲染”|“视频后期处理”(Video Post)命令，在如图 2.10.18 所示的对话框中单击(添加场景事件)按钮，选择透视图，单击(添加图像输出事件)按钮，设置文件格式为 AVI，最后单击(执行序列)按钮。

渲染结束以后在播放器中观看蜡烛火焰的动画效果。

3. 制作光芒字

将场景文件保存为 sy10-3. max，并渲染输出为 sy10-3. jpg。

提示：

① 在前视图中输入文字(大小为 100 个单位)，给文字添加“挤出”或“倒角”修改器，制作成立体文字，本例中倒角参数设置如图 2.10.19 所示，倒角立体字效果如图 2.10.20 所示。

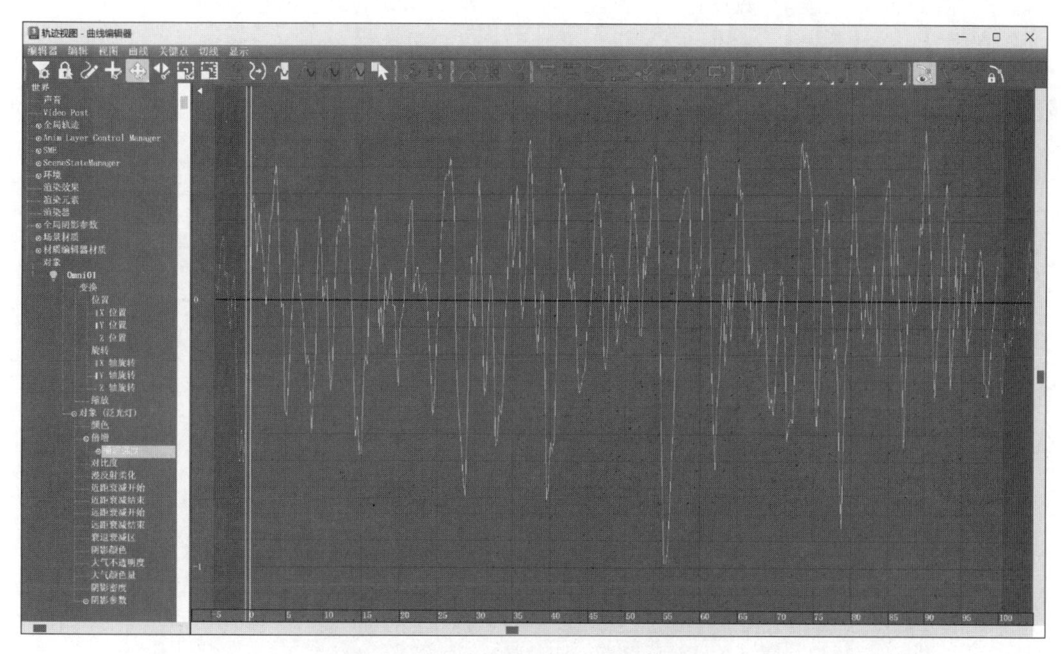

图 2.10.17　灯光倍增变化的轨迹

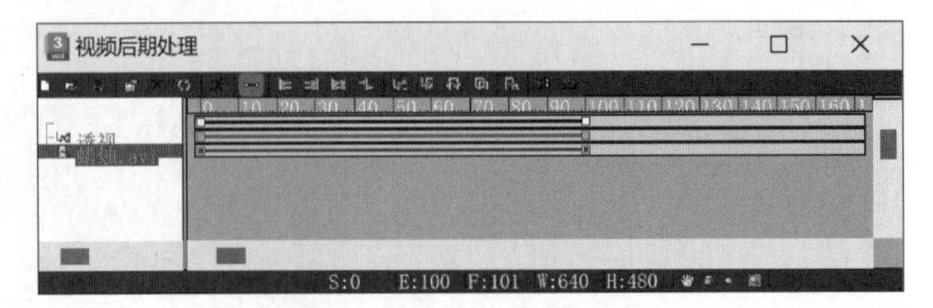

图 2.10.18 视频后期处理

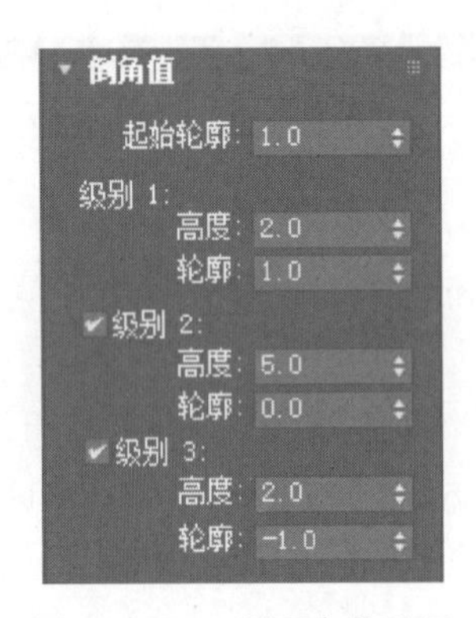

图 2.10.19 倒角参数设置

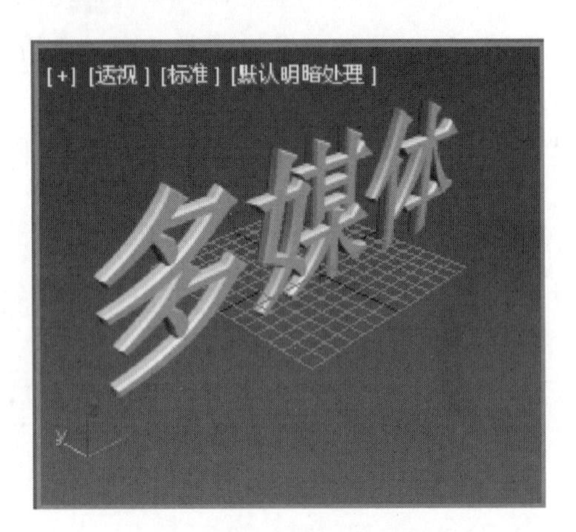

图 2.10.20 倒角立体字效果

② 选中前视图，单击工具栏中的渲染产品，渲染效果如图 2.10.21 所示，保存为 TGA 格式的文件，这里假设文件名为 media. tga，注意在“Targa 图像控制”对话框中选中“Alpha 分割”选项。

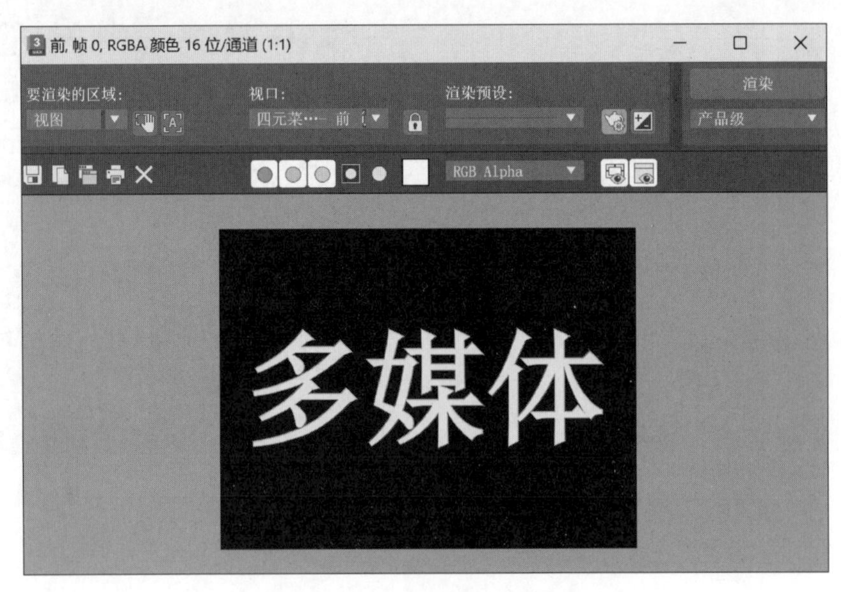

图 2.10.21 前视图渲染效果

③ 放置灯光与摄影机。切换到顶视图，在文字后面放置一盏标准灯光中的自由平行光，旋转角度使其照向文字方向，设置平行光的参数中的“聚光区/光束”大小为 152，选中“矩形”单选按钮，纵横比设置为 2.78，如图 2.10.22 所示。切换到左视图，在正对文字前方放置一个目标摄影机，如图 2.10.23 所示，将透视图切换为摄影机视图。

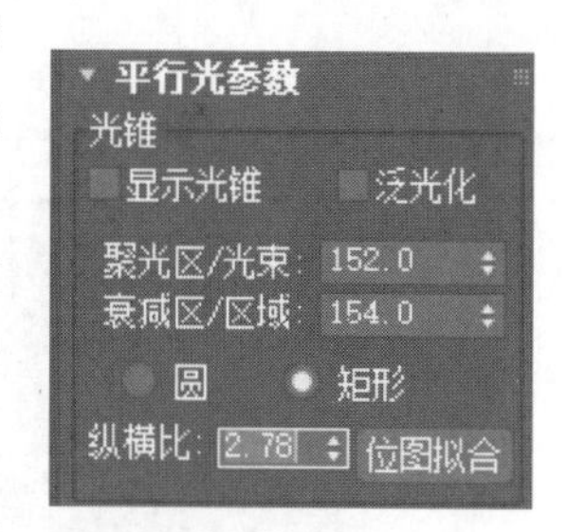

图 2.10.22　平行光参数设置

④ 选任一个材质球，在漫反射贴图中选择“位图”选项，选取前面渲染输出的“A_media.tga”文件（是一张黑白图），在如图 2.10.24 所示的贴图参数栏中将 V 向的平铺改为 -1，勾选“裁剪/放置”中的“应用”复选框，单击“查看图像”按钮，在如图 2.10.25 所示的窗口中将图片裁剪为文字大小，单击材质球下面的（转到父对象）按钮，用鼠标将漫反射右边的贴图拖曳到平行光的投影贴图上，选择“复制”选项，如图 2.10.26 所示。

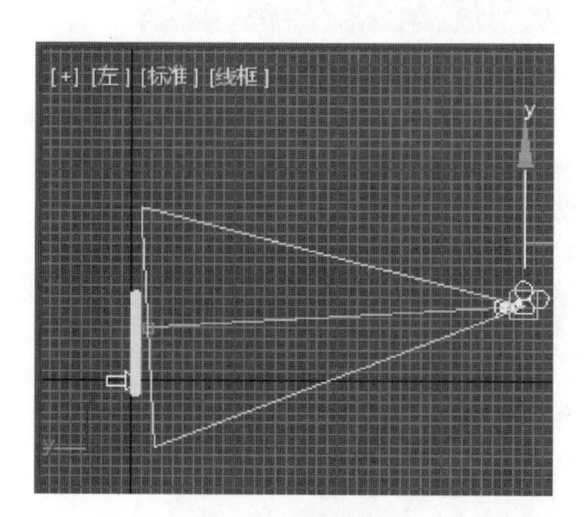

图 2.10.23　摄影机的位置

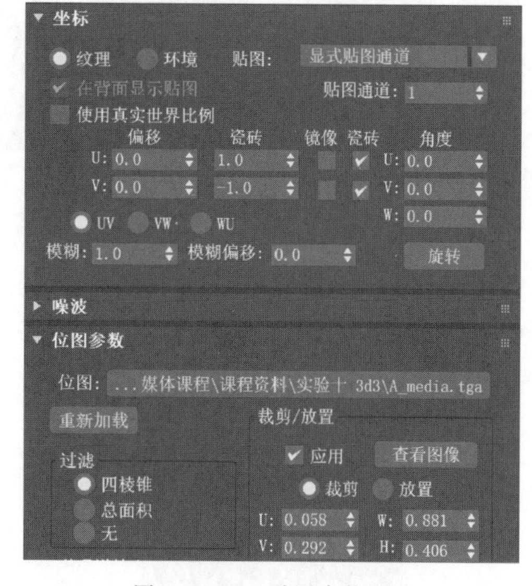

图 2.10.24　贴图参数设置

⑤ 选中自由平行光，在“环境和效果”的大气参数中单击“添加”按钮，选择“体积光”选项，单击体积光参数中的“拾取灯光”按钮，拾取场景中的平行光，如图 2.10.27 所示，其余参数采用默认值。

⑥ 调整光芒的颜色和长度。将自由平行光的倍增改为 1.5，颜色设置为金黄色 RGB(220, 190, 0)，再将平行光的远距离衰减参数设置为开始 50，结束 250，如图 2.10.28 所示，这个参数决定了光芒的长度。

⑦ 保存场景，渲染的光芒字的效果如图 2.10.29 所示，如果想制作光芒逐渐变长的动画效果，可以将远距离衰减值的变化记录为动画效果；如果想制作光芒扫射的动画效果，则可以把自由平行光在 Z 轴方向的旋转记录为动画。

图 2.10.25　文字的裁剪

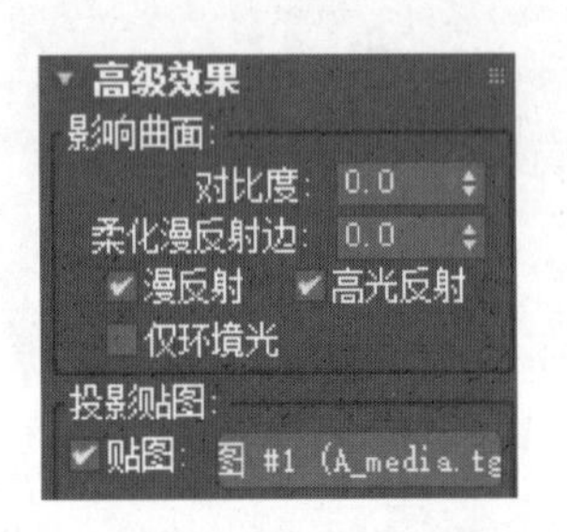

图 2.10.26　投影贴图参数设置

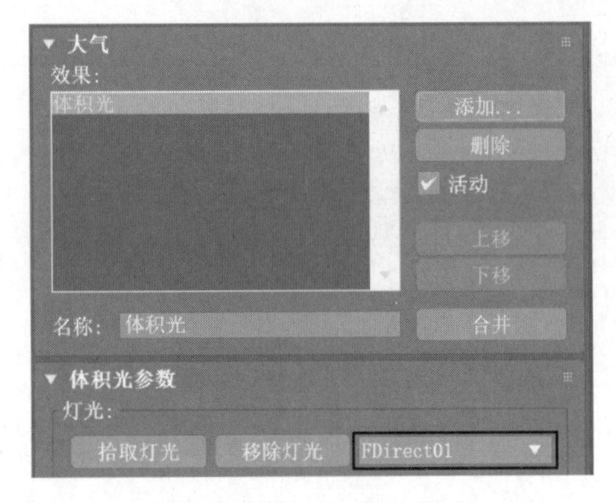

图 2.10.27　添加体积光

4. 旋转的魔方(选做)

将场景文件保存为 sy10-4. max，并渲染输出为 sy10-4. avi。

提示：这里假设魔方的 6 个面要贴 6 张不同的图片，预先准备好 6 张照片。

① 在透视图中创建一个切角长方体，如图 2.10.30 所示，长、宽、高分别设为(10，10，10)，圆角为 0.5。

② 切换到“运动”面板，将旋转控制器由“Euler XYZ”改为“线性旋转”，如图 2.10.31 所示。

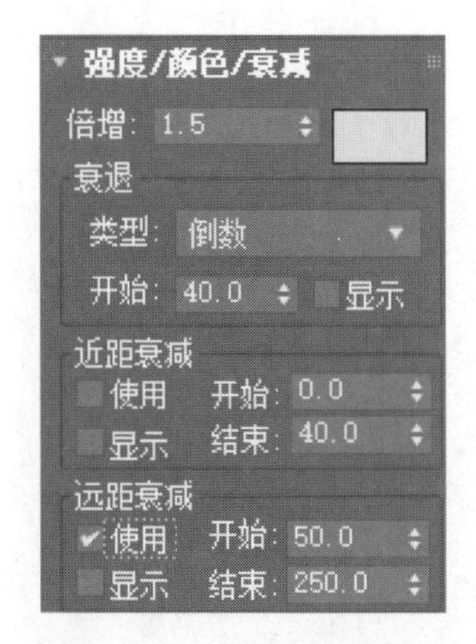

图 2.10.28 灯光参数设置

图 2.10.29 渲染的光芒字

图 2.10.30 切角长方体

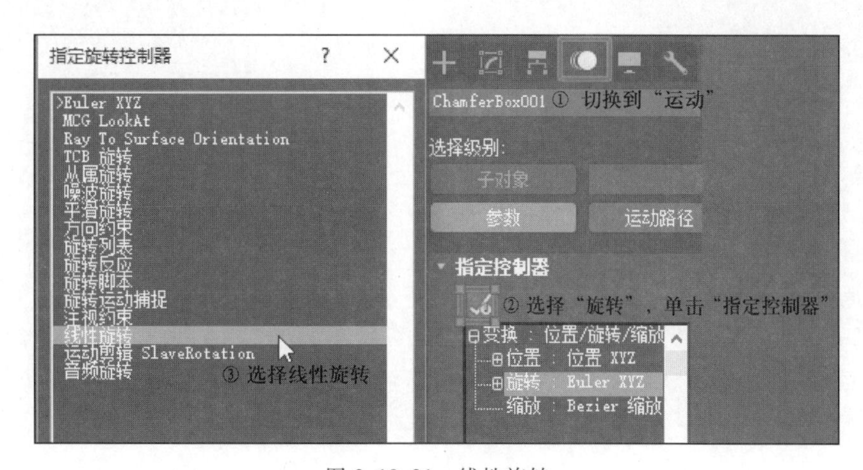

图 2.10.31 线性旋转

③ 阵列复制出 27 个切角长方体。选中第 1 个切角长方体，选择菜单“工具”|“阵列”命令，阵列参数设置如图 2.10.32 所示。

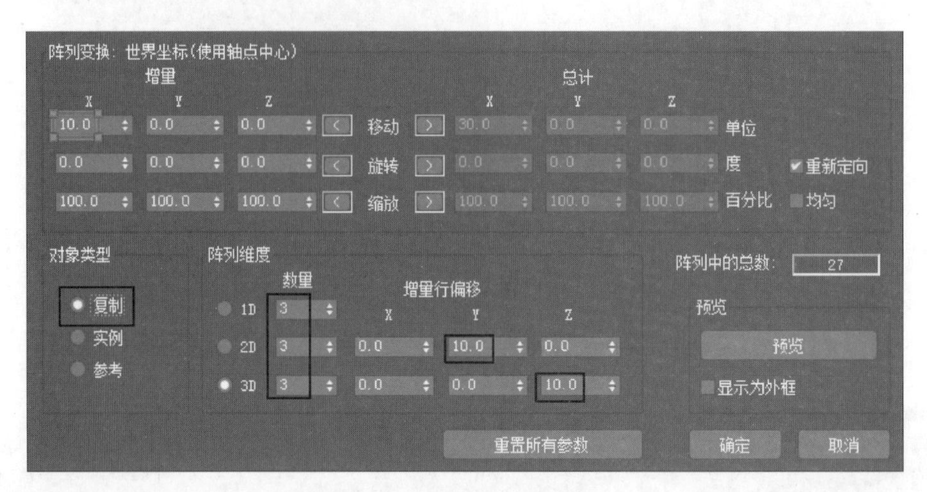

图 2.10.32　阵列参数设置

④ 选中 27 个切角长方体，先将其成组，如图 2.10.33 所示，然后将组对象的中心设置为(0，0，15)(注意：这个中心位置可以任意设置，只要后面的 27 个切角长方体的轴心点都设置为与该中心点位置一样即可)。

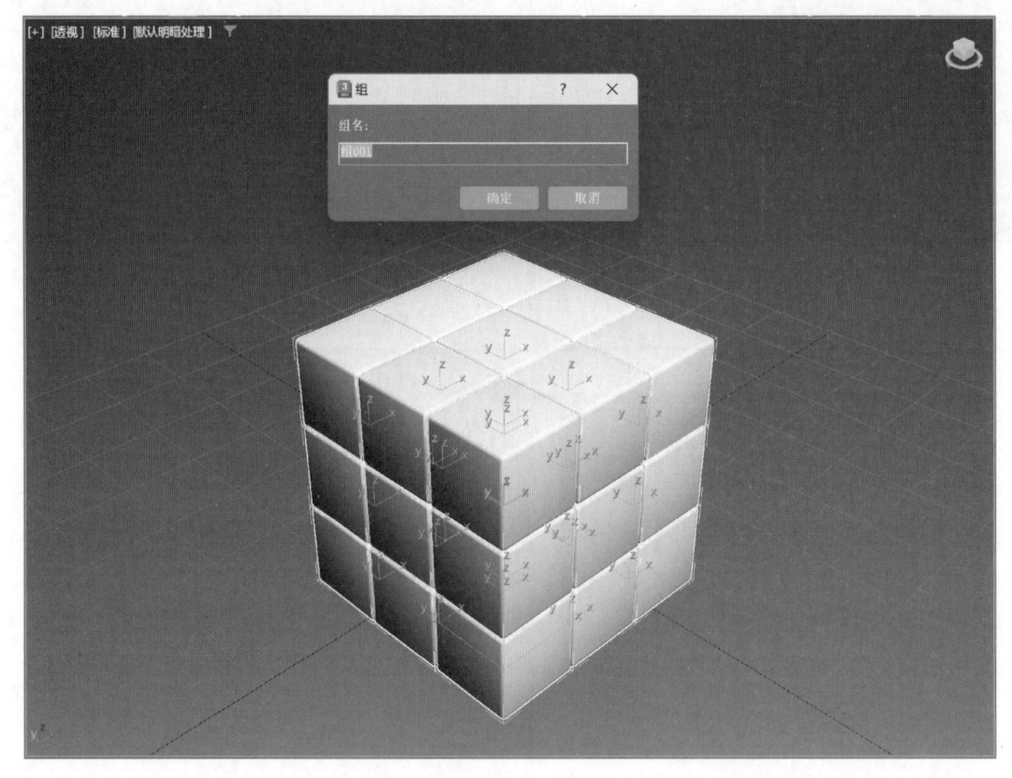

图 2.10.33　成组

⑤ 选中组对象，先将27个切角长方体解组(所有对象都处于选中状态)，然后进入“层次”面板，单击“仅影响轴”按钮，右击工具栏的“选择并移动”按钮，在如图2.10.34所示的“移动变换输入”对话框中输入(0，0，15)，将27个切角长方体的轴心点都设置在魔方的正中心。注意：设置好轴心点位置以后再次单击“仅影响轴”按钮，取消对轴心点的控制。

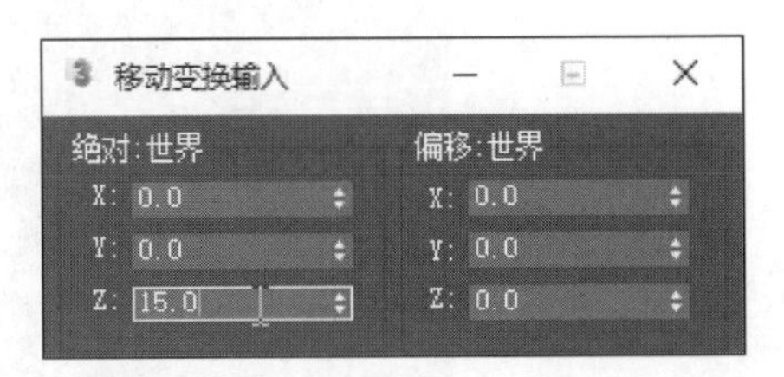

图2.10.34 移动变换输入参数设置

⑥ 再次选中27个切角长方体，再将其成组，给组对象添加一个“编辑多边形”修改器，进入到多边形次物体级别，如图2.10.35所示。先将所有多边形选中，将材质ID号设置为7，如图2.10.36所示，然后再分别将6个面的9个多边形选中(按住Ctrl键加选，按住Alt键减选，不要选缝隙中的多边形)，分别将其材质ID号指定为1~6，退出多边形次物体级别，再添加一个“UVW贴图”修改器，选择映射方式为“长方体”，如图2.10.37所示。

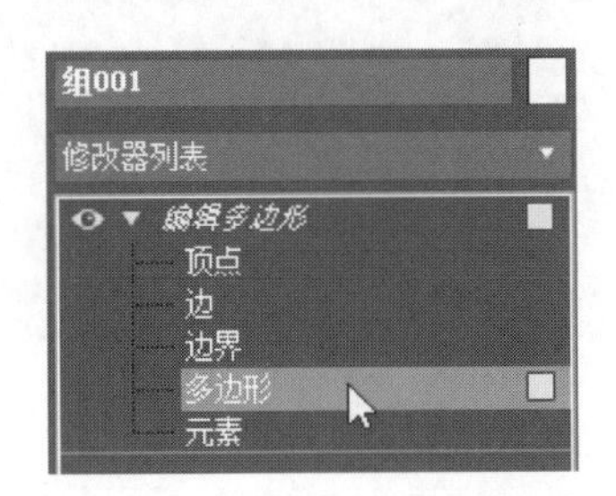

图2.10.35 进入多边形次物体级别

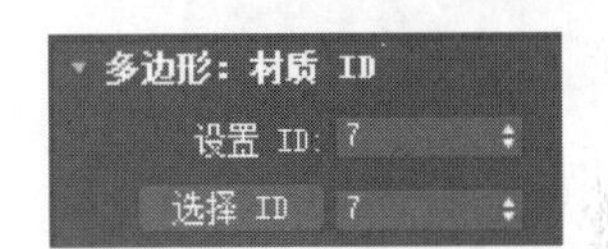

图2.10.36 设置材质ID

⑦ 设置材质效果。任选一个材质球，将标准材质改为“多维/子对象”，分别将6张图片赋给各个子材质的漫反射贴图，如图2.10.38所示，将材质指定给场景中的组对象。

⑧ 开始制作魔方的旋转动画效果。首先必须将组对象解组，单击工具栏的“角度捕捉”按钮，使每次旋转的度数控制为90°的倍数。

打开“时间配置”对话框，这里将播放速度改为自定义，15 fps，从第1帧开始，到150帧结束，持续转10 s。

单击“设置关键点”按钮，进入关键帧记录状态，然后框选需要旋转面的9个切角长方体，在第1帧单击(设置关键点)按钮，再将时间滑块拖曳到第20帧，在对应的轴向旋转90°的倍数，再次单击(在当前位置打一个关键帧)按钮。然后再选择需要旋转的另外9个切角长方体，单击按钮，再将时间滑块拖曳到第40帧，然后在相应的轴向上旋转90°的倍数，再次单击按钮。依此类推，直到动画记录完毕。再次单击“设置关键点”按钮取消动画记录状态。

⑨ 最后将动画渲染输出，在 Premiere 中选择“速度反向”选项即可将魔方逆序播放。

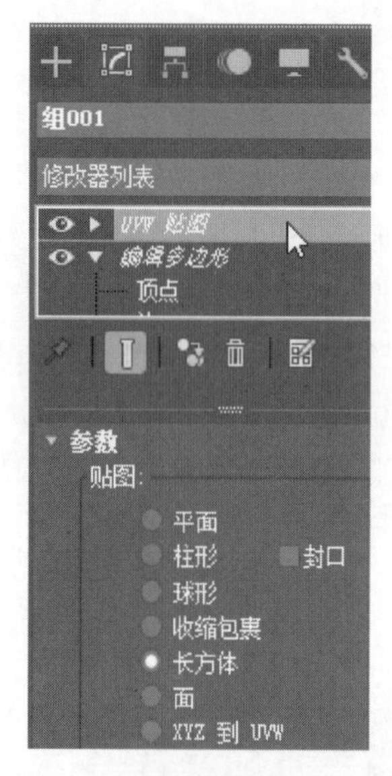

图 2.10.37　添加 UVW 贴图

图 2.10.38　指定材质

实验十一 After Effects 基本操作

一、实验目的

① 熟悉 After Effects 的操作环境。
② 掌握 After Effects 的基本操作。
③ 掌握蒙版的应用方法。
④ 学会文本效果及动画的制作方法。
⑤ 学会三维场景的制作和摄像机的使用方法。

二、实验内容

1. 文字模糊飞入

提示：

(1) 新建合成

打开 After Effects，新建一个项目，将项目文件保存为 sy11-1. aep。选择菜单“合成”|“新建合成”命令，设置合成名为“文字模糊飞入”，选择预设“自定义”，窗口大小宽为 720 像素，高为 576 像素，像素长宽比为“D1/DV PAL 宽银幕(1. 46)”，帧速率为 25 fps，持续时间为 5 s。

(2) 制作文本

选择菜单“图层”|“新建”|“文本”命令，新建一个文本图层，输入“After Effects”，文本图层的名称默认为输入的文本。选中文本，在字符窗口设置字符属性：Arial、Bold Italic、80 像素，填充颜色为白色，无描边。单击“小型大写字母”按钮，在“段落”窗口中将文本居中对齐，参数设置如图 2. 11. 1 所示。设置文本“变换”属性中的“位置”为(360，310)，使文本位于画面中心，文本效果如图 2. 11. 2 所示。

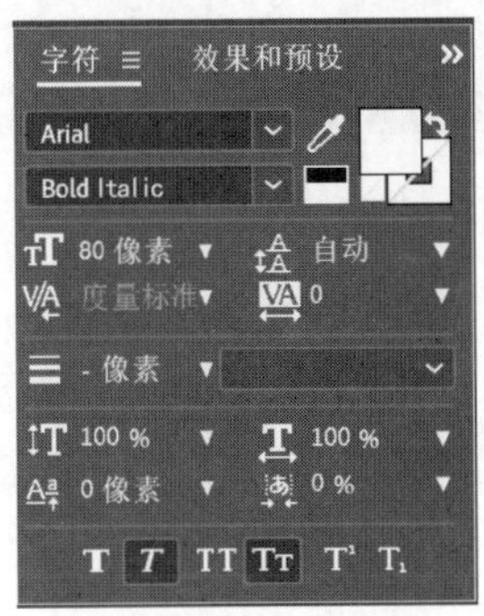

图 2. 11. 1 文本参数设置

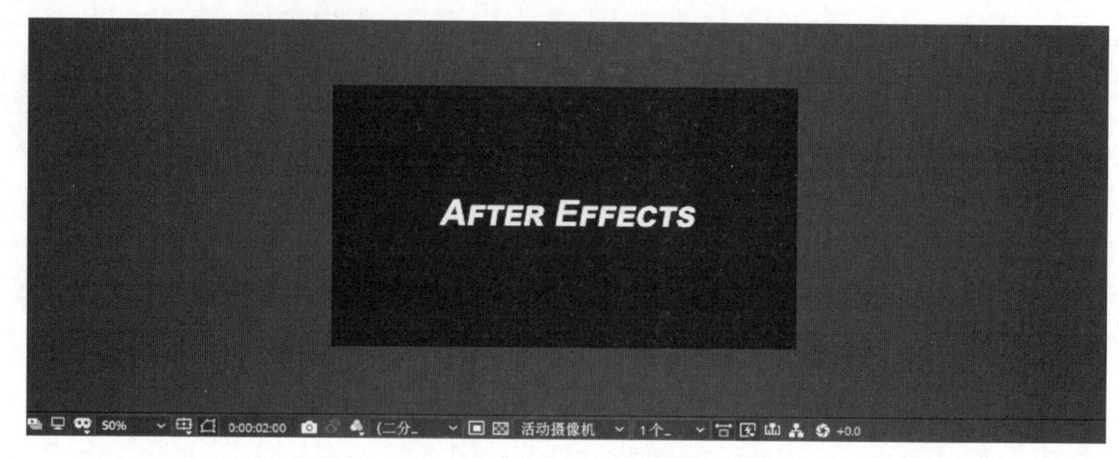

图 2.11.2　文本效果

（3）制作文字模糊飞入动画

在时间轴面板中展开文本图层，单击“文本”参数右侧的“动画”按钮，在弹出的菜单中选择“缩放”|“不透明度”|“模糊”命令，可以看到文本参数下方添加了一个“动画制作工具 1”，包含以上 3 个参数，如图 2.11.3 所示。

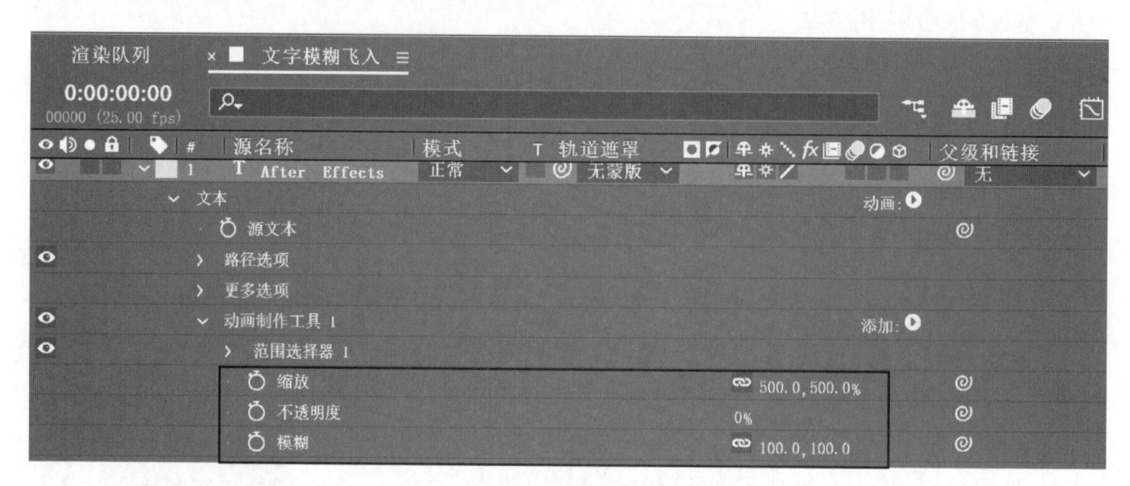

图 2.11.3　动画属性的参数设置

3 个属性的具体参数设置如下。

① 先将“缩放”设为 500%，“不透明度”设为 0，“模糊”设为 100。

② 展开“动画制作工具 1”的“范围选择器 1”，将时间轴定位在第 10 帧，单击“偏移”左边的码表按钮，添加一个关键帧，将“偏移”设为-100%。将时间轴定位在第 4 s，将“偏移”设为 100%。来回拖动时间指示器，观察感受文字变化的效果。

③ 展开“范围选择器 1”中的“高级”，将“形状”设为“上斜坡”，“缓和低”设为 100%，如图 2.11.4 所示。来回拖动时间指示器，再次观察感受文字变化的效果。

④ 优化视觉效果，展开“更多选项”，将“锚点分组”设为“行”，“分组对齐”设为（0，-30%），如图 2.11.5 所示。最终得到文字模糊飞入效果，如图 2.11.6 所示。

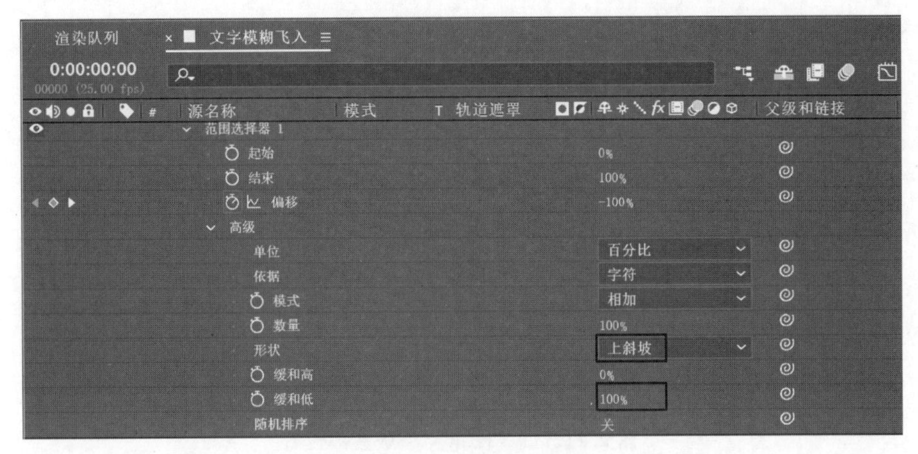

图 2.11.4　“高级”参数

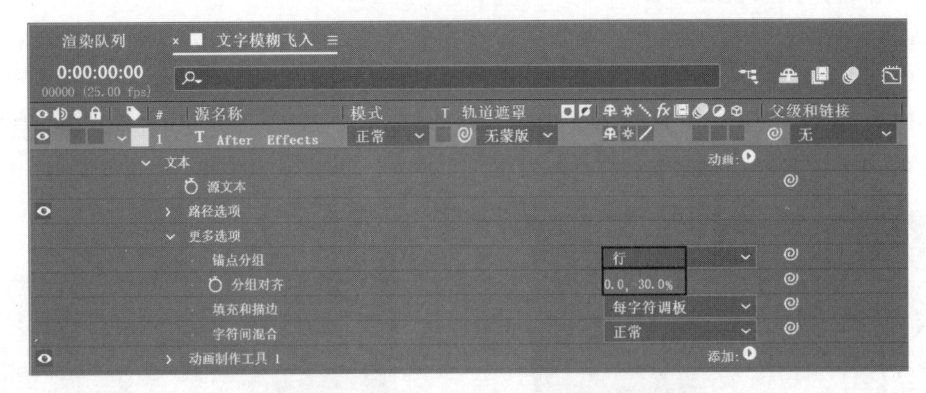

图 2.11.5　文本图层“更多选项”参数设置

图 2.11.6　文字模糊飞入效果

（4）制作背景

① 选择菜单“图层”|“新建”|“纯色”命令，新建一个纯色层，命名为“背景”，单击“制作合成大小”按钮，颜色设为深蓝色：RGB(0，60，100)。在时间轴面板中将“背景”图层置于文本图层下方。

② 在“背景”图层上方新建一个黑色纯色层，命名为“暗角”。选中“暗角”图层，双击椭圆工具，生成椭圆形蒙版 1。在时间轴面板中展开黑色纯色“蒙版 1”，勾选“反转”复选框，并将“蒙版羽化”设为 250。“暗角”蒙版参数设置如图 2.11.7 所示，文字背景效果如

图 2. 11. 8 所示。

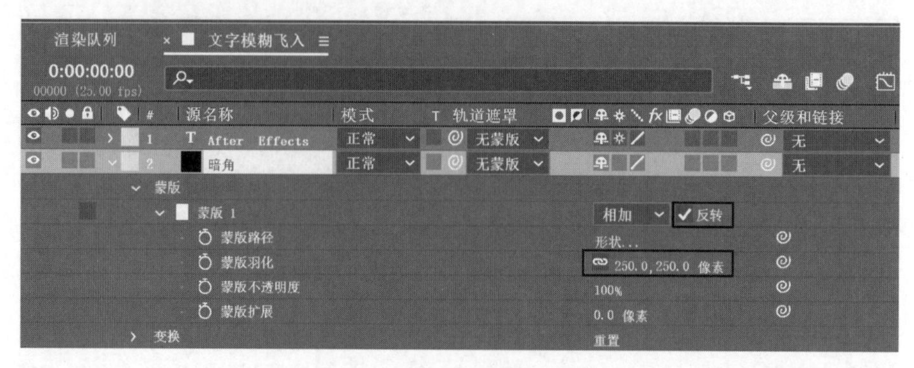

图 2. 11. 7 "暗角"蒙版参数设置

(5) 制作镜头光晕动画特效

① 选择菜单"图层"|"新建"|"纯色"命令，新建一个黑色纯色层，命名为"镜头光晕"，在时间轴面板中置于最顶层。选择菜单"效果"|"生成"|"镜头光晕"命令，生成镜头光晕效果。将时间轴面板中"镜头光晕"图层的"模式"设为"相加" 镜头光晕 相加，使镜头光晕和下层文字背景融合。"镜头类型"选择为"105 毫米定焦"，如图 2. 11. 9 所示。

图 2. 11. 8 文字背景效果

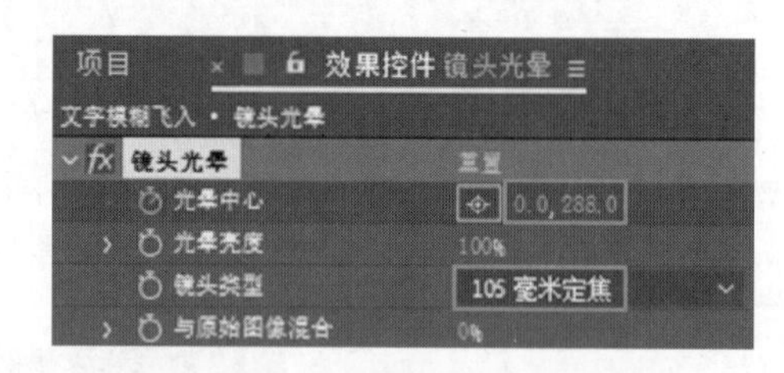

图 2. 11. 9 镜头光晕参数设置

② 将时间指示器移到 0 秒，单击"光晕中心"的"关键帧"按钮，将"光晕中心"设为(1 000，288)，然后将时间指示器移到 4 秒，将"光晕中心"设为(0，288)。在时间轴面板中展开"镜头光晕"图层的"光晕中心"属性，框选所有关键帧并右击，选择快捷菜单中的"关键帧辅助"|"缓动"命令，使镜头光晕动画更自然。

(6) 按空格键播放动画

最终动画效果如图 2. 11. 10 所示。

图 2. 11. 10 最终动画效果

2. 三维文字倒影

提示：

(1) 新建合成

打开 After Effects，新建一个项目，将项目文件保存为 sy11-2. aep。选择菜单"合成"|"新建合成"命令，设置合成名为"三维文字倒影"，选择预设"自定义"，窗口大小宽为 720 像

素，高为 576 像素，像素长宽比为“D1/DV PAL 宽银幕(1.46)”，帧速率为 25 fps，持续时间为 5 s。

(2) 制作扫光文本

① 选择菜单“图层”|“新建”|“文本”命令，新建一个文本图层，输入“After Effects”，文本图层的名称默认为输入的文本。选中文本，在字符窗口设置字符属性：Arial、Bold、100 像素。填充颜色为灰色：RGB(128，128，128)，选择“在描边上填充”选项，描边颜色为深灰色：RGB(50，50，50)，描边宽度为 5 像素。单击“仿斜体”按钮 T 和“小型大写字母”按钮 Tt，在“段落”窗口中将文本居中对齐，参数设置如图 2.11.11 所示。文本“变换”属性中的“位置”为(360，288)。在“切换透明网格”时，文本效果如图 2.11.12 所示。

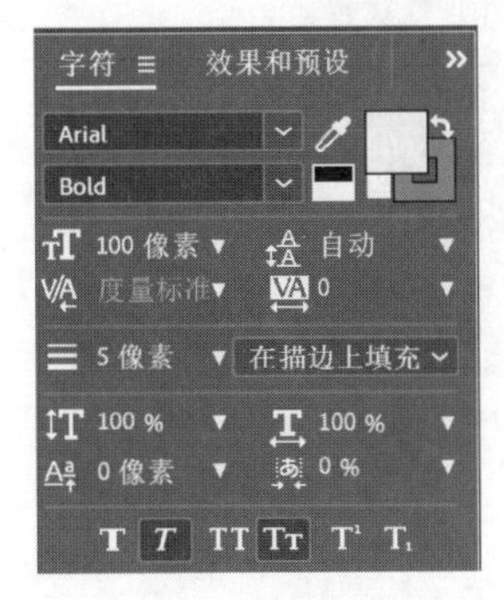

图 2.11.11　文本参数设置

图 2.11.12　文本效果

② 单击选中文本图层，选择菜单“效果”|“生成”|CC Light Sweep(CC 扫光)命令，添加扫光效果，设置 Direction(方向)为 45°，Width(宽度)为 25，Sweep Intensity(扫光强度)为 50。单击 Center(中心)前面的码表按钮添加关键帧，在 0 秒处设置为(700，288)，在 4 秒处设置为(0，288)，参数设置如图 2.11.13 所示。在时间轴面板中框选两个关键帧，按 F9 键使关键帧缓动，第 2 秒处的扫光效果如图 2.11.14 所示。

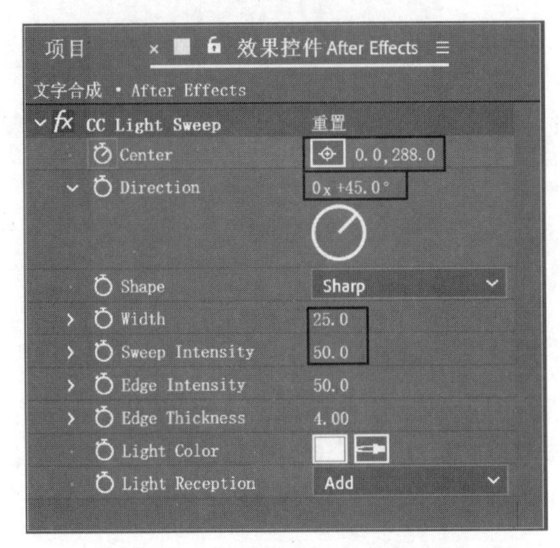

图 2.11.13　扫光效果参数设置

图 2.11.14　扫光效果

(3) 制作文本倒影

① 单击选中时间轴面板中的文本图层，右击，选择快捷菜单中的“预合成”命令，在弹出的对话框中选择“将所有属性移动到新合成”选项，新合成名称为“文字合成”，如图 2.11.15 所示。

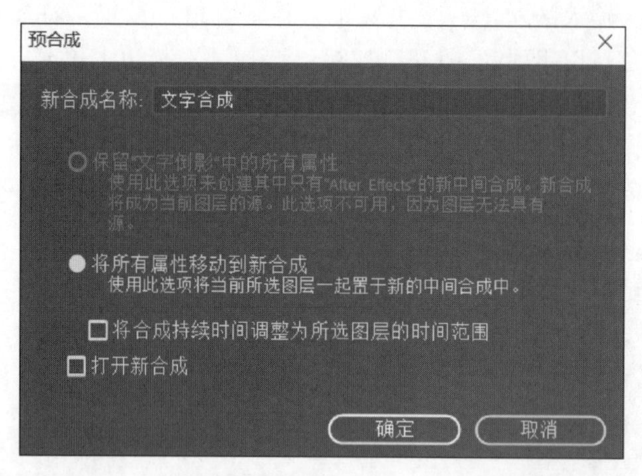

图 2.11.15　“预合成”对话框

② 为了实现文字和倒影无缝连接的效果，利用蒙版去掉文字底部描边。选中“文字合成”图层，双击矩形工具，添加矩形蒙版 1。展开蒙版 1，单击“蒙版路径”属性右侧的“形状”选项，在弹出的“蒙版形状”对话框中将“底部”设为 288 像素，如图 2.11.16 所示。

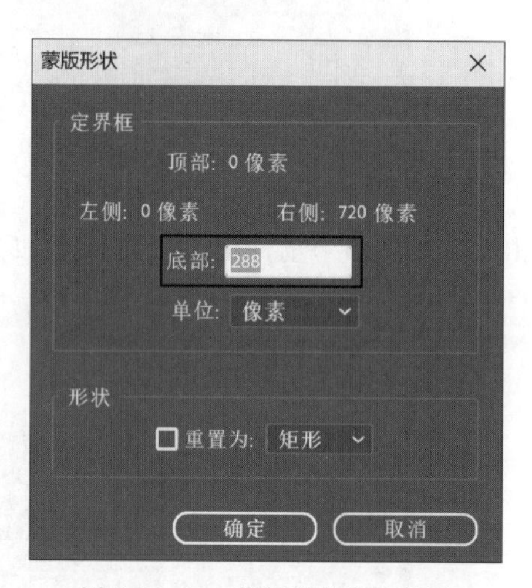

图 2.11.16　蒙版形状参数设置

③ 在时间轴面板中选中“文字合成”图层，选择菜单“编辑”|“重复”命令或者按 Ctrl+D 键创建图层副本，将下方得到的“文字合成”副本重命名为“文字倒影”。展开“文字倒影”图层“变换”属性，将“缩放”设为(100%，-100%)。选择菜单“效果”|“过渡”|“线性擦除”命令，添加线性擦除效果。将“过渡完成”设为 45%，“擦除角度”设为 180°，“羽化”设为 40。参数设置如图 2.11.17 所示，文字倒影效果如图 2.11.18 所示。

(4) 制作三维场景动画

添加三维地面、摄像机、灯光等三维场景元素，并设置摄像机动画，具体步骤如下。

① 文字三维化：选中“文字合成”和“文字倒影”图层，打开 3D 开关，将两个图层的“位置”都设为(360，310，0)。

② 创建摄像机：选择菜单“图层”|“新建”|“摄像机”命令，新建一个摄像机，“预设”选择 35 mm。将摄像机“位置”属性设为(360，270，-1 100)。

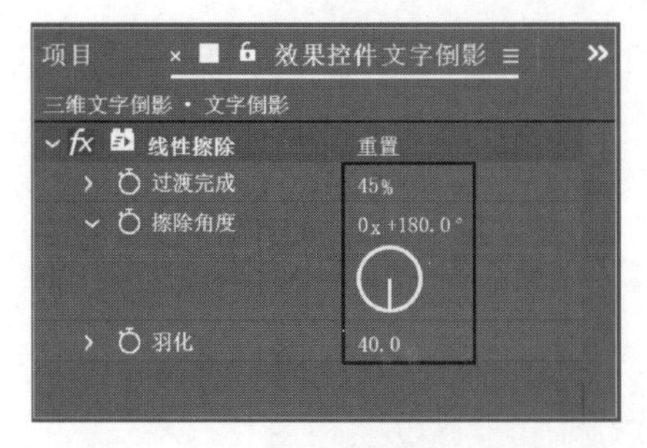

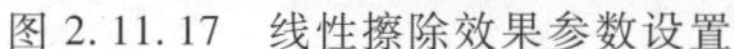
图 2.11.17　线性擦除效果参数设置

图 2.11.18　文字倒影效果

③ 制作三维地面：选择菜单“图层”|“新建”|“纯色”命令，新建一个纯色，名称为“地面”，宽度和高度设为 2 000 像素，颜色为 RGB(38，90，128)，如图 2.11.19 所示。打开“地面”图层的 3D 开关，将图层“位置”属性设为(360，310，0)，“方向”设为(90°，0°，0°)，“不透明度”设为 70%，如图 2.11.20 所示。

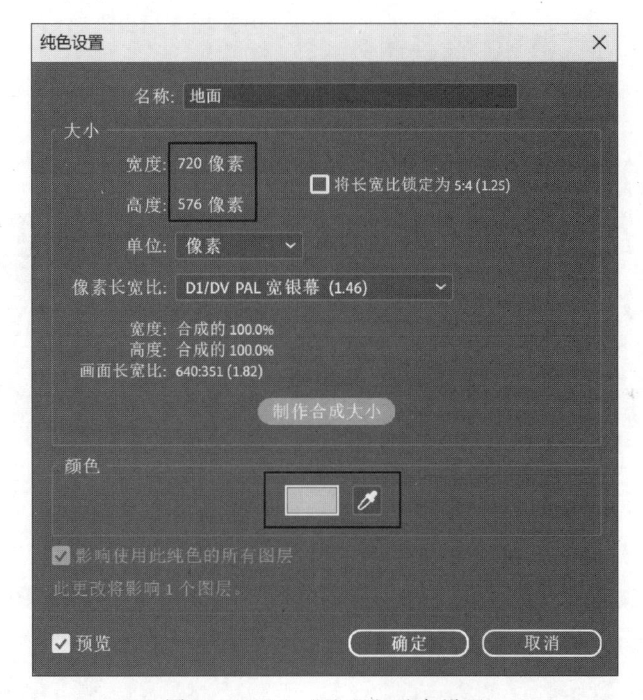

图 2.11.19　“地面”纯色设置

④ 制作地面网格：在时间轴面板中单击选中“地面”图层，选择菜单“效果”|“生成”|“网格”命令，添加网格效果。将“大小依据”设为宽度滑块，“宽度”设为 60，“边界”设为 3，“混合模式”设为叠加，参数如图 2.11.21 所示，网格地面效果如图 2.11.22 所示。

⑤ 添加灯光：选择菜单“图层”|“新建”|“灯光”命令，新建一个点光，“灯光类型”选择“点”，强度设为 200%，如图 2.11.23 所示。再选择菜单“图层”|“新建”|“灯光”命令，新建一个环境光，“灯光类型”选择“环境”，强度设为 40%，如图 2.11.24 所示。在时间轴面板中，将点光 1 的“位置”设为(360，150，-150)。

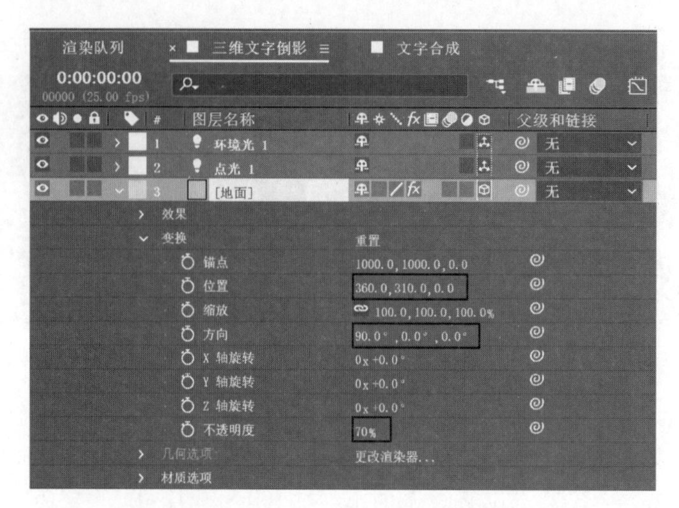

图 2.11.20　“地面”变换参数设置

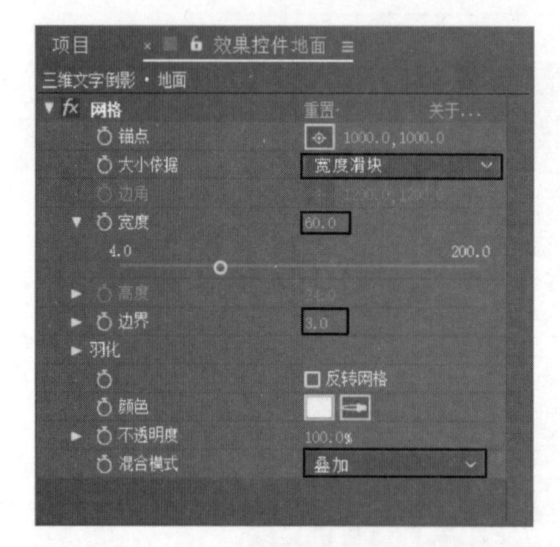

图 2.11.21　网格效果参数设置

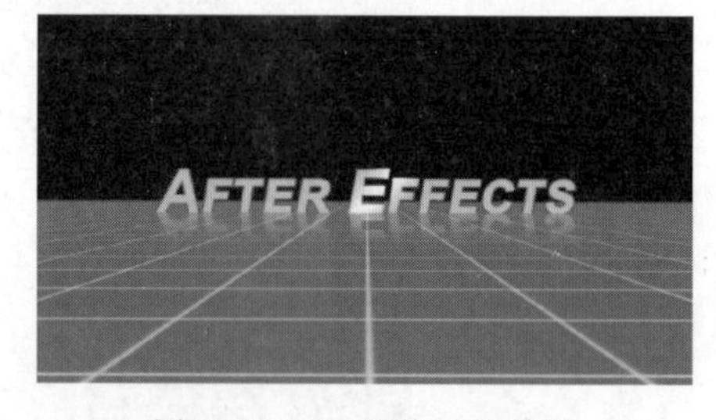

图 2.11.22　网格地面效果

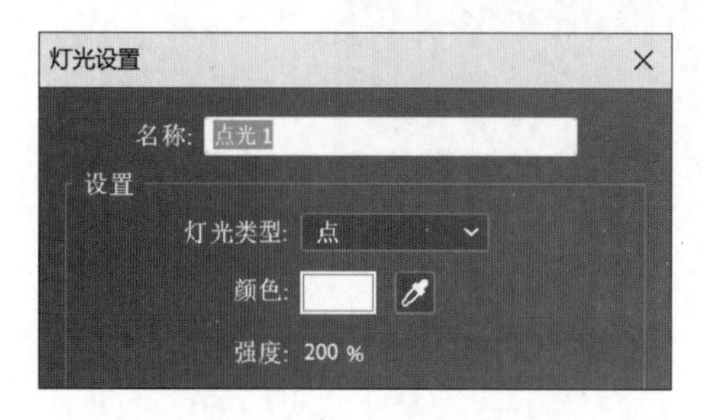

图 2.11.23　点光设置

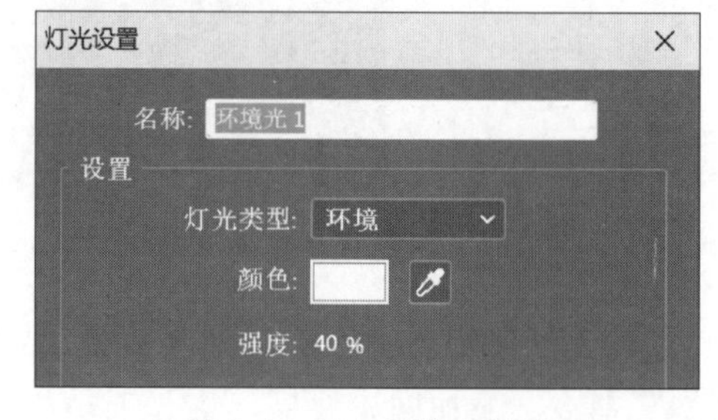

图 2.11.24　环境光设置

⑥ 添加背景：选择菜单“图层”|“新建”|“纯色”命令，新建一个黑色纯色层，名称为“背景”，单击“制作合成大小”按钮。将“背景”图层置于时间轴面板最底层。选择菜单“效果”|“生成”|“梯度渐变”命令，添加梯度渐变效果。起始颜色设为 RGB(15，36，51)，渐变终点设为(360，288)，结束颜色设为 RGB(38，90，128)，参数如图 2.11.25 所示。

⑦ 设置摄像机动画：在时间轴面板中选择“摄像机 1”图层，将时间指示器移到 4 秒处，单击摄像机 1“位置”属性的“关键帧”按钮，此时“位置”为(360，270，-1 100)。将时间指示器移到 0 秒处，将“位置”设为(500，150，-1 300)。选中两个关键帧，按 F9 键将关键帧设为缓动。可观察到摄像机画面由远至近，并伴随镜头旋转。

(5) 按空格键预览

最终画面效果如图 2.11.26 所示。

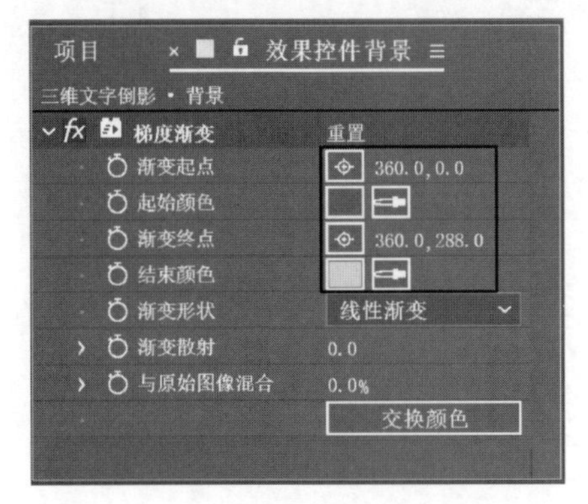

图 2.11.25　梯度渐变效果参数设置

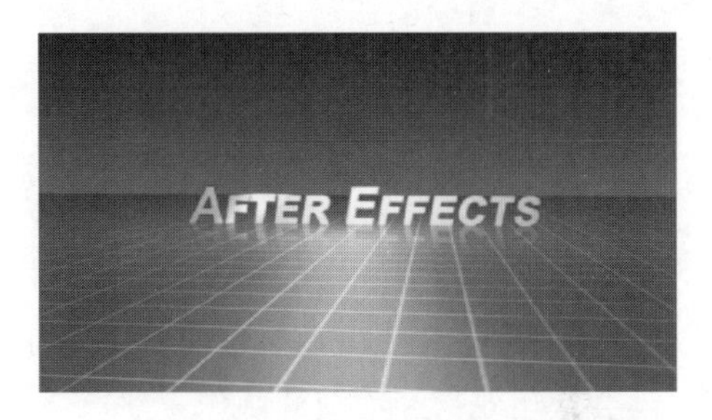

图 2.11.26　文字倒影最终效果

实验十二 After Effects 综合应用

一、实验目的

① 学会综合应用 After Effects 的各个功能。
② 学会常用效果和动画的制作方法。

二、实验内容

1. 水墨效果制作

要求：对风景画进行效果处理，制作水墨画效果，并设置水面的动态效果。
提示：
(1) 在 After Effects 下新建项目
将项目文件保存为 sy12-1. aep。
(2) 导入素材“风景照 . jpg”和“宣纸 . jpg”
素材如图 2. 12. 1 和图 2. 12. 2 所示。

图 2. 12. 1 风景照

图 2. 12. 2 宣纸

(3) 制作水面效果
① 选择菜单“合成”|“新建合成”命令，新建一个合成名称为“水面效果”，选择预设

“自定义”，宽度为 720 px，高度为 576 px，像素长宽比为 D1/DV PAL(1.09)，持续时间为 5 s。

② 在“水面效果”合成的时间轴下，右击，选择快捷菜单中的“新建”|“纯色”命令，新建一个黑色背景的纯色。

③ 选中纯色，选择菜单“效果”|“杂色与颗粒”|“分形杂色”命令，设置分形杂色的参数：“分形类型”为涡旋，勾选“反转”复选框，“对比度”为 55，“亮度”为-20，“溢出”为剪切，“变换”下的“缩放”为 30，设置关键帧，“演化”在第 0 帧时为 0°，在第 4 秒 24 帧时为 1x+0°，如图 2.12.3 所示。

(4) 制作风景合成

① 新建合成，名称为“风景合成”，选择预设“自定义”，宽度为 720 px，高度为 576 px，像素长宽比为 D1/DV PAL(1.09)，持续时间为 5 s。

② 将项目窗口中的“风景照.jpg”拖到“风景合成”的时间轴中，右击“风景照”图层，选择快捷菜单中的“变换”|“适合复合”命令，使图片大小与合成相同。选择菜单“效果”|“颜色校正”|“色相/饱和度”命令，设置“主饱和度”为-20。

③ 选择菜单“效果”|“模糊和锐化”|“复合模糊”命令，设置“最大模糊”为 1，如图 2.12.4 所示。

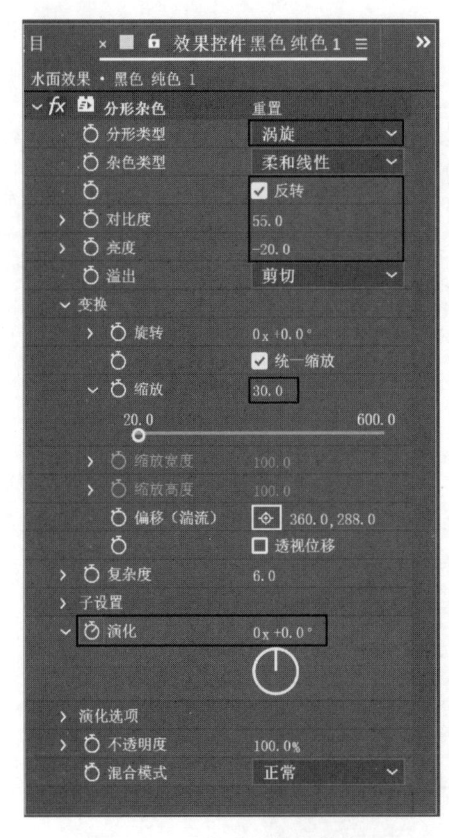

图 2.12.3　分形杂色参数设置

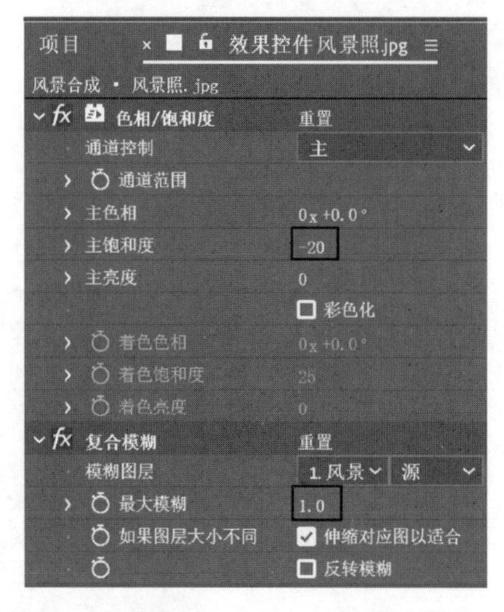

图 2.12.4　色相/饱和度和复合模糊参数设置

④ 选择菜单“效果”|“颜色校正”|“色阶”命令，设置“输入黑色”为 12，“灰度系数”为 1.24。

⑤ 选择菜单“效果”|“模糊和锐化”|“高斯模糊”命令，设置“模糊度”为1.3。

⑥ 选择菜单“效果”|“风格化”|“查找边缘”命令，设置“反转”为打开，“与原始图像混合”为90%，如图2.12.5所示。

(5) 制作水墨画效果

① 新建合成“水墨画效果”，选择预设“自定义”，宽度为720 px，高度为576 px，像素长宽比为D1/DV PAL(1.09)，持续时间为5 s。

② 将“水面效果”和“风景合成”从项目窗口中拖到“水墨画效果”的时间轴中，将上面的“水面效果”图层的显示开关关闭。选中位于下面的“风景合成”图层，选择菜单“编辑”|“重复”命令或者按Ctrl+D键创建一个副本。

③ 选择上面的“风景合成”图层，选择工具栏中的钢笔工具，在水面区域(包括倒影)绘制一个蒙版，如图2.12.6所示。

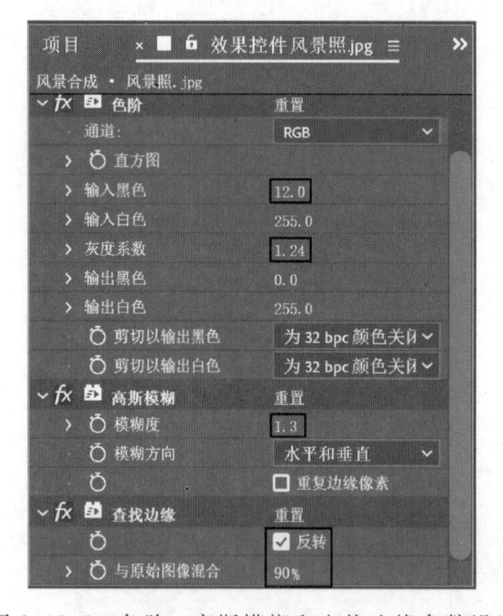

图2.12.5 色阶、高斯模糊和查找边缘参数设置

图2.12.6 绘制蒙版

④ 选择菜单“效果”|“扭曲”|“置换图”命令，设置“置换图层”为“水面”，“最大水平置换”为20，“最大垂直置换”为5，“置换图特性”为“拼贴图”，如图2.12.7所示。

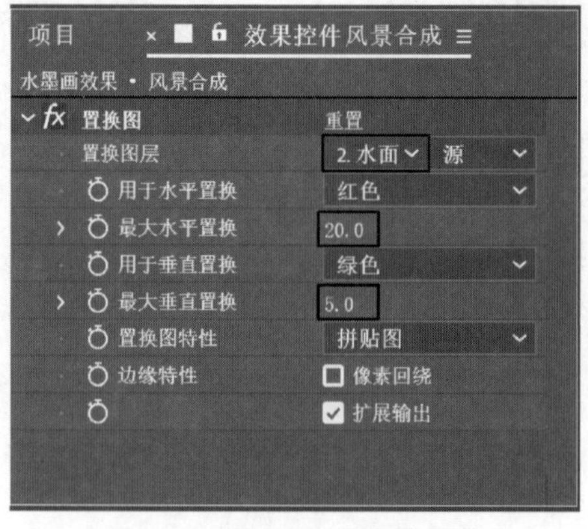

图2.12.7 置换图参数设置

⑤ 将“宣纸”从项目窗口拖到“水墨画效果”的时间轴中，并放置在顶层，设置这一层的“模式”为“线性加深”，“不透明度”设为 60%，如图 2.12.8 所示。

渲染队列 | 水面效果 | 风景合成 | × 水墨画效果 ≡

0:00:00:00
00000 (25.00 fps)

#	源名称	模式	T 轨道遮罩	父级和链接
1	宣纸.JPG	线性加深	无蒙版	无
	不透明度	60%		
2	水面效果	正常	无蒙版	无
3	风景合成	正常	无蒙版	无
4	风景合成	正常	无蒙版	无

图 2.12.8 宣纸图层参数设置

(6) 按空格键浏览水墨画效果，如图 2.12.9 所示。

图 2.12.9 水墨画效果

2. 三维海面制作

要求：制作三维海面场景，并制作船在海上航行的动画效果。

提示：

(1) 在 After Effects 下新建项目

将项目文件保存为 sy12-2. aep。

(2) 导入素材“夜空 . jpg”和“船 . png”

素材如图 2.12.10 和图 2.12.11 所示。

图 2.12.10 夜空

图 2.12.11 船

（3）制作三维场景

① 选择菜单“合成”|“新建合成”命令，新建一个合成名称为“三维海面”，选择预设“自定义”，宽度为 720 px，高度为 576 px，像素长宽比为 D1/DV PAL(1.09)，持续时间为 5 s。

② 将项目窗口中的“夜空.jpg”和“船.png”拖入时间轴中，上面图层“夜空.jpg”重命名为“夜空”，下面图层“船.png”重命名为“船”。开启两个图层的 3D 开关。设置“船”图层的“锚点”为(344.5，445，0)，“位置”为(360，300，-500)，“缩放”为 10%。设置“夜空”图层的锚点为(1 113.5，831，0)，“位置”为(360，300，10 000)，“缩放”为 500%。参数如图 2.12.12 所示。

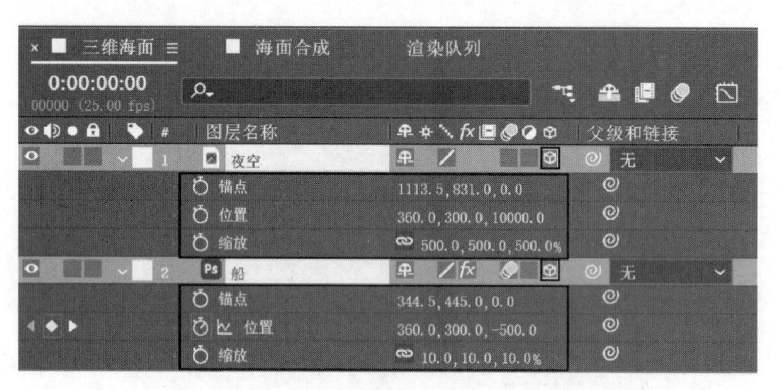

图 2.12.12 “船”和“夜空”参数设置

③ 在时间轴面板中，右击，在弹出的快捷菜单中选择“新建”|“摄像机”命令，新建一个摄像机，选择预设为 35 mm。在时间轴中将摄像机 1 的“位置”设为(360，288，-700)。

④ 单击选中“船”图层，选择菜单“效果”|“颜色校正”|“色相/饱和度”命令，将“主色相”设为 15°,“主亮度”设为-30，参数如图 2.12.13 所示。

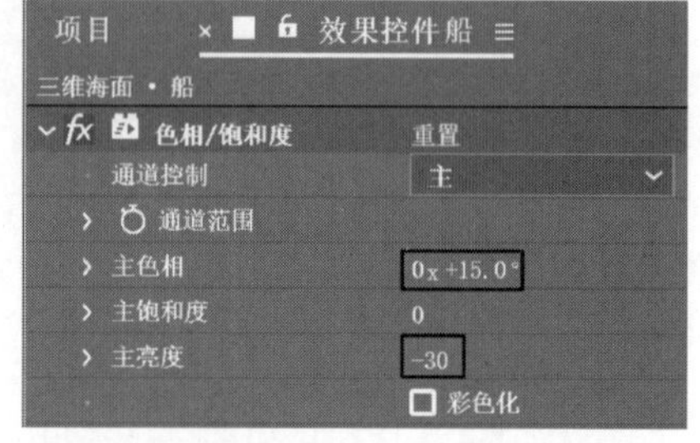

图 2.12.13 色相/饱和度参数设置

⑤ 同时选中“船”和“夜空”两个图层，按 Ctrl+D 键创建两者的副本，将副本分别重命名为“船倒影”和“夜空倒影”，并置于时间轴底层。将“船倒影”的父对象设为“船”，“夜空倒影”的父对象设为“夜空”。将“船倒影”和“夜空倒影”的“缩放”都设为(100%，-100%，100%)。参数设置如图 2.12.14 所示，倒影的画面效果如图 2.12.15 所示。

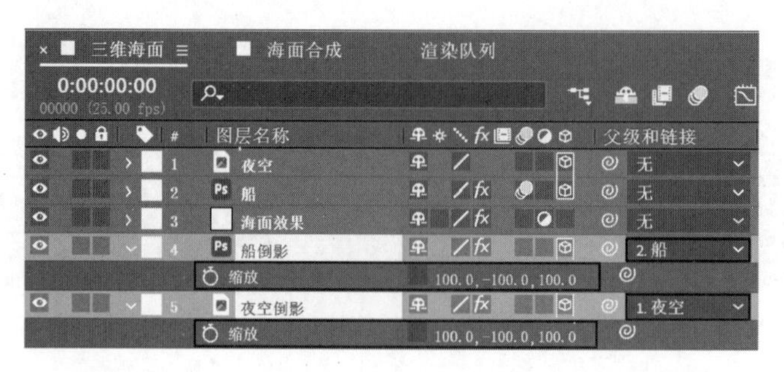

图 2.12.14 “船倒影”和“夜空倒影”参数设置

图 2.12.15　倒影的画面效果

(4) 制作海面效果

① 在时间轴面板中右击，选择快捷菜单中的“新建”|“纯色”命令，新建一个黑色纯色，命名为“海面”，宽度和高度都为 2 000 像素，置于“夜空倒影”图层下方。打开“海面”图层的 3D 开关，将“位置”设为(360，300，0)，“方向”设为(90°，0°，0°)，如图 2.12.16 所示。

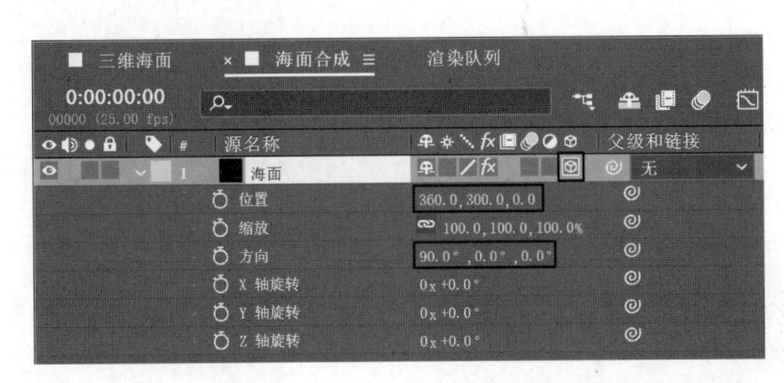

图 2.12.16　“海面”参数设置

② 选择菜单“效果”|“杂色与颗粒”|“分形杂色”命令，设置“演化”的关键帧动画，在 0 秒处设为 0°，在第 4 秒 24 帧时设为 2x+0°。

③ 在时间轴中选中“海面”图层，右击，选择快捷菜单中的“预合成”命令，新合成名称为“海面合成”，选中“将所有属性移动到新合成”单选按钮，如图 2.12.17 所示。开启“海面合成”图层的塌陷开关，并关闭该图层的显示开关。

④ 在时间轴中右击，选择快捷菜单中的“新建”|“调整图层”命令，新建一个调整图层，重命名为“海面效果”，在时间轴中置于“船”和“夜空”之下，“船倒影”和“夜空倒影”之上，如图 2.12.18 所示。选中“海面效果”图层，选择菜单“效果”|“扭曲”|“置换图”命令，设置“置换图层”为“海面合成”，“最大水平置换”为 40，“最大垂直置换”为 80。选择菜单“效果”|“颜色校正”|“色相/饱和度”命令，设置“主饱和度”为-20，“主亮度”为-40。效果参数如图 2.12.19 所示，海面效果如图 2.12.20 所示。

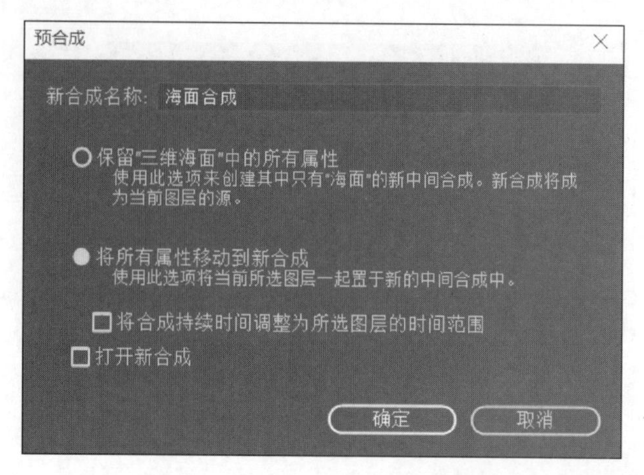

图 2.12.17 “海面”预合成设置

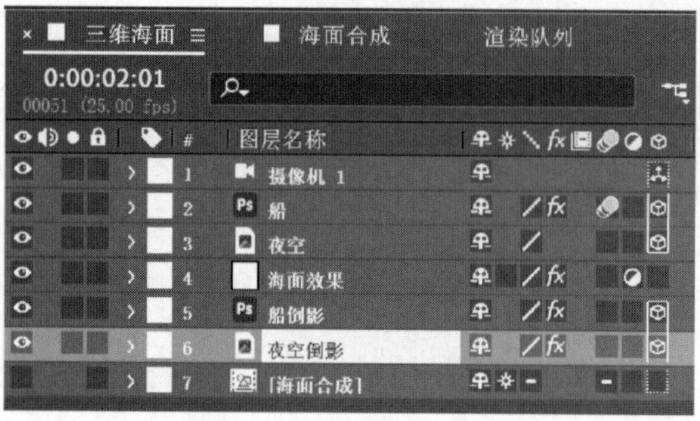

图 2.12.18 图层顺序

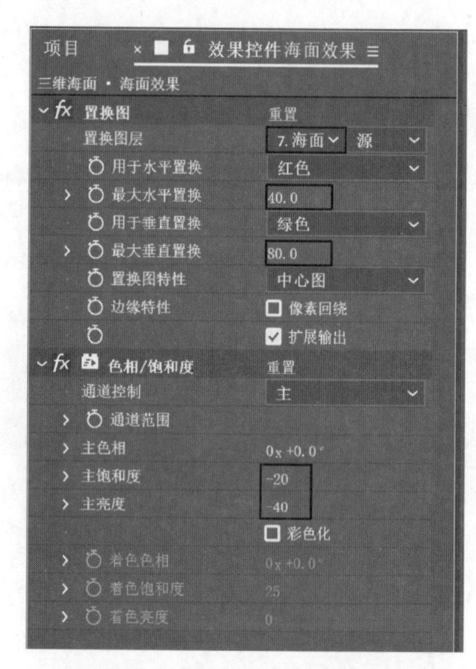

图 2.12.19 置换图和色相/饱和度参数设置

⑤ 打开透明网格开关，发现海面边缘处有破损现象，这是因为置换图作用范围超出了“夜空”图片大小。为解决这一问题，单击选中“夜空倒影”图层，选择菜单“效果”|“风格化”|“动态拼贴”命令，设置“输出宽度”为 150，“输出高度”为 150，勾选“镜像边缘”复选框，如图 2.12.21 所示。最终海面效果如图 2.12.22 所示。

图 2.12.20 海面效果

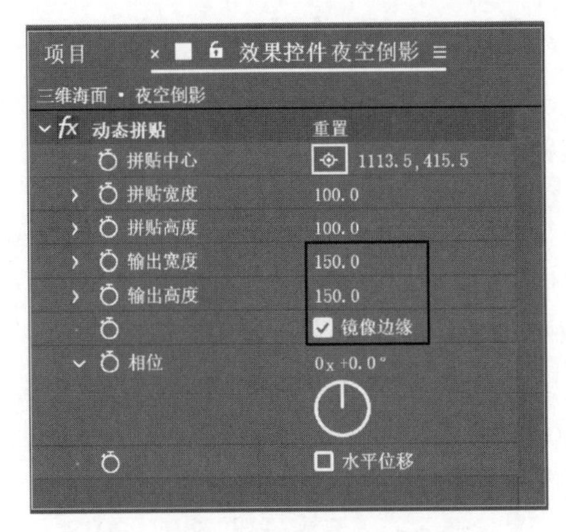

图 2.12.21　动态拼贴参数设置

图 2.12.22　最终海面效果

（5）制作动画

① 选中“船”图层，设置船行驶动画：为了更好地模拟船在海上行驶的动画，需要添加移动和晃动两种动画效果。首先添加移动效果，在 0 秒处“位置”为(420，300，-500)，在 4 秒 24 帧处“位置”为(300，300，-500)。然后添加晃动效果，按住 Alt 键的同时单击“Z 轴旋转”的“关键帧”按钮，编辑“Z 轴旋转”的表达式，输入“wiggle(0.5，10)”，意思是“Z 轴旋转”的值每秒上下波动 0.5 次，波动幅度不超过 10°。最后打开该图层的运动模糊开关，参数设置如图 2.12.23 所示。

图 2.12.23　船行驶动画参数设置

② 选中“摄像机 1”，设置摄像机动画：在 2 秒处“位置”为(360，288，-700)，在 4 秒处“位置”为(360，288，-400)。选中两个关键帧，按 F9 键添加缓动效果，使动画更流畅。单击时间轴面板右上角“运动模糊”总开关。

（6）按空格键播放

可观察到摄像机视角沿海面向前飞行，并从船上飞速穿越的动画效果，如图 2.12.24 所示。

图 2.12.24　视角飞速穿越效果

参考文献

[1] 钟玉琢. 多媒体技术与应用[M]. 北京：人民邮电出版社，2015.

[2] 许华虎，杜明. 多媒体应用系统技术[M]. 2版. 北京：高等教育出版社，2012.

[3] 赵子江. 多媒体技术应用教程[M]. 7版. 北京：机械工业出版社，2018.

[4] 黄铁军. 我国视频编码国家标准AVS与国际标准MPEG的比较[EB/OL]. 数字音视频编解码技术标准工作组网站.

[5] 弗朗索瓦·肖莱. Python深度学习[M]. 张亮，译. 北京：人民邮电出版社，2018.

[6] 斋藤康毅. 深度学习入门：基于Python的理论与实现[M]. 陆宇杰，译. 北京：人民邮电出版社，2018.